“十三五”普通高等教育本科国家级规划教材

水处理工程

SHUICHULI GONGCHENG

主　编　衣雪松

副主编　王　勇　王德欣　杨　飞

主　审　侯立安　金儒霖

中国环境出版集团·北京

图书在版编目（CIP）数据

水处理工程 / 衣雪松主编 .—北京：中国环境出版集团，2020.11

ISBN 978-7-5111-4499-7

Ⅰ. ①水… Ⅱ. ①衣… Ⅲ. ①水处理—高等学校—教材 Ⅳ. ① TU991.2

中国版本图书馆 CIP 数据核字（2020）第 221613 号

出 版 人 武德凯
责任编辑 田 怡
装帧设计 宋 瑞

出版发行 中国环境出版集团
（100062 北京市东城区广渠门内大街 16 号）
网 址：http://www.cesp.com.cn
电子邮箱：bjgl@cesp.com.cn
联系电话：010-67112765（编辑管理部）
发行热线：010-67125803，010-67113405（传真）
印 刷 北京中献拓方科技发展有限公司
经 销 各地新华书店
版 次 2020 年 11 月第 1 版
印 次 2020 年 11 月第 1 次印刷
开 本 787×1092 1/16
印 张 37.5
字 数 811 千字
定 价 150.00 元

前 言

CONTENTS

本书是“面向21世纪环境类人才培养方案和教学内容改革与实践项目”研究成果的一部分，可作为普通高等学校环境科学与工程、土木工程等专业课程的教学用书，以及全国注册设备工程师专业课程考试的参考书。

本书从水处理理论、技术与工程的设计与应用角度出发，加深并拓宽了理论基础，加强对给水、污水处理技术的应用分析，注重运用基本理论解决实际工程问题，引导学以致用，重在培养学生分析问题、解决问题的能力。本书的特点包括：第一，突出实用性。在基本理论的论述方面，注重系统性，以帮助应考者较全面地掌握专业知识；在工程实践知识方面，注重简洁明确，并配有计算例题与工程案例，以帮助学生提高运用专业知识和国家有关规范、标准处理工程实际问题的能力。第二，注重前瞻性。在介绍给水工程和排水工程系统的传统技术外，还用了较多的篇幅提及目前已经出现且将要大量涉及的新技术。第三，兼顾适应性。从21世纪我国人才培养要求、教育改革方向和专业调整趋势来看，涉及水处理技术与工程的专业课教学时数将会减少，因此本书作为给水工程和排水工程的有机融合，将更能适应这一趋势。

本书由衣雪松担任主编，王勇、杨飞、王德欣担任副主编，侯立安、金儒霖担任主审。参加编写人员及分工编写的内容如下：

海南大学	衣雪松	第5章、第7章、第9章9.1节
自然资源部第三海洋研究所	王　勇	第8章、第10章10.1～10.6节
海南大学	王德欣	第6章6.2节、第10章10.7～10.9节
海南大学	杨　飞	第3章
中国城市规划设计研究院	栗玉鸿	第11章
台州学院	谭浩强	第2章2.1～2.4节

东北农业大学	孙　楠	第6章6.1节
南阳师范学院	徐　俊	第4章
胜利油田胜利勘察设计研究院有限公司	齐兆涛	第1章
海南桐华市政工程设计有限公司	李鹏超　寇　鹏	第9章9.2节
海南天鸿市政设计股份有限公司	柏　斌	第7章7.2.1节
山东高科联合环保工程有限公司	王铭博	第2章2.5～2.6节

本书编写过程中得到给排水科学与工程学科专业指导委员会、重庆大学时文歆教授、同济大学于水利教授、海南省水务厅副厅长沈仲韬（教授级高级工程师）、海南省生态研究院院长张庆良研究员等专家领导的指导和帮助，在此表示衷心感谢！

由于编者学识有限，书中难免有疏漏和不足之处，恳请读者批评指正。

目 录

CONTENTS

第1章 绪 论

近百年来，随着工业迅速发展，全球人口不断膨胀，水资源状况急剧恶化。人类逐渐认识到水处理的重要性，并不断探索新的水处理的技术和方法。从简单的过滤沉淀到有机物的去除，从蒸馏净水到海水淡化，人类希望通过不断改进的技术方法让有限的水更净、更纯，更多地被人类利用。

1.1 水的自然循环和社会循环

地球各层圈中的水相互联系、相互转化，在这一过程中形成的大气水循环称为水的自然循环。根据人类生活、生产活动的需要，从天然水体取水，经净化、使用后再排入天然水体，这样的局部循环，称为水的社会循环。

1.1.1 水的自然循环

水的自然循环主要是指在太阳辐射和地球引力的作用下，大气水、地表水、生物水和浅层地下水之间，以蒸发、降水、渗透和径流的方式，实现相互交换，并不断更新的过程。在此期间，既有海洋和陆地间的水交换过程，又有海洋范围内或陆地范围内的水循环交换过程，如图 1-1 所示。

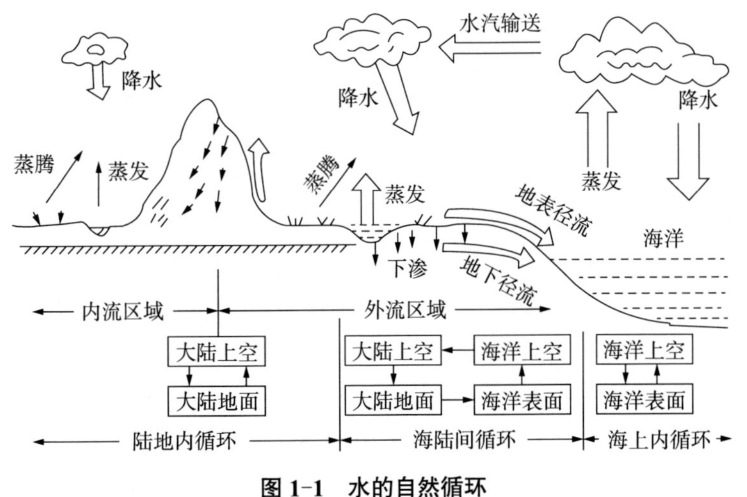

图 1-1 水的自然循环

地球的水资源以液态，固态（冰、雪、雹）和气态（水蒸气）的形式存在。在太阳辐射下，各类液态、固态的水，通过地面蒸发、水面蒸发、植物截留的水分蒸发（包括植物叶孔中逸出的生物水分蒸发）和海洋蒸发，形成水蒸气进入大气层，并被气流运动带到陆地和海洋上空。大量水蒸气遇冷凝结，成云致雨、雪、雹、雾等，在重力的作用下降落至地面或海洋上称为降水。降到地面上的水，一部分被植物截留，一部分直接蒸发进入大气层，一部分渗入地下形成地下径流，剩余部分沿地面流动形成地面径流进入江河湖泊，最终流入海洋。地球上的水经过蒸发、降水、流动等过程，循环往复，构成了海洋和陆地水连续交换、更新的动态平衡。

自然循环涉及水量循环和水质循环两个方面。从水质方面上看，水是良好的溶剂和分散剂。在降水和径流过程中，通过水的渗滤、淋沥等作用，使水中含有更多的杂质成分；在蒸发过程中，又会析出所溶解、携带的物质，久而久之，海水越来越咸，河流、湖泊、水库淤积萎缩。因此，在水的自然循环过程中，存在着水质变化或水质循环过程，不同季节、不同地域、不同时间的水质变化是不同的。但从宏观上看，如果没有人类社会活动的干扰，水质变化将长期处于相对稳定的有序状态，从而保持地球生态环境的相对平衡。

水的自然循环给人类提供了必需的淡水资源，促使了水资源的不断更新和交换。例如，海洋上的热带风暴登陆后带来了大量降水，使得和人类社会关系密切的大气水、河流水、湖泊水不断地更新。

1.1.2 水的社会循环

人类活动需要从天然水源取水，经过处理后供给生活、生产使用。使用后的水，必将融入和混入生活、生产过程中的污染物质，成为污（废）水。污（废）水经过处理后，又回流至天然水体或部分直接回用。这样就形成了一个局部循环系统，即水的社会循环，如图 1-2 所示。

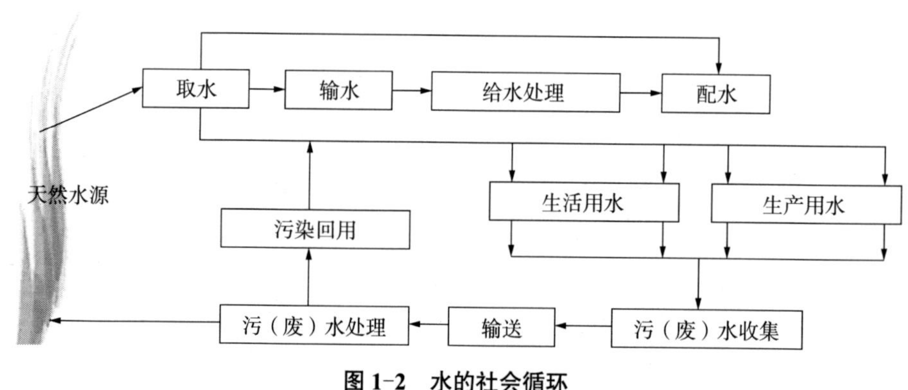

图 1-2 水的社会循环

水的自然循环受人类活动影响极为有限，人类无法全面控制。而水的社会循环受人类生活、生产的影响极大，社会循环量的多少、排放的水质水量都可控制。在水的社会循环过程中，存在污（废）水处理和给水处理两个既有联系又有区别的重要环节。其中，污（废）水处理是影响水的社会循环良性与否的决定因素。如果污水处理达到规定标准后排入天然水体，就构成良性循环，在这种情况下，天然水体将保持原有的天然属性，水环境生态平衡不会受到破坏。应当指出，因为天然水体本身有一定自净能力，所以污水处理后的排放标准并非要求与天然水体水质完全一样，只需把排入水体中的污染物含量控制在受纳水体自净能力范围以内，天然水体的水质就不会恶化。如果污（废）水不经处理或处理后达不到规定的排放标准，即排入天然水体的污染物含量超过水体自净能力，则天然水体水质将会恶化，从而构成了水的非良性社会循环。

给水处理是将不符合人类生活、生产要求的天然水源水处理成符合人类生活、生产要求的水质。当污（废）水处理程度达到水的良性循环要求时，天然水源不受污染。给水处理较为简单、经济，一般只需常规处理即可。污（废）水处理要求越高，费用越多。若污（废）水不经处理或处理达不到水的良性循环要求时，天然水体受到污染，给水处理工艺就变得复杂起来。

当前，水的非良性社会循环是普遍存在的。其中，有的天然水体污染较轻，通过常规处理或强化常规处理后即可使用；有些天然水体污染较严重，常规处理已不能满足要求，需进行预处理或深度处理后方可使用；有些天然水体污染非常严重，不仅完全丧失了使用功能，还破坏了水体生态平衡。水资源危机中就包括水质型缺水危机，即有的地方虽然水源水量足够，但水质完全丧失使用功能，因此不能为人们所用。

污（废）水直接回用或经处理达到另一些使用要求后再利用的零排放情况属于良性社会循环，也可认为是水的社会循环中的子循环系统（见图 1-2）。污（废）水经处理后回用，一方面缓解了水资源短缺，同时减少了向天然水体排放的污（废）水水量，从而减轻了天然水体的污染。

水的社会循环直接影响人类的生活、经济可持续发展和水体生态平衡，是当前备受关注的重大问题。为实现水的良性循环并为人类生活、生产提供达标用水，对水质进行控制或处理是环境科学与工程、给排水科学与工程学科的重要任务。

1.2 水源水质与给水水质

1.2.1 天然水源中的杂质

水的自然循环和社会循环使水中不可避免地带入大量杂质。杂质按照其化学结构划分，可分为无机物、有机物和水生物；按照颗粒尺寸划分，可分为溶解物、胶体和悬浮物（见表 1-1）。

表 1-1　水中杂质分类

杂质	溶解物（低分子、离子）	胶体	悬浮物	
颗粒尺寸	0.1 ～ 1 nm	10 ～ 100 nm	1 ～ 10 μm	100 μm ～ 1 mm
分辨工具	电子显微镜可见	超显微镜可见	显微镜可见	肉眼可见
水体外观	透明	浑浊	浑浊	—

表 1-1 中的颗粒尺寸是按球形计算，且各类杂质的尺寸界限只是大体的概念，并不是绝对的，如悬浮物和胶体之间的尺寸界限会根据颗粒形状和密度不同而略有变化。一般来说，粒径为 100 nm ～ 1 μm 属于胶体和悬浮物的过渡阶段。小颗粒悬浮物往往也具有一定的胶体特性，只有当粒径大于 10 μm 时，才与胶体有明显差别。

1.2.1.1　悬浮物和胶体杂质

悬浮物尺寸较大，如大颗粒泥沙及矿物质碎渣等物质，易于在水中下沉；而体积较大且密度较小的一些有机物则容易上浮。胶体颗粒很小，在水中长期静置也难下沉。水中存在的胶体通常为黏土、细菌、病毒、腐殖质及蛋白质等，有机高分子物质也属于胶体一类。随着工业废水排放，水体中会引入各种各样的胶质或有机高分子物质，例如，人工合成的高聚物主要来自生产这类产品的工厂排放的废水。天然水中的胶体一般带负电荷，但有时也含有少量带正电荷的金属氢氧化物胶体。

水中的悬浮物和胶体颗粒是使水体产生浑浊度的根源。浑浊度简称浊度，表示水体中胶体颗粒和悬浮颗粒杂质对光线透过及散射的阻碍程度。浑浊度的高低不仅与水体中胶体颗粒、细小悬浮颗粒杂质的含量有关，还和这些杂质的分散程度有关。也就是说，胶体颗粒、悬浮颗粒杂质的含量相同，其粒径不同，显示的浑浊度也就不同。分散度越大，粒径越小，浑浊度越低。

水体中的有机物，如腐殖质及藻类等，往往会造成水的色、嗅、味加重。随生活污水的排入，水体中的病菌、病毒等病原体会通过水体传播疾病。

悬浮物和胶体颗粒、藻类以及吸附在胶体颗粒上的有机污染物是饮用水处理的主要去除对象。粒径大于 0.1 mm 的泥沙去除较易，通常在水体中可很快自行下沉。而粒径较小的悬浮物和胶体杂质，需投加混凝剂方可去除。

1.2.1.2　溶解物

水中的溶解物可分为有机溶解物和无机溶解物两类。无机溶解物是指水中所含的无机低分子和离子。它们与水构成了相对稳定的均相体系，外观透明，属于真溶液。有些无机溶解物会使水体产生色、嗅、味。无机溶解物主要是某些工业用水的去除对象，但有毒、有害的无机溶解物也是生活饮用水的去除对象。

天然水体中的有机溶解物主要源于水源污染和水的自然循环，如腐殖质等。这里重点介绍的是天然水体中含有的主要溶解杂质。

（1）溶解气体。天然水中的溶解气体主要是氧、氮和二氧化碳，有时也含有少量硫化氢。

天然水体中的氧主要源于空气中的溶解氧，部分来自藻类和其他水生植物的光合作用。地表水中溶解氧含量与水温、气压及水中有机物含量等有关。不受工业废水或生活污水污染的天然水体，溶解氧含量一般为 5 ～ 10 mg/L，最高含量不超过 14 mg/L。当水体受到废水污染时，溶解氧含量降低。严重污染的水体，溶解氧甚至为零。

地表水中的 CO_2 主要源于有机物的分解，地下水中的 CO_2 除少量源于有机物的分解外，主要源于地层中的化学反应产物。江河水中的 CO_2 含量一般小于 30 mg/L，地下水中 CO_2 含量为每升几十至几百毫克不等，海水中 CO_2 含量很少。水中 CO_2 约 99% 呈分子状态，仅 1% 左右会与水作用生成碳酸。

水体中的氮主要来自空气中氮的溶解，部分是有机物分解及含氮化合物的细菌还原等生化过程的产物。

水体中 H_2S 的存在与某些含硫矿物（如硫铁矿）的还原及水中有机物腐烂以及污染有关。由于 H_2S 极易被氧化，故地表水中含量很少。

（2）离子。天然水中所含主要阳离子有 Ca^{2+}、Mg^{2+}、Na^+；主要阴离子有 HCO_3^-、SO_4^{2-}、Cl^-。此外，还含有少量 K^+、Fe^{2+}、Mn^{2+}、Cu^{2+} 等阳离子及 HSO_3^-、CO_3^{2-}、NO_3^- 等阴离子。所有这些离子主要源于矿物质的溶解，也有部分可能源于水中有机物的分解。

1.2.2 受污染水源中常见的污染物

水源污染是当今世界上很多国家普遍面临的问题。由于污染源不同，水中污染物种类和性质也就不同，按污染物毒性可分为无毒污染物和有毒污染物。无毒污染物虽然本身无直接毒害作用，但会影响水的使用功能或造成间接危害，故也属于污染物。

在有毒污染物中，有毒害作用的无机污染物主要包括氰化物，砷化物和汞、镉、铬、铅、铜、铊、镍、铍等重金属离子。地表水中这类无机污染物主要源于工业废水的排放。

当前，水源污染最重要的是有机污染物，本节对水源水中的有机污染物做一简单说明。

目前已知的有机物种类达 700 多万种，其中人工合成的有机物种类超过 10 万种，每年还有成千上万种新品不断问世。这些化学物质大多通过由人类活动产生的水的社会循环进入水体，例如生活污水和工业废水的排放，农业上使用的化肥、农药等的流失等，使水源中杂质种类和数量不断增加，水质不断恶化。有机化合物进入水体后，与河床泥土或沉积物中的有机质、矿物质等发生诸如物理吸附、化学反应、生物富集、挥发、光解作用等，使其转入固相或气相。在一定的条件下，吸附到泥土和沉积物上的有机化合物又会发生各种转化，重新进入水体中，甚至危及水生生物和人体健康。

根据有机污染物本身的毒性、来源、存在状态，水源水中的有机污染物大致可以分为以下几种类型：

（1）按有机污染物本身的毒性可分为无毒有机污染物和有毒有机污染物。其中无毒有机污染物主要指碳水化合物、木质素、维生素、脂肪、类脂、蛋白质等有机化合物；有毒有机污染物指那些进入生物体内后能使生物体发生生化反应或生理功能变化，并危害生物生存的有机物质，如农药、石油、藻毒素等。

（2）根据有机污染物来源可分为外源有机污染物和内源有机污染物。外源有机污染物指水体从外界接纳的有机物，主要来自地表径流、土壤淋沥渗滤、城市生活污水和工业废水排放、大气降水、垃圾填埋场渗出液、水产养殖的饵料、运输事故中的泄漏、采矿及石油加工排放等。内源有机物来自生长在水体中的生物群体，如细菌及水生植物等及其代谢活动所产生的有机物、水体底泥释放的有机物。

（3）根据污染物在自然界的存在形式，水源水中的有机污染物可分为天然有机物（NOM）和人工合成有机物（SOC）。天然有机物是指动植物在自然循环过程中产生的物质，包括腐殖质、微生物分泌物、溶解的动物组织及动物的废弃物等。典型的天然有机污染物不超过 20 种，腐殖质是其中的主要成分，其根据溶解条件又分为腐殖酸、富里酸。腐殖质占水中溶解性有机碳（DOC）的 40% ～ 60%，也是使地表水呈现色度的物质。腐殖质中 50% ～ 60% 是碳水化合物及其关联物质，10% ～ 30% 是木质素及其衍生物，1% ～ 3% 是蛋白质及其衍生物。

人工合成有机物一般具有以下特点：难于降解，具有生物富集性，三致（致癌、致畸、致突变）作用和毒性。相对于水体中的天然有机物，它们对人体的健康危害更大。

人工合成有机物往往吸附在悬浮颗粒物上和底泥中，成为不可移动的一部分。它们对水环境的影响时间可能会很长，例如 PCBs（多氯联苯）在水环境中的停留时间可长达几年。此外，由于有毒物质品种繁多，不可能对每一种污染物都制定控制标准，因而提出在众多污染物中筛选出潜在危险性大的作为优先研究和控制的对象，称为优先污染物或优先控制污染物。

在借鉴国外经验的基础上，国家环境保护局 1989 年通过的《水中优先控制污染物黑名单》中包括了 14 类共 68 种有毒化学污染物，其中有机有毒化学污染物占 58 种。

1.2.3 水质标准

水质标准是指用水对象（包括饮用水和工业用水等）的各项水质参数应达到的指标和限值。水质参数是指能反映水的使用性质的一种数值，有的涉及单项质量浓度具体数值，如水中的铁、锰浓度等；有的不代表具体成分，但能直接或间接反映水的某一方面的使用性质，如水的色度、浑浊度、总溶解固体、COD_{Mn} 等，被称为替代参数。

1.2.3.1 生活饮用水水质标准

生活饮用水包括人们饮用和日常生活用水（如洗涤、沐浴等）。生活饮用水水质标准，就是为满足安全、卫生要求而制定的技术法规，包括四大类指标。

（1）微生物指标。要求饮用水中不含有病原微生物（细菌、病毒、寄生虫等），在流行病学上安全可靠。病原微生物对人类健康影响最大，它能够在同一时间内使大量饮用者患病。自来水厂一般采用能充分反映病原微生物存在与否的指示微生物作为控制指标。例如，大肠菌群（大肠埃希氏菌）普遍存在于人类粪便内，而且数量很多，检测又较方便。当水中含有这类细菌时，表明水源可能受到粪便污染。当水中检测不出这类细菌时，表明病原菌不复存在，此时的水源具有较大的安全系数。

近年来，美国、日本等国暴发了多起由隐孢子虫和蓝氏贾第鞭毛虫等致病原生动物引起的水媒介流行病。因而，这两种致病原生动物也被列入了饮用水卫生标准的检查范畴。

水中消毒剂余量是指消毒剂加入水中与水接触一定时间后剩余的消毒剂含量，它是保证在供水过程中继续维持消毒效果，抑制水中残余病毒等微生物再度繁殖的指标。余量过少表明水质可能再度受到污染，故消毒剂余量与微生物直接相关。在过去的水质标准中往往把它列入微生物指标。

（2）毒理指标。所含的无机物和有机物在毒理学上安全，对人体健康不产生毒害和不良影响。水中有毒化学物质中，少数是天然存在的（如某些地下水中含有氟或砷等无机毒物），绝大多数是人为污染的，还有少数是在水处理过程中形成的（如三卤甲烷和卤乙酸等）。

（3）感官性状和一般化学指标。当水的色度、浑浊度、嗅、味和肉眼可见物不达标时，虽然不会直接影响人体健康，但会引起使用者的厌恶感。浑浊度高时，不仅使用者会感到不快，而且病菌、病毒及其他有害物质也常常附着于形成浑浊度的悬浮物中。因此，降低浑浊度不仅为满足感官性状要求，对限制水中其他有毒、有害物质含量也具有积极意义。一般化学指标往往与感官性状有关，故与感官性状指标列在同一类中。化学指标中所列的化学物质和水质参数，包括以下几类：第一类是对人体健康有益但不宜过量的化学物质。例如，铁是人体必需元素之一，但水中铁含量过高会使洗涤的衣物和器皿染色并会形成令人厌恶的沉淀或异味。第二类是对人体健康无益但毒性也很低的物质。例如，阴离子合成洗涤剂对人体健康危害不大，但其在水中含量超过 0.5 mg/L 时，会使水起泡且有异味；水的硬度过高，会使烧水壶结垢，洗涤衣服时浪费肥皂等。第三类是高浓度时具有毒性，但当其浓度远未达到致毒量时，在感官性状方面即可表现出来。例如，酚类物质有促癌或致癌作用，但当其在水中含量很低时，即使远未达到致毒量，便具有恶臭，加氯消毒后所形成的氯酚恶臭更甚，故按感官性状制定挥发酚标准是安全的。

（4）放射性指标。水中放射性核素源于天然矿物侵蚀和人为污染，通常以前者为主。放射性物质均为致癌物，因为放射性核素是发射 α 射线和 β 射线的放射源。当放射性核素剂量很低时，往往不需鉴定特定核素，只需测定总 α 射线和 β 射线的活度即可确定人类可接受的放射水平。因此，饮用水标准中，放射性指标通常以总 α 射线和总 β 射线作为控制指标。若水中 α 或 β 射线指标超过控制值时或水源受到特殊核素污染时，则应进行核素分析和评价以判定该水源能否被人饮用。

《生活饮用水卫生标准》（GB 5749—2006）是国家级标准，检测项目为 106 项，标准中分常规指标 38 项和非常规指标 68 项两类。该标准自 2007 年 7 月 1 日开始实施。其中，非常规指标项目和实施日期由省级人民政府根据当地情况确定，并报国家标准化管理委员会、建设部（现住房和城乡建设部）和卫生部（现卫健委）备案。从 2008 年起，三个部门对各省非常规指标实施情况进行通报。全部指标最迟于 2012 年 7 月 1 日实施。

1.2.3.2 再生水水质标准

污水经适当处理后，达到一定的水质标准，满足某种使用要求的水称为再生水。再生水所满足的水质标准即再生水水质标准。再生水的水源可以是城市生活污水处理厂排水、工业污水处理厂排水、矿坑排水等。

再生水回用就是将城市居民生活及生产中使用过的水经过处理后回用，有两种不同程度的回用：一种是将污水处理到可饮用的程度；而另一种是将污水处理到非饮用的程度。对于前一种，因其投资金额较多、工艺复杂，加之人们心理上的障碍，除特缺水地区外，其他地区一般不采用。多数国家是将污水处理到非饮用的程度。再生水有时被称为中水，其水质介于自来水和污水之间。再生水可以作为在一定范围内重复使用的非饮用杂用水，如厕所冲洗、绿地浇灌、道路冲洗、景观环境用水、农业用水、工厂冷却用水、洗车用水等。其水质指标低于城市给水中饮用水水质标准，但又高于污水被允许排入地面水体的排放标准。

因再生水回用用途不同，其水质标准也大不相同。再生水回用，首先应满足卫生要求，主要指标有大肠菌群数、细菌总数、余氯量、悬浮物、生物化学需氧量、化学需氧量。其次应满足人们感官要求，即无不愉快的感觉，主要衡量指标有浑浊度、色度、臭味等。最后，水质不易引起设备、管道的严重腐蚀和结垢，使用方便，主要衡量指标有 pH、硬度、蒸发残渣、溶解性物质等。

市政、环境、娱乐、景观、生活杂用水是再生水回用的重要部分，这主要是按用途划分的。不同用途的回用再生水虽各有侧重但无严格界限，实际上也常有交叉。例如，景观用水有时属灌溉、环境用水，而生活杂用水和市政用水中的绿化用水又属景观用水。关于再生水水质的要求我国制定了城市污水再生利用系列标准，其中包括《城市污水再生利用 城市杂用水水质》（GB/T 18920—2020）等。

1.2.3.3 工业用水水质标准

工业用水种类繁多，水质要求各不相同。水质要求高的工业用水，不仅要求去除水中悬浮物和胶体杂质，而且还需要不同程度地去除水中的溶解物杂质。

食品、酿造及饮料行业的原料用水，水质要求应当高于生活饮用水的要求。

纺织、造纸行业用水，要求水质清澈，且对易于在产品上产生斑点从而影响印染质量或漂白度的杂质含量加以严格限制。如铁和锰会使织物或纸张产生锈斑，水的硬度过高也会使织物或纸张产生钙斑。

对锅炉补给水水质的基本要求为：凡能导致锅炉、给水系统及其他热力设备腐蚀、结垢及引起汽水共腾现象的各种杂质，都应全部或大部分去除。由于锅炉压力和构造不同，对水质要求也不同，锅炉压力越高，水质要求也越高。

在电子工业中，零件的清洗及药液的配制等都需要纯水。例如，在微电子工业的芯片生产过程中，几乎每道工序都要用高纯水清洗。

此外，许多工业部门在生产过程中都需要大量冷却水，用以冷凝蒸汽以及工艺流体或设备降温。冷却水首先要求水温低，同时对水质也有要求，如水中存在悬浮物、藻类及微生物等会使管道和设备堵塞；在循环冷却系统中，还应控制在管道和设备中的因水质问题引起的结垢、腐蚀和微生物繁殖。

总之，工业用水的水质优劣与工业生产的发展和产品质量的提高关系极大。各种工业生产过程中对用水水质的要求由有关工业部门制定。

1.2.3.4 其他水质标准

针对不同的水体特点并满足人类的需求，国家制定了很多水质标准，如《地表水环境质量标准》（GB 3838—2002）、《农田灌溉水质标准》（GB 5084—2021）、《海水水质标准》（GB 3097—1997）、《渔业水质标准》（GB 11607—89）等。

其中《地表水环境质量标准》（GB 3838—2002）适用于全国江河、湖泊、运河、渠道、水库等具有使用功能的地表水水域。集中式生活饮用水水源地补充项目和特定项目适用于集中式生活饮用水地表水源地一级保护区和二级保护区。标准依据地表水水域环境功能和保护目标，按功能高低依次划分为以下五类：

Ⅰ类主要适用于源头水、国家自然保护区；

Ⅱ类主要适用于集中式生活饮用水地表水源地一级保护区、珍稀水生生物栖息地、鱼虾类产卵场、仔稚幼鱼的索饵场等；

Ⅲ类主要适用于集中式生活饮用水地表水源地二级保护区、鱼虾类越冬场、洄游通道、水产养殖区等渔业水域及游泳区；

Ⅳ类主要适用于一般工业用水区及人体非直接接触的娱乐用水区；

Ⅴ类主要适用于农业用水区及一般景观要求水域。

1.3 城镇污水水质与特征指标

城镇污水由三部分组成，即生活污水、工业废水和初期雨水。其性质特征受多种因素影响而呈现较大的差异，其中，主要有人们的生活水准和生活习惯、地域和气候条件、城镇污水中工业废水所占比例及城镇采用的排水体制等因素。因此，不同城镇的生活污水在物理性质、化学性质和生物学性质方面都有一定的差异。

1.3.1 污水的物理性质及指标

1.3.1.1 水温

各地生活污水的年平均水温为 10 ～ 20℃。工业废水的水温与生产工艺有关。污水的水温过低（＜5℃）或过高（＞40℃），都会影响污水生物处理效果和受纳水体的生态环境。

1.3.1.2 色度

污水的色度是一项感官指标。一般生活污水的标准颜色呈灰色，当污水中的溶解氧不足而使有机物腐败，则污水颜色转呈黑褐色。工业废水颜色随工业企业性质的不同而存在很大差异。

1.3.1.3 臭味

臭味也是感官性状指标，可定性反映某种有机或无机污染物。生活污水的臭味主要由有机物腐败产生的气体所致。工业废水的臭味源于还原性硫和氮的化合物、挥发性化合物等污染物质。

1.3.1.4 固体杂质

污水中所含固体杂质按存在形态的不同可分为悬浮物、胶体和溶解物 3 种；按性质的不同可分为有机物、无机物和生物体 3 种。

污水中所含固体杂质的总和称为总固体（TS），总固体包括悬浮固体或称为悬浮物（SS）和溶解固体（DS）。悬浮固体根据其挥发性能又可以分为挥发性固体（VSS）和非挥发性固体（NVSS）。

1.3.2 污水的化学性质及指标

1.3.2.1 无机物

污水中的无机物包括酸碱度、氮、磷、无机盐及重金属离子等。

（1）酸碱度。酸碱度用pH表示。天然水体的pH一般为6～9，当受到酸碱污染时，水体pH会发生变化。pH为6～9属正常范围，如超出正常范围较大时会抑制水体中微生物和水生生物的繁衍和生存，对水体的生态系统产生不利影响，甚至危及人畜生命安全。当污水pH偏低或偏高时，不仅会对管渠、污水处理构筑物及机械设备产生腐蚀或使其结垢，还会对污水的生物处理构成威胁。

污水的碱度是指污水中能与强酸发生中和反应的物质，主要包括3种：氢氧化物碱度，即OH^-离子含量；碳酸盐碱度，即CO_3^{2-}离子含量；重碳酸盐碱度，即HCO_3^-离子含量。污水中的碱度可按式（1-1）计算：

$$[碱度]=[OH^-]+[CO_3^{2-}]+[HCO_3^-]-[H^+] \tag{1-1}$$

式中：[ ] 为当量浓度。

污水所含碱度，对外加的或在污水处理过程中产生的酸、碱有一定的缓冲作用。因此，在污水或污泥厌氧消化和污水生物脱氮除磷时，对碱度有一定的要求。例如，规范规定，生物脱氮除磷的好氧区总碱度宜大于70 mg/L（以$CaCO_3$计），如不满足要求，应采取增加碱度的措施。

（2）氮、磷。污水中含氮化合物有4种形态——有机氮、氨氮、亚硝酸盐氮、硝酸盐氮，这4种形态的氮化合物的总量称为总氮（TN）。有机氮在自然界很不稳定，在微生物的作用下容易分解为其他3种含氮化合物。在无氧条件下分解为氨氮；在有氧条件下，先分解N为氨氮，继而分解为亚硝酸盐氮和硝酸盐。

①凯氏氮（KN）：有机氮和氨氮之和。凯氏氮指标可以作为判断污水生物处理时氮营养源是否充足的依据。一般生活污水中凯氏氮含量约为40 mg/L（其中有机氮为15 mg/L，氨氮约为25 mg/L）。

②氨氮：氨氮在污水中以游离氨（NH_3）和离子态铵盐（NH_4^+）两种形态存在。污水进行生物处理时，氨氮不仅向微生物提供营养素，而且对污水中的pH起缓冲作用。但氨氮过高时，如超过1 600 mg/L（以N计），会对微生物产生抑制作用。

③磷：污水中含磷化合物可分为有机磷与无机磷两类。有机磷主要以葡萄糖-6-磷酸、2-磷酸-甘油酸及磷肌酸等形态存在。无机磷以磷酸盐的形态存在，包括正磷酸盐（PO_4^{3-}）、偏磷酸盐（HPO_4^{2-}）、磷酸二氢盐（$H_2PO_4^{2-}$）等。污水中的总磷（TP）指无机磷酸盐和有机磷酸盐的总含量。

一般生活污水中有机磷含量约为3 mg/L，无机磷含量约为7 mg/L。

（3）硫酸盐与硫化物。生活污水中的硫酸盐主要源于人类排泄物。工业废水如洗矿、化工、制药、造纸和发酵等工业的废水含有较高的硫酸盐。

硫化物属于还原性物质，在污水中以硫化氢（H_2S）、硫氢化物（HS^-）与硫化物（S^{2-}）的形态存在。当 pH 较低时（<6.5），以 H_2S 为主，约占硫化物总量的98%；当 pH 较高时（>9），则以 S^{2-} 为主。硫化物在污水中要消耗溶解氧，且形成黑色金属硫化物。

（4）氯化物。某些工业废水中含有浓度很高的氯化物，对管道和设备有腐蚀作用，如氯化钠浓度超过 4 000 mg/L 时，对生物处理的微生物有抑制作用。

（5）非重金属无机有毒物质。非重金属无机有毒物质主要有氰化物（CN）和砷（As）。

①氰化物在污水中的存在形态是无机氰（如氢氰酸 HCN、氰酸盐 CN^-）和有机氰化物（如丙烯腈 C_2H_2CN 等）。

②砷化物在污水中的存在形态是无机砷化物（如亚砷酸盐 AsO_2^-、砷酸盐 AsO_4^{3-}）及有机砷（如三甲基砷）。砷化物对人体的毒性排序为有机砷>亚砷酸盐>砷酸盐。砷会在人体内积累，也属致癌物质。

（6）重金属离子。指原子序数为 21 ～ 83 的金属或相对密度大于 4 的金属，如汞、镉、铅、铬、镍等生物毒性显著的元素，也包括具有一定毒性的一般重金属，如锌、铜、钴、锡等。

1.3.2.2 有机物

（1）污水中的有机物成分。生活污水中所含有机物的主要成分是碳水化合物、蛋白质、脂肪及尿素（由于尿素分解很快，城市污水中很少能检测到），构成元素为碳、氢、氧、氮和少量的硫、磷、铁等。

（2）可生物降解、难生物降解与不可生物降解有机物。有机物按被生物降解的难易程度，大致可分为三大类：第一类是可生物降解有机物；第二类是难生物降解有机物；第三类是不可生物降解有机物。前两类有机物的共同特点是最终都可以被氧化分解成简单的无机物、二氧化碳和水；区别在于第一类有机物可被一般微生物氧化分解，而第二类有机物只能被氧化剂氧化分解，或者可被经驯化、筛选后的微生物氧化分解。第三类有机物完全不可生物降解，称为持久性有机污染物（POPs），这类有机物一般采用化学氧化法进行处理。

（3）主要有机物的生化特性。

①碳水化合物，包括糖类、淀粉、纤维素和木质素等，主要构成元素为碳、氢、氧，属于可生物降解有机物，对微生物无毒害与抑制作用。

②蛋白质，由多种氨基酸化合或结合而成，主要构成元素是碳、氢、氧、氮。其性质不稳定，易分解，属于可生物降解有机物，对微生物无毒害与抑制作用。

③脂肪和油类，是乙醇或甘油与脂肪酸的化合物，主要构成元素为碳、氢、氧。

脂肪酸甘油酯在常温下呈液态称为油；在常温下呈固态称为脂肪。脂肪比碳水化合物、蛋白质的性质稳定，属于难生物降解有机物，对微生物无毒害与抑制作用。

④酚类，是指苯及其稠环的羟基衍生物。根据其能否与水蒸气一起挥发而分为挥发酚和不挥发酚。挥发酚包括苯酚、甲酚、二甲苯酚等，属于可生物降解有机物，但对微生物有一定的毒害与抑制作用；不挥发酚包括间苯二酚、邻苯三酚等多元酚，属于难生物降解有机物，并对微生物有毒害与抑制作用。

⑤有机酸、碱，包括短链脂肪酸、甲酸、乙酸和乳酸等有机酸；吡啶及其同系物质等有机碱都属于可生物降解有机物，但对微生物有毒害或抑制作用。

⑥表面活性剂，分为两类：一是硬性表面活性剂（ABS），主要成分为烷基苯磺酸盐，含有磷并易产生大量泡沫，属于难生物降解有机物；二是软性表面活性剂（LAS），主要成分为烷基芳基磺酸盐，也含磷，但泡沫大大减少，LAS 是 ABS 的替代物。

⑦有机农药，分两大类：有机氯农药和有机磷农药。有机氯农药（如DDT、六六六等）毒性极大且很难分解，多数属持久性有机污染物（POPs），会在自然界不断积累，严重污染环境。有机磷农药，如敌百虫、乐果、敌敌畏、甲基对硫磷、马拉酸磷及对硫磷等，毒性也很大，也属于难生物降解有机物，对微生物有毒害与抑制作用。

⑧取代苯类化合物，苯环上的原子被硝基、胺基取代后生成的芳香族卤化物称为取代苯类化合物。主要源于印染和染料工业废水、炸药工业废水及电器、塑料、制药、合成橡胶、石油化工等工业废水，都属于难生物降解有机物，并对微生物有毒害或抑制作用。

（4）表征水中有机物浓度的指标。

污水中的有机物种类繁多、成分复杂，要分别测定各类有机化合物的准确含量，程序相当烦琐，一般在工业应用中也无此必要。这些有机物对水的主要危害在于大量消耗水中的溶解氧。因此，通常用氧化过程所消耗的氧量来作为好氧有机物的综合指标，一般采用化学需氧量、生化需氧量、总有机碳、总需氧量等指标来综合评价水中有机物的含量。

①生化需氧量（BOD），水中有机污染物在有氧条件下被好氧微生物分解成无机物所消耗的氧量称为生化需氧量（以 mg/L 为单位）。生化需氧量高，表示水中可生物降解有机物多。有机物被好氧微生物分解的过程，可分为两个阶段：第一阶段为碳氧化阶段，在异养菌作用下，有机物被氧化成二氧化碳、水和氨；第二阶段为硝化阶段，在自养菌（亚硝化菌）作用下，氨被氧化成亚硝酸盐，继而在自养菌（硝化菌）作用下，亚硝酸盐转化为硝酸盐，两阶段的完全生化需氧量用 BOD_u 表示。

由于有机物的生化全过程延续时间很长，在 20℃水温下，完成两个阶段需 100 d 以上。生活污水中的有机物一般需 20 d 左右才能基本完成第一阶段的分解氧化过程，即测定第一阶段的生化需氧量至少需要 20 d，这在实际操作中有困难。根据试验研究，一般有机物的 5 d 生化需氧量约为第一阶段生化需氧量的 70%，而 20 d 后生化反应过程趋于平缓。因此，在实际应用上，采用 20 d 的生化需氧量（以 BOD_{20} 表示）近似作为总生化需氧量；采用 5 d 的生化需氧量（以 BOD_5 表示）作为可生物降解有机污染物的综合浓度指标。

②化学需氧量（COD），采用化学氧化剂将有机物氧化成二氧化碳和水所消耗的氧化剂量（用氧量表示）称为化学需氧量（以 mg/L 为单位）。它可较准确地表示水中有机物含量，测定时间为数小时，且测定结果不受被测水样含有抑制微生物成长的有毒有害物质的影响。

常用的氧化剂有重铬酸钾和高锰酸钾。由于重铬酸钾的氧化能力极强，可以较完全地氧化水中的各种有机物，对低直链化合物的氧化率可达 80% ～ 90%。我国以重铬酸钾作为氧化剂测定化学需氧量，以 COD_{Cr} 表示。

如果污水中有机物的组成相对稳定，测得的化学需氧量和生化需氧量之间有一定的比例关系。一般地，化学需氧量（COD_{Cr}）与生化需氧量（BOD_{20}）的差值，可以大致表示污水中难生物降解有机物的数量。在实际工作中，通常用 BOD_5/COD_{Cr} 的比值作为污水是否适宜采用生物处理的判别标准，被称为可生化性指标。该比值越大，可生化性越好；反之亦然。一般认为，$BOD_5/COD_{Cr}>0.3$ 的污水宜采用生物处理；<0.3 则表明对污水采用生物处理困难；<0.25 表明不宜对污水采用生物处理。

③总有机碳（TOC）和总需氧量（TOD）是目前国内外实现自动快速测定有机物浓度的综合指标。TOC 是水样中所有有机物的含碳量。TOD 是水样中所有有机物被氧化（C、H、N、S 等转化为 CO_2、H_2O、NO_2 和 SO_2 等）所消耗的总氧量。TOC 和 TOD 的测定原理相同，都是采用燃料化学需氧反应原理进行测定，但有机物数量的表示方法不同，TOC 用含碳量表示，TOD 则用消耗的氧量表示。

TOC 或 TOD 与 BOD 有本质区别，而且由于各种水样中有机物质的成分不同，差别很大。因此，各种水质之间 TOC 或 TOD 与 BOD 不存在固定的相关关系。但水质条件基本相同的污水，BOD_5、COD、TOD 或 TOC 之间存在一定的相关关系，可以通过试验求得它们之间的关系曲线，从而可以快速得出水样被有机物污染的程度。一般情况下，$TOD>COD_{Cr}>BOD_{20}>BOD_5>TOC$。

生活污水的 BOD_5/COD 比值为 0.4 ～ 0.5；BOD_5/TOC 比值一般为 1.0 ～ 1.6。工业废水的 BOD_5/COD_{Cr} 和 BOD_5/TOC 比值，由于各种工业生产性质不同，差异极大。

1.3.3 污水的生物性质及指标

污水生物性质的检测指标主要有细菌总数、总大肠菌群及病毒 3 项，用以评价水样受生物污染的严重程度。

1.3.3.1 细菌总数

细菌总数是大肠菌群、病原菌、病毒及其他细菌数的总和，以每升水样中的细菌群数总数表示。

1.3.3.2 总大肠菌群

总大肠菌群是每升水样中所含大肠菌群的数量（以个/L计），采用多管发酵法或者滤膜法测定。大肠菌群指数是指检查出一个大肠菌群所需的最少水量（以mL/个计）。

1.3.3.3 病毒

污水中已被检出的病毒有100多种。病毒的培养检验方法比较复杂，目前主要采用数量测定法与蚀斑测定法两种。

1.3.4 污水排放标准

我国有关部门以水资源科学理论为指导，生态标准、经济可行、社会要求三者并重，全面规划，有计划、有重点、有步骤地控制污染源，以保护水资源免受污染，为此制定了各种污水排放标准。

综合污染排放标准有《污水综合排放标准》（GB 8978—1996）；其他排放标准有《城镇污水处理厂污染物排放标准》（GB 18918—2002）等。《污水综合排放标准》按照污水排放去向，规定了69种水污染物最高允许排放浓度及部分行业最高允许排水量。该标准适用于现有单位水污染物的排放管理，以及建设项目的环境影响评价、建设项目环境保护设施设计、竣工验收及其投产后的排放管理。该标准分级如下：

（1）排入《地表水环境质量标准》（GB 3838）Ⅲ类水域（划定的保护区和游泳区除外）和排入《海水水质标准》（GB 3097）中二类海域的污水，执行一级标准。

（2）排入《地表水环境质量标准》中Ⅳ、V类水域和排入《海水水质标准》中三类海域的污水，执行二级标准。

（3）排入设置有二级污水处理厂的城镇排水系统的污水，执行三级标准。

（4）排入未设置有二级污水处理厂的城镇排水系统的污水，必须根据排水系统出水受纳水域的功能要求，分别执行一级和二级标准。

《地表水环境质量标准》中Ⅰ、Ⅱ类水域和Ⅲ类水域中划定的保护区和《海水水质标准》中一类海域，禁止新建排污口。

《污水综合排放标准》将排放的污染物按其性质及控制方式分为以下两类：

第一类污染物，不分行业和污水排放方式，也不分受纳水体的功能类别，一律在车间或车间设施排放口采样，其最高允许排放浓度必须达到本标准要求。

第二类污染物，在排污单位排放口采样，其最高允许排放浓度必须达到本标准要求。

此外，为贯彻我国水污染防治和水资源开发利用方针，提高城市污水利用效率，做好城市节约用水工作，合理利用水资源，实现城市污水资源化，减轻污水对环境的污染，促进城镇建设和经济建设可持续发展，有关部门制定了城市污水再生利用系列标准。

1.4 城市水处理的基本方法与系统组成

一般来说，水处理有三大主要目标。

第一，去除或部分去除水中的杂质，包括有机物、无机物和微生物等，达到相关水质标准，例如，《生活饮用水卫生标准》（GB 5749—2006）、《瓶装饮用纯净水》（GB 17323—1998）、《城镇污水处理厂污染物排放标准》（GB 18918—2002）、《城市污水再生利用　城市杂用水水质》（GB/T 18920—2020）等。

第二，在水中加入某种化学物质以改善水的使用性质，例如，饮用水中加氟以防止龋齿，循环冷却水中加缓蚀剂及阻垢剂以控制腐蚀、结垢，污水处理厂尾水消毒防止致病微生物污染等。

第三，改变水的某些物理化学性质，例如调节水的pH，水的冷却等。此外，水处理过程中所产生的污染物处理和处置也是水处理的内容之一。

1.4.1 水处理的基本方法

单元处理是水处理工艺中完成或主要完成某一特定目的的处理环节。单元处理方法可分成物理、化学（其中包括物理化学分支）和生物3种。在水处理中，为方便考虑，简化为物理化学法和生物法（或生物化学）两种。这里的物理化学法并非指化学分支中的物理化学，而是物理学和化学两大学科的合称。

1.4.1.1 物理化学处理法

水的物理化学处理方法较多，但主要有以下几种：

1）混凝。在原水（未经处理或放入容器等待进一步处理的水）中投加电解质，使水中不易沉淀的胶体和悬浮物聚结成易于沉淀的絮凝体的过程称为混凝，混凝包括凝聚和絮凝两个阶段。

2）沉淀。通常指水中悬浮颗粒在重力作用下从水中分离出来的过程。如果向水中投加某种化学药剂，与水中一些溶解物质发生化学反应而生成难溶物沉淀下来，则称之为化学沉淀。

3）澄清。这里的“澄清”一词，并非一般概念上水的沉淀澄清，而是一个专业名词，是集絮凝和沉淀于一体的单元处理方法之一。水中胶体、悬浮物经过絮凝聚集成尺寸较大的絮凝体，然后在同一设备中完成固—液分离。

4）气浮。是固—液分离或液—液（如含油水）分离的一种方法。利用大量微细气泡黏附于杂质、絮粒之上，使悬浮颗粒浮出水面而将其去除的工艺，称为气浮分离。

5）过滤。当滤水通过过滤介质（或过滤设备）时，水中固体物质从水中分离出来的一种单元处理方法。过滤分为表面过滤和滤层过滤（又称滤床过滤或深层过滤）两种。表面过滤是指尺寸大于介质空隙的固体物质被截留于过滤介质表面而让水通过的一种过滤方法，如滤网过滤、微孔滤膜过滤等。滤层过滤是指过滤设备中填装粒状滤料（如石英砂、无烟煤等）形成多孔滤层的过滤。

6）膜分离。在电位差、压力差或浓度差推动力作用下，利用特定膜的透过性能，分离水中离子、分子和固体微粒的处理方法。在水处理中，通常采用电位差和压力差两种。利用电位差的膜分离法有电渗析法；利用压力差的膜分离法有微滤、超滤、纳滤和反渗透。

7）吸附。吸附可以发生在固相—液相、固相—气相或液相—气相之间。在某种力的作用下，被吸附物质从原来所处的位置上被移出，在界面处发生相间积聚和浓缩的现象称为吸附，由分子力产生的吸附为物理吸附；由化学键力产生的吸附为化学吸附。

8）离子交换。一种不溶于水且带有可交换基团的固体颗粒（离子交换剂）从水溶液中吸附阴、阳离子，且把本身可交换基团中带相同电荷的离子等当量地释放到水中，从而达到去除水中特定离子的目的。离子交换法广泛应用于硬水软化、除盐和工业废水中的铬、铜等重金属的去除。

9）化学氧化。用氧化剂氧化水中溶解性有毒有害物质，使之转化为无毒无害或不溶物质的方法，称为氧化法。因氧化、还原同时发生，氧化剂得到电子得以还原，同时还原剂失去电子受到氧化。

10）曝气。水处理中曝气主要是利用机械或水力作用将空气中的氧转移到水中充氧或使水中有害的溶解气体穿过气液界面向气相转移，从而达到去除水中溶解性气体（游离 CO_2、H_2S 等）和挥发性物质的过程。

1.4.1.2 生物处理方法

利用微生物（主要是细菌菌落）的新陈代谢功能去除水中有机物和某些无机物的处理方法称为生物处理方法。在给水处理中，大多采用微生物附着、生长在固定填料或载体水中有机物的方法，即生物膜法。污水处理中的生物处理方法较多，主要包括活性污泥法、生物膜法、土地处理等方法，是城镇生活污水处理方法中的主流方法。

事实上，以上介绍的各种单元处理方法，在水处理中的应用是灵活多样的。去除一种污染物，往往可采用多种处理方法。同样，一种处理方法，往往也可应对多种处理对象。如氧化还原法可以去除的对象包括：有机物，铁、锰、铬、氰等无机物。

此外，还有一点必须注意：有的单元处理方法在应对主要处理对象的同时，往往会兼具其他的处理效果。如沉淀、澄清的处理对象主要是水中悬浮物和胶体物质，其作用是使浑水变清。在此过程中，水中有机物、菌落也会得到部分去除。

1.4.2 水处理工艺系统

1.4.2.1 给水处理工艺系统

天然水体中杂质的成分相当复杂，单靠某一个单元处理，难以达到预定的水质标准，往往需要由多个单元串联处理协同完成，由多个单元处理组成的处理过程称为水处理工艺系统或水处理工艺流程。在给水处理中，传统的处理工艺通常由 4 个单元处理组成，即混凝→沉淀→过滤→消毒。不同的原水水质或达到不同的出水标准，可用不同的处理工艺和单元处理方法。水处理工作者的任务就是在众多处理工艺和处理方法中寻求最合适且最为经济有效的处理工艺和方法，并不断研究新的处理工艺和方法。图 1-3 给出了城市给水处理的典型流程。

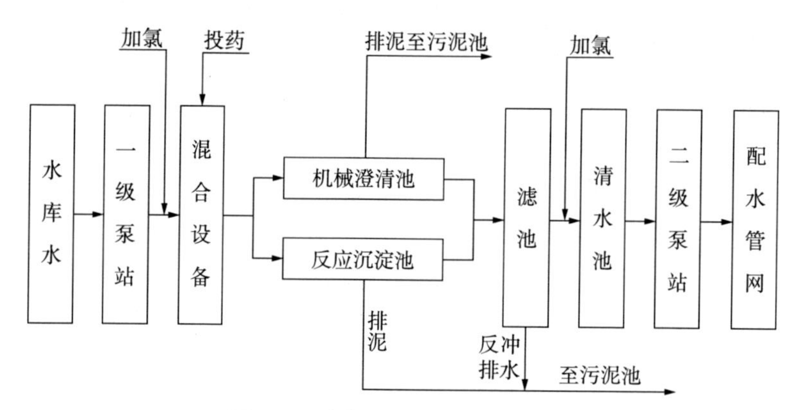

图 1-3 城市给水处理的典型流程

1.4.2.2 污水处理工艺系统

由于污水种类繁多，成分复杂多变，故其处理工艺系统也较给水处理工艺系统复杂、灵活、多样。按处理程度可分为一级、二级和三级处理。

（1）一级处理。主要是去除污水中呈漂浮、悬浮状态和固体污染物质，物理处理大部分只能完成一级处理的要求。经过一级处理后的污水，BOD 物质一般可去除 30% 左右，达不到排放要求。一级处理属于二级处理的预处理。

（2）二级处理。主要去除污水中呈胶体和溶解状态的有机污染物（即BOD、COD物质），去除率可达90%以上，使有机污染物达到排放标准。二级处理主要指生物处理。

（3）三级处理。在一级、二级处理后，进一步处理难降解的有机物、磷和氮等能够导致水体富营养化的可溶性无机物等。主要方法有生物脱氮除磷法、混凝沉淀法、砂滤法、活性炭吸附法、离子交换法、电渗析法和膜法等。三级处理是深度处理的近义词，但两者又不完全相同。三级处理常用于二级处理之后的补充处理；而深度处理以污水回收、再生利用为目的。

污泥是污水处理过程中的产物。城市污水处理产生的污泥含有大量有机物，富含肥分，可以作为农肥使用，但又含有大量细菌、寄生虫卵以及从工业废水中带来的重金属离子等，故需要进行稳定与无害化处理。污泥处理的主要方法是减量处理（如浓缩、脱水等），稳定处理（如厌氧消化、好氧消化等），综合利用（如消化气利用、污泥农业利用等）和最终处置（如干燥焚烧、填埋、投海、作为建筑材料等）。

对于某种污水应采用哪几种处理方法组成处理系统，要根据污水的水质、水量、回收其中有用物质的可能性、经济性、受纳水体的条件和要求，并结合调查研究与经济技术比较后决定，必要时还需进行试验。

城市污水处理的典型流程如图1-4所示。

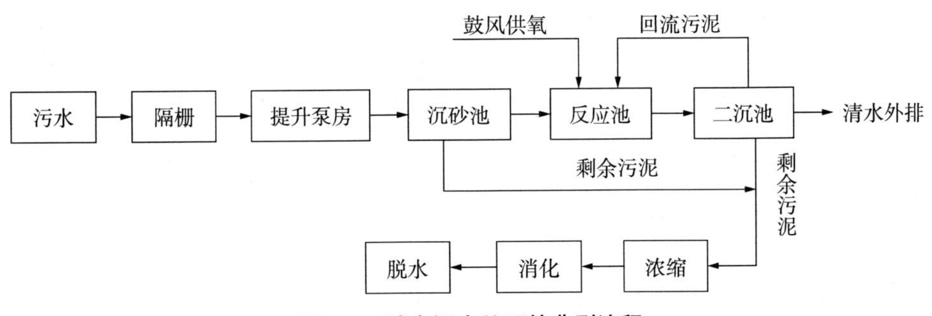

图1-4 城市污水处理的典型流程

工业废水的处理流程随工业性质、生产原料、成品及生产工艺的不同而不同，具体处理方法与流程应根据工业废水水质、水量、处理对象及排放标准的要求，经调查研究或试验后确定。

1.5 反应器的概念及其在水处理中的应用

反应器是化工生产过程中的核心部分。在反应器中进行的过程，既有化学反应过程，又有物理过程，并有多方面的影响因素。化学反应工程把这种复杂的研究对象用数学模型的方法予以等效简化，使得反应装置的选择、反应器尺寸的计算、反应过程的操作及最优控制等较为科学。

反应器的概念在水处理中含义较广泛，上述各种单元处理所用的设备或构筑物均可称为反应器，包括化学反应、生物化学反应以及纯物理过程等。尽管水处理单元和化工生产过程在生产条件、生产批量、生产原料上的要求不同，但了解反应器基本原理对水处理设备的选型、设计、设备性能的判断和操作条件的优化控制等均有指导意义，对水处理理论的发展和提高也有促进作用，本节对此做一简要介绍。

1.5.1 物料衡算

在反应器内，某物质的产生、消失或浓度的变化，或者由化学反应引起，或者由物质迁移或质量传递引起，或者是两者同时作用的结果。设在反应器内某一指定部位（即指定某一反应区），任选某一物料组分 i，根据质量守恒定律，可写出如下物料平衡式（均以单位时间、单位体积物料计）：

$$变化量 = 输入量 - 输出量 + 反应量 \tag{1-2}$$

反应量指组分 i 由于化学反应而消失（或产生）的量。变化量指由上述 3 种作用引起反应器指定部位内 i 组分的变化。变化量又称“累积量”。

1.5.2 理想反应器

由于反应器内实际进行的物质迁移或流动过程相当复杂，建立数学模型十分困难。为此，对反应器内物质迁移或流动进行一些假定予以简化。经过简化的反应器被称为理想反应器，可近似反映真实反应器的特征，并可由此进一步推出偏离理想状态的非理想反应器模型。图 1-5 表示 3 种理想反应器，即

①完全混合间歇式反应器（Completely Mixed Batch Reactor，CMB）；

②推流式反应器（Plug Flow Reactor，PF）；

③完全混合连续式反应器（Continuous Stirred Tank Reactor，CSTR）。

1.5.2.1 完全混合间歇式反应器（CMB）

这是一种间歇操作的反应器。物料投入反应器后，通过搅拌使容器内物质均匀混合，同时进行反应，直至反应产物达到预期要求时，操作停止，排出反应产物，然后进行下一批生产。在整个反应过程中，既无新的物料自外界投入，也无反应产物排出容器。显然，就该系统而言，在反应过程中，不存在物料的输入和输出，即无输入量和输出量，只有变化量和反应量。假定是在恒温下操作，可写出下列反应式：

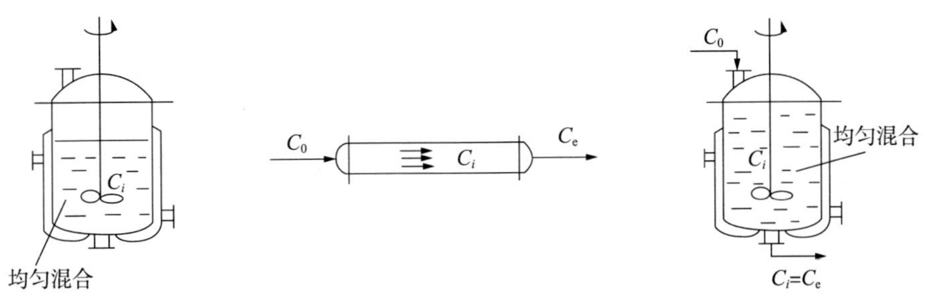

C_0—进口物料浓度；C_i—反应器内时间为 t 的物料浓度；C_e—出口物料浓度。

图 1-5 理想反应器

$$\frac{\mathrm{d}C_i}{\mathrm{d}t}=r\left(C_i\right) \tag{1-3}$$

当 $t=0$ 时，$C_i=C_0$，积分上式：

$$t=\int_{C_0}^{C_i}\frac{\mathrm{d}C_i}{r(C_i)} \tag{1-4}$$

如果反应速率 r（C_i）已知，通过积分就可算出物料 i 由进口浓度 C_0 变化至 C_i 所需的时间 t，从而根据生产要求，求出所需反应器容积。

如果物料反应为一级反应（并设 i 随时间减少），则 r（C_i）$=-kC_i$，代入式（1-4）：

$$t=\int_{C_0}^{C_i}\frac{\mathrm{d}C_i}{-kC_i}=\frac{1}{k}\ln\frac{C_0}{C_i} \tag{1-5}$$

如果物料反应为二级反应（并设 i 随时间减少），则 r（C_i）$=-kC_i^2$，代入式（1-4）：

$$t=\int_{C_0}^{C_i}\frac{\mathrm{d}C_i}{-kC_i^2}=\frac{1}{k}\left(\frac{1}{C_i}-\frac{1}{C_0}\right) \tag{1-6}$$

1.5.2.2 推流式反应器（PF）

理想的推流式反应器又称活塞流反应器。反应器内的物料随水流以相同流速 v 平行流动。物料浓度在垂直于水流的方向完全均匀，而沿着水流方向的物料浓度将发生变化。这种反应器物料的输入和输出就是平行流动的主流传送，而无纵向扩散作用。在稳定状态下，沿水流方向各断面处的物料浓度 C_i 不随时间变化，即 $\mathrm{d}C_i/\mathrm{d}t=0$，可以简化为：

$$v\frac{\mathrm{d}C_i}{\mathrm{d}x}=r\left(C_i\right) \tag{1-7}$$

按边界条件 $x=0$，$C_1=C_0$；x=x，$C_1=C_i$；积分式（1-7）得：

$$t=\frac{x}{v}=\int_{C_0}^{C_i}\frac{\mathrm{d}C_i}{r\left(C_i\right)} \tag{1-8}$$

由式（1-8）可见，推流式反应器（PF）和间歇式反应器（CMB）内的反应过程是完全一样的，但间歇式反应器除了反应时间，还需考虑投料和卸料时间，而推流式反应器为连续操作。

推流式反应器在水处理中较广泛地用作水处理构筑物或设备的分析模型，如平流沉淀池、滤池及氯化消毒接触池就接近于PF型反应器。

【例1-1】消毒试验设备采用PF型反应器，在消毒过程中，水中细菌个数随着消毒剂和水接触时间的延长而逐渐减少。设存活的细菌密度随时间的变化速率符合一级反应，且假定 $k = 0.92\ \mathrm{min}^{-1}$，求细菌被灭活99%时，所需时间为多少？

【解】设原有细菌密度为 C_0，t 分钟后尚存活的细菌密度为 C_i，则在 t 分钟后，细菌的灭活率为：

$$(C_0 - C_i)/C_0 = 99\%$$

细菌灭活速率等于原有细菌减少速率。按一级反应，$r(C_i) = -kC_i = -0.92C_i$，代入式（1-5）：

$$t = \frac{1}{k}\ln\frac{C_0}{C_i} = \frac{1}{0.92}\ln\frac{C_0}{0.01C_0} \approx 5\ \mathrm{min}$$

1.5.2.3　完全混合连续式反应器（CSTR）

在水处理中，CSTR应用较多，快速混合池即是一例。当物料投入反应器后，经搅拌立即与反应器内的料液达到完全均匀混合。新的物料连续输入，反应产物也连续输出。不难理解，输出的产物的浓度和成分必然与反应器内的物料相同（即 $C_i = C_0$）。新的物料一旦投入反应器，由于快速混合作用，一部分新鲜物料必然随产物立刻输出，理论上说这部分物料在反应器内的停留时间等于零。而其余新鲜物料在反应器内的停留时间则各不相同，理论上最长的等于无穷大。

根据反应器内物料完全均匀混合且与输出产物相同的假定，在等温操作下，列物料平衡式：

$$V\frac{\mathrm{d}C_i}{\mathrm{d}x} = QC_0 - QC_i + Vr(C_i) \tag{1-9}$$

式中：V——反应器内的液体体积；

Q——流入或输出反应器的流量；

C_0——组分 i 的流入浓度；

C_i——反应器内组分 i 的浓度。

通常情况下，按稳定状态考虑，即在进入反应器的 i 物质浓度 C_0 不变的条件下，反应器内组分 i 的浓度 C_i 也不随时间而变化，即 $\mathrm{d}C_i/\mathrm{d}t = 0$，于是：

$$QC_0 - QC_i + Vr(C_i) = 0 \tag{1-10}$$

如果物料反应为一级反应，将 $r(C_i) = -kC_i$，代入式（1-10）得：

$$QC_0-QC_i-VkC_i=0$$

反应器内的液体体积 V 等于流入反应器的流量 Q 和平均停留时间（τ）的乘积，即 $V=Q\tau$，代入上式并经整理得：

$$\tau=\frac{1}{k}\left(\frac{C_0}{C_i}-1\right) \tag{1-11}$$

如果物料反应为二级反应，将 $r(C_i)=-kC_i^2$ 代入式（1-10）得：

$$QC_0-QC_i-VkC_i^2=0 \tag{1-12}$$

求解此一元二次方程式可以求出 τ、C_i 值。

【例 1-2】消毒试验设备采用 CSTR 型反应器。在消毒过程中，水中细菌个数随着消毒剂和水接触时间的延长逐渐减少。设存活的细菌密度随时间的变化速率符合一级反应，且假定 $k=0.92\ \text{min}^{-1}$，求细菌被灭活 99% 时，所需时间为多少？

【解】将 $C_i=0.01C_0$，$k=0.92\ \text{min}^{-1}$ 代入式（1-11）：

$$\tau=\frac{1}{k}\left(\frac{C_0}{C_i}-1\right)=\frac{1}{0.92}\left(\frac{C_0}{0.01C_0}-1\right)\approx 107.6\ \text{min}$$

对比【例 1-1】和【例 1-2】可知，采用 CSTR 型反应器所需消毒时间约是 PF 型反应器所需消毒时间的 21.5 倍。这是由于 CSTR 型反应器仅仅是在细菌浓度为最终浓度（$C_i=0.01C_0$）条件下进行反应，反应速度很低。而在 PF 型反应器内，开始反应时，反应器内细菌浓度（C_0）很高，相应的反应速度很快；随着反应流程延长，细菌浓度逐渐减小，反应速度也随之逐渐降低。直至反应结束时，才与 CSTR 的整个反应时间内的低反应速度一样。

1.5.2.4 完全混合连续式反应器（CSTR 型）串联

在水处理中，通常会将数个 CSTR 型反应器串联使用。如果将 n 个体积相等的 CSTR 型反应器串联使用，则后 1 个反应器的输入物料浓度即前 1 个反应器的输出物料浓度，以此类推。

C_0 → [1] → C_1 → [2] → C_2 → [3] ⋯ C_{n-1} → [n] → C_n

设为一级反应，每个反应器停留时间 τ 相同，物料进出浓度之比可写出如下公式：

$$\frac{C_1}{C_0}=\frac{1}{1+k\tau};\ \frac{C_2}{C_1}=\frac{1}{1+k\tau};\ \cdots;\ \frac{C_n}{C_{n-1}}=\frac{1}{1+k\tau}; \tag{1-13}$$

$$\frac{C_1}{C_0}\cdot\frac{C_2}{C_1}\cdot\frac{C_3}{C_2}\cdot\cdots\cdot\frac{C_n}{C_{n-1}}=\frac{1}{1+k\tau}\cdot\frac{1}{1+k\tau}\cdot\frac{1}{1+k\tau}\cdot\cdots\cdot\frac{1}{1+k\tau} \tag{1-14}$$

又可写成：

$$\frac{C_n}{C_0}=\left(\frac{1}{1+k\tau}\right)^n，或者\tau=\frac{1}{k}\left[\left(\frac{C_0}{C_n}\right)^{\frac{1}{n}}-1\right] \tag{1-15}$$

式中，τ 为单个反应器的反应时间。总反应时间 $T=n\tau$。

【例 1-3】在【例 1-2】中若采用 3 个体积相等的 CSTR 型反应器串联，求所需消毒时间为多少？

【解】$C_n/C_0=0.01$，$n=3$，代入式（1-13）

$$\tau=\frac{1}{k}\left[\left(\frac{C_0}{C_n}\right)^{\frac{1}{n}}-1\right]=\frac{1}{0.92}\left[\left(\frac{1}{0.01}\right)^{\frac{1}{3}}-1\right]\approx 3.96\ \text{min}$$

$$T=n\tau=3\times 3.96=11.88\ \text{min}\approx 12\ \text{min}$$

由此可知，采用 3 个 CSTR 型反应器串联，所需消毒时间比 1 个反应器大大缩短。串联的反应器个数越多，所需反应时间越短，理论上当串联的反应器数 $n\to\infty$ 时，所需反应时间将趋近于 CMB 型或 PF 型的反应时间。表 1-2 列出了 3 种理想反应器的理论停留时间表达式。

表 1-2　理想反应器的理论停留时间

反应级	平均停留时间		
	CMB	PF	CSTR
0	$\frac{1}{k}(C_0-C_i)$	$\frac{1}{k}(C_0-C_i)$	$\frac{1}{k}(C_0-C_i)$
1	$\frac{1}{k}\ln\frac{C_0}{C_i}$	$\frac{1}{k}\ln\frac{C_0}{C_i}$	$\frac{1}{k}\left(\frac{C_0}{C_i}-1\right)$
2	$\frac{1}{kC_0}\left(\frac{C_0}{C_i}-1\right)$	$\frac{1}{kC_0}\left(\frac{C_0}{C_i}-1\right)$	$\frac{1}{kC_i}\left(\frac{C_0}{C_i}-1\right)$
串联，$n>1$	$\frac{1}{k(n-1)C_0^{n-1}}\left[\left(\frac{C_0}{C_i}\right)^{\frac{1}{n}}-1\right]$	$\frac{1}{k(n-1)C_0^{n-1}}\left[\left(\frac{C_0}{C_i}\right)^{\frac{1}{n}}-1\right]$	$\frac{1}{kC_0^{n-1}}\left(\frac{C_0}{C_i}-1\right)$

第2章　供水系统中的管网工程

管网是给水系统的主要组成部分，输配水系统和管网建设是组成城市供水的“动脉”系统，其任务是将清水输送至净水厂，净化后分配到千家万户，是保证输水到给水区内且配水到所有用户的设施。对输水和配水系统的总体要求为：供给用户所需要的水量，保证配水管网有必要的水压，并保证不间断供水。

2.1　概　述

2.1.1　设计供水量

城市用水量由以下两部分组成：第一部分为城市规划期限内的城市给水系统供给的居民生活用水、工业企业用水、公共设施用水等用水量的总和；第二部分为设施等以外的所有用水量总和，包括工业和公共设施自备水源供给的用水、城市环境用水和水上运动用水、农业灌溉和养殖及畜牧业用水、农村分散居民和乡镇企业自行取用水。在大多数情况下，城市给水系统只能供给部分用水量。

城市给水系统供水是给水工程设计的主要内容，其基本组成包括以下所有或部分用水量：①综合生活用水量（包括居民生活用水和公共建筑用水）；②工业企业用水量；③浇洒道路和绿地用水量；④管网漏损水量；⑤未预见用水量；⑥消防用水量。

一般而言，城市给水系统的设计供水量，应采用在系统设计年限之内的上述①～⑤项的最高日用水量之和进行计算。通常将这个数值称为城市给水系统的设计规模和水厂的设计规模。

为了具体计算上述各项用水量，必须确定用水量的单位指标的数值。这种用水量的单位指标称为用水量定额。用水量的一般计算方法如式（2-1）：

$$用水量=用水量定额\times实际用水的单位的数目 \tag{2-1}$$

显然，用水量定额指标是确定设计用水量的主要依据。应当结合当地现状、有关规范规定和规划资料，参照类似地区的用水情况，慎重考虑在设计年限内达到的用水水平，确定用水量定额的数值。

（1）综合生活用水量

1）居民生活用水量

在计算城市给水系统的居民生活用水量时，可采用下式计算：

居民生活用水量 = 居民生活用水量定额 × 供水系统服务的人口数　　（2-2）

式中：供水系统服务的人口数——不一定等于该城市的居民总人口数，通常将供水系统服务的人数占城市居民总人数的百分数称为“用水普及率”；

居民生活用水定额——包括城市居民的饮用、烹调、洗涤、冲厕、洗澡等日常生活用水。

2）综合生活用水量

综合生活用水量 = 居民综合生活用水量定额 × 供水系统服务的人口数　　（2-3）

式中：综合生活用水定额——包括城市居民的生活用水和公共建筑及设施（指各种娱乐场所、宾馆、浴室、商业建筑、学校和机关办公楼等）用水两部分的总用水量，但是不包括城市浇洒道路、绿地和市政等方面的用水。

居民生活用水量定额和综合生活用水量定额应根据当地国民经济和社会发展、水资源充沛程度、用水习惯，在现有用水定额基础上，结合城市总体规划和给水专业规划，本着节约用水的原则，综合分析确定其设计数值。当缺乏实际用水资料的时候，可按表 2-1 选用居民生活用水定额数值，按照表 2-2 选用综合生活用水定额数值。

表 2-1　居民生活用水定额　　单位：L/（d · 人）

城市规模	用水情况	一区	二区	三区
特大城市	最高日	180 ～ 270	140 ～ 200	140 ～ 180
	平均日	140 ～ 210	110 ～ 160	110 ～ 150
大城市	最高日	160 ～ 250	120 ～ 180	120 ～ 160
	平均日	120 ～ 190	90 ～ 140	90 ～ 130
中、小城市	最高日	140 ～ 230	100 ～ 160	70 ～ 120
	平均日	100 ～ 170	100 ～ 140	70 ～ 110

表 2-2　综合生活用水定额　　单位：L/（d · 人）

城市规模	用水情况	一区	二区	三区
特大城市	最高日	260 ～ 410	190 ～ 280	170 ～ 270
	平均日	210 ～ 340	150 ～ 240	140 ～ 230
大城市	最高日	240 ～ 390	170 ～ 260	150 ～ 250
	平均日	190 ～ 310	130 ～ 210	120 ～ 200

续表

城市规模	用水情况	一区	二区	三区
中、小城市	最高日	220 ～ 370	150 ～ 240	130 ～ 230
	平均日	170 ～ 280	110 ～ 180	100 ～ 170

注：1. 特大城市指市区和近郊区非农业人口达 100 万及以上的城市；大城市指市区和近郊区非农业人口达 50 万及以上，不满 100 万的城市；中、小城市指市区和近郊区非农业人口不满 50 万的城市。
2. 一区包括湖北、湖南、江西、浙江、福建、广东、广西、海南、上海、江苏、安徽、重庆；二区包括四川、贵州、云南、黑龙江、吉林、辽宁、北京、天津、河北、山西、河南、山东、宁夏、陕西、内蒙古河套以东和甘肃黄河以东的地区；三区包括新疆、青海、西藏、内蒙古河套以西和甘肃黄河以西的地区。
3. 经济开发区和特区城市，根据用水实际情况，用水定额可酌情增加。
4. 当采用海水或污水再生水等作为冲厕用水时，用水定额相应减少。

（2）工业企业用水量

工业企业用水量包括企业内的生产用水量和工作人员的生活用水量。

生产用水量指的是工业企业在生产过程中设备和产品所需要的用水量，包括设备冷却、空气调节、物质溶解、物料输送、能量传递、洗涤净化、产品制造等方面的用水量，其具体数值与生产工艺密切相关。

计算城市供水量时，工业企业的用水量所占的比例很大。但由于工业企业的门类众多，生产工艺和设备种类千变万化，需要通过详尽的调查才能获得可靠的用水量数据。

估算工业企业的用水量常采用以下方法：

①按照工业设备的用水量计算；

②按照单位工业产品的用水量和企业产品产量计算；

③按照单位工业产值（常用万元产值）的用水量和企业产值计算；

④按照企业的用地面积，参照在相似条件下不同类型工业各自的用水量估算；

设计年限内工业企业的用水量可根据国民经济发展规划，结合现有的工业企业用水资料进行分析预测。

大型企业的工业用水量或经济开发区用水量宜单独进行计算。

工作人员的生活用水指的是工作人员在工业企业内工作和生活时的用水量，其中包括集体宿舍和食堂的用水量，以及与劳动条件有关的洗浴用水量等。工业企业建筑与管理人员生活用水量定额，一般可采用 30 ～ 50 L/（人·班），用水时间为 8 h，小时变化系数为 1.5 ～ 2.5；工业企业内工作人员的淋浴用水量可按《工业企业设计卫生标准》（GBZ 1—2010）中的车间卫生特征分级确定，一般采用 40 ～ 60 L/（人·班），延续供水时间为 1 h。

食堂等其他用水，可按照《建筑给水排水设计标准》（GB 50015—2019）中的有关定额取用。

（3）浇洒道路和绿地用水量

这部分水量属于市政用水的一部分。浇洒道路和绿地的用水量应根据路面、绿化、气候和土壤等条件确定。一般情况下浇洒道路用水可按 2.0 ～ 3.0 L/（m^2・d）计算；浇洒绿地用水可按 1.0 ～ 3.0 L/（m^2・d）计算，干旱地区酌情增加。

（4）管网漏损水量

城镇配水管网的漏损水量一般按照最高日用水量（供水量组成的①～③项）的 10% ～ 12% 计算。10% ～ 12% 为管网漏损水量百分数，又称为漏损率，与供水规模无关，而与管材、管径、长度、压力和施工质量有关。当单位管道长度的供水量较小或供水压力较高或选用管材较差、接口容易松动时，可适当增加漏损水量百分数。

（5）未预见用水量

未预见用水量指在给水设计中为难以预见的因素而保留的水量。其数量应根据预测中难以预见的程度确定，可将综合生活用水量、工业企业用水量、浇洒道路绿地用水量和管网漏损水量 4 项用水量之和的 8% ～ 12% 作为未预见用水量。

（6）消防用水量

建筑的一次灭火用水量应为其室内外消防用水量之和。消防用水量、水压及延续时间等参数应按照国家现行标准《建筑设计防火规范》（GB 50016—2014）（2018 年修订版）等设计标准和规范中规定的数值确定，一般不用于计算供水的设计规模。

给水系统各用水量计算公式见表 2-3。

表 2-3　给水系统各用水量计算公式

序号	计算公式	说明
1	城镇或居住区最高日生活用水量 $Q_1/(m^3/d)=\frac{1}{1\,000}\sum(q_iN_i)$	q_i——不同卫生设备的居住区最高日生活用水定额，L/(d・人)； N_i——设计年限内计划用水人数
2	公共建筑用水量 $Q_2/(m^3/d)=\sum(q_jN_j)$	q_j——各公共建筑的最高日用水量定额，m^3/d； N_j——各公共建筑的用水单位数（人、床位等）
3	工业企业生产用水和工作人员生活用水量 $Q_3/(m^3/d)=\sum(Q_{\text{I}}+Q_{\text{II}}+Q_{\text{III}})$	Q_{I}——各工业企业的生产用水量 (m^3/d)，由生产工艺要求确定； Q_{II}——各工业企业的职工生活用水量 (m^3/d)，一般采用 30 ～ 50 L/(人・班)、小时变化系数为 1.5 ～ 2.5 计算； Q_{III}——各工业企业的职工淋浴用水量 (m^3/d)，一般采用 40 ～ 60 L/(人・班)，淋浴延续时间按 1 h 计算

续表

序号	计算公式	说明
4	浇洒道路和绿地用水量 $Q_4/(\mathrm{m^3/d}) = \frac{1}{1\,000}\sum(q_L N_L)$	q_L——用水量定额，浇洒道路和场地用水量为 2.0 ～ 3.0 L/(m^2·d)，浇洒绿地用水量为 1.0 ～ 3.0 L/(m^2·d)； N_L——每日浇洒道路和绿地的面积，m^2
5	管网漏水量 $Q_5/(\mathrm{m^3/d}) = (0.10 \sim 0.12)(Q_1 + Q_2 + Q_3 + Q_4)$	管网的漏失水量可按综合生活用水、工业企业用水 / 浇洒道路和绿地用水三项用水量之和的 10% ～ 12% 计算
6	未预见水量 $Q_6/(\mathrm{m^3/d}) = (0.08 \sim 0.12)(Q_1 + Q_2 + Q_3 + Q_4 + Q_5)$	未预见用水量一般采用综合生活用水、工业企业用水、浇洒道路绿地用水和管网漏损水量四项用水量之和的 8% ～ 12% 计算
7	消防用水量 $Q_7/(\mathrm{m^3/s}) = \frac{1}{1\,000}\sum(q_s N_s)$	q_s——一次灭火用水量，L/s； N_s——同一时间内灭火次数
8	最高日设计供水流量 $Q_d/(\mathrm{m^3/d}) = Q_{ZH} + Q_3 + Q_4 + Q_5 + Q_6$ 或 $Q_d/(\mathrm{m^3/d}) = Q_1 + Q_2 + Q_3 + Q_4 + Q_5 + Q_6$	Q_d——最高日设计供水流量，m^3/d； Q_{ZH}——最高日综合用水量，m^3/d； $Q_{ZH} = \frac{1}{1\,000} q_X N_X$ q_X——最高日综合用水定额，L/(d·人)； N_X——设计年限内规划用水人数
9	最高日最高时设计流量 $Q_h/(\mathrm{m^3/s}) = K_h \frac{Q_d}{86\,400}$	Q_d——最高日设计供水流量，m^3/d； K_h——小时变化系数
10	最高日平均时设计流量 $\bar{Q}_h/(\mathrm{m^3/s}) = \frac{Q_d}{86\,400}$	Q_d——最高日设计供水流量，m^3/d； 最高日最高时或平均时流量按一天运行 24 h 计算，否则应按实际运行时间换算

【例 2-1】某城市位于江苏北部，城市近期规划人口 20 万人，规划工业产值为 32 亿元 / 年。根据调查，该市的自来水用水普及率为 85%，工业万元产值用水量为 95 m^3（包括企业内生活用水量），工业用水量的日变化系数为 1.15，城市道路面积为 185 hm^2，绿地面积为 235 hm^2。试计算该城市的近期最高日设计供水量至少为多少?

【解】1. 综合生活用水量：该市属于一区中小城市，根据附近相似区域的用水水平，取居民的综合生活用水定额（最高日）的低限为 220 L/(d·人)。最高日综合生活用水量为：

$$200\,000 \times 0.85 \times 220/1\,000 = 37\,400\,(\mathrm{m^3/d})$$

2. 工业企业用水量：采用万元产值用水量估计。该市的年工业用水量为：

$$95\times320\ 000 = 3.04\times10^{7}\,(\mathrm{m^3/a})$$

最高日工业用水量为 $3.04\times10^{7}/365\times1.15\approx95\ 780\,(\mathrm{m^3/d})$。

3. 浇洒道路和绿地用水量：

（1）浇洒道路用水按 2.0 L/(m^2·d) 计算，浇洒道路用水量为：

$$2.0\times1\ 850\ 000/1\ 000 = 3\ 700\,(\mathrm{m^3/d})$$

（2）浇洒绿地用水按 1.0 L/(m^2·d)，浇洒绿地用水量为：

$$1.0\times2\ 350\ 000/1\ 000 = 2\ 350\,(\mathrm{m^3/d})$$

浇洒道路和绿地用水量计为 $3\ 700 + 2\ 350 = 6\ 050\,(\mathrm{m^3/d})$。

4. 管网漏损水量：取以上 1 ～ 3 项用水量之和的 10% 计算，即管网漏水量为：

$$(37\ 400 + 95\ 780 + 6\ 050)\times10\% = 13\ 923\,(\mathrm{m^3/d})$$

5. 未预见用水量：取以上 1 ～ 4 项用水量之和的 8% 计算，即未预见用水量为：

$$(37\ 400 + 95\ 780 + 6\ 050 + 13\ 923)\times 8\% = 12\ 252.24\,(\mathrm{m^3/d})$$

该城市近期最高日设计供水量为：

$$37\ 400 + 95\ 780 + 6\ 050 + 13\ 923 + 12\ 252.24 =165\ 405.24\,(\mathrm{m^3/d})$$

2.1.2 供水量变化

用户的用水量不是稳定不变的。例如，日常生活用水量一般随着气候和生活习惯而变化，所以居民的生活用水量在一天之间和在不同的季节中都有变化。某些工业用水的消耗量与设备运转规律或与气候变化有关，同样会有一日之间的变化和季节性的变化，因此，一个城镇的用水量在一天 24 h 之内，每小时的用水量不尽相同；在一年 365 d 中，每天的总用水量也是不尽相同的。

为了描述供水量变化的大小，引入如下几个概念：

在一年之中的最高日供水量和平均日供水量的比值，称为日变化系数 K_d。

在一年之中供水最高日那一天的最大一小时的供水量（最高日最高时供水量或用水量）与该日平均时供水量或用水量的比值，称为供水时变化系数 K_h。

在实际工作中有时需要知道 K_d 和 K_h 的数值。城市供水的时变化系数和日变化系数应当根据城市性质、城市规模、国民经济、社会发展和供水系统布局，结合现状的供水变化和用水变化分析确定。根据我国部分城市实际供水资料的调查，最高日城市综合供水的 K_h 为 1.2 ～ 1.6、K_d 为 1.1 ～ 1.5。

还可以将每小时的供水量数值随 24 h 的变化用函数图像来表达。这是描述供水量在一天之内变化的比较完整的形式。这种函数图像称为供水量变化曲线。常用的供水量变化曲线的横坐标为时间，区间范围为 0 ～ 24 h；纵坐标为每小时供水量或每小时供水量占 1 天总供水量的百分数，称为相对坐标。

事实上，供水量的 24 h 变化情况天天不同。大城市用水量大，各种用户用水时间相互错开，各小时供水量相差较小，比较均匀；中小城市 24 h 供水量变化较大；人口较少、用水量较低的小城市，24 h 供水量的变化幅度更大。

2.1.3 供水系统流量、水压关系

2.1.3.1 给水系统各构筑物的流量关系

给水系统各构筑物的流量均以最高日供水量（设计规模）为基础进行设计计算。对于常见的给水系统内各环节的设计流量的确定原则如下：

（1）净水厂、取水构筑物、一级泵站、原水输水管（渠）

1）净水厂设计流量

净水厂水处理构筑物设计流量按照最高日供水量（设计规模）加水厂自用水量确定。取用地表水源水时，水处理构筑物设计流量按照下式计算：

$$Q_1 = \frac{(1+\alpha)Q_d}{T} \tag{2-4}$$

式中：Q_1——水处理构筑物设计流量，m^3/h；

Q_d——给水系统的最高日供水量，即为设计规模，m^3；

T——水处理构筑物在一天内的实际运行时间，h；

α——净水厂自用水率，根据进水水质、所采用的处理工艺和构筑物类型等因素通过计算确定，一般采用 5% ～ 10%。当滤池反冲洗水采取回用时，自用水率适当减少。

2）取水构筑物、一级泵站、原水输水管道设计流量

取用地表水源时，取水构筑物、一级泵站、从水源至净水厂的原水输水管（渠）及增压泵站设计流量应按照最高日平均时供水量确定，并计入输水管（渠）的漏损水量和净水厂自用水量。

$$Q_1' = \frac{(1+\alpha+\beta)Q_d}{T} \tag{2-5}$$

式中：Q_1'——取水构筑物、一级泵站、原水输水管道设计流量，m^3/h；

T——取水构筑物、一级泵站在一天内的实际运行时间，h；

β——输水管（渠）漏损水量占设计规模的比例，与输水管（渠）单位管道长度的供水量、供水压力、管（渠）材质有关；

其他符号意义同上。

（2）二级泵站、二级泵站到管网的输水管以及管网

二级泵站、二级泵站到管网输水管及管网的设计流量，应根据管网内有无水塔

（或高位水池）及其设置的位置，用户用水量变化曲线及二级泵站工作曲线确定。

1）城市管网内没有水塔（或高位水池）

当城市管网内没有水塔（或高位水池），且不考虑居住区屋顶水箱的作用时，二级泵站和从二级泵站到城市配水管网输水管的最大设计流量按照最高日最高时用水条件下由净水厂负担的供水量计算确定。在这种情况下，二级泵站每小时的供水量都应等于用户的用水量，最高日最高时供水流量按下式计算：

$$Q_2 = K_h \frac{Q_d}{T} \tag{2-6}$$

式中：Q_2——二级泵站、二级泵站到管网的输水管以及管网最高日最高时供水量，m^3/h；

K_h——时变化系数，指最高日最高时供水量与该日平均时供水量的比值；

T——供水量最高的一天中实际供水时间，h；

其他符号意义同上。

2）城市管网内设有水塔（或高位水池）

当城市管网内设有水塔（或高位水池）的时候，在最高日最高时用水的条件下，水塔作为一个独立的水源，和二级泵站一起向管网供水。由于水塔可以调节二级泵站供水和用户用水之间的流量差，因此二级泵站每小时的供水量可以不等于用户每小时的用水量。但是，设计的最高日泵站的最高供水量应等于最高日用户总用水量。

管网起端设置水塔（或高位水池），二级泵站和二级泵站到城市管网的输水管设计流量，按照二级泵站分级供水的最大一级供水流量确定。

网中或网后设水塔（或高位水池），二级泵站设计流量，仍按照二级泵站分级供水的最大一级供水流量确定。二级泵站到管网的输水管设计流量应按最高日最高时流量减去水塔（或高位水池）输入管网的流量计算。

城市配水管网的设计流量按照最高日最高时供水流量确定。

由于在水厂规模的计算中已经考虑了管网漏损水量，所以二级泵站和从二级泵站到管网的输水管及管网的设计流量中不再另外计算管道漏损水量。

2.1.3.2 清水池和水塔的容积

当城市管网的供水区域较大，配水距离较长，并且在供水区域内有合适的位置和地形时，可以考虑在水厂外建造调节构筑物（如高位水池水塔、调节水池泵站等）。厂外调节构筑物的容积应根据用水区域的供需情况和消防储备水量等确定。

（1）清水池

由于一级泵站和水厂内的净化构筑物通常按照最高日平均时流量设计，而向管网供水的二级泵站供水流量和一级泵站的每小时流量并不相等，为此须调节一级泵站供水量（就是水厂净水构筑物的处理水量）和二级泵站送水量差值，同时储存水厂的生产用水（如滤池反冲洗用水等），以及一部分城市的消防用水，因此必须在一、二级泵站之间建造清水池。从水处理的角度来看，清水池的容积还应当满足消毒接触时间的要求。因此，清水池的有效容积应为：

$$W = W_1 + W_2 + W_3 + W_4 \tag{2-7}$$

式中：W——清水池的有效容积，m^3；

W_1——调节容积，m^3，用来调节一级泵站供水量和二级泵站送水量之间的差值，根据水厂净水构筑物的产水曲线和二级泵站的送水曲线计算；

W_2——消防储备水量，m^3，按 2 h 火灾延续时间计算；

W_3——水厂冲洗滤池和沉淀池排泥等生产用水，m^3，可取最高日用水量的 5% ～ 10%；

W_4——安全贮量，m^3，在缺乏供水数据资料的情况下，当水厂外没有调节构筑物时，清水池的有效容积可按水厂最高日设计水量的 10% ～ 20% 计算，小规模的水厂采用较大的数值。

清水池的个数或分格数量不得少于两个，并能单独工作和分别泄空。

（2）水塔（或高位水池）

水塔（或高位水池）的主要作用是调节二级泵站供水量和用户用水量之间的差值，同时储备一部分消防用水。故一般水塔的有效容积应为：

$$W = W_1 + W_2 \tag{2-8}$$

式中：W——有效容积，m^3；

W_1——调节容积，m^3，根据水厂二级泵站的送水曲线和用户的用水曲线计算；

W_2——消防贮水量，m^3，按 10 min 室内消防用水量计算。

在缺乏用户用水量变化规律资料的情况下，水塔的有效容积也可凭运转经验确定。当泵站分级工作时，可按最高日设计水量的 2.5% ～ 3% 或 5% ～ 6% 设计计算，城市用水量大时取低值。工业用水可按生产上的要求（调度、事故及消防等）确定水塔的调节容积。

【例 2-2】有一座小型城市，设计供水规模 2 400 m^3/d，不同时段用水量、二级泵站供水量见表 2-4，供水量与用水量差额由管网高位水池调节，则高位调节水池的调蓄水量为多少？

表 2-4　不同时段用水量、二级泵站供水量关系

时段 /h	0 ～ 5	5 ～ 10	10 ～ 12	12 ～ 16	16 ～ 19	19 ～ 21	21 ～ 0
二级泵站供水量 /（m^3/h）	600	1 200	1 200	1 200	1 200	1 200	600
管网用水量 /（m^3/h）	500	1 100	1 700	1 100	1 500	1 100	500

【解】根据表 2-4 绘出用水变化曲线（实线）和水厂二级泵站供水曲线（虚线），如图 2-1 所示。

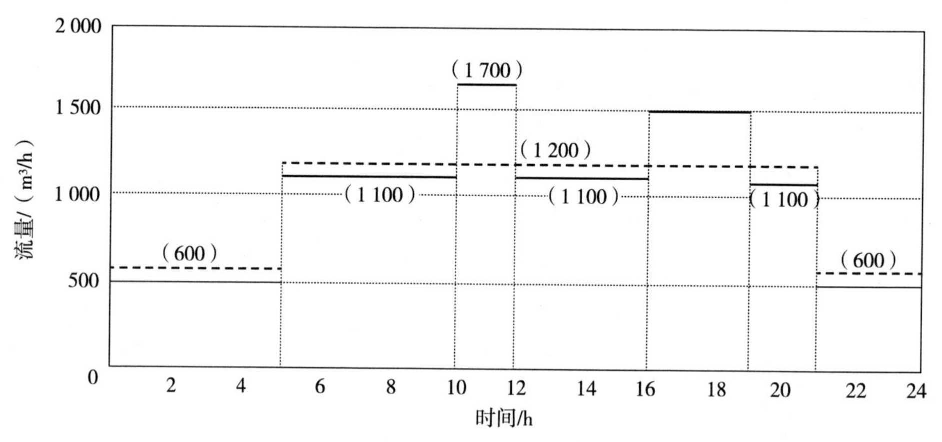

图 2-1 城市用水量、供水量变化曲线

从 19 点到次日 10 点二级泵站供水量连续大于用水量。连续进入、流出高位水池的水量差值为（1 200 − 1 100）×7 +（600 − 500）×8 = 1 500 m^3，则高位调节水池的调蓄水量为 1 500 m^3。

（3）水塔（或高位水池）和清水池关系

水塔（或高位水池）和清水池两者有着密切的联系，二级泵站供水曲线越接近用水曲线，则水塔容积越小，清水池容积就要适当放大。

当供水系统中不设水塔和调节构筑物时，可以认为二级泵站的供水量就等于用户的用水量。因此采用在一天每小时内的用户累计用水量和水厂净水构筑物累计产水量的差值来计算清水池的调节容积。

与上相仿，可采用在一天每小时内的用户累计用水量和二级泵站累计供水量的差值来计算水塔的调节容积。

2.1.3.3 给水系统的水压关系

给水系统必须保持一定的水压以供用户使用。在用户用水接管处的地面上测得的测压管水柱高度常称为该用水点的自由水压，也称为用水点的服务水头。

由于供水区域内各个用水点的地面标高和管道埋深不一定相同，因此在比较各个用水点的水压时，有必要采用一个统一的基准水平面。从该基准水平面算起，测量的测压管水柱所到达的高度称为该用水点的总水头。水总是从总水头较高的点流向总水头较低的点。

当建筑由给水管网直接供水的时候，一般按照建筑的层数确定给水管网的最小服务水头。对于一层的建筑，最小服务水头为 10 m；二层为 12 m；二层以上的建筑每增加一层服务水头增加 4 m。建筑层中不包括那些采用特殊装置（如水箱、变频水泵等）供水的层数。对于单独的高层建筑或在高地上的个别建筑，可设局部加压装置来解决供水压力问题，不宜按照这些建筑的水压需求来控制供水管网的服务压力。

如果采用统一的供水系统形式给地形高差较大的区域供水，要想达到满足所有用户的用水压力，必定会使相当一部分管网的供水压力过高，由此会造成不必要的能量损失，还会使管道承受高压，给管网的安全运行带来威胁。因此，这种地区给水系统宜采用分压供水。在系统中设置加压泵站或不同压力的供水区域，有助于节约能耗，有利于供水安全。

（1）水泵扬程的确定

水泵（泵站）的扬程主要由以下几部分组成：

1）几何高差，又称净扬程，指从水泵的吸水池（井）最低水位到用水点的高程差值；

2）水头损失，包括从水泵吸水管路、压水管路到用水点所有管道和管件的水头损失之和；

3）用水点的服务水头（自由水压）。

水厂的一级泵站和二级泵站扬程的确定方法及水塔高度如表 2-5。

表 2-5　水泵扬程和水塔高度计算

计算公式	符号说明
一级泵站扬程： $H_p=H_0+h_s+h_d$ 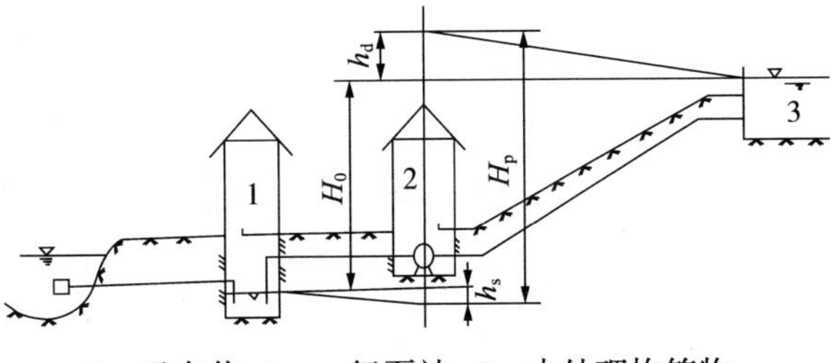 1—吸水井；2—一级泵站；3—水处理构筑物。 **图 2-2　一级泵房扬程计算**	H_0——净扬程，指水泵吸水井最低水位与水厂前端处理构筑物最高水位的高程差，m； h_s——水泵吸水管、压水管和泵站内的水头损失，m； h_d——泵站到水厂输水管水头损失，m

续表

计算公式	符号说明
无水塔管网二级泵站扬程： $H_p=Z_c+H_c+h_s+h_c+h_n$ 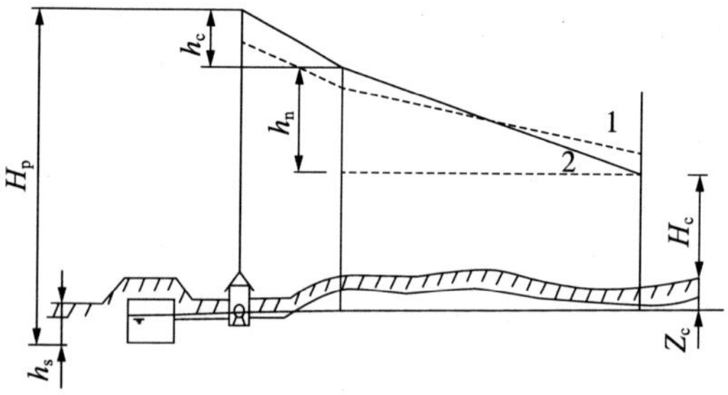 1—最小用水时；2—最高用水时。 **图 2-3　无水塔管网的水压线**	Z_c——管网控制点 C 地形标高与清水池最低水位的高差，m； H_c——控制点要求的最小服务水头，m； h_s——吸水管中水头损失，m； h_c、h_n——输水管和管网中的水头损失，m（按水泵最高供水时供水量计算）
网前水塔的水柜底高于地面的高度： $H_t=H_c+h_n-(Z_t-Z_c)$ 二级泵站扬程： $H_p=Z_t+H_t+H_0+h_c+h_s$ 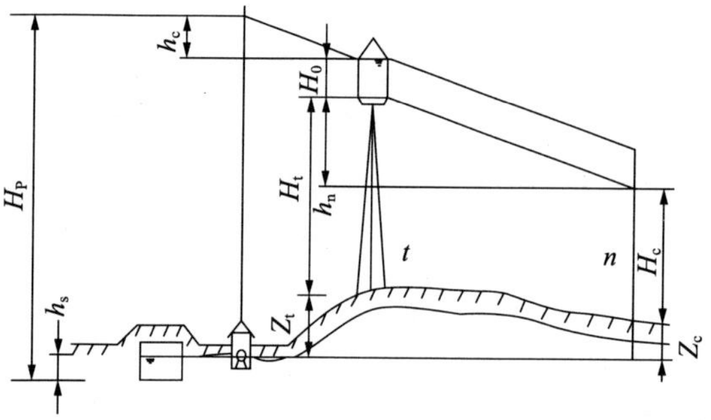 **图 2-4　网前水塔管网的水压线**	H_c——控制点 C 要求的最小服务水头，m； h_n——按最高供水时供水量计算的从水塔到控制点的管网水头损失，m； Z_t——设置水塔处地面标高与清水池最低水位的高差，m； Z_c——控制点 C 处地面标高与清水池最低水位的高差，m； H_0——水塔水柜的有效水深，m； 其余符号意义同上

续表

计算公式	符号说明
网后水塔管网： ①控制点 C 在分界线上最大转输时二级泵站扬程： $$H_p'=Z_t+H_t+H_0+h_s'+h_c'+h_n'$$ ②最高供水时二级泵站扬程： $$H_p=Z_c+H_c+h_s+h_c+h_n$$ ③水塔高度视放置位置而定，网前网后水塔最大高度可能相同。 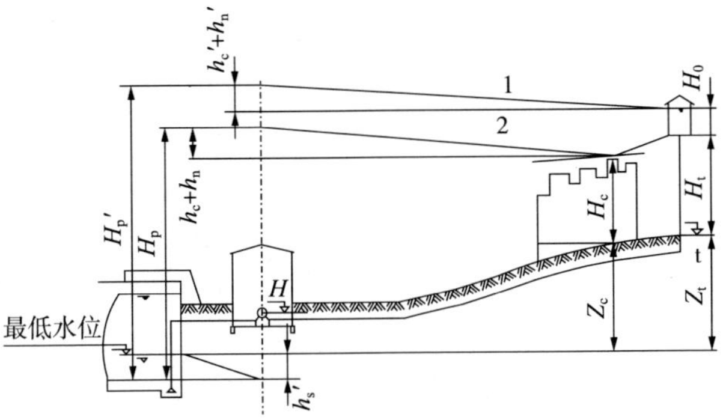 1—最大转输时；2—最高用水时。 **图 2-5　对置水塔的管网水压线**	① h_s'、h_c'、h_n'分别表示最大转输时，水泵管路、输水管和管网的水头损失，m，按最大转输时流量计算； ②这里的 h_s、h_c、h_n 分别表示最高供水时的流量扣除水塔供水流量后水泵管路、输水管和管网的水头损失，m； ③最大转输时，如果二级泵站向高位水池供水流量小于最高供水时的流量，则管网最大转输时二级泵站扬程 H_p'，有可能小于最高供水时二级泵站扬程 H_p
无水塔消防时二级泵站的扬程： $$H_p'=Z_c+H_f+h_s'+h_c'+h_n'$$ 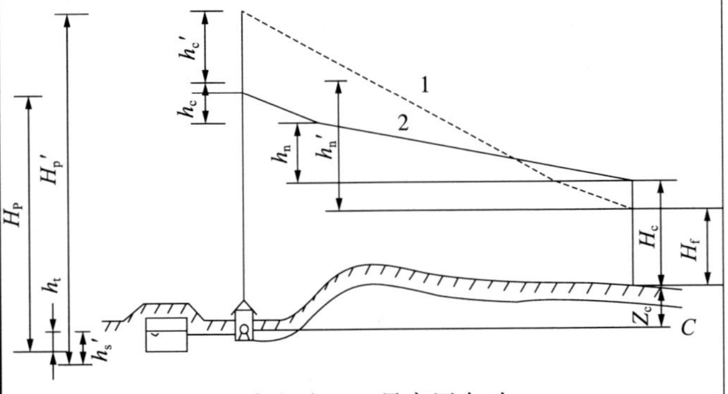 1—消防时；2—最高用水时。 **图 2-6　无水塔消防时管网水压线**	H_f——消防时管网着火点允许的水压（不低于 10 m），m； h_s'、h_c'、h_n'——管网通过消防流量时泵站管路、输水管及管网的水头损失，m； 控制点应设在设计时假设的着火点

注：1. 一级泵站水泵按最高日平均时流量计算求出扬程；

2. 二级泵站水泵扬程和水塔高度按最高日最高时流量计算；

3. 按以上各式计算水泵扬程时，应考虑 1 ～ 2 m 的富裕水头。

（2）水塔高度的确定

水塔的主要作用是调节二级泵站供水量和用户用水量之间的流量差值，并贮存10 min的室内消防水量。大城市一般不设水塔，因为大城市用水量大，如果水塔容积小了则不起作用，如果容积太大则会导致造价过高，况且水塔高度一旦确定，不利于给水管网日后的发展。中、小城市和工业企业则可考虑设置水塔，因为这样既可以缩短水泵工作时间，又可以保证恒定的水压。水塔在管网中的位置可以靠近水厂（网前水塔）、位于管网中间（网中水塔）或靠近管网末端（网后水塔）等。不管水塔设在何处，它的水柜底高于地面的高度均可按式（2-9）计算，即

$$H_t = H_c + h_n - (Z_t - Z_c) \qquad (2-9)$$

上式表明，建造水塔处的地面标高Z_t越高，水塔高度H_t越小，这就是水塔建在高地的原因。

可以肯定，水塔设置位置不同，按最高供水时供水量计算的从水塔到控制点的管网水头损失不同，所需要的水塔高度不同。所以，水塔高度与设置位置有关。

2.2 输水与配水工程

输水和配水系统是保证输水到给水区内并且配水到所有用户的设施。对输水和配水系统的总体要求为供给用户所需要的水量，保证配水管网有必要的水压，并保证不间断供水。

给水系统中，从水源输水到城市水厂的管、渠和从城市水厂输送到相距较远管网的管线，称为输水管（渠）。从清水输水管输水分配到供水区域内各用户的管道为管网，它是给水系统的主要组成部分。

2.2.1 管网

2.2.1.1 布置形式

基本布置形式只有两种：枝状网（图2-7）和环状网（图2-8）。

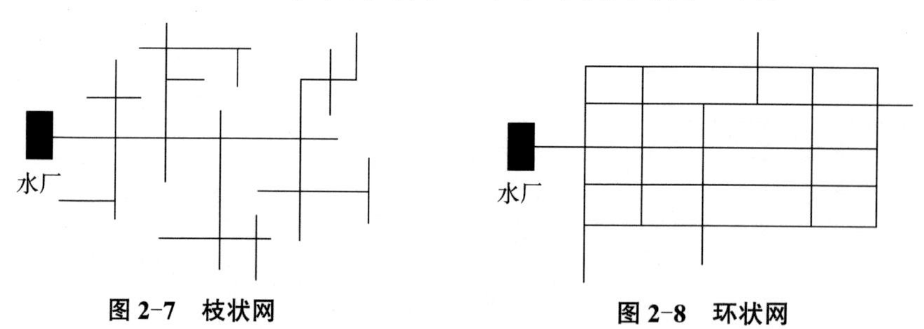

图2-7 枝状网　　图2-8 环状网

枝状网是干管和支管分明的管网布置形式。枝状网一般适用于小城市和小型工矿企业。其供水可靠性较差，因为管网中任一管段被损坏时，在该管段以后的所有管段就会断水。另外，在枝状网的末端，因用水量已经很小，管中的水流缓慢，甚至停滞不流动，有出现浑水和“红水”的可能。从经济上考虑，枝状网投资较小。

环状网是管道纵横相互接通的管网布置形式。当这类管线中任一段管线被损坏时，可以关闭附近的阀门使其与其他管线隔断，以便进行检修。这时，仍可以从另外的管线供应给用户用水，断水的影响范围可以缩小，从而提高了供水可靠性。另外，环状网可以减轻因水锤作用产生的危害，而在枝状网中，则往往因此而使管线损坏。从经济上考虑，环状网投资明显高于枝状网。

城镇配水管网宜设计成环状，当允许间断供水时，可以设计成枝状，但应考虑将来连成环状网的可能。一般在城市建设初期可采用枝状网，以后随着给水事业的发展逐步连成环状网。对供水可靠性要求较高的工矿企业需采用环状网，并用枝状网或双管输水到个别较远的车间。

2.2.1.2　布置要求

（1）按照城市规划平面布置管网，充分考虑给水系统分期建设的可能，并留有发展余地；

（2）必须保证供水安全可靠，当局部管网发生事故时，断水影响范围应减少到最小；

（3）管线应遍布在整个给水区，保证用户有足够的水量和水压；

（4）力求以最短的距离敷设管线，以降低管网造价和供水运行费用。

2.2.1.3　管网定线

城市管网定线是指在地形平面图上确定管线的走向和位置。定线时一般只限于干管及干管之间的连接管，不包括从干管到用户的分配管和接到用户的进水管。干管管径较大，用来输水到各地区。分配管是从干管取水供给用户和消火栓的管线，管径较小，常由城市消防流量决定所需的最小管径。

城市给水管网定线取决于城市的平面布置，供水区的地形，水源和调节水池的位置，街区和用户（特别是大用户）的分布，河流、铁路、桥梁的位置等，着重考虑以下因素：

（1）干管定线时其延伸方向应和二级泵站输水到水池、水塔、大用户的水流方向一致，沿水流方向，以最短的距离，在用水量较大的街区布置一条或数条干管。

（2）从供水的可靠性考虑，城镇给水管网宜布置几条接近平行的干管并形成环状网。但从经济上考虑，当允许间断供水时，给水管网的布置可采用一条干管接出许多支管，形成枝状网，同时考虑将来连成环状网的可能。

（3）给水管网布置成环状网时，干管间距可根据街区情况，采用 500 ～ 800 m，干管之间的连接管间距，根据街区情况考虑为 800 ～ 1 000 m。

（4）干管一般按城市规划道路定线，但尽量避免在高级路面和重要道路下通过，以减少日后维修开挖工程量。

（5）城镇生活饮用水管网，严禁与非生活饮用水管网连接；严禁与自备水源供水系统直接连接。

（6）生活饮用水管道应尽量避免穿过毒物污染及腐蚀性的地区，如必须穿过时应采取防护措施。

（7）城镇给水管道的平面布置和埋深，应符合城镇的管道综合设计要求。

2.2.2 输水管（渠）

根据给水系统各单元相对位置设置的输水管（渠）有长有短。长距离输水管（渠）常穿越河流、公路、铁路、高地等。因此，其定线就显得比较复杂。

输送浑水时，多采用压力输水管、重力输水管、重力输水渠。为便于施工管理，以压力输水管为多。输送清水时，多采用压力输水管、重力输水管，以压力输水管为多。远距离输水时，可按具体情况，采用不同的布置形式。

输水管（渠）定线时一般按照下列要求确定。

（1）必须与城市建设规划相结合，尽量缩短线路长度，尽量避开不良的地质构造（地质断层、滑坡等）地段，尽量沿现有道路或规划道路敷设；减少拆迁，少占良田，少毁植被，保护环境；施工、维护方便，节省造价，运行安全可靠。

（2）从水源地至净水厂的原水输水管（渠）的设计流量，应按最高日最高时供水量确定，并计入输水管（渠）的漏损水量和净水厂自用水量；从净水厂至管网或经增压泵站到管网的清水输水管道的设计流量，应按最高日最高时供水条件下，由净水厂负担的供水量计算确定。

从高位水池到管网的输水管道设计流量，按最高日最高时供水条件下高位水池向管网输水量和非高峰供水时二级泵站经管网转输向高位水池输水量中最大值计算。

（3）输水干管不宜少于两条，并加设连通管，当有安全贮水池或其他安全供水措施时，也可修建一条输水干管。输水干管和连通管的管径及连通管根数，应按输水干管任何一段发生故障时仍能通过事故用水计算确定，城镇的事故水量为设计水量的70%。

（4）输水管道系统运行中，应保证在各种设计工况下，管道不出现负压。

（5）输水管（渠）道隆起点上应设通气设施，管线竖向布置平缓时，宜间隔 1 000 m 左右设一处通气设施。

（6）原水输送宜选用管道或暗渠（隧洞）；当采用明渠输送时，必须有可靠的防止水质污染和水量流失的安全措施；清水输送应选用管道。

（7）输水管道系统的输水方式可采用重力式、加压式或两种并用方式，应通过技术经济比较后选定。

（8）管道穿越河道时，可采用管桥或河底穿越等方式。

距离超过 10 km 的管渠输水可以认为是长距离输水工程，应遵守下列基本规定：①应深入进行管线实地勘察和线路方案比选优化；对输水方式、管道根数按不同工况进行技术经济分析论证，选择安全、可靠的运行系统；根据工程的具体情况，进行管材、设备的比选优化，通过计算经济流速确定经济管径。② 应进行必要的水锤分析计算，并对管路系统采取水锤综合防护设计，根据管道纵向布置、管径、设计水量、功能要求，确定水锤防护措施。③ 应设测流、测压点，根据需要设置遥测、通信、遥控系统。

2.3　管网水力计算

城镇给水管网水力按照最高日最高时供水量计算。对于新设计的管网，定线和计算仅限于干管，而不是全部管线；对于改建或扩建的管网，往往将实际管网适当简化，保留主要干管，略去一些次要的、水力影响较小的管线。计算的基本步骤：①求沿线流量和节点流量；②求管段计算流量；③确定各管段的管径和水头损失；④进行管网水力计算或技术经济计算。

2.3.1　管段计算流量

只计算经过简化的干管。管网图形是由许多节点和管段组成的。节点包括泵站、水塔或高位水池等水源节点，不同管径或材料的管线交接点，以及两管段交点或集中向大用户供水的点。两节点之间的管线称为管段，管段流量是计算管段水头损失的重要数据，也是选择管径的重要依据。计算管段流量需先求出沿线流量和节点流量。

2.3.1.1　沿线流量

城市给水管网是在干管和分配管上接出许多用户，沿管网配水。管线沿途既有工厂、机关单位、旅馆等大量用水单位，也有数量很多但用水量较少的居民，如图 2-9 所示。

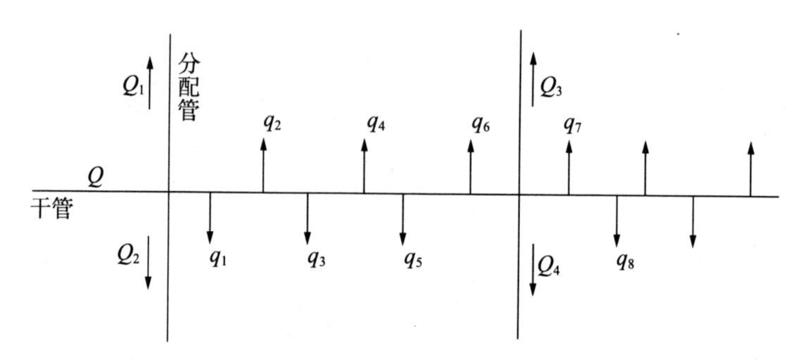

图 2-9　干管配水情况

如果按照实际用水情况来计算沿线流量，势必会根据不断变化的用水量计算出很多工况。因此，计算时往往加以简化，即假定用水量均匀分布在全部干管上，由此算出干管管线单位长度的流量，叫作比流量。按式（2-10）计算：

$$q_s = \frac{Q - \Sigma q}{\Sigma l} \tag{2-10}$$

式中：q_s——比流量，L/（s·m）；

Q——管网供水量，L/s；

$\sum q$——大用户集中供水量总和，L/s；

$\sum l$——干管总长度，m，不包括穿越广场、公园等无建筑物地区的管线，只有一侧配水的管线，长度按一半计。

管网沿线流量是指供给该管段两侧用户所需的流量。以比流量求出各管段沿线流量的公式为：

$$q_1 = q_s l \tag{2-11}$$

式中：q_1——沿线流量，L/s；

q_s——比流量，L/（s·m）；

l——该管段的长度，m。

整个管网的沿线流量总和 $\sum q_1$ 等于 $q_s \sum l$，也等于管网供给的总用水量减去大用户集中用水量，即 $Q-\sum q$。

2.3.1.2　节点流量

管网中的节点流量由两部分组成：一部分是沿管段长度 l 配水的沿线流量 q_1，另一部分是通过该管段输水到以后管段的转输流量 q_t。转输流量沿着整个管段不变，而对于沿线流量来说，由于管段管线配水，所以管段中的流量顺水流方向逐渐减少，到管段末端只剩下转输流量。所谓节点流量是从沿线流量折算得出的并且假设是在节点集中流出的流量。转化成节点流量后，沿管线不再有流量流出，即管段中的流量不再沿管线变化，就可以根据流量确定管径。

为了便于管网计算，通常将沿线变化的流量折算成在管段两端节点流出的流量，

即节点流量系数 α。一般而言，在靠近管网起端的管段，因转输流量比沿线流量大得多，故 $\alpha\approx0.5$；相反，靠近管网末端的管段，$\alpha>0.5$。但为了方便计算，统一采用 $\alpha=0.5$，即将沿线流量折半作为管段两端的节点流量，解决工程问题时，已足够精确。

因此，管网任一节点的流量为：

$$q_i=\alpha\Sigma q_1=0.5\Sigma q_1 \tag{2-12}$$

即由沿线流量折算成节点流量时，任一节点的节点流量 q_i 等于该节点连接的各管段的沿线流量 q_1 总和的一半。

城市管网中，工业企业等大用户所需流量，可直接作为接入大用户的节点流量。工业企业内的生产用水管网以及供水量大的车间，供水量也可以直接作为节点流量。

这样，管网图上只有集中在节点的流量，包括由沿线流量折算的节点流量和大用户的集中流量。管网计算中，节点流量一般在管网计算图的节点旁引出箭头注明，以便于进一步计算。

2.3.1.3　管段计算流量

求出节点流量后，可以进行管网的流量分配，求出包括沿线流量和转输流量的管段的流量，根据管段流量确定管径并进行水力计算。所以流量分配在管网计算中是一个重要环节。

（1）枝状网

单水源供水的枝状网如图 2-10 所示。

图中从水源（二级泵站或高位水池等）供水到枝状网各节点的水流方向只有一个，如果任一管段发生事故，该管段以后的地区就会断水。因此，任一管段的流量等于该管段以后（顺水流方向）所有节点流量的总和。

例如，图 2-10 中管段 3-4 的流量为：$q_{3\text{-}4}=q_4+q_5+q_8+q_9+q_{10}$。

枝状网的流量分配简单，流量确定容易，且只有唯一的流量值。

（2）环状网

环状网的流量分配比较复杂，各管段流量与以后各节点流量没有直接的联系。环状网的流量分配如图 2-11 所示。

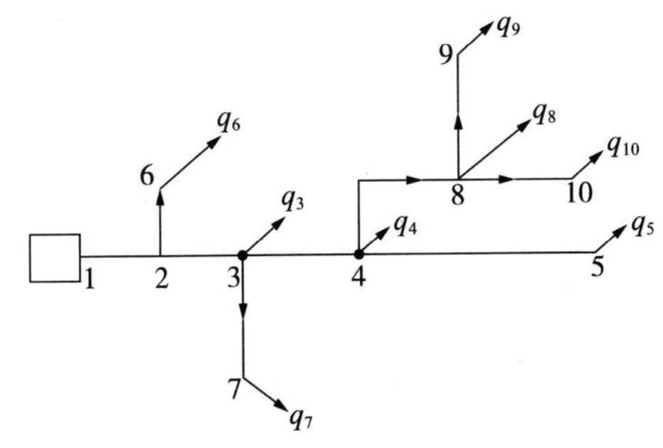

图 2-10　枝状网流量分配

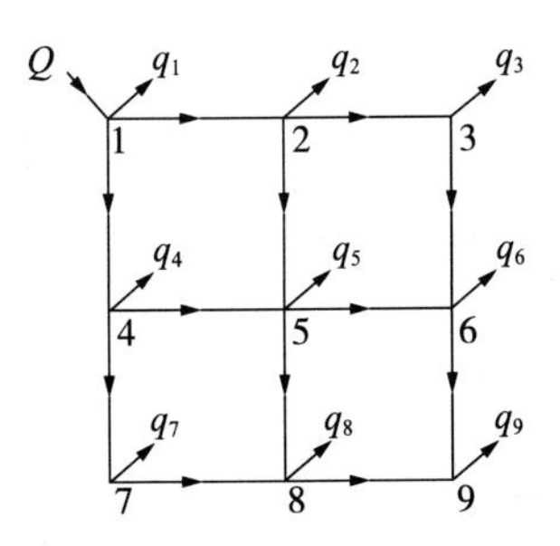

图 2-11　环状网流量分配

环状网分配流量时必须保证每一个节点的水流连续，也就是流向任一节点的流量必须等于流离该节点的流量，以满足节点流量平衡的条件，用公式表示为：

$$q_i + \Sigma q_{i-j} = 0 \tag{2-13}$$

式中：q_i——节点 i 的节点流量，L/s；

q_{i-j}——从节点 i 到节点 j 的管段流量，L/s。

假定离开节点的管段流量为正，则流向节点的管段流量为负。

例如，图 2-11 中节点 1 的流量，离开节点的流量为 q_1、q_{1-2}、q_{1-4}，流向节点的流量为 Q，因此根据式（2-12）得 $-Q + q_1 + q_{1-2} + q_{1-4} = 0$。

2.3.2 管径计算

根据各个管段的计算流量，按下式计算管段直径：

$$D = \sqrt{\frac{4q}{\pi v}} \tag{2-14}$$

式中：D——管段直径，m；

q——管段流量，m^3/s；

v——流速，m/s。

由上式可知，管径不仅与管段流量有关，而且与管段内流速有关，如果管段的流量已知，但流速未定，管径还是无法确定，因此欲确定管径必须先选定流速。

为了防止管网因水锤现象出现事故，最大设计流速不应超过 3 m/s；在输送浑浊的进水时，为了避免水中悬浮物质的沉积，最小流速通常不得小于 0.6 m/s。可见技术上允许的流速范围是较大的。因此，需在上述流速范围内，根据当地的经济条件，考虑管网的造价和经营管理费用，来选定合适的流速。一般而言，管径较大（$D \geqslant 400$ mm）时，平均经济流速为 0.9 ～ 1.4 m/s；管径为 100 ～ 400 mm 时，平均经济流速为 0.6 ～ 0.9 m/s。

2.3.3 水头损失计算

2.3.3.1 管（渠）道总水头损失

管（渠）道总水头损失按式（2-15）计算：

$$h_z = h_y + h_j \tag{2-15}$$

式中：h_z——管（渠）道总水头损失，m；

h_y——管（渠）道沿程水头损失，m；

h_j——管（渠）道局部水头损失，m，宜按式（2-16）计算：

$$h_j = \sum \xi \frac{v^2}{2g} \tag{2-16}$$

式中：ξ——管（渠）道局部水头损失系数；

v——管（渠）道断面水流平均流速，m/s；

g——重力加速度，m/s^2。

管道局部水头损失与管线的水平及竖向平顺等情况有关。长距离输水管道局部水头损失一般占沿程水头损失的5%～10%。根据管道敷设情况，在没有过多拐弯的顺直地段，管道局部水头损失可按沿程水头损失的5%～10%计算；在拐弯较多的弯曲地段，管道局部水头损失按照实际配件的局部水头损失之和计算。

2.3.3.2　管（渠）道沿程水头损失

管（渠）道沿程水头损失或单位长度管（渠）道的水头损失按下列公式计算。

（1）塑料管

$$h_y = \lambda \cdot \frac{l}{d_j} \cdot \frac{v^2}{2g} \tag{2-17}$$

式中：λ——沿程阻力系数；

l——管段长度，m；

d_j——管道计算内径，m；

v——管（渠）道断面水流平均流速，m/s；

g——重力加速度，m/s^2。

（2）混凝土管（渠）道及采用水泥砂浆内衬的金属管道

$$i = \frac{v^2}{C^2 R} = \frac{n^2 v^2}{R^{4/3}} \tag{2-18}$$

式中：i——管（渠）道单位长度的水头损失或水力坡降，量纲一；

R——水力半径，m；

C——流速系数（谢才系数），取$C = \frac{1}{n} R^{\frac{1}{6}}$；

v——管（渠）道断面水流平均流速，m/s；

n——管（渠）道的粗糙系数。

对于输水管道，式（2-18）还可以写成：

$$i = \alpha q^2 \tag{2-19}$$

式中：α——比阻，$\alpha = \frac{64}{C^2 \pi^2 d_j^{5.33}}$；

q——流量，m^3/s。

输水管道沿程水头损失公式一般表示为：

$$h = il = \alpha l q^2 = sq^2 \tag{2-20}$$

式中：l——管段长度，m；

s——水管摩阻，s^2/m^3；

对于混凝土管道、钢筋混凝土管道、水泥砂浆内衬的金属管道，其粗糙系数 n 多取 0.013 ～ 0.014，可以计算出不同的流速系数 C 值，代入式（2-19），得出以下比阻 α 计算式：

$$n=0.013，\alpha = \frac{0.001\,743}{d_j^{5.33}}；\qquad n=0.014，\alpha = \frac{0.002\,021}{d_j^{5.33}}；$$

α 仅与管径及水管内壁粗糙系数有关，而与雷诺数 Re 无关，属于阻力平方区。

（3）输配水管道、配水管网水力平差计算

水头损失：

$$h = \frac{10.67 q^{1.852} l}{C_h^{1.852} d_j^{4.87}} \tag{2-21}$$

式中：q——设计流量，m^3/s；

l——管段长度，m；

d_j——管段计算内径，m；

C_h——海曾—威廉系数，见表 2-6。

表 2-6　海曾—威廉系数 C_h 值

管道材料	C_h 值	管道材料	C_h 值
塑料管	150	新铸铁管、涂沥青或水泥铸铁管	130
石棉水泥管	120 ～ 140	使用 5 年的铸铁管、焊接钢管	120
混凝土管、焊接钢管、木管	120	使用 10 年的铸铁管、焊接钢管	110
水泥衬里管	120	使用 20 年的铸铁管	90 ～ 100
陶土管	110	使用 30 年的铸铁管	75 ～ 90

2.4　配水管网水力计算

2.4.1　枝状网水力计算

枝状网的计算比较简单，主要原因是枝状网中每一管段的流量容易确定，只要在每一节点应用节点流量平衡条件$q_i + \Sigma q_{i-j} = 0$，无论从二级泵站起顺水流方向推算，还是从控制点起向二级泵站方向推算，只能得到唯一的管段流量，或者说枝状网只有唯一的流量分配。任一管段的流量确定后，即可按经济流速求出管径，并求得水头损失。此后，选定一条干线，例如从二级泵站到控制点的任一条干管线，将此干线上各管段的水头损失相加，求出干线的总水头损失。由该水头损失即可求出二级泵站的水泵扬程或水塔高度。这里，控制点的选择至关重要，应保证该点水压达到最小服务水头时，整个管网不会出现水压不足的地区。如果控制点选择不当而出现某些地区水压不足的情况，应重新选定控制点进行计算。

干线计算完成以后，可得出干线上各节点包括接出支线处节点的水压标高（等于节点处地面标高加最小服务水头）。因此，在计算枝状网的支线时，起点的水压标高已知，而支线终点的水压标高等于终点地面标高与最小服务水头之和。支线起点和终点的水压标高之差除以支线长度，即得支线的水力坡度，再按支线每一管段的流量并参照此水力坡度选定相应的管径。

【例 2–3】某城市供水系统输水干管布置情况如图 2–12 所示，其节点流量为最高日最高时供水流量。泵站在 10:00—18:00 时段的供水流量为 2 400 m^3/h，其余各时段供水流量为 1 800 m^3/h。给水管网最高日逐时供水量变化情况见表 2–7。输水干管局部水头损失按照沿程水头损失的 10% 计算，各节点服务水头均为 25.0 m，泵站吸水池最低水位标高为 10.0 m，高位水池到节点 5 管路水头损失取 1.0 m。试求最高供水时水泵扬程和高位水池最低水位标高（假设管道为使用 5 年的铸铁管材）。

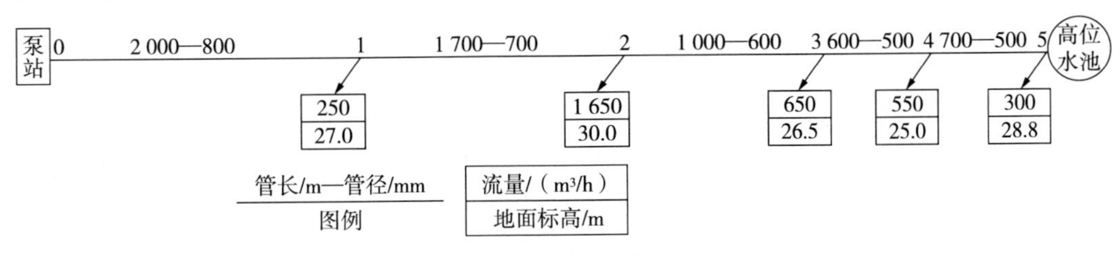

图 2–12　给水系统布置

表 2–7　给水管网最高日逐时供水量变化　　单位：m^3/h

时段	0:00—5:00	5:00—10:00	10:00—12:00	12:00—16:00	16:00—19:00	19:00—21:00	21:00—24:00
逐时供水量	1 000	2 200	3 400	2 200	3 000	2 200	1 000

【解】1. 流量分配、管段水头损失计算

首先求出最高供水时供水分界点，确定管段流量，计算管段水头损失，然后求出水泵扬程和高位水池最低水位标高。

根据表 2–7 可知，给水管网供水流量最高时的供水时段是 10:00—12:00，供水流量为 3 400 m^3/h，泵站供水流量为 2 400 m^3/h，除供给节点 1、节点 2 所需的流量外，还可以供给节点 3 流量 2 400−250−1 650=500(m^3/h)。高位水池向节点 3 供水 650−

500=150 m^3/h。由此可以求出各管段流量（以 m^3/s 计），并通过查表 2-6 得到海曾—威廉系数，代入式（2-21），可求出最高供水时各管段水头损失值，见表 2-8。

表 2-8　最高供水时各管段水头损失计算

管段	流量 q/（m^3/s）	流向	管长 l/m	管径 D/mm	比阻 α 值	水头损失 h/m
0-1	0.666 7	从 0 到 1	2 000	800	0.004 5	4.672
1-2	0.597 2	从 1 到 2	1 700	700	0.008 5	6.119
2-3	0.138 9	从 2 到 3	1 000	600	0.018 1	0.514
3-4	0.041 7	从 4 到 3	600	500	0.044 0	0.081
4-5	0.194 4	从 5 到 4	700	500	0.044 0	1.632

2. 最高供水时泵站水泵扬程计算

以节点 3 为控制点：$H = 25+26.5+0.514+6.119+4.672-10 = 52.805$ m

以节点 2 为控制点：$H = 25+30+6.119+4.672-10 = 55.791$ m

故此，应以节点 2 为控制点，取最高供水时泵站水泵扬程为 55.791 m。

3. 高位水池最低水位标高计算

以节点 3 为控制点：$H = 25+26.5+0.081+1.632+1 = 54.213$ m

以节点 5 为控制点：$H = 25+28.8+1 = 54.8$ m

故此，应以节点 5 为控制点，取高位水池最低水位标高 54.8 m。

2.4.2　环状网水力计算

2.4.2.1　环状网水力计算原理

管网计算目的在于求出各水源节点（如泵站、水塔等）的供水量、各管段中的流量和管径以及全部节点的水压。

对于任何环状网，管段数 P、节点 J（包括泵站、水塔等水源节点）和环数 L 之间存在以下关系：

$$P = J + L - 1 \tag{2-22}$$

管网计算时，节点流量、管段长度、管径和阻力系数等为已知数，需要求解的是管网各管段的流量或水压，所以 P 个管段就有 P 个未知数。由式（2-22）可知，环状网计算时必须列出 $J + L - 1$ 个方程，才能求出 P 个流量。

管网计算的原理是质量守恒和能量守恒，由此得出连续性方程和能量方程。所谓连续性方程，就是对于任一节点来说，流向该节点的流量必须等于从该节点流出的流量。假定顺时针方向的水流水头损失为正，逆时针方向的水流水头损失为负，则能量方程表示管网每一环中各管段的水头损失总和等于 0 的关系。

因此，管网计算的实质就是联立求解连续性方程、能量方程和管段降压方程。根据求解的未知数是管段流量还是节点水压，可以分解为解环方程、解节点方程和解管段方程三类，在具体求解过程中可采用不同的算法，其中解环方程是最常用的环状管网计算法。

2.4.2.2　环状网水力计算方法

本书中环状管网计算方法采用解环方程组的哈代—克罗斯法，即管网平差计算方法。其步骤如下：

（1）根据城镇的供水情况，拟定环状网各管段的水流方向，按每一节点满足 $q_i+\Sigma q_{i-j}=0$ 的条件，并考虑供水可靠性要求进行流量分配，得到初步分配的管段流量 $q_{i-j}{}^{(0)}$。这里的 i、j 表示管段两端的节点编号。

（2）根据管段流量 $q_{i-j}{}^{(0)}$，按经济流速选择管径。

（3）求出各管段的摩阻系数 s_{ij}（等于 $\alpha_{ij}\cdot l_{ij}$），然后由 s_{ij} 和 $q_{i-j}{}^{(0)}$ 求出水头损失：$h_{ij}{}^{(0)}=s_{ij}\left[q_{i-j}{}^{(0)}\right]^n$。

（4）假定各环内水流顺时针方向管段的水头损失为正，逆时针方向管段的水头损失为负，计算该环内各管段的水头损失代数和 $\sum h_{ij}^{(0)}$，如 $\sum h_{ij}^{(0)}\neq 0$，其差值即为第一次闭合差 $\Delta h_i^{(0)}$。

若 $\Delta h_i^{(0)}>0$，则说明顺时针方向各管段中初步分配的流量多了些，逆时针方向各管段中分配的流量少了些。反之，若 $\Delta h_i^{(0)}<0$，则顺时针方向各管段中初步分配的流量少了些，而逆时针方向各管段中的流量多了些。

（5）计算每环各管段的 $\left|s_{ij}q_{i-j}^{n-1}\right|$ 及其综合 $\sum\left|s_{ij}q_{i-j}^{n-1}\right|$，按下式计算求出校正流量：

$$\Delta q_i=-\frac{\Delta h_i}{n\sum\left|s_{ij}q_{i-j}^{n-1}\right|} \tag{2-23}$$

其中 $\sum\left|s_{ij}q_{i-j}^{n-1}\right|$ 的求解，可通过：①$s_{ij}=\alpha_{ij}l_{ij}$，然后代入各管段流量依次计算后求和，此法较复杂；②利用公式 $\left|s_{ij}q_{i-j}^{n-1}\right|=\dfrac{h_{ij}}{q_{i-j}}$，分别求出后加和即可。其中 $n=1.852$。

（6）校正流量 Δq_i 符号以顺时针方向为正，逆时针方向为负，凡是水流方向和校正流量 Δq_i 方向相同的管段，加上校正流量，否则减去校正流量。据此调整各管段的流量，得到第一次校正后的管段流量。其中两环的公共段第一次校正后的管段流量为：

$$q_{i-j}^{(1)}=q_{i-j}^{(0)}+\Delta q_{\mathrm{s}}^{(0)}+\Delta q_{\mathrm{n}}^{(0)} \tag{2-24}$$

式中：$q_{i-j}^{(1)}$——两环公共段校正后的流量；

$\Delta q_{\mathrm{s}}^{(0)}$——本环的校正流量；

$\Delta q_n^{(0)}$——邻环的校正流量。

根据校正后流量再计算各管段水头损失值，如果闭合差$\Delta h_i^{(1)}$尚未达到允许的精度，再从第（3）步起按每次调整的流量反复计算，直到每环的闭合差满足要求为止。手工计算时，每环的闭合差要求小于 0.5 m，大环闭合差小于 1.0 m。计算机平差时，闭合差的大小可以达到任何要求的精度，但可考虑取用 0.01 ～ 0.05 m。

【例 2-4】根据最高日最高时供水量 0.219 8 m³/s，计算图 2-13 所示的环状网（管材按旧钢管考虑）。

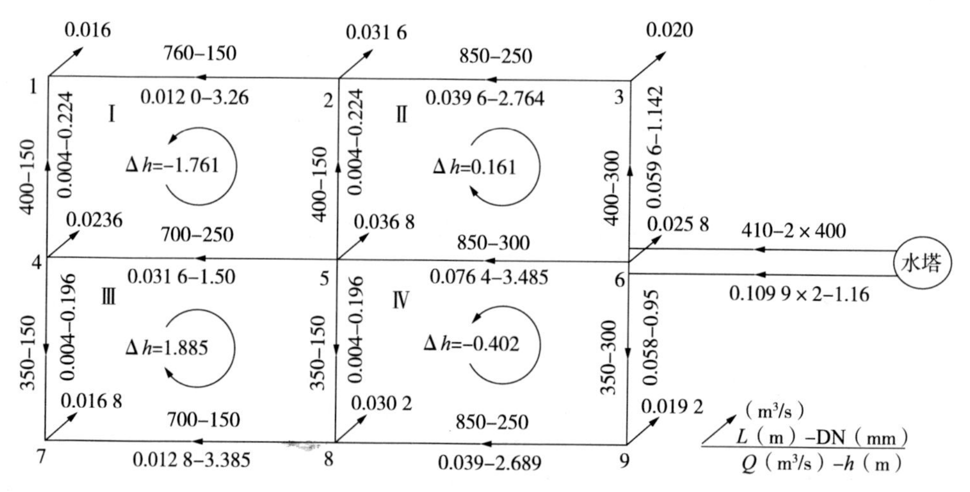

图 2-13　环状网初步分配流量平差计算

【解】根据用水情况，拟订各管段的水流方向如图 2-13 所示。根据最短线路供水原则，并考虑可靠性的要求进行流量分配。分配时，每一节点应满足$q_i + \Sigma q_{i-j} = 0$的条件。几条平行的干线，如 3-2-1、6-5-4 和 9-8-7，分配近似相等的流量。与干线垂直的连接管，因平时流量较小，所以分配较少的流量，由此得出每一管段的计算流量。

管径按平均经济流速计算确定。取海曾—威廉系数 $C_h = 120$，管道比阻 α 可计算得：

$$\alpha_{[150]} = 15.486\,6,\ \alpha_{[250]} = 1.286\,9,\ \alpha_{[300]} = 0.529\,6。$$

在选择连接管管径时，考虑到干管事故下连接管中可能通过较大的流量以及消防流量的需要，干管之间的连接管管径可适当放大。将连接管 2-5、5-8、1-4、4-7 的管径适当放大为 150 mm。

每一段管的管径确定后，即可求出水力坡度 i，该值乘以管段长度即得水头损失值 h。按照初步分配流量计算的每一管段水头损失和各环的水头损失闭合差标注在图 2-13 中。

上述管网初步分配流量计算结果显然不能满足各环闭合差小于 0.5 m 的要求。

用各管段水头损失值除以流量求出sq^{n-1}值，用闭合差Δh和$\sum\left|sq^{n-1}\right|$代入式（2-23），求出校正流量$\Delta q$。校正流量$\Delta q$的方向和闭合差$\Delta h$的方向相反。

计算时应注意两环之间的公共管段，如 2-5、4-5、5-6 和 5-8 的流量校正。以管段 5-6 为例，初步分配流量为 0.076 4 m^3/s，但同时受到环Ⅱ和环Ⅳ校正流量的影响，环Ⅱ的第一次校正流量为 0.000 44 m^3/s，校正流量方向与管段 5-6 的流向相反，环Ⅳ的校正流量为 0.001 17 m^3/s，方向也与管段 5-6 的流向相反，因此，在环Ⅱ中经第一次调整后的 5-6 管段流量为 0.076 4 − 0.000 44 − 0.001 17 = 0.074 8 m^3/s，在环Ⅳ中经第一次调整后的 5-6 管段流量为 −0.076 4 + 0.000 44 + 0.001 17 = −0.074 8 m^3/s。计算结果见表 2-9 和图 2-14。

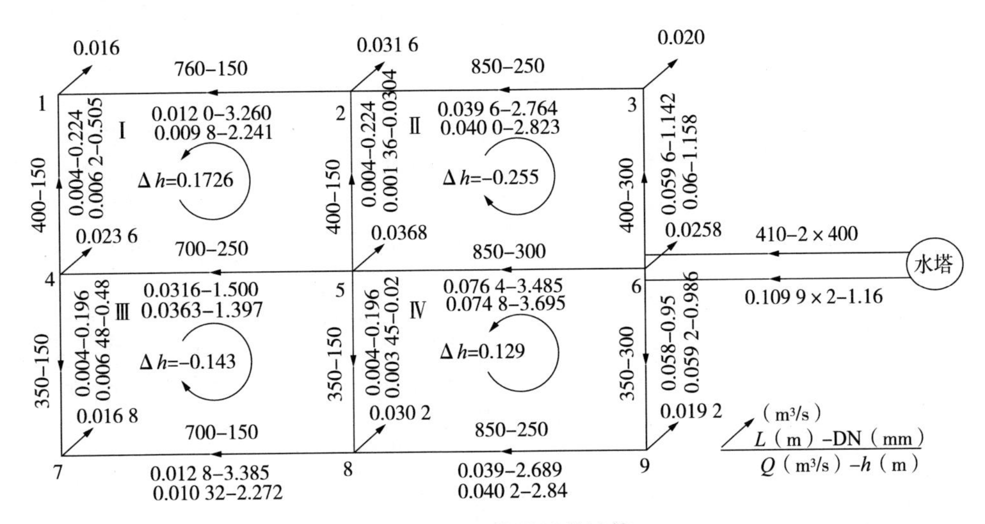

图 2-14　环状网平差计算

经过依次校正后，各环的闭合差均应小于 0.5 m，大环 6-3-2-1-4-7-8-9-6 的闭合差为：

$$
\begin{aligned}
\Sigma h &= -h_{6-3} - h_{3-2} - h_{2-1} + h_{1-4} - h_{4-7} + h_{7-8} + h_{8-9} + h_{9-6} \\
&= -1.158 - 2.823 - 2.241 + 0.505 - 0.48 + 2.272 + 2.84 + 0.986 \\
&= -0.099 \text{ m}
\end{aligned}
$$

小于允许值 1.0 m，满足要求。

表 2-9　最高供水时环状网计算

环号	管段	管长/m	管径/mm	初步分配流量				第一次校正			
				q/（m³/s）	1 000i	h/m	$\|sq^{0.852}\|$	q/（m³/s）	1 000i	h/m	$\|sq^{0.852}\|$
Ⅰ	1-2	760	150	-0.012	4.291	-3.261	271.789	-0.012 + 0.002 2 = -0.009 8	2.949	-2.241	228.715
	1-4	400	150	0.004	0.561	0.224	56.10	0.004 + 0.002 2 = 0.006 2	1.263	0.505	81.496
	2-5	400	150	-0.004	0.561	-0.224	56.10	-0.004 + 0.002 2 + 0.000 44 = -0.001 36	0.076	-0.030	22.376
	4-5	700	150	0.031 6	2.143	1.50	47.465	0.031 6 + 0.002 2 + 0.002 48 = 0.036 3	2.767	1.973	53.39
						-1.761	431.454			0.171	385.98
				$\Delta q_{\mathrm{I}} = -\dfrac{-1.761}{1.852 \times 431.454} = 0.002\ 2$							
Ⅱ	2-3	850	250	-0.039 6	3.254	-2.766	69.855	-0.039 6 – 0.000 45 = -0.04	3.322	-2.823	70.52
	2-5	400	150	0.004	0.561	0.224	56.10	0.004-0.000 44-0.002 2 = 0.001 36	0.076	0.030	22.376
	3-6	400	300	-0.059 6	2.856	-1.142	19.165	-0.059 6 – 0.000 44 = -0.06	2.895	-1.158	19.29
	5-6	850	300	0.0764	4.523	3.845	50.443	0.076 4 – 0.000 44 – 0.011 7 = 0.064 26	4.348	3.695	49.41
						0.161	195.443			-0.255	161.59
				$\Delta q_{\mathrm{II}} = -\dfrac{0.161}{1.852 \times 195.443} = -0.000\ 44$							
Ⅲ	4-5	700	250	-0.032	2.143	-1.50	47.465	-0.031 6 – 0.002 48 – 0.002 22 = -0.036 3	2.767	-1.397	53.39
	4-7	350	150	-0.004	0.561	-0.196	49.088	-0.004 – 0.002 48 = -0.006 48	1.371	-0.48	74.04
	5-8	350	150	0.004	0.561	0.196	49.088	0.004 – 0.002 48 – 0.001 17 = 0.000 35	0.006	0.002	6.08
	7-8	700	150	0.012 8	4.836	3.385	264.483	0.012 8 – 0.002 48 = 0.010 32	3.246	2.272	220.15

续表

环号	管段	管长 / m	管径 / mm	初步分配流量				第一次校正			
				q/（m^3/s）	1 000i	h/m	$\lvert sq^{0.852}\rvert$	q/（m^3/s）	1 000i	h/m	$\lvert sq^{0.852}\rvert$
						1.885	410.124			−0.143	353.67
				$\Delta q_{Ⅲ}=-\frac{1.885}{1.852\times410.124}=-0.002\ 48$							
Ⅳ	5−6	850	300	−0.076 4	4.523	−3.845	50.323	−0.076 4 + 0.001 17 + 0.000 44 = −0.074 8	4.348	−3.695	49.41
	6−9	350	300	0.058	2.715	0.95	16.385	0.058 2 + 0.001 17 = 0.059 37	2.818	0.986	16.67
	5−8	350	150	−0.004	0.561	−0.196	49.09	−0.004 + 0.001 17 + 0.002 49 = −0.000 34	0.006	−0.002	6.08
	8−9	850	250	0.039	3.146	2.689	68.953	0.039 + 0.001 17 = 0.040 2	3.342	2.840	70.71
						−0.402	184.751			0.129	142.88
				$\Delta q_{Ⅳ}=-\frac{-0.402}{1.852\times184.751}=0.001\ 17$							

2.5 输水管渠水力计算

从水源水至净水厂的原水输水管（渠）的设计流量，应按最高日平均时供水量确定，并计入输水管（渠）的漏损水量和净水厂自用水量；从净水厂至管网的清水输水管道的设计流量，当管网内有调节构筑物时，应按最高日最高时用水量条件下，由水厂二级泵房负担的供水量计算确定，即输水管道的设计流量应为最高日最高时供水量减去调节构筑物每小时供应的水量；当无调节构筑物时，应按最高日最高时供水量确定。

上述输水管（渠），当负有消防给水任务时，应分别包括消防补充流量或消防流量。

输水管（渠）计算的任务是确定管径和水头损失。确定大型输水管的尺寸时，应考虑到具体埋设条件、所用材料、附属构筑物数量和特点、输水管（渠）条数等，通过方案比较确定。

输水干管不宜少于两条，当有安全贮水池或其他安全供水措施时，也可修建一条输水干管。在实际工程中，为了提高供水的可靠性，常在两条平行的输水管线之间用连接管相连接。输水干管和连通管的管径及连通管根数，应按输水干管任何一段发生故障时仍能通过事故水量计算确定，城镇的事故水量为设计水量的70%。

本节主要讨论输水管事故时，保证必要的输水量条件下的水力计算问题。以重力供水时的压力输水管为例。

水源位于高处，与水厂内处理构筑物水位的高差足够时，可利用水源水位向水厂重力输水。设水源水位标高为 Z，输水管输水到水处理构筑物，其水位标高为 Z_0，这时的水位差 $H=Z-Z_0$，称为位置水头，该水头用以克服输水管的水头损失。

如果采用不同管径的输水管串联，则两段输水管水头损失之和等于位置水头。

【例 2-5】有一水库最低水位标高 132 m，距水库 14 km 处的自来水厂絮凝池水位标高为 91 m，自来水厂规模为 5 万 m^3/d，自用水占 8%。初步设计采用 DN1 000 mm 和 DN600 mm 钢管串联重力流引水。当引水流量以 m^3/s 为单位计算时，DN1 000mm 钢管比阻 $\alpha_{[1]}=0.001\ 736$，DN600 mm 钢管比阻 $\alpha_{[2]}=0.023\ 84$，局部水头损失以占沿程水头损失的 10% 计算，则两种直径的钢管长度各为多少？

【解】

输水流量 $q=\dfrac{1.08\times 50\ 000}{24\times 3\ 600}=0.625\ m^3/s$，假定 DN1 000 mm 钢管长 L，则有

$$[\alpha_{[1]}L(0.625)^{1.852}+\alpha_{[2]}(14\ 000-L)(0.625)^{1.852}]\times 1.10=132-91$$

$$0.001\ 736L(0.625)^{1.852}+0.023\ 84(14\ 000-L)(0.625)^{1.852}=37.27$$

解方程，求得 DN1 000 mm 钢管长度 L=11 070 m，DN600 mm 钢管长 14 000–11 070 =2 930 m。

如果输水管输水量为 Q，平行的输水管线为 N 条，则每条管线的流量为 Q/N。假设平行管线的管材、直径和长度都相同，则该并联管路输水系统的水头损失为

$$h = s\left(\frac{Q}{N}\right)^n = \frac{s}{N^n}Q^n \tag{2-28}$$

式中：s——每条管线的摩阻；

n——管道水头损失计算流量指数，塑料管、混凝土管及采用水泥砂浆内衬的金属管道 $n = 2$，输水管（渠）配水管网多为金属管道，取 $n = 1.852$。

当一条管线损坏时，该系统使用其余 N–1 条管线的水头损失为

$$h_a = s\left(\frac{Q_a}{N-1}\right)^n = \frac{s}{(N-1)^n}Q_a{}^n \tag{2-29}$$

式中：Q_a——管线损坏时需保证流量或允许的事故流量。

因为重力输水系统的位置水头一定，正常时和事故时的水头损失都应等于位置水头，即

$h = h_a = Z - Z_0$，由式（2–28）、式（2–29）得事故流量为

$$Q_a = \left(\frac{N-1}{N}\right)Q = \alpha Q \tag{2-30}$$

式中：α——流量比例系数。

当平行管线数 $N = 2$ 时，则 α =（2–1）/2 = 0.5，这样事故流量只有正常供水量的一半。如果只有一条输水管，则 $Q_a = 0$，即事故流量为 0，不能保证不间断供水。

为了提高供水可靠性，常常采用在平行管线之间增设连接管的方式。当管线某段损坏时，无须整条管线全部停止运行，而只需用阀门关闭损坏的一段进行检修，以此措施来提高事故时的流量。

2.6　水管、管网附件和附属构筑物

2.6.1　水管材料

水管可分金属管（铸铁管和钢管）和非金属管（预应力钢筋混凝土管、玻璃钢管、塑料管等）。不同材料的水管，性能各异，适用条件也不尽相同。

水管材料的选择应根据管径、内压、外部荷载和管道敷设区的地形、地质、管材

的供应，按照运行安全、耐久、减少漏损、施工和维护方便、经济合理以及清水管道防止二次污染的原则，进行技术、经济、安全等综合分析确定。

2.6.1.1 铸铁管

铸铁管按材质可分为灰铸铁管（也称连续铸铁管）和球墨铸铁管。

灰铸铁管虽有较强的耐腐蚀性，但由于连续铸管工艺的缺陷，质地较脆，抗冲击和抗震能力差，重量较大，且经常发生接口漏水、水管断裂和爆管事故等。但是，其可以用在直径较小的管道上，同时采用柔性接口，必要时可选用较大一级的壁厚，以保证供水安全。

与灰铸铁管相比，球墨铸铁管不仅具有灰铸铁管的许多优点，而且机械性能有很大提高，其强度是灰铸铁管的多倍，抗腐蚀性能远高于钢管。除此之外，球墨铸铁管重量较小，很少发生爆管、渗水和漏水现象。球墨铸铁管采用推入式楔形胶圈柔性接口，也可用法兰接口，施工安装方便，接口的水密性好，有适应地基变形的能力，抗震效果也好，因此是一种理想的管材。

2.6.1.2 钢管

钢管有无缝钢管和焊接钢管两种。钢管的特点是能耐高压、耐振动、重量较小、单管的长度大和接口方便，但耐腐蚀性差，管壁内外都需有防腐措施，并且造价较高。在给水管网中，通常只在大管径和水压高处，以及因地质、地形条件限制或穿越铁路、河谷和地震区时使用。

2.6.1.3 预应力和自应力钢筋混凝土管

预应力钢筋混凝土管分普通和加钢套筒两种。预应力钢套筒混凝土管是在预应力钢筋混凝土管内放入钢筒，其用钢材量比钢管省，价格比钢管低。其接口为承插式，承口环和插口环均用扁钢压制成型，与钢筒焊成一体。

预应力钢筋混凝土管的特点是造价低、管壁光滑、水力条件好、耐腐蚀，但重量大，不便于运输和安装。预应力钢筋混凝土管在设置阀门、弯管和排气、放水等装置处，须采用钢管配件。

2.6.1.4 玻璃钢管

玻璃钢管是一种新型管材，能长期保持较高的输水能力，还具有耐腐蚀，不结垢，强度高，粗糙系数小，重量小（是钢管的 1/4 左右、预应力钢筋混凝土管的 1/10 ～ 1/5），运输施工方便等特点。但其价格较高，与钢管接近，可在强腐蚀性土壤处采用。为降低价格、提高管道的刚度，国内一些厂家生产出一种夹砂玻璃钢管。

2.6.1.5　塑料管

塑料管种类很多，近年来发展很快，目前生产中应用较多的有 UPVC、ABS、PE、PP 管材等。尤其是 UPVC（硬聚氯乙烯）管，以其优良的力学性能、阻燃性能、很低的价格，受到欢迎，应用广泛。UPVC 管工作压力宜低于 2.0 MPa，用户进水管的常用管径为 DN25 mm 和 DN50 mm，小区内为 DN100 mm ～ DN200 mm，管径一般不大于 DN400 mm。

塑料管具有内壁光滑不结垢、水头损失小、耐腐蚀、重量小、加工和接口方便等优点。但管材的强度较低，用于长距离管道时，需要考虑防止碰撞、暴晒等防老化措施。

2.6.2　给水管道敷设与防腐

2.6.2.1　管道敷设

上述各种材料的给水管多数埋在道路下。水管管顶以上的覆土深度，在不冰冻地区由外部荷载、水管强度以及与其他管线交叉情况等决定，金属管道的管顶覆土深度通常不小于 0.7 m。非金属管的管顶覆土深度应大于 1 m，覆土必须夯实，以免受到动荷载的作用而影响水管强度。冰冻地区的覆土深度应考虑土壤的冰冻线深度。

在土壤耐压力较高和地下水位较低处，水管可直接埋在管沟中未扰动的天然地基上。一般情况下，铸铁管、钢管、承插式钢筋混凝土管可以不设基础。在岩石或半岩石地基处，管底应垫砂铺平夯实。砂垫层厚度：金属管和塑料管至少为 100 mm，非金属管道不小于 150 mm。在土壤松软的地基处，管底应有一定强度的混凝土基础。如遇流砂或通过沼泽地带，承载能力达不到设计要求时，需进行基础处理，根据一些地区的施工经验，可采用各种桩基础。

2.6.2.2　管道防腐

腐蚀是金属管道的变质现象，其表现方式有生锈、坑蚀、结瘤、开裂或脆化等。给水管道内壁的腐蚀、结垢使管道的输水能力下降，对饮用水系统来说还会出现水质下降的现象，对人的健康造成威胁。按照腐蚀过程的机理，可分为没有电流产生的化学腐蚀，以及形成原电池而产生电流的电化学腐蚀（氧化还原反应）。给水管网在水中和土壤中的腐蚀，以及流散电流引起的腐蚀，都是电化学腐蚀。

一般情况下，水中含氧量越高，腐蚀越严重，但对钢管来说，此时可能会在内壁产生氧化膜，从而减轻腐蚀。水的 pH 明显影响金属管道的腐蚀速度，pH 越低腐蚀越快，中等 pH 时不影响腐蚀速度，高 pH 时因金属管道表面形成保护膜，腐蚀速度减慢。水的含盐量越高则腐蚀速度越快，海水对金属管道的腐蚀远大于淡水。水流速度越大，腐蚀越快。

防止给水管道腐蚀的方法如下：

（1）采用非金属管材，如预应力或自应力钢筋混凝土管、玻璃钢管、塑料管等。

（2）金属管内外表面上涂油漆、沥青等，以防止金属和水接触而产生腐蚀。例如可将明设钢管表面打磨干净后，先刷 1 ～ 2 遍红丹漆，干后再刷两遍热沥青或防锈漆；埋地钢管可根据周围土壤的腐蚀性，分别选用各种厚度的防腐层。

涂料需满足：①不溶解于水，不得使自来水产生嗅、味，并且无毒；②涂料前，内外壁应清洁无锈；③管体预热后浸入涂液，涂层厚薄均匀，内外壁光滑，黏附牢固，并不因气温变化而发生异常。

（3）小口径钢管可采用钢管内外热浸镀锌法进行防腐。

（4）为了防止给水管道（铸铁管或钢管）内壁锈蚀与结垢，可在管内涂衬防腐涂料（又称内衬、搪管），内衬的材料一般为水泥砂浆，也有用聚合物水泥砂浆。

（5）阴极保护。阴极保护是保护水管的外壁免受土壤腐蚀的方法。根据腐蚀电池的原理，两个电极中只有阳极金属发生腐蚀，所以阴极保护的原理就是使金属管成为阴极，以防止腐蚀。

阴极保护有两种方法。一种是使用消耗性的阳极材料，如铝、镁、锌等，隔一定距离用导线连接到管线（阴极）上，在土壤中形成电路，结果是阳极腐蚀，管线得到保护。这种方法在缺少电源、土壤电阻率低和水管保护涂层良好的情况下使用。

另一种是通入直流电的阴极保护法，将废铁埋在管线附近，与直流电源的阳极连接，电源的阴极接到管线上，因此可防止腐蚀，在土壤电阻率高（约 2 500 Ω · cm）或金属管外露时使用较宜。

2.6.3 管网附件和附属构筑物

2.6.3.1 管网附件

（1）阀门

阀门在输水管道和给水管网中起分段和分区的隔离检修作用，并可用来调节管线中的流量或水压。

在给水系统中主要使用的阀门有 3 种：闸阀、蝶阀和球阀。

当阀门的闸板启闭方向和闸板的平面方向平行时，这种阀门称闸阀（闸门）。它是管网中最广泛使用的一种阀门。闸阀内的闸板有楔式和平行式两种，根据阀门使用时上下移动方式，可分为明杆和暗杆，一般选用法兰连接方式。

蝶阀是其阀瓣利用偏心或同心轴旋转的方式以达到启闭的作用。蝶阀的外形尺寸小于闸阀，结构简单，开启方便，旋转 90° 就可以完全开启或关闭。蝶阀可用在中、低压管线，如在水处理构筑物和泵站内。

球阀是在球形阀体内（连在阀杆上的是一个开设孔道的球体芯），靠旋转球体芯达到开启或关闭阀门的目的。球阀优点是结构较闸阀简单、体积小、水阻力小、密封严密。缺点是受密封结构及材料的限制，制造及维修的难度大。在给水系统中，球阀适用于小口径的有毒有害液体、气体输送管道。

输水管（渠）道的起点、终点、分叉处以及穿越河道、铁路、公路段，应根据工程具体情况和有关部门的规定设置阀（闸）门。同时按照事故检修需要设置阀门。

（2）止回阀

止回阀又称逆止阀、单向阀。止回阀是限制压力管道中的水流只能朝一个方向流动的阀门。止回阀的类型除旋启式外，还有微阻缓闭止回阀和液压式缓冲止回阀，这两种止回阀还有防止水锤的作用。

止回阀一般安装在水压大于 196 kPa 的水泵站出水管上，防止因突然断电或其他事故时水流倒流而损坏水泵设备等。

（3）排气阀和泄水阀

排气阀安装在管线的隆起部位，为了排除管线投产时或检修后通水时管线内的空气。平时用以排除从水中释出的气体，以免空气积在管中，减小过水断面，增大水头损失。长距离输水管线，一般随地形起伏敷设，在高处隆起点设排气阀。管道平缓段，根据管道安全运行的要求，一般间隔 1 000 m 左右设一处通气措施。

排气阀还有在管路出现负压时向管中进气的功能，从而减轻水锤对管路的危害。

在管线的最低点须安装泄水阀，用以排除管中的沉淀物以及检修时放空水管内的存水。泄水阀与排水管连接，其管径由所需放空时间决定。放空时间可按一定工作水头下孔口出流公式计算。

（4）消火栓

消火栓分地上式和地下式，地上式消火栓一般布置在交叉路口消防车可以驶近的地方。地下式消火栓安装在阀门井内。

室外管网内的消火栓间距不应超过 120 m，接管直径小于 100 mm，配水管网上两个阀门之间的独立管段内消火栓的数量不宜超过 5 个。

2.6.3.2　管网附属构筑物

（1）阀门井

管网中的附件（阀门、排气阀、地下式消火栓和设在地下管道上的流量计等）一般应安装在阀门井内，阀门井多用砖砌，也可用石砌或钢筋混凝土建造。阀门井的平面尺寸，取决于水管内直径以及附件的种类和数量，但应满足阀门操作和安装拆卸各种附件所需要的最小尺寸。阀门井的深度由水管埋设深度确定。

（2）支墩和基础

当管内水流通过承插式接口的弯管、三通、水管尽端的盖板上以及缩管处，都会产生拉力，接口可能因此松动脱节而使管道漏水，因此在这些部位需要设置支墩，以防止接口松动脱节等事故产生。当管径小于 300 mm 或转弯角度小于 10° 且水压不超过 980 kPa 时，因接口本身足以承受拉力，可不设支墩。

管道支墩大小与管道截面计算外推力对支墩产生的压力大小有关。根据管道验收试验压力可以计算出截面计算外推力：

$$p=\frac{\pi D^2}{4}(p_0-kp_s) \tag{2-31}$$

式中：p——管道接口允许承受内水压后的管道截面计算外推力，N；

p_0——管道验收试验压强，Pa（N/m^2）；

p_s——管道接口允许承受内水压强，Pa（N/m^2）；

D——管道内径，m；

k——设计抗拉强度安全修正系数，$k<1$。

管道安装形式有很多种，截面计算外推力对支墩的作用力 R 大小不完全相同，应按照平面汇交力系平衡原则分析求出。

（3）管线穿越障碍物

给水管线通过铁路、公路和河谷时，必须采取一定的措施。

① 管线穿越铁路时，其穿越地点、方式和施工方法，应遵循有关铁路部门穿越铁路的技术规范。根据铁路的重要性，采取如下措施：当穿越车站咽喉区间、站场范围内的正线、发线时，应设套管；穿越其他股道可不设套管，防护套管管顶或输水管管顶至轨底的深度不得小于 1.0 m，至路基面高度不应小于 0.70 m。两端应设检查井，井内应设阀门或排水管等。如果采用输水管架空穿越铁路管线，则管架底应高出路轨面 6.0 m 以上。

② 管线穿越河川山谷时，可利用现有桥梁架设水管，或敷设倒虹管，或建造水管桥，应根据河道特性、通航情况、河岸地质地形条件、过河管材料和直径、施工条件选用。

③ 给水管架设在现有桥梁下穿越河流最为经济，施工和检修比较方便，通常水管架在桥梁的人行道下。穿越河底的输水管应避开锚地，管内流速应大于不淤流速。管道埋设深度应在其相应防洪标准的洪水冲刷深度以下，且应大于 1.0 m。管道埋设在通航河道时，应符合航运部门的技术规定，并在河岸设立标志，管道埋设深度应在航道底设计高程 2.0 m 以下。

习　题

一、选择题

1. 综合生活用水一般不包括（　　）。

A. 居民生活用水　　B. 学校和机关办公楼用水

C. 工业企业工作人员生活用水　　D. 公共建筑及设施用水

2. 时变化系数是指（　　）。

A. 最高日用水量与平均日用水量的比值

B. 最高日最高时用水量与平均日平均时用水量的比值

C. 最高日最高时用水量与最高日平均时用水量的比值

D. 平均日最高时用水量与平均日平均时用水量的比值

3. 当按直接供水的建筑层数确定给水管网水压时，其用户接管处的最小服务水头，1 层为（　　），2 层为（　　），2 层以上每增加 1 层增加（　　）。

A.8 m；12 m；4 m　　B.8 m；12 m；2 m

C.10 m；12 m；2 m　　D.10 m；12 m；4 m

4. 当管网中无调节构筑物时，清水输水管道的设计流量应按（　　）确定。

A. 平均日平均时用水量

B. 最高日平均时用水量

C. 最高日最高时设计用水量

D. 最高日设计用水量加水厂自用水量

5. 从水源至净水厂的原水输水管（渠）的设计流量，应按（　　）确定。

A. 最高日平均时供水量

B. 最高日平均时供水量加净水厂自用水量

C. 最高日平均时供水量加净水厂自用水量及输水管（渠）漏损水量

D. 最高日平均时供水量加净水厂自用水量及输水管（渠）和管网漏损水量

6. 管网起始端设水塔时，管网设计供水量应按（　　）设计用水量计算。

A. 最高日　　B. 平均日　　C. 最高日最高时　　D. 最高日平均时

7. 管网内设有水塔时，二级泵站的供水量在任一时刻都（　　）用户的用水量，其设计流量（　　）管网的设计流量。

A. 不确定；小于　　B. 小于；小于　　C. 等于；等于　　D. 不确定；不确定

8. 清水池的作用之一是（　　）。

A. 调节二级泵站与用水量的差值

B. 调节一级泵站供水量与用户用水量的差值

C. 调节二级泵站与水塔的供水量差值

D. 调节一级泵站与二级泵站供水量差值

9. 当一级泵站和二级泵站每小时供水量相接近时，清水池的调节容积可以（　　），此时，为了调节二级泵站供水量与用户用水量之间的差额，水塔的调节容积会（　　）。

A. 减小；减小　　B. 增加；增加　　C. 增加；减小　　D. 减小；增加

10. 关于给水系统的流量关系叙述正确的是（　　）。

A. 给水系统中各构筑物均以平均日流量为基础进行设计

B. 取水构筑物流量由平均日流量，水厂自用水系数及一级泵站每天工作时间共同确定

C. 水塔（高地水池）的调节容积依据用户用水量变化曲线和二级泵站工作曲线确定

D. 清水池是取水构筑物和一级泵站之间的水量调节设施

11. 城镇配水管网宜设计成（　　），当允许间断供水时，可设计为（　　），但应考虑将来连成（　　）管网的可能。

A. 环状；枝状；环状　　B. 枝状；环状；枝状

C. 枝状；枝状；环状　　D. 枝状；环状；环状

12. 关于节点流量平衡条件，即公式$q_i + \sum q_{ij} = 0$，下列叙述正确的是（　　）。

A. q_i为管网总供水量，q_{ij}为各管段流量

B. q_i为各节点流量，q_{ij}为各管段流量

C. 表示流向节点 i 的流量等于从节点 i 流出的流量

D. 表示所有节点流量之和与所有管段流量之和相等

13. 配水管网水力平差计算多采用公式（　　）。

A. $h = \sum \xi \dfrac{v^2}{2g}$　　B. $h = \dfrac{10.67q^{1.852}l}{C_{\mathrm{h}}^{1.852}d_{\mathrm{j}}^{4.87}}$

C. $h = \lambda \dfrac{l}{d_{\mathrm{j}}} \dfrac{v^2}{2g}$　　D. $h = \dfrac{v^2}{C^2 R} l$

14. 对于有水塔的管网，在用水量小于泵站供水量时，下列描述正确的是（　　）。

A. 泵站供水量等于管网用水量与转入水塔水量之和

B. 泵站供水量等于管网用水量与转入水塔水量之差

C. 管网用水量等于泵站供水量

D. 管网用水量等于水塔供水量

二、计算题

15. 某城市最高日用水量为 150 000 m^3/d，用水日变化系数为 1.2，时变化系数为

1.4，则管网的设计流量为多少？（参考答案：8 750 m^3/d）

16. 某城市水塔所在地面标高为 20.0 m，水塔高度为 15.5 m，水柜水深为 3 m。控制点距水塔 5 000 m，从水塔到控制点的管线水力坡度以 i = 0.001 5 计，局部水头损失按沿程水头损失的 10% 计算。控制点地面标高为 14.0 m，则在控制点处最少可满足几层建筑的最小服务水头要求。（参考答案：3 层）

17. 某城市周边具有适宜建高位水池的坡地，城市规划建筑高度为 6 层，管网水压最不利点的地面标高为 4 m，高位水池至最不利点的管路水头损失约为 5 m。拟建高位水池的内底标高至少应为多少。（参考答案：37 m）

18. 某城镇现有水厂规模为 48 000 m^3/d，水厂内清水池和管网内水塔的有效调节容积均为 5 000 m^3/d。近期规划用水量增长，需要新建一座水厂，供水量为 48 000 m^3/d。新建水厂后最高日内小时用水量见表 2-10，试计算新建水厂内清水池的最小有效调节容积。（参考答案：11 000 m^3）

表 2-10　最高日内小时用水量　　单位：m^3/h

时段	0 ～ 5	5 ～ 10	10 ～ 12	12 ～ 16	16 ～ 19	19 ～ 21	21 ～ 24
用水量	2 000	4 400	6 800	4 400	6 000	4 400	2 000

19. 某城镇给水管网如图 2-15 所示，管段长度和水流方向标于图上，比流量为 0.04 L/（s · m），所有管段均为双侧配水，折算系数统一采用 0.5，节点 2 处有一集中流量 20 L/s，则节点 2 的计算节点流量是多少？（参考答案：64 L/s）

20. 某环状管网计算如图 2-16 所示，各管段旁数字为相应管段的初次分配流量，经水力平差计算得各环的校正流量值分别为 Δq_{I} = 4.7 L/s、Δq_{II} = 1.4 L/s、Δq_{III} = −2.3 L/s，则管段 3-4、4-5 经校正后的流量 $q_{3\text{-}4}$、$q_{4\text{-}5}$ 应为多少？（参考答案：$q_{3\text{-}4}$ =76.7 L/s；$q_{4\text{-}5}$ = 33.0 L/s）

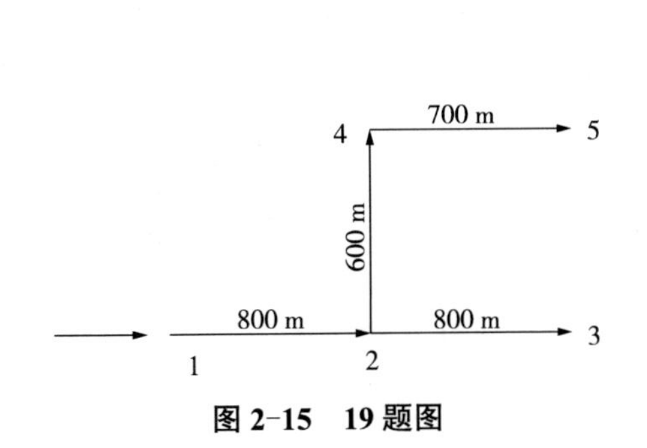

图 2-15　19 题图

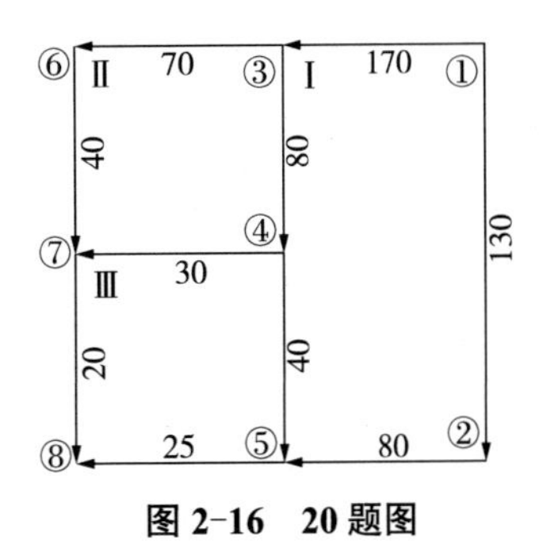

图 2-16　20 题图

第3章　排水系统中的管网工程

排水管网系统是收集和输送废水、污水、雨水、冰雪雹融化水等的设施，是城市排水的“静脉系统”，它把废水从产生处收集、输送至污水处理厂或出水口，包括排水设备、检查井、管渠、水泵站等工程设施。

3.1　排水体制与系统规划

3.1.1　污水系统的排水体制

在城市和工业企业中通常有生活污水、工业废水和雨水。这些污水在一个地区内或采用一个管渠系统排除，或采用两个（或以上）各自独立的管渠系统来排除，称为排水体制，通常分为合流制和分流制两大类。

3.1.1.1　合流制排水系统

合流制排水系统是将生活污水、工业废水和雨水混合在同一个管渠内排除的系统。最早出现的合流制排水系统是将不经处理的混合污水直接就近排入水体，国内外很多城市以往多采用这种合流制排水系统。但由于污水未经过无害化处理就排放，使受纳水体遭受严重污染。现在常采用的是截流式合流制排水系统（图3-1）。这种系统是在临河岸边建造一条截流干管，同时在合流干管与截流干管相交前或相交处设置截流井，并在截流干管下游设置污水处理厂。晴天和初降水时所有污水都排送至污水处理厂，经处理后排入水体；随着降水量的增加，雨水径流也增加，当混合污水的流量超过截流干管的输水能力后，就有部分混合污水经截流井溢出，直接排入水体。截流式合流制排水系统较前一种方式前进了一大步，但仍有部分混合污水未经处理就直接排放，使水体遭受污染，这是它的缺点。国内外在改造老城区合流制排水系统时，通常采用这种方式。

3.1.1.2　分流制排水系统

分流制排水系统是将生活污水、工业废水和雨水分别在两个或两个以上各自独立的管渠内排除的系统（图 3-2）。排除城市污水或工业废水的系统称污水排水系统；排除污水（道路冲洗水）的系统称为雨水排水系统。

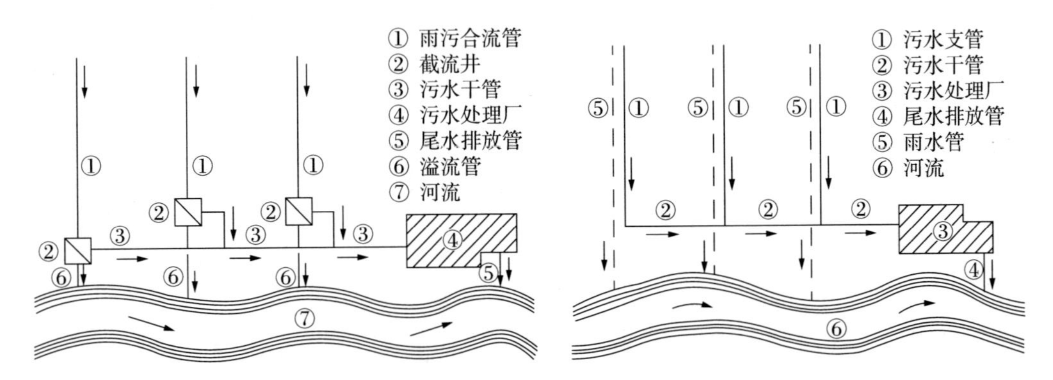

图 3-1　截流式合流制排水系统　　　　**图 3-2　分流制排水系统**

由于排除雨水方式的不同，分流制排水系统又分为完全分流制和不完全分流制两种（图 3-3）。在城市中，完全分流制排水系统具有污水排水系统和雨水排水系统。而不完全分流制只具有污水排水系统，未建雨水排水系统，雨水沿天然地面、街道边沟、水渠等原有渠道系统排出，或者为了补充原有渠道系统输水能力的不足而修建部分雨水道，待城市进一步发展再修建雨水排水系统而转变成完全分流制排水系统。

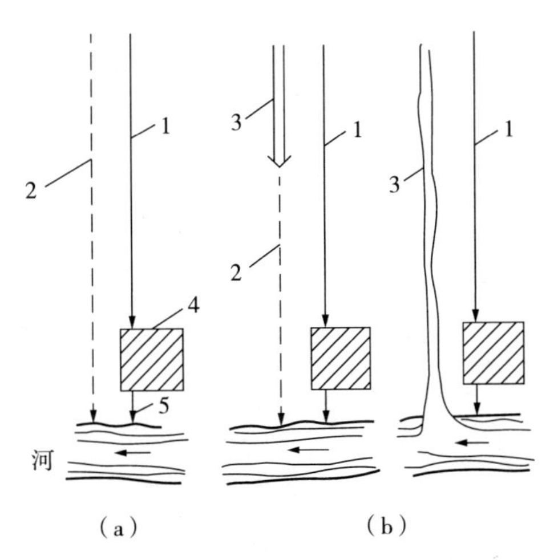

1—污水管道；2—雨水管渠；3—原有渠道；4—污水处理厂；5—出水口。

图 3-3　完全分流与不完全分流排水体制

在工业企业中，一般采用分流制排水系统。然而，往往由于工业废水的成分和性质很复杂，不但与生活污水不宜混合，而且彼此之间也不宜混合，否则将造成污水和污泥处理复杂化，同时给废水重复利用和有用物质回收造成很大困难。所以，在多数情况下，采用分质分流、清污分流等几种管道系统分别排除。但如生产污水的成分和性质同生活污水类似时，可将生活污水和生产污水用同一管道系统排除；或将生产废水直接排入雨水管道。图 3-4 为具有循环给水系统和局部处理设施的分流制排水系统，生活污水、生产污水、雨水分别设置独立的管道系统，含有特殊污染物质的有害生产污水不容许与生活或其他生产污水直接混合，应在车间附近设置局部处理设施。冷却废水经冷却后在生产中循环使用。如满足相关要求，工业企业的生活污水和生产污水应排入城市污水管道而不做单独处理。

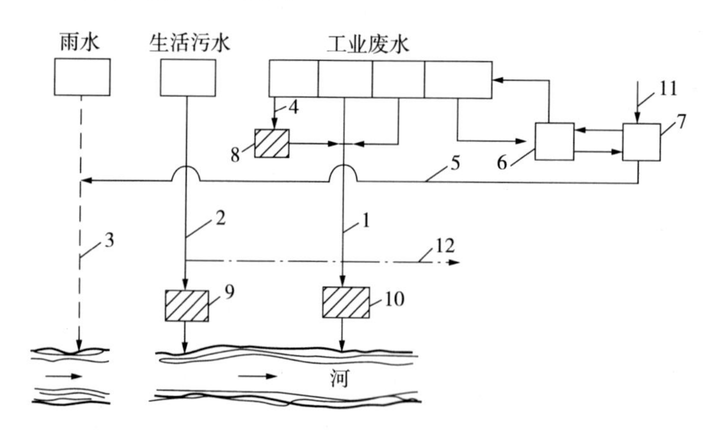

1—生产污水管道；2—生活污水管道；3—雨水管渠；4—特殊污染生产污水管道系统；5—溢流管道；6—泵站；7—冷却构筑物；8—局部处理构筑物；9—生活污水处理厂；10—生产污水处理厂；11—补充清洁水；12—排入城市污水管道。

图 3-4　具有循环给水系统和局部处理设施的分流制排水系统

一座城市中的混合制排水系统中既有分流制也有合流制，混合制排水系统一般是在具有合流制的城市需要扩建排水系统时出现。在大城市中，因各区域的自然条件以及修建情况可能相差较大，因地制宜地在各区域采用不同的排水制度也是合理的，如美国的纽约以及我国的上海等城市便是这样形成的混合制排水系统。

合理地选择排水体制，是城市和工业企业排水系统规划和设计时的重要问题。排水体制的选择，不仅从根本上影响排水系统的设计、施工、维护管理，而且对城市和工业企业的规划和环境保护影响深远，同时影响排水系统工程的总投资、初期投资以及维护管理费用。通常，排水系统体制的选择应满足环境保护的需要，根据当地条件，综合考虑技术经济因素确定。此时，环境保护应是选择排水体制时所考虑的主要问题。

（1）从环境保护方面来看，如果采用合流制将城市生活污水、工业废水和雨水全部截流送往污水处理厂，然后排放，从控制和防止水体的污染来看，是较好的，但这时截流主干管尺寸很大，污水处理厂规模也增大很多，建设费用也相应增加。采用截流式合流制时，在暴雨径流之初，原沉淀在合流管渠的污泥被冲起，即所谓的“第一次冲刷”，沉淀污泥同时和部分雨污混合污水经截流井进入水体。实践证明，采用截流式合流制的城市，水体仍然遭受污染，甚至达到不能容忍的程度。为了完善截流式合流制，今后探讨的方向是宜将雨天溢出的混合污水予以贮存，待晴天时再将贮存的混合污水全部送至污水处理厂进行处理。雨污混合污水贮存池可设在溢流出水口附近，或者设在污水处理厂附近，以减轻城市水体污染。也可在排水系统的中、下游沿线适当地点建调节、处理（如沉淀池等）设施，对雨水径流或雨污混合污水进行贮存调节，以减少合流管的溢流次数和水量，同时去除某些污染物以改善水质，暴雨过后再由重力流或在外力提升作用下，经管渠送至污水处理厂处理后再排放，或者将合流制改建成分流制排水系统等。

分流制是将城市污水全部送至污水处理厂进行处理，雨水则可直接排入水体。但分流制中的初雨径流会对城市水体造成污染，有时还很严重。近年来，国外对雨水径流的水质调查发现，雨水径流特别是初雨径流对水体的污染相当严重。分流制虽然有这一不足，但它比较灵活，比较容易适应社会发展的需要，又能符合城市卫生的一般要求，所以在国内外获得了较广泛的应用。

（2）从投资方面来看，据国外经验，合流制排水管道的造价比完全分流制一般要低 20% ～ 40%，但合流制的泵站和污水处理厂造价高些。从总造价看，完全分流制比合流制高；从初期投资看，不完全分流制因初期只建污水排水系统，因而可节省初期投资费用，此外，可缩短施工期，工程效益快。而合流制和完全分流制的初期投资比不完全分流制要大。所以，我国过去很多新建的工业基地和居住区均采用不完全分流排水体制。

（3）从维护管理方面来看，晴天时污水在合流制管道中只是非满管流，雨天才接近满管流。因而晴天时合流制管内流速较低，易于产生沉淀。而且晴天和雨天时流入污水处理厂的水量变化很大，增加了合流制排水系统污水处理厂运行管理中的复杂性。而分流制系统可以保持管内的流速，不易发生沉淀，同时，流入污水处理厂的水量和水质的变化比合流制小得多，使得污水处理厂的运行易于控制。

混合制排水系统的优缺点介于合流制和分流制排水系统之间。

3.1.2　排水系统的规划设计程序

排水工程的设计对象是需要新建、改建或扩建排水工程的城市、工业企业和工业区，它的主要任务是规划设计收集、输送、处理和利用各种污水的一整套工程设施和构筑物，即排水管道系统和污水处理厂的规划与设计。

排水工程的规划与设计是在区域规划以及城市和工业企业的总体规划基础上进行的。因此，排水系统规划与设计的有关基础资料，应以区域规划以及城市和工业企业的规划与设计方案为依据。排水系统的设计规模、设计期限应根据区域规划以及城市和工业企业规划方案的设计规模和设计期限而定。排水区界是指排水系统设置的边界，它决定于区域、城市和工业企业规划的建筑界限。

排水工程的建设和设计应坚持必要的基建程序，这是保证排水工程建设和设计工作顺利进行的重要条件。基建程序可归纳为下列几个阶段：

（1）可行性研究阶段：可行性研究是论证基建项目在经济、技术等方面是否可行。如果论证可行，按照项目隶属关系，由主管部门组织设计等单位，编制计划（设计）任务书。

（2）计划任务书阶段：计划任务书是确定基建项目、编制设计文件的主要依据。计划任务书按隶属关系经上级批准后，通过招标，可委托设计单位进行设计工作。

（3）设计阶段：设计单位根据上级有关部门批准的计划任务书文件进行设计工作、编制概（预）算。

（4）施工阶段：建设单位采用招标或其他形式落实施工单位，进行施工。

（5）竣工验收及交付使用阶段：建设项目建成后，竣工验收及交付使用是建筑安装施工的最后阶段。未经验收合格的工程，不能交付使用。

排水工程设计可分为3个阶段（初步设计、技术设计和施工图设计）或两个设计阶段（初步设计和施工图设计）。大中型基建项目，一般采用两阶段设计，重大项目和特殊项目，必要时可增加技术设计阶段。

（1）初步设计：应明确工程规模、建设目的、投资效益、设计原则和标准、选定设计方案、拆迁、征地范围及数量、设计中存在的问题、注意事项及建议等。设计文件应包括设计说明书、图纸、主要工程数量、主要材料设备数量及工程概算。初步设计文件应能满足审批、控制工程投资和编制施工图设计、组织施工和生产准备的要求。对采用新工艺、新技术、新材料、新结构，引进国外新技术、新设备或采用国内科研新成果时，应在设计说明书中加以详细论证。

（2）施工图设计：施工图应能满足施工、安装、加工及施工预算编制要求，设计文件应包括说明书、设计图纸、材料设备表、施工图预算。

上述两阶段设计中的初步设计或扩大初步设计是3个阶段设计的初步设计和技术设计两个内容的综合。

总体来说，排水工程的规划与设计，应遵循下列原则：

（1）应符合区域规划和工业企业的总体规划，并应与城市和工业企业中其他单项工程建设密切配合，相互协调。例如，总体规划的设计规模、设计期限、建筑界限、功能分区布局等是排水工程规划设计的依据。城市和企业的道路规划、地下设施规划、竖向规划、人防工程规划等单项规划对排水工程的规划设计都有影响，要从全局观点出发，使排水工程的各个部分形成有机的整体。

（2）要与临近区域的污水和污泥的处理和处置系统相协调。一个区域的污水系统，可能影响邻近区域，特别是影响下游区域的环境质量．故在确定规划区的处置方案时，必须在较大区域范围内综合考虑。

根据排水规划，有几个区域同时或接近同时修建时，应考虑合并处理和处置的可能性，即实现区域排水系统。因为它的经济效益可能更好，但施工期较长，实现较困难。

（3）应处理好污染源分散治理与集中处理的关系。城市污水应以点源分散治理与集中处理相结合，以集中处理为主的原则加以实施。工业废水符合排入城市下水道标准的应直接排入城市污水排水系统，与城市污水一并处理。个别工厂或车间排放的含有有毒、有害物质的污水应进行局部处理，达到排入城市下水道标准后排入城市污水排水系统。生产废水达到排放水体标准的可就近排入水体或雨水管道。

（4）在排水规划与设计中要考虑污水的再生利用和污泥的合理处置。

（5）在排水规划与设计中应考虑与邻近区域和区域内给水系统、排洪系统相协调。

（6）排水工程的设计应全面规划，排水管道系统按远期设计。污水处理厂按近期设计，考虑远期发展有扩建的可能。并应根据使用要求和技术经济等因素，对工程做出分期建设的安排，分期建设可以更好地节省初期投资，并能更快地发挥工程建设的作用，分期建设应首先建设最急需的工程设施，使它能尽早地服务于最迫切需要的地区和对象。

（7）对于城市和工业企业原有的排水工程进行改建和扩建时，应从实际出发，在满足环境保护的要求下，适当改造原有排水设施，充分发挥其工程效能。

（8）在规划与设计排水工程时，必须认真贯彻执行国家和地方部门制定的现行有关标准、规范或规定。同时，必须执行国家关于新建、改建、扩建工程应实行防治污染设施与主体工程同时设计、同时施工、同时投产的“三同时”规定。这是控制污染发展的重要政策。

3.2　污水管网工程设计

3.2.1　城镇生活污水管网系统

城镇生活污水管网系统由下列几个主要部分组成：

3.2.1.1　室内污水管网系统及设备

室内污水管网系统及设备的作用是收集生活污水，并排送至室外居住小区污水管道。在住宅及公共建筑内，各种卫生设备，既是人们用水的器具，也是生活污水排水系统的起端设备，生活污水经水封管、支管和出户管等室内管道系统，流入室外居住小区管道系统。在每一出户管与室外居住小区管道相接的连接点设检查井，供检查和清通管道之用。

3.2.1.2 室外污水管道系统

建筑外地面下，输送污水至泵站、污水处理厂或水体的管道系统称为室外污水管道系统，它又分为居住小区污水管道系统及街道污水管道系统。

（1）居住小区污水管道系统。敷设在居住小区内，连接建筑物出户管的污水管道系统，称为居住小区污水管道系统。它分为接户管、小区支管和小区干管，接户管是指布置在建筑物周围接纳建筑物各污水出户管的污水管道。小区污水支管是指布置在居住区内与接户管连接的污水管道，一般布置在居住小区内道路下。小区污水干管是指在居住小区内，接纳各居住区内小区支管污水的管道，一般布置在小区道路或市政道路下。居住区内小区污水排入城市排水系统时，其水质必须符合《污水排入城市下水道水质标准》（CJ 3082—1999）。居住小区污水排出口的数量和位置，要取得城市市政管理部门的同意。

（2）街道污水管道系统。敷设在街道下，用以排出居住小区管道系统排入的污水，称为街道污水管道系统。在一个市区内，由城市支管、干管、主干管等组成，如图 3-5 所示。

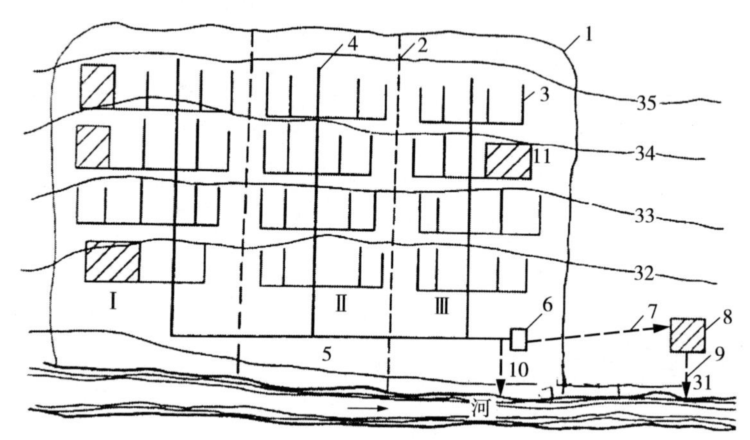

1—边界；2—排水分界；3—支管；4—干管；5—主干管；6—总泵站；7—压力管道；8—城市污水处理厂；9—出水口；10—事故排出口；11—工厂。

图 3-5　城市污水排水系统总平面示意图

支管承受居住小区干管流来的污水或集中流量排出的污水。在排水区界内，常按分水线划分为几个排水流域。在各个排水流域内，干管汇集输送由支管流来的污水，也称流域干管。主干管是汇集输送由两个或两个以上干管流来的污水的管道，把污水输送至提升泵站，污水处理厂或通至水体出口的管道，一般在污水管道系统设置区范围之外。

（3）管道系统上的附属构筑物。有检查井、跌水井、倒虹吸管等。

3.2.1.3　污水泵站及压力管道

污水一般以重力流排出，但往往由于受地形条件的限制，需要设置污水泵站，可分为局部泵站、中途泵站和总泵站等，从泵站输送污水至高地重力流管道或至污水处理厂的承压管段，称为压力管道。

3.2.1.4　出水口和事故排出口

污水排入水体的渠道和出口称为出水口。它是整个城市污水排水系统的终点设备，事故排出口是指在污水排水系统的中途，在某些易于发生故障的设施之前，例如在污水总泵站之前，所设置的辅助性出水渠。一旦发生故障，污水就通过事故排出口直接排入水体。

3.2.2　工业废水排水管网系统

在工业企业中，用管道将厂内车间所排出的不同性质的废水收集起来，送至废水处理构筑物。经处理后的水可再生利用或排入水体，或排入城市排水系统。若某些工业废水不经处理，容许直接排入城市排水管道时，就不需要设置废水处理构筑物，而是直接排入厂外的城市污水管道系统。

工业废水排放系统，由以下几个部分组成：

（1）车间内部管道系统和设备，主要用于收集各生产设备排出的工业废水，并将其排至车间外部的厂区管道系统。

（2）厂区管道系统，是敷设在工厂内，用以收集并输送各车间排出的工业废水的管道系统。厂区工业废水的管道系统，可根据具体情况设置若干个独立的系统。

（3）污水泵站及压力管道。

（4）废水处理站，是处理废水和污泥的场所。在管道系统上也设置检查井等附属构筑物，在接入城市排水管道前宜设置检测设施。

3.2.3　城镇排水系统的总体布置形式

城市、居住区或工业企业的排水系统在平面上的布置，随地形、竖向规划、污水处理厂的位置、土壤条件、河流情况，以及污水的种类和污染程度等因素而定。在工厂中，车间的位置，厂内交通运输线，以及地下设施等因素都将影响工厂企业排水系统的布置。下面介绍的是考虑以地形为主要因素的几种布置形式（图 3-6）。事实上，单独采用一种布置形式较少，通常是根据当地条件，因地制宜地采用综合布置形式。

在地势向水体有一定倾斜的地区，各排水流域的干管可以最短距离与水体垂直相交的方向布置，这种布置也称正交布置［图 3-6（a）］。正交布置的干管长度短、管径小，因而经济，污水排出也迅速。但是，由于污水未经处理就直接排放，会使水体遭受严重污染，影响环境。因此，在现代城市中，这种布置形式仅用于排除雨水。若沿河岸再敷设主干管，并将各干管的污水截流送至污水处理厂，这种形式称为截流式布置［图 3-6（b）］，所以截流式是正交发展的结果，截流式布置对减轻水体污染、改善和保护环境有重大作用。它适用于分流制污水排水系统，将生活污水及工业废水经处理后排入水体；也适用于区域排水系统，区域主干管截流各城镇的污水送至区域污水处理厂进行处理。截流式的合流制排水系统，因雨天有部分混合污水泄入水体，会造成对受纳水体的一定污染。

在地势向河流方向有较大倾斜的地区，为了避免因干管坡度及管内流速过大，使管道受到严重冲刷，可使干管与等高线及河道基本平行；主干管与等高线成一定倾角敷设，这种布置也称平行式布置［图 3-6（c）］。

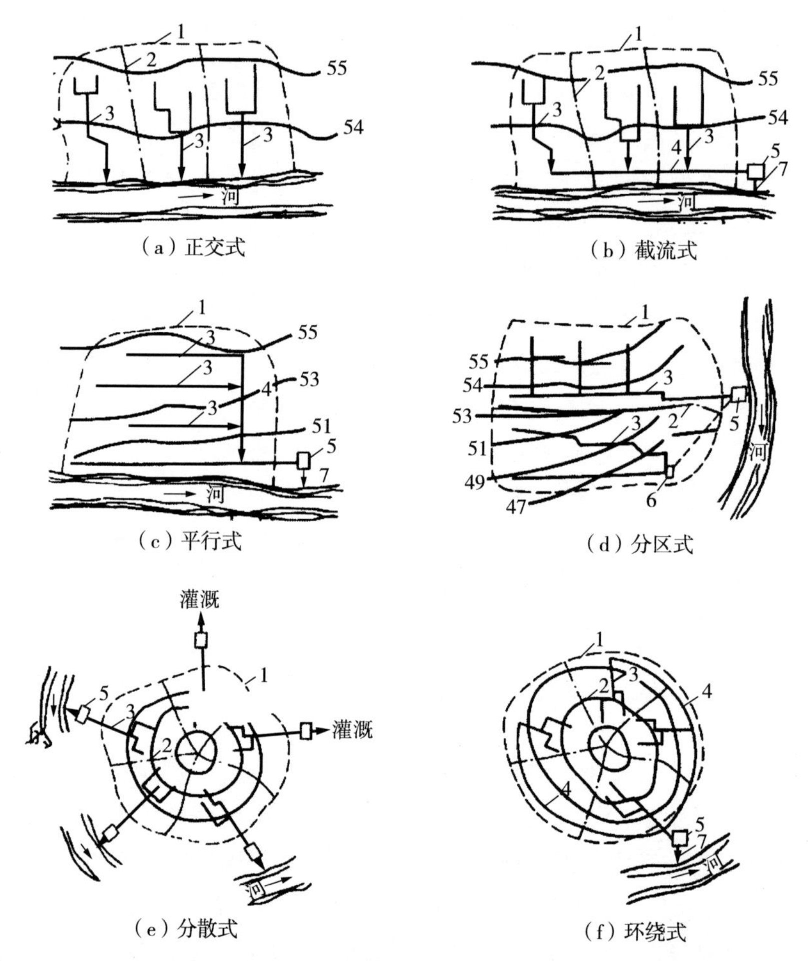

1—城市边界；2—排水分界；3—干管；4—主干管；5—污水处理厂；6—污水泵站；7—出水口。

图 3-6　排水系统的布置形式

在地势高差很大的地区，当污水不能靠重力流至污水处理厂时，可采用分区布置形式［图 3-6（d）］。这时，可分别在地势较高的地区和地势较低的地区敷设独立的管道系统。地势较高地区的污水靠重力流直接流入污水处理厂，而地势较低地区的污水用泵送至地势较高的地区干管或污水处理厂。这种布置只能用于个别阶梯地形或起伏很大的地区，它的优点是能充分利用地形排水，节省能耗。如果将地势较高地区的污水排至地势较低的地区，然后用污水泵抽送至污水处理厂是不经济的。

当城市周围有河流，或在城市中央部分地势较高而周围倾斜的地区，各排水流域的干管常采用辐射状分散布置［图 3-6（e）］，各排水流域具有独立的排水系统。这种布置具有干管长度短、管径小、管道埋深浅、便于污水的农林灌溉等优点，但污水处理厂和泵站（如需要设置时）的数量将增多。在地形平坦的大城市，采用辐射状分散布置可能是比较有利的，如上海等城市便采用了这种布置形式。

近年来，出于建造污水处理厂用地不足以及建造大型污水处理厂的基建投资和运行管理费用较建小型厂经济等原因，故不希望建造数量多、规模小的污水处理厂，而倾向于建造规模大的污水处理厂，所以由分散式发展成环绕式布置［图 3-6（f）］。这种形式是沿四周布置主干管，将各干管的污水截流送往污水处理厂。

3.2.4　污水管渠系统设计

3.2.4.1　设计资料的调查

污水管道系统设计所需资料范围比较广泛，其中有些资料虽然可由建设单位提供，但往往不够完整，个别地方不准确。为了取得充分可靠的设计基础资料，设计人员必须进行调查踏勘，并对收集到的资料进行整理分析。

（1）有关明确任务的资料

凡进行城镇（地区）的排水工程新建、改建和扩建工程的设计，一般需要了解与本工程有关的城镇（地区）的总体规划以及道路、交通、给水、排水、电力、电信、防洪、环保、燃气、园林绿化等各项专业工程的规划。这样可进一步明确本工程的设计范围、设计期限、设计人口数；拟用的排水体制；污水处置方式；受纳水体的位置及防治污染的要求；各类污水量定额及其主要水质指标；现有雨水、污水管道系统的走向，排出口位置和高程；与给水、电力、电信、燃气等工程管线及其他市政设施可能的交叉；工程投资情况等。

（2）有关自然因素方面的资料

1）地形图。进行大型排水工程设计时，在初步设计阶段要求有设计地区和周围 25 ～ 30 km 范围的总地形图，比例尺为 1:10 000 ～ 1:25 000，等高线间距 1 ～ 2 m。中小型设计，要求有设计地区总平面图，城镇可采用比例尺 1:5 000 ～ 1:10 000，等高线间距 1 ～ 2 m；工厂可采用比例尺 1∶500 ～ 1∶2 000，等高线间距为 0.5 ～ 2 m。在施工图阶段，要求有比例尺 1∶500 ～ 1∶2 000 的街区平面图，等高线间距 0.5 ～ 1 m；设置排水管道的沿线带状地形图 1∶200 ～ 1∶1 000；拟建排水泵站和污水处理厂处，管道穿越河流和铁路等障碍物处的地形图要求更加详细，比例尺通常采用 1∶100 ～ 1∶500，等高线间距 0.5 ～ 1 m。另还需要排水口附近河床横断面图。

2）气象资料。设计地区的气温（平均气温、极端最高气温和最低气温）；风向和风速；降水量资料或当地的雨量公式；日照情况；空气湿度等。

3）水文资料。包括接纳污水的河流流量、流速、水位记录，水面比降，洪水情况和河水水温、水质分析化验资料，城市、工业取水及排污情况，河流利用情况及整治规划情况。

4）地质资料。主要包括设计地区的地表组成物质及其承载力；地下水分布及其水位、水质；管道沿线的地质柱状图；当地的地震烈度资料。

（3）有关工程情况的资料

有关工程情况的资料包括道路的现状和规划，如道路的等级、路面宽度及材料；地面建筑物和地铁、其他地下建筑的位置和高程；给水、排水、电力、电信电缆、燃气等各种地下管线的位置；本地区建筑材料、管道制品、电力供应的情况和价格，如建筑、安装单位的等级和装备情况。

（4）设计方案的确定

一般而言，在掌握了较为完整可靠的设计基础资料后，应根据工程的要求和特点，对工程中一些原则性的、涉及面较广的问题提出多种解决办法，这样就构成了不同的设计方案。设计方案除满足相同的工程要求外，在技术经济上是各有利弊的。为了使确定的设计方案体现国家有关方针、政策，既技术先进，又切合实际，安全适用，具有良好的环境效益、经济效益和社会效益，需要对提出的设计方案进行技术经济比较与评价。常用的方法包括逐项对比法、综合比较法、综合评分法、两两对比加权评分法等。一般情况下，仅需在同等条件下计算出各方案的工程量、投资以及其他技术经济指标，然后进行各方案的技术经济比较。

3.2.4.2 设计流量的确定

（1）综合生活污水设计流量的确定

综合生活污水设计流量按式（3-1）计算：

$$Q_d = \frac{n \cdot N \cdot K_z}{24 \times 3\,600} \tag{3-1}$$

式中：Q_d——设计综合生活污水流量，L/s；

n——综合生活污水定额，L/（人 · d）；

N——设计人口数；

K_z——生活污水量总变化系数。

1）居住区生活污水定额

居住区生活污水定额可参考居民生活用水定额或综合生活用水定额。居民生活污水定额，是指居民每人每天日常生活中洗涤、冲厕、洗澡等产生的污水量，单位为 L/（人·d）；综合生活污水定额，是指居民生活污水和公共建筑（包括娱乐场所、宾馆、浴室、商业网点、学校和办公楼等地方）排出污水两部分的总和，单位为 L/（人·d）。

居民生活污水定额和综合生活污水定额应根据当地采用的用水定额，结合建筑内部给排水设施水平和排水系统普及程度等因素确定。在按用水定额确定污水定额时，对给水排水系统完善的地区可按用水定额的 90% 计算，一般地区可按用水定额的 80% 计算。

2）设计人口

设计人口是计算污水设计流量的基本数据，是指污水排水系统设计期限终期的规划人口数，由城镇（地区）的总体规划确定。由于城镇性质或规模不同，城市工业、仓储、交通运输、生活居住用地分别占城镇总用地的比例和指标不同，因此，在计算污水管道服务的设计人口时，常用人口密度与服务面积相乘得到。

人口密度是指单位面积上的人口数，以人 /hm^2 表示。若人口密度所用的地区面积包括街道、公园、运动场、水体等在内时，称为总人口密度。若所用的面积只是街区内的建筑面积时，称为街区人口密度。规划或初步设计阶段，计算污水量根据总人口密度计算；技术设计或施工图设计时，一般采用街区人口密度计算。

3）总变化系数

由于综合生活污水定额是平均值，因此根据设计人口和生活污水定额计算所得的是污水平均流量。但实际流入污水管道的污水量时刻都在变化：夏季和冬季不同；一日之内一般存在早、中、晚 3 个用水高峰。一般而言，凌晨几个小时最小，6:00—8:00 和 17:00—20:00 流量较大，当然一个小时内污水量也有变化，但这个变化较小，计算时可认为是均匀的。

污水量的变化程度通常用变化系数表示，分为日、时和总变化系数。

日变化系数（K_d）——一年中最大日平均时污水量与平均日平均时污水量的比值。

时变化系数（K_h）——最大日最高时污水量与该日平均时污水量的比值。

总变化系数（K_z）——最大日最高时污水量与平均日平均时污水量的比值。显然，

$$K_z = K_h \cdot K_d \tag{3-2}$$

污水管道的设计断面根据最大日最高时污水量确定，因此需要求出总变化系数。然而，一般城镇缺乏日变化系数和时变化系数的数据，要直接用式（3-2）计算不现实。一般而言，若污水定额一定，则流量变化幅度随人口数增加而减小；若人口数一定，则流量变化幅度随污水定额增加而减小。因此，在采用同一污水定额的地区，上

游管道由于服务人口少，管道中出现的最大流量与平均流量的比值较大。而在下游管道中，服务人口多，来自各排水地区的污水由于流行时间不同，高峰流量得到削减，最大流量与平均流量的比值较小，流量变化幅度小于上游管道。也就是说，总变化系数与平均流量之间有一定的关系，平均流量越大，总变化系数越小。

表 3-1 是我国《室外排水设计规范（2016 版）》（GB 50014—2006）采用的居住区生活污水量总变化系数值。

表 3-1　综合生活污水量总变化系数

平均日流量 /（L/s）	5	15	40	70	100	200	500	≥ 1 000
总变化系数（K_z）	2.3	2.0	1.8	1.7	1.6	1.5	1.4	1.3

注：1. 当污水平均日流量为中间数值时，总变化系数用内插法求得。
2. 当居住区有实际生活污水量变化资料时，可按实际数据采用。

（2）工业废水设计流量的确定

1）工业生活污水设计流量

工业生活污水设计流量一般可按式（3-3）计算：

$$Q_{in1}=\frac{A_1\cdot B_1\cdot K_1+A_2\cdot B_2\cdot K_2}{3\,600T_1}+\frac{C_1\cdot D_1+C_2\cdot D_2}{3\,600T_2} \tag{3-3}$$

式中：Q_{in1}——工业企业生活污水及淋浴污水设计流量，L/s；

A_1——一般车间最大班职工人数；

A_2——热车间最大班职工人数；

B_1——一般车间职工生活污水定额，取 25 L/（人・班）；

B_2——热车间职工生活污水定额，取 35 L/（人・班）；

K_1——一般车间生活污水量变化系数，取 3.0；

K_2——热车间生活污水量变化系数，取 2.5；

C_1——一般车间最大班使用淋浴的职工人数；

C_2——热车间最大班使用淋浴的职工人数；

D_1——一般车间的淋浴污水定额，取 40 L/（人・班）；

D_2——热车间的淋浴污水定额，取 60 L/（人・班）；

T_1——每班工作时数，h；

T_2——淋浴时间，取 1 h。

2）生产废水设计流量

生产废水设计流量一般可按式（3-4）计算：

$$Q_{in2}=\frac{m\cdot M\cdot K_Z}{3\,600T_3} \tag{3-4}$$

式中：Q_{in2}——生产废水设计流量，L/s；

m——生产过程中每单位产品的废水量，L/ 单位产品；

M——产品的平均日产量；

T_3——每日生产时数，h；

K_z——总变化系数。

（3）城镇污水设计总流量的计算

城镇污水总的设计流量是居住区生活污水、工业企业生活污水和工业废水设计流量三部分之和。在地下水位较高的地区，还应加入地下水渗入量。因此，城镇污水设计总流量为

$$Q_{dr} = Q_d + Q_m \tag{3-5}$$

式中：Q_{dr}——截流井以前的旱流污水设计流量，L/s；

Q_d——设计综合生活污水量，L/s；

Q_m——设计工业废水量，L/s。

设计管道系统时，应分别列表计算各居住生活区生活污水、工业废水和工厂生活污水设计流量，然后得出污水设计流量综合表。某城镇生活污水、生产废水、城镇污水总流量的综合计算及工厂企业内部生活污水及淋浴污水设计流量的计算过程及成果见表 3-2 ～表 3-5。

表 3-2　城镇居民区生活污水设计流量计算

居住区名称	排水分区	居住区面积 / hm^2	人口密度 /（人 / hm^2）	居民人数 / 人	生活污水定额 /［L/（人·d）］	平均污水量			总变化系数 / K_z	设计流量	
						m^3/d	m^3/d	L/s		m^3/h	L/s
旧城区	Ⅰ	61.49	520	31 964	100	3 196.40	133.18	37.00	1.81	241.06	66.97
教区	Ⅱ	41.19	440	18 436	140	2 581.04	107.54	29.87	1.86	200.02	55.56
工业区	Ⅲ	52.85	480	25 363	120	3 044.16	126.84	35.23	1.82	231.08	64.19
合计	—	155.51	—	75 763	—	8 821.60	367.56	102.1	1.62	595.444①	165.40①

注：①此两项合计数字不是直接总计，而是合计平均总量与相对应的总变化系数的乘积。

表 3-3　城镇中生产废水设计流量计算

工厂名称	班数	各班时数 /h	单位产品 /t	日产量 / t	单位产品废水 / (m^3/t)	平均流量			总变化系数 (K_z)	设计流量	
						m^3/d	m^3/h	L/s		m^3/h	L/s
酿酒厂	3	8	酒	15	18.6	279	11.63	3.23	3	34.89	9.69
肉类加工厂	3	8	牲畜	162	15	2 430	101.25	28.13	1.7	172.13	47.82
造纸厂	3	8	白纸	12	150	1 800	75	20.83	1.45	108.75	30.2
皮革厂	3	8	皮革	34	75	2 550	106.25	29.51	1.4	148.75	41.31
印染厂	3	8	布	36	150	5 400	225	62.5	1.42	319.5	88.75
合计						12 459	519.13	144.2		784.02	217.77

表 3-4　城镇污水总流量

排水户	最大日污水流量 / (m^3/h)		最高日污水流量 / (m^3/h)		设计污水流量 / (L/s)	
	生活污水	纳管生产废水	生活污水	纳管生产废水	生活污水	纳管生产废水
居住区	8 821.00	—	595.42	—	165.40	—
工业企业	391.41	12 459	87.49	784.02	24.30	217.77
合计	9 212.41	12 459	682.91	784.02	189.70	217.77
总计	Q_{vd} = 21 671.41 (平均日)		Q_{maxh} = 1 466.95 (最高时)		Q_{maxs} = 407.47 (最大平均时)	

3.2.4.3　污水管渠系统的水力计算

(1) 污水在管渠中的流动特点

排水管渠系统的设计应以重力流为主，不设或少设提升泵站。当无法采用重力流或采用重力流不经济时，可采用压力流。

与给水管网的环流贯通情况完全不同，污水由支管流入干管，再流入主干管，最后流入污水处理厂，其管道由小到大，呈树枝状，污水在管道中一般是靠管道两端水面差从高向低流动，管道内部不承受压力，即靠重力实现流动。

污水管道中的污水含有一定数量的有机物和无机物，其中相对密度小的漂浮在水面并随污水漂流；相对密度较大的分布在水流断面上并呈悬浮状态流动；最大的沿管底移动或淤积在管壁上，这与清水的流动略有不同。但总体来说，污水中含水率一般在 99% 以上，所含悬浮物质的比例极少，因此可假定污水的流动一般遵循水流流动的规律，除流经转弯、交叉、变径、跌水等地时的特殊管段，均可认为水流接近均匀流。

表 3-5　各工厂生活污水及淋浴污水设计流量计算

工厂名称	班数	每班时数/h	生活污水								淋浴污水						合计		
			职工人数		污水量标准/L	日流量/m^3	最大班流量/m^3	时变化系数/K_h	最大时流量/m^3	最大秒流量/L	淋浴职工数		污水量标准/L	日流量/m^3	最大时流量/m^3	最大秒流量/L	日流量/m^3	最大时流量/m^3	最大秒流量/L
			人/日	人/最大班							人/日	人/最大班							
酿酒	3	8	418	156	35	14.63	5.46	2.5	1.71	0.47	292	109	60	17.52	6.54	1.82	32.15	8.25	2.29
肉类	3	8	520	168	35	18.20	5.88	2.5	1.84	0.51	364	116	60	21.84	6.96	1.93	40.04	8.80	2.44
造纸	3	8	440	150	35	15.40	5.25	2.5	1.64	0.46	300	105	60	18.00	6.30	1.75	33.40	7.94	2.21
皮革	3	8	792	274	35	27.72	9.59	2.5	2.99	0.83	440	156	60	26.40	9.36	2.60	54.12	12.35	3.43
印染	3	8	1 330	450	35	46.55	15.7	2.5	4.92	1.37	930	315	60	55.80	18.90	5.25	102.3	23.82	6.62
合计	—	—	—	—	—	201.6	70.4	—	23.79	6.60	—	—	—	189.60	63.7	17.7	391.4	87.49	24.30

（2）水力计算基本公式

污水管道水力计算的目的，在于经济合理地选择管道断面尺寸、坡度和埋深。如前所述，管道水流可近似看作均匀流，为简化计算工作，目前仍采用均匀流公式对管道进行流体力学的计算。常用的均匀流基本公式：

流量公式：

$$Q = A \cdot v \tag{3-6}$$

流速公式：

$$v = C \cdot \sqrt{R \cdot I} \tag{3-7}$$

式中：Q——流量，m^3/s；

A——过水断面面积，m^2；

v——流速，m/s；

R——水力半径（过水断面与湿周的比），m；

I——水力坡度（等于水力坡度，也等于管底坡度）；

C——流速系数或称谢才系数，一般由曼宁公式计算得到，即

$$C = \frac{1}{n} \cdot R^{\frac{1}{6}} \tag{3-8}$$

将式（3-8）代入式（3-7）、式（3-6），得

$$v = \frac{1}{n} \cdot R^{\frac{2}{3}} \cdot I^{\frac{1}{2}} \tag{3-9}$$

$$Q = \frac{1}{n} \cdot A \cdot R^{\frac{2}{3}} \cdot I^{\frac{1}{2}} \tag{3-10}$$

式中，n 为管壁的粗糙系数。该值根据管渠的材料而定，见表 3-6。混凝土和钢筋混凝土的管壁粗糙系数一般采用 0.014，塑料管 0.009 ～ 0.011。

表 3-6　排水管渠粗糙系数

管道类型	粗糙系数 n	管道类型	粗糙系数 n
UPVC 管、PE 管、玻璃钢管	0.009 ～ 0.011	浆砌砖渠道	0.015
石棉水泥管、钢管	0.012	浆砌块石渠道	0.017
陶土管、铸铁管	0.013	干砌块石渠道	0.20 ～ 0.025
混凝土管、钢筋混凝土管	0.013 ～ 0.014	主明渠（含草皮）	0.025 ～ 0.030

（3）污水管道水力计算参数

从水力计算公式可知，设计流量、流速与过水断面有关，为了保证其正常运行，《室外排水设计规范（2016 年版）》（GB 50014—2006）中对这些因素做了规定，要求

污水管道水力计算必须予以遵循。

1）设计充满度

在设计流量下，污水在管道中的水深 h 和管道直径 D 的比值称为设计充满度（或水深比）。当 h/D=1 时，称为满流；h/D<1 时，称不满流。我国污水管道按不满流进行设计，其最大设计充满度的规定见表 3-7。

表 3-7　污水管道（渠）最大设计充满度

管径（D）或暗渠高（H）/mm	最大设计充满度（h/D 或 h/H）
200 ～ 300	0.55
350 ～ 450	0.65
500 ～ 900	0.70
≥ 1 000	0.75

注：在计算污水管道充满度时，不包括淋浴或短时间内突然增加的污水量，但当管径≤300 mm 时，应按照满管流复核。

污水管道按照不满管流进行设计的原因如下：

①污水量时刻在变化，很难精确计算，而且雨水或地下水可能通过检查井或管道接口渗入污水管道。因此，有必要保留一部分管道断面，为未预见水量的进入留有余地，避免污水溢出而影响环境卫生。

②水管道内沉积的污泥可能分解析出一部分有害气体。此外，污水中含有汽油、苯、石油等易燃液体时，可能形成爆炸性气体。故需要留出适当的空间，以利管道的通风，排除有害气体，对防止管道爆炸有良好的效果。

③便于管道的疏通和维护管理。

2）设计流速

与设计流量、设计充满度相应的水流平均速度称为设计流速。污水在管内流动缓慢时，污水中所含杂质可能下沉，产生淤积；当污水流速增大时，可能产生冲刷，甚至损坏管道。为防止管道中产生淤积或冲刷，设计流速不宜过小或过大，应在最大和最小设计流速的范围之内。最小设计流速是保证管道内不致发生淤积的流速，故又称为不淤流速。这一最低的限值与污水中所含悬浮物的成分、粒度、管道的水力半径、管壁的粗糙系数等有关。从实际运行情况来看，流速是防止管道中污水所含悬浮物沉淀的重要因素，但不是唯一因素。引起污水中悬浮物沉淀的决定因素是充满度，即水深。一般管道水量变化大，水深变小时就容易产生沉淀。大管道水量大、动量大，水深变化小，不易产生沉淀。因此不需要按管径大小分别规定最小设计流速。根据国内污水管道实际运行情况的观测数据并参考国外经验，污水管道在设计充满度下最小设计流速定为 0.6 m/s。含有金属、矿物固体或重油杂质的生产污水管道，其最小设计流速宜适当加大，可根据试验或运行经验确定。

最大设计流速是保证管道不被冲刷损坏的流速，故又称冲刷流速。该流速与管道材料有关，通常，金属管道的最大设计流速为 10 m/s，非金属管道的最大设计流速为 5 m/s。

排水管道采用压力流时，压力管道的设计流速宜采用 0.7 ～ 2.0 m/s；明渠流速为 0.4 m/s。

3）最小管径

在污水管道系统的上游部分，设计污水流量一般很小，若根据流量计算，则管径会很小。养护经验证明，管径过小极易堵塞，例如 150 mm 支管的堵塞次数可能达到 200 mm 支管堵塞次数的 2 倍，使养护管道的费用增加。而 200 mm 与 150 mm 管道在同样埋深下，施工费用相差不多。此外，采用较大的管径，可选用较小的坡度，使管道埋深减小。因此，为了养护工作的方便，常规定一个允许的最小管径。在街区和厂区最小管径为 200 mm，在街道下为 300 mm。在进行管道水力计算时，上游管段由于服务的排水面积小，因而设计流量小，按此流量计算得出的管径可能小于最小管径，此时应采用最小管径值。一般可根据最小管径在最小设计流速和最大充满度情况下，能通过的最大流量值进一步估算出设计管段服务的排水面积。若设计管段服务的排水面积小于此值，即直接采用最小管径和相应的最小坡度而不再进行水力计算，这种管段称为不计算管段。当有适当的冲洗水源时，在这些管段中可考虑设置冲洗井。

4）最小设计坡度

在污水管道系统设计时，通常采用直管段埋设坡度与设计地区的地面坡度基本一致，以减小埋设深度，但管道坡度造成的流速应等于或大于最小设计流速，以防止管道内产生沉淀，这在地势平坦或管道走向与地面坡度相反时尤为重要。因此，将相应于管道内最小设计流速时的管道坡度称为最小设计坡度。最小管径的最小设计坡度值见表 3-8。

表 3-8　最小管径与相应的最小设计坡度

管道类型	最小管径 /mm	相应的最小设计坡度
污水管	300	塑料管 0.002，其他管 0.003
雨水管和雨污合流管	300	塑料管 0.002，其他管 0.003
雨水口连接管	200	0.01
压力输泥管	150	—
重力输泥管	200	0.01

（4）污水管道的埋设深度和覆土厚度

污水管网的投资一般占污水工程总投资的 50% ～ 70%，而构成污水管道造价的挖填沟槽、沟槽支护、管道基础、管道铺设各部分的相对密度等，与管道的埋设深度及开槽支护方式有很大的关系。在实际工程中，同一直径的管道，采用的管材、接口和基础形式均相同，因其埋设深度不同，管道单位长度的工程费用相差较大。管道埋设深度指管道内壁底到地面的距离。管道外壁顶部到地面的距离即覆土厚度，如图 3-7 所示。为了降低造价，缩短施工期，管道埋设深度越小越好。但覆土厚度应有一个最小的限值，以满足技术上的要求，这个最小限值称为最小覆土厚度。一般应满足下述 3 个因素的要求：

1）必须防止管道内污水冰冻和土壤冻胀而损坏管道

我国东北、西北、华北及内蒙古等部分地区，气候比较寒冷，属于季节性冻土区。土壤冰冻深主要受气温和冻结期长短的影响，如海拉尔地区最低气温达 -28.5℃，土壤冰冻深达 3.2 m。冰冻层内污水管道埋设深度或覆土厚度，应根据流量、水温、水流情况和敷设位置等因素确定。由于污水水温较高，即使在冬季，污水温度也不会低于 4℃。例如，根据东北几个寒冷城市冬季污水管道情况的调查资料，满洲里市、齐齐哈尔市、哈尔滨市的出污水管水温经常年实测约 15℃。此外，管内污水具有一定的流速、经常保持一定的流量不断地流动，污水在管道内是不会冰冻的，其周围的泥土也不冰冻。因此，没有必要把整个污水管道都埋在土壤冰冻线下。但如果将管道全部埋在冰冻线以上，则会因土壤冰冻可能破坏管道基础，从而损坏管道。

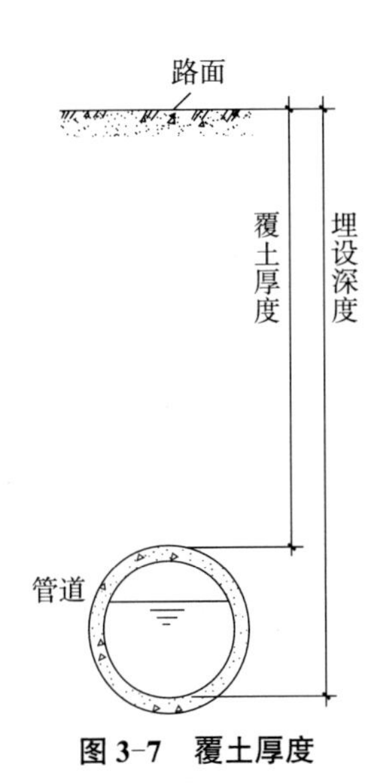

图 3-7　覆土厚度

《室外排水设计规范（2016 年版）》（GB 50014—2006）中规定：一般情况下，排水管道宜埋设在冰冻线以下。当该地区或条件相似地区有浅埋经验或采取相应安全运行措施时，也可埋设在冰冻线以上，这样可以节省投资，但增加了运行风险，应综合比较确定。

2）必须防止管壁因地面荷载而受到破坏

埋设在地面下的污水管道承受着覆盖其上的土壤静荷载和地面上车辆运行产生的动荷载。为了防止管道因外部荷载损坏，首先要注意管材质量，另外，必须保证管道有一定的覆土厚度，因为车辆运行对管道产生的动荷载，其垂直压力，随着深度增加而向管道两侧传递，最后只有一部分集中的轮压力传递到地下管道上。从这一因素考虑并结合各地埋管经验，管顶最小覆土厚度应根据管材强度、外部荷载和土壤性质等条件，结合当地埋管经验确定。管顶最小覆土厚度为人行道下 0.6 m、车行道下 0.7 m。

3）必须满足街区污水连接管衔接的要求

为保证城镇住宅、公共建筑内产生的污水能顺畅排入街道污水管网，街道污水管网起点的埋深必须大于或等于街区污水管终点的埋深，而街区污水管起点的埋深又必须大于等于建筑物污水出户管的埋深。这对于确定在气候温暖又地势平坦地区街道管网起点的最小埋深或覆土厚度是很重要的因素。从安装技术方面考虑，要使建筑物首层卫生设备的污水能顺利排出，污水出户管的最小埋深一般采用 0.5 ～ 0.7 m，所以街坊污水管道起点最小埋深也应有 0.6 ～ 0.7 m。根据街区污水管道起点最小埋深值，可根据图 3-8 和式（3-11）计算出街道管网起点的最小埋设深度。

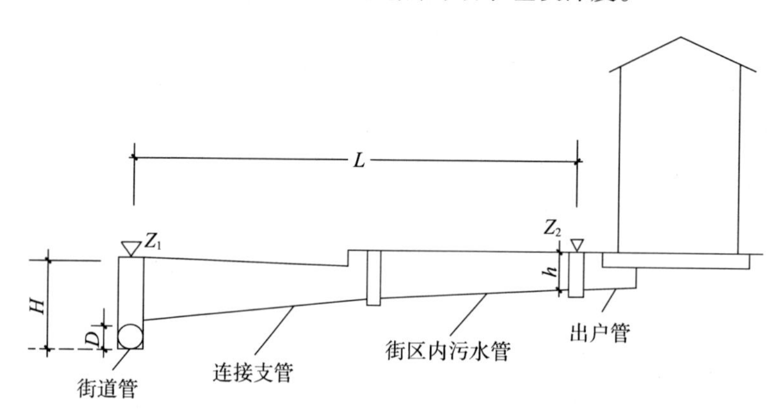

图 3-8　街道污水管最小埋深示意图

$$H = h + I \cdot L + Z_1 - Z_2 + \Delta h \tag{3-11}$$

式中：H——街道污水管网起点的最小埋深，m；

h——街区污水管起点的最小埋深，m；

Z_1——街道污水管起点检查井处地面标高，m；

Z_2——街区污水管起点检查井处地面标高，m；

I——街区污水管和连接支管的坡度；

L——街区污水管和连接支管的总长度，m；

Δh——连接支管与街道污水管的管内底高差，m。

综上所述，对每一个具体管道，从以上 3 个不同的因素出发，可以得到 3 个不同的管底埋深或管顶覆土厚度值，这 3 个数值中的最大值就是这一管道的允许最小覆土厚度或最小埋设深度。

除考虑管道的最小埋深外，还应考虑最大埋深问题。污水在管道中依靠重力从高处流向低处。当管道的坡度大于地面坡度时，管道的埋深越来越大，尤其在地形平坦的地区更为突出。埋深越大，造价越高，施工周期也越长。管道埋深允许的最大值称为最大允许埋深，应根据技术经济指标及施工方法确定。

（5）污水管道水力计算方法

在进行污水管道水力计算时，通常污水设计流量为已知值，需要确定管道的断面尺寸和敷设坡度。为使水力计算获得较满意的结果，必须认真分析地形条件，并充分考虑水力计算设计数据的有关规定，所选管道断面尺寸，应在规定的设计充满度和设计流速的情况下，能够排泄设计流量。管道坡度要使管道尽可能与地面坡度平行敷设，以免增大管道埋深；又不能小于最小设计坡度，以免管道内流速达不到最小设计流速而产生淤积；同时应避免管道坡度太大而使流速大于最大设计流速而导致管壁受冲刷。

具体计算中，在已知设计流量 Q 及管道粗糙系数 n 的情况下，需要求管径 D、水力半径 R、充满度 h/D、管道坡度 I 和流速 v。在式（3–6）、式（3–9）方程中，有 5 个未知数，因此必须先假定 3 个求其他 2 个，这样的数学计算极为复杂。为了简便计算，常用水力计算图或水力计算表。

这种将流量、管径、坡度、流速、充满度、粗糙系数各水力因素之间关系绘制成的水力计算图使用较为方便。对每一张图、表而言，D 和 n 是已知数，图上的曲线表示 Q、v、I、h/D 之间的关系，这 4 个因素中，只要知道 2 个就可以查出其他 2 个。

【例 3–1】已知 $n = 0.014$、$D = 300$ mm、$I = 0.002$、$Q = 27$ L/s，求 v 和 h/D。

【解】如图 3–9 所示，在这张图上有 4 组线条：竖线表示流量，横线表示水力坡度，从左向右下倾斜的线表示流速，从右向左下倾斜的线表示充满度。每条线上的数字代表相应数量的值。

先从纵轴上找到 0.002，从而找出代表 $I = 0.002$ 的横线。从横轴上找出代表 $Q = 27$ L/s 的那条竖线，两条线相交得一点。这一点落在代表流速 v 为 0.6 m/s 与 0.65 m/s 两条斜线之间，估计 $v = 0.62$ m/s，而 $h/D = 0.6$。

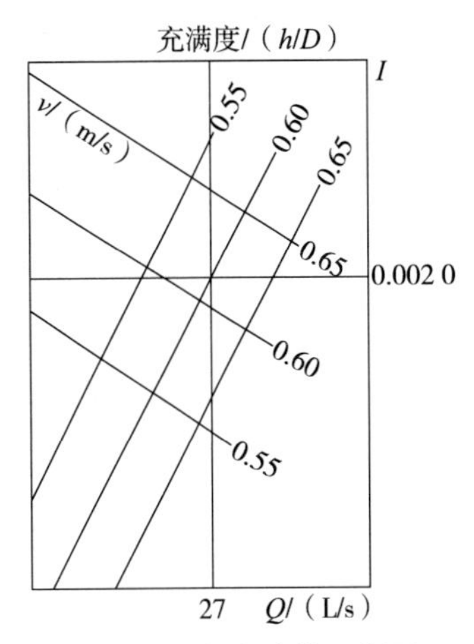

图 3–9　水力计算示意图

3.2.5　污水管渠工程设计

3.2.5.1　污水管渠的定线与平面布置

在设计区域总平面图上确定污水管道的位置和走向，称为污水管道系统的定线，其一般按主干管、干管、支管顺序依次进行。排水主干管通常应布置在排水区域内地势较低或便于雨、污水汇集的地带，截流主干管宜沿收纳水体岸边布置。

定线应遵循的主要原则：应尽可能地在管线较短和埋深较小的情况下，让最大区域的污水能自流排出。在一定条件下，地形是影响管道定线的主要因素。定线应充分利用地形，使管道的走向符合地形趋势，一般宜顺坡排水，在整个排水区域较低的地方，例如集水线或河岸低处敷设主干管及干管，这样使各支管的污水自流接入，而横支管的坡度应尽可能与地面坡度一致。在地形平坦地区，应避免小流量的横支管长距离平行于等高线敷设，而应让其以最短线路接入主管。通常使干管与等高线垂直，主干管与等高线平行敷设［图3-6（b）］。由于主干管管径较大，保持最小流速，所需坡度小，其走向与等高线平行是合理的。一般山区或丘陵地区，如当地形倾向河道的坡度很大时，主干管与等高线垂直，干管与等高线平行［图3-6（c）］，这种布置虽然主干管的坡度较大，但可设置为数不多的跌水井，使干管的水力条件得到改善。有时由于地形的原因还可以布置成几个独立的排水系统。例如，由于地形中间隆起而布置成两个排水系统，或由于地面高程有较大差异而布置成高低区两个排水系统。

在地形平坦地区，管线虽然不长，埋深也会增加很快，当埋深超过一定限制时，需设泵站抽升污水。这样会增加基建投资和常年运转管理费用，是不利的。但不设泵站而过多地增加管道埋深，不但施工困难而且造价也高。因此，在管道定线时需做方案比较，选择适当的定线位置，使之既能尽量减小埋深，又可少建泵站。

考虑到地质条件、地下构筑物以及其他障碍物对管道定线的影响，应将管道特别是主干管布置在坚硬密实的土壤中，尽量避免或减少管道穿越高地、基岩浅土地带和基质土壤不良地带。尽量避免或减少与河道、山谷、铁路及各种地下构筑物交叉，以降低施工费用、缩短工期及减少日后养护工作的困难。管道定线时，若管道必须经过高地，可采用隧洞或设提升泵站；若经过土壤不良地段，应根据具体情况采取不同的处理措施，以保证地基与基础有足够的承载能力。当污水管道无法避开铁路、河流、地铁或其他地下建（构）筑物时，管道最好垂直穿过障碍物，并根据具体情况采用倒虹吸管、管桥或其他工程措施。

管道定线时还应考虑街道宽度及交通情况，排水管渠宜沿城镇道路敷设，并与道路中心线平行。污水干管一般不宜敷设在交通繁忙而狭窄的街道下，宜在道路快车道以外。若街道宽度超过50 m时，为了减少连接支管的数目和减少与其他地下管线的交叉，可考虑设置两条平行的污水管道。

为了增大上游干管的直径，减小敷设坡度，通常将产生大量污水的工厂或公共建筑物的污水口接入污水干管起端，以减少整个管道系统的埋深。

管道定线时可能有几种不同的布置方案，例如，由于地形或河流的影响，把城市分割成几个天然的排水流域，此时，设计一个集中的排水系统还是设计成多个独立分散的排水系统？当管线遇到高地或其他障碍物时，是绕行或设置泵站，或设置倒虹吸管，还是采用其他设施？管道埋深过大时，是设置中途泵站将管位提高还是继续增大埋深？凡此种种，在不同城市不同地区的管道定线中都可能出现。因此应对不同的设计方案在同等条件下进行技术经济比较，选出一个最优的管道定线方案。

3.2.5.2 污水管渠系统控制点和污水泵站设置地点

在污水排水区域内，对管道系统的埋深起控制作用的地点称为控制点。如各条管道的起点大多是这条管道的控制点。这些控制点中离出水口最远的一点，通常就是整个系统的控制点，具有相当深度的工厂排出口或某些低洼地区的管道起点，也可能成为整个管道系统的控制点。这些控制点的管道埋深影响整个管道系统的埋深。

确定控制点标高，一方面应根据城市的竖向规划，保证排水区内各点的污水都能够排出，并考虑发展，在埋深上适当留有余地；另一方面，不能因为照顾个别控制点而增加整个管道系统的埋深。为此，通常采取诸如加强管材强度，填土提高地面高程以保证最小覆土厚度，设置泵站提高管位等措施，以减小控制点管道的埋深，从而减小整个管道系统的埋深，降低工程造价。

在排水管道系统中，由于地形条件等因素的影响，通常可能需设置中途泵站、局部泵站和终点泵站。当管道埋深接近最大埋深时，为提高下游管道的管底高程而设置的泵站称为中途泵站，如图 3-10（a）所示。将低洼地区的污水抽到地势较高地区管道中，或将高层建筑地下室、地铁、其他地下建筑的污水抽送到附近管道系统所设置的泵站称为局部泵站，如图 3-10（b）所示。此外，污水管道系统终点的埋深通常较大，而污水处理厂的处理后出水因受纳水体水位的限制，处理构筑物一般埋深很浅或设置在地面上，因此需设泵站将污水抽升至污水处理厂的第一个处理构筑物，这里泵站称为终点泵站或总泵站，如图 3-10（c）所示。

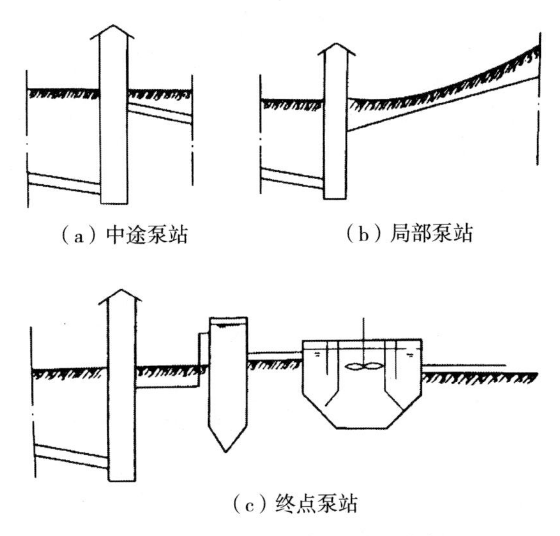

（a）中途泵站　（b）局部泵站

（c）终点泵站

图 3-10　污水泵站的设置地点

泵站设置的具体位置应考虑环境卫生、地质、电源和施工等条件，并征询规划、环保、城建等部门的意见。

3.2.5.3　设计管段与设计流量的确定

（1）设计管段的确定

凡设计流量、管径和坡度相同的连续管段称为设计管段。因为在直线管段上，为了疏通管道，需在一定距离处设置检查井，凡有集中流量进入，或有旁侧管道接入的检查井均可作为设计管段的起讫点。设计管段的起点应编上号码。

（2）设计管段的设计流量

每一设计管段的污水设计流量可能包括以下几种流量（图 3-11）：①本段流量 q_1，从管段沿街坊流出来的污水量；②转输流量 q_2，从上游管段和旁侧管段流出来的污水量；③集中流量 q_3，从工业企业或大型公共建筑流出来的污水量。对于某一设计管段而言，本段流量沿线是变化的，即从管段起点的零增加到终点的全部流量，但为了计算方便，通常假定本段流量集中在起点进入设计管段。

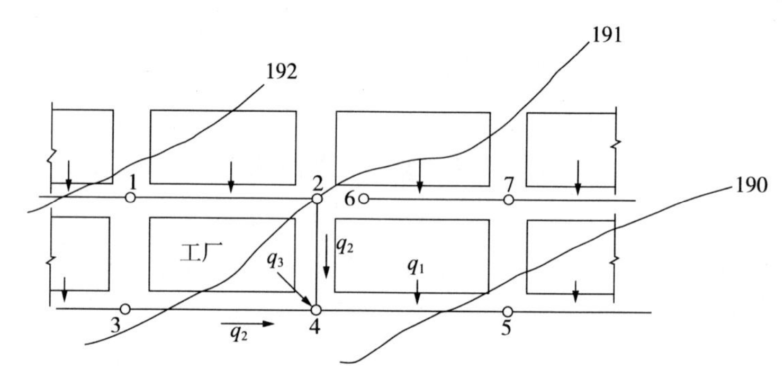

图 3-11　设计管段的设计流量

本段流量可用式（3-12）计算：

$$q_1 = F \cdot q_0 \cdot K_z \tag{3-12}$$

式中：q_1——设计管段的本段流量，L/s；

F——设计管段服务的街区面积，hm^2；

K_z——综合生活污水量总变化系数；

q_0——本段单位面积的平均流量，即比流量，L/（s · hm^2），可用式（3-13）求得

$$q_0 = \frac{n \cdot p}{86\,400} \tag{3-13}$$

式中：n——综合生活污水定额，L/（人 · d）；

p——人口密度，人 /hm^2。

从上游管段和旁侧管段流来的平均流量以及集中流量在这一管段是不变的。初步设计时，只计算主管和主干管的流量；技术设计时，应计算全部管道的流量。

3.2.5.4　设计管段与设计流量的确定

在城市道路下，有许多管线工程，如给水管、污水管、煤气管、热力管、雨水管、电力电缆、电信电缆等。在工厂的道路下，管线工程的种类会更多。此外，在道路下可能有地铁、地下人行横道、工业用隧道等地下设施。为了合理安排其在空间的位置，必须在各单项管线工程规划的基础上，进行综合规划，统筹安排，以利施工和日后的维护管理。

由于污水管道为重力流管道，管道（尤其是干管和主干管）的埋设深度较其他管线大，且有很多连接支管，若管线位置安排不当，将会造成施工和维修的困难。再加上污水管道难免有渗漏、损坏，从而会对附近建（构）筑物的基础造成危害。因此，污水管道与建（构）筑物间应有一定距离。进行管线综合规划时，所有地下管线应尽量布置在人行道、非机动车道和绿化带下。只有在不得已时，才考虑将埋深大和维护次数较少的污水、雨水管布置在机动车道下。各种管线布置发生矛盾时，按照互让的原则：新建让已建的；临时让永久的；小管让大管；压力管让重力流管；可以弯管让不可弯管；检修次数少的让检修次数多的。

在地下设施拥挤的地区或车运极为繁忙的街道下，把污水管道与其他管线集中安置在隧道或管沟中是比较合适的，但雨水管道一般不设在隧道中，而与隧道平行敷设。

为方便用户接管，当路面宽度大于 50 m 时，可在街道两侧各设一条污水管道，排水管道与其他地下管渠、建（构）筑物等相互间的位置，应符合下列要求：敷设和检修管道时，不应互相影响；排水管道损坏时，不应影响附近建（构）筑物的基础；不应污染生活饮用水；污水管道、合流管道与生活给水管道交叉时，应敷设在生活给水管道以下；再生水管道与生活给水管道，合流管道，污水管道交叉时，应敷设在生活给水管道以下，宜敷设在合流管道和污水管道以上。排水管道与其他地下管线（构筑物）水平和垂直的最小净距，应根据两者的类型、高程、施工先后和管线损坏的后果等因素，按当地城镇管道综合规划确定，也可按《室外排水工程设计规范（2016 年版）》（GB 50014—2006）中的规定采用，见表 3-9。

表 3-9　排水管道与其他地下管线（构筑物）的最小净距

名称		水平净距 /m	垂直净距 /m
建筑物		见注 3	
给水管	$d \leqslant 200$ mm	1.0	0.4
	$d>200$ mm	1.5	
排水管			0.15
再生水管		0.5	0.4
燃气	$p \leqslant 0.05$ MPa	1.0	0.15
	$0.05\ \text{MPa} < p \leqslant 0.4\ \text{MPa}$	1.2	0.15
	$0.4\ \text{MPa} < p \leqslant 0.8\ \text{MPa}$	1.5	0.15
	$0.8\ \text{MPa} < p \leqslant 1.6\ \text{MPa}$	2.0	0.15
热力管线		1.5	0.15
电力管线		0.5	0.5
电信管线		1.0	直埋 0.5
			管块 0.15

续表

名称		水平净距 /m	垂直净距 /m
乔木		1.5	
地上柱杆	通信照明<10 kV	0.5	
	高压铁塔基础边	1.5	
道路侧石边缘		1.5	
铁路钢轨（或坡脚）		5.0	轨底 1.2
电车（轨底）		2.0	1.0
架空管架基础		2.0	
油管		1.5	0.25
压缩空气管		1.5	0.15
氧气管		1.5	0.25
乙炔管		1.5	0.25
电车电缆			0.5
明渠渠底			0.5
涵洞基础底			0.15

注：1. 水平净距均指外壁净距，垂直净距指下面管道的外顶与上面管道基础底间净距。
2. 采取充分措施（如结构措施）后，表列数字可以减小。
3. 管道埋深浅于建筑物基础时，不宜小于 2.5 m；反之，按计算确定，但不应小于 3.0 m。

图 3-12 为街道地下管线的布置。（a）（b）（c）为城市街道地下管线布置实例；（d）为工厂道路下各管道的位置图。图中尺寸以 m 计算。

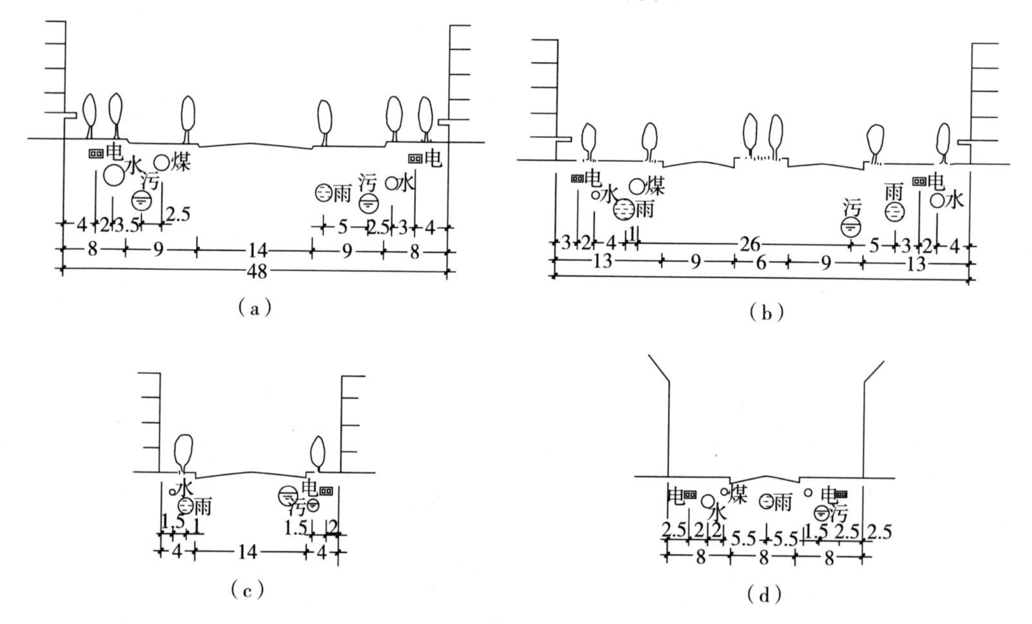

图 3-12　街道地下管线的布置

3.2.5.5　污水管渠的衔接

（1）污水管道的衔接

污水管道在管径、坡度、高程方向发生变化，以及支管接入的地方都需要设置检查井。设计时必须考虑在检查井内上下游管道衔接时高程关系问题。管道在衔接时应遵循两个原则：①尽可能提高下游管段的高程，以减少管道埋深，降低造价；②避免上游管道中形成回水而造成淤积。

管道衔接的方法，通常有水面平接和管顶平接两种，如图 3–13 所示。水面平接是指在水力计算中，使上游管段终端和下游管段起端在设定的设计充满度下水面相平，即上游管段终端与下游管段起端的水面标高相同。由于上游管段中的水量（水面）变化较大，污水管道衔接时，在上游管段内的实际水面标高有可能低于下游管段的实际水面标高，因此，采用水面平接时，上游管段实际上可能形成回水。管顶平接是指上游管段终端和下游管段起端的管顶标高相同。采用管顶平接时，上游管段中的水量（水面）变化，不至于在上游管段产生回水，但下游管段的埋深将增加。这对平坦地区或埋设较深的管道，有时是不适宜的。无论采用哪种衔接方法，下游管段起端的水面和管底标高都不得高于上游管段终端的水面和管底标高。但在山地城镇，有时上游大管径（缓坡），接下游小管径（陡坡），这时便应采用管底平接。

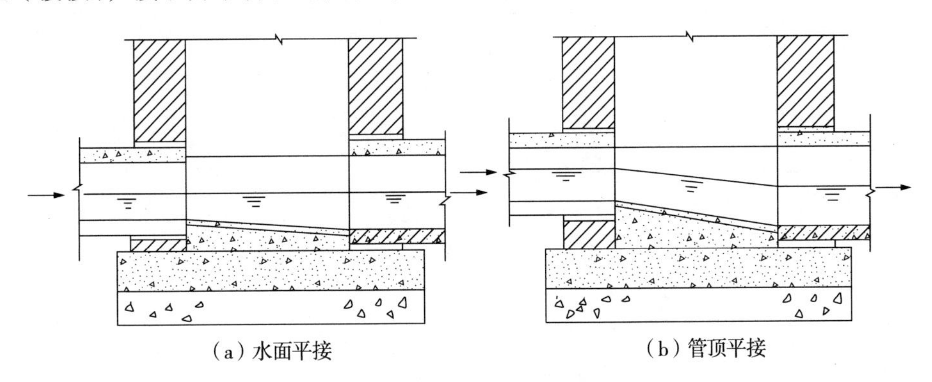

（a）水面平接　　（b）管顶平接

图 3–13　污水管道的衔接

设计排水管道时，应防止在压力流情况下使接户管发生倒灌。压力管接入自流管渠时，应有消能措施。此外，当地面坡度很大时，为了调整管内流速，采用的管道坡度可能会小于地面坡度。为保证下游管段的最小覆土厚度和减少上游管段埋深，可根据地面坡度采用跌水连接，如图 3–14 所示。

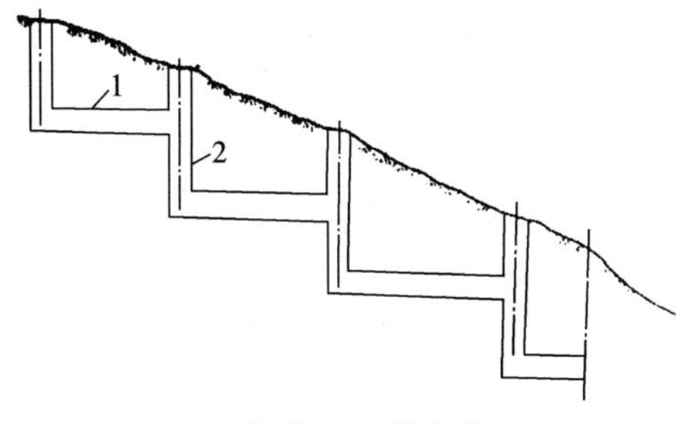

1—管段；2—跌水井。

图 3–14　管段跌水连接

（2）压力管道的衔接

当设计压力管道时，应考虑水锤的影响，在管道的高点以及每隔一定距离处，应设排气装置；在管道的低点以及每隔一定距离处，应设排空装置；压力管接入自流管渠时，应有消能措施，当采用承插式压力管道时，应根据管径、流速、转弯角度、试压标准和接口的摩擦力等因素，通过计算确定是否应在垂直或水平方向转弯处设置支墩。

（3）渠道的衔接

渠道与涵洞连接时，应符合以下要求：

①渠道接入涵洞时，应考虑断面收缩、流速变化等因素造成明渠水面壅高的影响；涵洞两端应设挡土墙，并应设护坡和护体。②涵洞断面应按渠道水面达到设计超高时的泄水流量计算，涵洞宜做成方形，如为圆形时，管底可适当低于渠底，其降低部分不计入过水断面。③渠道和管道连接处应设挡土墙等衔接设施，渠道接入管道处应设置格栅。④明渠转弯处，其中心线的弯曲半径不宜小于设计水面宽度的 2.5 倍。

3.3 雨水管网工程

我国地域广阔，气候差异大，年降水量分布不均，长江以南地区雨水充沛，年降水量均在 1 000 mm 以上，东南沿海年均降水量为 1 600 mm，而西北内陆则为 200 mm 以下。全年降雨的绝大部分集中在夏季，且多为大雨或暴雨，在极短时间内形成地面强径流，若不及时排除，会造成极大的危害。雨水管网系统是由雨水口、雨水管渠、检查井、出水口等构筑物组成的一整套工程设施。雨水管网系统的任务就是及时地汇集并排除暴雨形成的地面径流，防止城市居民区与工业企业受淹，以保障城市人民的生命财产安全和生活生产的正常秩序。

3.3.1 雨量分析与暴雨强度公式

任何一场暴雨，都可用自记雨量记录中的两个基本数值（降水量和降水历时）表示，雨量分析的目的是通过对多年（一般 10 年以上）降水过程资料进行统计和分析，找出表示暴雨特征的降水历时、降水强度和降水重现期之间的相互关系，作为雨水管渠设计的依据。

3.3.1.1 雨量分析要素

降水量：指降水的绝对量，即降水深度。用 H 表示，单位以 mm 计。也可用单位面积的降水体积（L/hm^2）表示。在研究降水量时很少以一场雨为对象，而以单位时间表示数，如年平均降水量，月平均降水量和年最大日降水量。

降水历时：指连续降水的时段，可以指一场雨全部降水的时间，也可以指其中个别的连续时段。用 t 表示、以 min 或 h 计，从自记雨量的记录纸上读得。

暴雨强度：指某一连续降雨时间段内的平均降水量，即单位时间的平均降水深度，用 i 表示：$i = H/t$（mm/min）；在工程上，常用单位时间内单位面积上的降水体积 q［L/（s·hm^2）］表示，$q = 167i$。

汇水面积：指雨水管渠汇集雨水面积。用 F 表示，单位（hm^2 或 km^2）。任何一场暴雨在降水面积上各点的暴雨强度是不相等，即降水是非均匀分布的。但城镇或工厂的雨水管渠或排洪沟汇水面积较小，一般小于 100 hm^2，最远点的集水时间不超过 120 min，这种小汇水面积上降水不均匀分布的影响较小，因此，假定降水在整个小汇水面积内是均匀分布的，即在降水面积各点的 i 相等。

暴雨强度的频率：指等于或大于该值的暴雨强度出现的次数 m 与观测资料总项数 n 之比的百分率，即 P_n=（m/n）×100%。观测资料总项数 n 是降水观测资料的年数 N 与每年选入的平均雨样数 M 的乘积。若每年只选一个雨样（年最大值法选样），则 $n = N$。P_n =（m/N）×100%，称为年频率式。若平均每年入选 m 个雨样量（一年多次法选样），则 $n = NM$，P_n =（m/NM）×100%，称为次频率式。由此可知，频率小的暴雨强度出现的可能性小；反之则大。

《室外排水设计规范（2016 年版）》（GB 50014—2006）中规定，在编制暴雨强度公式时，必须具有 10 年以上自记雨量记录，在自记雨量记录纸上，按降雨历时为 5、10、15、20、30、45、50、60、90、120（min），每年选择 6 ～ 8 场最大暴雨记录，计算暴雨强度 i 值。将历年各历时的暴雨强度按大小次序排列，并不论年次的选择年数的 3 ～ 4 倍的最大值，作为统计的基础资料。例如：某市有 30 年自记雨量记录，按规定，每年选择了各历时的最大暴雨强度值 6 ～ 8 个。然后将历年各历时的暴雨强度不论年次按大小排列，最后选取了资料年数 4 倍共 120 组各历时的暴雨强度排列成表 3-10。然后，根据公式 P_n=［m/（NM+1）］×100% 计算各强度组的经验频率。式中 m 为各强度组的序号数，也就是等于或大于该强度组的暴雨强度出现的次数。NM 值为参与统计的暴雨强度的序号总数，本例的序号总数 NM 为 120。

暴雨强度重现期：指等于或大于该值的暴雨强度可能出现一次的平均间隔时间，单位用年（a）表示。按年最大值法选样时，第 m 项暴雨强度组的重现期为其经验频率的倒数，即重现期，$P = 1/P_n = (N+1)/m$ (a)，按一年选多个样的方法选样时，第 m 项暴雨强度组的重现期为 $P = (NM+1)/mM$ (a)。按一年多样法选样统计暴雨强度时，一般可根据所要求的重现期，按上述公式算出该重现期的暴雨强度组的序号数 m。如表 3-10 所示的统计资料中，相应的重现期 30、15、10、5、3、2、1、0.5（a）的暴雨强度组分别排列在表 3-10 中的序号 1、2、3、6、10、15、30、60。

表 3-10　某市 1953—1983 年各历时暴雨强度统计

t/（mm/min）序号	t/min									经验频率 P_n/%
	5	10	15	20	30	45	60	90	120	
1	3.82	2.82	2.28	2.18	1.71	1.48	1.38	1.08	0.97	0.83
2	3.60	2.80	2.18	2.11	1.67	1.38	1.37	1.08	0.97	1.65
3	3.40	2.66	2.04	1.80	1.64	1.36	1.30	1.07	0.91	2.48
4	3.20	2.50	1.95	1.75	1.62	1.33	1.24	1.06	0.86	3.31
5	3.02	2.21	1.93	1.75	1.55	1.29	1.23	0.93	0.79	4.13
6	2.92	2.19	1.93	1.65	1.45	1.25	1.18	0.92	0.78	4.96
…	…	…	…	…	…	…	…	…	…	…
10	2.60	2.09	1.83	1.61	1.43	1.11	0.99	0.76	0.72	8.26
…	…	…	…	…	…	…	…	…	…	…
15	2.50	1.95	1.65	1.48	1.26	1.02	0.96	0.70	0.58	12.40
…	…	…	…	…	…	…	…	…	…	…
30	2.00	1.66	1.43	1.31	1.11	0.90	0.78	0.60	0.51	23.97
…	…	…	…	…	…	…	…	…	…	…
60	1.60	1.30	1.13	0.99	0.85	0.68	0.60	0.47	0.40	49.59
…	…	…	…	…	…	…	…	…	…	…
90	1.24	1.06	0.92	0.84	0.70	0.58	0.51	0.40	0.34	74.38
…	…	…	…	…	…	…	…	…	…	…
119	1.08	0.95	0.77	0.70	0.60	0.50	0.44	0.33	0.28	98.35
120	1.08	0.94	0.76	0.70	0.60	0.50	0.44	0.33	0.28	99.17

3.3.1.2　暴雨强度公式

暴雨强度公式是在分析整理各地自记雨量记录资料的基础上，按一定的方法推求出来的。我国常用的暴雨强度公式为

$$q=\frac{167A_1(1+c\lg P)}{(t+b)^n} \tag{3-14}$$

式中：q——设计暴雨强度，L/（s·hm^2）；

P——设计重现期，a；

t——降水历时，min；

A_1、c、b、n——地方参数，根据统计方法进行计算确定。

目前，我国尚有一些城镇无暴雨强度公式，当这些城镇需设计雨水管渠时，可选

用附近地区城市暴雨强度公式。

3.3.2　雨量管渠设计流量的确定

雨水设计流量是确定雨水管渠断面尺寸的重要依据。城镇和工厂中的排除雨水的管渠，由于汇集雨水径流的面积较小，所以可采用小汇水面积上其他排水构筑物设计计算设计流量的推理公式来计算雨水管渠的设计流量。

3.3.2.1　雨水管渠设计流量计算

雨水设计流量按式（3-15）计算：

$$Q = \Psi qF \tag{3-15}$$

式中：Q——雨水设计流量，L/s；

Ψ——径流系数，其数值小于 1；

F——汇水面积，hm^2；

q——设计暴雨强度，L/（s・hm^2）。

式（3-15）是根据一定的假设条件，由雨水径流成因推导得出的，是半经验半理论公式，通常称为推理公式。该公式用于计算小流域面积计算暴雨设计流量已有 100 多年的历史，至今仍被国内外广泛使用。

（1）地面点上产流过程

降水发生后，部分雨水首先被植物截留。在地面开始受雨时，因地面比较干燥，雨水渗入土壤的入渗率（单位时间内雨水的入渗量）较大，而降水起始时的强度还小于入渗率，这时雨水全部被地面吸收。随着降水时间的增长，当降水强度大于入渗率后，地面开始产生余水，待余水积满洼地后，这时部分余水产生地面径流（称为产流）。在降水强度增至最大时相应产生的余水率也最大，此后随着降水强度的逐渐减小，余水率也逐渐减小，当降水强度降至与入渗率相等时，余水现象停止。但这时有地面积水存在，故仍产生径流，入渗率仍按地面入渗能力渗漏，直至地面积水消失，径流才终止，而后洼地积水逐渐渗完。渗完积水后，地面实际渗水率将按降水强度渗漏，直到雨终。上述过程可用图 3-15（a）表示。

（2）流域面上的产流过程

流域中各地面点上产生的径流沿着坡面汇流至低处，通过沟、溪汇入江河。在城市中，雨水径流由地面流至雨水口，经雨水管渠最后汇入江河。通常将雨水径流从流域的最远点流到出口断面的时间称为流域的集流时间或集水时间。

如图 3-15（b）所示为一块扇形流域汇水面积，其边界线为 *ab* 线、*ac* 线和 *bc* 弧线。*a* 点为集流点（如雨水口，管渠上某一断面）。假定汇水面积内地面坡度均等，则以 *a* 点为圆心所划的圆弧线 *de*、*fg*、*hi*、⋯、*bc* 称为等流时线，每条等流时线上各点的雨

水径流流达 a 点的时间是相等的，它们分别为 t_1、t_2、t_3、…、t_0，流域边缘线 bc 上各点的雨水径流流达 a 点的时间 t_0 称为这块汇水面积的集流时间或集水时间。

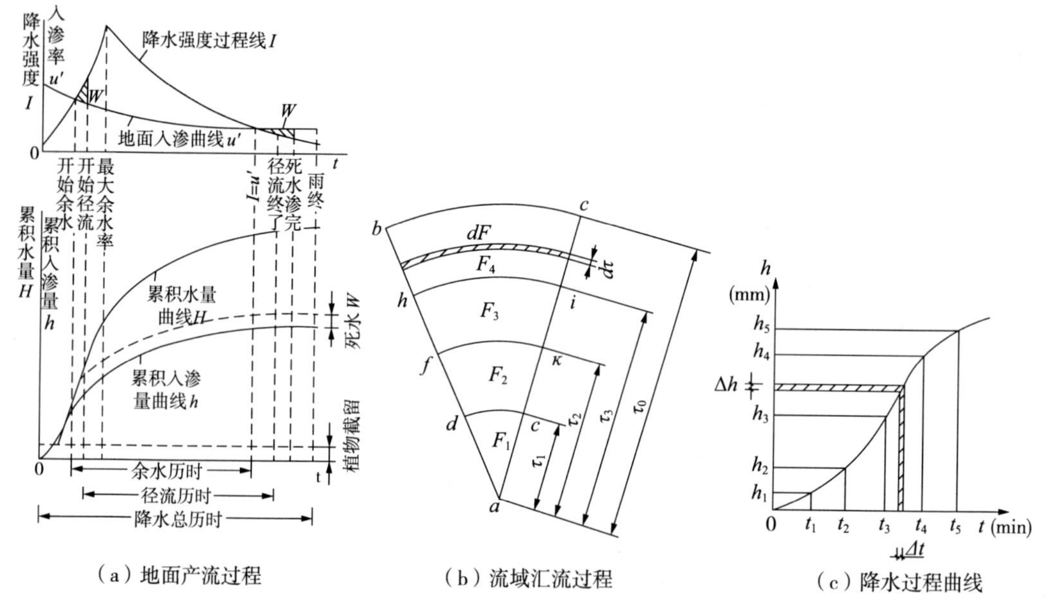

图 3-15　产流、汇流、降水过程示意图

在地面点上降水产生径流开始后不久，在 a 点所汇集的流量仅来自靠近 a 点的小块面积上的雨水，离 a 点较远的面积上雨水此时仅流至中途。随着降水历时的增长，在 a 点汇集的流量中的汇水面积不断增加，当流域最边缘线上的雨水流达集流点 a 时，在 a 点汇集的流量中的汇水面积扩大到整个流域，即流域全部面积参与径流，此时集流点 a 产生最大流量。也就是说，从面积角度来讲，集流了全流域面积上径流的径流量最大。

由于各不同等流时线上的雨水流达 a 点的时间不等，那么，同时降落在各条等流时线上的雨水不可能同时流达 a 点。反之，各条等流时线上同时流达 a 点的雨水，并不是同时降落的。如来自 a 点附近的雨水是 x 时降落的，则来自流域边缘的雨水是（$x-t_0$）时降落的，因此，在集流点出现的径流量来自 t_0 时段内全流域面积上各点的降水量。从式（3-15）可知，雨水管道的设计流量 Q 随径流系数 Ψ、汇水面积 F 和设计暴雨强度 q 而变化。

目前，我国常采用极限强度理论进行雨水管道设计。极限强度理论承认降水强度随降水历时的增长而减小，但认为汇水面积随降水历时的增长而增加比降水强度随降水历时增长而减小的速度更快。如果降水历时 t 小于流域的集流时间 t_0，显然只有一部分面积产生了径流，由于面积增加比降水强度减小的速度更快，因而得出的雨水径流量小于最大径流量。如果降水历时 t 大于集流时间 t_0，流域全部面积已产生了径流，面积不能再增长，而降水强度则随降水历时的增长而减小，径流量也随之由最大逐渐减小。因此，只有当降水历时等于集流时间时，全面积汇流的径流才是最大径流量。所以雨水管渠的设计流量可用全部汇水面积 F 乘以流域的集流时间 t_0 时的暴雨强度 q 及地面平均径流系数 Ψ 得到。

极限强度理论所含的两个概念：当汇水面积上最远点的雨水流达集流点时，全面积产生汇流，雨水管道的设计流量最大；当降水历时等于汇水面积最远点的雨水流达集流点的雨水流达集流点的集流时间时，雨水管道需要排除的雨水量最大。

3.3.2.2　雨水管段设计流量计算

在图 3-16 中，A、B、C 为互相毗邻的区域，设面积 $F_A = F_B = F_C$，雨水从各面积上最远点分别流入设计断面 1、2、3 所需的集水时间均为 t_1（min）。并假设：

①汇水面积随降水历时的增加而均匀地增加；

②降水历时 t 等于或大于汇水面积最远点的雨水流达设计断面的集水时间 t；

③雨水从设计管段的起端汇入管段；

④径流系数 Ψ 为确定值，为方便假定其值为 1。

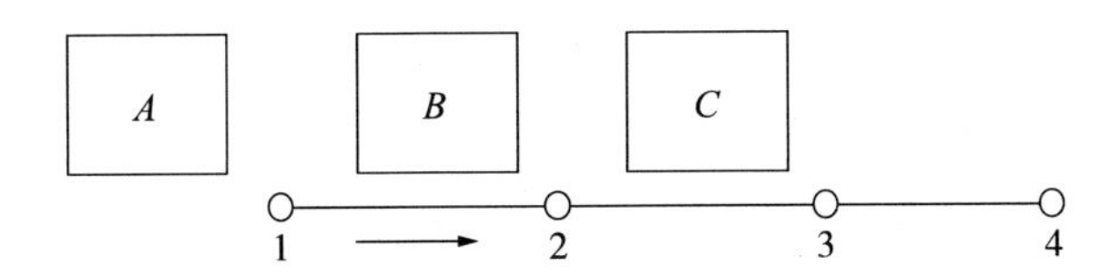

图 3-16　雨水管段设计流量计算示意图

管段设计流量计算的两种常见方法，分述如下：

（1）面积叠加法

1）管段 1 ～ 2 的雨水设计流量

该管段是收集汇水面积 F_A 的雨水，当降水开始时，只有临近雨水口 a 面积的雨水能流入雨水口进入 1 断面；降水继续不停，就有越来越大的 F_A 面积上的雨水逐渐流达 1 断面，管段 1 ～ 2 内流量逐渐增加，这时 Q 将随 F_A 的增加而增大，直到 $t = t_1$ 时，F_A 全部面积的雨水均已流到 1 断面，这时管段 1 ～ 2 内流量达最大值。

若降水仍继续下去，即 $t > t_1$ 时，由于面积已不能再增加，而暴雨强度则随着降水时间的增长而降低，则管段所排除的流量会比 $t = t_1$ 时减少。因此，管段 1 ～ 2 的设计流量应为

$$Q_{1-2} = F_A \cdot q_1 \text{（L/s）} \tag{3-16}$$

式中：q_1——管段 1 ～ 2 的设计暴雨强度，即相应于降水历时 $t = t_1$ 的暴雨强度，L/（s · hm²）。

2）管段 2 ～ 3 的雨水设计流量

当 $t = t_1$ 时，全部 F_B 面积和部分 F_A 面积上的雨水流达 2 断面，管段 2 ～ 3 的雨水

流量不是最大。只有当 $t=t_1+t_{1\sim2}$ 时（$t_{1\sim2}$ 为雨水在管段 1 ～ 2 的流行历时），F_A 和 F_B 全部面积上的雨水均能流到 2 断面，管段 2 ～ 3 的流量达最大值。因此，面积叠加法把 F_A 和 F_B 看成一个整体将面积叠加，即管段 2 ～ 3 的设计流量应为

$$Q_{2\sim3}=(F_A+F_B)\cdot q_2\ (\mathrm{L/s}) \tag{3-17}$$

式中：q_2——相应于降水历时 $t=t_1+t_{1\sim2}$ 时的暴雨强度，L/（s · hm^2）。

3）管段 3 ～ 4 的雨水设计流量

同理可得

$$Q_{3\sim4}=(F_A+F_B+F_C)\cdot q_3\ (\mathrm{L/s}) \tag{3-18}$$

式中：q_3——相应于降水历时 $t=t_1+t_{1\sim2}+t_{2\sim3}$ 的暴雨强度，L/（s · hm^2），$t_{2\sim3}$ 为雨水在管段 2 ～ 3 中的流行历时，其余符号意义同上。

因此，面积叠加法雨水设计流量公式的一般形式为

$$Q_k=\left(\sum_{i=1}^{k}F_i\phi_i\right)\cdot q_i \tag{3-19}$$

（2）流量叠加法

1）管段 1 ～ 2 的雨水计算流量

分析、计算同面积叠加法。

2）管段 2 ～ 3 的雨水设计流量

同样，当 $t=t_1$ 时，全部 F_B 面积和部分 F_A 面积上的雨水流达 2 断面，管段 2 ～ 3 的雨水流量不是最大。只有当 $t=t_1+t_{1\sim2}$ 时，这时 F_A 和 F_B 全部面积上的雨水均能流到 2 断面，管段 2 ～ 3 的流量达最大值。F_B 上产生的流量为 $F_B\cdot q_2$，直接汇到 2 断面，但是 F_A 面积上产生的流量为 $F_A\cdot q_1$，则是通过管段 1 ～ 2 汇流到 2 断面的，因而，管段 2 ～ 3 的流量为

$$Q_{2\sim3}=F_Aq_1+F_Bq_2\ (\mathrm{L/s}) \tag{3-20}$$

式中符号含义同上。

如果，按 $Q_{2\sim3}=(F_A+F_B)\cdot q_2$ 计算，即面积叠加，把 F_A 面积上产生的流量通过管道汇集，看成了通过地面汇集，其相应的暴雨强度采用 q_2，由于暴雨强度随降水历时而降低，$q_1<q_2$，计算所得 $F_A\cdot q_2$，小于该面积的最大流量 $F_A\cdot q_1$，设计流量偏小，设计管道偏于不安全。

3）管段 3 ～ 4 的雨水设计流量

同理可得

$$Q_{3\sim4}=F_Aq_1+F_Bq_2+F_Cq_3 \tag{3-21}$$

式中符号意义同上。

这样流量叠加法雨水设计流量公式的一般形式为

$$Q_k = \left(\sum_{i=1}^{k} F_i \phi_i q_i \right) \tag{3-22}$$

可知，各设计管段的雨水设计流量等于其上游管段转输流量加上本管段产生的流量之和，即流量叠加。而各管段的设计暴雨强度则是相应于该管段设计断面的集水时间的暴雨强度。由于各管段的集水时间不同，所以各管段的设计暴雨强度也不同。

比较上述两种方法可知，面积叠加法简单方便，但其所得的设计流量偏小，一般用于雨水管渠的规划设计计算；而流量叠加法需逐段计算叠加，过程较为复杂，但其所得的设计流量通常比面积叠加法大，偏于安全，一般用于雨水管渠的工程设计计算。

3.3.3　雨水管段设计时各相关系数的确定

3.3.3.1　径流系数的确定

降落在地面上的雨水量称为降水量，如上所述，降水量的一部分被植物和地面低洼地截留，一部分渗入土壤，余下的一部分才沿着地面流入雨水管渠，这部分进入雨水管渠的雨水量称为径流量。径流量与降水量的比值称为径流系数 Ψ，其值小于 1。

径流系数的值因汇水面积的地面覆盖情况、地面坡度、地貌、建筑密度的分布、路面铺砌等情况的不同而异，如屋面为不透水材料覆盖，Ψ 值大；沥青路面的 Ψ 值也大；而非铺砌的土路面 Ψ 值就小。地形坡度大，雨水流动较快，Ψ 值也大；种植植物的庭院，由于植物本身能截留一部分雨水，其 Ψ 值就小等。此外，Ψ 值还与降水历时、暴雨强度、暴雨雨型有关，如降水历时较长，由于地面渗透减少，Ψ 值就大些；暴雨强度大，Ψ 值就大，最大强度发生在降水前期的雨型，Ψ 值也就越大。由于影响因素很多，要精确地求定 Ψ 值是很困难的。因为影响 Ψ 值的主要因素是地面覆盖种类的透水性，所以目前在雨水管渠设计中，径流系数通常采用按地面覆盖种类确定的经验数值，见表 3-11 和表 3-12。

表 3-11　径流系数

地面类型	Ψ
各种屋面、混凝土或沥青路面	0.85 ～ 0.95
大块石铺装路面或沥青表面处理的碎石路面	0.55 ～ 0.65
级配碎石路面	0.40 ～ 0.50
干砌砖石路面或碎石路面	0.35 ～ 0.40
非铺砌路面	0.25 ～ 0.35
公园或绿地	0.10 ～ 0.20

表 3-12 综合径流系数

区域情况	Ψ
城镇建筑密集区	0.60 ～ 0.70
城镇建筑较密集区	0.45 ～ 0.60
城镇建筑稀疏区	0.20 ～ 0.45

通常，汇水面积由各种性质的地面覆盖组成，随着它们的占有面积比例变化，Ψ 值也各异，所以整个汇水面积上的平均径流系数 Ψ_{av} 值是按各类地面面积加权平均计算得出的，见式（3-16）。

$$\Psi_{av}=\frac{\sum F_i \cdot \Psi_i}{F} \tag{3-23}$$

式中：F_i ——汇水面积上 i 类地面的面积，hm^2；

Ψ——i 类地面的径流系数；

F——全部汇水面积，hm^2。

【例 3-2】 已知某小区（系居住区内的典型街区）各类地面的面积 F_i 值见表 3-13。求该小区内的平均径流系数 Ψ_{av} 值。

表 3-13 某小区典型街坊各类地面

地面种类	面积 F_i/hm^2	采用 Ψ 值
屋面	1.2	0.9
沥青道路及人行道	0.6	0.9
圆石路面	0.6	0.4
非铺砌路面	0.8	0.3
绿地	0.8	0.15
合计	4	0.55

【解】 按表 3-11 选定各类 F_i 的 Ψ_i 值，填入表 3-13，F 共为 4 hm^2，则

$$\Psi_{av}=\frac{\sum F_i \cdot \Psi_i}{F}=\frac{1.2\times0.9+0.6\times0.9+0.6\times0.4+0.8\times0.3+0.8\times0.15}{4}=0.555$$

答略。

3.3.3.2 设计重现期的确定

从暴雨强度公式可知，暴雨强度随着重现期的不同而不同，在雨水管渠设计中，若选用较高的重现期，计算所得的设计暴雨强度大，相应的雨水设计流量大，管渠的断面相应大。这对防止地面积水是有利的，安全性高，但经济上工程造价则因管渠设计断面的增大而增加了；若选用较低的设计重现期，管渠断面可相应减小，这样虽然

可以降低工程造价，但可能会经常发生排水不畅，地面积水而影响交通，甚至给城市人民的生活及生产造成危害，因此必须结合我国国情，从技术和经济方面统一考虑选定。

雨水管渠设计重现期的选用，应根据汇水面积地区的建筑性质（如广场、干道、厂区、居住区等）、地形特点和气候特征等因素确定。同一排水系统可采用同一重现期或不同的重现期。重现期一般选择 0.5 ～ 3 a，对于重要干道，重要地区或短期积水能引起较严重后果的地区，宜采用较高的设计重现期，一般选 3 ～ 5 a，并应和道路设计协调。对于特别重要的地区可酌情增加。

雨水管渠设计重现期规定的选用范围，是根据我国各地目前实际采用的数据，经归纳综合后确定。我国部分城市采用的雨水管渠设计重现期见表 3-14，可供参考。

表 3-14　国内各城市采用的重现期

城市	综合径流系数	城市	综合径流系数
北京	一般地形的居住区或城市区间道路为 0.33 ～ 0.5；不利地形的居住区或一般城市道路为 0.5 ～ 1；城市干道、中心区为 1 ～ 2；特殊重要地区或盆地为 3 ～ 10；立交路口为 1 ～ 3	上海	市区为 0.5 ～ 1 工业生活区为 1 厂区一般车间为 2 大型、重要车间为 5
天津	1	重庆	1 ～ 10
济南	1	广州	1 ～ 2，主要地区为 2 ～ 20
西安	1 ～ 3	南京	0.5 ～ 1
长春	0.5 ～ 2	杭州	0.33 ～ 1
哈尔滨	0.5 ～ 1	成都	1
兰州	0.5 ～ 1	贵阳	3
西宁	0.33 ～ 0.5	长沙	0.5 ～ 1
唐山	1	武汉	1
鞍山	0.5	常州	1
营口	郊区为 0.5，市区为 1	无锡	0.33 ～ 1

3.3.3.3　集水时间的确定

前已述及，只有当降水历时等于集水时间时，雨水流量最大。对于管渠的某一设计断面来说，集水时间 t 由地面积集水时间 t_1 和管内雨水流行时间 t_2 两部分组成（图 3-17），可用 $t = t_1 + t_2$ 表示。

（1）地面积水时间 t_1 的确定

地面集水时间是指雨水从汇水面积最远点流到第 1 个雨水口 a 的时间。

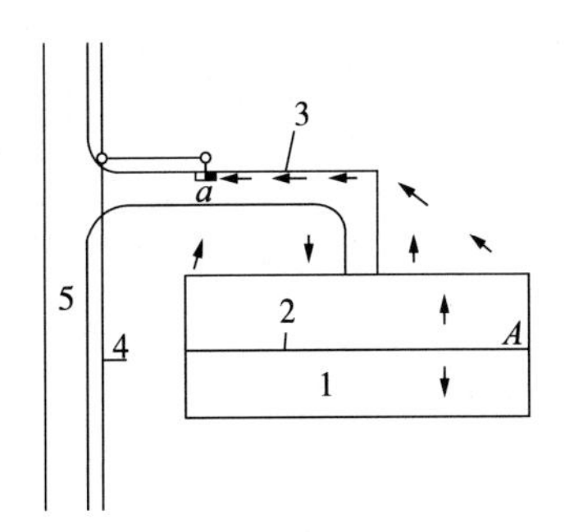

1—房屋；2—屋面分水线；
3—道路边沟；4—雨水管；5—道路。

图 3-17　地面集水时间 t_1 示意图

如图 3-17 所示，图中→表示水流方向。雨水从汇水面积最远点的房屋屋面分水线 A 点，流到雨水口 a 的地面集水时间 t_1，通常由下列流行路程的时间组成：从屋面 A 点沿屋面坡度经屋檐下落到地面散水坡的时间，一般为 0.3 ～ 0.5 min；从散水坡沿地面坡度流入附近道路边沟的时间；沿道路边沟到雨水口 a 的时间。

地面集水时间受地形、坡度、地面铺砌、地面种植情况、水流路程、道路纵坡和宽度等因素的影响，这些因素直接决定水流沿地面或边沟的流动速度。此外，与暴雨强度有关，因为暴雨强度大，水流时间就短。但在上述各因素中，地面集水时间主要取决于雨水流行距离的长短和地面坡度，为了寻求地面集水时间 t_1 的通用计算方法，不少学者做了大量的研究工作，在有关刊物上也发表了一些研究成果。但在实际设计中，要准确地计算 t_1 值是困难的，故一般不进行计算而采用经验数值。根据《室外排水设计规范（2016 年版）》（GB 50014—2006）的规定：地面集水时间视距离长短和地形坡度及地面覆盖情况而定，一般采用 $t_1 = 5 \sim 15$ min。

按照经验，一般对在建筑密度较大、地形较陡、雨水口分布较密的地区或街区内设置的雨水暗管，宜采用较小的 t_1 值，可取 5 ～ 8 min；而在建筑密度较小、汇水面积较大、地形平坦、雨水口布置较稀疏的地区，宜采用较大值，一般可取 $t_1 = 10 \sim 15$ min。起点井上游地面流行距离以不超过 150 m 为宜。在设计工作中，应结合具体条件恰当的选定。如 t_1 选用过大，将会造成排水不畅，导致管道上游地区地面经常积水；选用过小，又将使雨水管渠尺寸加大而增加工程造价。

（2）管渠内雨水流行时间 t_2 的确定

雨水在管渠内的流行时间 t_2 可按式（3-24）计算：

$$t_2 = \sum \frac{L}{60v} (\text{min}) \tag{3-24}$$

式中：L——各管段的长度，m；

v——各管段充满时的水流速度，m/s；

60——时间的单位换算系数。

3.3.4 雨水管渠系统的计算

雨水管渠系统设计的基本要求是能通畅及时地排走城镇或工厂汇水面积内的暴雨径流量。

3.3.4.1 雨水管渠系统的平面布置特点

（1）充分利用地形，就近排入水体

雨水管渠应尽量利用自然地形、坡度，以最短的距离靠重力流排入附近的池塘、河流、湖泊等水体。雨水排放口的设置通常遵循以下原则：

1）当管道排入池塘或小河时，由于出水口的构造比较简单，造价不高，因此雨水干管的平面布置宜采用分散出水口式的管道布置形式，且就近排放，管线较短，管径较小，这在技术、经济上都是合理的。

2）当河流水位变化较大，雨水管道出口标高与常水位相差较大时，出水口的构造比较复杂，造价较高，这就不宜采用过多的出水口，而宜采用集中出水口式的管道布置形式。

3）当地形平坦，且地面平均标高低于河流常年水位时，需将雨水管道出水口适当集中，在出口前设雨水泵站，暴雨期间有雨水经抽升后排入水体。这时，尽可能让通过雨水泵站的流量减少，以节省泵站的工程造价和日常运转费用，并宜在雨水进泵站前的适当地点设置调节池。

（2）根据城市规划布置雨水管道

通常，应根据建筑物的分布、道路布置及街区内部的地形等布置雨水管道，使街区内绝大部分雨水能以最短距离排入街道低侧的雨水管道。

雨水管道应平行道路布设，且宜布置在人行道或草地下，而不宜布置在快车道下，以免积水时影响交通或维修管道时破坏路面。若道路宽度大于 40 m，可考虑在道路两侧分别设置雨水管道。有条件的地方，应考虑两个管道系统之间的连接。

（3）合理布置雨水口，以保证路面雨水排除通畅

雨水口布置应根据地形及汇水面积确定，一般在道路交叉口的汇水点、低洼地段均应设置雨水口，以便及时收集地面径流，避免因排水不畅形成积水和雨水漫过路面影响行人安全。道路交叉口处雨水口的布置如图 3-18 所示。布置原则为“进设出不设”，意思是进入交叉口的雨水必须设置雨水口，反之，出交叉口的雨水设与不设雨水口均可以。

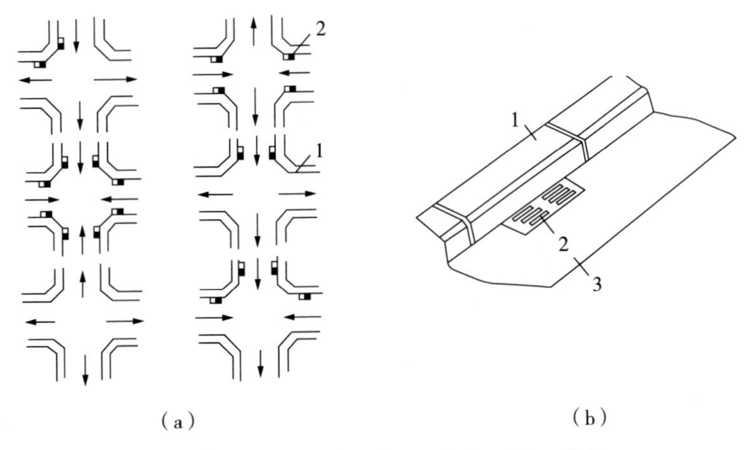

（a）道路交叉口雨水口布置；（b）雨水口位置。

1—路缘石；2—雨水口；3—路面。

图 3-18　雨水口布置

（4）雨水管道采用明渠或暗管应根据具体条件确定

在城市市区或工厂内，由于建筑密度较高，交通量较大，雨水管道一般应采用暗管。在地形平坦地区、埋设深度或出水口深度受限制的地区，可采用盖板渠排除雨水。从国内一些城市排除雨水的经验看，采用盖板渠经济有效。在城市郊区，当建筑密度较低、交通量较小的地方，可考虑采用明渠，以节省工程费用，降低造价。但明渠容易淤积，可能滋生蚊蝇，影响环境卫生。

此外，在每条雨水干管的起端，应尽可能采用道路山沟排除路面雨水。这样通常可以减少暗管 100 ～ 150 m。这对降低整个管渠工程造价是很有意义的。

雨水暗渠和明渠衔接处需采取一定的工程措施，以保证连接处良好的水力条件。通常的做法：当管道接入明渠时，管道应设置挡土的端墙，连接处的土明渠应加铺砌，铺砌高度不低于设计超高，铺砌长度自管道末端算起 3 ～ 10 m。

（5）设置排洪沟排除设计地区以外的雨洪径流

许多工厂或居住区傍山建设，雨季时设计区域外大量雨洪径流直接威胁工厂和居住区的安全。因此，对于靠近山麓建设的工厂和居住区，除在厂区和居住区设雨水管道外，还应考虑在设计区域周围设置排洪沟，以拦截从分水岭以内排泄的雨洪水。

3.3.4.2 雨水管渠系统的计算参数确定

为使雨水管渠正常工作，避免发生淤积、冲刷等现象，对雨水管渠进行水力计算的基本数据有如下技术上的规定：

（1）设计充满度

雨水不同于污水，主要含泥沙等无机颗粒，加之暴雨径流量大，而相对较高的设计重现期的暴雨强度的降水历时一般不会太长，故设计充满度按满流考虑，即 $h/D = 1$。明渠则应有等于或大于 0.2 的超高。街道边沟应有等于或大于 0.03 的超高。

（2）设计流速

为避免雨水挟带泥沙等无机颗粒在管渠内沉淀而堵塞管道，雨水管渠的最小设计流速应大于污水管道，满流时管道内最小设计流速为 0.75 m/s；明渠内最小设计流速为 0.4 m/s。

为防止管渠受到冲刷而破坏，对雨水管渠的最大设计流速规定：金属管为 10 m/s；非金属管为 5 m/s；明渠中水流深度为 0.4 ～ 1.0 m 时，最大设计流速宜按表 3-15 采用。

雨水管渠水力计算仍按均匀流考虑，其水力计算公式与污水管道相同，见式（3-6）、式（3-7），但应按照满流 $h/D = 1$ 进行计算。

（3）雨水管区的断面形式

雨水管渠常用断面形式大多为圆形，但当断面尺寸较大时，也采用矩形、马蹄形或其他形式。雨水明渠和盖板渠的底宽，不宜小于 0.3 m，无铺砌的明渠边坡，应根据不同的地质条件按表 3-16 采用；用砖石或混凝土铺砌的明渠可采用 1∶0.75 ～ 1∶1 的边坡。

表 3-15　明渠最大设计流速

明渠类别	最大设计流速 /（m/s）	明渠类别	最大设计流速 /（m/s）
粗砂或低塑性粉质黏土	0.8	草皮护坡	1.6
粉质黏土	1.0	干砌块石	2.0
黏土	1.2	浆砌块石或浆砌砖	3.0
石灰岩及中砂岩	4.0	混凝土	4.0

注：当水流深度不在 0.4 ～ 1.0 m 范围时，表中流速应乘以相关系数：$h<0.4$ m，系数为 0.85；$h>1.0$ m，系数为 1.25；$h>2.0$ m，系数为 1.40。

表 3-16　明渠边坡

地质	边坡
粉砂	1∶3 ～ 1∶3.5
松散的细砂、中砂、粗砂	1∶2 ～ 1∶2.5
密实的细砂、中砂、粗砂或粉质黏土	1∶1.5 ～ 1∶2.0
粉质黏土或黏土砾或卵石	1∶1.25 ～ 1∶1.5
半岩性土	1∶0.5 ～ 1∶1.0
风化岩石	1∶0.25 ～ 1∶0.5
岩石	1∶0.1 ～ 1∶0.25

3.3.5　雨水管渠系统上径流量的调节

随着城市化的进程，不透水地面面积增加，使得雨水径流量增加。而利用管道本身的空隙容量调节最大流量是有限的。如果在雨水管道系统上设置较大容积的调节池，暂存雨水径流的洪峰流量，待洪峰径流量下降至设计排泄流量后，再将储存在池内的水逐渐排出。调节池调蓄削减了洪峰径流量，可较大地降低下游雨水干管的断面尺寸，如果调节池后设有泵站，则可减少装机容量。这些都可以使工程造价降低很多，这在经济方面无疑是有很大意义的。关于雨水调节池设置的位置，有天然洼地、池塘、公园、水池等可供利用时，其位置取决于已有的自然条件；若考虑人工修建地面或地下调节池，则要选择合理的位置，一般可在雨水干管中游或有大量大流量管道的交汇处或正在进行大规模住宅建设和新城开发的区域或在拟建雨水泵站前的适当位置。

调节池常用的布置形式一般有溢流堰式或底部流槽式。

（1）溢流堰式调节池

溢流堰调节池如图 3-19（a）所示。调节池通常设置在干管一侧，在进、出水管，进水管较高，其管顶一般与池内最高水位相平；出水管较低，一般与池内最低水位相平。

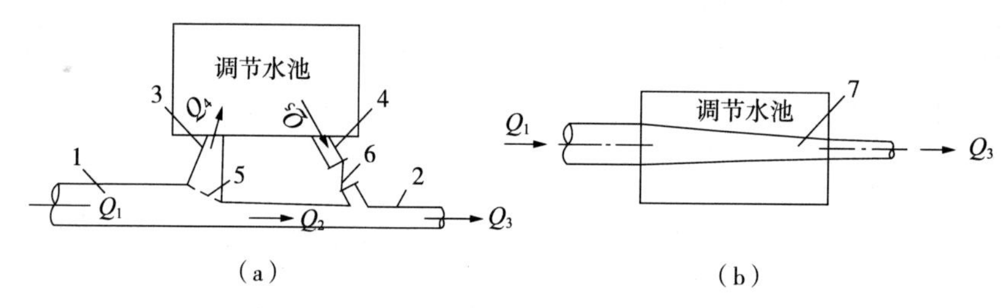

1—调节池上游干管；2—调节池下游干管；3—调节池进水管；
4—调节池出水管；5—溢流堰；6—逆止阀；7—流槽。

图 3-19　雨水调节池布置示意图

设 Q_1 为调节池上游雨水干管中的流量，Q_2 为不进入调节池的超越流量，Q_3 为调节池下游雨水干管的流量，Q_4 为调节池进水流量，Q_5 为调节池出水流量。

当 $Q_1<Q_2$ 时，雨水流量不进入调节池而直接排入下游干管。当 $Q_1>Q_2$ 时，这时将有 $Q_4=Q_1-Q_2$ 的流量通过溢流堰进入调节池，调节池开始工作。随着 Q_1 的增加，Q_4 也不断增加，当调节池中水位达到最低设计水位时，调节池开始出水，出水量 Q_5 随调节池中水位逐渐升高而渐增，直到 Q_1 达到最大设计流量 Q_{max}，Q_4 也逐渐达到最大。然后随着 Q_1 的降低，Q_4 也不断降低，但应 Q_4 仍大于 Q_5，池中水位仍持续升高，直到 $Q_4=Q_5$，调节池不再进水，这时池中水位达到最高，Q_5 也最大。随着 Q_1 的继续降低，Q_4 调节池的出水量 Q_5 已经大于 Q_4，存在池内的水量通过池出水管不断被排走，直到池内水放空为止，这时调节池停止工作。

为了不使雨水在小流量时经调节池出水管倒流入池内，出水管应有足够的坡度，或在出水管上设置止逆阀。

为了减少调节之下游雨水干管的流量，调节池出水管的通过能力 Q_5 希望尽可能地减小，即 $Q_5 \leqslant Q_{4max}$，这样，就可使管道工程造价大大降低，但 Q_5 不能太小，通常调节池出水管的管径根据调节池的允许排空时间来决定，雨停后的放空时间一般不得超过 24 h，出水管直径不得小于 150 mm。

（2）底部流槽式调节池

底部流槽式调节池如图 3-18（b）所示，符号意义同上。

雨水从池上有干管进入调节之后，当 $Q_1 \leqslant Q_3$ 时，雨水经设在池最底部的渐缩断面流槽全部流入下游干管排走。池内流槽深度等于池下游干管的直径。当 $Q_1>Q_3$ 时，池内逐渐被高峰时的多余水量（Q_1-Q_3）所充满，池内水位逐渐升高，直到 Q_1 不断减少至小于池下游干管的通过能力 Q_3。池内水位才逐渐下降，直到排空为止。

（3）调节池容积 V 的计算

调节池内最高水位与最低水位之间的容积为有效调节容积。关于调节池容积的计算方法，国内外均有不少研究，但尚未得到一致认可，如常用的绘制调节池径流过程线法和近似计算法都还存在不足之处，在此不一一介绍，如需要可查阅相关资料。

（4）调节池下游干管设计流量计算

由于调节池存在蓄洪和滞洪作用，因此计算调节池下游雨水干管的设计流量时，其汇水面积只计调节池下游的汇水面积，与调节池上游汇水面积无关。

调节池下游干管的雨水设计流量可按式（3-18）计算：

$$Q = \alpha Q_{\max} + Q' \tag{3-25}$$

式中：$Q_{\max}$——调节池上游干管的设计流量，m^3/s；

Q'——调节池下游干管汇水面积上的雨水设计流量，应按下游干管汇水面的集水时间计算，与上游干管的汇水面积无关，m^3/s；

α——下游干管设计流量的减少系数。

对于溢流堰式调节池：$\alpha = \dfrac{Q_2 + Q_5}{Q_{\max}}$；

对于底部流槽式调节池：$\alpha = \dfrac{Q_3}{Q_{\max}}$。

式中 Q_2、Q_3、Q_5 意义同上。

3.3.6　立体交叉道路雨水排除

随着国民经济的飞速发展，全国各地修建的公路、铁路、立交工程逐日增多。立交工程多设在交通繁忙的主要干道上，车辆多，车速快，而位于立交工程下面道路的最低点，往往比周围干道低 2 ～ 3 m，形成盆地，加以纵坡较大，立交范围内的雨水径流很快就汇集至立交最低点，极易造成严重的积水。若不及时排除，会影响交通，甚至造成事故。立交道路排水主要解决降水在汇水面积内形成的地面径流和必须排除的地下水。排除的雨水设计流量的计算公式同一般雨水管渠。但设计时与一般道路排水相比具有下述特点：

3.3.6.1　要尽量缩小汇水面积，减少设计流量

立交的类别和形式较多，每座立交桥的组成部分也不完全相同，但其汇水面积一般应包括引道、坡道、匝道、路线桥、绿地以及建筑红线以内的适当范围（10 m 左右），如图 3-20 所示。在划分汇水面积时，如果条件许可，应尽量将属于立交范围的一部分面积划归附近别的排水系统。或采用分散排水的原则，将地面高的雨水接入较

高的排水系统，自流排出；地面低的雨水接入较低的排水系统，若不能自流排出，可设置排水泵站提升。这样可避免所有雨水都汇集到最低点造成排泄不及而积水。同时，应有防止地面高水进入低水系统的拦截措施。

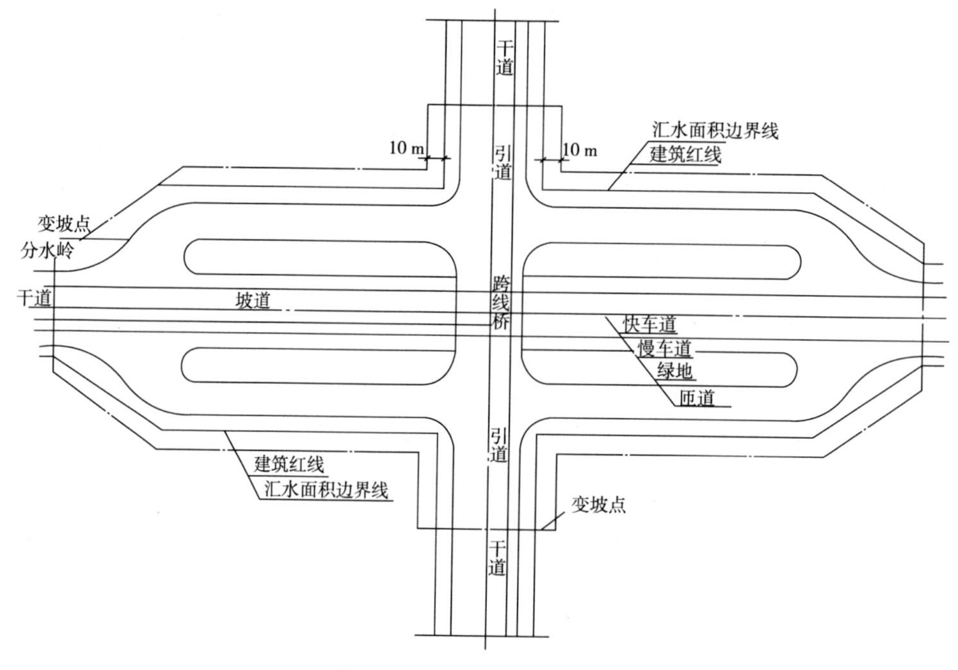

图 3-20　立交排水汇水面积

3.3.6.2　注意地下水的排除

当立交工程最低点位于地下水位时，为保证路基经常处于干燥状态，使其具有足够的强度和稳定性，需采取必要的措施排除地下水。通常可设渗渠或花管，以汇集地下水，使其自流入附近排水干管或河湖。若高层不允许自流排出时，则设泵站抽升。

3.3.6.3　排水设计标准高于一般道路

由于立交道路在交通上的特殊性，为保证交通不受影响，排水设计标准应高于一般道路，根据各地经验，暴雨强度的设计重现期一般不小于 10 a，重要区域标准，可提高至 20 ～ 30 a；同一立交工程的不同部位可采用不同的重现期。地面集水时间取 2 ～ 10 min。汇水面积应合理确定，以计算立体交叉道路的地面径流量，宜采用高水高排，低水低排，相互不连通的系统，并应有防止高水进入的水系统的可靠措施。径流系数应根据地面种类分别计算，一般取 0.8 ～ 1.0。

3.3.6.4　雨水口布设的位置要便于拦截径流

立交工程的雨水口一般沿坡道两侧对称布置，越接近最低点，雨水口布置越密集，并往往从单箅或双箅增加到 8 箅或 10 箅。面积较大的立交工程，除坡道外，在引道、匝道、绿地中都应当在适当距离和位置设置一些雨水口。位于最高点的跨线桥，为不使雨水径流距离过长，通常每个雨水口单独用立管引至地面排水系统，雨水口的入口应设置格网。高架桥道路雨水口间距宜为 20 ～ 30 m。

3.3.6.5　管道布置及断面选择

立体排水管道的布置，应与其他市政道路综合考虑，并应避开立交桥基础。若无法避开时，应从结构上加固，或加设柔性接口，或改用铸铁管材等，以解决承载力和不均匀下沉问题。此外，立交工程的交通量大，排水管道的维护管理较困难，一般可将管道断面适当加大，起点断面最小管径不小于 400 mm，以下各段的设计断面均应加大一级。

3.3.6.6　立交地道工程

当立交地道工程最低点位于地下水位以下时，应采取排水或降低地下水位的措施。宜设置独立的排水系统并保证系统的出水口通畅，排水泵站不能停电。立体交叉地道排水应设独立的排水系统，其出水口必须可靠。

3.4　排水管渠材料、接口、基础和附属构筑物

3.4.1　排水管渠的断面形式

排水管渠的断面形式除必须满足静力学、水力学、经济学方面的要求外，还应经济和便于养护。静力学方面，管道必须有较大的稳定性，在承受各种荷载时保持稳定和坚固；水力学方面，管道断面应具有最大的排水能力，并在一定的流速下不产生沉淀物；经济学方面，管道单位造价应该是最低的；养护方面，管道断面应便于冲洗和清通淤积。常用的管道形式有圆形、半圆形、马蹄形、矩形、梯形和蛋形等，如图 3-21 所示。

圆形断面有较好的水力学特征，在一定的坡度下，指定的单位面积具有最大的水力半径，因此流速大，流量也大。此外，圆形管便于预制，使用材料经济，对外压力的抵抗力较强，若挖土的形式与管道相称时，能获得较高的稳定性，在运输和施工养护等方面也比较方便。因此是最常用的一种断面形式。

半椭圆形断面在土压力和动荷载较大时，可以更好地分配管壁压力，因而可减少管壁厚度。宜在污水流量无大变化及管渠直径大于 2 m 时采用。

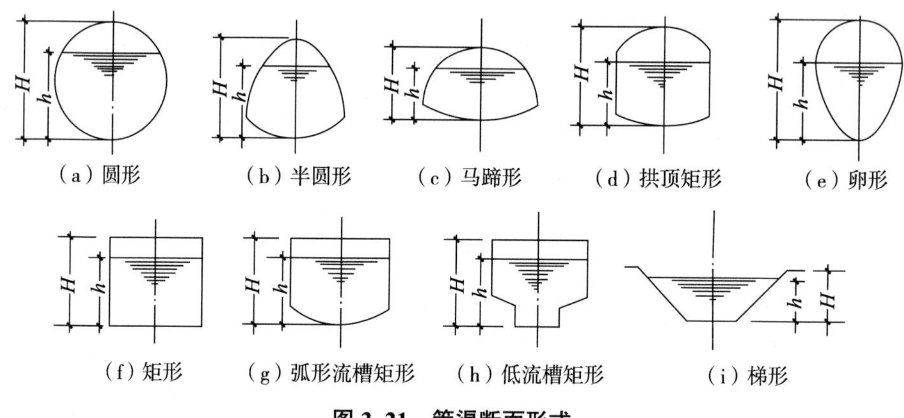

图 3-21 管渠断面形式

马蹄形断面其高度小于宽度。在地质条件较差或地形平坦，受受纳水体水位限制时，需尽量减少管道埋深以降低造价，可采用此种形式的断面。又由于马蹄形断面下部较大，对于排出流量无大变化的大流量污水较为适宜。但马蹄形管的稳定性有赖于回填土的密实度，若回填土松软，两侧底部的管壁易产生破裂。

蛋形断面由于底部较小，从理论上看，在小流量时可以维持较大的流速，因而可减少淤积，适用于污水流量变化较大的情况。但实际养护经验证明，这种断面的冲洗和清通工作比较困难，加以制作和施工比较复杂，现在已经很少使用。

矩形断面可以就地浇筑或砌筑，并按需要将深度增加，以增大排水量。有些工业企业的污水管道、路面狭窄地区的排水管道以及排洪沟道常采用这种断面形式。不少地区在矩形断面的基础上，将渠道底部用细石混凝土或水泥砂浆做成弧形，以改善水力条件。也可在矩形渠道内做低流槽。这种组合的矩形断面是为合流制管道设计的，晴天的污水在小矩形槽内流动，以保持一定的流速和充满度，使之免除或减轻淤积程度。

梯形断面适用于明渠，其边坡取决于土壤性质和铺砌材料。

3.4.2 常用排水管渠的材料、接口和基础

3.4.2.1 常用排水管渠材料

（1）对排水管渠材料的要求

排水管渠必须具有足够的强度，以承受外部的荷载和内部的水压，外部荷载包括土壤的重量（静荷载），以及由于车辆通行所造成的动荷载。压力管及倒虹管一般要考虑内部水压。自流管道发生检查井内充水时，也可能引起内部水压。此外，为了保证排水管道在运输和施工中不致破裂，也必须使管道具有足够的强度。

排水管渠不仅应能承受污水中杂质的冲刷和磨损，而且应具有抗腐蚀性能，以免

在污水、地下水或酸碱流体的侵蚀下受到损坏。输送腐蚀性污水的管渠必须采用耐腐蚀性材料，其接口及附属构筑物必须采取相应的防腐蚀措施。

排水管渠必须不透水，以防止污水渗出或地下水渗入。因为污水从管渠渗出至土壤，将污染地下水或临近水体，或者破坏管道及附近房屋的基础。地下水渗入管渠，不但降低管渠的排水能力，而且将增大污水泵站及处理构筑物的负荷。

排水管渠的内壁应整齐光滑，以减小水流阻力。当输送易造成管渠内沉析污水时，管渠形式和断面的确定，必须考虑便于维护检修。

排水管渠应就地取材，并考虑预制管件及快速施工的可能，以便尽量降低管渠的造价和运输及施工费用。

（2）常用排水管渠材料

1）混凝土管和钢筋混凝土管

混凝土管和钢筋混凝土管适用于排除雨水、污水，可在专门的工厂预制，也可在现场浇制。分混凝土管、轻型钢筋混凝土管和重型钢筋混凝土管 3 种。管口通常有承插式、企口式和平口式，如图 3-22 所示。

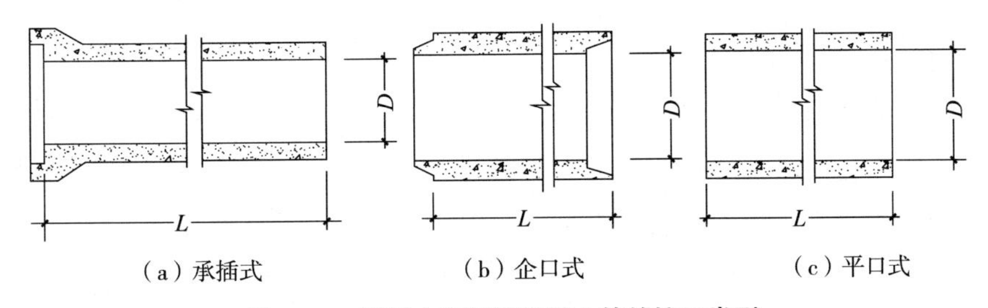

图 3-22　混凝土和钢筋混凝土管的接口类型

混凝土管的管径一般小于 450 mm，长度多为 1 m，适用于管径较小的无压管。当管道埋深较大或敷设在土质条件不良地段，为抗外压，管径大于 400 mm 时，通常都采用钢筋混凝土管。混凝土和钢筋混凝土管，便于就地取材，制造方便，而且可根据抗压的不同要求，制成无压管、低压管和预应力管等。所以在排水管道系统中得到普遍应用，混凝土管和钢筋混凝土管除用作一般自流排水管道外，钢筋混凝土管及预应力钢筋混凝土管也可用作泵站的压力及倒虹管。它们的缺点：抗酸、碱浸蚀及抗渗性能较差，管节短，接头多，施工复杂。在地震烈度大于 8 度的地区及饱和松砂、淤泥土、冲填土、杂填土的地区不宜采用。此外，大管径管的自重大，搬运不方便。

2）陶土管

陶土管是由塑性黏土制成的。为了防止在焙烧过程中产生裂缝，经通常加入耐火黏土及石英砂，并根据需要制成无釉、单面釉或双面釉。若采用耐酸黏土和耐酸填充物，还可以制成特种耐酸陶土管。其断面形式多为圆形断面，有承插口和平口式两种形式。

普通陶土管最大工程直径可达 300 mm，有效长度 800 mm，适用于居民区室外排水，耐酸陶土管最大公称直径国内可达 800 mm，一般在 400 mm 以内，管节长度有 300、500、700、1 000（mm）4 种，适用于排除酸性废水。

带釉的陶土管，内外壁光滑，水流阻力小，不透水性好，耐磨损、耐腐蚀。但其质脆易碎，不宜远运，不能受内压；抗弯、抗拉强度低，不宜敷设在松土中或埋深较大的地方。此外，管节短，需要较多的接口，增加了施工困难和费用。由于陶土管耐酸、抗腐蚀性能强，适用于排除酸性废水或管外有侵蚀性地下水的污水管道。

3）金属管

常用的金属管有铸铁管及钢管。室外重力排水管道很少采用金属管，只有当排水管道承受高内压、高外压或对渗透要求特别高的地方，如排水泵站的进出水管穿越铁路、河道的倒虹管或靠近给水管道的房屋基础时，才采用金属管。在地震烈度大于 8 度或地下水位高、流砂严重的地区也采用金属管。

金属管质地坚固，抗压、抗渗、抗震性能好；内壁光滑，水流阻力小；管节长度大，接头少，但价格高，且钢管抗酸碱腐蚀及地下水浸蚀的能力差。因此，在采用钢管时必须涂刷耐腐蚀涂料并注意绝缘。

4）浆砌砖、石或钢筋混凝土渠道

排水管道的预制管管径一般小于 2 m，实际上管道设计断面大于 1.5 m 时，通常就在现场建造大型排水渠道。建造大型排水渠道常用的建筑材料有砖、石、陶土块、混凝土块、钢筋混凝土块和钢筋混凝土等。采用钢筋混凝土时，要在施工现场支模浇制，采用其他几种材料时，在施工现场，主要是铺砌和安装。在大多数情况下，建造大型排水管渠，常采用以上两种材料。

5）新型排水管材

近年来，出现了许多型塑料排水管材。这些管材无论是性能还是施工难易程度都优于传统管材，一般具有以下特性：a. 强度高，抗压耐冲击；b. 内壁平滑，摩阻低，过流量大；c. 耐腐蚀，无毒，无污染；d. 连接方便，接头密封好，无渗漏；e. 重量轻，施工快，费用低；f. 使用寿命达 50 a 以上。

根据原建设部《关于发布化学建材技术与产品的公告》的要求，应用于排水的新型管材主要是塑料管材，产品包括聚氯乙烯（PVC-U）管、聚氯乙烯芯层发泡管（PVC-U）、聚氯乙烯双壁波纹管（PVC-U）、玻璃钢夹砂管（RPMP）、塑料螺旋缠绕管（HDPE、PVC-U）、聚氯乙烯径向加筋管（PVC-U）等。

市场上出现的玻璃钢纤维缠绕管增强热固性树脂管，简称玻璃钢管，是一种新型的复合管材，它主要是以树脂为基体，以玻璃纤维作为增强材料制成的，具有优异的耐腐蚀性能、轻质高强、输送流量大、安装方便、工期短和综合投资低等特点，广泛应用于化工企业腐蚀性介质输送以及城市给水排水工程等诸多领域。

夹砂玻璃钢管，从性能上提高了管材刚度，降低了成本，一般采用具有两道 O 形密封圈的承插式接口。安装方便、可靠、密封性、耐腐蚀性好，接头可在小范围内任意调整管线方向。

HDPE 管是一种具有环状波纹结构外壁和平滑内壁的新型塑料管材，由于管道规格不同，管壁结构也有差别，根据管壁结构的不同，可分为双壁波纹管和缠绕增强管两种类型。其中，HDPE 双壁波纹管，由 HDPE 同时挤出的波纹外壁和一层光滑内壁一次熔结挤压成型的，管壁截面为双层结构，其内壁光滑平整，外壁为等距排列的具有梯形中空结构的管材。它具有优异的环刚度和良好的强度与韧性、重量轻、耐冲击性强、不易腐蚀等特点，且运输安装方便。管道主要采用橡胶圈承插连接（也可用热缩带连接）。由于双壁波纹管的特殊的波纹管壁结构设计，使得该管在同样直径和达到同样环刚度的条件下，用料最省。

3.4.2.2　排水管渠接口

排水管道的不透水性和耐久性，在很大程度上取决于敷设管道时接口的质量，管道接口应具足够的强度、不透水、能抵抗污水或地下水的浸蚀并有一定的弹性。根据接口的弹性，一般分为柔性、刚性和半柔半刚性 3 种接口形式。管道的接口应根据管道材质、地质条件和排水的性质，如污水及合流管道应选用柔性接口；当管道穿过粉砂、细砂层并在最高地下水位以下，或在地震烈度为 8 度设防区时，应选用柔性接口。

柔性接口允许管道纵向轴线交错 3 ～ 5 mm 或交错一个较小的角度，而不致引起渗漏。常用的柔性接口有沥青卷材及橡皮圈接口。沥青卷材接口用在无地下水，地基软硬不一、沿管道轴向沉陷不均匀的无压管道上。橡胶圈接口使用范围更广，特别是在地震区，对管道抗震有显著作用。柔性接口施工复杂，造价较高，但在地震区采用有独特的优点。

刚性接口不允许管道有轴向的交错。但比柔性接口施工简单、造价较低，因此采用广泛。常用的刚性接口有水泥砂浆抹带接口、钢丝网水泥砂浆抹带接口。刚性接口抗震性能差，用在地基较好、有带形基础的无压管道上。

半柔半刚性接口介于上述两种接口形式之间。使用条件与柔性接口类似。常用的是预制套环石棉水泥接口。

下面介绍几种常用的接口方法：

（1）水泥砂浆抹带接口，属刚性接口，如图 3-23 所示。在管子接口处用 1:（2.5 ～ 3）水泥砂浆抹成半椭圆形或其他形状的砂浆带，带宽 20 ～ 150 mm。一般适用于地基土质较好的雨水管道，或用于地下水位以上的污水支线上。企口管、平口管、承插管均可采用此种接口。

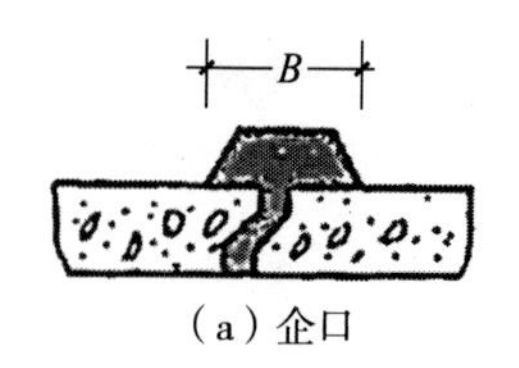

（a）企口

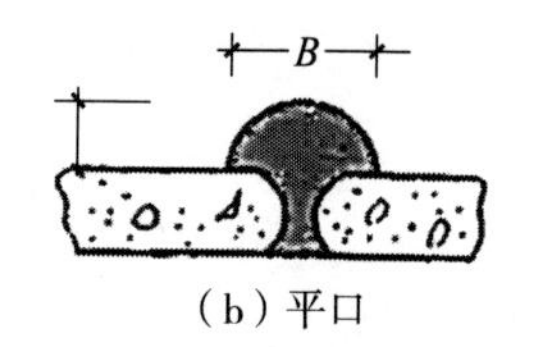

（b）平口

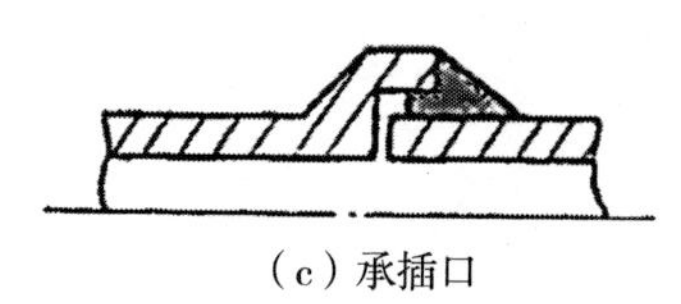

（c）承插口

图 3-23　水泥砂浆抹带接口

（2）钢丝网水泥砂浆抹带接口，也属于刚性接口，如图 3-24 所示。将抹带范围的管外壁凿毛，抹 15 mm 厚 1∶2.5 水泥砂浆，中间采用 20 号 10 mm×10 mm 钢丝网一层，两端插入基础混凝土中，上面再抹 10 mm 厚砂浆一层，适用于地基土质较好的、具有带形基础的雨水、污水管道。

（3）石棉沥青卷材接口，属柔性接口，如图 3-25 所示。石棉沥青卷材为工厂加工，沥青玛琋脂质量配比为沥青∶石棉∶细砂 = 7.5∶1∶1.5。先将接口处管壁刷净烤干，涂上冷底子油一层，再刷沥青玛琋脂厚 3mm，再包上石棉沥青卷材，再涂 3 mm 厚的沥青玛琋脂称为“三层做法”。若再加卷材和沥青砂玛琋脂各一称层，就为“五层做法”，一般适用于地基沿管道轴向不均匀沉陷地区。

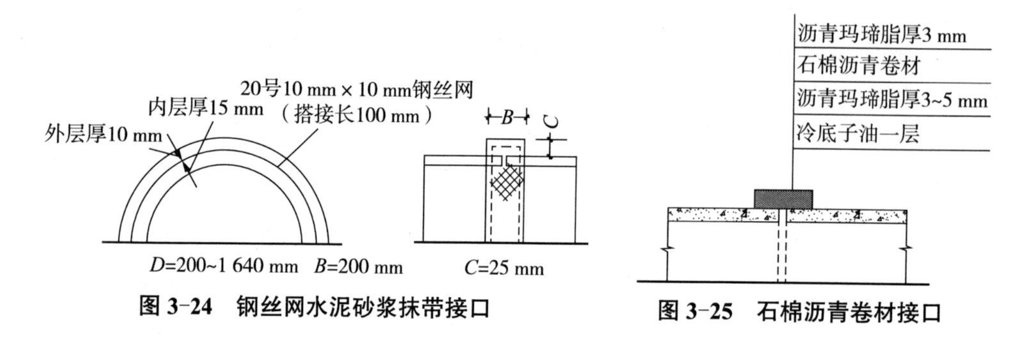

图 3-24　钢丝网水泥砂浆抹带接口

图 3-25　石棉沥青卷材接口

（4）橡胶圈接口，属柔性接口，如图 3-26 所示。接口结构简单，施工方便，适用于施工地段土质较差、地基硬度不均匀或地震地区。

（5）预制套环石棉水泥（或沥青砂）接口，属于半刚半柔接口，如图 3-27 所示。石棉水泥质量比为水∶石棉∶水泥 = 1∶3∶7（沥青砂配比为沥青∶石棉∶砂 = 1∶0.67∶0.67）。其适用于地基不均匀地段，或地基经过处理后管道可能产生不均匀沉陷且位于地下水位以下，内压低于 10 m 水柱的管道。

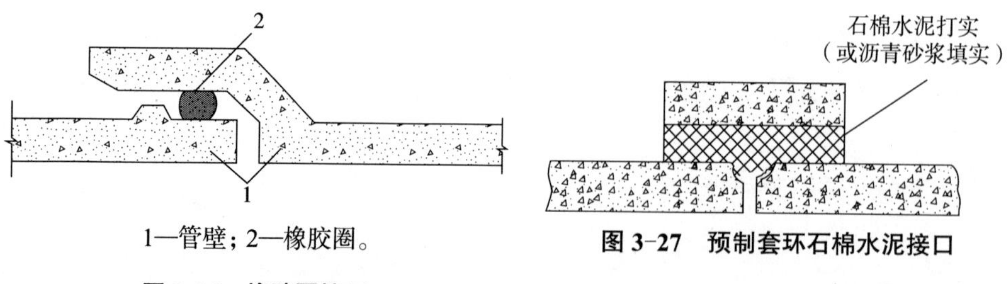

1—管壁；2—橡胶圈。

图 3-26　橡胶圈接口

图 3-27　预制套环石棉水泥接口

（6）顶管施工常用的接口形式：①混凝土（或铸铁）内套环石棉水泥接口，如图 3-28 所示，一般只用于污水管道；②沥青油毡、石棉水泥接口，如图 3-29 所示。麻辫（或塑料圈）石棉水泥接口，如图 3-30 所示。一般只用于雨水管道。采用铸铁管的排水管道，常用的接口做法有承插式铸铁管油麻石棉水泥接口，如图 3-31 所示。

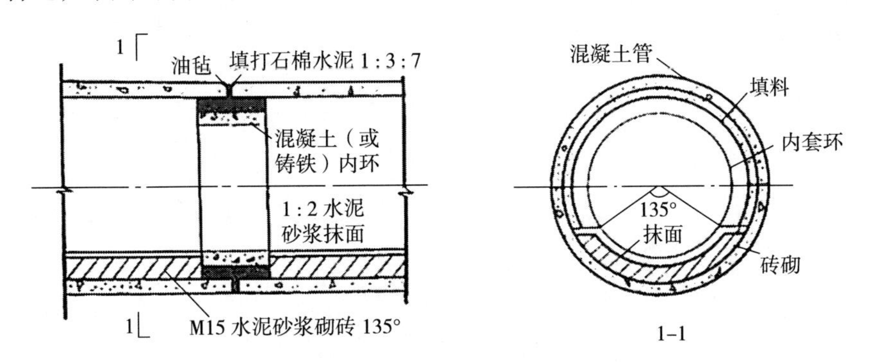

图 3-28　混凝土（或铸铁）内套环石棉水泥接口

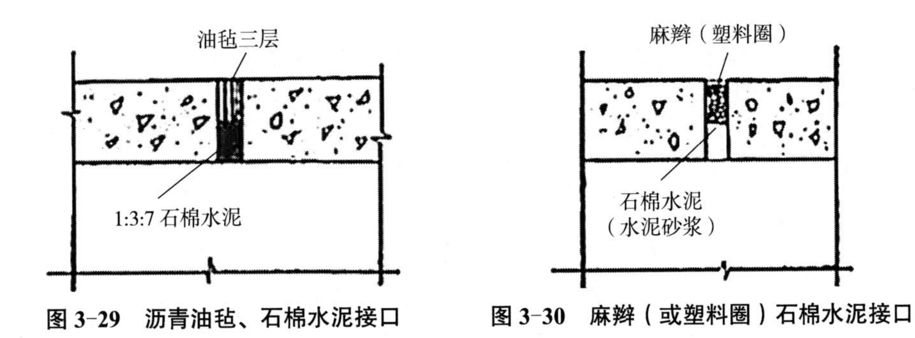

图 3-29　沥青油毡、石棉水泥接口　　图 3-30　麻辫（或塑料圈）石棉水泥接口

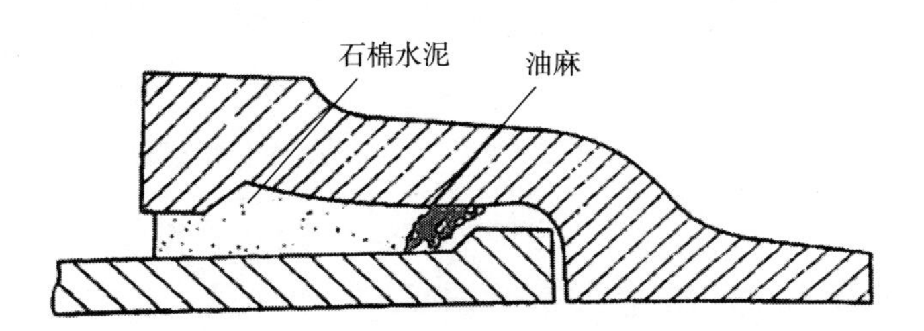

图 3-31　承插式铸铁管油麻石棉水泥接口

除上述常用的管道接口外，在化工、石油、冶金等工业的酸性废水管道上，需要采用耐酸的接口材料。目前，有些单位研制了防腐蚀接口材料——环氧树脂浸石棉绳，使用效果良好。也有试用玻璃布和煤焦油、高分子材料配制的柔性接口材料等。这些接口材料尚未广泛采用。

3.4.2.3　排水管道的基础

排水管道的基础一般由地基、基础和管座三部分组成，如图 3-32 所示，地基是指

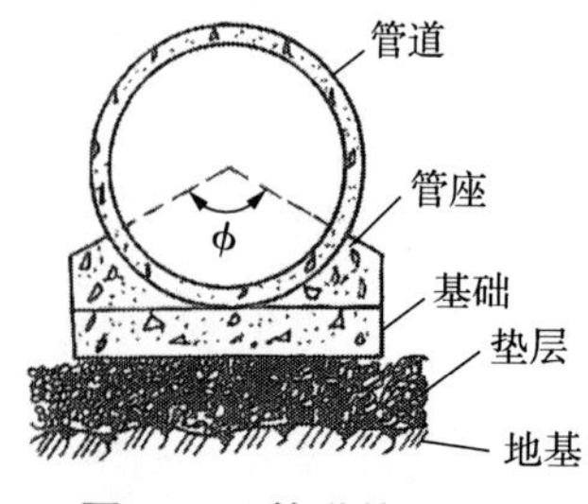

图 3-32　管道基础断面

沟槽底的土壤部分。它承受管道和基础的重量、管内水重、管上土压力和地面上的荷载。基础是指管道与地基间经人工处理或专门建造的设施，其作用是使管道较为集中的荷载均匀分布，以减少对地基单位面积的压力，如原土夯实、混凝土基础等。管座是管子下侧与基础之间的部分，设置管座的目的在于使管子与基础连成一个整体，以减少对地基的压力和对管道的反力。管座包角的中心角（ϕ）越大，基础所受的单位面积的压力和地基对管子作用的单位面积的反力越小。

为保证排水管道系统能安全正常运行，管道的地基与基础要有足够的承受荷载的能力和可靠的稳定性。否则排水管道可能产生不均匀沉陷，造成管道错口、断裂、渗漏等现象，导致对附近地下水的污染，甚至影响附近建筑物的基础。一般应根据管道本身情况及其外部荷载的情况、覆土的厚度、土壤的性质合理地选择管道基础。因此，管道基础应根据管道材质、接口形式和地基条件确定。对地基松软呈不均匀沉降地段，管道基础应采取加固措施。

目前常用的管道基础有 3 种：

（1）砂土基础

砂土基础包括弧形素土基础及砂垫层基础，如图 3-33 所示。

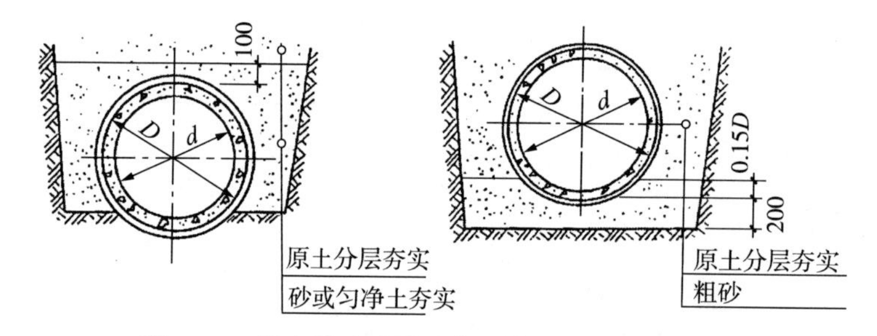

图 3-33　砂土基础（弧形素土基础、砂垫层基础）

弧形素土基础是在原土上挖一弧形管槽（通常采用 90° 弧形），管子落在弧形管槽内。这种基础适用于无地下水、原土能挖成弧形的干燥土壤；管道直径小于 600 mm 的混凝土管、钢筋混凝土管、陶土管；管顶覆土厚度为 0.7 ～ 2.0 m 的街坊污水管道，不在车行道下的次要管道及临时性管道。

砂垫层基础是在挖好的弧形管槽上，用带棱角的粗砂填 10 ～ 15 cm 厚的砂垫层，这种基础适用于无地下水，岩石或多石土壤，管道直径小于 600 mm 的混凝土管、钢筋混凝土管及陶土管，管顶覆土厚度 0.7 ～ 2.0 m 的排水管道。

（2）混凝土枕基

混凝土枕基是只在管道接口处才设置的管道局部基础，如图 3-34 所示，通常在管道接口下用 C8 混凝土做成枕状垫块。此种基础适用于干燥土壤中的雨水管道及不太重要的污水支管。常与素土基础或砂填层基础同时使用。

（3）混凝土带形基础

混凝土带形基础是沿管道全长铺设的基础。按管座的形式不同分为 90°、135°、180° 3 种管座基础，如图 3-35 所示。这种基础适用于各种潮湿土壤以及地基软硬不均匀的排水管道，管径为 200 ～ 2 000 mm。无地下水时在槽底老土上直接浇混凝土基础；有地下水时常在槽底铺 10 ～ 15 cm 厚的卵石或碎石垫层，然后在其上浇混凝土基础，一般采用强度等级为 C8 的混凝土。当管顶覆土厚度在 0.7 ～ 2.5 m 时采用 90° 管座基础；覆土厚度为 2.6 ～ 4.0 m 时采用 135° 基础；覆土厚度在 4.1 ～ 6.0 m 时采用 180° 基础。在地震区，土质特别松软，不均匀沉陷严重地段，最好采用钢筋混凝土带形基础。对地基松软或不均匀沉降地段，为增强管道强度，保证使用效果，可对基础或地基采取加固措施，并采用柔性接口。

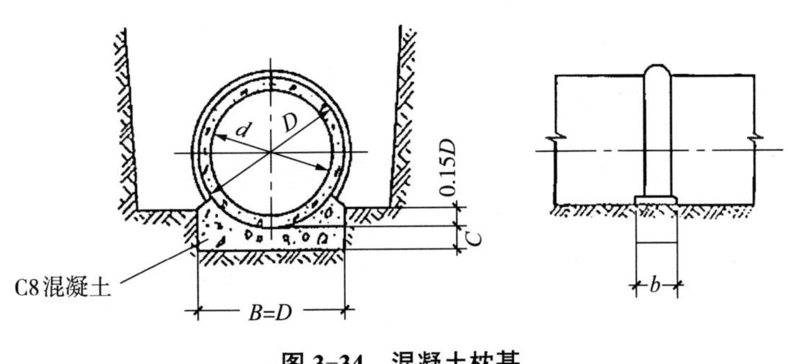

图 3-34　混凝土枕基

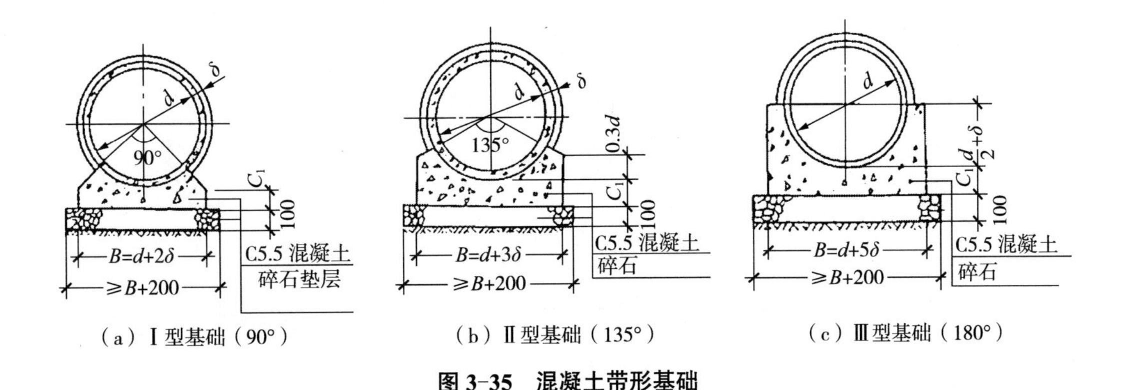

图 3-35　混凝土带形基础

3.4.3　排水管渠系统上的附属构筑物

3.4.3.1　雨水口、沉泥井、连接暗井

雨水口是在雨水管渠或合流管渠上收集雨水的构筑物。街道路面上的雨水首先经雨水通过连接管流入排水管渠。

雨水口的形式、数量和布置，应按汇水面积所产生的流量、雨水口的泄水能力和道路形式确定。雨水口的设置位置，应能保证迅速有效地收集地面雨水。一般应在交叉路口、路侧边沟的一定距离处以及设有道路边石的低洼地方设置，以防止雨水漫过道路或造成道路及低洼地区积水而妨碍交通。雨水口在交叉路口的布置详见 3.3 节。雨水口的形式和数量，通常应按汇水面积所产生的径流量和雨水口的泄水能力确定。一般一个平箅雨水口可排泄 15 ～ 20 L/s 的地面径流量。在路侧边沟上及路边低洼地点，雨水口的设置间距还要考虑道路的纵坡和路缘石的高度。道路上雨水口的间距一般为 25 ～ 50 m（视汇水面积而定）。在低洼和易积水的地段，应根据需要适当增加雨水口数量。当道路纵坡大于 0.02 时，雨水口的间距可大于 50 m，其形式、数量和布置应根据具体情况和计算确定，坡段较短时可在最低点处集中收水，其雨水口的数量和面积应适当加大。

雨水口的构造包括进水箅、井筒和连接管三部分，如图 3-36 所示。雨水口的进水箅可用铸铁或钢筋混凝土、石料制成。箅条与水流方向平行比垂直的进水效果好，因此有些地方将进水箅设计成纵横交错的形式（图 3-37），以便排泄路面上从不同方向流来的雨水。雨水口按进水箅在街道上的设置可分为：①边沟雨水口，进水箅稍低于边沟底水平放置（图 3-36）；②边石雨水口，进水箅嵌入边石垂直放置；③联合式雨水口，在边沟底和边石侧面都安放进水箅，如图 3-38 所示。为提高雨水口的进水能力，目前我国许多城市已采用双箅联合式或三箅联合式雨水口，由于扩大了进水箅的进水面积，进水效果良好。雨水口的井筒可用砖砌或用钢筋混凝土预制，也可采用预制的混凝土管。雨水口的深度一般不宜大于 1 m，并根据需要设置沉泥槽。如图 3-39 所示为有沉泥井的雨水口，它可截留雨水所挟带的砂砾，避免它们进入管道造成淤积。但沉泥井往往积水，滋生蚊蝇，散发臭气，影响环境卫生，因此需要经常清除，增加养护工作量。通常仅在路面较差、地面上积秽很多的街道或菜市场等地方，才考虑设置有沉泥井的雨水口。

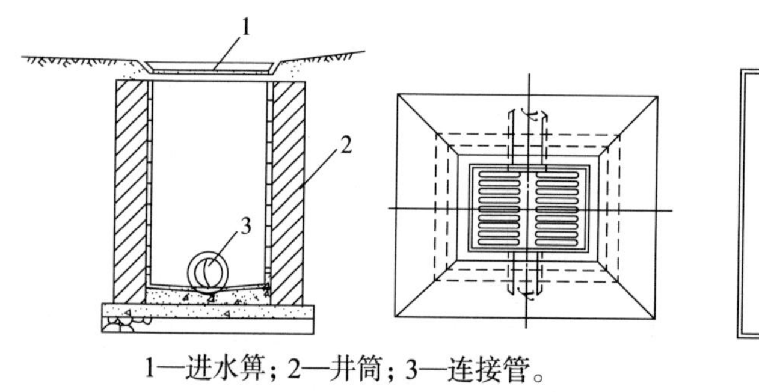

1—进水箅；2—井筒；3—连接管。

图 3-36　平箅雨水口

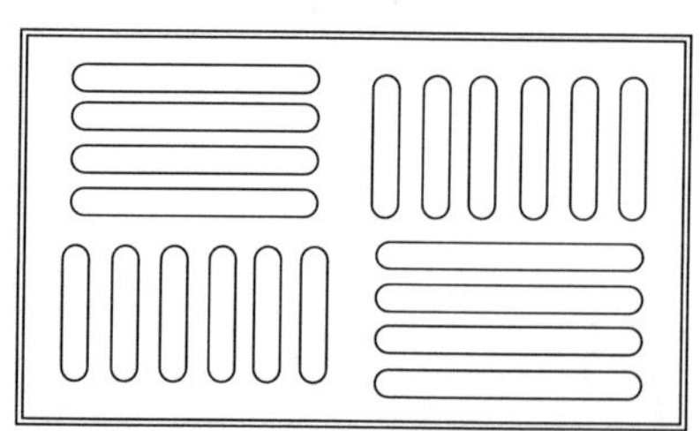
图 3-37　箅条交错排列的进水箅

雨水口以连接管与街道排水管渠的检查井相连。当排水管直径大于 800 mm 时，也可在连接管与排水管连接处不另设检查井，而设连接暗井，如图 3-40 所示。连接管的最小直径为 200 mm，坡度一般为 0.01，长度不宜超过 25 m，连接管串联雨水口个数不宜超过 3 个。

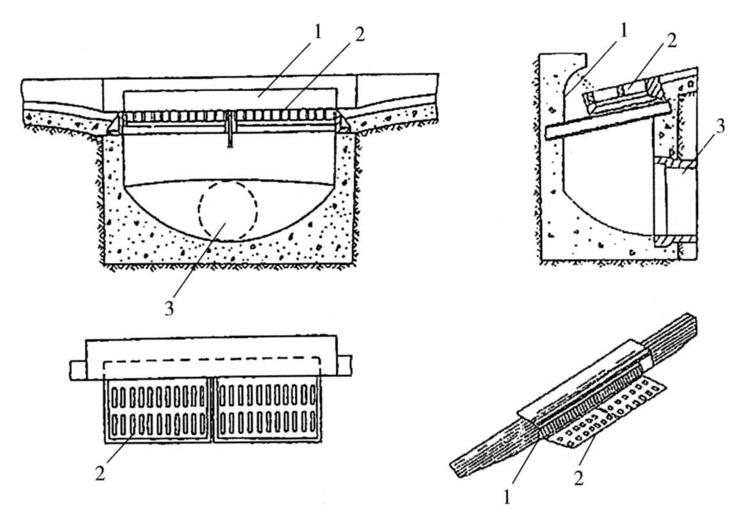

1—边石进水箅；2—边沟进水箅；3—连接管。

图 3-38　双箅联合式雨水口

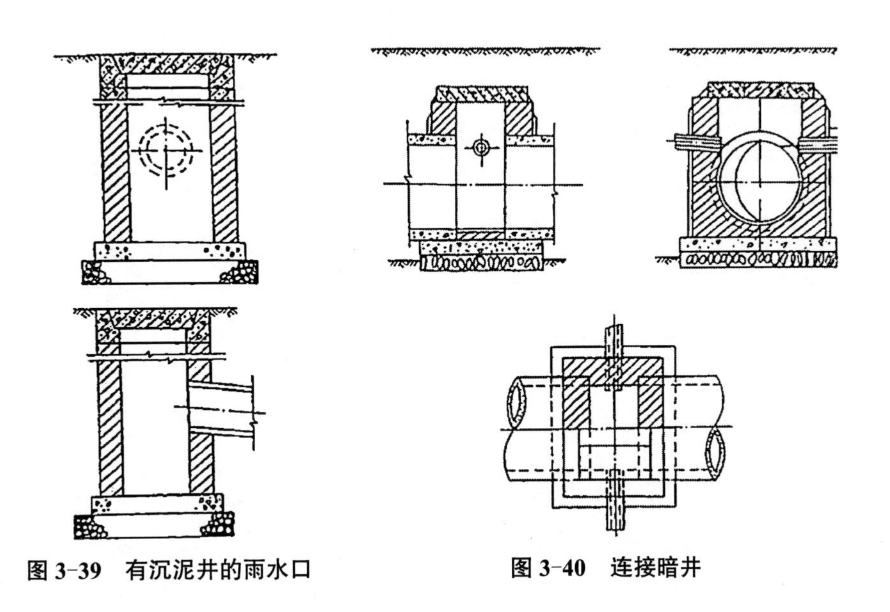

图 3-39　有沉泥井的雨水口　　**图 3-40　连接暗井**

3.4.3.2　检查井、跌水井、水封井、换气井、截流井

为便于对管渠系统做定期检查和清通，必须设置检查井。当检查井内衔接的上下游管渠的管底标高跌落差大于 1 m 时，为消减水流速度，防止冲刷，在检查井内应有消能措施，这种检查井称跌水井。当检查井内具有水封设施时，可隔绝易爆、易燃气体进入排水管渠，使排水管渠在进入可能遇火的场地时不致引起爆炸或火灾，这样的

检查井称为水封井，后两种检查井也称为特种检查井。

（1）检查井

检查井通常设在管道交汇处、转弯处、管径或坡度改变处、跌水处、支管接入处以及直线管段上每相隔一定距离处。检查井在直线管段的最大间距应根据疏通方法等具体情况确定，一般宜按表 3-17 的规定采用。

表 3-17　检查井的最大间距

管径或暗渠净高 /mm	最大间距 /mm	
	污水管道	雨水（合流）管道
200 ～ 400	40	50
500 ～ 700	60	70
800 ～ 1 000	80	90
1 100 ～ 1 500	100	120
1 600 ～ 2 000	120	120

检查井一般采用圆形，由井底（包括基础）、井身和井盖（包括盖底）三部分组成，如图 3-41 所示。

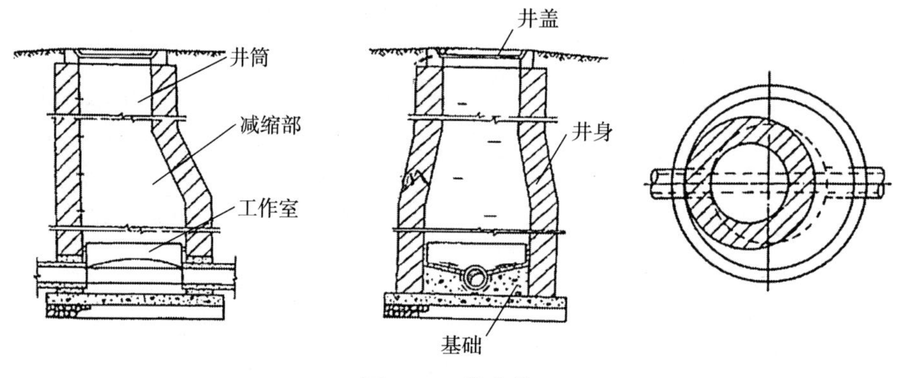

图 3-41　检查井

检查井井底材料一般采用低强度混凝土，基础采用碎石、卵石、碎砖夯实或低强度混凝土浇筑。为使水流流过检查井时阻力较小，井底宜设半圆形或弧形流槽。流槽直壁向上伸展。污水管道的检查井流槽顶与上、下游管道的管顶相平，或与 85% 大管管径处相平，雨水管渠和合流管渠的检查井流槽顶可与 50% 大管管径处相平。流槽两侧至检查井壁间的底板（称沟肩）应有一定宽度，一般应不小于 20 cm，以便养护人员下井时立足，并应有 0.02 ～ 0.05 的坡度坡向流槽，以防检查井积水时淤泥沉积。在管渠转弯或几条管渠交汇处，为使水流通顺，流槽中心线的弯曲半径应按转角大小和管径大小确定，但不宜小于大管的管径。检查井底各种流槽的平面形式如图 3-42 所示。在污水干管每隔适当距离的检查井内和泵站前宜设置深度为 0.3 ～ 0.5 m 的沉泥槽。接入的支管（接户管或连接管）管径大于 300 mm 时，支管数不宜超过 3 条。检查井与管渠接口处，应采取防止不均匀沉降的措施。

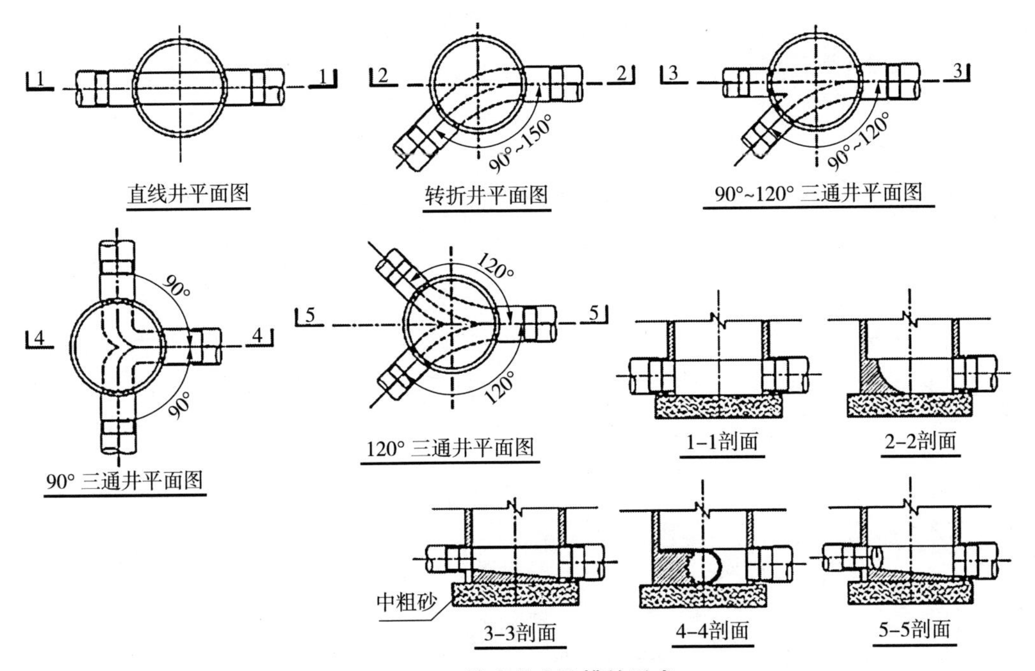

图 3-42　检查井底流槽的形式

井身的构造与是否需要工人下井有密切关系，井口、井筒和井室的尺寸应便于养护和维修。不需要下人的浅井，构造简单，一般为直壁圆筒形。需要下人的井在构造上可分为工作室、渐缩部和井筒三部分，如图 3-41 所示。工作室是养护人员养护时下井进行临时操作的地方，不应过分狭小，其直径不能小于 1 m，其高度在埋深许可时一般采用 1.8 m。为降低检查井造价，缩小井盖尺寸，井筒直径一般比工作室小，但为了工人检修时的出入安全与方便，其直径不应小于 0.7 m。井筒与工作室之间可采用锥形渐缩部连接，渐缩部高度一般为 0.6 ～ 0.8 m，也可以在工作室顶偏向出水管渠一侧加钢筋混凝土盖板梁，井筒则砌筑在盖板梁上。为便于上下，井身在偏向进水管渠一侧应保持井壁直立。

检查井井盖可采用铸铁或钢筋混凝土材料，在车行道上一般采用铸铁。为防止雨水流入，盖顶略高出地面。

（2）跌水井

跌水井是设有消能设施的检查井，当管道跌水水头为 1.0～2.0 m 时，宜设跌水井；当跌水水头大于 2.0 m 时，应设跌水井；管道转弯处不宜设跌水井。目前常用的跌水井有两种形式：竖管式（矩形竖槽式）和溢流堰式。前者适用于直径等于或小于 400 mm 的管道，后者适用于 400 mm 以上的管道。当管径大于 500 mm 时，其一次跌水头高度及跌水方式应按水力计算确定。当上、下游管底标高落差小于 1 m 时，一般只将检查井底部做成斜坡，不采取专门的跌水措施。

竖管式跌水井的构造如图 3-43 所示，这种跌水井一般不做水力计算。当管径不大于 200 mm 时，一次落差不宜大于 6 m；当管径为 300 ～ 600 m 时，一次落差不宜大于 4 m。

溢流堰式跌水井的构造如图 3-44 所示。它的主要尺寸（包括井长、跌水水头高度）及跌水方式等均应通过水力计算求得。这种跌水井也可用阶梯形跌水方式代替。

（3）水封井

当工业废水能产生引起爆炸或火灾的气体时，其管道系统中必须设置水封井。水封井的位置应设在产生上述废水的生产装置、贮罐区、原料贮运场地、成品仓库、容器洗涤车间等的废水排出口处及其于管上每隔适当距离处。水封井以及同一管道系统的其他检查井，均不应设在车行道和行人众多的地段，并应适当远离产生明火的场地。水封深度不应小于 0.25 m，井上宜设通风管，井底应设沉泥槽。图 3-45 所示为水封井的构造。

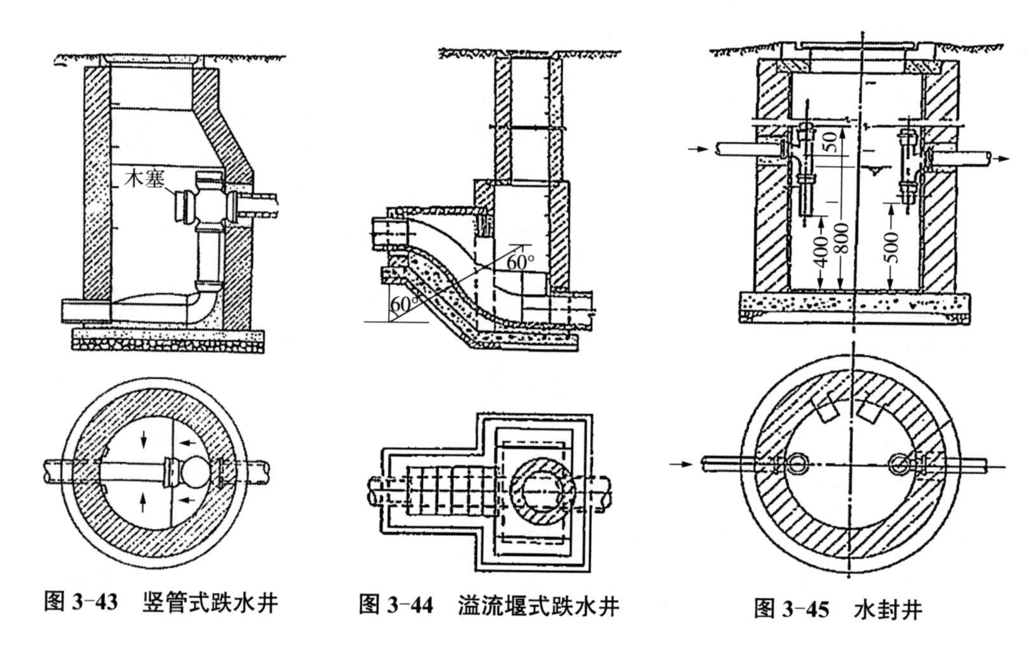

图 3-43　竖管式跌水井　　图 3-44　溢流堰式跌水井　　图 3-45　水封井

（4）换气井

污水中的有机物常在管渠中沉积而厌氧发酵，产生的甲烷、硫化氢等气体，如与一定体积的空气混合，在点火条件下将产生爆炸，甚至引起火灾，为防止此类偶然事故的发生，同时为保证在检修排水管渠时工作人员能较安全地进行操作，有时在街道排水管的检查井上设置通风管，使此类有害气体在住宅竖管的抽风作用下，随同空气沿庭院管道、出户管及竖管排入大气。这种设有通分管的检查井称为换气井。

（5）截流井

截流井常设置在临河截流管上，用于截流雨污合流制管渠中的污水。合流制管渠系统是在同一管渠内排除生活污水、工业废水及雨水的管渠系统。晴天时，截流管以非满流将生活污水和工业废水送往污水处理厂处理；雨天时，随着雨水量的增加，截流管以满流将生活污水、工业废水和雨水的混合污水送往污水处理厂处理。当雨水径流量增加到混合污水量超过截流管的设计输水能力时，截流井开始溢流，并随雨水径流量的增加，溢流量增大；当降水时间继续延长时，混合污水量又重新等于或小于截流管的设计输水能力，溢流停止。一般地，截流式合流制排水管渠的设计流量，在溢流井上游和下游是不同的，现分述如下。

1）第一个截流井上游管渠的设计流量

如图 3-46 所示，第一个截流井上游管渠（1 ～ 2 管段）的设计流量为生活污水设计流量、工业废水设计流量与雨水设计流量之和。

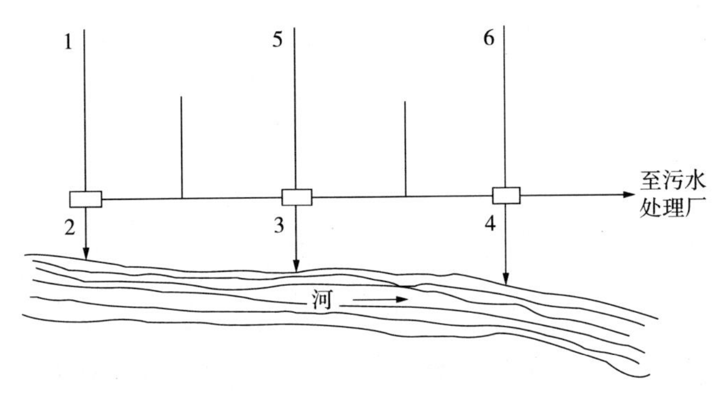

图 3-46　设有截流井的合流管渠

在实际进行水力计算时，当生活污水与工业废水量之和比雨水设计流量小得很多，例如有人认为，生活污水量与工业废水量之和小于雨水设计流量的 5% 时，其流量一般可以忽略不计，因为它们的加入与否往往不影响管径和管道坡度的确定。即使生活污水量和工业废水量较大，也没有必要把三部分设计流量之和作为合流管渠的设计流量，因为这三部分设计流量同时发生的可能性很小。所以，一般以雨水的设计流量（Q_s）、综合生活污水流量（Q_d）、工业废水量（Q_m）之和作为合流管渠的设计流量，即

$$Q = Q_d + Q_m + Q_s = Q_{dr} + Q_s \tag{3-26}$$

式中：Q——设计流量，L/s；

Q_d——综合生活污水流量，L/s；

Q_m——工业废水量，L/s；

Q_s——雨水设计流量，L/s；

Q_{dr}——截流井前的旱流污水设计流量，L/s。

这里，综合生活污水流量均以平均日流量计。在式（3-19）中，Q_d + Q_m 为晴天的设计流量，也称旱流流量 Q_{dr}，由于 Q_{dr} 相对较小，因此按该式的 Q 计算所得的管径、坡度和流速，应用旱流流量 Q_{dr} 进行校核，检查是否满足不淤流速的要求。

2）截流井下游管渠的设计流量

合流制排水管渠在截流干管上设置了截流井后，对截流干管的水流情况影响很大。不从截流井泄出的雨水量，通常按旱流流量 Q_{dr} 的指定倍数计算，该指定倍数称为截流倍数 n_0，如果流到截流井的雨水流量超过 n_0Q_{dr}，则超过的流量由截流井溢出，并经排放渠道泄入水体。

这样，截流井下游管渠（如图 3-45 中的 2 ～ 3 管段）的设计流量为

$$Q' = (n_0 + 1)Q_{dr} + Q_s' + Q_{dr}' \tag{3-27}$$

式中：Q' ——截流井后管渠的设计流量，L/s；

n_0——截流倍数；

Q_s' ——截流井后汇水面积的雨水设计流量，L/s；

Q_{dr}' ——截流井后汇水面积的旱流污水设计流量，L/s。

注：n_0 应根据旱流污水的水质、水量、排放水体的卫生要求、水文、气候、经济和排水区域大小等因素经计算确定。从环境保护的角度出发，为使水体少受污染，应采用较大的截流倍数，但从经济上考虑，截流倍数过大，会大大增加截流干管、提升泵站以及污水处理厂的造价，同时造成进入污水处理厂的污水水质和水量在晴天和雨天的差别过大，给运转管理带来相当大的困难。

截流井是截流干管上最重要的构筑物。最简单的截流井是在井中设置截流槽，槽顶与截流干管的管顶相平，如图 3-47 所示，也可以采用溢流堰式或跳越堰式的截流井，其构造如图 3-48、图 3-49 所示。

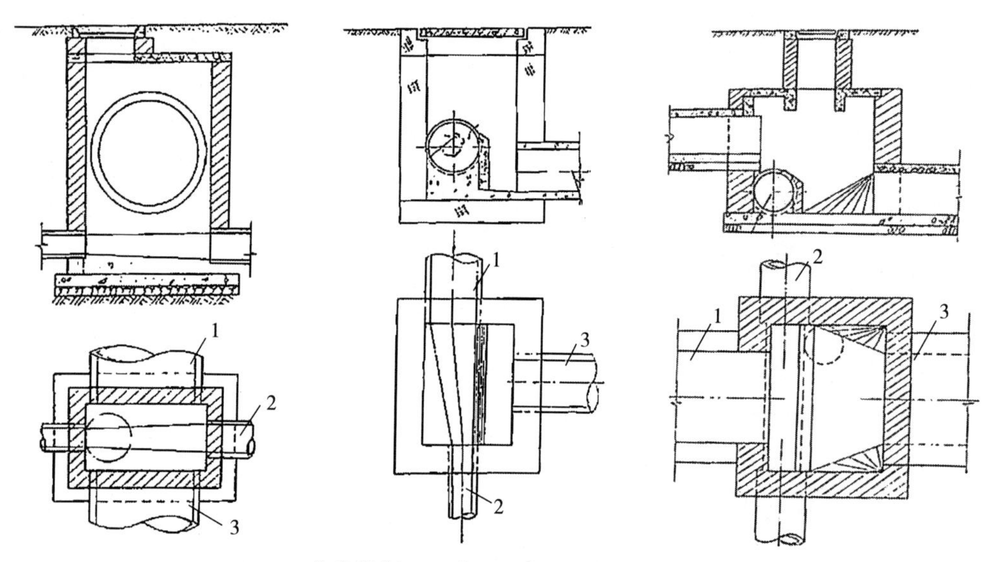

1—合流管渠；2—截流干管；3—排水管渠。

图 3-47　截流槽式截流井　　**图 3-48　溢流堰式截流井**　　**图 3-49　跳越堰式截流井**

在溢流堰式流井中，溢流堰设在截流干管的侧面。当溢流堰的堰顶线与截流干管中心线平行时，可采用下列公式计算：

$$Q = M\sqrt[3]{l^{2.5} \cdot h^{5.0}} \tag{3-28}$$

式中：Q——溢流堰溢出水，m^3/s；

l——堰长，m；

h——溢流堰末端堰顶以上水层高度，m；

M——溢流堰流量系数，薄壁堰一般可采用 2.2。

在跳越堰式的截流井中，通常根据射流抛物线方程式，计算出截流井工作室中隔墙的高度与距进水合流管渠出口的距离。如图 3-50 所示，射流抛物线外曲线方程式为

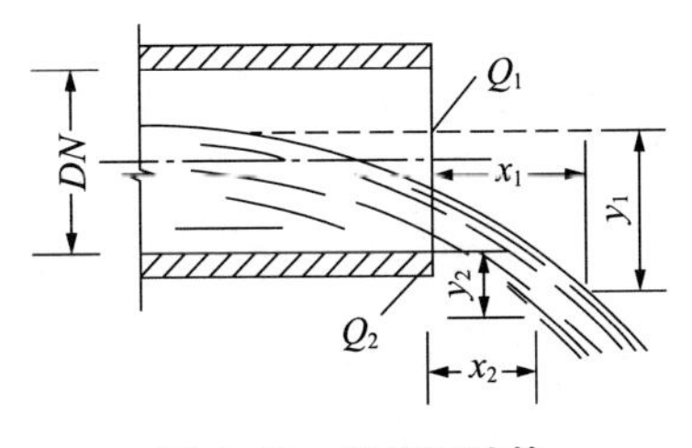

图 3-50　跳越堰计算

$$x_1 = 0.36v^{2/3} + 0.6y_1^{4/7} \tag{3-29}$$

射流抛物线内曲线方程式为

$$x_2 = 0.18v^{4/7} + 0.74y_2^{2/3} \tag{3-30}$$

式中：　v——进水合流管渠中的流速，m/s；

x_1、x_2——射流抛物线外、内曲线上任一点的横坐标，m；

y_1、y_2——射流抛物线外、内曲线上任一点的纵坐标，m。

式（3-29）、式（3-30）的适用条件：①进水合流管渠的直径 $DN \leqslant 3$ m、坡度 $i < 0.025$、流速 $v = 0.3 \sim 3.0$ m/s；②当进水合流管渠仅通过旱流流量时，水流深度小于 0.35 m；③内曲线纵坐标为 0.15 ～ 1.5 m，外曲线纵坐标小于 1.5 m。

3.4.3.3　倒虹管

排水管渠遇到河流、山涧、洼地或地下构筑物等障碍物时，不能按原有的坡度埋设，而是按下凹的折线方式从障碍物下通过，这种管道称为倒虹管。倒虹管由进水井、下行管、平行管、上行管和出水井等组成，如图 3-51 所示。

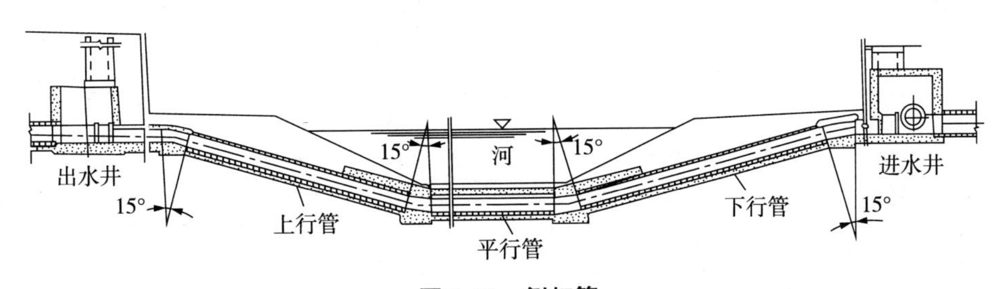

图 3-51　倒虹管

确定倒虹管的路线时，应尽可能与障碍物正交通过，以缩短倒虹管的长度，并应选择在河床和河岸较稳定、不易被水冲刷的地段及埋深较小的部位敷设。

通过河道的倒虹管，不宜少于两条；通过谷地、旱沟或小河的倒虹管可采用一条，

通过障碍物的倒虹管，应符合与该障碍物相交的有关规定。穿过河道的倒虹管管顶与规划河底距离一般不宜小于 1.0 m，通过航运河道时，其位置和规划河底距离应与航运管理部门协商确定，并设置标志，遇冲刷河床应考虑采取防冲措施。

由于倒虹管的清通比一般管道困难得多，因此必须采取各种措施来防止倒虹管内污泥的淤积。在设计时，可采取以下措施：

（1）管内设计流速应大于 0.9 m/s，并应大于进水管内的流速，当管内流速达不到 0.9 m/s 时，应增加定期冲洗措施，冲洗流速不应小于 1.2 m/s。合流管道的倒虹管应按旱流污水量校核流速。

（2）最小管径宜为 200 mm。

（3）在进水井设置可利用河水冲洗的设施。

（4）在进水井或靠近进水井的上游管渠的检查井中，在取得当地卫生主管部门同意的条件下，设置事故排出口。当需要检修倒虹管时，可以让上游污水通过事故排出口直接泄入河道。

（5）倒虹管进水井的前一检查井，应设置沉泥槽。

（6）倒虹管的上下行管与水平线夹角应不大于 30°。

（7）为了调节流量和便于检修，在进水井中应设置闸槽或闸门，有时也用溢流堰来代替。进、出水井应设置井口和井盖。倒虹管进、出水井的检修室净高宜高于 2 m，进、出水井较深时，井内应设检修台，其宽度应满足检修要求。当倒虹管为复线时，井盖的中心应设在各条管道的中心线上。

（8）在倒虹管内设置防沉装置。例如德国汉堡等市，有一种新式的空气垫式倒虹管，它是在倒虹管中借助于一个体积可以变化的空气垫，使之在流量小的条件下达到必要的流速，以避免在倒虹吸管中产生沉淀。

污水在倒虹管内的流动是依靠上下游管道中的水面高差（进、出水井的水面高差）H 进行的，该高差用以克服污水通过倒虹管时的阻力损失。倒虹管内的阻力损失值可按下式计算：

$$H_1 = iL + \sum \zeta \frac{v^2}{2g} \tag{3-31}$$

式中：i——倒虹管每米长度的阻力损失；

L——倒虹管的总长度，m；

ζ——局部阻力系数（包括进口、出口、转弯处）；

v——倒虹管内污水流速，m/s；

g——重力加速度，m/s^2。

进口、出口及转弯处的局部阻力损失值应分项进行计算。初步估算时，一般可按沿程阻力损失值的 5% ～ 10% 考虑，当倒虹管长度＞60 m 时采用 5%；≤60 m 时，采用 10%。计算倒虹管时，必须计算倒虹管的管径和全部阻力损失值，要求进、出水井的水位高差稍大于全部主力损失 H_1，水位高差与主力损失的差值一般可考虑采用 0.05 ～ 0.10 m。

当采用倒虹管跨过大河时，进水井水位与平行管高差很大，此时应特别注意下行管的消能与上行管的防淤设计，必要时应进行水力学模型试验，以便确定设计参数和应采取的措施。

【例 3-3】已知最大流量为 340 L/s，最小流量为 120 L/s，倒虹管长为 60 m，共 4 只 15° 弯头，倒虹管上游管流速为 1.0 m/s，下游管流速为 1.24 m/s。求倒虹管管径和倒虹管的全部水头损失。

【解】1. 考虑采用两条管径相同、平行敷设的倒虹管线，每条倒虹管的最大流量为 340/2 = 170（L/s），查水力计算表得倒虹管管径 D = 400 mm，水力坡度 i = 0.006 5，流速 v =1.37 m/s，此流速大于允许的最小流速 0.9 m/s，也大于上游管流速 1.0 m/s。在最小流量 120 L/s 时，只用一条倒虹管工作，此时查表得流速为 1.0 m/s＞0.9 m/s。

2. 倒虹管沿程水力损失值：

$$iL = 0.0065 \times 60 = 0.39\,(\text{m})$$

3. 考虑倒虹管局部阻力损失为沿程阻力损失的 10%，则倒虹管全部阻力损失值为

$$H_1 = 1.10 \times 0.39 = 0.429\,(\text{m})$$

4. 倒虹管进、出水井水位差为

$$H = H_1 + 0.10 = 0.429 + 0.10 = 0.529\,(\text{m})$$

3.4.3.4　出水设施

排水管渠出水口的位置、形式和出口流速，应根据受纳水体的水质要求、水体的流量、水位变化幅度、水流方向、波浪状况、稀释自净能力、地形变迁和气候特征等因素确定。出水口与水体岸边连接处应采取防冲刷、消能、加固等措施，一般用浆砌块石做护墙和铺底，并视需要设置标志。在受冻胀影响地区的出水口，应考虑用耐冻材料砌筑，出水口的基础必须设置在冰冻线以下。

为使污水与水体水混合较好，排水管渠出水口一般采用淹没式，其位置除考虑上述因素外，还应取得当地卫生主管部门的同意。若需要污水与水体水流充分混合，则出水可长距离伸入水体分散出口，此时应设置标志，并取得航运管理部门的同意。雨水管渠出水口可以采用非淹没式，其底标高最好在水体最高水位以上，一般在常水位以上，以免水体水倒灌。当出口标高比水体水面高出太多时，应考虑设置单级或多级水。

图 3-52 ～图 3-55 所示分别为淹没式出水口、江心分散式出水口、一字式出水口和八字式出水口。应当说明，对于污水排入海的出水口，必须根据实际情况进行研究，以满足污水排入海的特定要求。

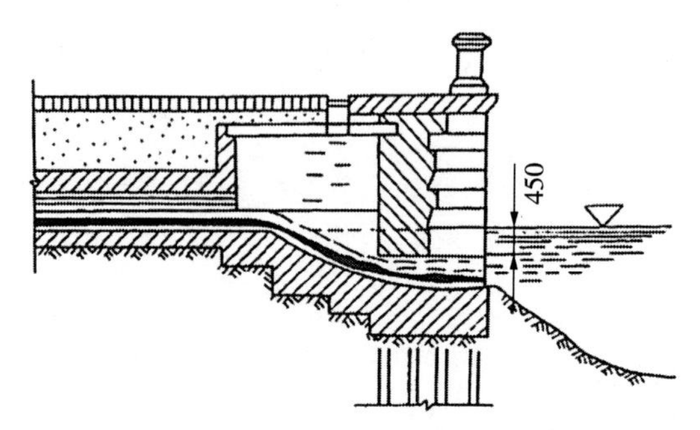

图 3-52　淹没式出水口

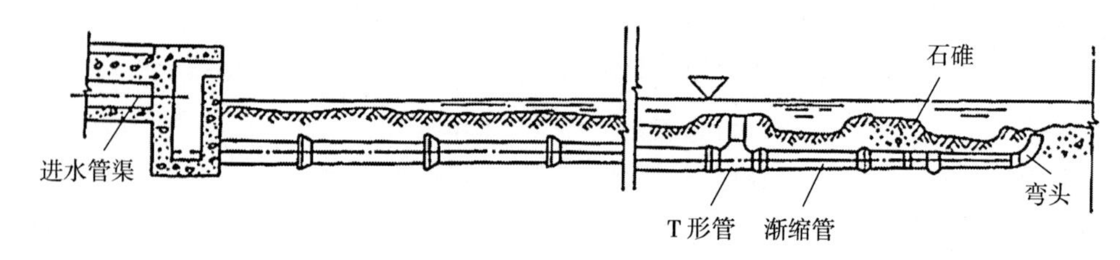

图 3-53　江心分散式出水口

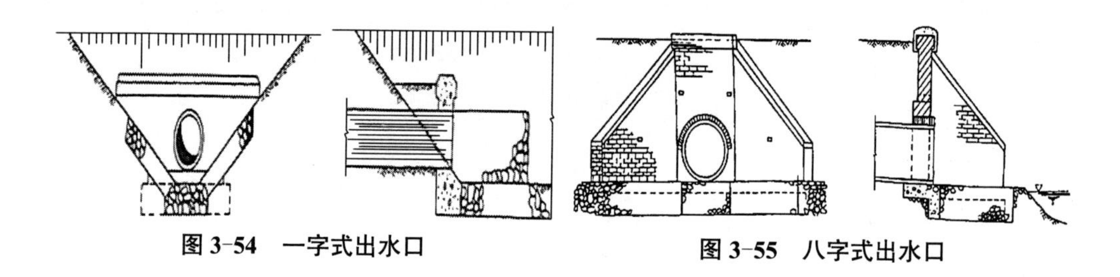

图 3-54　一字式出水口

图 3-55　八字式出水口

习　题

一、选择题

1. 以下排水体制中，常用于老城区改造的是（　　）。

A. 分流制排水系统　　B. 直流式合流制排水系统

C. 完全分流排水系统　　D. 截流式合流制排水系统

2. 排水管渠系统采用（　　）排水体制的初期建设投资最小。

A. 合流制　　B. 截流式合流制　　C. 分流制　　D. 不完全分流制

3. 下列关于合流制和分流制排水系统优缺点叙述正确的是（　　）。

A. 在雨天合流制排水系统混合污水可能会溢入水体，造成污染

B. 分流制排水系统初期雨水径流排入水体也会造成污染

C. 分流制排水系统需要建设两套管道系统，费用大于合流制排水系统

D. 以上叙述均正确

4. 污水量的总变化系数是指（　　）。

A. 最高日最高时污水量与该日平均时污水量的比值

B. 最高日污水量与平均日污水量的比值

C. 最高日最高时污水量与平均日平均时污水量的比值

D. 最高日污水量与平均日平均时污水量的比值

5. 污水管道设计时按不满流设计，其原因不正确的是（　　）。

A. 为未预见水量的增长留有余地，避免污水溢出而妨碍环境卫生

B. 有利于管道内的通风，排除有害气体

C. 便于管道的疏通和维护管理

D. 便于施工

6. 污水管道系统的控制点一般不可能发生在（　　）。

A. 管道的终点　　B. 管道的起点

C. 排水系统中某个大工厂的污水排出口　　D. 管道系统的某个低洼地

7. 下列 4 种直径的钢筋混凝土圆形污水管道的设计坡度皆为 $i = 0.003$，管壁粗糙系数皆为 $n = 0.014$，设计充满度皆为 $h/D = 0.7$，则直径（　　）的管道内流速最大。

A. 500 mm　　B. 600 mm　　C. 700 mm　　D. 800 mm

8. 下列关于立体交叉道路排水设计叙述错误的是（　　）。

A. 设计重现期为 1 ～ 5 a，重要部位宜采用较高值

B. 同一立体交叉工程的不同部位可采用不同的重现期

C. 地面集水时间宜为 10 ～ 15 min

D. 立体交叉道路排水宜设独立的排水系统，其出水口必须可靠

9. 雨水管渠设计中，对于重现期的叙述正确的是（　　）。

A. 重现期越高，计算所得的暴雨强度越小

B. 重现期取值低，对防止地面积水是有利的

C. 在同一排水系统中，只能采用同一重现期

D. 暴雨强度随着设计重现期的增高而加大

10. 下面管道形状中有较好的水力性能和最大水力半径的是（　　）。

A. 半椭圆形　　B. 蛋形　　C. 矩形　　D. 圆形

二、计算题

11. 某居住小区面积 41.19 hm^2，居民为 18 436 人，污水量标准为 140 L/（人 · d），该区另有工业企业生活污水及淋浴污水的设计流量 8.10 L/s；工业废水设计流量为 150 L/s，集中进入城镇污水管道。试计算排入城镇污水管道的设计流量。（参考答案：

214.3 L/s）

12. 某钢筋混凝土污水管，$DN = 800$ mm，壁厚 95 mm，管道埋深为 2.5 m，试计算其覆土厚度。（参考答案：1.605 m）

13. 已知某设计管道 $L = 150$ m，地面坡度 $i = 0.001$，上游管道管径是 350 mm，充满度 $h/D = 0.60$，上、下游管道采用水面平接，上游管道的下端管底高程为 42.6 m，地面高程为 45.48 m，要求设计管段内充满度 $h/D = 0.70$。试计算管段的管径和上端管底高程分别为多少？（参考答案：500 mm；42.46 m）

14. 如图 3-56 所示，一条雨水干管，接受两个独立排水流域的雨水径流，F_A、F_B 分别为两个流域的汇水面积，已知暴雨强度公式为$q = \dfrac{2001(1+0.811\lg P)}{(t+0.8)^{0.71}}$［L/(s·hm²)］，设计重现期为 2 a，$F_A$ 为 20 hm²，径流系数为 0.536，汇流时间 $t_A = 15$ min。F_B 为 30 hm²，径流系数为 0.451，汇流时间 $t_B = 25$ min。由 A 点到 B 点的流行时间 $t_{A\text{-}B} = 10$ min，试计算 B 点的最大设计流量。（参考答案：5 693 L/s）

15. 如图 3-56 所示，一雨水管接受两个独立的排水流域的雨水径流，若 $q = c/(t+b)^n$，且 $t_A + t_{A\text{-}B} > t_B$，试推导管段 B-C 的设计流量。

参考答案：① F_A 全部参加径流，F_B 的最大流量已经流过，$Q_{BC} = cF_A/(t_A + b)^n + cF_B/(t_A + t_{A\text{-}B} + b)^n$；② F_A 部分面积 $\left((t_B - t_{A\text{-}B}) \times F_A / t_A\right.$ 参加径流，F_B 全部参加径流，$Q_{BC} = cF_B/(t_B+b)^n + c[(t_B - t_{A\text{-}B}) \times F_A / t_A]/(t_B - t_{A\text{-}B} + b)^n$。

16. 某截流式合流制截流干管如图 3-57 所示，截流倍数 $n_0 = 3$，3 处设溢流井，1～3 管段的设计流量为 100 L/s，旱流流量为 10 L/s，2～3 管段的设计流量为 300 L/s，旱流流量为 20 L/s，3～4 管段本地污水和雨水忽略不计，试计算截流干管 3～4 的设计流量。（参考答案：120 L/s）

17. 某截流式合流制排水体系如图 3-58 所示，其中 1～2 段污水旱流流量为 50 L/s，雨水流量为 400 L/s，3～4 段污水旱流流量为 30 L/s，雨水流量为 300 L/s，截流倍数 $n_0 = 3$，则管段 2～4 和管段 4～5 的设计流量分别为多少？（参考答案：200 L/s；320 L/s）

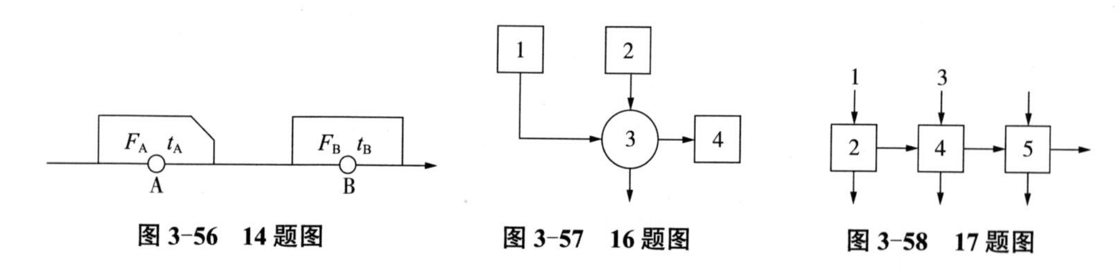

图 3-56　14 题图　　图 3-57　16 题图　　图 3-58　17 题图

第 4 章　泵与泵站

泵是通过管道系统输送液体增压的机械。泵能将原动力的机械能转化成被输送液体动能，通过管道又将液体的动能转化成压力能。压力的常用单位 lbf/in^2，国际上常用的单位为 kPa（千帕）或 bar（巴）。

泵的应用范围：农田排灌、城镇供水、供水及污水提升、浆料输运、石油化工、动力工业、采矿造船等。此外，泵在火箭燃料供给、船舶及水陆两栖战车推进方面也得到应用。除了可以输送水体，泵还可以输送其他液体，如油、血液、液态氢等，甚至液体中夹带的其他固体颗粒也可以一块输送，如污泥、煤浆、纸浆等。根据所输送液体的不同泵还有不同的名称，如油泵、血泵、热泵、泥浆泵等。所有与流体打交道的企业都会用到泵，如自来水公司、炼油厂、油田、房地产企业、化工厂、火电厂、核电厂、污水处理厂等。

4.1　水泵选择

4.1.1　水泵分类

水泵的种类繁多，结构各异，按其工作原理可分成三大类：叶片泵、容积泵和其他类型泵。

4.1.1.1　叶片泵

叶片泵是靠泵中叶轮高速旋转把能量传给液体。泵的突出标志是有旋转叶轮，同时叶轮上有弯曲叶片，故称为叶片泵。泵根据叶轮的结构形式及水流方向分为径向流、轴向流和斜向流 3 种。安装径向流叶轮的水泵称为离心泵，液体质点在叶轮中流动时主要受到离心泵的作用；安装轴向流叶轮的水泵称为轴流泵，液体质点在叶轮中流动时主要依靠轴向升力作用；安装斜向流叶轮的水泵称为混流泵，它是上述两种叶轮的过渡形式，液体质点在叶轮中流动时，既受到离心力的作用，又受到轴向升力的作用。

4.1.1.2 容积泵

容积泵对液体的输送是靠泵体工作室容积的改变传递能量来完成的。一般使工作室容积改变的方式有往复运动和旋转运动两种。属于往复运动这一类的如活塞式往复泵、柱塞式往复泵等。属于旋转运动这一类的如转子泵等。

4.1.1.3 其他类型泵

除上述两种主要类型泵以外的特殊泵，主要有螺旋泵、射流泵（水射器）、水锤泵、水轮泵以及气升泵（空气扬起机）等。除螺旋泵是利用螺旋推进器远离了提高液体的位能外，上述各种水泵的特点都是利用高速液流或气流的动能或动量来输送液体的。尽管螺旋泵、射流泵等水泵的应用虽然没有叶片式水泵广泛，但其具有特定的应用领域，如城镇污水处理厂中，二沉池的污泥回流至曝气池时，常常采用螺旋泵或气升泵来提升，在给水厂投药时经常采用射流泵等。

在城镇及工业企业的给水排水工程中，大量使用的水泵是叶片泵，因此本书主要讨论该种类型的水泵，其分类如图 4-1 所示。

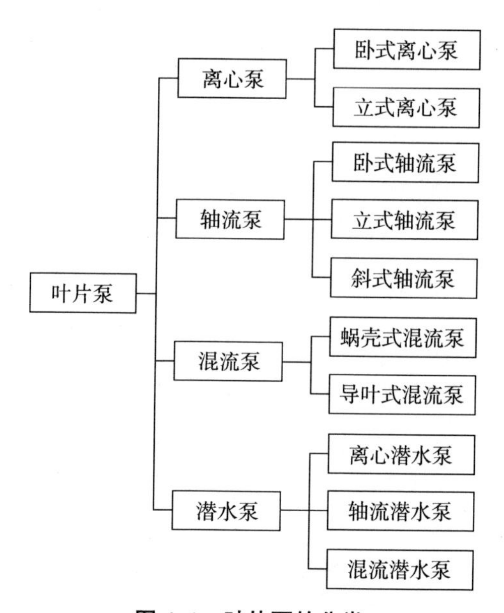

图 4-1 叶片泵的分类

4.1.2 水泵特性

4.1.2.1 叶片式水泵工作原理及结构特点

（1）离心泵工作原理及结构特点

如图 4-2 所示的单级单吸离心泵由叶轮、泵轴、泵壳、减漏环、轴封、轴承和联轴器等主要部件构成。叶轮的中心对着进水口，进、出水管路分别与水泵进、出口连接，水泵启动前全部充满了水。当电动机带动叶轮高速旋转时，获得势能和动能的水流便按导向出水，沿出水管向外输送。与此同时，叶轮进口处因水流运动产生真空，在作用于吸水池水面的大气压强作用下，水池中的水便通过进水管吸入叶轮。叶轮不停地旋转，水流就源源不断地被甩出和吸入。

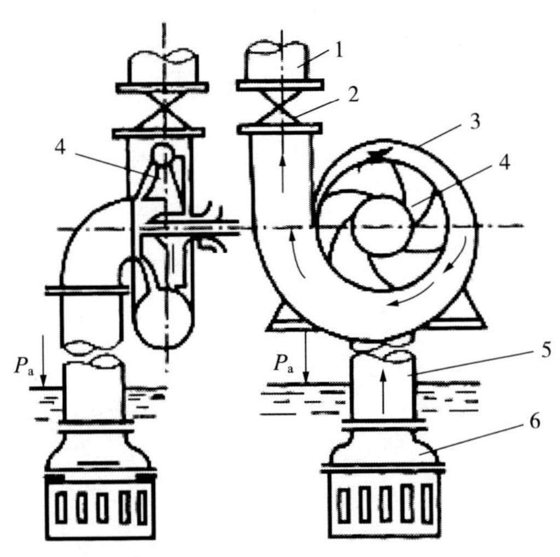

1—排出管路；2—排出阀；3—泵体；4—叶轮；5—吸入管路；6—底阀。

图 4-2　单级单吸离心泵基本构造

离心泵的流量、扬程适用范围较大，规格很多，从而在给水工程使用广泛。离心泵有立式、卧式，单吸、双吸之分，一般适宜输送清水。启动前需预先将泵壳和吸水管充满水，方可保持抽水系统中水的连续流动。利用离心泵的允许吸上真空高度可以适当提高水泵的安装标高，有助于减少泵房埋深以节约土建造价。

（2）轴流泵工作原理及结构特点

电动机驱动泵轴连同叶轮一起高速旋转，水流在叶轮的提升作用下，获得势能和动能并围绕泵轴螺旋上升，经导叶片作用，螺旋上升的水流变为轴向流动，沿出水管向外输送。叶轮不停地旋转，水流就源源不断地被提升输出，即轴流泵的工作原理。

轴流泵外形如同一根水管，泵壳直径和吸水管直径相近似，可垂直安装（立式）、水平安装（卧式）或倾斜安装（斜式）。轴流泵基本部件由吸水管、叶轮、导叶、轴和轴承、密封装置组成。其中叶轮的安装角度直接影响轴流泵的流量和扬程。按照叶轮调节可能性分为固定式、半调式、全调式 3 种。图 4-3 为立式半调节式轴流泵外形图和结构图。

轴流泵适用于大流量、低扬程、输送清水的工况，在城市排水工程中和取水工程中应用较多，可供农业排灌、热电站循环水输送、船坞升降水之用。

轴流泵必须在正水头下工作，其叶轮淹没在吸水室最低水位以下。电动机、水泵常分为两层安装，电动机层简单整齐。当控制出水流量减少时，叶轮叶片进口和出口水流产生回流，重复获得能量，扬程急速增加，功率增大。一般空转扬程是设计工况点扬程的 1.5 ～ 2 倍。因此，轴流泵不在出水管闸关闭时启动，而是在闸阀全开启情况下启动电动机，称为“开阀启动”。

（3）混流泵工作原理及结构特点

混流泵通常分为蜗壳式和导叶式两种。从外形上看，蜗壳式混流泵和单吸式离心泵相似，导叶式混流泵和立式轴流泵相似（图 4-4）。

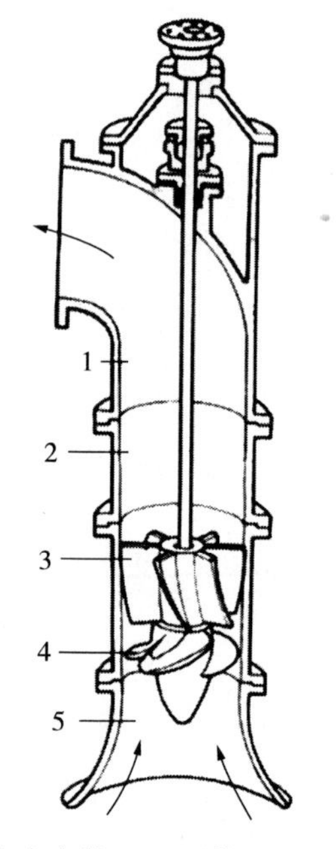

1—出水弯管；2—泵体；3—导叶；4—叶轮；5—吸入室。

图 4-3　轴流泵的外形及结构

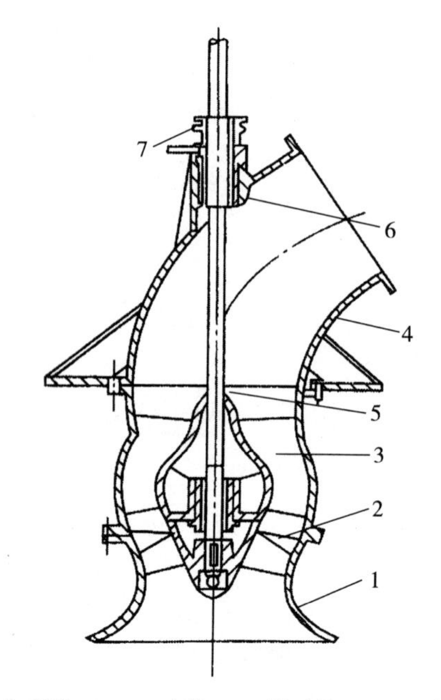

1—进水喇叭口；2—叶轮；3—导叶体；4—出水弯管；5—泵轴；6—橡胶轴承；7—填料函。

图 4-4　导叶式混流泵的结构

工作原理：当原动机带动叶轮旋转后，对液体的作用既有离心力又有轴向推力，是离心泵和轴流泵的综合，适用于大流量、中低扬程的给水工程、排水工程、农业排灌工程。它的扬程高于同尺寸的轴流泵，低于同尺寸的离心泵；流量大于同尺寸的离心泵，低于同尺寸的轴流泵。

（4）潜水泵工作原理及结构特点

潜水泵是水泵、电动机一并潜入水中的扬水设备，由水泵、电动机、电缆和出水管组成。工作原理同上述水泵。其主要用于水源泵站取水、水厂内构筑物间提升、排水泵房排水，还可用于矿山抢险、工业冷却、农田灌溉、海水提升、轮船调载、喷泉景观供水等。

根据使用介质，潜水泵可以分为清水潜水泵、污水潜水泵和海水潜水泵 3 类。其安装方式很多，有立式、斜式和卧式。安装方式主要有固定式、移动式和干式 3 种，如图 4-5 所示。其中固定安装方式是出水连接座固定于泵室底部，潜水泵、电动机沿导杆放入泵室后，自动与出水连接座接合；潜水泵、电动机沿导杆提升时，自动与出水连接座松脱。

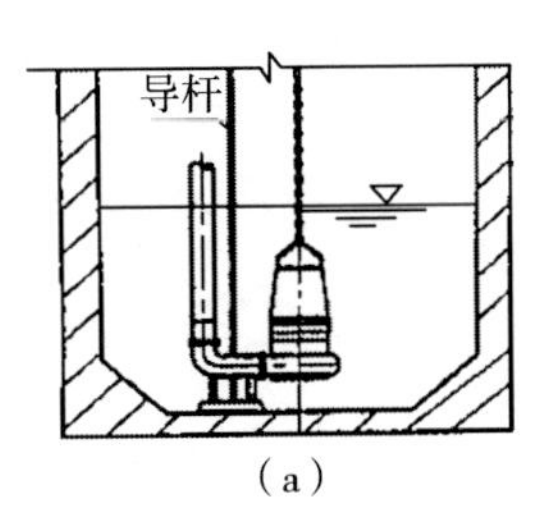

（a）

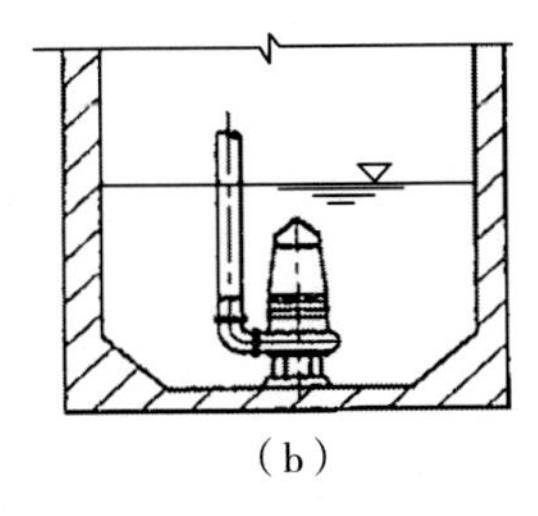

（b）

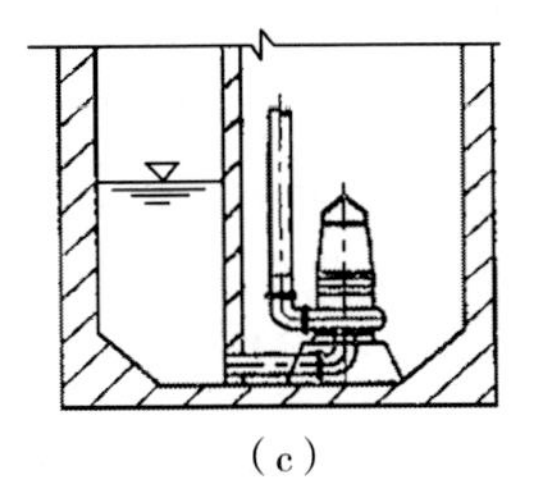

（c）

（a）固定式；（b）移动式；（c）干式

图 4-5　潜水泵的安装

4.1.2.2　水泵的基本性能参数

水泵的基本性能通常由以下几个性能参数来表示：

（1）流量（抽水量）

水泵在单位时间内所输送的液体数量称为流量，用字母 Q 表示，常用的体积流量单位有 m^3/h、m^3/s、L/s，常用的流量单位是 t/h。

（2）扬程（总扬程）

扬程是水泵抽水向上扬起的高度，是指水泵对单位质量液体所做之功，也即单位质量液体通过水泵后其能量的增值。在数值上等于水泵吸水池水面和出水池水面高差及管路水头损失之和。用字母 H 表示，其单位 kg · m/kg，通常折算成抽送液体的液柱高度（m）表示。工程上用压力单位 Pa 表示，1 个工程大气压 = 1 kgf/cm^2 = 10 m H_2O = 98.066 5 kPa ≈ 0.1 MPa。

（3）有效功率

单位时间流过水泵的水流从水泵那里得到的能量称为有效功率，N_y 表示。水泵有效功率计算公式为

$$N_y = \frac{\gamma QH}{102} \tag{4-1}$$

式中：N_y——水泵有效功率，kW；

γ——水的表观密度，1 000 kg/m^3；

Q——水泵的流量，m^3/s；

H——水泵的扬程，m。

若取水的重度 γ' = 9 800 N/m^3，其余符号不变，则水泵的有效功率可写作 $N_y = \gamma' QH$（W）。

（4）轴功率和水泵效率

泵轴得自原动机所传递来的功率称为轴功率，以 N 表示。原动机为电动机时，轴功率单位以 kW 表示。

由于水泵不可能把原动机输入的功率全部转化为有效功率，必然有一定损失。表示泵的能量利用程度的参数是水泵效率 η_1，等于有效功率 N_y 与轴功率 N 的比值：

$$\eta_1 = N_y / N \tag{4-2}$$

水泵轴功率表示为

$$N = \frac{N_y}{\eta_1} = \frac{\gamma QH}{102\eta_1} = \frac{\gamma' QH}{1\,000\eta_1} \tag{4-3}$$

式中：N——水泵的轴功率，kW；

η_1——水泵效率，%；

γ'——水的重度，9 800 N/m^3；

其余符号同上。

根据轴功率 N、水泵效率 η_1 和电机效率 η_2 可以求出拖动水泵必须的电动机功率：

$$N_j = \frac{N_y}{\eta_1\eta_2} = \frac{\gamma QH}{102\eta_1\eta_2} \tag{4-4}$$

式中：N_j——拖动水泵的电机功率，kW；

η_2——电机效率，%；

其余符号同上。

水泵配套的动力机额定功率需要考虑水泵超负荷工作情况，所选电动机效率应根据拖动水泵的电动机功率 N_j 值再乘以一个大于 1 的动力机超负荷安全系数 K 值，见表 4-1，即电动机配套功率 N_p。

表 4-1　动力机超负荷安全系数 *K* 值

水泵轴功率 /kW	＜1	1～2	2～5	5～10	10～25	25～60	60～100	＞100
超负荷安全系数 *K*	1.7	1.7～1.5	1.5～1.3	1.3～1.25	1.25～1.15	1.15～1.1	1.1～1.08	1.08～1.05

（5）比转数

叶片式水泵的构造和水利性能多种多样，尺寸大小各不相同，为了分类、组成系列，特提出了反映叶片式水泵共性、作为水泵规格化的综合特征数，即相似准数，又称为叶片式水泵的比转数（或比速）n_s。

叶片式水泵的比转数相当于某一相似泵群中标准模型泵在有效功率 0.746 kW（1 电工马力）、扬程 1 m、流量 0.075 m^3/s 条件下的转数。

当已知水泵的流量 Q 和扬程 H 时，可按照下式求出该泵的比转数：

$$n_s = \frac{3.65n\sqrt{Q}}{H^{3/4}} \tag{4-5}$$

式中：Q——水泵流量，m^3/s；当水泵为双侧进水时，水泵的流量以 $Q/2$ 计；

H——水泵扬程，m，对多级水泵，其扬程按照单级计算，以 $H/$ 级数带入；

n——水泵转数，r/min。

根据式（4-5）不难看出，当水泵的转速一定时，同样流量的水泵 n_s 越大，扬程越低；同样扬程的水泵，n_s 越大，流量越大。

（6）水泵转速

水泵转速指的是水泵叶轮的转动速度，以每分钟转动的转数来表示。往复泵转速通常以活塞往复的次数来表示（次 /min）。

各种水泵都是按一定的转速 n 来进行设计的，当水泵的转速发生变化时，则水泵的其他性能参数（流量 Q、扬程 H、轴功率 N）也将按以下比例规律变化：

$$\frac{Q_1}{Q_2} = \frac{n_1}{n_2} \tag{4-6}$$

$$\frac{H_1}{H_2} = \left(\frac{n_1}{n_2}\right)^2 \tag{4-7}$$

$$\frac{N_1}{N_2} = \left(\frac{n_1}{n_2}\right)^3 \tag{4-8}$$

式中：Q_1、H_1、N_1——叶轮转速为 n_1 时水泵的流量、扬程和轴功率；

Q_1、H_1、N_1——叶轮转速为 n_2 时水泵的流量、扬程和轴功率。

如果切削水泵叶轮，则水泵切削叶轮前后的流量、扬程、轴功率和叶轮切削前后的 D_1、D_2 值成比例变化，变化比例关系通流量 Q、扬程 H、轴功率 N 与转速的关系。即

$$\frac{Q_1}{Q_2} = \frac{D_1}{D_2};\qquad \frac{H_1}{H_2} = \left(\frac{D_1}{D_2}\right)^2;\qquad \frac{N_1}{N_2} = \left(\frac{D_1}{D_2}\right)^3$$

（7）允许吸上真空高度 H_s 和气蚀余量 NPSH

1）允许吸上真空高度 H_s

水泵允许吸上真空高度 H_s 是指水泵在标准状况（水温为 20℃，水面压力为一个标准大气压）下运转时，水泵所允许的最大吸上真空高度，单位为 mH_2O。水泵厂一般常用 H_s 来反映离心泵的吸水性能。H_s 越大，说明水泵抗气蚀性能越好。实际装置所需要的真空吸上高度［H_s］必须≤水泵允许吸上真空高度 H_s，否则，在实际运行中会发生气蚀。

所谓气蚀是指水泵叶轮进口处因水流运动产生真空，汽化的水蒸气和溶解在水中的气体自动逸出，随水流带入叶轮中压力升高的区域时，气泡破裂，水流高速冲向气

泡的中心，在气泡闭合区域产生强烈水锤的气穴并侵蚀泵体材料的现象，许多书中将气蚀与气穴统称为气蚀现象。

2）气蚀余量 NPSH

气蚀余量 NPSH 又称为需要的净正吸入水头，是指水泵进口处，单位质量液体所具有超过饱和蒸气压的富裕能量，单位为 mH_2O。一般常用来表示轴流泵、给水泵的吸水性能。

3）允许吸上真空高度 H_s 和气蚀余量 NPSH 的关系

$$H_s = \left(H_g - H_z\right) + \frac{v_1^2}{2g} - \text{NPSH} \tag{4-9}$$

式中：H_g——水泵安装地点的大气压，mH_2O，其值与海拔高度有关，见表 4-2；

H_z——水泵安装地点饱和蒸气压，mH_2O，其值与水温有关，见表 4-3；

v_1——水泵吸入口的流速，m/s。

表 4-2　不同海拔高度的大气压

海拔 /m	-600	0	100	300	400	500	800	1 000	2 000	3 000	4 000	5 000
大气压 /mH_2O	11.3	10.3	10.2	10.0	9.8	9.7	9.4	9.2	8.4	7.3	6.3	5.5

表 4-3　不同水温时的饱和蒸气压

水温 /℃	0	5	10	15	20	30	40	50	60	70	80	100
饱和蒸气压 / mH_2O	0.06	0.09	0.12	0.17	0.24	0.43	0.75	1.25	2.02	3.17	4.82	10.33

（8）水泵的安装高度

1）离心泵的安装高度计算

泵房内的地坪高度取决于水泵的安装高度，正确地计算水泵的最大允许安装高度，使水泵既能安全供水又能节省土建造价，具有很重要的意义。离心泵安装高度计算如图 4-6 所示。

$$Z_s = [H_s] - \frac{v_1^2}{2g} - \sum h_s \tag{4-10}$$

式中：Z_s——水泵安装高度（又称吸水高度或淹没深度），表示泵轴中心（大型水泵叶轮入口处最高点）与吸水处水面高差，m；

$[H_s]$——按实际安装情况所需要的真空高度，m，一般取 $[H_s] \leqslant (0.9 \sim 0.95) H_s$；

H_s——标准状况下，水泵允许的最大吸上真空高度，m；

v_1——水泵吸入口流速，m/s；

$\sum h_s$——水泵吸水管沿程水头损失和局部水头损失之和，m。

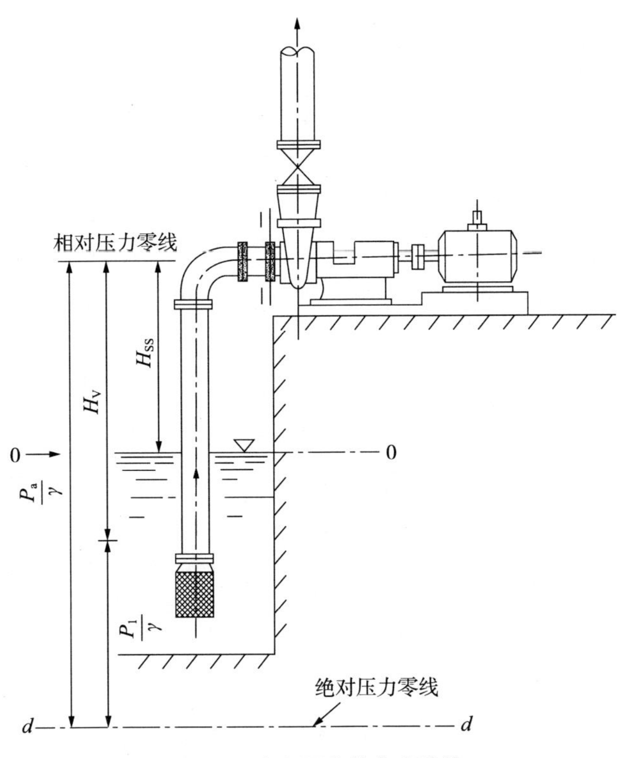

图 4-6　离心泵安装高度计算

2）最大吸上真空高度 H_s 值的修正

如果水泵实际工作地方的水温、大气压力和标准状况不一致时，水泵允许的最大吸上真空高度 H_s 值应按下式修正：

$$H_s' = H_s - (10.33 - H_g) - (H_z - 0.24) \tag{4-11}$$

式中：H_s' ——修正后的水泵允许吸上真空高度，m；

H_g ——水泵安装地点的大气压，mH_2O，其值与海拔高度有关，见表 2-2；

H_z ——水泵安装地点饱和蒸气压力，mH_2O，其值与水温有关，见表 2-3。

3）水泵安装高度和气蚀余量 NPSH 的关系

取实际需要的真空高度［H_s］≤最大吸上真空高度 H_s，由式（4-10）得

$$Z_s \leqslant H_s - \frac{v_1^2}{2g} - \sum h_s \tag{4-12}$$

将式（4-9）代入上式，得

$$Z_s \leqslant \left(H_g - H_s\right) - \sum h_s - \text{NPSH} \tag{4-13}$$

【例 4-1】有一台离心泵，当流量为 0.22 m^3/s 时，其允许吸上真空高度 $H_s = 4.5$ m，泵进水口直径为 300 mm，吸水管从喇叭口到泵进口的水头损失为 1.0 m，当地海拔为 1 000 m，水温为 40℃，试计算其最大安装高度。

【**解**】由当地海拔 1 000 m，查表 4-2 得大气压 $H_g = 9.2$ m；由 $H_s = 4.5$ m，水温为 40℃，查表 4-3 得饱和蒸汽压力 $H_z = 0.75$ m；

由式（4-11），可求出修正后的水泵允许吸上真空高度：

$$H_s' = 4.50 - (10.33 - 9.2) - (0.75 - 0.24) = 2.86\ (\text{m})$$

水泵进口流速，$v_1 = \dfrac{Q}{A} = \dfrac{0.22}{\pi \times 0.3^2 / 4} \approx 3.11(\text{m/s})$；$\dfrac{v_1^2}{2g} = \dfrac{3.11^2}{2 \times 9.81} \approx 0.5(\text{m})$

代入式（4-10），得出水泵的允许最大安装高度为

$$Z_s = [H_s] - \frac{v_1^2}{2g} - \sum h_s = 2.86 - 0.5 - 1.0 = 1.36(\text{m})$$

4）其他水泵的安装高度

轴流泵需在正水头下工作，其叶轮淹没在吸水室最低水位以下一定高度，安装高度不进行计算，直接按照产品样本设计。

蜗壳式混流泵类似离心泵，具有一定的允许吸上真空高度；带倒叶的立式混流泵类似轴流泵，叶轮应淹没在吸水室最低水位以下。

长轴离心深井泵应使 2 ～ 3 个叶轮浸入动水位以下。

4.1.2.3 离心泵的并联与串联

（1）离心泵的特性曲线

在离心泵的基本性能参数中，通常选定转速（n）作为常量，然后列出扬程（H）、轴功率（N）、效率（η）以及允许吸上真空高度（H_s）等随流量（Q）而变化的函数关系式。这些关系式用曲线的方式来表达，就称这些曲线为离心泵的特性曲线。

（2）水泵并联工作

工作特点：总流量等于各台水泵供水量之和；通过开停水泵的台数来调节泵轴的供水量和扬程，实现节能和供水安全；一台或几台损坏其余水泵可继续供水；调度灵活输水可靠，是泵站中最常用的允许方式。

1）同型号水泵的并联工作

在绘制水泵并联性能曲线时，先把并联的各水泵 $Q - H$ 曲线绘在同一坐标图上，然后把对应于同一 H 值的各流量加起来。同型号的两台（多台）泵并联后的总和流量，将等于某扬程下各台泵流量之和，如图 4-7 所示。实际工程中，还要考虑管道水头损失的变化影响。同型号的两台泵在一个吸水井中抽水并联工作的并联曲线，是同一扬程下流量相叠加，如图 4-8（a）所示。

2）多台同型号水泵并联工作

多台同型号水泵并联工作的特性曲线同样可以用横加法来求得，图 4-8（b）为 5 台同型号水泵并联工作的情况。由图可知：1 台水泵工作时的流量为 100 m^3/h；2 台水泵并联的总流量为 190 m^3/h；3 台水泵并联的总流量为 251 m^3/h；4 台水泵并联的总流量

为 284 m³/h，比 3 台水泵并联时增加了 33 m³/h；5 台水泵并联的总流量为 300 m³/h，比 4 台水泵并联时增加了 16 m³/h。

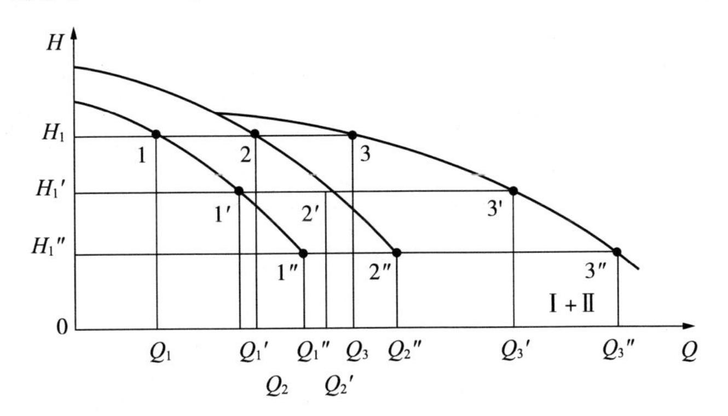

图 4-7　水泵并联工作图

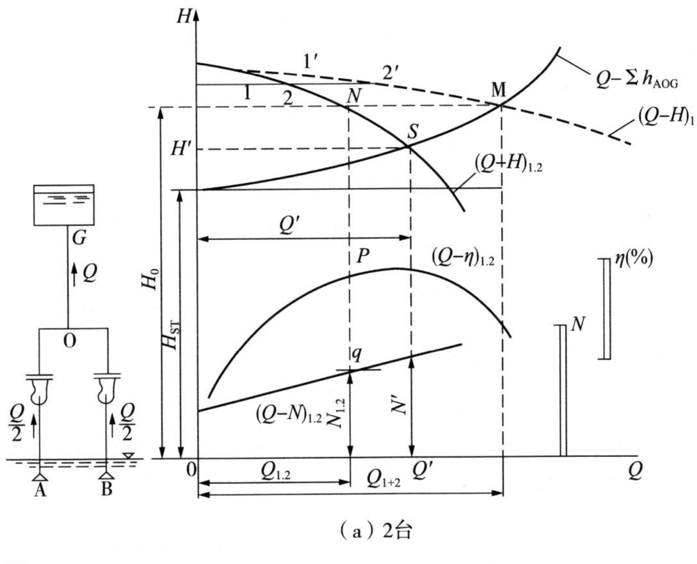

（a）2台

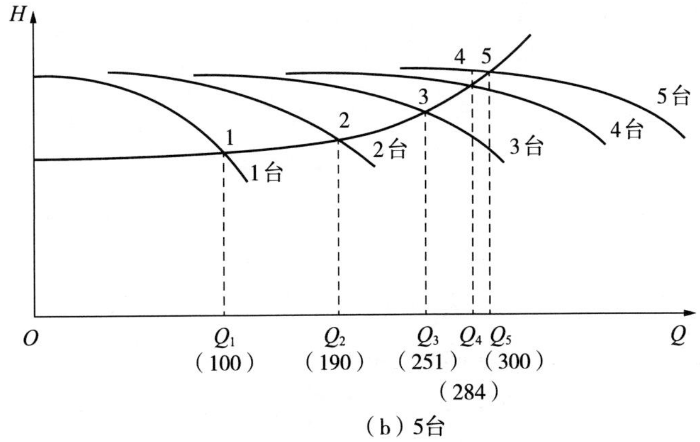

（b）5台

图 4-8　多台同型号水泵并联工作图

由此看出，并联水泵台数增加，输水管水头损失增加，扬程提高，每台水泵的流量减少。所以，采用较多台的水泵并联，其效果就不大了。

3）不同型号水泵并联工作

和同型号水泵并联工作相比，主要差别是水泵的特性曲线不同。以两台泵并联工作为例进行说明，如图 4-9 所示。

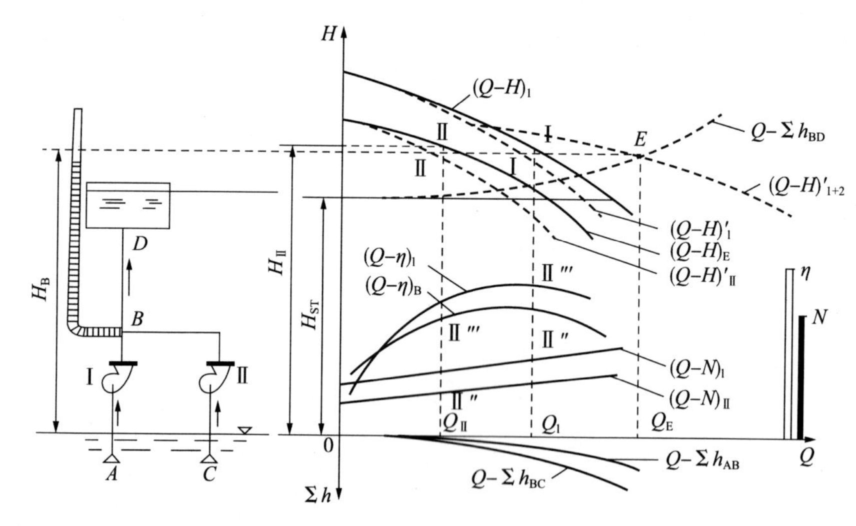

图 4-9　不同型号、相同水位下两台水泵并联

自吸水管端 A 和 C 至汇集点 B 的水头损失不相等（即 $\sum h_{AB} \neq \sum h_{CB}$）。两台水泵并联后，每台泵的工况点的扬程也不相等（即 $H_1 \neq H_2$）。因此，欲绘制并联后的总和 Q–H 曲线，一开始就不能使用等扬程下流量叠加的原理。

现在我们只知道，泵Ⅰ与泵Ⅱ之所以能够并联工作在管路汇集点 B 处，就只可能有一个共同的测压管水头（图 4-9 中 H_B），则测压管水面与吸水井水面之高度差为

$$H_B = H_Ⅰ - \sum h_{AB} \tag{4-14}$$

式中：$H_Ⅰ$ ——水泵Ⅰ在相应流量为 Q_1 时的总扬程，m；

$\sum h_{AB}$——AB 管段得阻力系数。

式（4-14）表示水泵Ⅰ的总扬程 $H_Ⅰ$，扣除了 AB 管段，在相应流量 Q_1 下的水头损失 $\sum h_{AB}$ 后，就等于汇集点 B 处得测压管水面与吸水面高差 H_B，此 H_B 值相当于将水泵折引至 B 点工作时的扬程，也即扣除了管段 AB 水头损失的因素，水泵Ⅰ可视为移到了 B 点在工作。

$$H_B = H_Ⅱ - \sum h_{CB} \tag{4-15}$$

式中：$H_Ⅱ$ ——水泵Ⅱ在相应流量为 Q_2 时的总扬程，m。

式（4-15）中的 H_B 相当于将水泵Ⅱ折引到 B 点工作时尚存的扬程。这样，可先分别绘出 Q –$\sum h_{AB}$ 和 Q –$\sum h_{CB}$ 的曲线，然后，采用折引特性曲线法，在水泵Ⅰ、Ⅱ的 $(Q-H)_Ⅰ$ 和 $(Q-H)_Ⅱ$ 曲线上相应地扣除水头损失 $\sum h_{AB}$ 和 $\sum h_{BC}$ 的影响，得到如图 4-9

中虚线所示的 $(Q-H)'_{\mathrm{I}}$ 折引特性曲线和 $(Q-H)'_{\mathrm{II}}$ 折引特性曲线。此两条曲线排除了泵Ⅰ与泵Ⅱ在扬程上造成差异的那部分因素，它还表示了将两台水泵都折引到 B 点工作时的性能。然后，采用等扬程下流量叠加的原理，绘出总和 $(Q-H)_{12}$ 折引特性曲线。此总和 $(Q-H)_{12}$ 曲线犹如一台等值水泵的性能曲线。因此，下一步就要考虑此等值水泵与管段 BD 联合工作向水塔输水的工况。

画出管段 BD 的 $Q-\sum h_{\mathrm{BD}}$ 曲线，求得它与总和折引 $(Q-H)_{12}$ 曲线相交于 E 点，此时 E 点的流量 Q_{E}，即两台水泵并联工作的总出水量。通过 E 点，引水平线与 $(Q-H)'_{\mathrm{I}}$ 及 $(Q-H)'_{\mathrm{II}}$ 曲线相交于Ⅰ′及Ⅱ′两点，则 Q_{I} 及 Q_{II} 即为水泵Ⅰ及水泵Ⅱ在并联时的单泵流量，$Q_{\mathrm{E}}=Q_{\mathrm{I}}+Q_{\mathrm{II}}$；再由Ⅰ′、Ⅱ′两点各引垂线向上，与 $(Q-P)_{\mathrm{I}}$ 及 $(Q-P)_{\mathrm{II}}$ 相交于Ⅰ″、Ⅱ″点，此两点的 N_1 及 N_2 就是两台水泵并联工作时，各单泵的功率值，同样，其效率点分别为Ⅰ‴及Ⅱ‴点，其值分别为 η_1 及 η_2 并联机组的总轴功率 N_{12} 及总效率 η_{12} 分别为

$$N_{1+2}=N_1+N_2 \tag{4-16}$$

$$\eta_{1+2}=\frac{\gamma Q_{\mathrm{I}}H_{\mathrm{I}}+\gamma Q_{\mathrm{II}}H_{\mathrm{II}}}{P_1+P_2} \tag{4-17}$$

在我国北方地区，常见以井群采集地下水。一井一泵，井群以联络管相连以后，以一根或多根干管输送至水厂，再集中消毒后由泵站加压输入管网。这种情况，从水泵工况来分析，相当于几台水泵在管道布置不对称的情况下并联工作。与上述例子所差别的，往往只是各井间的吸水动水位的不同。在进行工况计算时，只需在计算净扬程时，以一共同基准面算起，然后做相应的修正即可，其他算法都是相似的。

4）同型号的两台水泵一调一定并联工作

如果两台同型并联工作的水泵，其中一台为调速泵（图 4-10 中泵Ⅰ$_{调}$），另一台定速泵（图 4-10 中泵Ⅱ$_{定}$）。

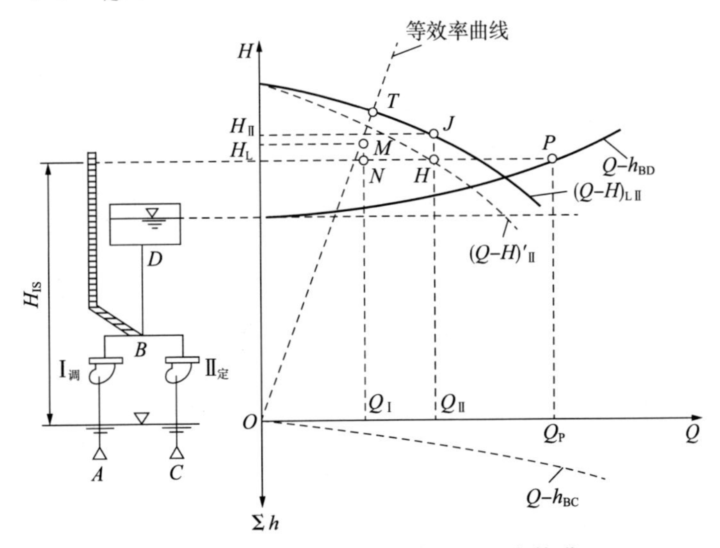

图 4-10　同型号的两台水泵一调一定并联

在调速运行中可能会遇到两类问题：其一是调速泵的转速 n_1 与定速泵 n_2 均为已知，试求两台并联运行时的工况点。这类问题如图 4-9 所述，比较简单。调速运行的过程，实际上是调速泵与定速泵的 $(Q-H)_{\mathrm{I,II}}$ 特性曲线由完全并联转化为不完全并联的工程，其工况点的求解可按图 4-9 所述求得。其二是只知道调速后两台泵的总供水量为 Q_P，H_P 为未知值，求调速泵的转速 n_1 值（即求解调速值）。

这类问题比较复杂，存在调速泵的工况点值 $(Q_{\mathrm{I}}，H_{\mathrm{I}})$、定速泵的工况点值 $(Q_{\mathrm{II}}，H_{\mathrm{II}})$ 及调速泵的转速 n_1 5 个未知数。直接求解比较困难，但仍可采用折引法来求解。

求解步骤：

①画出两台同型号水泵的 $(Q-H)_{\mathrm{I,II}}$ 特性曲线，并按 $\sum h_{BD}=\sum S_{BD}Q_2$ 画出 $Q-\sum h_{BD}$ 管道特性曲线，得出图上 P 点。

② P 点的纵坐标即为装置图上 B 点的测管水头高度 H_B 值。

③按 $\sum h_{AB}=\sum S_{AB}Q_2$ 画出 $Q-\sum h_{AB}$ 曲线，由定速泵的 $(Q-H)_{\mathrm{II}}$ 曲线上扣除 $Q-\sum h_{BC}$ 曲线，得折引 $(Q-H)'_{\mathrm{II}}$ 曲线，它与 H_B 的高度线相交于 H 点。

④由 H 点向上引线得 J 点，此 J 点为调速运行时定速泵的工况点（即 Q_{II} 与 H_{II} 值）。

⑤由 $Q_P-Q_{\mathrm{II}}=Q_{\mathrm{I}}$，调速泵的扬程为 $H_1=H_P+\sum S_{AB}Q_1^2$，在图上得 M 点。

⑥按 $H_1/Q_1^2=k$，求得 k 值。画出通过 $(Q_{\mathrm{I}}，H_{\mathrm{I}})$ 点的等效率曲线与原定速泵 $(Q-H)_{\mathrm{I,II}}$ 曲线交于 T 点。

⑦由图上按 $n_1=n_2(Q_1/Q_2)$ 求得调速后的转速 n_1 值。

（3）水泵串联工作

水泵的串联工作就是将第一台水泵的压水管，作为第二台水泵的吸水管，输送的流量相同即为系统的总流量，水流获得能量为各台水泵所供应的能量总和。

串联工作的图解法与水泵并联工况的图解法类似，只不过串联工作的总扬程等于 $Q-H$ 曲线等流量下扬程的叠加，如图 4-11 所示。

串联工作的特性曲线 $(Q-H)_{\mathrm{I+II}}$ 与管道系统特性曲线 $Q-\sum h$ 交于 A 点。此点就是串联水泵的工况点 $(Q_A，H_A)$，自 A 点引竖线分别与各泵的 $(Q-H)$ 曲线交于 B 点和 C 点。则 B 点和 C 点分别为两台单泵在串联工作时的工况点。

由于目前生产的各种型号的水泵扬程一般都能满足给水排水的需要，因此，在实际工程中，同一泵站采用多台水泵串联的工作情况较少。当确实需要水泵串联以提高扬程时，一般采用多级水泵代替水泵串联。多级水泵的实质就是水泵的串联工作，只不过叶轮式在一个泵壳内。另外，对于长距离、高扬程输水工程，一般也不采用水泵串联工作，而是在一定距离设置中途加压泵站、采用泵站串联的方法。

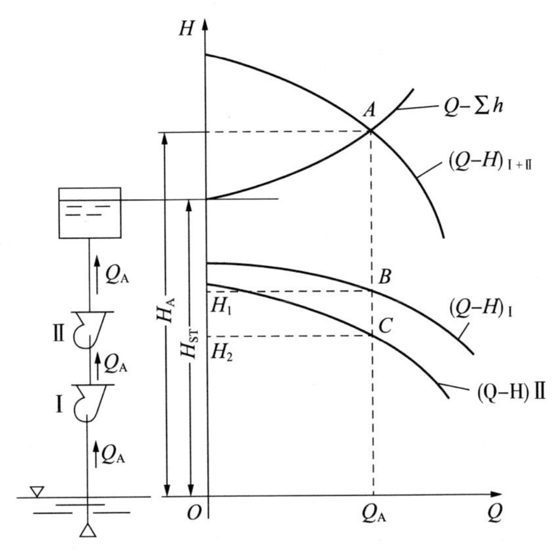

图 4-11　水泵串联工作图

4.1.2.4　离心泵的工作特性方程

有压管流中一般用抛物线方程表示水泵扬程和流量的关系，称为水泵特性方程。根据水泵样本查到的图形或有关数据，通过数学分析写成方程式，有利于在有压管网中应用。

（1）单台离心泵工作特性方程

离心泵在额定转速下运行时的流量和扬程关系曲线接近抛物线形，为便于和管网水头损失计算的指数公式统一，一般写成如下形式：

$$H_p = H_b - s_1 q^n \tag{4-18}$$

式中：H_p——水泵扬程，m；

H_b——单台水泵流量为零时的扬程，m；

s_1——水泵摩阻；

q——单台水泵流量，m^3/s；

n——和管道水头损失计算指数公式相同的指数，一般取 1.852。

为确定 H_b 和 s 值，可在离心泵特性曲线上的高效范围内任选两点，或者根据给定流量、扬程关系表中选取 q_1、q_2 和对应 H_1、H_2 两组数据代入式（4-18），求出 s_1 和 H_b：

$$s_1 = \frac{H_1 - H_2}{q_2^{1.852} - q_1^{1.852}} \tag{4-19}$$

$$H_b = H_1 + s_1 q_1^{1.852} = H_2 + s_1 q_2^{1.852} \tag{4-20}$$

（2）并联水泵工作特性方程

1）相同型号水泵并联工作特性方程

N 台相同型号水泵并联工作时，每台水泵的工作流量相等，扬程相同，其水力特性方程为

$$H_p = H_b - \frac{s_1}{N^n} Q^n \tag{4-21}$$

式中：H_P——水泵扬程，m；

H_b——单台水泵流量为零时的扬程，m；

s_1——水泵摩阻；

N——水泵并联台数；

Q——N 台水泵并联工作时总流量，m^3/s；

n——和管道水头损失计算指数公式相同的指数，一般取 1.852。

如 3 台 300S58 型离心泵并联工作时特性方程为

$$H_P = 70.95 - 236.74/3^{1.852} \cdot Q^{1.852} = 70.95 - 30.95Q^{1.852}\,(\mathrm{m})$$

2）不同型号水泵并联工作特性方程

N 台不同型号水泵并联工作时，每台水泵的工作流量不等，应按照高效范围内同一扬程下的流量相加求出总流量 $\sum q$，其水力特性方程为

$$H_p = H_b - s\left(\sum q\right)^n \tag{4-22}$$

按照单台水泵工作特性方程求解方法求出 H_b 和 s 值。

3）调速水泵工作特性方程

水泵在变速情况下工作时，水泵特性方程可表示为

$$H_p = \left(\frac{r}{r_0}\right)^2 H_b - sq^n \tag{4-23}$$

式中：r——水泵工作转速，r/min；

r_0——水泵额定转速，r/min。

4.1.3 水泵选择

4.1.3.1 泵的选用原则

（1）所选水泵要满足最高时供水的流量和扬程要求，在正常设计流量时在高效区范围内允许。尽量选用特性曲线高效区范围平缓的水泵，以适应变化流量时水泵扬程不会骤然升高或降低。

（2）在满足流量和扬程的条件下，优先选用允许吸上真空高度大或气蚀余量小的

水泵。

（3）根据远、近期结合原则，可采用远期增加水泵台数或小泵更换大泵的设计方法。

（4）优先选用国家推荐的系列产品和经过鉴定的产品。如果现有产品不能满足设计要求，自行委托水泵生产厂家制造新的水泵时，必须进行模型试验，经鉴定合格后方可使用。

（5）取水泵房最好选用同型号水泵，或扬程相近流量稍有差别的水泵。

（6）当供水量变化大且水泵台数较少时，应考虑大小规格搭配，型号不宜太多，尽量调度水泵在高效区范围内工作。

4.1.3.2　水泵选用台数

（1）所选水泵的台数与流量配比一般根据供水系统允许调度要求、泵房性质、近远期送水规模并结合调速装置的应用情况而确定。

（2）流量变化幅度大的泵房，选用水泵台数适当增加，流量变化幅度小的泵房，选用水泵台数适当减少。

（3）取水泵房一般应选用 2 台以上工作水泵，送水泵房可选用 2 ～ 3 台以上工作水泵。

（4）同时工作并联运行水泵扬程接近，并联台数不宜超过 4 台，串联允许水泵设计流量应接近，串联台数不宜超过 2 台。

（5）备用水泵应根据供水重要性及年利用时数考虑，并应满足机组正常检修要求。

工作机组 3 台以下时，应增加 1 台备用机组。多于 4 台时，宜增加 2 台备用机组。设有 1 台备用机组时，备用水泵型号和泵房内最大一台水泵相同。

（6）取用含沙量较高的取水泵，由于叶轮磨损严重，维修频繁，通常按取水量的 30% ～ 50% 设置备用水泵。

4.2　给水泵站及其设计

4.2.1　给水泵站分类

泵站即设置水泵机组和附属设施，用于提升液体而建造的建筑物，有时把泵站与泵房视为同一概念。

按照不同的分类方式，泵站分为不同的类型。例如，按泵站在给水系统中的作用可分为水源井泵站、取水泵站、供水泵站、加压泵站、调节泵站和循环泵站等。按水泵的类型又可分为卧式泵泵站、立式泵泵站和深井泵站。按水泵层与地面的相对位置可分为地上式泵站、半地下式泵站和地下室泵站。

4.2.1.1 取水泵站

取水泵站又称一级泵站，通常设置吸水井、泵房（设备间）、闸阀切换井。

对于地表水水源取水泵站的形式，要充分考虑水源水位的变化。当水源水位变化幅度在 10 m 以上，水位涨落速度大于 2 m/h，水流速度较大时，宜采用竖井式泵房。

当水源水位变化幅度在 10 m 以上，且水位涨落速度≤2 m/h，每台泵车取水量不超过 6 万 m^3/d 时，可采用缆车式泵站。

当水源水位变化幅度为 10 ～ 35 m，且水位涨落速度≤2 m/h，枯水期水深大于 1.5 m，风浪、水流速度较小时，可采用浮船式泵站。

当水源水位变化幅度在 15 m 以上，洪水期较短，含沙量不大时，可采用潜没式泵站。

当采用地下水作为生活饮用水水源而水质符合生活饮用水卫生标准时，取用井水的泵站可在输水管上投加消毒剂后送水到用户。

4.2.1.2 送水泵站

送水泵站又称为二级泵站，通常抽送清水送入配水管网，通常建造在净水厂内。

送水泵站按照最高日最高时供水量和相应的管网水头损失计算出水泵扬程外，同时考虑流量变化时的水泵效率，以便经济运行。送水泵房中水泵应选择 $Q-H$ 曲线比较平缓的水泵，以适应流量变化后的扬程要求。通常选用单吸或双吸式离心泵较多。

送水泵站应进行消防校核，不设专用消防管道的高压消防系统，为满足消防时的压力，一般另设消防专用泵。

4.2.1.3 加压泵站

当城市供水管网面积较大、输配水管网很长或城市内地形起伏较大时，可在管网中增设加压泵站。这种高峰供水时分区加压供水的方法，尽可能地降低了出厂水压力，不仅节约输水能量，而且减少了管网漏水漏损水量。

管网加压泵站的设置方法一般采用管道直接串联增压和水库泵站加压供水两种方式。输水管直接串联增压方式，适用于长距离输水中间增加或管网较长分区增压供水的情况，送水泵站和串联加压泵站同步进行。加压泵站吸水室可设计成压力式，泵房设计成地面式，以充分利用吸水井进水管的压力（能量）。

水库泵站加压供水方式是水厂内送水泵站直接输水到水库、泵站，或者输送到管网中的水库、泵站，经加压泵站提升输送到配水管网。该加压泵房起到城市供水调节作用，也可称为调节泵站。输水道管网加压泵站、水库的干管根据流量变化可按最高日平均时流量设计，有助于减少水厂内清水池容积和输水干管管径，节约投资。

【例 4-2】有一座地形平坦的城市，分为 A、B 两个主要供水区，A 区供水量占总供水渠量的 3/5，B 区供水量占总供水量的 2/5。初步提出 A、B 用水区间输水管上加设直接串联加压泵站分区供水方案，如图 4-12 所示。当送水泵站扬程为 34 m 时，串联加压泵站扬程为 25 m。根据理论计算，直接串联加压分区供水与不分区供水相比，节约能量的比例大约是多少？

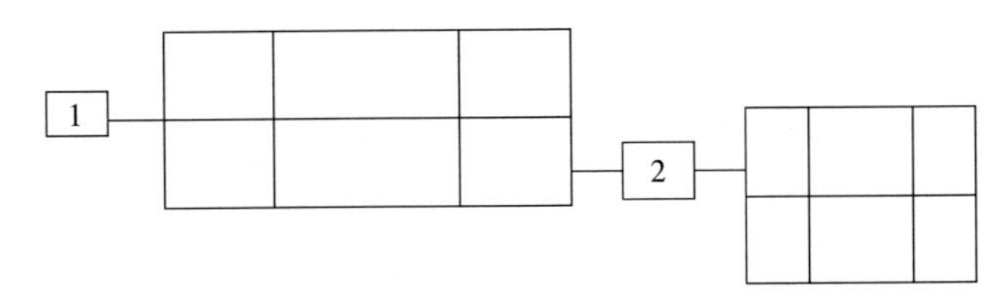

1—送水泵房；2—串联加压泵房。

图 4-12　水库泵房加压供水方式

【解】设总供水量为 Q，不分区供水时的总能量为（34 m+25 m）Q = 59 $Q \cdot$ m。

直接串联加压分区供水时的总能量为 $Q \cdot$ 34 m +2/5 $Q \cdot$ 25 m = 44 $Q \cdot$ m。

因此，和不分区供水相比，节约能量（59 $Q \cdot$ m − 44 $Q \cdot$ m）/59 $Q \cdot$ m ×100% = 25.42%。

4.2.2　给水泵站设计

4.2.2.1　泵站设计基本要求

水泵站一般由水泵间、配电间、操作控制室和辅助间等组成，有些泵站将这些构筑合建在一起。泵站布置包括泵站的机组布置、吸水管和输水管布置、电气设备和控制设备布置、辅助设备布置等。地下水水源取水泵房、中途增压、调节泵房有时附设消毒间。

泵站设计的主要内容是选择水泵、调速装置、起重装置、电气操作装置和确定安装方法。同时，计算进出水管道、排水管道、排风抽真空管道管径和阻力大小，选择阀门配件、电缆电线和确定相对位置。同时满足以下基本要求：

（1）满足机电设备的布置、安装、运行和检修、维护的要求；

（2）满足泵站结构布置要求；

（3）满足泵站内通风、采暖和采光的要求，并符合防潮、防火和防噪声等规定；

（4）满足泵站内外交通运输的要求；

（5）满足以后扩建增加水泵机组或小泵更换大泵的要求。

4.2.2.2　泵房主体设计

（1）取水泵房

①取水泵房的平面形状有圆形、矩形、椭圆形和半圆形等。其中矩形便于布置水泵、管路和起吊设备，水泵台数多时更为合适。圆形泵房适用于深度大于 10 m 的泵房，其水力条件和受力条件较好，土建造价低于矩形泵房。椭圆形泵房适用于流速较大的河心泵房。

②当卧式水泵机组采用正转或倒转双行排列、进出水管直进直出布置时，与相邻机组的近距离宜为 0.6 ～ 1.2 m。单排布置时，相邻两机组及机组至墙壁的距离根据电动机容量确定，当电动机容量不大于 55 kW 时，取 1.0 m 以上；大于 55 kW 时，取 1.2 m 以上；当机组竖向布置时，相邻进出水管道间净距在 0.6 m 以上。卧式水泵的主要通道宽度不小于 1.2 m。

③立式水泵机组电动机层的进水侧或出水侧应设主通道，其他各层应设不少于一条的主通道。主通道宽度不宜小于 1.5 m，一般通道不宜小于 1.0 m。

④岸边式取水泵房进口地坪（又称泵房顶层进口平台）的设计标高，应分别按照位于江河旁、渠道旁、湖泊水库或海边时的防洪要求确定。

⑤深度较大（通常指大于 25 m）的大型泵房，上下交通除设置楼梯外，还应设置电梯。

⑥因取水泵房要受到河水的浮力作用，设计时必须考虑抗浮措施。

⑦缺水泵房的井壁在水压作用下不产生渗漏。

⑧取水泵房一般以 24 h 均匀工作，根据最高日的用水量来选择水泵机组。同时，了解水源的水文状况，考虑高低水位的变化，对于水源水位变化幅度较大的河流，水泵的高效点应选择在水位出现频率最高的位置。通常取水泵房的出水量随季节、年份变化，选泵时宜尽量考虑选择大泵，可以减少工作水泵的台数和占地面积，也可减少水泵的并联台数，避免水泵在较低的效率下工作。

⑨取水泵房的水泵由于接触的水多为浑浊水，叶轮和泵壳较易被腐蚀，管道阻力增加。所以在设计时要特别注意吸水高度的问题。

（2）送水泵房

①送水泵房的平面大多采用矩形布置，可使水泵进出水管顺直，水流顺畅，便于维修。中小型的供水泵站，通常采用较大允许吸上真空高度的水泵。半地下室泵房布置如图 4-13 所示。

②泵房的长度根据主机的台数、布置形式、机组间距，墙边与机组的距离和安装检修所需间距等因素确定，并满足机组吊运和泵房内交通的要求。

③主泵房宽度根据主机组与辅助设备、电气设备的布置要求，进出水管管道的尺寸，工作通道的宽度，进、出水侧必需的设备吊运要求，结合起吊设备的标准跨度等确定。

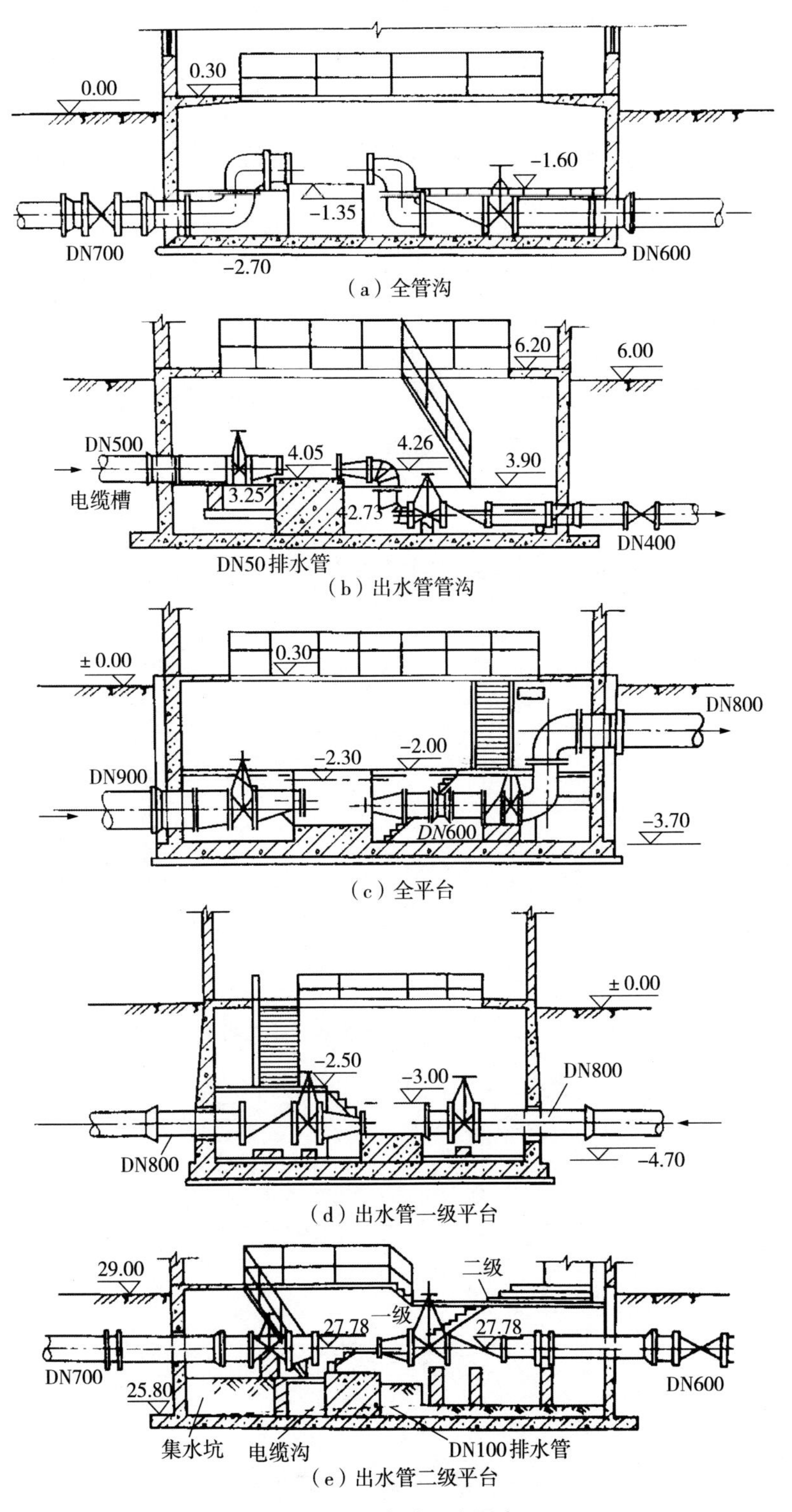

（a）全管沟

（b）出水管管沟

（c）全平台

（d）出水管一级平台

（e）出水管二级平台

图 4-13　半地下室泵房

④主泵房各层高度根据主机组与辅助设备、电气设备的布置，机组的安装、运行、维护，设备调运以及泵房内的通风、采暖、采光要求等因素确定。

⑤送水泵房水泵机组的布置可分为平行单排、直线单排和交错双排 3 种形式。其具体的布置形式如图 4-14 ～图 4-16 所示。

送水泵房水泵机组的间距同取水泵房机组间距，主通道宽度不小于 1.2 m。

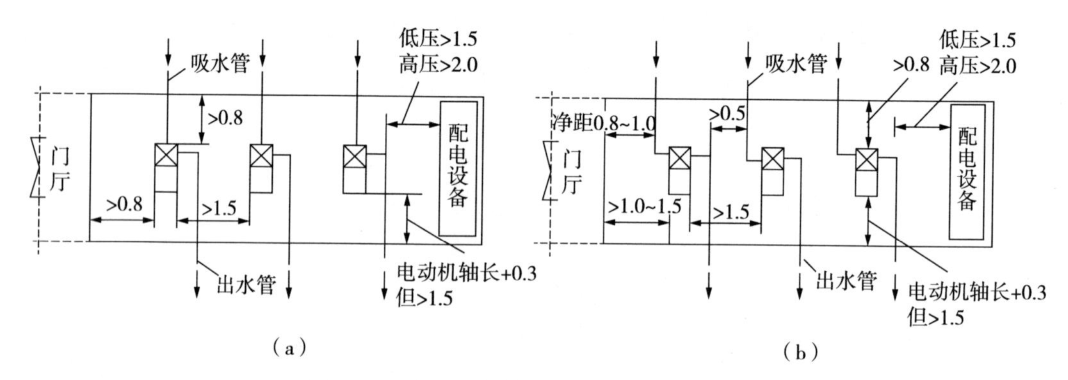

图 4-14　水泵平行单排布置形式（单位：m）

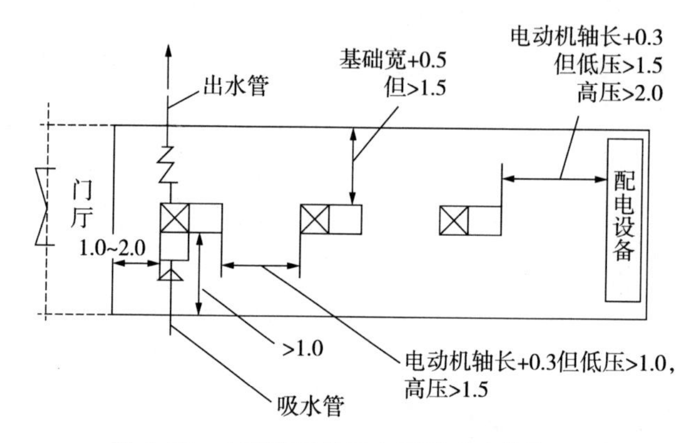

图 4-15　水泵直线单排布置形式（单位：m）

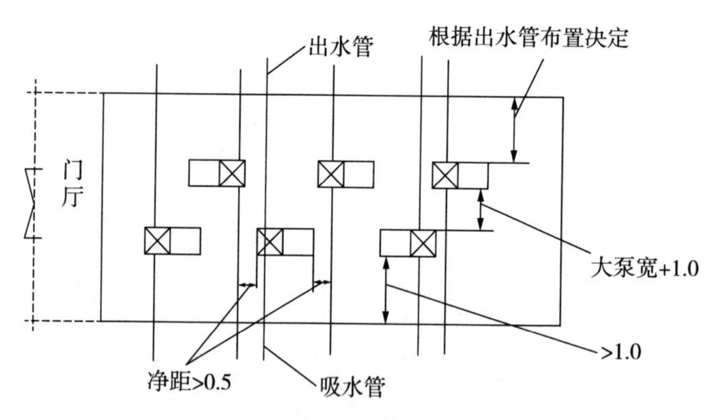

图 4-16　水泵交错双排布置形式（单位：m）

4.2.2.3　泵房附属设备

（1）起重设备

中小型泵房和深度不大的大型泵房，一般用单轨吊车、桥式吊车、卷扬机等一级起吊。深度大于 20 m 以上的大、中型泵房，因起吊高度大，宜在泵房顶层设电动葫芦或电动卷扬机作为一级起吊，再在泵房底层设桥式起重机，作为二级起吊，同时应注意两者位置的衔接，以免偏吊。

泵房内的起重设备根据最大一台水泵或电机的质量来选择。起重量小于 0.5 t 时，采用固定吊钩或移动吊架；起重量为 0.5 ～ 3 t 时，采用手动或电动起重设备；起重量大于 3 t 时，采用电动起重设备。

当采用固定的吊钩或移动吊架时，泵房净高不小于 3 m；当采用单轨起重机时，吊起设备底部与吊运所越过的设备、物体顶部之间应保持 0.5 m 以上净距；对于地下式泵房，需要满足吊起设备底部与地面地坪之间保持 0.3 m 以上的净距。

（2）引水设备

水泵引水有自灌式和非自灌式两种。真空吸水高度较小的大型水泵以及自动化程度高、安全性要求高的泵房，宜采用自灌式工作。自灌式工作泵外壳顶部标高应在吸水井最低水位以下，以便自动灌水，随时启动水泵。如果水泵非自灌式引水，需要有抽出泵壳内空气的引水设备，引水时间不大于 5 min。水泵的引水设备包括底阀、真空引水筒、水射器和真空泵。

1）底阀

如图 4-17 所示，底阀分为水上式和水下式两种，适用于小型水泵（吸水管小于 300 mm）。由压水管的水或者高位水箱的水灌满吸水管和泵体。底阀的特点是第一次启动水泵后吸水管和泵体已充水，再启动水泵无须再向泵内灌水，水下式底阀的水头损失较大，且底阀易被杂草等堵塞而漏水，清洗检修麻烦。

水上式底阀安装在水面以上泵吸水管与垂直管相交处，距动水位的垂直距离应小于 7 m。水平管长度一般不小于 3 倍的垂直管段长度，常用的水上式底阀的直径为 50 ～ 300 mm。

2）水射器引水

水射器引水也是适用于小型水泵的引水设备，它需要足够的压力（0.25 ～ 0.4 MPa），通常这部分压力由自来水或专用水泵提供。抽气管接在泵壳的顶点。它的优点是设备简单、水头损失小，但效率较低，需要耗用一定的压力水。

3）真空泵引水

真空泵引水适用于各种水泵，特别适用于大、中型水泵和吸水管较长的水泵引水。抽气点的连接在泵壳的顶点。其优点是启动迅速、效率高、水头损失小、易于自动控制等。目前用于给水泵房的真空泵。主要有 SK、SZB、SZ 型水环式真空泵，常用的水环式真空泵安装如图 4-18 所示。

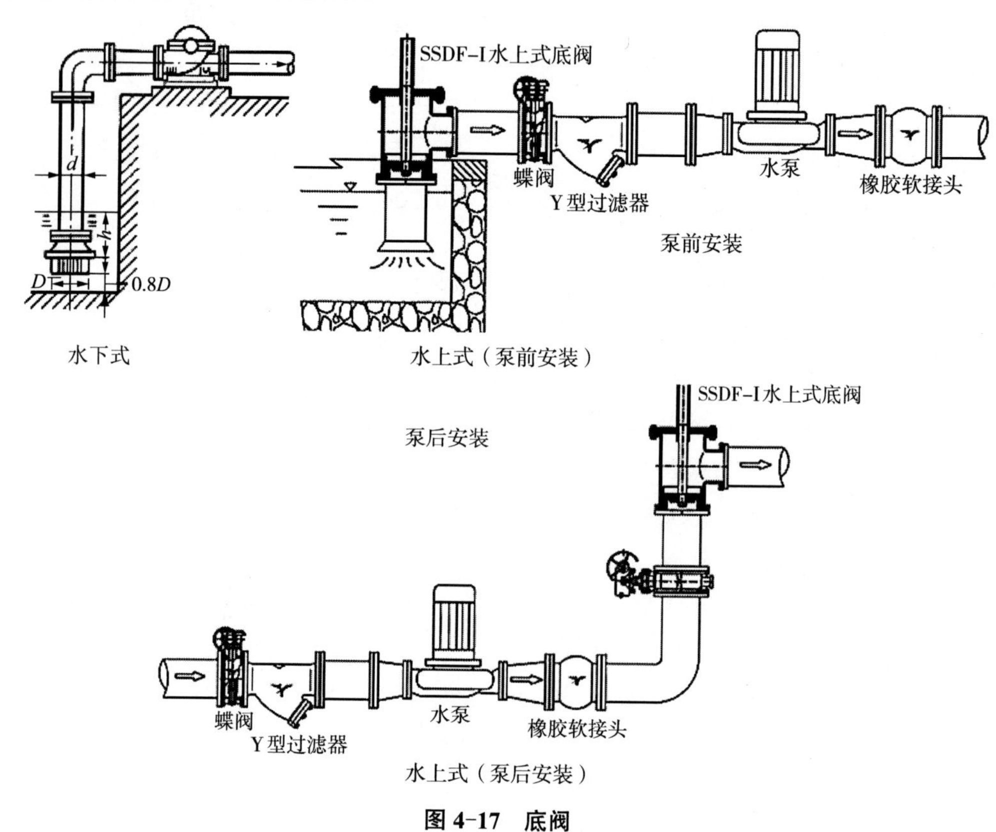

图 4-17　底阀

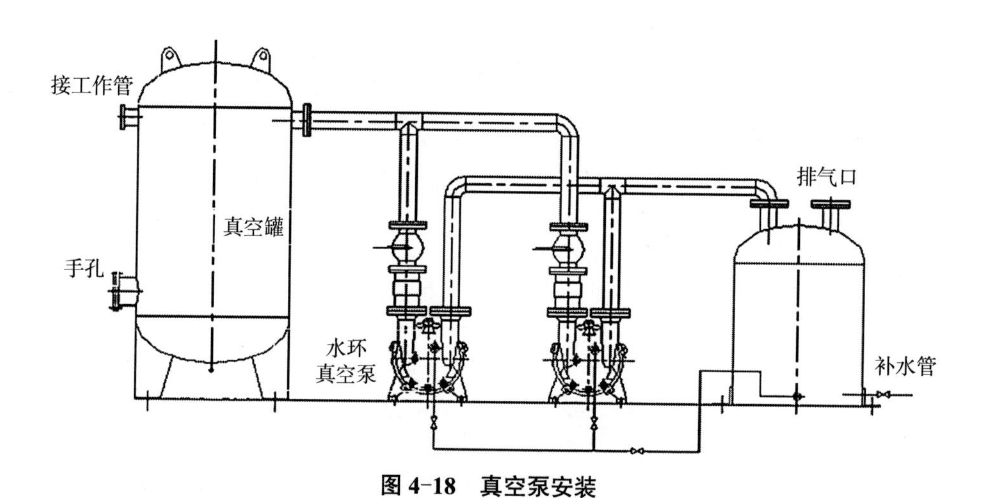

图 4-18　真空泵安装

真空泵引水一般设气水分离器和循环补水箱。清水泵房的气水分离器可与循环补水箱合并，原水含沙量较高时，为避免泥沙进入真空泵，气水分离器和循环补水箱应分开布置。真空泵必须控制一定的液面高度，使偏心叶轮旋转时能形成适当的水环和空间，真空泵液面可由循环水箱内液面高度控制，一般采用泵壳直径的 2/3 高度。

真空泵可根据需求的排气量 Q_V 和所需的最大真空值 H_{vmax} 选型。真空泵的排气量 Q_V，可近似地按泵房中最大一台泵的泵体和吸水管中空气容积除以限定的抽气时间计算。

真空泵抽吸时的最大真空值 H_{vmax} 由吸水井最低水位到最大水泵泵壳顶垂直距离计算。

根据水泵的大小，真空泵的抽气管直径一般采用 25 ～ 50 mm。真空泵通常不少于两台，一台工作，一台备用。两台真空泵可共用一个气水分离器和循环补充水箱。真空泵一般利用泵房内的边角位置来布置，常布置为直线形或转角形。

（3）调速设备

1）调速方法

水泵的调速方法有多种，主要分为两类：第一类电动机的转速不变，通过附加装置改变水泵的转速，如液力耦合器、液黏调速器调速等；第二类是改变电动机的转速，如变极调速、电磁离合器调速、变频调速等，其中变频调速是水泵站中常用的一种形式。

2）水泵调速控制的类型

根据水泵调速的控制参数和目的不同，可将水泵调速控制分为 3 种形式。其中：

恒压调速控制：通过调速使水泵出口或最不利点的压力在一个较小的范围内波动（可以认为是恒定的）。目前许多城市管网供水系统、建筑小区供水系统等，都已经使用恒压给水系统。

恒流调速控制：通过调速使水泵的出水量基本维持不变。在取水泵房中水泵恒流调速应用较多。取水泵房的设计流量一般是不变的，但是取水水源的水位是经常变化的，当水泵在水位较高条件下工作，水泵的扬程减小，供水量增大。采用调速技术可使水泵保持供水量的恒定，而且有助于节约能耗。

非恒压、非恒流控制：给水排水系统中的各种水处理药剂投加泵的调节。加药泵的调节是采用调速的方法来保证药量按需投加，这是一种非恒压、非恒流的水泵调节情况。

还应该注意的是：转速改变前后效率相等是在一定的转速范围内可以实现的，当转速变化超出一定范围时，效率变化就会比较大而不能忽略；变速调节工况点，只能降速，不能增速。因为水泵的力学强度是按照额定转速设计的，超过额定转速，水泵就有可能被破坏；从理论上讲，水泵调速后各相似工况下对应点的效率是相等的。但实践证明，只有在高效段内，相似工况点的效率是相等的，其余情况下，相似工况点的效率是不相等的。当水泵的转速调节到额定转速的 50% 以下时，水泵效率急剧下降。因此，水泵调速的合理范围应是水泵调速前后都在高效段内，当定速和调速并联工作时，还应保证调速后定速泵也在高效段内工作。这样才能够保证水泵始终在高效速率下工作，从而达到节能的目的。

4.2.3 水泵吸水管、出水管与流道布置

4.2.3.1 管道流速

（1）管道流速可根据表 4-4 选用。

表 4-4　水泵吸水管、出水管流速

管径 D/mm	D<250	250 ⩽ D<1 000	D ⩾ 1 000
吸水管流速 /（m/s）	1.0 ～ 1.2	1.2 ～ 1.6	1.5 ～ 2.0
出水管流速 /（m/s）	1.5 ～ 2.0	2.0 ～ 2.5	2.0 ～ 3.0

（2）水泵进出水管道上的阀门、缓闭阀和止回阀直径一般与管道直径相同，则流经阀门、止回阀的流速和管道流速相同。

4.2.3.2 流道流速

大型泵站的进水、出水当采用溜道布置时，应满足以下要求：

（1）进水流道型线平顺，出口断面处流速压力均匀；

（2）进水流道的进口断面处流速宜取 0.8 ～ 1.0 m/s；

（3）在各种工况下，进水流道内不产生涡带；

（4）出水流道型线变化均匀，当量扩散角取 8° ～ 10° 为宜；

（5）出水流道出口流速一般小于 1.5 m/s，装有拍门时，出口流速一般小于 2.0 m/s。

4.2.3.3 吸水管布置

（1）每台水泵宜设置单独的吸水管直接从吸水井或清水池中吸水。如几台水泵采用联合吸水管道时，应使合并部分处于自灌状态，同时，吸水管数目不得少于 2 条，在连通管上应装设阀门。

（2）吸水管路应尽可能缩短、减少配件。吸水管多采用钢管或铸铁管，应注意接口不漏气。

（3）吸水管应有向水泵方向不断上升的坡度，一般不小于 0.005，防止由于施工允许误差和泵房管道不均匀沉降而引起吸水管的倒坡，必要时可采用较大上升坡度。为避免产生气囊，应使吸水管线的最高点设在水泵吸入口的顶端。吸水管断面应大于水泵吸入口的断面，吸水管路上的变径采用偏心渐缩管，保持渐缩管上边水平。如图 4-19 所示。

（4）水泵吸水管管底始终位于最高检修水位以上，吸水管不装阀门，反之，必须安装阀门。

（5）泵房内吸水管一般不设联络管。如果因为某种原因必须在水泵吸水管上设置

联络管时，联络管上要设置适当的阀门，以保证正常工作。

（6）为了避免水泵吸入井底沉渣，并使水泵工作时有良好的水力条件，吸水井、垂直布置的吸水喇叭管布置应满足：吸水管的直径为 d，吸水喇叭口的直径为 D，可采用 $D=(1.25\sim1.5)d$；吸水喇叭口与吸水井底间距 h_1 可取 $h_1=(0.6\sim0.8)D$，且不小于 0.5 m；吸水喇叭口最小淹没水深 h_2 不小于 0.5 m，多取 $h_2=(1.0\sim1.25)D$；吸水喇叭口边缘与井壁的净距 $b=(0.8\sim1.5)D$，同时满足喇叭口安装要求；在同一个井中安装几根吸水管时，喇叭口之间的净距 $a=(1.5\sim2.0)D$。

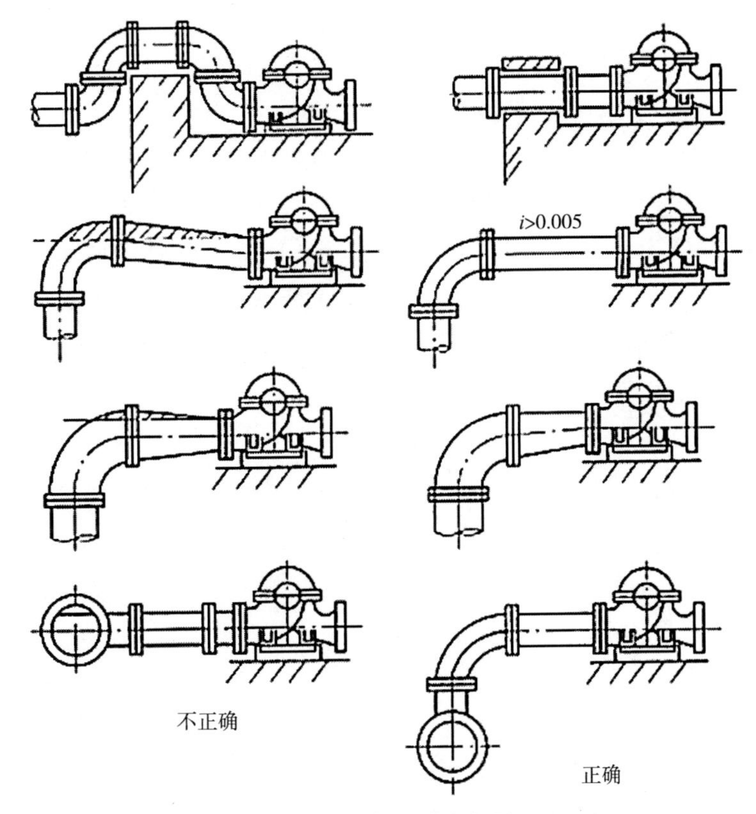

图 4-19　吸水管路布置

4.2.3.4　出水管布置

（1）出口应设工作阀门、止回阀和压力表，并应设置防水锤装置。

（2）应使任何一台水泵及阀门停用检修而不影响其他水泵的工作。

（3）在不允许倒流的给水管网中，应在水泵出水管上设置止回阀。为消除停泵水锤，宜采用缓闭止回阀。

（4）当工作阀门采用电动时，为检修和安全供水需要，对重要的供水泵房还需要在电动阀门后面再安装一台手动检修阀门。

（5）出水管一般采用钢管，焊接接口。但为了维修和安装方便，在适当地点可设置法兰接口。

（6）为了承受管路中水压力、重力和推力，阀门、止回阀和大口径水管应设承重支墩或拉杆，不使作用力传至泵体。

（7）参与自动控制的阀门应采用电动、气动或液压驱动。直径≥300 mm 的其他阀门，启动频繁，宜采用电动、气动或液压驱动。

4.2.3.5 潜水泵泵室布置

潜水泵泵室是安装潜水泵的地方。小型潜水泵通常和进、出水管布置在一个泵室内。设计时应注意进入泵室的水流不要形成漩涡卷入空气，以免空气漩涡进入水泵产生振动或形成气塞，影响正常运行。

用于排水的潜水泵有时设计成间断运行的模式，即设计一定容积的泵室，高水位开泵，低水位停泵。这样就会涉及泵室容积和潜水泵的工作周期问题。假设有一台水泵工作，流量为 Q_1（m^3/s），其泵室容积为 W（m^3），泵室连续进水流量为 Q_2（m^3/s）。向泵室进水后经 T_1（s）时间泵室内水位升高到最高水位，开启水泵运行 T_2（s）时间，泵室内水位降低到最低水位。则从上次开泵到下次开泵的间隔时间称为泵站工作周期，以 T 表示，单位为 s，则

$$T = T_1 + T_2 = \left(\frac{W}{Q_2} + \frac{W}{Q_1 - Q_2}\right) \tag{4-24}$$

潜水泵的工作周期与所配电机的特性有关，大多数水泵每小时允许启动 15 次，其最短的工作周期 240 s。泵站工作周期长短与泵室容积有关，而主要与泵站进、出水量有关。当泵室进水量 Q_2 等于潜水泵抽吸流量 Q_1，开启水泵运行时间 T_2 为无穷大，即连续运行工作。

给水泵站大多为连续供水，一般设计有进水井（室）和泵室，中间加设格栅。对于多台潜水泵安装在一个泵室时，应满足以下要求为宜：

（1）水流从进水室到泵室力求进水分布均匀，避免出现死水区或漩涡区；

（2）两台潜水泵蜗壳之间的距离不小于 200 mm；

（3）潜水泵蜗壳和泵室壁之间的距离不小于 100 mm。

4.3 排水泵站及其设计

4.3.1 排水泵站分类

排水泵站的工作特点是所抽升的水一般含有大量的杂质，且来水的流量逐日逐时

都在变化。排水泵站的基本组成包括机器间、集水池、格栅、辅助间，有时还附设有变电所。机器间内设置水泵机组和有关的附属设备。格栅和吸水管安装在集水池内，集水池还可以在一定程度上调节来水的不均匀性，以使水泵能够较均匀工作。格栅的作用是阻拦水中粗大的固体杂质，以防止杂物阻塞和损坏泵。辅助间一般包括贮藏室、修理间、休息室和厕所等。

排水泵站可以按以下方式分类：

（1）按排水的性质分为污水泵站、雨水泵站、合流泵站和污泥泵站。

（2）按在排水系统中的作用分为中途泵站（区域泵站）和终点泵站（总泵站）。中途泵站通常是为了避免排水干管埋设太深而设置的。终点泵站是将整个城镇的污水或工业企业的污水抽送到污水处理厂或将处理后的污水提升排放。

（3）按水泵启动前能否自流充水分为自灌式泵站和非自灌式泵站。

（4）按泵房的平面形状分为圆形泵站和矩形泵站。

（5）按集水池与机器间的组合情况分为合建式泵站和分建式泵站。

（6）按控制方式分为人工控制、自动控制和遥控 3 类。

4.3.2　排水泵站的形式及特点

排水泵站的形式要根据水力条件、工程造价、泵站规模、泵站性质、水文地质条件、地形地物、挖深及施工方法、管理水平、环境要求、选用泵的形式等因素综合考虑。下面就以几种典型的排水泵站来说明其优缺点及适用条件。

4.3.2.1　干式泵站和湿式泵站

雨水泵站的特点是流量大、扬程小，因此，大多采用轴流泵，有时也采用混流泵。基本形式有干式泵站与湿式泵站。如图 4-20、图 4-21 所示。

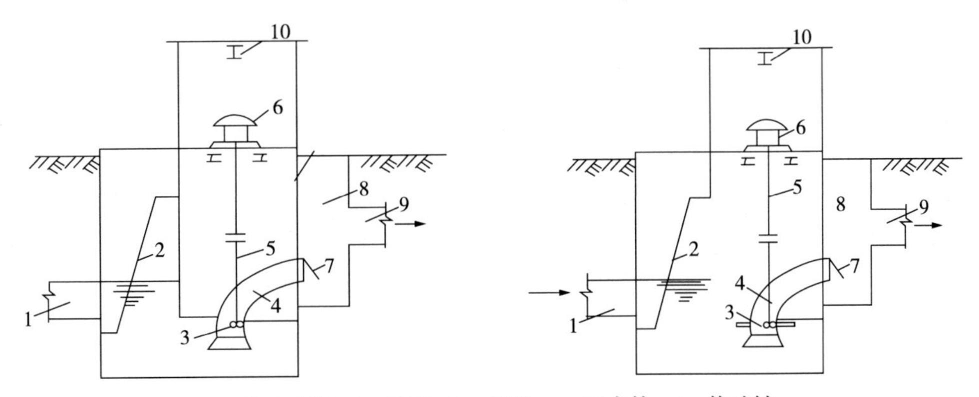

1—来水干管；2—格栅；3—水泵；4—压水管；5—传动轴；

6—立式电动机；7—拍门；8—出水井；9—出水管；10—单梁吊车。

图 4-20　干式泵站　　　　**图 4-21　湿式泵站**

干式泵站：集水池和机器间由隔墙分开，只有吸水管和叶轮淹没在水中，机器间可经常保持干燥，有利于对泵的检修和维护。泵站共分三层：上层是电动机间，安装立式电动机和其他电气设备；中间为机器间，安装泵的轴和压水管；下层是集水池，机器间与集水池用不透水的隔墙分开，集水池的雨水，除进入水泵间以外，不允许进入机器间。因而电动机运行条件好，检修方便，卫生条件也好。缺点是结构复杂，造价较高。

湿式泵站：电动机层下面是集水池，泵浸于集水池内。结构虽然比干式泵站简单，造价较低，但泵的检修不方便，泵站内比较潮湿，且有臭味，不利于电气设备的维护和管理工人的健康。

4.3.2.2 圆形泵站和矩形泵站

合建式圆形排水泵站（图 4-22），装设卧式泵，自灌式工作，适合于中、小型排水量，水泵不超过 4 台。圆形结构受力条件好，便于采用沉井法施工，可降低工程造价，泵启动方便，易于根据吸水井中水位实现自动操作。缺点：机器间内机组与附属设备布置较困难，当泵房很深时，工人上下不方便，且电动机容易受潮。由于电动机深入地下，需考虑通风设施，以降低机器间的温度。

合建式矩形排水泵站（图 4-23），是将合建式圆形排泵站中的卧式水泵改为立式离心泵，以避免合建式圆形泵站的上述缺点。立式离心泵安装技术要求较高，特别是泵房较深、传动轴较长时，须设中间轴承及固定支架，以免泵运行时传动轴产生振动。这类泵房能减少占地面积，降低工程造价，并使电气设备运行条件和工人操作条件得到改善。合建式矩形排水泵站，装设立式泵，自灌式工作。大型泵站用此种类型比较合适。泵站台数为 4 台或更多时，采用矩形机器间，机组、管道和附属设备的布置较方便，启动操作简单，易于实现自动化。电气设备置于上层，不易受潮，工人操作条件良好。缺点是建造费用高。当土质差，地下水位高时，因施工困难，不宜采用。

4.3.2.3 自灌式泵站和非自灌式泵站

水泵及吸水管的充水，有自灌式（包括半自灌式）和非自灌式两种方式，故泵房也分为自灌式泵房和非自灌式泵房。

（1）自灌式泵房：水泵叶轮或泵轴低于集水池的最低水位，在最高、中间和最低水位 3 种情况下都能直接启动。半自灌式是指泵轴仅低于集水池的最高水位，当集水池达到最高水位时方可启动。自灌式泵房优点是启动及时可靠，无须引水辅助设备，操作简单。缺点是泵房较深，增加地下工程造价，有些管理单位反映吊装维修不便，噪声较大，甚至会妨碍管理人员利用听觉判断水泵是否正常运转。采用卧式泵时电动机容易受潮。在自动化程度较高的泵站、较重要的雨水泵站、立交排水泵站、开启频繁的污水泵站中，宜尽量采用自灌式泵房。

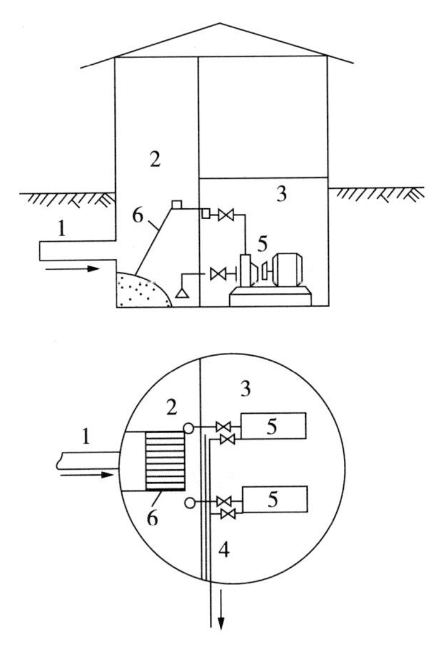

1—排水管渠；2—集水池；3—机器间；
4—压水管；5—卧式水泵；6—格栅。

图 4-22　合建式圆形排水泵站

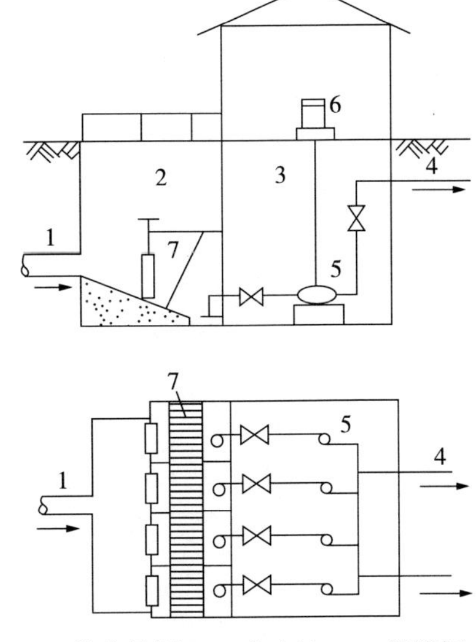

1—排水管渠；2—集水池；3—机器间；
4—压水管；5—立式水泵；6—电动机；7—格栅。

图 4-23　合建式矩形排水泵站

（2）非自灌式泵房：泵轴高于集水池的最高水位，不能直接启动，由于污水泵吸水管不得设底阀，故须采用引水设备。这种泵房深度较浅，室内干燥，卫生条件较好，利于采光和自然通风，值班人员管理维修方便，但管理人员必须能熟练地掌握水泵启动工序。在来水量较稳定，水泵开启并不频繁，或场地狭窄，或水文地质条件不好，施工有一定困难的条件下，采用非自灌式泵房。常用的引水设备及方式有真空泵引水、真空罐引水、密闭水箱引水和鸭管式无底阀引水。

4.3.2.4　合建式排水泵站和分建式排水泵站

图 4-24 为分建式排水泵站。当土质差、地下水位高时，为了减少施工困难和降低工程造价，将集水池与机器间分开修建是合理的。将一定深度的集水池单独修建，施工上相对容易些。为了减小机器间的地下部分深度，应尽量利用泵的吸水能力，以提高机器间标高。但是，应注意不要将泵的允许吸上真空高度利用到极限，以免泵站投入运行后吸水发生困难。因为在设计时对施工可能发生的种种与设计不符情况和运行后管道积垢、泵磨损、电源频率降低等情况都无法事先准确估计，所以适当留有余地是必要的。分建式泵站的主要优点是结构简单，施工较方便，机器间没有污水渗透和被污水淹没的危险。缺点是泵的启动较频繁，给运行操作带来困难。

合建式排水泵站：当机器间泵中轴线标高高于水池中水位时（即机器间与集水池的底板不在同一标高时），泵也要采用抽真空启动。这种类型适应于土质坚硬、施工困难的条件，为了减少挖方量而不得不将机器间抬高。在运行方面，它的缺点同分建式排水泵站。实际工程中采用较少。

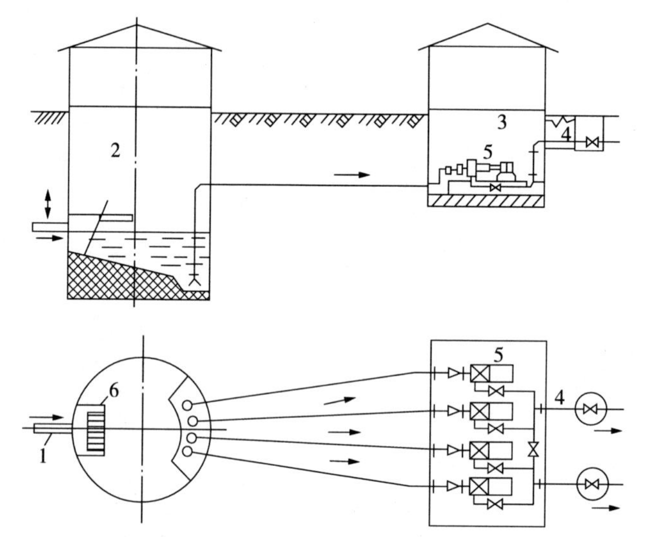

1—排水管渠；2—集水池；3—机器间；4—压水管；5—水泵；6—格栅。

图 4-24　分建式排水泵站

4.3.2.5　半地下式泵房和全地下式泵房

（1）半地下式泵房：一种是自灌式，机器间位于地面以下以满足自灌式水泵启动的要求，将卧式水泵底座与集水池底设在一个水平面上；另一种是非自灌式，机器间高程取决于吸水管的最大吸程，或吸水管上的最小覆土。半地下式泵房地面以上建筑物的空间要能满足吊装、运输、采光、通风等机器间的操作要求，并能设置管理人员的值班室和配电室，一般排水泵站应采用半地下式泵房。

（2）全地下式泵房：仅当由于受周围建筑物局限或该地区有特殊要求不允许有地面建筑，不得不设置全地下式泵房时，应采取以下措施：必须有良好的机械通风设备，保证室内空气流通；电动机间、水泵间、集水池都应设直接通向室外的吊装孔；门或入孔的尺寸应能满足两人同时进出的要求。入孔最好用矩形，宽度不小于 1.2 m；上下楼梯踏步应采用钢筋混凝土结构，不允许采用钢筋或角钢焊接；尽可能采用自动化遥控。其缺点：通风条件差，容易引起中毒事故，在污水泵房中还可能有沼气积累甚至会发生爆炸；潮湿现象严重，会因电动机受潮而影响正常运转；管理人员出入不方便，携带物件上下更加困难；为满足防渗防潮要求，需要全部采用钢筋混凝土结构，工程造价较高。故应尽量避免采用全地下式泵房。

4.3.2.6　其他泵房形式

（1）螺旋泵站

污水由来水管进入螺旋泵的水槽，螺旋泵的电动机及有关的电气设备设于机器间内，污水经螺旋泵提升进入出水渠，出水渠起端设置格栅。采用螺旋泵抽水可以不设集水池，不建地下式或半地下式泵房，可节约土建投资。螺旋泵抽水不需要封闭的管道，因此水头损失较小，电耗较省。由于螺旋泵螺旋部分是敞开的，维护与检修方便，运行时无须看管，便于实行遥控和在无人看管的泵站中使用，还可以直接安装在下水道内提升污水。布置示意图如图 4-25 所示。

螺旋泵可以提升破布、石头、杂草、罐头盒、塑料袋以及废瓶子等任何能进入泵叶片之间的固体物质。因此，泵前可不必设置格栅。格栅设于泵后，在地面以上，便于安装、检修与清除。使用螺旋泵时，可完全取消通常其他类型污水泵配用的吸水喇叭管、底阀、进水和出水闸阀等配件和设备。

螺旋泵还有一些其他泵所没有的特殊功能，如在提升活性污泥和含油污水时，由于其转速慢，不会打碎污泥颗粒和矾花。用于沉淀池排泥，能对沉淀污泥起一定的浓缩作用。

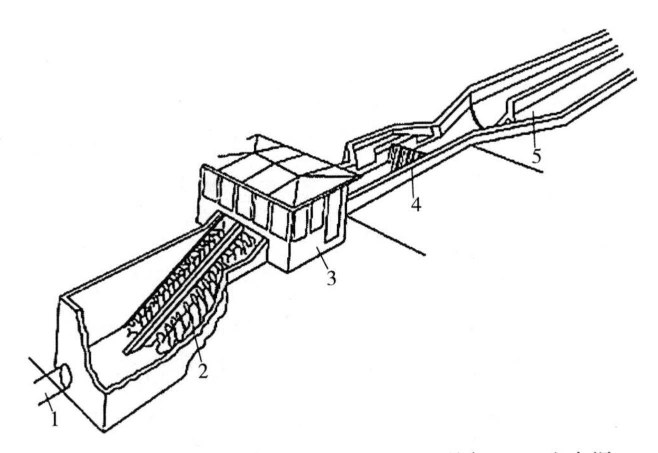

1—来水管；2—螺旋泵；3—机器间；4—格栅；5—出水渠。

图 4-25　螺旋泵站布置

但是，螺旋泵也有其缺点：受机械加工条件的限制，泵轴不能太粗太长，所以扬程较小，一般为 3 ～ 6 m。因此，不适用于高扬程、出水水位变化大或出水为压力管的场合。在需要较大扬程的地方，往往采用二级或多级抽升的布置方式，由于螺旋泵是斜装的，体积大，占地也大，耗钢材较多。此外，螺旋泵是开敞式布置，运行时有臭气逸出。

（2）潜水泵站

随着潜水泵质量的不断提高，越来越多的新建或改建的排水泵站都采用了各种形式的潜水泵（图 4-26），包括排水用潜水轴流泵、潜水混流泵、潜水离心泵等，其最大的优点是不需要专门的机器间，将潜水泵直接置于集水井中，但对潜水泵尤其是潜水电机的质量要求较高。

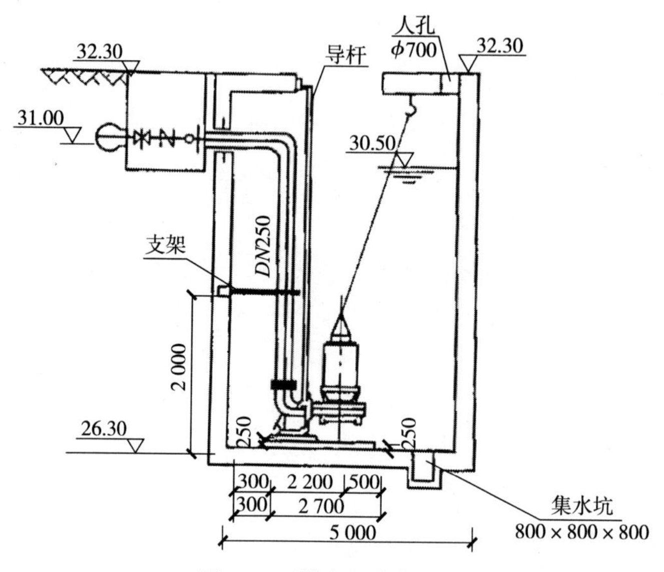

图 4-26　潜水泵排水泵站

在工程实践中，排水泵站的类型是多种多样的。究竟采取何种类型，应根据具体情况，经多方案技术经济比较后决定。根据我国设计和运行经验，凡台数不多于 4 台的污水泵站和 3 台或 3 台以下的雨水泵站，其地下部分结构采用圆形最为经济，其地面以上构筑物的形式，必须与周围建筑物相适应。当泵台数超过上述数量时，地下及地上部分都可采用矩形或由矩形组合成的多边形或椭圆形；地下部分有时为了发挥圆形结构比较经济和便于沉井施工的优点，可以采取将集水池和机器间分开，或者将泵分设在两个地下的圆形构筑物内。这种这布置适用于流量较大的雨水泵站或合流泵站。对于抽送会产生易燃易爆和有毒气体的污水泵站，必须设计为单独的建筑物，并应采用相应的防护措施。

4.3.3　排水泵站的工艺设计要求

排水泵站设计的一般要求如下：

4.3.3.1　设计流量和设计扬程

（1）设计流量

排水泵站设计流量宜按远期规模设计，水泵机组可按近期配置。

①污水泵站的设计流量应按泵站进水总管的最高日最高时流量计算。

②雨水泵站的设计流量应按泵站进水总管的设计流量计算，当立交道路设有盲沟时，其渗流水量应单独计算。

③合流污水泵站的设计流量按下列公式确定：

泵站后设污水截流装置时，按式（4-25）计算；泵站前设污水截流装置时，按式（4-26）计算。

$$Q = Q_d + Q_m + Q_s = Q_{dr} + Q_s \quad (4\text{-}25)$$

式中：Q——设计流量，L/s；

Q_d——综合生活污水流量，L/s；

Q_m——工业废水流量，L/s；

Q_s——雨水设计流量，L/s；

Q_{dr}——截流井前的旱流污水设计流量，L/s。

$$Q' = (n+1)\,Q_{dr} + Q_s' + Q_{dr}' \quad (4\text{-}26)$$

式中：Q'——截流井后管渠的设计流量，L/s；

n_0——截流倍数；

Q_s'——截流井后汇水面积的雨水设计流量，L/s；

Q_{dr}'——截流井后汇水面积的旱流污水设计流量，L/s。

（2）设计扬程

①污水泵和合流污水泵的设计扬程：出水管渠水位以及集水池水位的不同组合，可组成不同的扬程，设计平均流量时，出水管渠水位与集水池设计水位之差加上管路水头损失和安全水头为设计扬程；设计最小流量时，出水管渠水位与集水池设计最高水位之差加上管路系统水头损失和安全水头为最低工作扬程；设计最大流量时，出水管渠水位与集水池设计最低水位之差加上管路系统水头损失和安全水头为最高工作扬程。

②雨水泵站的设计扬程：受纳水体水位以及集水池水位的不同组合，可组成不同的扬程。受纳水体水位的常水位或平均潮位与设计流量下集水池设计最高水位之差加上管路系统水头损失和安全水头为设计扬程；受纳水体水位的低水位或平均低潮位与集水池设计最高水位之差加上管路系统水头损失和安全水头为最低工作扬程；受纳水体水位的高水位或防汛潮位与集水池设计最低水位之差加上管路系统水头损失和安全水头为最高工作扬程。

安全水头一般为 0.3 ～ 0.5 m。

4.3.3.2　泵房设计

（1）水泵配置应根据设计流量和所需的扬程等因素确定，且应符合以下要求：

① 水泵宜选同一型号，台数不应少于 2 台，不宜多于 8 台。当流量变化很大时，可配置不同规格的水泵，但规格不宜超过两种，或采用变频调速装置，或采用叶片可调试水泵。

② 污水泵房和雨水泵房应设备用泵。当工作泵台数少于 4 台时，备用泵宜为 1 台；工作泵台数多于 5 台时，备用泵宜为 2 台；潜水泵房备用泵为 2 台时，可现场备用 1

台，库存备用1台；雨水泵房可不设备用泵，但立交道路的雨水泵房可视泵房重要性设置备用泵。

③ 选用的水泵宜在满足设计扬程时在高效区运行；在最高工作扬程与最低工作扬程的整个工作范围内应能安全稳定运行。2台以上水泵并联运行合用一根出水管时，应根据水泵特性曲线和管路工作特性曲线验算单台泵的工况。

④ 多级串联的污水泵站和合流污水泵站，应考虑级间调整的影响。

⑤ 水泵吸水管设计流速宜为0.7～1.5 m/s，出水管流速宜为0.8～2.5 m/s。

⑥ 非自灌式水泵应设引水设备，小型水泵可设底阀或真空引水设备。

⑦雨水泵站应采用自灌式泵站，污水泵站和合流泵站宜采用自灌式泵站。

（2）泵房布置宜符合以下要求：

① 水泵房的平面布置

水泵布置宜采用单行布置，主要机组的布置和通道宽度，应满足机电设备安装、运行和操作的要求，即水泵机组基础间的净距不宜小于1.0 m，机组突出部分与墙壁的净距不宜小于1.2 m，主要通道宽度不宜小于1.5 m；配电箱前面的通道宽度，低压配电时不宜小于1.5 m，高压配电时不宜小于2.0 m；当采用在配电箱后检修时，配电箱后距墙的净距不宜小于1.0 m；有电动起重机的泵房内，应有吊装设备的通道。

② 水泵房的高程布置

泵房各层层高应根据水泵机组、电气设备、起吊装置、安装、运行和检修等因素确定。水泵机组基座应按水泵的要求设置，并应高出地坪0.1 m以上；泵房内地面敷设管道时，应根据需要设置跨越设施，若架空敷设时，不得跨越电气设备和阻碍通道，通行处的管底距地面不宜小于2.0 m；当泵房为多层时，楼板应设置吊物孔，其位置应在起吊设备的工作范围内，吊物孔尺寸应按所需吊装的最大部件外形尺寸每边放大0.2 m以上。

泵站室外地坪标高应按城镇防洪标准确定，并符合规划部门要求。泵房室内地坪应比室外地坪高0.2～0.3 m。易受洪水淹没地区的泵站，其入口处设计地面标高应比设计洪水位高0.5 m以上，当不能满足该条件时，可在入口处设置槽、墩等临时性防洪措施。

（3）集水池

1）集水池容积

为了泵站正常运行，集水池的贮水部分必须有适当的有效容积。集水池的设计最高水位与设计最低水位之间的容积为有效容积。集水池有效容积的计算范围，除集水池本身外，可以向上游推算到格栅部位。若容积过小，水泵开停频繁；若容积过大，则增加工程造价。

污水泵站集水池容积应符合：不应小于最大一台水泵5 min的出水量；若水泵机组为自动控制时，每小时开动水泵不得超过6次；对污水中途泵站，其下游泵站集水池容积，应与上游泵站工作相匹配，防止集水池壅水和开空车。

雨水泵站和合流污水泵站集水池的容积，由于雨水进水管部分可作为贮水容积考虑，仅规定不应小于最大一台水泵 30 s 的出水量。

间歇使用的泵房集水池，应按一次排的水量、泥量和水泵抽送能力计算。

2）集水池设计水位

污水泵站集水池设计最高水位应按进水管充满度计算；雨水泵站和合流污水泵站集水池设计最高水位应与进水管管顶相平；当设计进水管道为压力管时，集水池设计最高水位可高于进水管管顶，但不得使管道有地面冒水；大型合流污水输送泵站集水池的容积应按管网系统中调压塔原理复核。

集水池设计的最低水位应满足所选水泵吸升水头的要求，自灌式泵房尚应满足水泵叶轮浸没深度的要求。

3）集水池构造

泵站应采取正向进水，以使水流顺畅，流速均匀。侧向进水易形成集水池下游端的水泵吸水管处于水流不稳、流量不均状态，对水泵运行不利。由于进水条件对泵房运行极为重要，必要时，流量在 15 m^3/s 以上的泵站宜通过水力模型试验确定进水布置方式，5 ～ 15 m^3/s 的泵站宜通过数学模型计算确定进水布置方式。

集水池底部应设集水坑，倾向坑的坡度不宜小于 10%；集水坑应设冲洗装置，宜设清泥设施。雨水进水管沉砂量较多的地区，宜在雨水泵站前设置沉砂设施和清砂设备。

（4）出水设施

① 当 2 台或 2 台以上水泵合用一根出水管时，每台水泵的出水管均应设置闸阀，并在闸阀和水泵之间设置止回阀。当污水泵出水管与压力管或压力井相连时，出水管上必须安装止回阀和闸阀等防倒流装置，雨水泵的出水管末端宜设置防倒流装置，其上方宜考虑设置起吊设施。

② 合流污水泵站宜设试车水回流管。出水井通向河道一侧应安装出水闸门或采取临时性的防堵措施。雨水泵站出水口位置选择应避免桥梁等水中构筑物，出水口和护坡结构不得影响航道，水流不得冲刷河道或影响航运安全，出口流速宜小于 0.5 m/s，并取得航运、水利部门的同意，泵房出水口处应设置警示标志。

4.3.3.3　排水泵站的其他要求

（1）排水泵站宜设计为单独的建筑物，泵站与居住房屋和公共建筑物的距离应满足规划、消防和环保部门的要求。抽送产生易燃易爆和有毒有害气体的污水泵站，应采取相应的防护措施。位于居住区和重要地段的污水、合流污水泵站应设置除臭装置。

（2）排水泵站的建筑物和附属设施宜采取防腐蚀措施。

（3）排水泵站供电应按二级负荷设计，特别重要地区的泵站应按一级负荷设计。

当不满足上述要求时，应设置备用动力设施。

4.3.4 污水泵站的工艺设计

4.3.4.1 泵的设计

（1）泵的设计流量

城市污水的排水量是不均匀的。要合理地确定泵的流量及其台数以及决定集水池的容积，必须了解最高日中每小时污水流量的变化情况。而在设计排水泵站时，这种资料往往难以获得。因此，排水泵站的设计流量一般均按最高日最高时污水流量决定。小型排水泵站（最高日污水量在 5 000 m^3/d 以下），一般设 1 ～ 2 台机组；大型水泵站（最高日污水 15 000 m^3/d 以上）设 3 ～ 4 台机组。

污水泵站的流量随着排水系统的分期建设而逐渐增大，在设计时必须考虑这一因素。

（2）泵站的扬程

泵站程扬可按式（4-27）计算，

$$H = H_{ss} + H_{sd} + \sum h_s + \sum h_d \tag{4-27}$$

式中：H_{ss}——吸水高度，为集水池内最低水位与水泵轴线之高差，m；

H_{sd}——压水高度，为泵轴线与输水最高点（即压水管出口处）之高差，m；

$\sum h_s$、$\sum h_d$——污水通过吸水管路和压水管路中的水头损失（包括沿程损失和局部损失），m。

应该指出，由于污水泵站一般扬程较低，局部损失占总损失的比重较大，所以不可忽略。考虑到污水泵在使用过程中因效率下降和管道中阻力增加而增加的能量损失，在确定泵扬程时，可增大 1 ～ 2 m 安全扬程。此外，泵在运行过程中集水池的水位是变化的，所选泵应在这个变化范围内处于高效段；当泵站内的泵超过 2 台时，所选的泵在并联运行和在单泵运行时都应在高效段内。

（3）泵站的选择

选用工作泵的要求是在满足最大排水量的条件下，投资低，电耗省，运行安全可靠，维护管理方便。在可能条件下，每台泵的流量最好相当于 1/3 ～ 1/2 的设计流量，并且以采用同型号泵为好。这样对设备的购置、设备与配件的备用、安装施工、维护检修都有利。但从适应流量的变化和节约电耗考虑，采用大小搭配较为合适。如选用不同型号的两台泵时，小泵的出水量应不小于大泵出水量的 1/2；如设一大两小共 3 台泵时，则小泵的出水量不小于大泵出水量的 1/3。在污水泵站中，一般选择立式离心污水泵。当流量大时，可选择轴流泵；当泵房不太深时，也可选用卧式离心泵。排除含有酸性或其他腐蚀性工业废水时，应选择耐腐蚀的泵。排除污泥时，应尽可能选用污泥泵。

为了保证泵站的正常工作，需要有备用机组和配件。如果泵站经常工作的泵不多于 4 台，且为同一型号，则可只设一套备用机组。超过 4 台时，除安设一套备用机组外，在仓库中还应存放一套。

4.3.4.2　集水池设计

污水泵站集水池的容积与进入泵站的流量变化情况、泵的型号、台数及其工作制度、泵站操作性质、启动时间等有关。

集水池的容积在满足安装格栅和吸水管的要求、保证泵工作时的水力条件以及能够及时将流入的污水抽走的条件下，应尽量小些。因为缩小集水池的容积，不仅能降低泵站的造价，还可减轻集水池污水中大量杂物的沉积和腐化。

（1）对于全日运行的大型污水泵站，集水池容积根据工作泵机组停车时启动备用机组所需的时间计算，一般可采用不小于泵站中最大一台泵 5 min 出水量的体积。

（2）对于小型污水泵站，由于夜间的流入量不大，通常在夜间停止运行。在这种情况下，必须使集水池容积能够满足储存夜间流入量的要求。

（3）抽升新鲜污泥、硝化污泥、活性污泥泵站的集泥池容积，根据从沉淀池、硝化池一次排出的污泥量或回流和剩余的活性污泥量计算确定。

对于自动控制的污水泵站，其集水池容积按控制出水量分别计算，

当泵站为一级工作时：

$$W=\frac{Q_0}{4n} \tag{4-28}$$

当泵站为二级工作时：

$$W=\frac{Q_2-Q_1}{4n} \tag{4-29}$$

式中：W——集水池容积，m^3；

Q——泵站一级工作时泵的出水量，m^3/h；

Q_1、Q_2——泵站分二级工作时，一级与二级工作泵的出水量，m^3/h；

n——泵每小时启动次数，一般取 $n=6$。

4.3.4.3　机组与管道的布置

（1）机组的布置要求

污水站中机组台数，一般不超过 4 台，而且污水都是从轴向进水，一侧出水，所以常采取并列的布置形式。常见的布置形式如图 4-27 所示。图 4-27（a）适用于卧式污水泵；图 4-28（b）、4-28（c）适用于立式污水泵。

机组间距及通道大小，同给水泵站的要求。

为了减小集水池的容积，污水泵机组的“开”“停”比较频繁。为此，污水泵常采取自灌式工作，吸水管上必须装设闸门，以便检修水泵。但是，采取自灌式工作会使泵房埋深加大，增加造价。

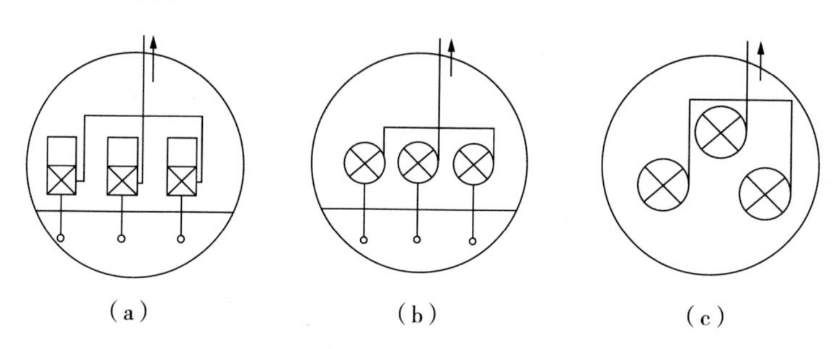

（a）适用于卧式污水泵；（b）、（c）适用于立式污水泵。

图 4-27　污水泵站机组布置形式

（2）管道的布置要求

每台泵应设置一条单独的吸水管，这不仅改善了水力条件，而且可减少杂质堵塞管道的可能性。

吸水管的设计流速一般采用 1.0 ～ 1.5 m/s，最低不得小于 0.7 m/s，以免管内产生沉淀。吸水管很短时，流速可提高到 2.0 ～ 2.5 m/s。

非自灌式工作的泵，应利用真空泵或水射器引水启动，不允许在吸水管进口处装设底阀，因底阀在污水中易被堵塞，影响泵的启动，且增加水头损失和电耗。吸水管进口应装设喇叭口，其直径为吸水管直径的 1.3 ～ 1.5 倍。喇叭口安设在集水池的集水坑内。

压水管的流速一般不小于 1.5 m/s，当 2 台或 2 台以上泵合用一条压水管而仅一台泵工作时，其流速也不得小于 0.7 m/s，以免管内产生沉淀。各泵的出水管接入压水干管（连接管）时，不得自干管底部接入，以免泵停止运行时该泵的压水管形成杂质淤积。每台泵的压水管上均应装设阀门。污水泵出口一般不装设止回阀。

泵站内管道一般采用明装敷设。吸水管道常置于地面上，由于泵房较深，压水管多采用架空安装，通常沿墙架设在托架上。所有管道应注意稳定。管道的布置不得妨碍泵站内的交通和检修工作。不允许把管道装设在电气设备的上空。

污水泵站的管道易受腐蚀。钢管抗腐蚀性较差，因此，一般应避免使用钢管。

4.3.4.4　泵站内标高的确定

泵站内标高主要根据进水管渠底标高或管中水位确定。自灌式泵站集水池底板与机器间底板标高基本一致，而非自灌式泵站由于利用了泵的真空吸上高度，机器间底板标高较集水池底板高。

集水池中最高水位：对于小型泵站即取进水管渠渠底标高；对于大、中型的泵站可取进水管渠计算水位标高。而集水池的有效水深，从最高水位到最低水位，一般取为 1.5 ～ 2.0 m，池底坡度 i = 0.1 ～ 0.2，并倾向集水坑。集水坑的大小应保证泵有良好的吸水条件，吸水管的喇叭口放在集水坑内一般朝下安设，其下缘在集水池中最低水位以下 0.4 m，离坑底的距离不小于喇叭进口直径的 80%。清理格栅工作平台应比最高水位高出 0.5 m 以上。平台宽度应不小于 0.8 ～ 1.0 m。沿工作平台边缘应有高 1.0 m 的栏杆。为了便于下到池底进行检修和清洗，从工作平台到池底应设有爬梯方便上下，如图 4-28 所示。

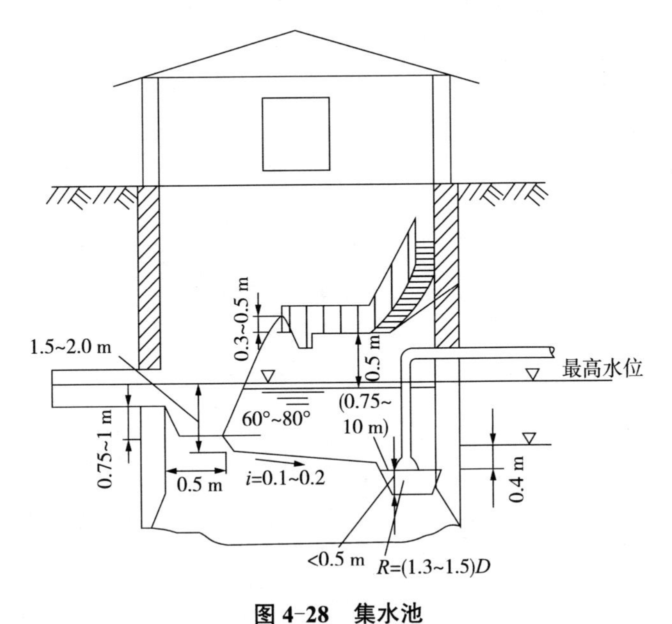

图 4-28　集水池

对于非自灌式泵站，泵轴线标高可根据泵允许吸上真空高度和当地条件确定。泵基础标高则由泵轴线标高推算，进而可以确定机器间地坪标高。机器间上层平台标高一般应比室外地坪高出 0.5 m。

对于自灌式泵站，泵轴线标高可由喇叭口标高及吸水管上管配件尺寸推算确定。

4.3.4.5　污水泵站中的辅助设备

（1）格栅

格栅是污水泵站中最主要的辅助设备。格栅一般由一组平行的栅条组斜置于泵站集水池的进口处。其倾斜角度为 60° ～ 80°，栅条间隙根据泵的性能按表 4-5 选用，栅条的断面形状与尺寸可按表 4-6 选用。

格栅后应设置工作台，工作台一般应高出格栅上游最高水位 0.5 m。

对于人工清渣的格栅，其工作平台沿水流方向的长度不小于 1.2 m，机械清渣的格栅长度不小于 1.5 m，两侧过道宽度不小于 0.7 m。工作平台上应有栏杆和冲洗设施。人工清渣，不但劳动强度大，而且有些泵站的格栅深达 6 ～ 7 m，污水中蒸发的有毒气体往往对清渣工人的健康有很大的危害。机械格栅（机耙）能自动清除截留在格栅上的栅渣，将栅渣倾倒在翻斗车或其他集污设备，减轻了工人的劳动强度，保护了工人身体健康，同时可降低格栅的水头损失。

表 4-5　污水泵前格栅的栅条间隙

水泵型号		栅条间隙 /mm
离心泵	2.5 PWA	≤ 20
	4 PWA	≤ 40
	6 PWA	≤ 70
	8 PWA	≤ 90
轴流泵	20 ZLB-70	≤ 60
	28 ZLB-70	≤ 90

表 4-6　栅条的断面形状与尺寸

栅条断面形状	一般采用尺寸 /mm
正方形	20 20 20 20
圆形	10 10 10
矩形	10 10 10 50
等半圆的矩形	10 10 10 50

（2）水位控制器

为适应污水泵站开停频繁的特点，往往采用自动控制机组运行。自动控制机组启动停车的信号，通常由水位继电器发出。图 4-29 为污水泵站中常用的浮球液位控制器工作原理。浮子始终都要漂在水上，当水面上涨时，浮子也跟着上升，漂子上升带动连杆也上升，连杆与另一端的阀门相连，当浮子上升到一定位置时，连杆支起橡胶活塞垫，封闭水源。反之，当水位下降时，浮漂也下降，连杆又带动活塞垫开启。国内使用较多的有 UQK-12 型浮球液位控制器、浮球行程式水位开关、浮球拉线式水位开关。

除浮球液位控制器外，尚有电极液位控制器。

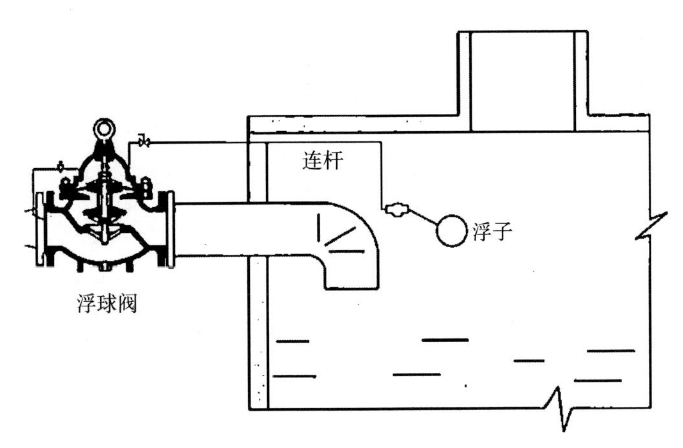

图 4-29　浮球液位控制

（3）计量设备

由于污水中含有杂质，其计量设备应考虑被堵塞的问题。设在污水处理厂内的泵站，可不考虑计量问题，因为污水处理厂常在污水处理后的总出口明渠上设置计量槽。单独设立的污水泵站可采用电磁流量计，也可以采用弯头水表或文氏管水表计量，但应注意防止传压细管被污物堵塞，为此，应有引高压清水冲洗传压细管的措施。

（4）引水装置

污水泵站一般设计成自灌式，无须引水装置。当泵为非自灌工作时，可采用真空泵或水射器抽气引水，也可以采用密闭水箱注水。当采用真空泵引水时，在真空泵与污水泵之间应设置汽水分离箱，以免污水和杂质进入真空泵。

（5）反冲洗设备

污水中所含杂质，往往部分地沉积在集水坑内，时间长了，腐化发臭，甚至填塞集水坑，影响泵的正常吸水。为了松动集水坑内的沉渣，应在坑内设置压力冲洗管。通常，从泵的压水管上接出一根直径为 50 ～ 100 mm 的支管伸入集水坑，定期将沉渣冲起，由泵抽走。也可在集水池间设一自来水龙头，作为冲洗水源。

（6）排水设备

当泵为非自灌式时，机器间高于集水池。机器间的污水能自流泄入集水池，可用管道把机器间集水坑的集水排至集水池，但其上应装设闸门，以防集水池中的臭气逸入机器间。当水泵吸水管能形成真空时，也可在泵吸水口的管径最小处接出一根小管伸入集水坑，泵在低水位工作时，将坑中污水抽走。

（7）采暖与通风设施

排水泵站一般无须采暖设备，如必须采暖时，一般采用火炉，或采用暖气设施。排水泵站一般利用通风管自然通风，在屋顶设置风帽。只有在炎热地区，机组台数较多或功率很大，自然通风不能满足要求时，才采用机械通风。

（8）起重设备

起重量在0.5 t以内时，设置移动三脚架或手动单梁起重机，也可在集水池和机器间的顶板上预留吊钩；起重量为0.5～2.0 t时，设置手动单梁起重机；起重量超过2.0 t时，设置手动桥式起重机。深入地下的泵房或吊运距离较长时，可适当提高起吊机械水平。

4.3.5 雨水泵站的工艺设计

当雨水管道出口处水体水位较高，雨水不能自流排泄；或者水体最高水位高出排水区域地面时，都应在雨水管道出口前设置雨水泵站。

雨水泵站基本与污水泵站相同，下面对其独有特点进行说明：

4.3.5.1 泵的设计

雨水泵站的特点是大雨和小雨时设计流量的差别很大。泵的选型首先应满足最大设计流量的要求，但也必须考虑雨水径流量的变化。只顾大流量忽视小流量是不全面的，会给泵站的工作带来困难。雨水泵的台数，一般不宜少于2台，以便适应来水流量的变化。大型雨水泵站按流入泵站的雨水道设计流量选泵；小型雨水泵站（流量在25 m^3/s以下）泵的总抽水能力可略大于雨水道设计流量。

泵的型号不宜太多，最好选用同一型号。如必须大小泵搭配时，其型号也不宜超过两种。如采用“一大二小三台泵”时，小泵出水量不小于大泵的1/3。

雨水泵可以在旱季检修，因此，通常不设备用泵。

泵的扬程必须满足从集水池平均水位到出水最高水位所需扬程的要求。

4.3.5.2 集水池的设计

由于雨水管道设计流量大，在暴雨时，泵站在短时间内要排出大量雨水，如果完全用集水池来调节，往往需要很大的容积，而接入泵站的雨水管渠断面面积很大，敷设坡度又小，也能起一定的调节水量的作用。因此，在雨水泵站设计中，一般不考虑集水池的调节作用，只要求在保证泵正常工作和合理布置吸水口等所必需的容积。一般采用不小于最大一台泵30 s的出水量。

由于雨水泵站大多采用轴流泵，而轴流泵是没有吸水管的，集水池中水流的情况会直接影响叶轮进口的水流条件，从而影响泵的性能。因此，必须正确地设计集水池，否则会使泵工作受到干扰而使泵性能与设计要求不符。

由于水流具有惯性，流速越大其惯性越显著，水流方向不易改变。集水池的设计必须考虑水流的惯性，以保证泵具有良好的吸水条件，不致产生旋流与各种涡流。

旋流是由于集水池中水的偏流、涡流和泵叶轮的旋转产生的。旋流扰乱了泵叶轮中的均匀水流，从而直接影响泵的流量、扬程和轴向推力，是造成机组振动的原因。

在集水池中，可能产生如图 4-30 所示的祸流。这种涡流附着于集水池底部或侧壁，一端延伸到泵进口。在水中涡流中心产生气蚀作用。由于吸入空气和气蚀作用使泵性能改变，效率下降，出水量减少，并使电动机过载运行；还会产生噪声和振动，使运行不稳定，导致轴承磨损和叶轮腐蚀。

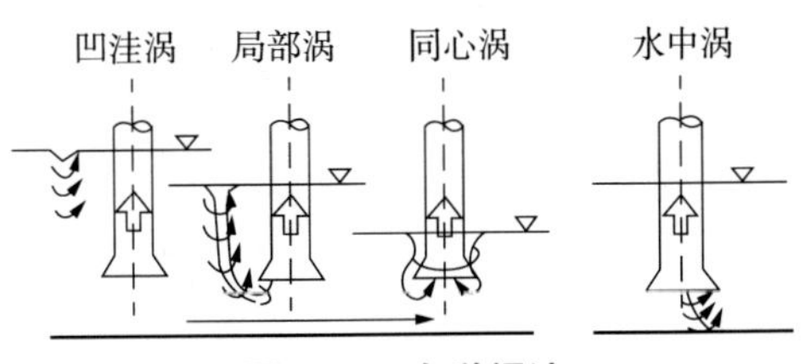

图 4-30　各种涡流

集水池的设计一般应注意以下事项：

（1）使进入池中的水流均匀地流向各泵，见表 4-7 中Ⅳ；

（2）泵的布置、吸入口位置和集水池形状不致引起旋流，见表 4-7 中Ⅰ、Ⅱ、Ⅲ、Ⅳ、Ⅴ；

（3）集水池进口流速一般不超过 0.7 m/s，泵吸入口的行近流速宜取 0.3 m/s 以下；

（4）流线不要突然扩大和改变方向，见表 4-7 中Ⅰ、Ⅲ、Ⅳ；

（5）泵与集水池壁之间不应留过多空隙，见表 4-7 中Ⅱ；

（6）在一台泵的上游应避免设置其他的泵，见表 4-7 中Ⅳ；

（7）应有足够的淹没水深，防止空气吸入形成涡流；

（8）进水管管口要做成淹没出流，使水流平稳地没入集水池，因而使进水管中的水不致卷吸空气带入吸水井，见表 4-7 中Ⅵ、Ⅸ；

（9）在封闭的集水池中应设透气管，排除集存的空气，见表 4-7 中Ⅶ；

（10）进水明渠应设计成不发生水跃的形式，见表 4-7 中Ⅷ；

（11）当集水池的形状受场地大小、施工条件、机组配置等的限制，不能设计成理想的形状和尺寸时，为了防止形成涡流，必要时应设置适当的涡流防止壁和隔壁。

表 4-7　集水池的好例与坏例

序号	坏例	注意事项	好例
Ⅰ		2 2，4 2，4	
Ⅱ		5 5，11	
Ⅲ		2，11 11	

续表

序号	坏例	注意事项	好例
Ⅳ		1，4，6	
		1，2，4	
		1，2，4	
Ⅴ		2，11	
Ⅵ		8	
		8	
Ⅶ		9	池内集存的空气，可以排除
Ⅷ		10	
Ⅸ		8	

4.3.5.3　出水设施设计

雨水泵站的出流设施一般包括出流井、出流管、超越管（溢流管）、排水口 4 个部分，如图 4-31 所示。

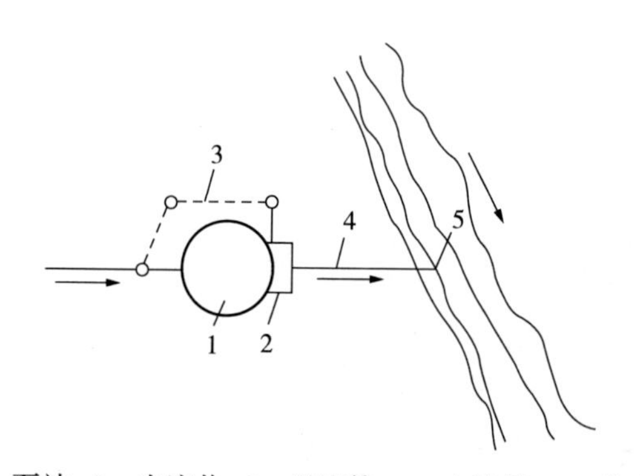

1—泵站；2—出流井；3—溢流管；4—出流管；5—排出。

图 4-31　出水设施

出流井中设有各泵出口的拍门，雨水经出流井、出流管和排水口排入天然水体。拍门可以防止水流倒灌入泵站。出流井可以多台泵共用一个，也可以每台泵各设一个。溢流管的作用是当水体水位不高同时排水量不大时，或在泵发生故障或突然停电时，用以排泄雨水。因此，在连接溢流管的检查井中应装设闸板，平时该闸板关闭。排水口的设置应考虑对河道的冲刷和航运的影响，所以应控制出口水流速度和方向，一般出口流速应控制为 0.6 ～ 1.0 m/s，流速较大时，可以在出口前采用八字墙放大水流断面。出流管的方向最好向河道下游倾斜，避免与河道垂直。

4.3.5.4　雨水泵站内部布置与构造

雨水泵站中泵一般都是单行排列，每台泵各自从集水池中抽水，并独立地排入出流井。出流井一般放在室外，当可能产生溢流时，应予以密封，并在井盖上设置透气管或出流井内设置溢流管，将倒流水引回集水池。

吸水口和集水池之间的距离应使吸水口和集水池底之间的过水断面面积等于吸水喇叭口的面积。这个距离一般在 1/2 吸水口直径（D）最佳，距离增加时，泵效率不升反降；若这一距离必须大于 D，为改善水力条件，应在吸水口下设一涡流防止壁，如导流锥，并采用如图 4-32 所示的吸水喇叭口。

吸水口和池壁距离应不小于 $D/2$，如果集水池能保证均匀分布水流，则各泵吸水喇叭口之间的距离应等于 $2D$，如图 4-33（a）所示。如图 4-33（a）及 4-33（b）所示的进水条件较好，如图 4-33（c）所示的进水条件不好，在不得不从一侧进水时，应采用如图 4-33（d）所示的布置形式。

因为轴流泵的扬程低，所以压水管要尽量短，以减小水头损失。压水管直径的选择应使其流速水头损失小于泵扬程的 4% ～ 5%。压水管出口不设闸阀，只设拍门。

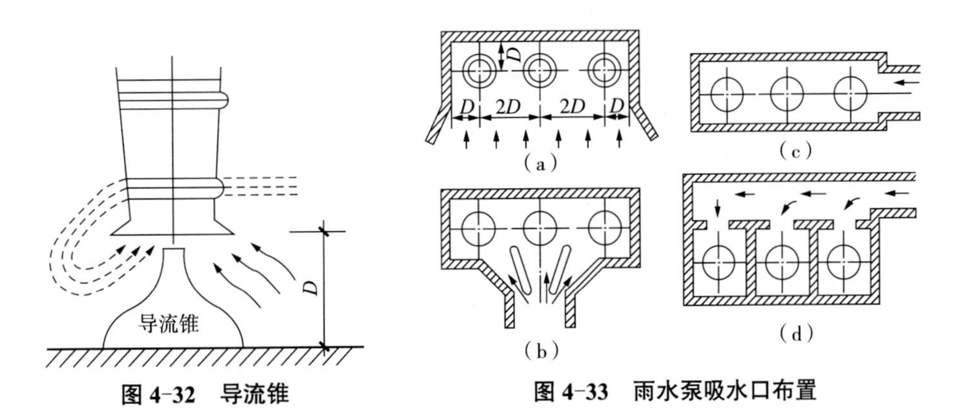

图 4-32　导流锥

图 4-33　雨水泵吸水口布置

集水池中最高水位标高，一般为来水干管的管顶标高，最低水位一般略低于来水干管的管底标高。对于流量较大的泵站，为了避免泵房太深，施工困难，也可以略高于来水管渠管底标高，使最低水位与该泵流量条件下来水管渠的水面标高齐平。

水泵间内应设集水坑及小型泵以排除泵的渗水，该泵应设在不被水淹之处。相邻两机组基础之间的净距，同给水泵站的要求。

在立式轴流泵的泵站中，电动机间一般设在水泵间之上。电动机间应设置起重设备，房屋跨度不大时，可以采用单梁起重机；跨度较大或起重量较大时，应采用桥式起重机，电动机间地板上应有吊装孔，该孔在平时用盖板盖好。其净空高度：当电动机功率在 5 W 以下时，不应小于 3.5 m；在 100 kW 以上时，不应小于 5.0 m。

为了保护泵，在集水池前应设格栅。格栅可单独设置或附设在泵站内，单独设置的格栅井，通常建成露天式，四周围以栏杆，也可以在井上设置盖板。附设在泵站内，但必须与机器间、变压器间和其他房间完全隔开。为便于清除栅渣，须设格栅平台，平台应高于集水池设计最高水位 0.5 m，平台宽度不应小于 1.2 m，平台上应做渗水孔，并装上自来水龙头以便冲洗。格栅宽度不得小于进水管渠宽度的 2 倍。格栅栅条间隙可采用 50 ～ 100 mm。格栅前进水管渠内的流速不应小于 1 m/s，过栅流速不超过 0.5 m/s。

为了便于检修，集水池最好分隔成进水格间，每台泵有各自单独的进水格间，如图 4-33（d）所示。在各进水格间的隔墙上设砖墩，墩上有槽或槽钢滑道，以便插入闸板。闸板设两道，平时闸板开启，检修时将闸板放下，中间用素土填实，以防渗水。

4.3.6 合流泵站的工艺设计

在合流制或截流式合流制污水系统中用以提升或排除服务区污水和雨水的泵站称为合流泵站。合流泵站的工艺设计、布置、构造等具有污水泵站和雨水泵站两者的特点。

合流泵站在不下雨时，抽送的是污水，流量较小。当下雨时，合流管道系统流量增加，合流泵站不仅抽送污水，还要抽送雨水，流量较大。因此在合流泵站设计选泵时，不仅要装设流量较大用以抽送雨天合流污水的泵，还要装设小流量泵用于抽送经非雨时流来的少量污水。这个问题应该引起重视，解决不好会造成泵站工作的困难和电能浪费。如某城市的一个合流泵站中，只装了两台 28ZLB-70 型轴流泵，而未安装小流量的污水泵。大雨时开一台泵已足够，而且开泵的时间很短（10 ～ 20 min）。由于泵的流量太大，根本不适合抽送非雨时连续流来的少量污水。一台大泵启动，很快将集水池的污水吸完，泵立即停车。泵一停，集水池中水位又逐渐上升，水位到一定高度，又开大泵抽，但很快又停车。如此连续频繁开、停泵，让泵的使用寿命降低。

因此，合流泵站设计时，应根据合流泵站抽送合流污水及其流量的特点，合理选泵及布置泵站设备。

习　题

一、选择题

1. 关于雨污合流泵站的设计，下列说法正确的是（　　）。

A. 合流泵站的设计扬程，应根据集水池水位与受纳水体平均水位来确定

B. 合流泵站集水池容积，不应小于最大一台水泵 30 s 的出水量

C. 合流泵站集水池设计最高水位应低于进水管管顶

D. 合流泵站应采用非自灌式

2. 以下关于排水泵站设计错误的是（　　）。

A. 排水泵站宜分期建设，即泵房按近期规模设计，并按近期规模配置水泵机组

B. 泵站室外地坪标高应按城市排洪标准确定

C. 水泵宜选用同一型号，台数不应少于 2 台，不宜多于 8 台

D. 当 2 台或 2 台以上水泵合用一根出水管时，每台水泵的出水管上均应设置闸阀，并在闸阀和水泵之间设置止回阀

二、计算题

3. 某城市地形平坦，采用串联分区供水，在Ⅰ、Ⅱ区压力控制点 B、C 设置增压泵站，Ⅰ区用水量占总用水量的 1/2，Ⅱ、Ⅲ区各占 1/4。水厂二级泵站 A 到泵站 B 的水头损失为 15 m，泵站 B 到泵站 C 的水头损失为 10 m，泵站 C 到Ⅲ区压力控制点 D 水头损失为 10 m，要求管网的最小服务水头为 16 m，则此分区供水比不分区供水可节能多少?（不计泵站能量损失）（参考答案：44.1%）

4. 某取水泵站全天均匀供水，供水量为 86 400 m^3/d，扬程为 10 m，水泵和电动机效率均为 80%。试计算水泵工作 24 h 的用电量。（参考答案：3 675 kW · h）

5. 某配水泵站分级供水，5：00–24：00 时供水量为 1 800 m^3/h，扬程为 30 m，水泵和电动机效率均为 80%。20：00–24：00（0：00）–5：00 时供水量为 900 m^3/h，扬程为 20 m，水泵和电动机效率均为 78%。传动装置效率按 100% 计，试计算水泵每天的耗电量。（参考答案：4 170 kW · h）

第5章　水的物化处理理论与技术

水或废（污）水中的污染物在处理过程或自然界的变化过程中，通过相转移作用而达到去除的目的，这种处理或变化工程称为物理化学过程。污染物在物理化学过程中可以不参与化学变化或化学反应，直接从一相转移到另一相，也可以经过化学反应后再转移，因此在物理化学处理过程中可能伴随着化学反应，但不一定总是伴随化学反应。常见的物理化学处理过程有混凝、沉淀、过滤、吸附、离子交换、膜分离过程等。

5.1　混凝的基本理论与构筑物

“混凝”就是水中胶体粒子以及微小悬浮物的聚集过程。这一过程涉及三方面问题：水中胶体粒子（包括微小悬浮物）的性质，混凝剂在水中的水解物种以及胶体粒子与混凝剂之间的相互作用。“混凝”有时与“凝聚”和“絮凝”相互通用。不过，现在较多的专家学者一般认为混凝包括凝聚与絮凝两种过程。把能起凝聚与絮凝作用的药剂统称为混凝剂。凝聚主要指胶体脱稳并生成微小聚集体的过程；絮凝主要指脱稳的胶体或微小悬浮物聚结成大的絮凝体的过程。但在实际生产中这两个过程很难完全划分。

在水处理中，混凝是影响处理效果最为关键的因素之一。混凝的作用不仅能够使处于悬浮状态的胶体和细小悬浮物聚结成容易沉淀分离的颗粒，而且能够部分地去除色度，无机污染物、有机污染物，以及铁、锰形成的胶体络合物。同时能去除一些放射性物质、浮游生物和藻类。

5.1.1　水中胶体稳定性

所谓“胶体稳定性”，是指胶体粒子在水中长期保持分散悬浮状态的特性。从胶体化学角度而言，高分子溶液是稳定系统，黏土类胶体及其他憎水胶体都并非真正的稳定系统。但从水处理角度而言，凡沉降速度十分缓慢的胶体粒子以至微小悬浮物，均被认为是“稳定”的。例如，粒径为 1 μm 的黏土悬浮粒子，沉降 10 cm 约需 20 h 之久，在停留时间有限的水处理构筑物内不可能沉降下来，它们的沉降性可忽略不计。

这样的悬浮体系在水处理领域即被认为是“稳定体系”，其稳定性分“动力学稳定”和“聚集稳定”两种。

5.1.1.1　胶体的结构形式

水中黏土胶体颗粒可以看成大的黏土颗粒多次分割的结果。在分割面上的分子和离子改变了原来的平衡状态，所处的力场、电场呈现不平衡状况，具有表面自由能，因而表现出了对外的吸附作用。在水中其他离子作用下，出现相对平衡的结构形式，如图 5-1 所示。

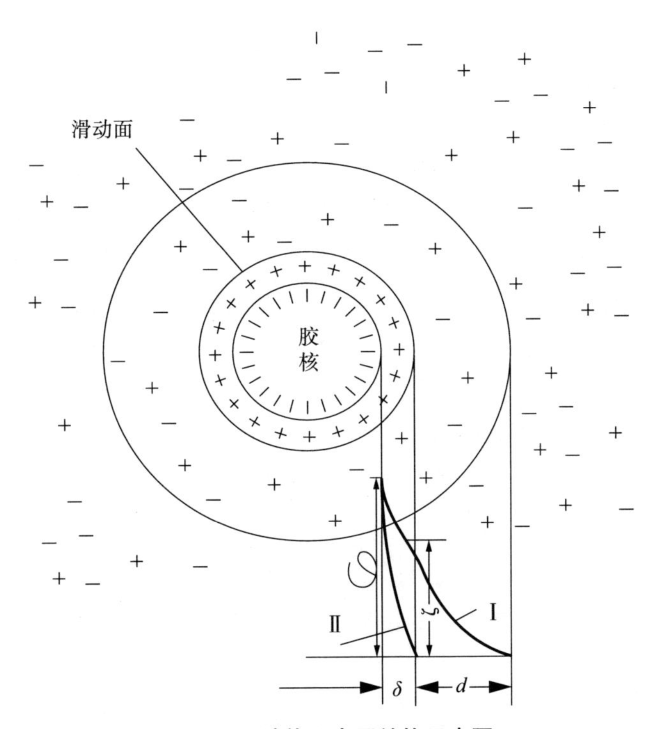

图 5-1　胶体双电层结构示意图

由黏土颗粒组成的胶核表面上吸附或电离产生了电位离子层，具有一个总电位（Φ 电位）。由于该层电荷作用，使其在表面附近从水中吸附了一层电荷符号相反的离子，形成了反离子吸附层。反离子吸附层紧靠胶核表面，随胶核一起运动，称为胶粒。总电位（Φ 电位）和吸附层中的反离子电荷量并不相等，其差值称为ζ电位，又称动电位，也就是胶粒表面（或胶体滑动面）上的电位，在数值上等于总电位中和了吸附层中反离子电荷后的剩余值。当胶粒运动到任何一处，总有一些与ζ电位电荷符号相反的离子被吸附过来，形成了反离子扩散层。于是，胶核表面所带的电荷和其周围的反离子吸附层、扩散层形成了双电层结构。双电层与胶核本身构成一个整体的电中性构造，又称为胶团。如果胶核带正电荷（如金属氢氧物胶体），构成的双电层结构、电荷和黏土胶粒构成的双电层结构、电荷正好相反。天然水中的胶体杂质通常是带负电荷胶体。

ζ电位的高低与水中杂质成分、粒径有关。同一种胶体颗粒在不同的水体中，因附着的细菌、藻类及其他杂质不同，所表现的ζ电位值不完全相同。由于无法把吸附层中的反离子层分开，只能在胶粒带着一部分反离子吸附层运动时，测定其电泳速度或电泳迁移率换算成ζ电位。

带有ζ电位的憎水胶体颗粒在水中处于运动状态，并阻碍光线透过或光的散射而使水体产生浑浊度。水的浑浊度高低不仅与含有的胶体颗粒的质量浓度有关，而且与胶体颗粒的分散程度（即粒径大小）有关。

5.1.1.2 胶体颗粒的动力学稳定性

水中的胶体颗粒一般分为两大类：一类是与水分子有很强亲和力的胶体，如蛋白质、碳氢化合物以及一些复杂的有机化合物的大分子形成的胶体，称为亲水胶体，其发生水合现象，包裹在水化膜之中；另一类与水分子亲和力较弱，一般不发生水合现象，如黏土、矿石粉等无机物，属于憎水胶体，其在水中的含量很高，引起水的浑浊度变化，有时出现色度增加，且容易附着其他有机物和微生物，是水处理的主要对象。

胶体颗粒的动力学稳定性是指颗粒布朗运动对抗重力影响的能力。大颗粒悬浮物（如泥沙等）在水中的布朗运动很微弱甚至不存在，在重力作用下会很快下沉，这种悬浮物称动力学不稳定；胶体粒子很小，布朗运动剧烈，本身质量小而所受重力作用小，布朗运动足以抵抗重力影响，故而能长期悬浮于水中，称动力学稳定。粒子越小，动力学稳定性越高。反之如果是较大颗粒（$d>5\ \mu m$）组成的悬浮物，它们本身的布朗运动很弱，虽然也受到其他发生布朗运动的分子、离子的撞击，但因粒径较大，四面八方的撞击作用趋于平衡。在水中的重力能够克服布朗运行及水流的影响，容易下沉，则称为动力学不稳定。

5.1.1.3 胶体颗粒的聚集稳定性

水体中的胶体颗粒虽然处于运动状态，但大多不能自然碰撞形成大的颗粒。除因含有胶体颗粒的水体黏滞性增加，影响颗粒的运动和互相碰撞接触外，其主要原因还是其带有相同性质的电荷所致。当两个胶粒接近到扩散层重叠时，便产生了静电斥力。静电斥力与两胶粒表面距离 x 有关，用排斥势能 E_R 表示。E_R 随 x 增大而按指数关系减小，如图 5-2 所示。然而，与斥力对应的还普遍存在一个范德华吸引力作用。两颗粒间范德华力的大小同样也与胶粒间距有关，用吸引势能 E_A 表示。对于两个胶粒而言，促使胶粒相互凝聚的吸引势能 E_A 和阻碍聚集的排斥势能 E_R 可以认为是具有不同作用方向的两个矢量。其代数和即总势能 E。相互接触的两胶粒能否聚集，决定于总势能 E 的大小和方向。

胶粒表面扩散层中反离子的化合价高低，直接影响胶体扩散层的厚度，从而影响两胶粒间的距离大小。显然，反离子化合价越高，观察到凝聚现象时的反离子浓度值（即临界凝聚值）越低。一般两价离子的凝聚力是一价离子的 20 ～ 80 倍。

此外，胶体颗粒的聚集稳定性并非都是静电斥力引起的，有一部分胶体表面带有水合层，阻碍了胶粒直接接触，也是影响聚集稳定性的因素。一般认为无机黏土憎水胶体的水化作用对聚集稳定性影响较小。但对于有机胶体或高分子组成的亲水胶体来说，水化作用却是聚集稳定的主要原因。亲水胶体颗粒周围包裹了一层较厚的水化膜，使之无法相互靠近，因而范德华引力不能发挥作用。如果一些憎水胶体表面附着有亲水胶体，同样，水化膜作用也会影响范德华作用力。实践证明，亲水胶体虽然也存在双电层结构，但 ζ 电位对胶体稳定性的影响远远小于水化膜的影响。

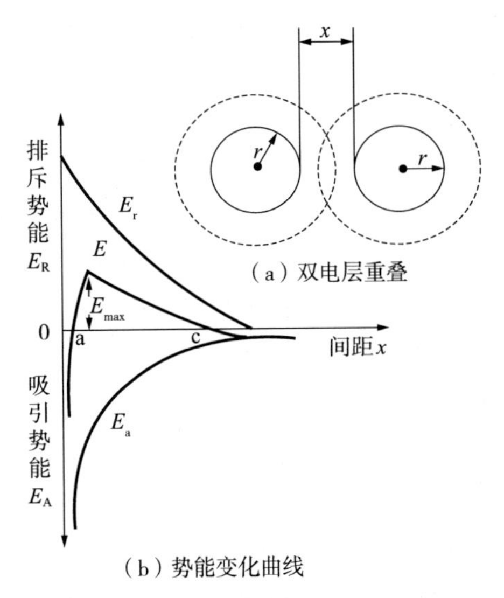

图 5-2　相互作用势能与粒间距离关系

因此，如果胶体粒子很小，比表面积大从而表面能很大，在布朗运动作用下，有自发地相互聚集的倾向，但由于粒子表面同性电荷的斥力作用或水化膜的阻碍使这种自发聚集不能发生。不言而喻，如果胶体粒子表面电荷或水化膜消除，便失去聚集稳定性，小颗粒便可相互聚集成大的颗粒，从而动力学稳定性也随之破坏，沉淀就会发生。因此，胶体稳定性的关键在于聚集稳定性。

5.1.2　混凝机理

水处理中的混凝过程比较复杂，不同类型的混凝剂以及在不同的水质条件下，混凝剂作用机理都有所不同。当前，看法比较一致的是，混凝剂对水中胶体粒子的混凝作用有 3 种：电性中和、吸附架桥和网捕卷扫。这 3 种作用机理究竟以何种为主，取决于混凝剂的种类和投加量、水中胶体粒子的性质、含量以及水的 pH 等。3 种作用机理有时会同时发生，有时仅其中 1 ～ 2 种机理发挥作用。目前，这 3 种作用机理尚限于定性描述，今后的研究目标除定性描述外还将以定量计算为主。

5.1.2.1 电性中和作用机理

根据胶体颗粒聚集理论，要使胶粒通过布朗运动碰撞聚集，必须降低或消除排斥能峰。吸引势能与胶粒电荷无关，它主要决定于构成胶体的物质种类、尺寸和密度。对于某一特定水质，水中胶体特性基本不变。因此，降低或消除 ζ 电位，即会降低排斥能峰，减小扩散层厚度，使两胶粒相互靠近，更好地发挥吸引势能作用。向水中投加电解质（混凝剂）可以达到这一目的。

水中的黏土胶体颗粒表面带有负电荷（ζ 电位），和扩散层包围的反离子电荷总数相等，符号相反。向水中投加一些带正电荷的离子，即增加反离子的浓度，可使胶粒周围较小范围内的反离子电荷总数和 ζ 电位值相等，则为压缩扩散层厚度。如果向水中投加高化合价带正电荷的电解质，即增加反离子的强度，则可使胶粒周围更小范围内的反离子电荷总数和 ζ 电位平衡，也就进一步压缩了扩散层厚度。

当投加的电解质离子吸附在胶粒表面时，胶体颗粒扩散层厚度会变得很小，ζ 电位会降低，甚至于出现 $\zeta=0$ 的等电状态，此时排斥势能消失。实际上，只要 ζ 电位降至临界电位 ζ_k 时，$E_{max}=0$。这种脱稳方式被称为压缩双电层。

在混凝过程中，有时投加高化合价电解质，会出现胶粒表面所带电荷符号反逆重新稳定（再稳）现象。试验证明，当水中铝盐投量过多时，水中原来带负电的胶体可变成带正电荷的胶体。在水处理中，一般均投加高价电解质（如三价铝或铁盐）或聚合离子。以铝盐为例，只有当水的 $pH<3$ 时，$[Al(H_2O)_6]^{3+}$ 才起到压缩扩散（双电）层作用。当 $pH<3$ 时，水中便出现聚合离子及多核羟基配合物。这些物质往往会吸附在胶核表面，分子量越大，吸附作用越强。

带正电荷的高分子物质和带负电荷胶粒吸附性很强。分子量不同的两种高分子电解质同时投入水中，分子量大者优先被胶粒吸附。如果不同时投入水中，先投加分子量低者吸附后再投入分子量高的电解质，会发现分子量高的电解质将慢慢置换出分子量低的电解质。这种分子量大、正电荷价数高的电解质优先涌入吸附层表面中和 ζ 电位的原理称为吸附 - 电中和作用。在给水处理中，天然水体的 pH 通常总是会大于 3，而投加的混凝剂多是带高价正电荷的电解质，则压缩双电层作用就会显得非常微弱了。实际上，吸附 - 电中和的混凝过程中，包含了压缩双电层作用。

5.1.2.2 吸附架桥作用机理

不仅带异性电荷的高分子物质具有强烈吸附作用，不带电荷甚至带有与胶体同性电荷的高分子物质与胶粒也有吸附作用。当高分子链的一端吸附了某一胶粒后，另一端又吸附了另一胶粒，形成“胶粒 - 高分子 - 胶粒”的絮凝体，如图 5-3 所示。高分子物质在这里起到了胶粒与胶粒之间相互结合的桥梁作用，故称为吸附架桥作用。在这里，高分子物质性质不同，吸附力的性质和大小不同。当高分子物质投量过多时，将产生“胶体保护”现象，如图 5-4 所示。即认为当全部胶粒的吸附面均被高分子覆盖以后，两胶粒接近时，就会受到高分子的阻碍而不能聚集。这种阻碍源于高分子之间的相互排斥。排斥力可能源于胶粒 - 胶粒之间高分子受到压缩变形（像弹簧被压缩一样）而具有排斥势能，也可能由于高分子之间的电性斥力（对带电高分子而言）或水化膜。因此，高分子物质投量过少不足以将胶粒架桥连接起来，投量过多又不会产生胶体保护作用。最佳投量应是既能把胶粒架桥连接起来，又可使絮凝起来的最大胶粒不易脱落。根据吸附原理，胶粒表面高分子覆盖率等于 1/2 时絮凝效果最好。但在实际水处理中，胶粒表面覆盖率无法测定，故高分子混凝剂投加量通常由试验决定。

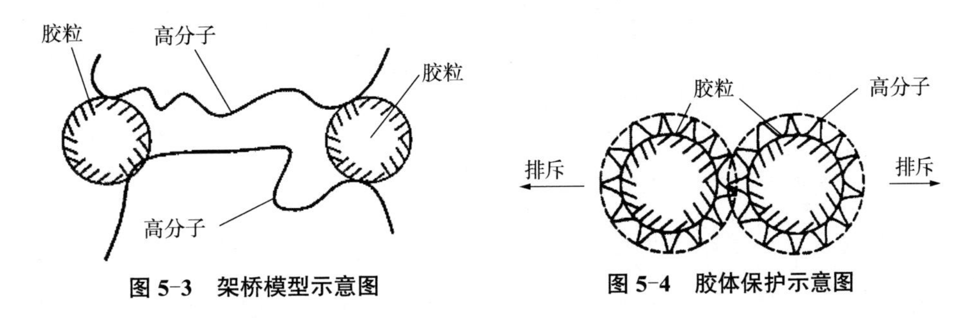

图 5-3 架桥模型示意图　　图 5-4 胶体保护示意图

起架桥作用的高分子都是线性分子且需要一定长度。长度不够不能起粒间架桥作用，只能被单个分子吸附。显然，铝盐的多核水解产物，其分子尺寸都不足以起粒间架桥作用。只能被单个分子吸附发挥电中和作用。而中性氢氧化铝聚合物 $[Al(H_2O)_3]_n$ 则可能起到架桥作用。

不言而喻，若高分子物质为阳离子型聚合电解质，它具有电中和及吸附架桥双重作用；若为非离子型（不带电荷）或阴离子型（带负电荷）的聚合电解质，只能起到粒间架桥作用。

5.1.2.3 网捕卷扫作用机理

当铝盐或铁盐混凝剂投量很大而形成氢氧化物沉淀时，可以网捕、卷扫水中胶粒一并产生沉淀分离，称为网捕或卷扫作用。这种作用，基本上是一种机械作用，所需混凝剂量与原水杂质含量成反比，即原水中胶体杂质含量少时，所需混凝剂多，反之亦然。

5.1.3 混凝动力学

要使杂质颗粒之间或杂质与混凝剂之间发生絮凝，一个必要条件是使颗粒相互碰撞。碰撞速率和混凝速率问题属于混凝动力学范畴，这里仅介绍一些基本概念。

推动水中颗粒相互碰撞的动力来自两个方面：颗粒在水中的布朗运动；在水力或机械搅拌下造成的水体运动。由布朗运动所引起的颗粒碰撞聚结称为异向絮凝。又将水体运动所引起的颗粒碰撞聚结称为同向絮凝。

5.1.3.1　异向絮凝

颗粒在水分子热运动的撞击下所做的布朗运动是无规则的。这种无规则运动必然导致颗粒相互碰撞。当颗粒已完全脱稳后，一经碰撞就可能发生絮凝，从而使小颗粒聚结成大颗粒。因水中固体颗粒总质量没有变化，只是颗粒数量浓度（单位体积水中的颗粒个数）减少。颗粒的絮凝速率决定于碰撞速率，即胶粒碰撞聚结成大颗粒的速率就是原有胶粒个数减少的速率，其与水的温度成正比，与颗粒数量浓度的平方成正比，而与颗粒尺寸无关。而实际上，只有微小颗粒才具有布朗运动的可能性，且速度极为缓慢。随着颗粒粒径的增大，布朗运动的影响逐渐减弱，当颗粒粒径大于1 μm时，布朗运动基本消失，异向絮凝自然停止。

5.1.3.2　同向絮凝

同向絮凝在整个絮凝过程中具有十分重要的作用。最初的理论公式是根据水流在层流状态导出的，显然与实际处于紊流状态下的絮凝过程不相符合。但由层流条件下导出的颗粒碰撞絮凝公式及一些概念至今仍在沿用。

5.1.3.3　*G* 值

G 值是控制混凝效果的水力条件，在絮凝设备中，往往以速度梯度 *G* 值作为重要的控制参数。

根据牛顿内摩擦定律得

$$G=\sqrt{\frac{p}{\mu}} \tag{5-1}$$

式中：μ——水的动力黏度，Pa · s；

p——单位体积水体耗散的功率，W/m^3。

当用机械搅拌时，式（5-1）中的 p 由机械搅拌器提供。当采用水力絮凝池时，式中 p 应为水流本身能量消耗：

$$Vp=\rho ghQ \tag{5-2}$$

V 为水流体积，将 $V=QT$ 代入式（5-2）中得

$$G=\sqrt{\frac{\rho gh}{\mu T}}=\sqrt{\frac{gh}{\nu T}}=\sqrt{\frac{rh}{\mu T}} \tag{5-3}$$

式中：ρ——水的密度，kg；

h——混凝设备的水头损失，m；

ν——水的运动黏度，m^2/s；

γ——水的重度，9 800 N/m^3；

T——水流在混凝设备中停留的时间，s；

g——重力加速度。

上式中 G 值反映了能量消耗概念，具有工程上的意义，无论层流、紊流作为同向絮凝的指标，式（5-3）仍可用，在工程设计上是安全的。同时，把一个十分复杂过程的同向絮凝问题大为简化了。

5.1.3.4　混凝控制指标

投加在水中的电解质（混凝剂）与水均匀混合，然后通过水力条件形成大颗粒絮凝体，在工艺上称为混凝过程。从混凝机理分析知，混凝过程中发生的压缩双电层、电中和和脱稳作用，应该发生在混合阶段；吸附架桥则主要发生在絮凝阶段。由此，混合、絮凝是改变水力条件，促使混凝剂和胶体颗粒碰撞以及絮凝颗粒间互相碰撞聚结的过程。

在混合阶段，对水流进行剧烈搅拌的目的，主要是使药剂快速均匀分散于水中以利于混凝剂快速水解、聚合及颗粒脱稳。由于上述过程进行得很快，故混合阶段要快速剧烈，通常为 10 ～ 30 s，最多不超过 2 min 即告完成。搅拌速度按速度梯度计算，一般 G 值为 700 ～ 1 000 s^{-1}。在此阶段，水中杂质颗粒微小，同时存在一定程度的颗粒间异向絮凝。

在絮凝阶段，主要依靠机械或水力搅拌，促使颗粒碰撞聚集，故以同向絮凝为主。搅拌水体的强度以速度梯度 G 值的大小来表示。同时考虑到絮凝时间（也就是颗粒的停留时间）T，因为碰撞次数与 G 值有关。所以在絮凝阶段，通常以 G 值和 GT 值作为控制指标。在絮凝过程中，絮凝体尺寸逐渐增大，由于大的絮凝体容易破碎，故自絮凝开始至絮凝结束，G 值应渐次减小。絮凝阶段，平均 G = 20 ～ 70 s^{-1}，平均 GT = 1×10^4 ～ 1×10^5。

5.1.4　混凝剂和助凝剂

5.1.4.1　混凝剂

为了促使水中胶体颗粒脱稳以及悬浮颗粒相互聚结，常常投加一些化学药剂，这些药剂统称混凝剂。按照混凝剂在混凝过程中的不同作用可分为凝聚剂、絮凝剂和助凝剂。习惯上把凝聚剂、絮凝剂都称作混凝剂，本书沿用这一习惯。

应用于饮用水处理的混凝剂应符合以下基本要求：混凝效果良好；对人体健康无

害；使用方便；货源充足，价格低。

混凝剂种类很多，有二三百种。按化学成分可分为无机和有机两大类；按分子量大小又分为低分子无机盐混凝剂和高分子混凝剂。无机混凝剂品种很少，目前主要是铁盐和铝盐及其聚合物，在水处理中用得最多。有机混凝剂品种很多，主要是高分子物质，但在水处理中的应用比无机物质少。

（1）无机混凝剂

常用的无机混凝剂见表 5-1。

表 5-1　常用的无机混凝剂

名称			化学式
铝系	无机盐	硫酸铝	$Al_2(SO_4)_3 \cdot 18H_2O$ $Al_2(SO_4)_3 \cdot 14H_2O$
	高分子	聚（合）氯化铝（PAC） 聚（合）硫酸铝（PAS）	$Al_n(OH)_mCl_{3n-m}$　$0<m<3n$ $[Al_2(OH)_n(SO_4)_{3-0.5n}]_m$
铁系	无机盐	三氯化铁	$FeCl_3 \cdot 6H_2O$
		硫酸亚铁	$FeSO_4 \cdot 7H_2O$
	高分子	聚（合）硫酸铁（PFS）	$[Fe_2(OH)_n(SO_4)_{3-0.5n}]_m$
		聚（合）氯化铁（PFC）	$[Fe_2(OH)_nCl_{6-n}]_m$
复合型高分子	聚硅氯化铝（PASiC）		Al+Si+Cl
	聚硅氯化铁（PFSiC）		Fe+Si+Cl
	聚硅硫酸铝（PSiAS）		$Al_m(OH)_n(SO_4)_p(SiO_x)_q(H_2O)_y$
	聚（合）氯化铝铁（PAFC）		Al+Fe+Cl

①硫酸铝。有固、液两种形态，我国常用的是固态硫酸铝，分精制和粗制两种。精制硫酸铝为白色晶体，相对密度约为 1.62，Al_2O_3 含量不小于 15%，不溶杂质含量不大于 0.5%，价格较贵。

②聚合铝。包括聚（合）氯化铝（PAC）和聚（合）硫酸铝（PAS）等。目前使用最多的就是聚合氯化铝，又名碱式氯化铝或羟基氯化铝。它是采用工业合成盐酸、工业氢氧化铝或高岭土、一水软铝石、三水铝石、铝酸钙加工制成的。由于原料和生产工艺不一样，产品规格也不一致。化学式为 $Al_n(OH)_mCl_{3n-m}(0<m<3n)$。

聚（合）氯化铝溶于水后，即形成聚合阳离子，对水中胶粒发挥电中和及吸附架桥作用，其效能优于硫酸铝。聚合氯化铝在投入水中前的制备阶段即已发生水解聚合，投入水中后也可能发生新的变化，但聚合物成分基本确定。其成分主要决定与羟基和铝的摩尔比，称为碱化度或盐基度，以 B 表示：

$$B=\frac{[OH]}{3[Al]}\times 100\% \tag{5-4}$$

一般来说，液体聚合氯化铝含氧化铝（Al_2O_3）≥10%，盐基度 40% ～ 90%；固体聚合氯化铝含氧化铝（Al_2O_3）≥29%，盐基度同液体。

聚（合）硫酸铝（PAS）也是聚合铝类混凝剂。聚合硫酸铝中的 SO_4^{2-} 具有类似羟桥的作用，可以把简单铝盐水解产物桥联起来，促进铝盐水解聚合反应。聚（合）硫酸铝目前在生产上尚未广泛使用。

③三氯化铁 $FeCl_3\cdot 6H_2O$ 是黑褐色的有金属光泽的结晶体。固体三氯化铁溶于水后的化学变化和铝盐相似，水合铁离子 $Fe(H_2O)_6^{3+}$ 也进行水解，聚合反应。在一定条件下，铁离子 Fe^{3+}，通过水解聚合可形成多种成分的配合物或聚合物，如单核组分 $Fe(OH)^{2+}$ 及多核组分 $Fe_2(OH)_2^{4+}$、$Fe_3(OH)_4^{5+}$ 等，以及 $Fe(OH)_3$ 沉淀物。

④ 硫酸亚铁 $FeSO_4\cdot 7H_2O$ 固体产品是半透明绿色晶体，俗称绿矾。硫酸亚铁在水中离解出的是二价铁离子 Fe^{2+}，水解产物只是单核配合物，不具有 Fe^{3+} 的优良混凝效果。同时，Fe^{2+} 会使处理后的水带颜色，特别是当 Fe^{2+} 与水中有色胶体作用后，将生成颜色更深的溶解物。所以，采用硫酸亚铁作混凝剂时，应将二价铁 Fe^{2+} 氧化成三价铁 Fe^{3+}。氧化方法有氯化、曝气等方法。生产上常用的是氯化法，反应如下：

$$6FeSO_4\cdot 7H_2O+3Cl_2=2Fe_2(SO_4)_3+2FeCl_3+42H_2O \tag{5-5}$$

根据反应式，理论投氯量与硫酸亚铁（$FeSO_4\cdot 7H_2O$）量之比约为 1∶8。为使氧化迅速而充分，实际投氯量应等于理论剂量再加适当余量（一般为 1.5 ～ 2.0 mg/L）。

⑤聚合铁。包括聚（合）硫酸铁（PFS）和聚（合）氯化铁（PFC）。聚（合）氯化铁目前尚在研究之中，聚（合）硫酸铁已投产使用。

⑥复合型无机高分子。聚合铝和聚合铁都属于高分子混凝剂，但聚合度不大，远小于有机高分子混凝剂，且在使用过程中存在一定程度水解反应的不稳定性。为了提高无机高分子混凝剂的聚合度，近年来国内外专家研究开发了多种新型无机高分子混凝剂 – 复合型无机高分子混凝剂。目前，这类混凝剂主要是含有铝、铁、硅成分的聚合物。所谓“复合”，即指两种以上具有混凝作用的成分和特性互补集中于一种混凝剂。例如，用聚硅酸与硫酸铝复合反应，可制成聚硅硫酸铝（PSiAS）。这类混凝剂的分子量较聚合铝或聚合铁大（可达 10 万道尔顿以上），且当各组分配合适当时，不同成分具有优势互补作用。

由于复合型无机高分子混凝剂混凝效果优于无机盐和聚合铁（铝），其价格较有机高分子低，故有广阔的开发应用前景。目前，已有部分产品投入生产应用。

（2）有机高分子混凝剂

有机高分子混凝剂分为天然和人工合成两类，这类混凝剂均为巨大的线性分子。每一大分子由许多链节组成且常含带电基团，故又被称为聚电解质。实际上，该混凝剂是发挥吸附架桥作用的絮凝剂。按基团带电情况，可分为以下4种：凡基团离解后带正电荷者称为阳离子型，带负电荷者称为阴离子型，分子中既含正电基团又含负电基团者称为两性型（使用较少），若分子中不含可离解基团者称为非离子型。

非离子型高分子混凝剂主要品种是聚丙烯酰胺（PAM）和聚氧化乙烯（PEO）。前者是使用最为广泛的人工合成有机高分子混凝剂（其中包括水解产品）。聚丙烯酰胺分子式为

$$\left[\begin{array}{c} -CH_2-\underset{\displaystyle CONH_2}{\underset{|}{CH}}- \end{array}\right]_n$$

聚丙烯酰胺的聚合度可高达20 000～90 000，相应的分子量高达150万～600万道尔顿。它的混凝效果在于对胶体表面具有强烈的吸附作用，在胶粒之间形成桥联。聚丙烯酰胺每一链节中均含有一个酰胺基（$—CONH_2$）。由于酰胺基间的氢键作用，线性分子往往不能充分伸展开来，导致桥架作用削弱。为此，通常将PAM在碱性条件下（pH＞10）进行部分水解，生成阴离子型水解聚合物（HPAM）。其单体的水解反应式为

$$(CH_2—\underset{\displaystyle CONH_2}{\underset{|}{CH}})+NaOH+H_2O=(CH_2—\underset{\displaystyle COONa}{\underset{|}{CH}})+NH_4OH \tag{5-6}$$

聚丙烯酰胺部分水解后，成为丙烯酰胺和丙烯酸钠的共聚物，一些酰胺基带有负的电荷。由酰胺基转化为羧基的百分数称为水解度。水解度过高，负电性过强，对絮凝产生阻碍作用。一般使用水解度为30%～40%的聚丙烯酰胺水解体，并作为助凝剂以配合铝盐或铁盐混凝剂使用，效果显著。

阳离子型聚合物通常带有氨基（$—NH_3^+$）、亚氨基（$—CH_2—NH_2^+—CH—$）等正电基团。对于水中带有负电荷的胶体颗粒具有良好的混凝效果。国外使用阳离子型聚合物有日益增多趋势。但因其价格较高，使用受到一定限制。

5.1.4.2　助凝剂

当单独使用混凝剂不能取得较好的混凝效果时，常常需要投加一些辅助药剂以提高混凝效果，这种药剂称为助凝剂。常用的助凝剂多是高分子物质。其作用往往是改善絮凝体结构，促使细小而松散的颗粒聚结成粗大密实的絮凝体。助凝剂的作用机理是高分子物质的吸附架桥作用。例如，对于低温、低浑浊度水的处理时，采用铝盐或铁盐混凝剂形成的絮粒往往细小松散，不易沉淀。而投加少量的活化硅助凝剂后，絮凝体的尺寸和密度明显增大，沉速加快。

一般而言，常用的助凝剂有聚丙烯酰胺、骨胶及其水解聚合物、活化硅酸、海藻酸钠等。

广义上，凡能提高混凝效果或改善混凝剂作用的化学药剂都可称为助凝剂。例如，原水碱度不足、铝盐混凝剂水解困难时，可投加碱性物质以促进混凝剂水解反应；当原水受有机物污染时，可用氧化剂（通常用氯气）破坏有机物干扰；当采用硫酸亚铁时，可用氯气将亚铁 Fe^{2+} 氧化成高铁 Fe^{3+} 等。这类药剂本身不起混凝作用，只能起辅助混凝作用，与高分子助凝剂的作用机理是不相同的。有机高分子聚丙烯酰胺既能发挥助凝作用，又能发挥混凝作用。

5.1.5　影响混凝效果的主要因素

影响混凝效果的因素比较复杂，其中包括水温、水化学特性、水中杂质性质和浓度以及水力条件等。

5.1.5.1　水温影响

水温对混凝效果有明显的影响。

（1）无机盐混凝剂水解是吸热反应，低温水混凝剂水解困难。

（2）低温水的黏度大，使水中杂质颗粒布朗运动强度减弱，碰撞概率减少，不利于胶粒脱稳凝聚。同时，水的黏度大时，水流剪力增大，也会影响絮凝体的成长。

（3）水温低时，胶体颗粒水化作用增强，妨碍胶体凝聚。而且水化膜内的水由于黏度和密度增大，影响了颗粒之间黏附强度。

（4）水温影响水的 pH，水温低时，水的 pH 提高，相应的混凝效果最佳。

为提高低温水的混凝效果，通常采用增加混凝剂投加量或投加高分子助凝剂等。

5.1.5.2　水的 pH 和碱度影响

水的 pH 对混凝效果的影响程度，视混凝剂品种而异。对硫酸铝而言，水的 pH 直接影响 Al^{3+} 的水解聚合反应，即影响铝盐水解产物的存在形态。用以降低浑浊度时，最佳 pH 为 6.5 ～ 7.5，絮凝作用主要是氢氧化铝聚合物的吸附架桥和羟基配合物的电中和作用；用以去除水的色度时，pH 宜为 4.5 ～ 5.5。试验发现，相同除色效果下，原水 pH =7.0 时的硫酸铝投加量，约比 pH =5.5 时的投加量增加一倍。

采用三价铁盐混凝剂时，由于 Fe^{3+} 水解产物溶解度比 Fe^{2+} 水解产物溶解度小，且氢氧化铁不是典型的两性化合物，故适用的 pH 范围较宽。

高分子混凝剂的混凝效果受水的 pH 影响较小。例如聚合氯化铝在投入水中前聚合物形态基本确定，故对水的 pH 变化适应性较强。

从铝盐（铁盐）水解反应克制，水解过程中不断产生 H^{+}，从而导致水的 pH 不断下降，直接影响了铝（铁）水解后生成物结构和继续聚合的反应。因此，应使水中有足够的碱性物质与 H^{+} 中和，才能有助于混凝。

水体中能够中和 H^+ 中和的碱性物质称为水的碱度（OH^-）；碳酸盐碱度（CO_3^{2-}）；重碳酸盐碱度（HCO_3^-）。当水的 pH＞10 时，OH^- 和 CO_3^{2-} 各占一半；pH = 8.3 ～ 9.5 时，HCO_3^- 和 CO_3^{2-} 约各占一半；pH＜8.3 时，以 HCO_3^- 存在最多。所以，如果原水中存在较多 HCO_3^- 构成的重碳酸盐碱度，其对于混凝剂水解产生的 H^+ 有一定中和作用：

$$HCO_3^- + H^+ = CO_2 + H_2O \tag{5-7}$$

当原水碱度不足或混凝剂投量较高时，水的 pH 将大幅下降以致影响混凝剂继续水解。为此，应投加碱剂（如石灰）以中和混凝剂水解过程中所产生的氢离子 H^+，反应如下：

$$Al_2(SO_4)_3 + 3H_2O + 3CaO = 2Al(OH)_3 + 3CaSO_4 \tag{5-8}$$

$$FeCl_3 + 3H_2O + 3CaO = 2Fe(OH)_3 + 3CaCl_2 \tag{5-9}$$

应当注意，投加的碱性物质不可过量，否则形成的 $Al(OH)_3$ 会溶解为负离子 $Al(OH)_4^{-1}$ 而恶化混凝效果。由反应式（5-8）可知，每投加 1 mmo/L 的 $Al_2(SO_4)_3$，需投加 1 mmo/L 的 CaO，将水中原有碱度考虑在内，石灰投量按式（5-10）估算：

$$[CaO] = 3[\alpha] - [x] + [\delta] \tag{5-10}$$

式中：[CaO]——纯石灰 CaO 投量，mmo/L；

[α]——混凝剂投量，mmo/L；

[x]——原水碱度，按 mmo/L，CaO 计；

[δ]——剩余碱度，一般取 0.25 ～ 0.5 mmo/L(CaO)。

为了经济合理，石灰投量最好通过试验确定。

【例 5-1】某原水的总碱度为 0.2 mmol/L，CaO 计。市售精制硫酸铝（含 Al_2O_3 约 16%）投加量 28 mg/L。试估算石灰（市售品纯度 50%）投量为多少 mg/L？

【解】投药量折合 Al_2O_3 为 28×16% = 4.48(mg/L)。

Al_2O_3 分子量为 102，故投药量相当于 4.48 ÷ 102 = 0.044(mmol/L)。

剩余碱度取 0.37 mmol/L，得

$$[CaO] = 3 \times 0.044 - 0.2 + 0.37 = 0.3 (mmo/L)$$

分子量为 56，则市售石灰投量为 0.3 ×（56 ÷ 0.5）= 33.6(mg/L)。

5.1.5.3 水中悬浮物浓度的影响

从混凝动力学方程可知，水中悬浮物浓度很低时，颗粒碰撞速率大大减小，混凝效果差，为提高低浑浊度原水的混凝效果，通常采用以下措施：①在投加铝盐或铁盐的同时投加助凝剂，如活化硅酸或聚丙烯酰胺等。②投加矿物颗粒（如黏土等）以增加混凝剂水解产物的凝结中心，提高颗粒碰撞速率并增加絮凝体密度。如果矿物颗粒能吸附水中有机物，效果更好，能同时收到去除部分有机物的效果。③采用直接过滤法。即原水投加混凝剂后经过混合直接进入滤池过滤。如果原水浑浊度低且水温又低，即通常所称的低温低浊水，混凝更加困难，应同时考虑水温和浑浊度的影响，这也是人们一直关注的研究课题。一般而言，应首先调节碱度，投加石灰水，选用高分子混凝剂及活化硅酸等以提高混凝效果。

如果源水悬浮物含量过高，为使悬浮物达到吸附电中和脱稳作用，所需铝盐或铁盐混凝剂量将相应地大大增加。为减少混凝剂用量，通常投加高分子助凝剂。

5.1.6　混合设备

混凝剂投加到水中后，水解速度很快，迅速分散混凝剂，使其在水中的浓度保持均匀一致，有利于混凝剂水解时生成较为均匀的聚合物，更好地发挥絮凝作用。所以，混合是提高混凝效果的重要因素。

从混合时间上考虑，一般取 10 ～ 30 s，最多不超过 2 min。从工程上考虑，混合的过程是搅动水体，产生涡流或产生水流速度差，通常按照速度梯度计算，一般控制 G 值为 700 ～ 1 000 s^{-1}。

混合设备种类较多，主要有水泵混合、管式混合、机械混合和水力混合 4 种。

5.1.6.1　水泵混合

水泵抽水时，水泵叶轮高速旋转，投加的混凝剂随水流在叶轮中产生涡流，很容易达到均匀分散的目的。它是一种较好的混合方式，适合于大、中、小型水厂。水泵混合无须另建混合设施或构筑物，设备最为简单，所需能量由水泵提供，不必另外增加能源。

混凝剂调配浓度取 10% ～ 20%，用耐腐蚀管道重力或压力加注在每一台水泵吸水管上，随即进入水泵，迅速分散于水中，但经混合后的水流不宜长距离输送，以免形成的絮凝体在管道中破碎或沉淀。混凝剂一般适用于取水泵房靠近水厂絮凝构筑物较近的水厂，两者间距不宜大于 120 m。

5.1.6.2　管式混合

利用水厂絮凝池进水管中水流速度的变化，或通过管道中阻流部件产生局部阻力，扰动水体发生湍流的混合称为管式混合。常用的管式混合可分为简易管道混合和管式静态混合器混合。简易管道混合如图 5-5 所示。

当取水泵房远离水厂絮凝构筑物时，大多使用的管式混合器是管式静态混合器，如图 5-6 所示。内部安装若干固定扰流叶片，交叉组成。投加混凝剂的水流通过叶片时，被依次分割，改变水流方向，并形成涡旋，达到迅速混合目的。

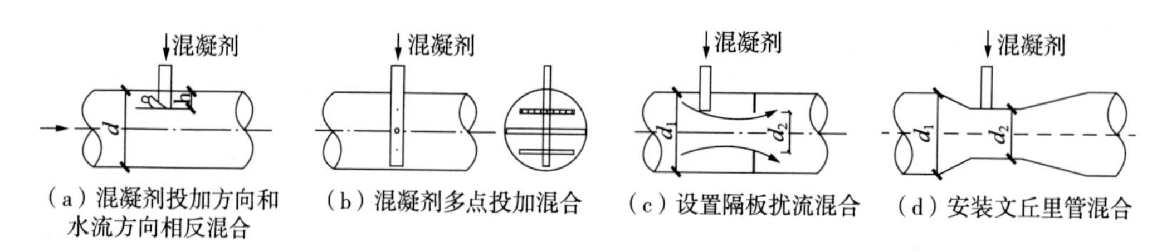

图 5-5 简易管道混合

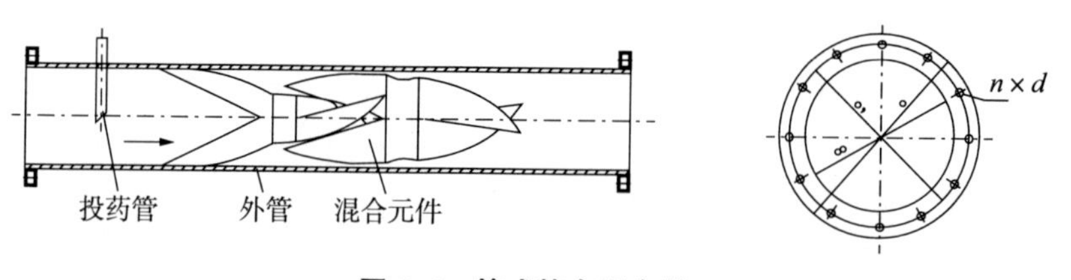

图 5-6 管式静态混合器

5.1.6.3 机械搅拌混合

机械搅拌混合是在混合池内安装搅拌设备，以电动机驱动搅拌器完成的混合。水池多为方形，用一格或两格串联，混合时间为 10 ～ 30 s，最长不超过 2 min。混合搅拌器有多种形式，如桨板式、螺旋桨式、涡流式，以立式桨板式搅拌器使用最多。

5.1.6.4 水力混合

利用水流跌落而产生湍流或改变水流方向以及速度大小进行混合称为水力混合。水力混合需要有一定水头损失以达到足够的速度梯度，方能有较好的混合效果。

5.1.7 絮凝构筑物

和混合一样，絮凝是通过水力搅拌或机械搅拌扰动水体，产生速度梯度或涡旋，促使颗粒相互碰撞聚结。根据能量来源不同，絮凝构筑物分为水力絮凝池及机械絮凝池。在水力絮凝池，水流方向不同，扰流隔板的设置不同，可形成很多形式的絮凝池，但都要求对水体的扰动程度由大到小。在每一种水力条件下，会生成与之相适应的絮凝体颗粒，即不同水力条件下的“平衡粒径”颗粒。根据大多数水源的水质情况分析，絮凝时间 T = 15 ～ 30 min，起端水力梯度为 100 s^{-1} 左右，末端为 10 ～ 20 s^{-1}，GT 值 = 10^4 ～ 10^5，可获得较好的絮凝效果。

5.1.7.1 隔板絮凝池

隔板絮凝池是水流通过不同间距隔板进行絮凝的构筑物。隔板絮凝池中的水流在隔板间流动时，水流和壁面产生近壁紊流，向整个断面传播，水流方向可分为往复式、回流式、竖流式几种形式。

（1）往复式隔板絮凝池如图 5-7 所示，水流沿隔板来回流动，又称来回式隔板絮凝池。

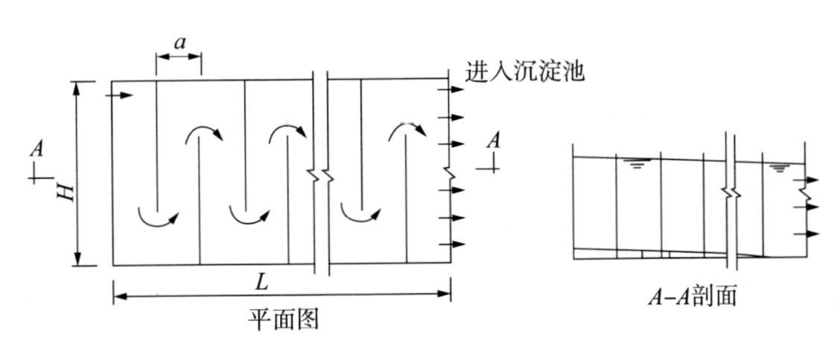

图 5-7　往复式隔板絮凝池

往复式隔板絮凝池设计要求如下：

①廊道流速分为 4 ～ 6 段，第一段，即起端流速 $v = 0.5 \sim 0.6$ m/s，最后一段，即末端流速 $v = 0.2 \sim 0.3$ m/s。一般采用变化廊道宽度 a 值来改变流速。

②为便于检修和清洗，每段隔板净间距应大于 0.50 m，池底设 2% ～ 3% 坡度，并安装排泥管。

③为了减少水流转弯处水头损失，并力求每段速度梯度分布均匀，转弯处过水断面应为廊道顺直段过水断面的 1.2 ～ 1.5 倍。

④絮凝时间一般取 20 ～ 30 min，低浑浊度水可取高值。

⑤絮凝池与沉淀池合建时，宽度往往和沉淀池相一致。

⑥隔板絮凝池各段水头损失按式（5-11）计算：

$$h_i = \frac{v_i^2}{C_i^2 R_i} L_i + \xi m_i \frac{v_n^2}{2g} \tag{5-11}$$

式中：v_i——第 i 段廊道内水流流速，m/s；

v_n——第 i 段廊道内转弯处水流流速，m/s；

C_i——流速系数（谢才系数），

R_i——第 i 段廊道过水断面水力半径，m；

L_i——第 i 段廊道总长度，m；

m_i——第 i 段廊道内水流转弯次数；

ξ——隔板转弯处局部阻力系数，180° 转弯 ξ=3，90° 转弯 ξ=1，絮凝池总水头损失 $h = \sum h_i$。

（2）回转隔板絮凝池。

为了减小转弯处水头损失，使每档流速廊道中速度梯度分布趋于均匀，大中型规模的水厂有的采用了回转隔板絮凝池，如图 5-8 所示，该絮凝池水流转弯为 90°，局部

阻力系数 ξ=1。有助于减少局部水头损失所占的比例。计算方法同往复式隔板絮凝池。

（3）折板絮凝池。

折板絮凝池是水流多次转弯曲折流动进行絮凝的构筑物，通常采用竖流式样，相当于竖流平板隔板改成具有一定角度的折板。折板转弯次数增多后，转弯角度减少。这样，既增加折板间水流紊动性，又使絮凝过程中的 G 值由大到小缓慢变化，适应了絮凝过程中絮凝体由小到大的变化规律，从而提高了絮凝效果。

折板分为平波折板和波纹折板两类，如图 5-9 所示。

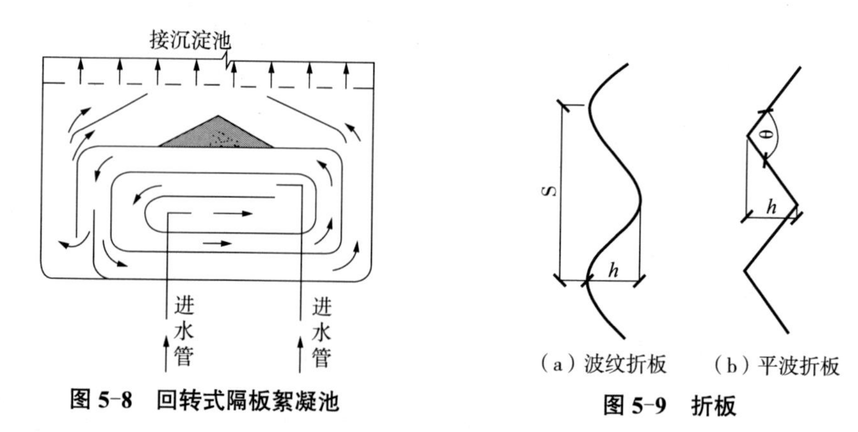

图 5-8　回转式隔板絮凝池

图 5-9　折板

目前，平波折板多用钢筋混凝土板、钢丝网水泥板、不锈钢板拼装而成，折板夹角 θ = 90° ～ 120°，波高 h = 0.30 ～ 0.40 m，板宽 0.50 m。大、中型规模水厂的折板絮凝池每档流速流经多格，被称为多通道折板絮凝池，如图 5-10 所示。小型规模的水厂的折板絮凝池可不分格，水流直接在相邻两道折板间上下流动，即单通道折板絮凝池，如图 5-11 所示。

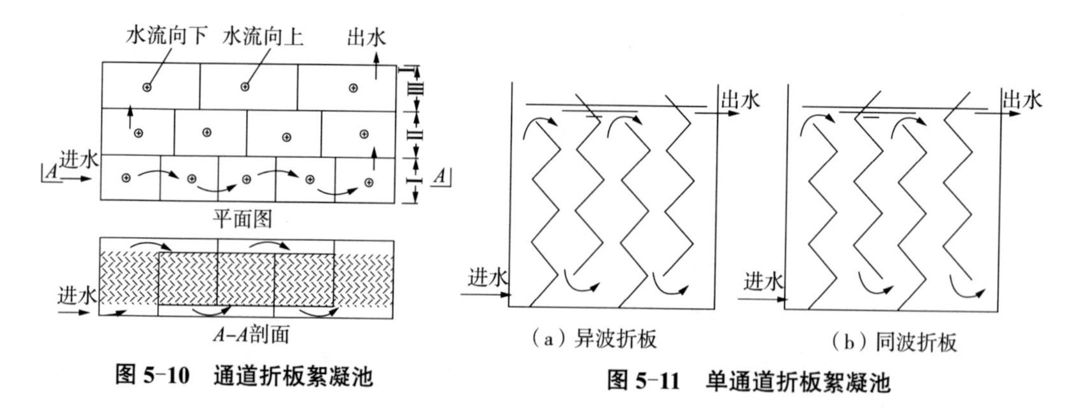

图 5-10　通道折板絮凝池

图 5-11　单通道折板絮凝池

和隔板絮凝池一样，折板间距应根据水流速度逐渐由大到小变化，折板间距依次由小到大分为 3 ～ 4 段。第一段异波折板，波峰流速取 0.25 ～ 0.35 m/s，波谷流速为 0.1 ～ 0.15 m/s；第二段同波折板，板间流速取 0.15 ～ 0.25 m/s；第三段平行折板，板间流速为 0.10 m/s 左右。

如果一座絮凝池分为多格，则各格絮凝池的速度梯度按照单格的水头损失计算，整座絮凝池的速度梯度按照水流并联经过该池的水头损失计算。

【例 5–2】有一座折板絮凝池，共 7 条廊道 3 档流速，构造如图 5–12 所示。其中第一档流速为 v_1，流经一条廊道，停留时间 T_1 = 2 min，水头损失 h_1 = 0.15 m。第二档流速为 v_2，每条廊道水头损失 h_2 = 0.05 m，第三档流速为 v_3，每条廊道水头损失 h_3 = 0.03 m。假定每档流速下的平均水深都相同（忽略水力坡降引起的水位差），不计隔墙所占体积，求：（1）该絮凝池各档流速的廊道平均速度梯度是多少？（2）絮凝池平均速度梯度是多少？（水的密度取 1 000 kg/m^3，动力黏度取 1.14×10^{-3} Pa · s）

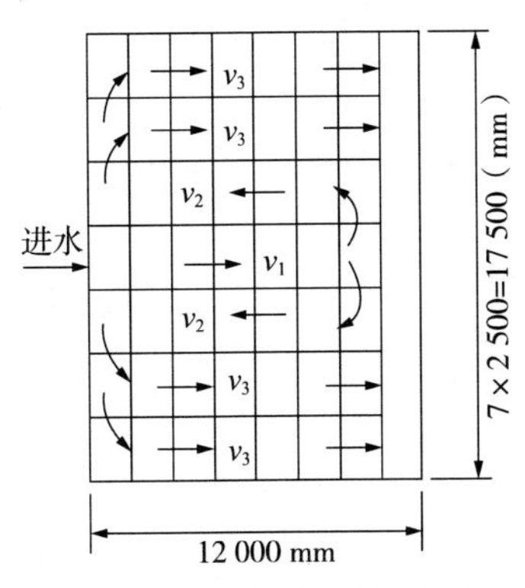

图 5–12　多廊道折板絮凝池

【解】因各廊道容积相同，流经流速不同，水流通过各廊道的时间不同。第一档流速廊道停留时间为 T_1 = 2 min，然后水流一分为二，从两边流经第二档流速廊道，v_2 流速廊道水流体积是 v_1 流速廊道水流体积的 2 倍，则 T_2 = 4 min。同理推算出 T_3 =8 min。

1. 根据各档流速的水头损失、停留时间代入公式 $G_i=\sqrt{\dfrac{\rho g h_i}{\mu T_i}}$，便可求出各廊道的平均速度梯度。

$$G_1=\sqrt{\frac{\rho g h_1}{\mu T_1}}=\sqrt{\frac{9.81\times 1\,000\times 0.15}{1.14\times 10^{-3}\times 2\times 60}}=103.7\ (\mathrm{s}^{-1})$$

同理求出，G_2 = 42.3 s^{-1}；G_3 = 23.2 s^{-1}

2. 絮凝池平均速度梯度。

$$\overline{G}=\sqrt{\frac{\rho g\sum h_i}{\mu\sum T_i}}=\sqrt{\frac{\rho g\left(h_1+h_2+h_3\right)}{\mu\left(T_1+T_2+T_3\right)}}=\sqrt{\frac{9.81\times 1\,000\times (0.15+0.05+0.03)}{1.14\times 10^{-3}\times (2+4+6)\times 60}}=48.51\ (\mathrm{s}^{-1})$$

特别需要注意的是，水流经过第一档流速廊道后并联通过第二、三档流速廊道，只需要计算经过其中的一条廊道的水头损失即可，既不能把流速相同的廊道水头损失值相加，也不能把所有廊道水头损失相加。

5.1.7.2　机械搅拌絮凝池

机械搅拌絮凝池是通过电动机变速驱动搅拌器搅动水体，因桨板前后压力差促使水流运动产生涡旋，导致水中颗粒相互碰撞聚结的絮凝池。该池可根据水量、水质和水温变化调整搅拌速度，故适用于不同规模的水厂。根据搅拌轴安装位置，又分为水平轴和垂直轴两种形式。其中，水平轴搅拌絮凝池通常适用于大、中型水厂；垂直搅拌装置安装简便，可用于中小型水厂。

机械搅拌絮凝池通常分为3格以上串联起来。串联的各格絮凝池隔墙上开设3%～5%隔墙面积的过水孔，或者按穿孔流速等于下一格桨板线速度决定开孔面积。

桨板旋转时克服水流绕流阻力，即桨板施加在水体上的功率，按照图5-13所示计算。

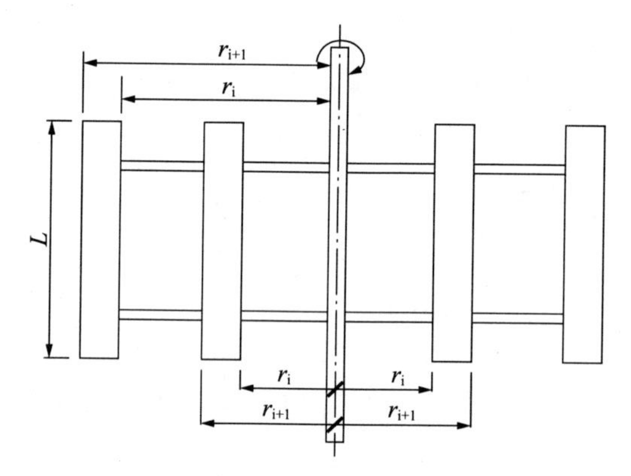

图5-13　垂直轴桨板功率的计算

每根旋转轴上在不同旋转半径上安装相同数量的桨板，则每根旋转轴全部桨板旋转时耗散在水体上的功率为

$$P=\sum_{i}^{n}\frac{C_{D}\rho}{8}L\omega^{3}\omega(r_{i+1}^{4}-r_{i}^{4}) \tag{5-12}$$

式中：P——桨板旋转时耗散的总功率，W；

n——同一旋转半径上的桨板数；

C_D——绕流阻力系数，当桨板宽、长比小于1时，取 C_D=1.10；

ρ——水的密度，kg/m^3；

L——桨板长度，m；

ω——相对水流的旋转角速度，r/s；

r_i——桨板内缘旋转半径，m；

r_{i+1}——桨板外缘旋转半径，m；

每根旋转轴配置电动机功率按下式（5-13）计算：

$$N=\frac{P}{1\,000\eta_1\eta_2} \tag{5-13}$$

式中：N——配置电动功率，kW；

η_1——搅拌设备机械效率，可取0.75；

η_2——电动机传动效率，可取0.6～0.95。

桨板旋转时，搅动水体运动，产生相对线速度，作为机械搅拌絮凝池设计的主要参数。旋转半径 r 处相对水池池壁的线速度 $v=r\omega$。因水流随桨板一起旋转运动，两者相对速度小于桨板相对水池池壁的线速度。一般称桨板相对水流的线速度为相对速度，其数值等于上计算结果乘以 50% ～ 75%。

机械搅拌絮凝池数不少于 3 个，絮凝时间为 15 ～ 20 min，水深 3 ～ 4 m。搅拌桨板速度按叶轮桨板边缘处线速度确定，第一档搅拌机速度一般取 0.50 m/s，逐渐变小至末档的 0.20 m/s。每台搅拌机上桨板总面积取水流截面面积的 10% ～ 20%，连同固定挡水板面积最大不超过水流截面面积的 25%，以免水流随桨板同步旋转。每块桨板宽 0.1 ～ 0.3 m，长度不大于叶轮直径的 75%。

同一搅拌轴上两相邻叶轮相互垂直，水平轴或垂直轴搅拌机的桨板距池顶水面 0.30 m，距池底 0.30 ～ 0.50 m，距池壁 0.20 m。

容积相同的多格机械搅拌絮凝池串联时的平均速度梯度和合格的平均速度梯度存在以下关系：

$$\overline{G}_{平均}=\sqrt{\frac{1}{n}\sum G_i^2} \tag{5-14}$$

【例 5–3】一座设计流量 Q = 5 万 m^3/d 的水平轴机械搅拌絮凝池，共分为 3 格，每格容积为 174 m^3，在 15℃时，计算出各格速度梯度为 $G_1 = 75\ s^{-1}$，$G_2 = 50\ s^{-1}$，$G_3 = 25\ s^{-1}$。如果把该机械搅拌絮凝池改为 3 段流速的水力搅拌絮凝池，各格速度梯度不变，不计隔墙所占体积，则该絮凝池前后水面高差约为多少？（水的密度取 1 000 kg/m^3，动力黏度取 1.14×10^{-3} Pa・s）

【解】机械搅拌絮凝池平均速度梯度为

$$\overline{G}_j=\sqrt{\frac{P_1+P_2+P_3}{\mu(v_1+v_2+v_3)}}=\sqrt{\frac{1}{3}\left(\frac{P_1+P_2+P_3}{\mu v}\right)}=\sqrt{\frac{1}{3}(G_{21}^2+G_2^2+G_3^2)}$$

$$=\sqrt{\frac{1}{3}(75^2+50^2+25^2)}=54(s^{-1})$$

水力搅拌絮凝池速度梯度计算公式为

$$\overline{G}_s=\sqrt{\frac{\gamma(h_1+h_2+h_3)}{\mu(T_1+T_2+T_3)}}=\sqrt{\frac{\gamma\sum h_i}{\mu T}}$$

每格絮凝池水力停留时间：

$$T=\frac{174}{\dfrac{50\ 000}{24\times60\times60}}=300(s)$$

根据

$$\overline{G}_s=\sqrt{\frac{\gamma\sum h_i}{3\mu T}}=54(s^{-1})$$

$$\sum h_i = \frac{3\times1.14\times10^{-3}\times300\times54^2}{9\,800} = 0.305(\text{m})$$

需要注意的是，本例题由3格容积相同的机械搅拌絮凝池架设不同宽度廊道改造为3段流速的水力搅拌絮凝池，3段流速的水流停留时间相同。如果机械搅拌絮凝池各格容积不同，则计算平均速度梯度应采用各格搅拌功率相加。水力搅拌絮凝池水流停留时间不同，则计算平均速度梯度时应分别计算各格水头损失，然后相加。

5.1.7.3　网格（栅条）絮凝池

网格（栅条）絮凝池由多格竖井组成，每格竖井中安装若干层网格或栅条，上下交错开孔，形成串联通道。因此，具有速度梯度分布均匀、絮凝时间较短的优点。图5-14为网格、栅条构件图及絮凝池平面布置。

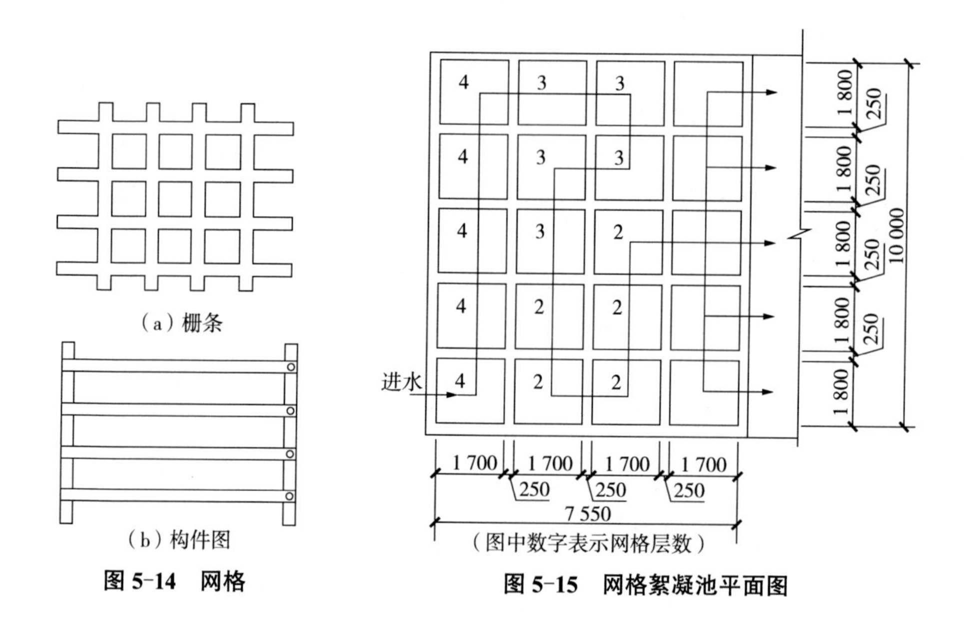

图5-14　网格

图5-15　网格絮凝池平面图

网格（栅条）絮凝池水头损失由水流通过两竖井间孔洞损失和每层网格（栅条）水头损失组成，即

$$h = \sum h_1 + \sum h_2 \tag{5-15}$$

式中：h_1——水流通过竖井间孔洞水头损失，m；

h_2——水流通过网格（栅条）水头损失，m；

其中，

$$h_1 = \xi_1 \frac{v_1^2}{2g};\qquad h_2 = \xi_2 \frac{v_2^2}{2g}$$

v_1——水流通过竖井间孔洞流速，m/s；

ξ_1——孔洞阻力系数，按 180° 下转弯阻力系数计算，取 3.0；

v_2——水流通过网格（栅条）层时的过网过栅流速，m/s；

ξ_2——水流通过网格（栅条）阻力系数，根据实际工程水头损失测定值推算，前段可取 1，中段取 0.9 左右。

网格（栅条）絮凝池的水头损失较小，相对应的水流速度梯度较小，应根据不同水质条件选用。

5.1.7.4　不同形式絮凝池组合

上述不同形式的絮凝池具有各自的优缺点和适应条件。为了相互取长补短，特别是处理水量较小而难以从构造上满足要求，或者水质、水量经常变化，可采用不同形式的絮凝池组合工艺。常用的絮凝池组合工艺之一是折板絮凝池和平直板絮凝池的组合。由于折板水流转折次数多，混合絮凝作用较好。絮凝池后段的絮凝体逐渐增大，要求水流流速慢慢减小，紊动作用减弱。后段的折板改为平直板具有很好的絮凝效果。当水量较小或水量、水质经常变化时，常采用机械搅拌絮凝和竖流直板或机械搅拌絮凝和水平流隔板絮凝组合工艺，来弥补起始段廊道或竖井尺寸偏小、施工不便的影响，并可调节机械搅拌器旋转速度以适应水量变化。

5.2　沉淀基本理论与构筑物

5.2.1　沉淀机理

在水处理工艺中，水中悬浮颗粒在重力作用下，从水中分离出来的过程成为沉淀。当颗粒密度大于水的密度时，则颗粒下沉；相反，颗粒的密度小于水的密度时，颗粒上浮。

根据悬浮颗粒的浓度和颗粒特性，其从水中沉降分离的过程分为以下几种基本形式：

（1）分散颗粒自由沉淀：悬浮颗粒浓度不高，下沉时彼此没有干扰，颗粒相互碰撞后不产生聚结，只受到颗粒本身在水中的重力和水流阻力作用的沉淀。含泥沙量小于 5 000 mg/L 的天然河流水中泥沙颗粒具有自由沉淀的性质。

（2）絮凝颗粒自由沉淀：经过混凝后的悬浮颗粒具有一定絮凝性能，颗粒相互碰撞后聚结，其粒径和质量逐渐增大，沉速随水深增加而加快的沉淀。

（3）拥挤沉淀 又称分层沉淀：当水中悬浮颗粒浓度大（一般大于 15 000 mg/L），在下沉过程中颗粒处于相互干扰状态，并在清水、浑水之间形成明显界面层整体下沉，故又称为界面沉降。

（4）压缩沉淀即污泥浓缩。它是沉降到沉淀池底部的悬浮颗粒组成网状结构絮凝体，在上部颗粒的重力作用下挤出空隙水得以浓缩的沉淀。网状结构絮凝体的组成与水中杂质的成分有关，不再按照颗粒粒径大小分层。

在重力作用下，悬浮颗粒从水中分离出来的构筑物称为沉淀池。不同形式的沉淀池分离悬浮物的原理相同，但在构造上存在一定的差别。常用的沉淀池是按照进水方向来划分的，一般分为平流式、竖流式、辐流式和斜管（板）沉淀池。下面将着重以平流沉淀池为例讲述池内颗粒物的沉淀过程。

5.2.1.1 平流沉淀池内颗粒沉淀过程分析

（1）理想沉淀池基本假定：指的是池中水流流速变化、沉淀颗粒分布状态符合以下 3 个基本假定条件：

①颗粒处于自由沉淀状态，即在沉淀过程中，颗粒之间互不干扰，颗粒大小、形状、密度不发生变化，进口处颗粒的浓度及在池深方向的分布完全均匀一致，因此沉速始终不变。

②水流沿水平方向等速流动。在任何一处的过水断面上，各点的流速相同，始终不变。

③颗粒沉到池底即认为已被去除，不再返回水中。到出水区尚未沉到池底的颗粒全部由出水带出池外。

（2）平流式沉淀池表面负荷和临界沉速。

根据上述假定，悬浮颗粒在理想沉淀池沉淀规律如图 5-16 所示。

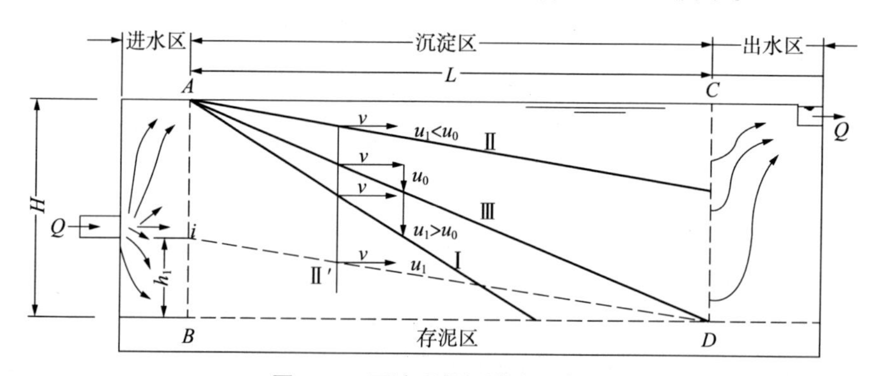

图 5-16　平流理想沉淀池示意图

原水进入沉淀池后，在进水区均匀分配在 $A—B$ 断面上，水平流速为

$$v=\frac{Q}{HB} \tag{5-16}$$

式中：v——水平流速，m/s；

Q——流量，m^3/s；

H——沉淀区水深，m；

B——A—B 断面的宽度，m。

如图 5-16 所示，沉速为 u 的颗粒以水平流速 v 向右水平运动，同时以沉速 u 向下运动，其运动轨迹是水平流速 v、沉速 u 的合速度方向直线。具有相同沉速的颗粒无论从哪一点进入沉淀区，沉降轨迹互相平行。从沉淀池最不利点（即进水区液面 A 点）进入沉淀池的沉速为 u_0 的颗粒，在理论沉淀时间内，恰好沉到沉淀池终端池底，u_0 被称为临界沉速或截留速度，沉降轨迹为直线Ⅲ。沉速大于 u_0 的颗粒全部去除，沉降轨迹为直线 I。沉速小于 u_0 的某一颗粒沉速为 u_i，在进水区液面下某一高度 i 点以下进入沉淀池，可被去除，沉降轨迹为虚线Ⅱ′，而在 i 点以上任一处进入沉淀池的颗粒未被去除，实线Ⅱ与虚线Ⅱ′平行。

截留速度 u_0 及水平流速 v 都与沉淀时间 t 有关：在数值上等于

$$t=\frac{L}{v}=\frac{H}{u_0} \tag{5-17}$$

式中：L——沉淀区长度，m；

v——水平流速，m/s；

H——沉淀区水深，m；

t——水流在沉淀区内的理论停留时间，s；

u_0——颗粒截留速度或临界流速，m/s。

可以得出

$$u_0=\frac{Hv\cdot B}{L\cdot B}=\frac{Q}{A} \tag{5-18}$$

式中：A——沉淀池面积，也是沉淀池在水平面上的投影，即沉淀面积。

上式中 Q/A，通常称为表面负荷或溢流率，代表沉淀池的沉淀能力，或者单位面积的产水量，在数值上等于从最不利点进入沉淀池全部去除的颗粒中最小颗粒沉速。由于各沉淀池处理的水质特征参数（水中悬浮颗粒大小及分布规律、水温等）有一定差别，所选用的表面负荷率不完全相同。

（3）沉淀去除效率计算。

沉速为 u_i 的颗粒 ($u_i < u_0$) 从进水区水面进入沉淀池，将被水流带出池外。如果从水面以下距池底 h_i 高度处进入沉淀池，在理论停留时间内，正好沉到池底，即认为被去除。如果原水中沉速等于 u_i 的颗粒质量浓度为 C_i，进入整个沉淀池中沉速等于 u_i 颗粒的总量为 $HBvC_i$。由 h_i 高度内进入沉淀池中沉速等于 u_i 颗粒的总量是 h_iBvC_i，则沉淀去除的数量占该颗粒总量之比，即沉速等于 u_i 颗粒的去除率，用 E_i 表示：

$$E_i=\frac{h_iBvC_i}{HBvC_i}=\frac{h_i}{H} \tag{5-19}$$

由于沉速等于 u_0 的颗粒沉淀 H 高度和沉速等于 u_i 的颗粒沉淀 h_i 高度所用的时间均为 t，则

$$E_i=\frac{h_i/t}{H/t}=\frac{u_i}{u_0}=\frac{u_i}{Q/A} \tag{5-20}$$

由此可知，悬浮颗粒在理想沉淀池中的去除率与本身的沉速有关外，还与沉淀池表面负荷有关，而与其他因素如池深、池长、水平流速、沉淀时间无关。不难理解，沉淀池表面面积不变，改变沉淀池的长宽比或池深，在沉淀过程中，水平流速将按改变的比例变化，从最不利点进入沉淀池的沉速为 u_0 的颗粒，在理论停留时间内同样沉到终端池底。

以上讨论的是某一特定沉速为 u_i 的颗粒（$u_i<u_0$）去除效率。实际上，原水中沉速小于 u_0 的颗粒众多，这些不同沉速的颗粒总去除率等于各颗粒去除率的总和。所有沉速小于 u_0 的颗粒去除率总和应为

$$p=\frac{u_1}{u_0}\mathrm{d}p_1+\frac{u_2}{u_0}\mathrm{d}p_2+\cdots+\frac{u_{0-1}}{u_0}\mathrm{d}p_{0-1}=\frac{1}{u_0}\sum_{i=1}^{n}u_i\mathrm{d}p_i=\frac{1}{u_0}\int_0^{p_0}u_i\mathrm{d}p_i$$

沉速大于等于 u_0 的颗粒已全部去除，其占全部颗粒的质量比例为（$1-p_0$）。因此，理想沉淀池总去除率 p 为

$$P=(1-p_0)+\frac{1}{u_0}\int_0^{p_0}u_i\mathrm{d}p_i \tag{5-21}$$

式中：p_0——所有沉速小于截留速度 u_0 的颗粒质量占进水中全部颗粒质量比；

u_0——理想沉淀池截留速度，或沉淀池临界速度，mm/s；

u_i——沉速小于截留速度 u_0 某一颗粒沉速，mm/s；

p_i——所有沉速小于 u_i 的颗粒质量占进水中全部颗粒质量比；

$\mathrm{d}p_i$——沉速等于 u_i 的颗粒质量占进水中全部颗粒质量比。

上式中 p_i 是 u_i 的函数，$p_i=f(u_i)$。

由于进入各沉淀池的水质不完全相同，因而 p_i 和 u_i 的关系也不完全相同，难以准确求出适用各种水质的 $p\sim u$ 数学表达式。常常根据不同水质，通过试验筒（图 5-17）试验结果绘出颗粒累计分布曲线，用图解法求解。即把 u_1、p_1、u_2、p_2…绘成曲线（图 5-18），就得到了不同沉速颗粒的累积分布曲线，从而可以求出截留速度为 u_0 的沉淀池的总去除率。

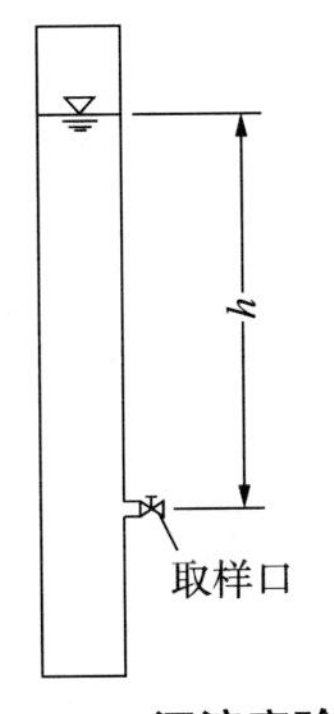

图 5-17　沉淀实验筒

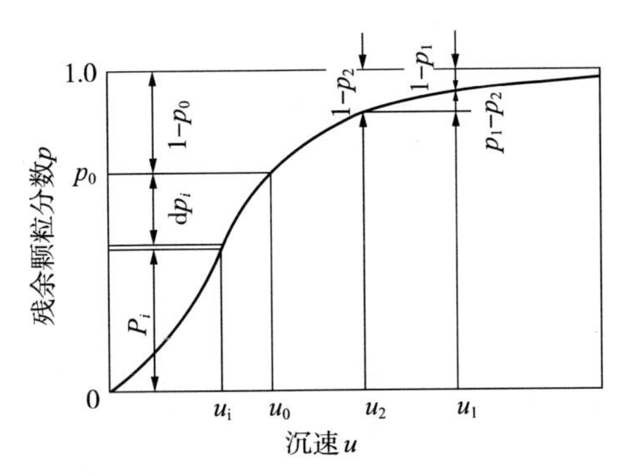

图 5-18　理想沉淀去除百分比计算

【例 5-4】悬浮颗粒沉淀试验沉淀筒如图 5-17 所示，取样口设在水面以下 120 cm 处，沉淀试验记录见表 5-2。表中 C_0 代表进入沉淀筒水的悬浮物浓度，C_i 代表在沉淀时间 t_i 时取出水样所含的悬浮物浓度。根据试验结果，计算表面负荷为 43.2 $m^3/(m^2 \cdot d)$ 的平流式沉淀池去除悬浮物的百分率。

表 5-2　沉淀试验记录

沉淀时间 t_i/min	0	15	30	40	45	60	90	180
C_i/C_0	1	0.96	0.81	0.667	0.62	0.46	0.23	0.06

【解】根据试验数据，可以得出不同沉淀速度 u_i 和小于该沉速的颗粒组成分数以及沉速为 u_i 的颗粒占所有颗粒的质量比（表 5-3）。

表 5-3　小于沉速 u_i 的颗粒组成分数和 u_i 的颗粒占所有颗粒的质量比

沉淀时间 t_i/min	15	30	40	45	60	90	180
沉淀速度 u_i = 120 cm/t	8.00	4.00	3	2.67	2.00	1.33	0.67
沉速≤ u_i 的颗粒占所有颗粒的质量比 /%	96	81	66.7	62	46	23	6
沉速 =u_i 的颗粒占所有颗粒的质量比 /%	4	15	14.3	4.7	16	23	17

表面负荷为 43.2 $m^3/(m^2 \cdot d)$ 的平流沉淀池的临界沉速 u_0 = 3.0 cm/min。

根据表 5-3 可知，另有沉速小于 0.67 cm/min 的颗粒占所有颗粒的质量比为 6%，假定这种颗粒沉速为 0.67/2 = 0.34（cm/min），则沉速小于 3.0 cm/min 的颗粒去除率为

$$P=\frac{1}{3}(2.67\times4.7\%+2\times16\%+1.33\times23\%+0.67\times17\%+0.34\times6\%)=29.52\%$$

总去除百分数为

$$P=(4.0\%+15\%+14.3\%)+29.52\%=62.82\%$$

5.2.1.2 影响沉淀效果的主要因素

在讨论理想沉淀池时，假定水流温度、流速均匀，颗粒沉速不变。而实际的沉淀池因受外界风力、温度、池体构造等影响时偏离理想沉淀池条件，主要在以下几个方面影响了沉淀效果：

（1）短流影响

在理想沉淀池中，垂直于水流方向的过水断面各点流速相同，在沉淀池的停留时间 t_0 相同。而在实际沉淀池中，有一部分水流通过沉淀区的时间小于 t_0，而另一部分则大于 t_0，该现象称为短流。引起沉淀池短流的主要因素有①进水惯性作用，使一部分水流流速变快；出水堰口负荷较大，堰口上产生水流抽吸，近出水区处出现快速水流；③风吹沉淀池表层水体，使水平流速加快或减慢；④温差或过水断面上悬浮颗粒密度差、浓度差，产生异重流，使部分水流水平流速减慢，另一部分水流流速加快或在池底绕道前进；⑤沉淀池池壁、池底、导流墙摩擦，刮（吸）泥设备的扰动使一部分水流水平流速减小。

短流的出现，有时形成流速很慢的"死角"、减小了过流面积、局部地方流速更快，本来可以沉淀去除的颗粒被带出池外。从理论上分析，沿池深方向的水流速度分布不均匀时，表层水流速度较快，下层水流流速较慢。沉淀颗粒自上而下到达流速较慢的水流层后，容易沉到终端池底，对沉淀效果影响较小。而沿宽度方向水平流速分布不均匀时，沉淀池中间水流停留时间小于 t_0，将有部分颗粒被带出池外。靠池壁两侧的水流流速较慢，有利于颗粒沉淀去除，一般不能抵消较快流速带出沉淀颗粒的影响。

（2）水流状态影响

在平流式沉淀池中，雷诺数和弗劳德数是反映水流状态的重要指标。水流属于层流或紊流用雷诺数 Re 判别，表示水流的惯性力和黏滞力两者之比：

$$Re=\frac{\rho vR}{\mu} \tag{5-22}$$

式中：v——水平流速，m/s；

R——水力半径，m，R = 过水断面面积 / 湿周；

ρ——水的密度，kg/m^3；

μ——水的动力黏滞系数，Pa · s。

对于平流式沉淀池这样的明渠流，当 $Re<500$ 水流处于层流状态，$Re>2\,000$ 水流处于紊流状态。大多数平流式沉淀池的 $Re=4\,000\sim20\,000$，显然处于紊流状态。在水平流速方向以外产生脉动分速，并伴有小的涡流体，对颗粒沉淀产生不利影响。

水流稳定性以弗劳德数 Fr 判别，表示水流惯性力与重力的比值：

$$Fr = \frac{v^2}{Rg} \tag{5-23}$$

式中：v——水平流速，m/s；

R——水力半径，m；

g——重力加速度，9.81 m/s^2。

当惯性力的作用加强或重力作用减弱时，Fr 值增大，抵抗外界干扰能力增强，水流趋于稳定。

在实际沉淀池中存在许多干扰水流稳定的因素，提高沉淀池的水平流速和 Fr 值，异重流等影响将会减弱。一般认为，平流式沉淀池的 Fr 值大于 10^{-5} 为宜。

比较式（5-21）、式（5-22）可知，减小雷诺数、增大弗劳德数的有效措施是减小水力半径 R 值。沉淀池纵向分格，可减小水力半径。因减小水力半径有限，还不能远到层流状态。提高沉淀池水平流速 v，有助于增大弗劳德数，减小短流影响，但会增大雷诺数。由于平流沉淀池内水流处于紊流状态，再适当增大雷诺数不至于有太大影响，故希望适当增大水平流速，不过分强调雷诺数的控制。

（3）絮凝作用影响

平流式沉淀池水平流速存在速度梯度以及脉动分速，伴有小的涡流体。同时，沉淀颗粒间存在沉速差别，因而导致颗粒间相互碰撞聚结，进一步发生絮凝作用。水流在沉淀池中停留时间越长，则絮凝作用越加明显。无疑，这一作用有利于沉淀效率的提高，但同理想沉淀池相比，也可视为偏离基本假定条件的因素之一。

5.2.2　沉淀池类型及设计

5.2.2.1　沉淀池类型

沉淀池的类型较多，作用不完全相同，分类方式也不相同，下面介绍两种不同的分类方法。

（1）一般而言，按照水流方向主要可分为平流式沉淀池、竖流式沉淀池、辐流式沉淀池和斜管（板）沉淀池。4 种主要形式沉淀池的特点及适用条件见表 5-4。

表 5-4　4 种沉淀池的特点及适用条件

池型	优点	缺点	适用条件
平流式	对冲击负荷和温度变化的适应能力较强； 施工简单，造价低	采用多斗排泥时，每个泥斗需单独设排泥管各自排泥，操作工作量大；采用机械排泥时，机件设备和驱动件均浸入水中，易锈蚀	适用于地下水位较高及地质较差的地区； 适用于大、中、小型污水处理厂

续表

池型	优点	缺点	适用条件
竖流式	排泥方便，管理简单； 占地面积较小	池子深度大，施工困难； 对冲击负荷及温度变化的适应性较差； 造价较高； 池径不宜太大	适用于处理水量不大的小型污水处理厂
辐流式	采用机械排泥，运行较好，管理也较简单； 排泥设备已有定型产品	池中水流速不稳定； 机械排泥设备复杂，对施工质量要求较高	适于地下水位高的地区； 适于大、中型污水处理厂
斜管（板）式	处理效率高、占地面积小	容易堵塞，不适于生物污泥的沉淀分离过程	适于物理性污泥的沉淀

（2）按照工艺要求，沉淀功能及作用效果，可分初沉池和二次沉淀池。

初次沉淀池是一级污水处理厂的主体构筑物，或是二级污水处理厂的预处理构筑物，设置在生物处理构筑物之前。处理的对象是悬浮物质（通过沉淀处理可去除40%～50%及以上），同时可去除部分悬浮的BOD_5（占总BOD_5的20%～30%），可改善生物处理构筑物的运行条件并降低BOD_5负荷。初次沉淀池中沉淀的物质称为初次沉淀污泥或初沉污泥。

二次沉淀池设置在生物处理构筑物之后，用于去除活性污泥或脱落的生物膜，它是生物处理系统的重要组成部分。初沉池、生物膜法构筑物及其后的二沉池的SS和BOD_5总去除率分别为60%～90%和65%～90%；初沉池、活性污泥法构筑物及其后二沉池的SS和BOD_5总去除率分别为70%～90%和65%～95%。

一般地，平流沉淀池较少用于污水处理厂的沉淀池。竖流沉淀池和辐流沉淀池均可作为初沉池或二沉池使用。仅当需要挖掘原有沉淀池潜力或建造沉淀池面积受限制时，通过技术经济比较，可升级为斜板（管）沉淀池，但通常仅作为初次沉淀池用，不宜作为二次沉淀池，原因是活性污泥的黏度较大，容易黏附在斜板（管）上，影响沉淀效果甚至可能堵塞斜板（管）。同时，在厌氧的情况下，经厌氧消化产生的气体上升时会干扰污泥的沉淀，并把从板（管）上脱落下来的污泥带至水面结成污泥层。

5.2.2.2　沉淀池设计

（1）平流式沉淀池

平式沉淀池分为进水区、沉淀区、出水区和存泥区四部分，如图5-16所示。

1）进水区

进水区的主要功能是使水流分布均匀，减小紊流区域，减少絮凝体破碎。通常采用穿孔花墙、栅板等布水方式。从理论上分析，欲使进水区配水均匀，应增大进水流速来增大过孔水头损失。如果增大水流过孔流速，势必增大沉淀池的紊流段长度，造成絮凝颗粒破碎。目前，大多数沉淀池属混凝沉淀，而进水区或紊流区段占整个沉淀池长度比例很小，故首先考虑絮体的破碎影响，所以多按絮凝池末端流速作为过孔流速设计穿孔墙过水面，且池底积泥面上 0.3 m 至池底范围内不设进水孔。

2）沉淀区

沉淀区即泥水分离区，由长、宽、深的尺寸决定。根据理论分析，沉淀池深度与沉淀效果无关。但考虑到后续构筑物，不宜埋深过大。同时考虑外界风吹不使沉泥泛起，常取有效水深 3 ～ 3.5 m，超高 0.3 ～ 0.5 m。沉淀池长度 L 与水量无关，决定于水平流速 v 和停留时间 T。一般要求长深比 $L/B>10$，即水平流速是截留速度的 10 倍以上。沉淀池宽度 B 与处理水量有关，即 $B = Q / Hv$。宽度 B 越小，池壁的边界条件影响就越大，水流稳定性越好。一般设计 $B = 3 \sim 8$ m，最大不超过 15 m，当宽度较大时可中间设置导流墙。设计要求长宽比 $L/B>4$。

3）出水区

沉淀后的清水在池宽方向能否均匀流出，对沉淀效果有较大影响。多数沉淀池出水采用淹没式孔口出流、齿形堰、薄壁堰集水，如图 5-19 所示。

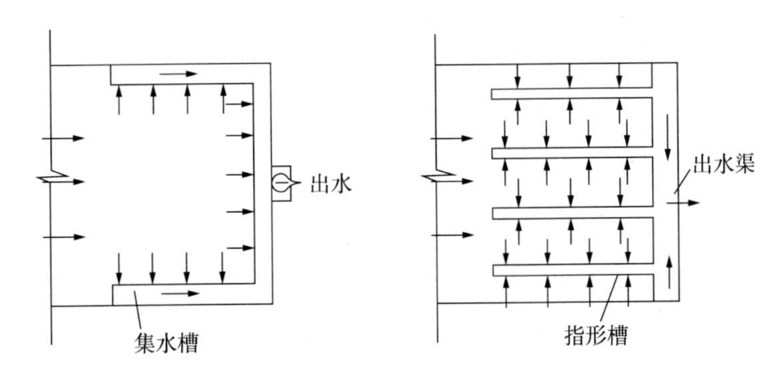

图 5-19　沉淀池出水集水方式

其中，薄壁堰、齿形堰集水不易堵塞，其单宽出水流量分别和堰上水头的 1.5 次方、2.5 次方成正比。而淹没式孔口集水，有时被杂物堵塞，其孔口流量和淹没水位的 0.5 次方成正比。

显然，以淹没式孔口集水的沉淀池水位变化时，不会立刻增大出水流量。为防止集水堰口流速过大产生抽吸作用带出沉淀杂质，堰口溢流率以不大于 300 $m^3/(m \cdot d)$ 为宜。目前，新建沉淀池大多采用增加集水堰长或指形出水槽集水，效果良好。加长堰长或指形槽集水，相当于增加沉淀池的中途集水作用，既降低了堰口负荷，又因集水槽起端集水后，减少后段沉淀池中水平流速，有助于提高沉淀去除率或提高沉淀池处理水量。

4）存泥区和排泥方法

平流式沉淀池下部设有存泥区，排泥方式不同，存泥区高度不同。小型沉淀池设置的斗式、穿孔管排泥方式，需根据设计的排泥斗间距或排泥管间距设定存泥区高度。

多年来，平流式沉淀池普遍使用了机械排泥装置，池底为平底，一般不再设置排泥斗、泥槽和排泥管。

桁架式机械排泥装置分为泵吸式和虹吸式两种。其中虹吸式排泥是利用沉淀池内水位和池外排水渠水位差排泥，节约泥浆泵和动力，目前应用较多（图 5-20）。当沉淀池内水位和池外排水渠水位差较小，虹吸排泥管不能保证排泥均匀时可采用泵吸式排泥。

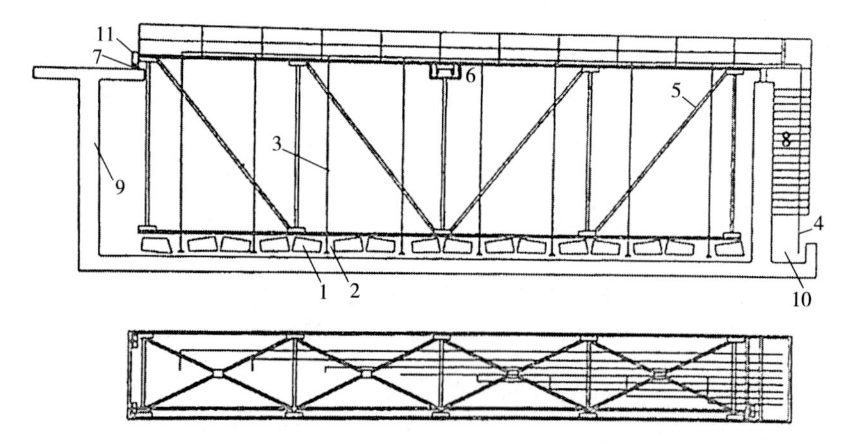

1—刮泥板；2—吸泥口；3—吸泥管；4—排泥管；5—桁架；6—传动装置；7—导轨；8—爬梯；9——池壁；10—排泥渠；11—驱动滚轮。

图 5-20　虹吸式排泥机

上述两种排泥装置安装在桁架上，利用电动机、传动机构驱动滚轮，沿沉淀池长度方向移动。为排出进水端较多积泥，有时设置排泥机在前 1/3 长度处返还一次。机械排泥较彻底，但排出积泥浓度较低。为此，有的沉淀池把排泥设备设计成只刮不排装置，即采用牵引小车或伸缩杆推动刮泥板把沉泥刮到底部泥槽，由泥位计控制排泥管排出。

（2）平流式沉淀池的设计计算

设计平流式沉淀池时，通常把表面负荷率和停留时间作为重要控制指标，同时考虑水平流速。当确定沉淀池表面负荷率（Q/A）之后，即可确定沉淀面积，根据停留时间和水平流速便可求出沉淀池容积及平面尺寸。有时先行确定停留时间，用表面负荷率复核。目前，我国大多数平流式沉淀池设计的表面负荷率（Q/A）=（1 ～ 2.3）$m^3/(m^2 \cdot h)$，停留时间 T = 1.5 ～ 3.0 h，水平流速 v = 10 ～ 25 mm/s，并避免过多转折。其设计方法如下：

1）按截留速度计算沉淀尺寸

沉淀池面积 A：

$$A = \frac{Q}{3.6u_0} \tag{5-24}$$

式中：A——沉淀池面积，m^3；

u_0——截留速度，mm/s；

Q——设计水量，m^3/h。

沉淀池长度 L：

$$L = 3.6vT \tag{5-25}$$

式中：L——沉淀池长度，m；

v——水平流速，mm/s；

T——水流停留时间，h。

沉淀宽度 B：

$$B = \frac{A}{L} \tag{5-26}$$

沉淀池深度 H：

$$H = \frac{QT}{A} \tag{5-27}$$

式中：H——沉淀池有效水深，m；

其余符号同上。

2）按停留时间 T 计算沉淀池尺寸

沉淀池容积 V：

$$V = QT \tag{5-28}$$

式中：V——沉淀池容积，m；

Q——设计水量，m^3/h；

T——水流停留时间，h。

沉淀池面积 A：

$$A = \frac{V}{H} \tag{5-29}$$

式中：A——沉淀池面积，m^2；

H——沉淀池有效水深，一般取 3.0 ～ 3.5m。

沉淀池长度 L：

$$L = 3.6vT \tag{5-30}$$

沉淀池每格宽度（或导流墙间距）宜为 3 ～ 8 m。按式（5-31）计算：

$$B = \frac{V}{LH} \tag{5-31}$$

3）核对弗劳德数 Fr

控制 $Fr = 1\times10^{-4} \sim 1\times10^{-5}$。

4）水集水槽和放空管尺寸

出水通常采用指形槽集水，两边进水，槽宽 0.2 ～ 0.4 m，间距 1.2 ～ 1.8 m。

指形集水槽集水流入出水渠。集水槽、出水渠大多采用矩形断面，当集水槽底、出水渠底为平底时，其起端水深 h 按式（5-32）计算：

$$h = \sqrt{3} \cdot \sqrt[3]{\frac{q^2}{gB^2}} \tag{5-32}$$

式中：q——集水槽、出水渠流量，m^3/s；

B——槽（渠）宽度，m；

g——重力加速度，9.81 m/s^2。

沉淀池放空时间 T' 按变水头非恒定流盛水容器放空公式计算，并取外圆柱形管嘴流量系数 $\mu = 0.82$，按下式求出排泥、放空管管径 d；

$$d \approx \sqrt{\frac{0.7BLH^{0.5}}{T'}} \tag{5-33}$$

式中：T' ——沉淀池放空时间，s；

其余符号同前。

（2）斜板、斜管沉淀池

1）斜板、斜管沉淀池沉淀原理

从平流沉淀池内颗粒沉降过程分析和理想沉淀原理可知，颗粒的沉淀去除率仅与沉淀池沉淀面积 A 有关，而与池深无关。在沉淀池容积一定的条件下，池深越浅，沉淀面积越大，悬浮颗粒去除率越高。此即浅池沉淀理论。

如图 5-21 所示，如果平流式沉淀池长为 L、深为 H、宽为 B，沉淀池水平流速为 v，截留速度为 u_0，沉淀时间为 T。将此沉淀池加设两层底板，每层水深变为 $B/3$，在理想沉淀条件下，则有如下关系：

未加设板前，

$$u_0 = \frac{H}{T} = \frac{H}{L/v} = \frac{Hv}{L} = \frac{HBv}{LB} = \frac{Q}{A}$$

加设两层底板后［图 5-21（a）］，截留速度比原来减小 2/3，去除效率相应提高。如果去除率不变，沉淀池长度不变，而水平流速增大［图 5-21（b）］，则处理水量比原来增加 2 倍。如果去除率不变，处理水量不变，而改变沉淀池长度［图 5-21（c）］，则沉淀池长度减小原来的 2/3。

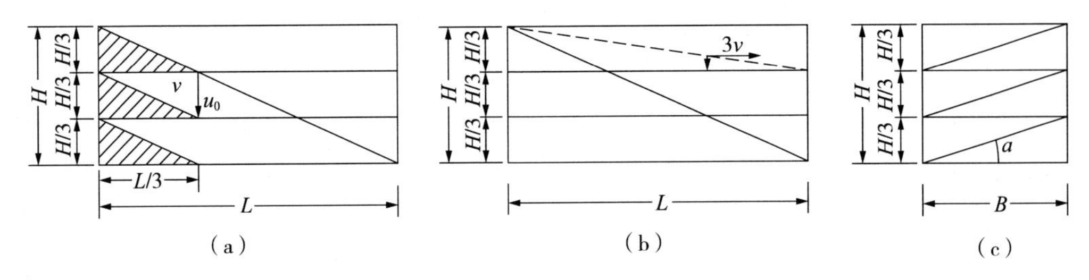

图 5-21　浅池沉淀理论

按此推算，沉淀池分为 n 层，其处理能力是原来沉淀池的 n 倍。但是，如此分层排出沉泥有一定难度。为解决排泥问题，把众多水平隔板改为倾斜隔板，并预留排泥区间，这就变成了斜板沉淀池。用管状组件（组成六边形、四边形断面）代替斜板，即斜管沉淀池。

在斜板沉淀池中，按水流与沉泥相对运动方向可分为上向流、同向流和侧向流 3 种形式，而斜管沉淀池只有上向流、同向流两种形式，水流自下而上流出，沉泥沿斜管，斜板壁面自动滑下，称为上向流沉淀池。水流水平流动，沉泥沿斜板壁面滑下，称为侧向流斜板沉淀池。上向流斜管沉淀池和侧向流斜板沉淀池是目前常用的两种基本形式。

斜板（或斜管）沉淀池沉淀面积是众多斜板（或斜管）的水平投影和原沉淀池面积之和，沉淀面积很大，从而减少了截留速度。又因斜板（或斜管）湿周增大，水流状态为层流，更接近于理想沉淀池。

悬浮颗粒在斜板中的运动轨迹如图 5-22 所示。可以看出，在沉淀池尺寸一定时，斜板间距 d 越小，斜板数越多，总沉淀面积越大。斜板倾角 θ 越小，越接近水平分隔的多层沉淀池。斜板间轴向流速 v_0 和斜板出口水流上升流速 v_s 有如下关系：

$$v_s = v_0 \sin\theta \tag{5-34}$$

斜板中轴向流速 v_0、截流速度 u_0 和斜板构造的几何关系如图 5-23 所示。

由 $\dfrac{v_0}{u_0}=\dfrac{L+s}{h}=\dfrac{L+\dfrac{d}{\cos\theta}\dfrac{1}{\sin\theta}}{\dfrac{d}{\cos\theta}}=\dfrac{L}{d}\cos\theta+\dfrac{1}{\sin\theta}$，得关系式：

$$\frac{u_0}{v_0}\cdot\left(\frac{L}{d}\cos\theta+\frac{1}{\sin\theta}\right)=1 \tag{5-35}$$

如图 5-23 所示，假定斜板宽度为 B，由上式得

$$u_0=\frac{v_0}{\left(\dfrac{L}{d}\cos\theta+\dfrac{1}{\sin\theta}\right)}=\frac{v_0 d}{(L\cos\theta+b)}\cdot\frac{B}{B}=\frac{Q}{BL\cos\theta+Bb}$$

可知，斜板沉淀池截留速度 u_0 等于处理流量 Q 与斜板投影面积、淀池面积之和的

比值。

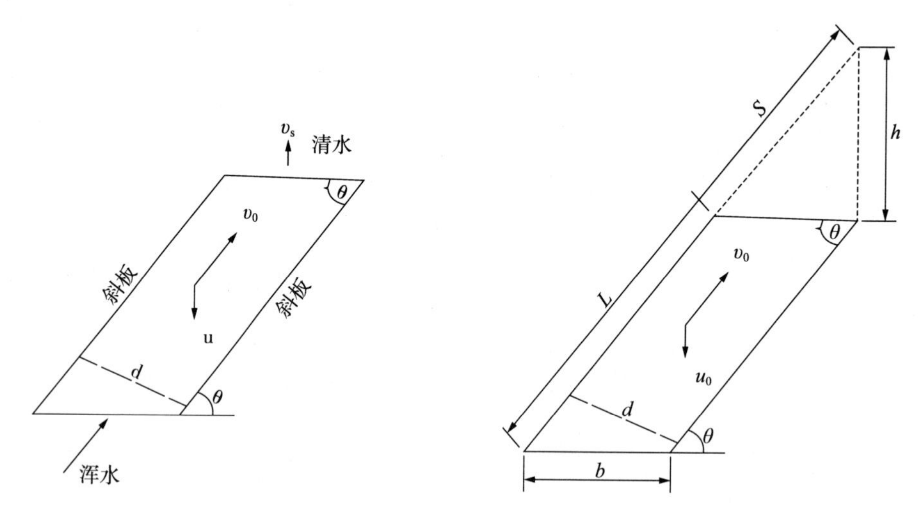

v_0—斜板间轴向流速，mm/s；u_0—斜板出口上升流速，mm/s；

u—悬浮颗粒下沉流速，mm/s；d—斜板间距，mm；θ—斜板倾角。

图 5-22　斜板间水流和颗粒运动轨迹　　　**图 5-23　轴向流速 v_0、截流速度 u_0 的几何关系**

【例 5–5】一座竖流式沉淀池，进水中颗粒沉速和所占的比例见表 5-5，假设竖流沉淀池对上述悬浮物总去除率为 40%，现加设斜板改为斜板沉淀池，如果斜板投影面积按竖流沉淀池的 4 倍计算，则加设斜板后总去除率为多少？

表 5-5　小于沉速 u_i 的颗粒组成分数占所有颗粒的质量比

颗粒沉速 u_i/（mm/s）	0.1	0.2	0.3	0.5	0.8	1.2	1.5	2.0
沉速≤ u_i 的颗粒占所有颗粒的质量比 /%	10	25	35	45	60	75	90	100

【解】对表 5-5 进行计算，求出沉速等于 u_i 的颗粒占所有颗粒质量比和≥ u_i 的颗粒占所有颗粒的质量比，得表 5-6。

表 5-6　≥沉速 u_i 的颗粒组成分数占所有颗粒的质量比

颗粒沉速 u_i/（mm/s）	0.1	0.2	0.3	0.5	0.8	1.2	1.5	2.0
沉速≤ u_i 的颗粒占所有颗粒的质量比 /%	10	25	35	45	60	75	90	100
沉速 = u_i 的颗粒占所有颗粒的质量比 /%	10	15	10	10	15	15	15	10
沉速≥ u_i 的颗粒占所有颗粒的质量比 /%	100	90	75	65	55	40	25	10

根据竖流式沉淀池对上述悬浮物总去除率可知，沉速＞ 1.2 mm/s 的颗粒占所有颗粒的质量比为 40%，竖流式沉淀可以全部去除的最小颗粒沉速是 1.2 mm/s。斜板沉淀池沉淀面积等于斜板投影面积与竖流沉淀池沉淀面积之和，是竖流沉淀池沉淀面积的 5 倍。斜板沉淀池可以全部去除的最小颗粒沉速为 u_0 = 1.2/5 = 0.24（mm/s），鉴于 0.24 mm/s

沉速的颗粒并不存在，按照≥0.3 mm/s 沉速的颗粒占所有颗粒的质量比计算，认为≥0.24 mm/s 沉速粒占 75%，计算总去除率时取用的 u_0 值仍是 0.24 mm/s。

总去除率：$P = 75\% + \dfrac{0.2}{0.24} \times 15\% + \dfrac{0.1}{0.24} \times 10\% = 91.67\%$

2）斜管沉淀池设计计算

斜板、斜管沉淀池沉淀原理相同。水处理中使用斜管沉淀池较多，故本节以介绍斜管沉淀池设计为重点，也适用于斜板沉淀池的设计。

斜管沉淀池构造如图 5-24 所示，分为清水区、斜管区、配水区、积泥区。在设计时应考虑以下几点：

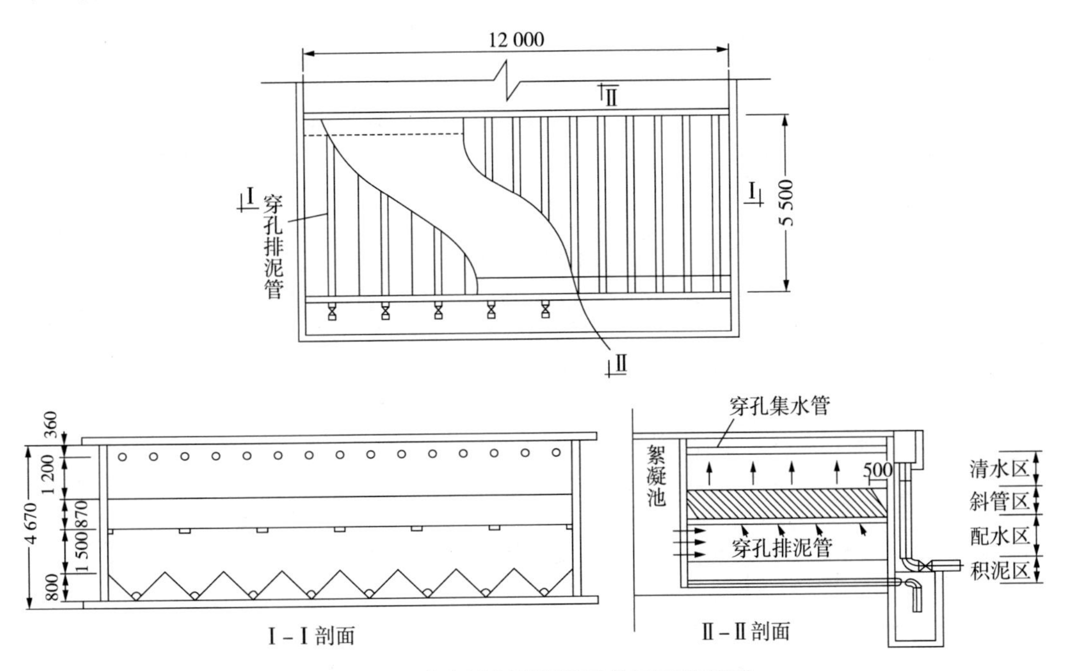

图 5-24　上向流斜管沉淀池的平面及剖面

底部配水区高度不小于 1.5 m，以便减小配水区内流速，达到均匀配水。进水口采用穿孔墙、缝隙栅或下向流斜管布水。

斜管倾角越小，则沉淀面积越大，截留速度越小，沉淀效率越高，但排泥不畅，根据生产实践，斜管水平倾角 θ 通常采用 60°。

斜管材料多用厚 0.4 ～ 0.5 mm 无毒聚氯乙烯或聚丙烯薄片热压成波纹板，然后黏结成多边形斜管。为防止堵塞，斜管内切圆直径取 30 mm 以上。斜管长度与沉淀面积有关，但长度过大，势必增加沉淀池深度，沉淀效果提高很少。所以，一般选用斜管长 1 000 mm，斜管区高 860 mm，可满足要求。

斜管沉淀池清水区高度是保证均匀出水和斜管顶部免生青苔的必要高度，一般取 1 000 ～ 1 500 mm。清水集水槽根据清水区高度设计，其间距应满足斜管出口至两集水槽的夹角小于 60°，可取集水槽间距等于 1 ～ 1.2 倍的清水区高度。

斜管沉淀池的表面负荷是一个重要的技术参数，是对整个沉淀池的液面而言，又称为液面负荷。用下式表示：

$$q = \frac{Q}{A} \tag{5-36}$$

式中：q——斜管沉淀池液面负荷，$m^3/(m^2 \cdot h)$；

Q——斜管沉淀池处理水量，(m^3/h)；

A——斜管沉淀池清水区面积，m^2。

上向流斜管沉淀池液面负荷 q 一般取 5.0 ～ 9.0 $m^3/(m^2 \cdot h)$（相当于 1.4 ～ 2.5 mm/s），不计斜管沉淀池材料所占面积及斜管倾斜后的无效面积，则斜管沉淀池表面负荷 q 等于斜管出口处水流上升流速 v_s。

小型斜管沉淀池采用斗式及穿孔管排泥，大型斜管沉淀池多用桁架虹吸机械排泥。

【例 5-6】一座竖流式沉淀池，清水上升流速 v_s = 2.0mm/s，加设倾角 θ= 60° 斜板，长度 L 和板间垂直距离 d 之比（L/d）= 20，如果斜板材料及无效面积影响系数 η =0.6，处理水量不变，则加设斜板后能够全部去除的最小颗粒沉速是多少？

【解】未加设斜板前清水区上升流速 v_s = 2.0 mm/s，则斜板间轴向流速：

$$v_0 = \frac{v_s}{\eta \times \sin\theta} = \frac{2}{0.6 \times \sin 60^\circ} = 3.85(\text{mm/s})$$

另由关系式（5-35），即可得加设斜板后能够全部去除的最小颗粒沉速为

$$u_0 = \frac{v_0}{\left(\frac{L}{d}\cos\theta + \frac{1}{\sin\theta}\right)} = \frac{3.85}{20 \times 0.5 + 1.155} = 0.345(\text{mm/s})$$

（3）普通辐流沉淀池

1）普通辐流沉淀池的构造特点

辐流沉淀池也称为辐射式沉淀池，一般用于污水处理工艺，其设计参数见表 5-7。辐流沉淀池形多呈椭圆形，小型池子有时也采用多边形，水流流速从池中心向池四周逐渐减慢。泥斗设在池中央，池底向中心倾斜，污泥通常用刮泥机或吸泥机排除（图 5-25），其由五部分组成，即进水区、出水区、沉淀区、贮泥区及缓冲区。

表 5-7　城镇污水处理厂沉淀池设计参数

沉淀池类型		沉淀时间 /h	表面水力负荷 /［$m^3/(m^2 \cdot h)$］	污泥量		污泥含水率 /%	固体负荷 /［$(kg/(m^2 \cdot d)$］
				g/（人・d）	L/（人・d）		
初次沉淀池		0.5 ～ 2.0	1.5 ～ 4.5	16 ～ 36	0.36 ～ 0.83	95 ～ 97	—
二次沉淀池	生物膜法后	1.5 ～ 4.0	1.0 ～ 2.0	10 ～ 26	—	96 ～ 98	≤ 150
	活性污泥法后	1.5 ～ 4.0	0.6 ～ 1.5	12 ～ 32	—	99.2 ～ 99.6	≤ 150

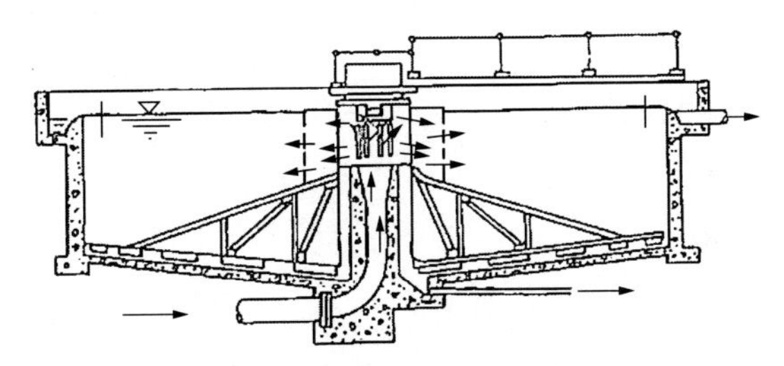

图 5-25　普通辐流沉淀池示意图

2）普通辐流式沉淀池的设计计算

a. 辐流式沉淀池的设计应符合下列要求：

①池子直径与有效水深的比值宜为 6 ～ 12，池径不宜大于 50 m。

②一般采用机械排泥，当池子直径较小时，也可采用多斗排泥。排泥机械旋转速度宜为 1 ～ 3 r/h，刮泥板的外缘线速度不宜大于 3 m/min。

③缓冲层高度，非机械排泥时宜为 0.5 m；机械排泥时，缓冲层上缘宜高于刮泥板 0.3 m。

④坡向斗的底坡不宜小于 0.05。

b. 尺寸计算

①每座沉淀池表面面积和池径

$$A_1 = \frac{Q_{max}}{nq_0} \tag{5-37}$$

式中：A_1——每座沉淀池的表面面积，m^2；

D——每座沉淀池的直径，m；

Q——最大设计流量，m^3/h；

q_0——表面水力负荷，$m^3/(m^2 \cdot h)$，按相关规范取值。

②沉淀池有效水深

$$h_2 = q_0 t \tag{5-38}$$

式中：h_2——有效水深，m；

t——沉淀时间。

池径与水深比取 6 ～ 12。

③沉淀池总高度

$$H = h_1 + h_2 + h_3 + h_4 + h_5 \tag{5-39}$$

式中：H——总高度，m；

h_1——保护高，取 0.3 m；

h_2——有效水深，即沉淀区高度，m；

h_3——缓冲层高，非机械排泥时宜为 0.5m，机械排泥时，缓冲层上缘宜高出刮板 0.3m；

h_4——沉池底坡落差，m；

h_5——污泥斗高度，m。

④沉淀池污泥区容积

按每日污泥量和排泥的时间间隔计算：

$$W=\frac{SNt}{1\,000} \tag{5-40}$$

式中：W——沉淀池污泥区容积，m^3；

S——每人每日产生的污泥量，表 5-7；

N——设计人口数，人；

t——两次排泥的时间间隔，d，初次沉淀池宜按不大于 2 d；曝气池后的二次沉淀池按 2 h 计；机械排泥的初次沉淀池和生物膜法处理后的二次沉淀池按 4 h 计。

如果已知污水悬浮物浓度和去除率，污泥量可按式（5-41）计算：

$$W=\frac{Q_{max}\times 24(C_0-C_1)100}{\rho(100-P_0)}t \tag{5-41}$$

式中：C_0、C_1——进水与沉淀出水的悬浮物浓度，kg/m^3，如有浓缩池、消化池及污泥脱水机的上清液回至初次沉淀池、则式中的 C_0 应乘 1.3 的系数，C_1 应取 $1.3C_0$ 的 50% ～ 60%；

P_0——污泥含水百分率，见表 5-7；

ρ——污泥密度，kg/m^3，因污泥的主要成分是有机物，含水率在 95% 以上，故 ρ 可取为 1 000 kg/m^3；

t——两次排泥的时间间隔，见上述。

【例 5-7】某市污水处理厂的最大设计流量 Q_{max} = 2 450 m^3/h，设计人口 N = 34 万人，采用机械刮泥，试计算辐流式初次沉淀池的池径和有效水深。

【解】计算简图如图 5-26 所示。

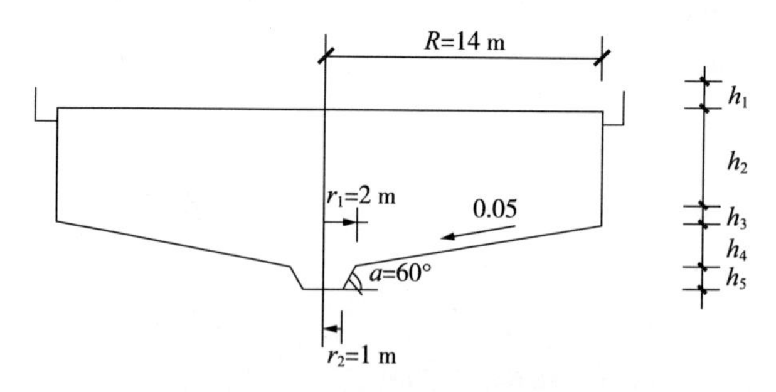

图 5-26　辐流沉淀池计算简图

1. 沉淀池表面面积和池径：取 q_0 = 2 $m^3/(m^2 \cdot h)$，n=2 座，则沉淀池表面面积和池径分别为

$$A_1 = \frac{Q_{max}}{nq_0} = \frac{2\,450}{2\times 2} = 612.5(m^2)$$

$$D = \sqrt{\frac{4\times A_1}{\pi}} = \sqrt{\frac{4\times 612.5}{\pi}} = 27.9\text{（m），取 } D = 28\text{ m}$$

2. 沉淀池有效水深：取沉淀时间 t = 1.5 h，则

$$h_2 = q_0 t = 2\times 1.5 = 3.0(m)$$

3. 污泥池总高度：

每池每天污泥量用式（5-39）计算。

$$W = \frac{SNt}{1\,000} = \frac{0.5\times 34\times 10^4\times 4}{1\,000\times 2\times 24} = 14.2(m^3)$$

查表 5-7，式中 S 取 0.5L/（人 · d），由于用机械刮泥，所以污泥在斗内储存时间用 4 h。

污泥斗容积用几何公式计算：

$$V_1 = \frac{\pi h_5}{3}\left(r_1^2 + r_1 r_2 + r_2^2\right) = \frac{\pi\times 1.73}{3}\left(2^2 + 2\times 1 + 1^2\right) = 12.7(m^3)$$

$$h_5 = \left(r_1 - r_2\right)\tan\alpha = \left(2-1\right)\tan 60° = 1.73(m)$$

坡底落差 $h_4 = \left(R - r_1\right)\times 0.05 = 13\times 0.05 = 0.65(m)$

因此，池底可贮存污泥的体积为

$$V_2 = \frac{\pi h_4}{3}\left(R^2 + Rr_1 + r_1^2\right) = \frac{\pi\times 0.6}{3}\left(14^2 + 14\times 2 + 2^2\right) = 143.3(m^3)$$

可贮存污泥体积共为 $V_1 + V_2 = 12.7 + 143.3 = 156\left(m^3\right) > 14.2\ m^3$，足够。

沉淀池总高度 H = 0.3 + 3.0 + 0.5 + 0.6 + 1.73 = 6.13（m）。

4. 沉淀池周边处的垂直高度：

$$h_1 + h_2 + h_3 = 0.3 + 3.0 + 0.5 = 3.8(m)$$

径深比校核：D/h_2 = 28/3 = 9.3。

尺寸合理，合格。

（4）竖流式沉淀池

竖流式沉淀池可用圆形或正方形。中心进水，周边出水。为使池内水流分布均匀，池径不宜太大，池径与池深之比，竖流沉淀池比辐流式小得多，一般池径采用 4 ～ 7 m。沉淀区呈柱形，污泥斗呈截头倒锥体。图 5-27 为圆形竖流式沉淀池示意图。

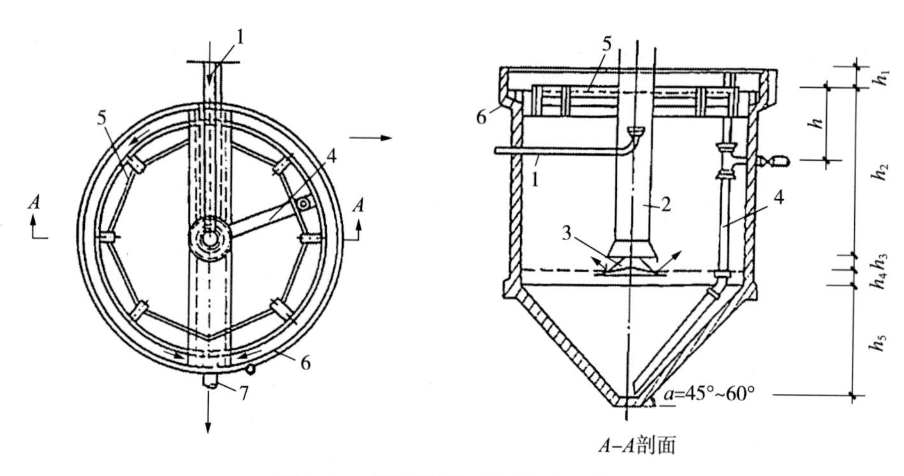

图 5–27　圆形竖流式沉淀池示意图

图 5–27 中，1 为进水管，污水从中心管 2 自上而下，经反射板 3 折向上流，沉淀水由设在池周的锯齿溢流堰溢入流出槽 6，7 为出水管。如果池径大于 7 m，为了使池内水流分布均匀，可增设辐射方向的出流槽。出流槽前设有挡板 5，隔除浮渣。污泥斗的倾角采用 55° ～ 60°。污泥依靠静水压力 h 从排泥管 4 排出，排泥管采用 200 mm。作为初次沉淀池用时，h 不应小于 1.5 m；作为二次沉淀池用时，生物膜处理后不应小于 1.2 m，曝气池后不应小于 0.9 m。

竖流式沉淀池的水流流速 v 是向上的，而颗粒沉速 u 是向下的，颗粒的实际沉速是与 u 的矢量和，只有 $u \geqslant v$ 的颗粒才能被沉淀去除，因此竖流式沉淀池与辐流式沉淀池相比，去除效率低些，但若颗粒具有絮凝性能，则由于水流向上，带着颗粒在上升的过程中，互相碰撞，促进絮凝，颗粒变大，沉速随之变大，又有被去除的可能，故竖流沉淀池作为二次沉淀池是可行的。竖流沉淀池的池深较深，适用于中小型污水处理厂。

5.3　过滤基本理论与构筑物

5.3.1　过滤机理

首先以单层砂滤池为例，其滤料粒径通常为 0.5 ～ 1.2 mm，滤层厚度一般为 70 cm。经反冲洗水力分选后，滤料粒径自上而下大致按由细到粗依次排列，称滤料的水力分级，滤层中孔隙尺寸也因此由上而下逐渐增大。设表层细砂粒径为 0.5 mm，以球体计，滤料颗粒之间的孔隙尺寸约 80 μm。但是，进入滤池的悬浮物颗粒尺寸大部分小于 30 μm，仍然能被滤层截留下来，而且在滤层深处（孔隙大于 80 μm）也会被截留，说明过滤显然不是机械筛滤作用的结果。众多研究者经过研究，认为过滤主要是悬浮颗粒与滤料颗粒之间黏附作用的结果。

水流中的悬浮颗粒能够黏附于滤料颗粒表面上，涉及两个问题。首先，被水流挟带的颗粒如何与滤料颗粒表面接近或接触，这就涉及颗粒脱离水流流线而向滤料颗粒表面靠近的迁移机理；其次，当颗粒与滤粒表面接触或接近时，依靠哪些力的作用使得它们黏附于滤粒表面上。这就涉及黏附机理。

5.3.1.1　颗粒迁移

在过滤过程中，滤层孔隙中的水流一般属层流状态。被水流挟带的颗粒将随着水流流线运动。它之所以会脱离流线而与滤粒表面接近，完全是一种物理－力学作用。一般认为由沉淀、扩散、惯性、阻截和水动力等作用引起。图 5-28 为上述几种迁移机理的示意图。颗粒尺寸较大时，处于流线中的颗粒速会直接碰到滤料表面产生拦截作用；颗粒沉速较大时会在重力作用脱离流线，产生沉淀作用；颗粒较小、布朗运动较剧烈时会扩散至滤粒表面（扩散作用）；颗粒具有较大惯性时也可以脱离流线与滤料表面接触（惯性作用）；在滤粒表面附近存在速度梯度，非球体颗粒由于在速度梯度作用下，会产生转动而脱离流线与颗粒表面接触（水动力作用）。对于上述迁移机理，目前只能定性描述，其相对作用大小尚无法定量估算。虽然也有某些数学模式，但还不能解决实际问题。可能几种机理同时存在，也可能只有其中某些机理起作用。例如，进入滤池的凝聚颗粒尺寸一般较大，扩散作用几乎无足轻重。这些迁移机理所受影响因素较复杂，如滤料尺寸、形状、滤速、水温、水中颗粒尺寸、形状和密度等。

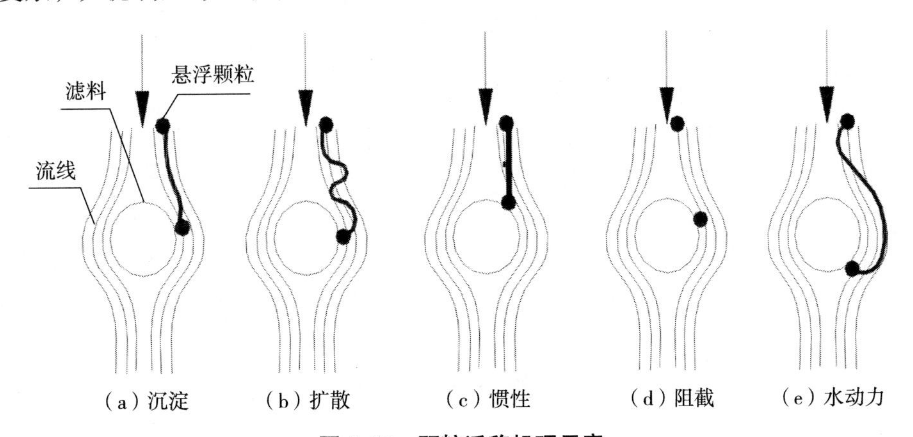

图 5-28　颗粒迁移机理示意

5.3.1.2　颗粒黏附

黏附作用是一种物理化学作用。当水中杂质颗粒迁移到滤料表面上时，则在范德华引力和静电力相互作用下，以及某些化学键和某些特殊的化学吸附力下，被黏附于滤料颗粒表面上，或者黏附在滤粒表面上原先黏附的颗粒上。此外，絮凝颗粒的架桥作用也会存在。黏附过程与澄清池中的泥渣所起的黏附作用基本类似，不同的是滤料为固定介质，排列紧密，效果更好。因此，黏附作用主要决定于滤料和水中颗粒的表面物理化学性质。未经脱稳的悬浮物颗粒，过滤效果很差，这就是证明。不过，在过滤过程中，特别是过滤后期，当滤层中孔隙尺寸逐渐减小时，表层滤料的筛滤作用也不能完全排除，但这种现象并不被希望发生。

5.3.1.3 滤层内杂质分布规律

在颗粒黏附的同时，还存在由于孔隙中水流剪力作用而导致颗粒从滤料表面上脱落趋势。黏附力和水流剪力相对大小，决定了颗粒黏附和脱落的程度。图 5-29 为颗粒黏附力和平均水流剪力示意图。图中 F_{a1} 表示颗粒 1 与滤料表面的黏附力；F_{a2} 表示颗粒 2 与颗粒 1 之间的黏附力；F_{s1} 表示颗粒 1 所受到的平均水流剪力；F_{s2} 表示颗粒 2 所受到的平均水流剪力；F_1、F_2 和 F_3 均表示合力。过滤初期，滤料较干净，孔隙率较大，孔隙流速较小，水流剪力 F_{s1} 较小，因而黏附作用占优势。随着过滤时间的延长，滤层中杂质逐渐增多，孔隙率逐渐减小，水流剪力逐渐增大，以至最后黏附上的颗粒（如图 5-29 中颗粒 3）将首先脱落下来，或被水流挟带的后续颗粒不再有黏附现象，于是，悬浮颗粒便向下层推移，下层滤料截留作用渐次得到发挥。

然而，往往是下层滤料截留悬浮颗粒作用远未得到充分发挥时，过滤就得停止。这是因为，滤料经反冲洗后，滤层因膨胀而分层，表层滤料粒径最小，黏附比表面面积最大，截留悬浮颗粒量最多，而孔隙尺寸又最小，因而，过滤到一定时间后，表层滤料间孔隙将逐渐被堵塞，甚至产生筛滤作用而形成泥膜，使过滤阻力剧增。滤速减小（或在一定滤速下水头损失达到极限值），或者因滤层表面受力不均匀而使泥膜产生裂缝时，大量水将自裂缝中流出，以致悬浮杂质穿过滤层而使出水水质恶化。当上述两种情况之一出现时，过滤将被迫停止。当过滤周期结束后，滤层中所截留的悬浮颗粒量在滤层深度方向变化很大，如图 5-30 中曲线所示。图中滤层含污量是指单位体积滤层中所截留的杂质量。在一个过滤周期内，如果按整个滤层计，单位体积滤料中的平均含污量称为滤层含污能力，单位仍以 g/cm^3 或 kg/m^3 计。图 5-30 中曲线与坐标轴所包围的面积除以滤层总厚度即滤层含污能力。在滤层厚度一定下，此面积越大，滤层含污能力越大。很显然，如果悬浮颗粒量在滤层深度方向变化越大，表明下层滤料截污作用越小，就整个滤层而言，含污能力越小；反之亦然。

为了改变上细下粗的滤层中杂质分布严重的不均匀现象，提高滤层含污能力，便出现了双层滤料、三层滤料或混合滤料及均质滤料等滤层组成，如图 5-31 所示。

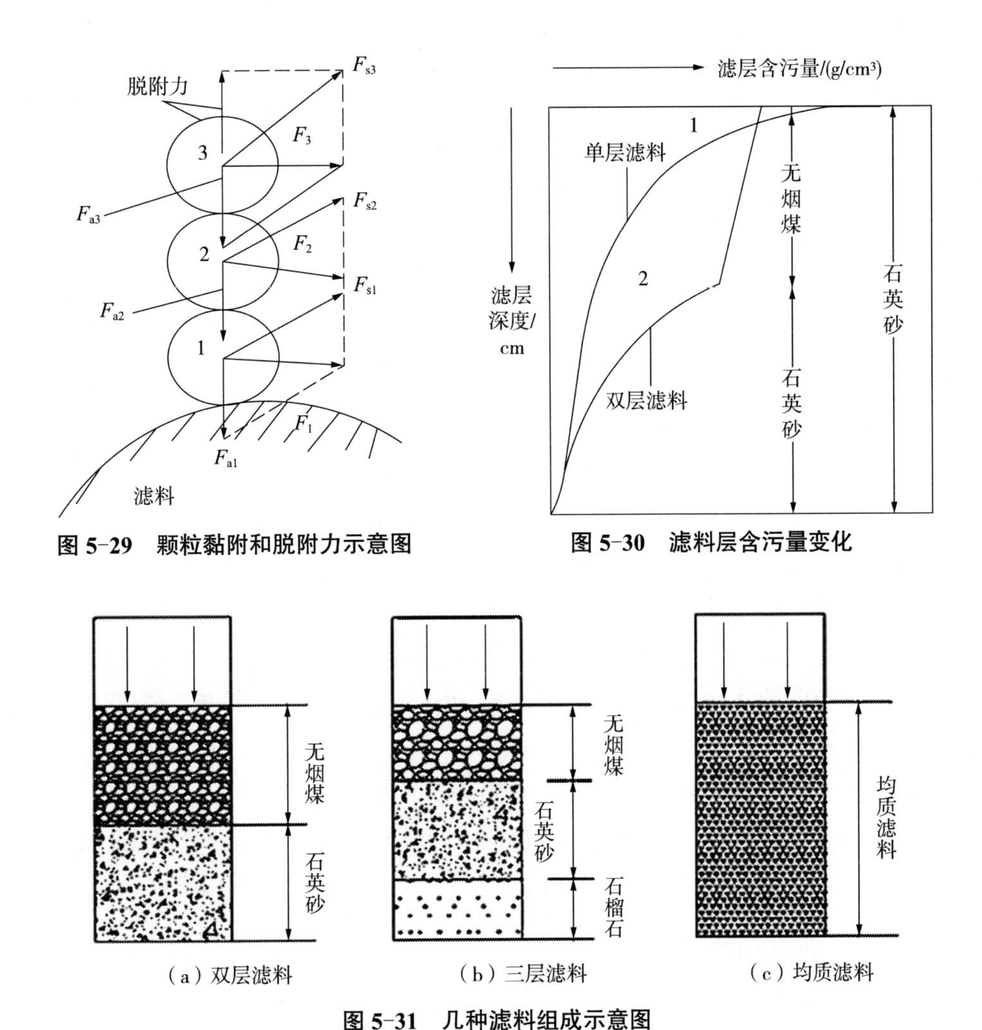

图 5-29　颗粒黏附和脱附力示意图

图 5-30　滤料层含污量变化

（a）双层滤料　（b）三层滤料　（c）均质滤料

图 5-31　几种滤料组成示意图

（1）双层滤料组成：上层采用密度较小、粒径较大的轻质滤料（如无烟煤），下层采用密度较大、粒径较小的重质滤料（如石英砂）。由于两种滤料具有密度差，在一定反冲洗强度下，反冲后轻质滤料仍在上层，重质滤料位于下层，如图 5-31（a）所示。虽然每层滤料粒径仍由上而下递增，但就整个滤层而言，上层平均粒径总是大于下层平均粒径。实践证明，双层滤料含污能力较单层滤料约高 1 倍以上。在相同滤速下，过滤周期增长；在相同过滤周期下，滤速可提高。图 5-30 中曲线 2（双层滤料）与坐标轴所包围的面积大于曲线 1（单层滤料），表明在滤层厚度相同、滤速相同下，前者含污能力大于后者，间接表明前者过滤周期长于后者。

（2）三层滤料组成：上层为大粒径、小密度的轻质滤料（如无烟煤），中层为中等粒径、中等密度的滤料（如石英砂），下层为小粒径、大密度的重质滤料（如石榴石），如图 5-31（b）所示。各层滤料平均粒径由上而下递减。如果 3 种滤料经反冲洗后在整个滤层中适当混杂，即滤层的每一横断面上均有均有煤、砂、重质矿石 3 种滤料存在，则称为混合滤料。尽管称为混合滤料，但绝非 3 种滤料在整个滤层内完全均匀地混合在一起，上层仍以煤粒为主，掺有少量砂、石；中层仍以砂粒为主，掺有少量煤、石；下层仍以重质矿石为主，掺有少量砂、煤。平均粒径仍由上而下递减，否则就完全失去三层或混合滤料的优点。这种滤料组成不仅含污能力大，且因下层重质滤料粒径很小，对保证滤后水质有很大作用。

（3）均质滤料组成：所谓均质滤料，并非指滤料粒径完全相同（实际上很难做到），滤料粒径仍存在一定程度的差别（差别比一般单层级配滤料小），而是指沿整个滤层深度方向的任一横断面上，滤料组成和平均粒径均匀一致［图 5-31（c）］。要做到这一点，必要的条件是反冲洗时滤料层不能膨胀。当前应用较多的气水反冲滤池大多属于均质滤料滤池。这种均质滤料层的含污能力显然也大于上细下粗的级配滤层。

总之，滤层组成的改变，是为了改善单层级配滤料层中杂质分布状况，提高滤层含污能力，相应地也会降低滤层中水头损失增长速率。无论采用双层、三层或均质滤料，滤池构造和工作过程与单层滤料滤池都无多大差别。

在过滤过程中，滤料层中悬浮颗粒截留量随着过滤时间和滤层深度而变化的规律，以及由此而导致的水头损失变化规律，不少研究者都试图用数学模式加以描述，并提出了多种过滤方程，但由于影响过滤的因素复杂，诸如水质、水温、滤速、滤料粒径、形状和级配、悬浮物的表面性质、尺寸和强度等，都对过滤产生影响。因此，不同研究者所提出的过滤方程往往差异很大。目前在设计和操作中，基本上仍需根据试验或经验。不过，已有的研究成果对于指导试验或提供合理的数据分析整理方法，以求得在上程实践上所需资料，以及为进一步的理论研究，都是有益的。

5.3.1.4 直接过滤

原水不经沉淀而直接进入滤池过滤称为直接过滤。直接过滤充分体现了滤层中特别是深层滤料中的接触絮凝的作用。直接过滤有两种方式：

1）原水经加药后直接进入滤池过滤，滤前不设任何絮凝设备。这种过滤方式一般称为接触过滤。

2）滤池前设一简易微絮凝池，原水加药混合后先经微絮凝池，形成粒径相近的微絮粒后（粒径为 40 ～ 60 μm）即刻进入滤池过滤。这种过滤方式称为微絮凝过滤。

上述两种过滤方式，过滤机理基本相同，即通过脱稳颗粒或微絮粒与滤料的充分碰撞接触和黏附，被滤层截留下来，滤料也是接触凝聚介质。不过前者往往因投药点和混合条件不同而不易控制进入滤层的微絮粒尺寸，后者可加以控制。之所以称为微絮凝池，是指絮凝条件和要求不同于一般絮凝池。前者要求形成的絮凝体尺寸较小，便于深入滤层深处以提高滤层含污能力；后者要求絮凝体尺寸越大越好，以便于在沉淀池内下沉。故微絮凝时间一般较短，通常在几分钟之内。

采用直接过滤工艺必须注意以下几点：

（1）原水浑浊度和色度较低且水质变化较小。一般要求二沉池出水浑浊度小于 50 NTU。若对原水水质变化及今后发展趋势无充分把握，不应轻易采用直接过滤方法。

（2）通常采用双层、三层或均质滤料。滤料粒径和厚度适当增大，否则滤层表面孔隙易被堵塞。

（3）原水进入滤池前，无论是接触过滤或微絮凝过滤，均不应形成大的絮凝体以免很快堵塞滤层表面孔隙。为提高微絮粒强度和黏附力，有时需投加高分子助凝剂（如活化硅酸及聚丙烯酰胺等）以发挥高分子在滤层中吸附架桥作用，使黏附在滤料上的杂质不易脱落而穿透滤层。助凝剂应投加在混凝剂投加点之后，滤池进口附近。

（4）滤速应根据原水水质决定。浑浊度偏高时应采用较低滤速；反之亦然。由于滤前无混凝沉淀的缓冲作用，设计滤速应偏于安全。原水浑浊度通常在 50 NTU 以上时，滤速一般在 5 m/h 左右。最好通过试验决定滤速。

5.3.2　过滤水力学

在过滤过程中，滤层中截留的悬浮杂质不断增加，必然导致过滤水力条件发生变化。讨论过滤过程中水头损失变化和滤速变化规律，即过滤水力学内容。

5.3.2.1　清洁砂层水头损失

过滤开始时，滤层中没有截留杂质，认为是干净的。水流通过干净滤层的水头损失称为清洁滤层水头损失或起始水头损失。

清洁滤层水头损失变化涉及滤料粒径、孔隙度大小、过滤滤速、滤层厚度诸多因素。常用卡曼－康采尼（Carman-Kozony）公式，其适用于清洁砂层中的水流呈层流状态，水头变化与滤速的一次方成正比，表达式为

$$h_0 = 180\frac{\vartheta}{g}\cdot\frac{(1-m_0)^2}{m_0^3}\left(\frac{1}{\phi\cdot d_0}\right)^2 L_0 v \tag{5-42}$$

式中：h_0——水流通过清洁砂层的水头损失，cm；

ϑ——水的运动黏度，cm^2/s；

g——重力加速度，981 cm/s^2；

m_0——滤料孔隙率；

d_0——与滤料体积相同的球体直径，cm；

L_0——滤层厚度，cm；

ϕ——速料颗粒球形度系数，取 0.75 ～ 0.80；

v——过滤滤速，cm/s。

在计算滤层过滤水头损失时，和滤料同体积球的直径不便计算，也可用当量粒径

代入式（5-41）计算，其误差不超过 10%。当量粒径表示为

$$\frac{1}{d_{\mathrm{eq}}}=\sum_{i=1}^{n}\frac{P_i}{\frac{d_i'+d_i''}{2}} \tag{5-43}$$

式中：d_{eq}——当量粒径，cm；

d_i'、d_i''——相邻两个筛子的筛孔孔径，cm；

P_i——截留在筛孔为 d_i' 和 d_i''之间的滤料质量占所有滤料的质量比；

n——滤料分层数。

如果滤层是非均匀滤料，其水头损失可按滤料筛分结果分成若干层计算。取相邻两筛孔孔径的平均值作为各层滤料计算粒径，则各层滤料水头损失之和即为整个滤层水头损失。

$$H_0=\sum h_0=180\frac{\vartheta}{g}\cdot\frac{(1-m_0)^2}{m_0^3}\left(\frac{1}{\phi}\right)^2 L_0 v\cdot\sum_{i=1}^{n}(P_i/d_i^2) \tag{5-44}$$

式中：H_0——整个滤层的水头损失，cm；

n——根据筛分曲线计算分层数；

d_i——滤料计算粒径，即相邻两筛孔孔径的平均值，cm；

P_i——计算粒径为 d_i 的滤料占全部滤料质量比；

其他符号同上。

随着过滤时间的延长，滤层中截留的悬浮物量逐渐增多，滤层孔隙率（m_0）减小，过滤水头损失必然增加。或者水头损失保持不变，则过滤滤速必须减小。这就出现了等速过滤和变速过滤（减速过滤）两种基本过滤方式。

5.3.2.2 等速过滤过程中的水头损失变化

当滤池过滤速度保持不变，即单格滤池进水量不变的过滤称为等速过滤。虹吸滤池和无阀滤池属于等速过滤滤池。

上述清洁滤层水头损失和滤速 v 的一次方成正比，可以简化为如下表达式：

$$H_0=KL_0v \tag{5-45}$$

式中：K——包含水温、d_0、m_0、ϕ因素的过滤阻力系数；

L_0——滤层厚度，m；

v——滤速，m/h，等于过滤水量除以滤池表面面积。

显然，当滤层中截留的悬浮杂质增多后，滤层孔隙率减小，悬浮物沉积在滤料表面后滤料颗粒表面面积增大，其形状也发生变化，水流在滤料中流态发生变化，因而使得过滤水头损失增加。在等速过滤过程中，滤层阻力增加，导致滤池中砂面上的水位逐渐上升，滤后出水流量稍小于进水流量，使得砂面水位不断上升。当水位上升至

最高允许水位时，过滤停止以待冲洗。

冲洗后刚开始过滤时，滤层的水头损失为 H_0，当过滤时间为 t 时，滤层水头损失增加 ΔH_t，于是，滤池总的水头损失可表示为

$$H_t = H_0 + h + \Delta H_t \tag{5-46}$$

式中：H_t——过滤 t 时间后滤池总水头损失，cm；

h——滤池配水系统、承托层及管（渠）水头损失之和，cm；

ΔH_t——过滤 t 时间后滤池水头损失增加值，cm。

5.3.2.3　变速过滤过程中的水头损失变化

在过滤过程中，如果保持过滤水头损失不变，即保持砂面上水位和滤后清水出水水位高差不变。因截留杂质的滤层孔隙率减小，必然使滤速逐渐减小，这种过滤方式称为等水头变速过滤或称为等水头减速过滤。如图 5-32 所示，一组 4 格滤池，过滤时，4 格滤池内的工作水位和出水水位相同，也就是总的过滤水头损失基本相等。滤层中截污量最少的滤池滤速最大，截污量最多的滤池滤速最小。在整个过滤过程中，4 格滤池的平均滤速始终不变，以保持该组滤池总的进、出水流量平衡。

图 5-33 为 1 格滤池的滤速变化情况。实际工况是，当 1 格滤池滤层截污达到最大值时，滤速最小，须停止过滤进行冲洗。该格滤池冲洗前过滤的水量由其他 3 格滤池承担，每格滤池滤速按照各自滤速大小成比例地增加。短时间的滤速变化，图中未做显示。当反冲洗的 1 格滤池冲洗结束后投入过滤时，过滤滤速最大，其他 3 格滤池滤速依次降低。任何 1 格滤池的滤速均会出现如图 5-33 所示的阶梯形变化曲线。

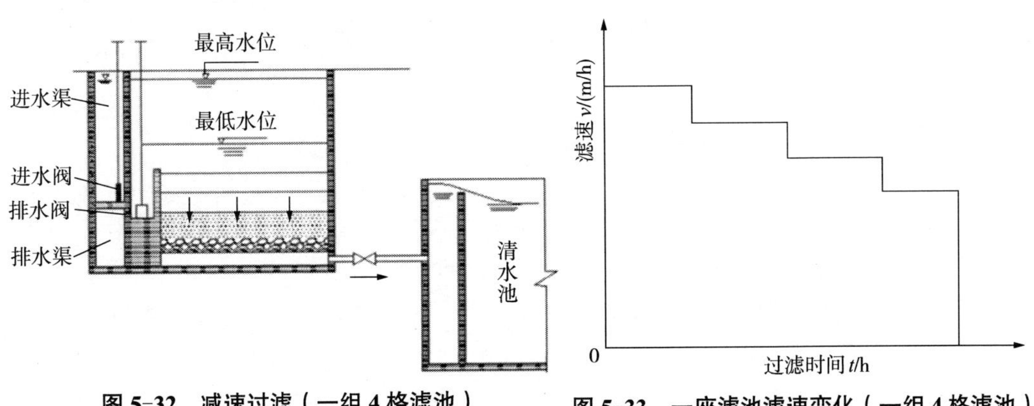

图 5-32　减速过滤（一组 4 格滤池）　　**图 5-33　一座滤池滤速变化（一组 4 格滤池）**

【例 5-8】一组双层滤料滤池共分为 4 格，假定出水阀门不做调节，等水头变速过滤运行。经过滤一段时间后，各格滤速依次为第 1 格 v_1 = 12 m/h，第 2 格 v_2 = 10 m/h，第 3 格 v_3 = 8 m/h，第 4 格 v_4 = 6 m/h，。当第 4 格滤池停止过滤进行冲洗时，其余 3 格滤池短时间的强制滤速各是多少？

【解】假定每格滤池过滤面积为 $F(m^2)$，总过滤水量是 $(12F+10F+8F+6F)=36F(m^3/h)$ 不变。第 4 格滤池停止过滤时，$6F(m^3/h)$ 的流量分配到其他 3 格之中，每格滤池增加的滤速和原来的滤速大小成正比。于是得

第 1 格滤池短时间的滤速变为 $12\times\left(1+\dfrac{6}{36-6}\right)=14.4$（m/h），

第 2 格滤池短时间的滤速变为 $10\times\left(1+\dfrac{6}{36-6}\right)=12.0$（m/h），

第 3 格滤池短时间的滤速变为 $8\times\left(1+\dfrac{6}{36-6}\right)=9.60$（m/h）。

冲洗结束后，各格滤池滤速重新变化。第 4 格滤池滤速最大，其他几格依次减少。如果不计滤池反冲洗期间短时间的滤速变化，则每格滤池在一个过滤周期内都发生 4 次滤速变化。由此可见，当一组滤池的分格数越多，则两格滤池冲洗间隔时间越短，阶梯形滤速下降折线将变为近似连续下降曲线。

当一组滤池分格很多，其中任何一格滤池反冲洗时，过滤水量变化对其他多格影响很小，砂面水位变化幅度微乎其微时，有可能达到近似等水头变速过滤状态。

等速过滤时，悬浮杂质在滤层中不断积累，滤料孔隙流速越来越大，从而使悬浮颗粒不易附着或使已附着的固体脱落，并随水流迁移至下层或带出池外。相反，减速过滤时，过滤初期，滤料干净，滤料层孔隙率较大，允许较大的滤速把杂质带到深层滤料之中。过滤后期，滤层孔隙率减小，因滤速减慢而孔隙流速变化较小，水流冲刷剪切作用变化较小，悬浮颗粒仍较容易附着或不易脱落，从而减少杂质穿透，出水水质稳定。同时，变速过滤过程中，承托层和配水系统中的水头损失随滤速的降低而减小，所节余的这部分水头可用来补偿滤层，使滤层有足够大的水头克服砂层阻力，延长过滤周期。

5.3.2.4 过滤过程中的负水头现象

在正常过滤过程中，砂层任一深度处的最大水头损失应等于该处的水深。当滤层中截留了大量杂质后，孔隙率减小，滤速增大，过滤水头损失增加，使得某一深度处的水头损失超过水深时，便出现了负水头现象。实际上是滤池内水的部分势能（静水压能）转化成了动能的结果。过滤过程中滤层内压力的变化如图 5-34 所示。

当滤层中出现负水头时，水中的溶解的气体会释放出来形成气囊，减少过滤面积，增大孔隙流速，增大水头损失。反冲洗时，气囊分割成气泡容易黏附滤料顺水带出滤池。避免发生负水头过滤的方法是增加砂面上水深，或者控制滤层水头损失不超过最大允许值，或者将滤后水出水口位置提高至滤层砂面以上。

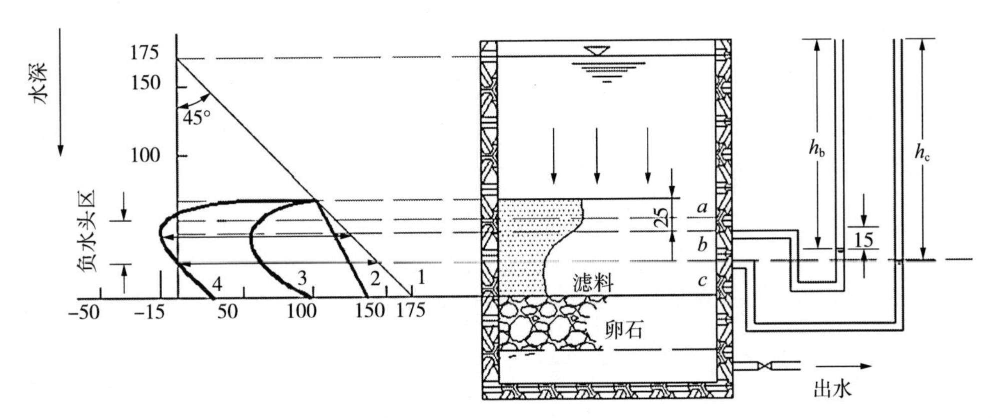

1—静水压力线；2—清洁滤料过滤时水压线；3—过滤时间为 t_1 时的水压线；4—过滤时间为 t_2 时的水压线。

图 5-34　过滤时滤层内压力变化

5.3.3　滤池滤料

5.3.3.1　滤料

滤料是影响过滤效果的重要因素，涉及滤料粒径、滤层厚度和级配。

（1）基本要求

① 具有足够的机械强度，防止冲洗时产生磨损和破碎现象；

② 化学稳定，与水不产生化学反应，不恶化水质，不增加水中杂质含量；

③ 具有一定颗粒级配和适当的孔隙率；

④ 就地取材，货源充沛，价格低。

天然石英砂是使用最广泛的滤料，一般可满足①、②两项要求。经筛选可满足第③项要求。在双层和多层滤料中，选用的无烟煤、石榴石、钛铁矿石、磁铁矿石、金刚砂，以及聚苯乙烯和陶粒滤料，经加工或烧结，大多可满足上述要求。

（2）滤料粒径、级配和滤层组成

根据滤池截留杂质的原理分析，滤料粒径的大小对过滤水质和水头损失变化有着很大影响。滤料粒径比例不同，过滤水头损失不同。所以，筛选滤料时不仅要考虑粒径大小，还应注意不同粒径的级配。表示滤料粒径的方法有以下两种：

①有效粒径法：以滤料有效粒径 d_{10} 和不均匀系数 K_{80} 表示：

$$K_{80}=\frac{d_{80}}{d_{10}} \tag{5-47}$$

式中：d_{10}——通过滤料质量 10% 的筛孔孔径，mm；

D_{80}——通过滤料质量 80% 的筛孔孔径，mm。

式（5-47）中 d_{10} 反映滤料中细颗粒尺寸，d_{80} 反映滤料中粗颗粒尺寸。一般来说，过滤水头损失主要决定于 d_{10} 的大小。d_{10} 相同的滤池，其水头损失大致相同。不均匀系数 K_{80} 越大，表示滤料粗细颗粒尺寸相差越大、越不均匀。过滤时，大量杂质被截留在表层，滤层含污能力减小，水头损失增加很快。反冲洗时，为满足下层粗滤料膨胀摩擦，表层细颗粒滤料有可能被冲出池外。若仅满足细颗粒滤料膨胀要求，则粗颗粒滤料不能很好冲洗。如果选用 K_{80} 接近于 1，即均匀滤料，过滤、反冲洗效果较好，但需筛除大量的其他粒径滤料，价格提高。我国常用的是有效粒径法，单层、多层及均匀级配粗砂滤料滤池滤速和滤料组成见表 5-8。

表 5-8　滤速及滤料组成

类别	滤料组成				正常滤速 /（m/h）	强制滤速 /（m/h）
	粒径 / mm	密度 /（g/cm^3）	不均匀系数 K_{80}	滤池厚度 / mm		
单层细砂滤料	石英砂 $d_{10}=0.55$	2.50 ～ 2.70	＜ 2.0	700 ～ 800	7 ～ 9	9 ～ 12
双层滤料	无烟煤 $d_{10}=0.85$	1.4 ～ 1.6	＜ 2.0	300 ～ 400	9 ～ 12	12 ～ 16
	石英砂 $d_{10}=0.55$	2.50 ～ 2.70	＜ 2.0	400		
三层滤料	无烟煤 $d_{10}=0.85$	1.4 ～ 1.6	＜ 1.7	450	16 ～ 18	20 ～ 24
	石英砂 $d_{10}=0.50$	2.50 ～ 2.70	＜ 1.5	250		
	重质矿石 $d_{10}=0.25$	4.4 ～ 5.2	＜ 1.7	70		
单层粗砂滤料	石英砂 $d_{10}=0.9 \sim 1.2$	2.50 ～ 2.70	＜ 1.4	1 200 ～ 1 500	8 ～ 10	10 ～ 13

如前所述，粒径较小的滤料，具有较大的比表面面积，黏附悬浮杂质的能力较强，但同时具有较大的水头损失值。双层或多层滤料滤池就整体滤层来说，滤料粒径上大下小。从而能使截留的污泥趋于均匀分布，滤层具有较大的含污能力。

双层滤料或三层滤料的选用主要考虑正常过滤时，各自截留杂质的作用及相互混杂问题。根据所选滤料的粒径大小、密度差别、形状系数及反冲洗强度大小，有可能出现正常分层、分界处混杂或分层倒置几种情况。需要合理掌握反冲洗强度，尽量减少混杂的可能。生产经验表明，煤、砂交界面混杂厚度 5 cm 左右，对过滤效果不会产生影响。

② 最大粒径、最小粒径法：有一些水厂在筛选滤料时简单地用最大、最小两种筛

孔筛选。取 d_{max} = 1.2 mm，d_{min} = 0.5 mm，筛除大于 1.2 mm 和小于 0.5 mm 的滤料。

满足上述要求的滤料，将有一系列的不同选择。例如，确定了 d_{10}、d_{80}，无法确定其他不同粒径滤料占所有滤料的比例。有可能 d_{20}、d_{30} 的滤料粒径接近 d_{10} 或 d_{80}，过滤和反冲洗的效果存在一定差别。

（3）滤料孔隙率和形状

滤料层中孔隙所占的体积与滤料层体积比称为滤料层孔隙率。孔隙率的大小可用称重法测定后按下式求出孔隙率 m 值：

$$m = 1 - \frac{G}{\rho_s V} \tag{5-48}$$

式中：m——滤料孔隙率；

G——烘干后的砂重，g；

ρ_s——烘干后砂的密度，g/cm^3；

V——滤料层体积，cm^3。

滤料层孔隙率与滤料颗粒形状，均匀程度以及密实程度有关。一般所用石英砂滤料孔隙率在 0.42 左右。

天然滤料经风化、水流冲刷、相互摩擦，表面凹凸不平，大都不是圆球状的。即使体积相同的滤料，形状也并不相同，因而表面积也不相同。为便于比较，引用了球形度系数ϕ的概念，定义为

$$\phi = \frac{\text{同体球体表面积}}{\text{颗粒实际表面积}} \tag{5-49}$$

根据实际测定和滤料形状对过滤及反冲洗水力学特性影响推算，天然砂滤料球形度系数值ϕ一般为 0.75 ～ 0.80。

5.3.3.2　承托层

在滤层下面，配水管（板）上部放置一层卵石，即滤池承托层。正常过滤时，承托层支承滤料并防止滤料从配水系统流失。在滤池冲洗时，承托层把配水系统各孔口射出水流的动能转换成了势能，平衡各点压力，起到均匀布水作用。

承托层的设置既要考虑上层承托层的最大孔隙尺寸应小于紧靠承托层的滤料最小粒不使滤料漏失，又要考虑反冲洗时，足以抵抗水的冲力，不发生移动。单层、双层滤料滤池采用大阻力配水系统时，承托层采用的天然卵石或砾石粒径、厚度见表 5-9。

滤料组成不同，反冲洗配水方式不同，所选用的承托层组成有一定差别。气水反冲洗滤池通常采用长柄滤头（滤帽）配水布气系统，承托层一般用粒径 2 ～ 4 mm 粗石英砂，保持滤帽顶至滤料层之间承托层厚度为 50 ～ 100 mm。

表 5-9 大阻力配水系统承托层材料、粒径和厚度

层次（自上而下）	材料	粒径 /mm	厚度 /mm
1	砾石	2 ～ 4	100
2	砾石	4 ～ 8	100
3	砾石	8 ～ 16	100
4	砾石	16 ～ 32	顶面高出配水系统孔眼 100

5.3.4 滤池冲洗

在过滤过程中，水中悬浮颗粒越来越多地截留在滤层之中，滤料间孔隙率逐渐减小，通过滤层缝隙的水流速度逐渐增大，同时引起流态和阻力系数发生变化，导致过滤水头损失增加。因滤层中水流冲刷剪切力增大，易使杂质穿透滤层，过滤水质变差。为了恢复滤层过滤能力，洗除滤层中截留的污物，需对滤池进行冲洗。

截留在滤层中的杂质，一部分滞留在滤层缝隙之中，采用水流反向冲洗滤层，很容易把污泥冲出池外。而一部分附着在滤料表面，需要扰动滤层，使之摩擦脱落，冲出池外。于是便采用如下的反冲洗方式：高速水流反冲洗；气 - 水反冲洗；表面轴助冲洗、高速水流冲洗。这里主要讨论高速水流反冲洗和气 - 水反冲洗有关内容。

5.3.4.1 高速水流反冲洗

高速水流反冲洗是普通快滤池常用的冲洗方法。相当于过滤滤速 4 倍以上的高速水流自下而上冲洗滤层时，滤料因受到绕流阻力作用而向上运动，处于膨胀状态。上升水流不断冲刷滤料使之相互碰撞摩擦，附着在滤料表面的污泥就会脱落，随水流排出池外。在讨论高速水流冲洗时，涉及滤层膨胀率，孔隙率变化，冲洗水流的水头损失等问题。

（1）滤层膨胀率

冲洗滤池时，当滤层处于流态化状态后，即认为滤层将发生膨胀。膨胀后增加的厚度与膨胀前厚度的比值称为滤层膨胀率，其计算公式为

$$e=\frac{L-L_0}{L_0}\times 100\% \qquad (5\text{-}50)$$

式中：e——滤层膨胀率，又称为滤层膨胀度，%；

L_0——滤层膨胀前的厚度 cm 或 m；

L——滤层膨胀后的厚度 cm 或 m。

滤层膨胀率的大小与冲洗强度有关，并直接影响了冲洗效果。实践证明，单层细砂级配滤料在水反冲洗时，膨胀率为 45% 左右，具有较好的冲洗效果。

由于滤料层膨胀前后滤池中的滤料体积没有变化，只是滤料间的空隙体积增加，则有$L_0\left(1-m_0\right)=L(1-m)$代入上式后，得

$$e=\frac{m-m_0}{1-m} \tag{5-51}$$

式中：m_0——滤料层膨胀前孔隙率；

m——滤料层膨胀后孔隙率。

（2）滤层水头损失

在反冲洗时，水流从滤层下部进入滤层。如果反冲洗流速较小，则反冲洗相当于反向过滤，水流通过滤料层的水头损失可用式（5–42）、式（5–44）计算。当反冲洗流速增大，滤池松动，处于流态化状态时，水流通过滤层时的水头损失用欧根（Ergun）公式计算：

$$h=\frac{150v}{g}\cdot\frac{(1-m_0)^2}{m_0^3}\left(\frac{1}{\phi d_0}\right)^2 L_0 v+\frac{1.75}{g}\cdot\frac{1-m_0}{m_0^3}\cdot\frac{1}{\phi d_0}L_0 v^2 \tag{5-52}$$

式中符号同式（5–42）。和式（5–42）的主要差别在于增加右边一项紊流项。通常认为第一项和式（5–42）相似。在过滤过程中，紊流项计算出的水头损失占滤层的水头损失比例很小，可以忽略。

当滤层膨胀起来后，处于悬浮状态下的滤料受到水流的作用力主要是水流产生的绕流阻力，在数值上等于滤料在水中的重量。有

$$\rho gh=(\rho_s-\rho)g(1-m)L,\qquad 即h=\frac{\rho_s-\rho}{\rho}(1-m)L \tag{5-53}$$

式中：h——滤层处于膨胀状态时，冲洗水流水头损失值，cm；

ρ_s——滤料密度，g/cm^3 或 kg/m^3；

ρ——水的密度，g/cm^3 或 kg/m^3；

m——滤层处于膨胀状态时的孔隙率；

L——滤层处于膨胀状态时的厚度，cm；

g——重力加速度，981 cm/s^2。

对于不同粒径的滤料，其比表面面积不同，在相同的冲洗流速作用下，所产生的水流阻力不同。因此，冲起不同粒径滤料处于膨胀状态时的水流流速是不相同的。

根据滤料的特征参数，很容易求出滤料层流态化前后的水头损失值，绘成水头损失和冲洗速度关系图，如图 5–35 所示。

图中，滤料膨胀前后水头损失线交叉点对应的反冲洗流速是滤料层刚刚处于流态化的冲洗速度临界值 v_{mf}，称为最小流态化冲洗速度。当反冲洗流速大于 v_{mf} 后，滤层将开始膨胀起来，再增加反冲洗强度，托起悬浮滤料层的水头损失基本不变，而增加的能量表现为冲高滤层，增加滤层的膨胀高度和孔隙率。

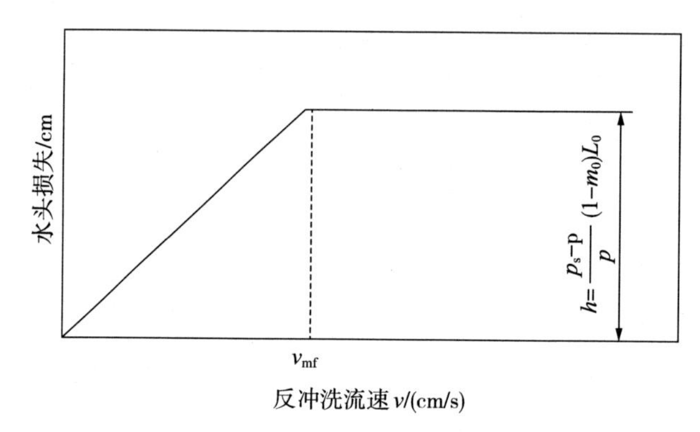

图 5-35　水头损失和冲洗流速关系

（3）反冲洗强度

滤料层反冲洗时单位面积上的冲洗水量［L(m^2·s)］称为反冲洗强度。根据最小流态化冲洗流速求出的水头损失等于滤料在水中的重量关系，可以求出不同粒径滤料在不同冲洗强度下的膨胀率。或者根据膨胀率、滤料粒径及水的黏滞系数求出反冲洗强度。

不同水温条件下水的动力黏度和冲洗强度关系可用式（5-54）表示：

$$\frac{q_1}{q_2}=\left(\frac{\mu_2}{\mu_1}\right)^{0.54} \tag{5-54}$$

式中：q_1、q_2——反冲洗强度，L/（m^2·s）；

μ_1、μ_2——水的动力黏度，Pa·s。

从上式可分析得出，冬天水温低时，动力黏度增大，在相同的冲洗强度条件下，滤层膨胀率增大。因此，冬天反冲洗时的强度可适当降低。

一般地，滤池冲洗强度按式（5-55）计算：

$$q=10kv_{mf} \tag{5-55}$$

式中：q——冲洗强度，L/（m^2·s）；

k——安全系数，一般取 $k=1.1\sim1.3$，趋于均匀的滤料取小值；

v_{mf}——滤层中最大粒径滤料最小流态化速度，cm/s。

滤层反冲洗强度的计算，关键在于滤层中最大粒径滤料的最小流态化速度的大小，一般通过试验求得。20℃水温，滤料粒径 $d=1.2$ mm 的石英砂滤料，$v_{mf}=1.0\sim1.2$ cm/s。

有研究提出滤层中最大粒径滤料流态化时的雷诺数 R_{emf} 值计算方法，从中求出值 v_{mf} 值，计算过程复杂。

（4）冲洗时间

当冲洗强度或滤层膨胀率符合要求，若冲洗时间不足时，不能充分清洗掉滤料层中的污泥。而且，冲洗废水也不能完全排出而导致污泥重返滤层。不同的滤池滤料，在水温 20℃时的冲洗强度、膨胀率和冲洗时间参照表 5-10 确定。在实际操作中，冲洗时间可根据排出冲洗废水的浑浊度适当调整。

单水冲洗滤池的冲洗强度及冲洗时间还与投加的混凝剂或助凝剂种类有关，也与原水含颗粒物情况有关。单水冲洗滤池的冲洗周期一般为 12 ～ 24 h。

表 5-10　冲洗强度和冲洗时间

滤料组成	冲洗强度 / [L/(m^2 · s)]	膨胀率 /%	冲洗时间 /min
单层细砂级配滤料	12 ～ 15	45	7 ～ 5
双层煤、砂级配滤料	13 ～ 16	50	8 ～ 6
三层煤砂、重质矿石级配滤料	16 ～ 17	55	7 ～ 5

5.3.4.2　气 - 水反冲洗

上述单水反冲洗滤池滤层厚 0.70 ～ 1.0 m，高速水流冲洗时，上层滤料完全膨胀，下层滤料处于最小流态化状态。其水头损失不足 1.0 m，滤料层中的水流速度梯度一般在 400 s^{-1} 以下，所产生的水流剪切力不能够使滤料表面污泥完全脱落。而且，高速水流冲洗不仅耗水量大，滤料上细下粗明显分层，下层滤料的过滤作用没有很好发挥作用。为此，人们便研究了气 - 水反冲洗工艺。

（1）气 - 水反冲洗原理

在滤层结构不变或稍有松动条件下，利用高速气流扰动滤层，促使滤料互撞摩擦，以及气泡振动对滤料表面擦洗，使表层污泥脱落，然后利用低速水流冲洗污泥排出池外，即气 - 水反冲洗的基本原理。低速水流冲洗后滤层不产生明显分层，仍具有较高的截污能力。气流、水流通过整个滤层，无论上层下层滤料都有较好冲洗效果，允许选用较厚的粗滤料滤层。由此可见，气 - 水反冲洗方法不仅提高冲洗效果，延长过滤周期，而且可节约半以上的冲洗水量。所以，气 - 水反冲洗滤池得到广泛应用。

（2）气 - 水反冲洗强度及冲洗时间

选用气 - 水反冲洗方法，根据滤料组成不同，冲洗方式有所不同，一般采用以下几种模式：

① 先用空气高速冲洗，然后用水中速冲洗；

② 先用高速空气、低速水流同时冲洗，然后用水低速冲洗；

③ 先用空气高速冲洗，然后用高速空气、低速水流同时冲洗，最后用低速水流冲洗；

④ 也有使用时间较长的滤池，滤料层板结，先用低速水流松动后，再按上述冲洗方法冲洗。

根据大多数滤池运行情况，气 - 水反冲洗强度、时间可采用表 5-11 所列数据：

表 5-11 气 - 水反冲洗强度及冲洗时间

滤料层组成	先气冲洗		气水同时冲洗			后水冲洗		表面扫洗		膨胀率 /%
	强度 / [L/(m²·s)]	时间 / min	气强度 / [L/(m²·s)]	水强度 / [L/(m²·s)]	时间 / min	强度 / [L/(m²·s)]	时间 / min	强度 / [L/(m²·s)]	时间 / min	45
单层细砂配滤料	15 ~ 20	3 ~ 1	—	—	—	8 ~ 10	7 ~ 5	—	—	45
双层煤、砂级配滤料	15 ~ 20	3 ~ 1	—	—	—	6.5 ~ 10	6 ~ 5	—	—	50
单层粗砂级配滤料 + 表面扫洗	13 ~ 17	2 ~ 1	13 ~ 17	2.5 ~ 3	5 ~ 4	4 ~ 6	8 ~ 5	1.4 ~ 2.3	全程	—
单层粗砂级配滤料	13 ~ 17	2 ~ 1	13 ~ 17	3 ~ 4	4 ~ 3	4 ~ 8	8 ~ 5	—	—	—

5.3.4.3 滤池配水配气系统

滤池配水配气系统，是安在滤池滤料层底部、承托层之下（或承托层之中）的布水布气系统。过滤时配水系统收集滤后水到出水总管之中。反冲洗时，将反冲洗水（气）均匀分布到整个滤池之中。配水配气大多共用一套系统，也有分为两套系统。

当反冲洗水流经过配水系统时，将产生一定阻力。按照滤池配水系统反冲洗阻力大小，常用滤池的配水系统分为大阻力配水系统、中阻力和小阻力配水系统。其中，中阻力配水系统应属于小阻力配水系统范畴。

（1）大阻力配水系统

大阻力配水系统是普通快滤（或双阀快滤池）常用的配水系统，又称为穿孔管大阻力配水系统，如图 5-36 所示。滤池中间是一根干管或干渠，两侧对称接出多根相同管径的支管。反冲洗时，冲洗水从中间干管（渠）流入各支管、再从支管出水孔喷出，穿过承托层，冲动滤层使之处于悬浮状态，带出滤层中污泥排入排水槽（渠）并排出池外。

为便于讨论大阻力配水系统的原理，将配水干管支管均看作沿程均匀泄流管道。支管上孔口出流流量大小和支管、干管中压力变化有关。所以，应首先分析管道中压力变化。

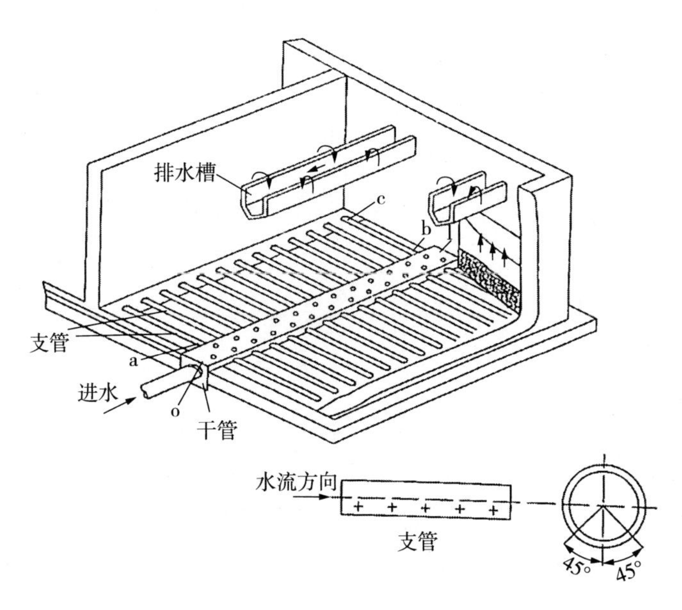

图 5-36　穿孔管大阻力配水系统

1）沿程均匀泄流管道中压力变化

沿程均匀泄流管道的进口水流平均流速为 v，管内的静水压力 H，在流动过程中不断泄流出水后，到达末端不再流动，流速 $v = 0$，流速水头转化为压力水头，又称为恢复水头。如果不计管道中的水头损失，则配水干管、配水支管终端管内压力水头高于起端压力水头，人为地增大了末端孔口的出口流量。

水流从干管起端、干管末端流入支管 a、b 处时的局部水头损失相等，则支管上 a 孔和 c 孔处压力水头之间关系为

$$H_c = H_a + \frac{v_g^2 + v_a^2}{2g} \tag{5-56}$$

式中：H_c——支管上孔口 c 处的压力水头，m；

H_a——支管上孔口 a 处的压力水头，m；

v_g——干管（渠）进口平均流速，m/s；

v_a——支管进口平均流速，m；

g——重力加速度，9.81 m/s^2。

2）大阻力配水系统原理

如图 5-36 所示的 a、c 孔口位置是整个滤池中具有代表性的两个孔口，其出水流量差别大小即反映滤池反冲洗的均匀性程度。反冲洗压力水从 a、c 孔口喷出后穿过承托层，扰动滤层，到达同一水平高度的冲洗排水槽槽口。则 a、c 孔口处的压力水头减去冲洗排水槽槽口高出 a、c 孔口处的差值就是水流经孔口、承托层、滤层的总水头损失值，分别用 H_a'、H_c' 表示。在数值上等于支管 a、c 点压力水头 H_a、H_c 减去同一个终

点水头值，有如下关系式：

$$H_c' = H_a' + \frac{v_g^2 + v_a^2}{2g} \tag{5-57}$$

a、c 孔口及孔口以上承托层、滤层总水头损失和孔口出流量的平方成正比，则有

$$H_a' = (S_1 + S_2')Q_a^2$$

$$H_c' = (S_1 + S_2'')Q_c^2$$

式中：Q_a——孔口 a 出水流量；

Q_c——孔口 c 出水流量；

S_1——孔口阻力系数，因各孔口加工精度相同，S_1 相同；

S_2'——孔口 a 处以上承托层及滤层阻力系数之和；

S_2''——孔口 c 处以上承托层及滤层阻力系数之和。

于是：

$$Q_c = \sqrt{\frac{S_1 + S_2'}{S_1 + S_2''}Q_a^2 + \frac{1}{S_1 + S_2''}\frac{v_g^2 + v_z^2}{2g}} \tag{5-58}$$

由该式可知，欲使 Q_a 尽量接近 Q_c，措施之一就是增大孔口阻力系数 S_1，削弱承托层、滤料层分布不均匀 S_2'、S_2'' 和配水系统不均匀的影响。即 S_1 值很大，$\frac{S_1 + S_2'}{S_1 + S_2''} \approx 1$，$\frac{1}{S_1 + S_2''}\frac{v_g^2 + v_z^2}{2g}$ 也会减小，而使 $Q_a \approx Q_c$。这就是大阻力配水系统的配水原理。

3）大阻力配水系统设计

配水支管上孔口出流的孔口流量主要由孔口内压力水头决定，即

$$Q = \mu\omega\sqrt{2gH} \tag{5-59}$$

式中：Q——孔口出流流量，m^3/s；

μ——孔口流量系数，一般小孔口出流取 $\mu = 0.62$；

ω——孔口面积，m^2；

H——孔口内压力水头，m。

于是，可以得出滤池配水系统中反冲洗流量分布差别最大的 a、c 两孔口流量的比例关系式：

$$\frac{Q_a}{Q_c} = \frac{\mu\omega\sqrt{2gH_a}}{\mu\omega\sqrt{2gH_c}} = \sqrt{\frac{H_a}{H_a + \frac{1}{2g}(v_g^2 + v_z^2)}} \tag{5-60}$$

一般滤池设计要求$\frac{Q_a}{Q_c}\geqslant 95\%$，即$\sqrt{\frac{H_a}{H_a+\frac{1}{2g}(v_g^2+v_z^2)}}\geqslant 95\%$，得

$$H_a\geqslant\frac{9.26}{2g}(v_g^2+v_z^2) \tag{5-61}$$

为了简化计算，通常假定H_a作为平均的压力水头，H_a与冲洗强度、开孔比的关系是

$$H_a=\frac{1}{2g}\left(\frac{qF\times10^{-3}}{\mu f}\right)^2=\frac{1}{2g}\left(\frac{q}{10\mu\alpha}\right)^2 \tag{5-62}$$

式中：q——水反冲洗强度，L/（m^2·s）；

F——滤池过滤面积，m^2；

f——配水系统孔口总面积，m^2；

μ——孔口流量系数，一般取0.62；

α——开孔比，即配水孔口总面积与过滤面积之比，一般取0.20%～0.28%，计算式仅代入%前的数值即可。

该式是淹没出流的孔口水头损失值，也就是大阻力配水系统的水头损失值。流量系数μ值，包含了孔口阻力系数δ值、流速水头校正系数和孔口收缩系数ε。

干管（渠）、支管中的流速与冲洗强度有关，分别表示为

$$v_g=\frac{qF\times10^{-3}}{\omega_g},\quad v_z=\frac{qF\times10^{-3}}{n\omega_z} \tag{5-63}$$

式中：ω_g——干管（渠）过水断面面积，m^2；

ω_z——支管过水断面面积，m^2；

n——支管根数。

把式（5-62）、式（5-63）代入式（5-61），并将$\mu=0.62$代入计算，结果为

$$\left(\frac{f}{\omega_g}\right)^2+\left(\frac{f}{n\omega_z}\right)^2\leqslant0.29 \tag{5-64}$$

可以看出，滤池配水均匀性与配水系统的构造有关，而与滤池的面积、反冲强度无关。实际的滤池面积不宜过大，以免承托层、滤层铺设误差太大而影响反冲洗的均匀性。一般要求单池面积不大于100 m^2为宜。

注：上述推导过程中，忽略了管道的沿程水头损失值，增大了最远一点孔口c的流量。在这种条件下，如果a孔口流量与c孔口流量之比能够满足95%以上，而实际上存在有管道水头损失，其恢复水头引起的c孔口压力水头减小，则a孔口流量与c孔口流量更为接近，滤池冲洗配水更加均匀。

（2）小阻力配水系统

根据滤池配水系统分析，减小干管流速 v_g 和支管流速 v_z，配水系统中的流速水头就会变得很小，a、c 两点压力水头就会近似相等，也就会使 $Q_c = Q_a$，这就是小阻力配水系统的原理。对于过滤面积不大的小型滤池，不考虑承托层和滤层分布不均匀的影响，而采用较小阻力的布水方法，即小阻力配水系统。还应指出，配水系统的阻力大小是一个相对概念，一般来说，大阻力配水系统中孔口出流阻力在 3.0 m 以上，而小阻力配水系统的孔口出流阻力在 1.0 m 以下。配水系统中的阻力大小体现在开孔比 α 上，在通常情况下，大阻力穿孔管配水系统 α= 0.20% ～ 0.28%；中阻力滤砖配水系统 α= 0.60% ～ 0.80%；小阻力配水系统 α= 1.25% ～ 2.50%。

中、小阻力配水系统的阻力计算方法同大阻力配水系统。配水孔处压力水头大小和冲洗强度有关，单水冲洗时，一次配水孔口压力大小（即水头损失值）仍按式（5-62）计算，即

$$H = \frac{1}{2g}\left(\frac{q}{10\mu\alpha}\right)^2 \tag{5-65}$$

式中：H——配水系统孔口压力水头，m；

其他符号同式（5-62）。

小阻力配水系统一般用于虹吸滤池、无阀滤池和移动罩滤池，单池面积为 20 ～ 40 m^2，反冲洗水头为 1.5 m 左右。

（3）气 - 水反冲洗配水布气系统

气 - 水反冲洗滤池一般用长柄滤头、三角形配水（气）滤砖或穿孔管配水布气系统，其中长柄滤头使用较多。

穿孔管配气系统同大阻力配水系统，一般适用旧滤池改造。原有的单水冲洗系统不能满足气水同时冲洗两相流要求，需另行安装一套穿孔管空气冲洗系统，各自独立供水供气。

穿孔管配气系统中的配气干管一般采用焊接钢管或镀锌钢管，支管采用硬质塑料管，用螺栓固定在滤池底板上。干管、支管中空气流速取用 10 m/s 左右，支管孔眼空气出流速度为 30 ～ 35 m/s。

5.3.4.4　反冲洗供水供气

冲洗水供给根据滤池形式不同而不同，这里仅介绍普通快滤池单水冲洗供水方法和气 - 水反冲洗滤池的空气供给方式。

普通快滤池采用单水反冲洗时，冲洗水量较大，通常采用高位水箱（水塔）或水泵冲洗，如图 5-37 所示。

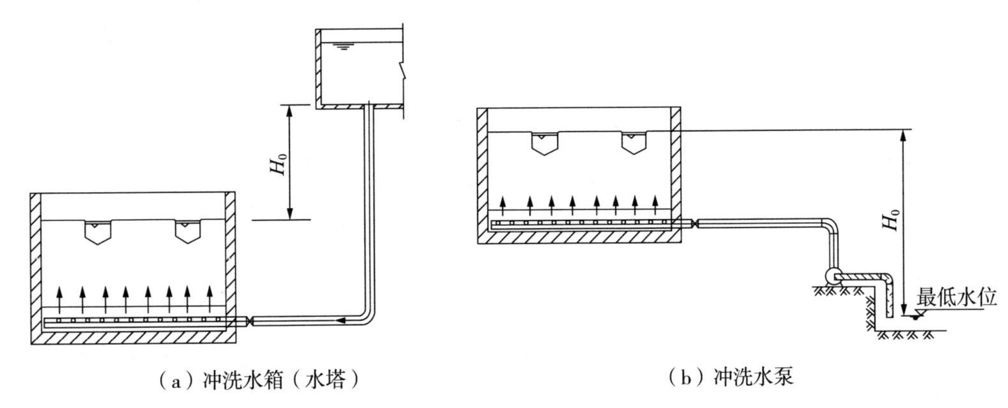

（a）冲洗水箱（水塔）　　（b）冲洗水泵

图 5-37　冲洗水箱（水塔）与水泵

（1）高位水箱、水塔冲洗

滤池反冲洗高位水箱建造在滤池操作间之上，又称为屋顶水箱。水塔一般建造在两组滤池之间。在两格滤池冲洗间隔时间内，由小型水泵抽取滤池出水渠中清水，或抽取清水池中水送入水箱或水塔。水箱（塔）中的水深变化，会引起反冲洗水头变化，直接影响冲洗强度的变化，使冲洗初期和末期的冲洗强度有一定差别。所以水箱（塔）水深越浅冲洗越均匀，一般设计水深为 1 ～ 2 m，最大不超过 3 m。

高位水箱（塔）的容积按单格滤池冲洗水量的 1.5 倍计算：

$$V=\frac{1.5qFt\times 60}{1\,000}=0.09qFt \tag{5-66}$$

式中：V——高位水箱或水塔的容积，m^3；

q——反冲洗强度，L/（$m^2 \cdot s$）；

F——单格滤池面积，m^2；

t——冲洗历时，min。

冲洗水箱、水塔底高出滤池冲洗排水槽顶的高度 H_0（图 5-37）按式（5-67）计算：

$$H_0=h_1+h_2+h_3+h_4+h_5 \tag{5-67}$$

式中：h_1——冲洗水箱（水塔）至滤池之间管道的水头损失值，m；

h_2——滤池配水系统水头损失，m；

h_3——承托层水头损失，m；h_3= 0.022 qz；

q——反冲洗强度，L/（$m^2 \cdot s$）；

z——承托层厚度，m；

h_4——滤料层水头损失，按式（5-51）计算；

h_5——富余水头，一般取 1 ～ 1.5 m。

（2）水泵冲洗

水泵冲洗是设置专用水泵抽取清水池或储水池清水直接送入反冲洗水管的冲洗方式。因冲洗水量较大，短时间内用电负荷骤然增加。当全厂用电负荷较大，冲洗水泵短时间耗电量所占比例很小，不会因此而增大变压器容量时，可考虑水泵冲洗。由于水泵扬程、流量稳定，使得滤池的冲洗强度变化较小，其造价低于高位水箱（水塔）冲洗方式。

冲洗水泵的流量 Q 等于冲洗强度 q 和单格滤池面积的乘积。水泵扬程按式（5-68）计算：

$$H = H_0 + h_1 + h_2 + h_3 + h_4 + h_5 \qquad (5-68)$$

式中：H_0——滤池冲洗排水槽顶与吸水池最低水位的高差，m；

h_1——吸水池到滤池之间最长冲洗管道的局部水头损失、沿程水头损失之和，m；

h_2 ～ h_5 同式（5-67）。

气 - 水反冲洗滤池的水冲洗流量比普通快滤池单水冲洗流量小，一般用水泵冲洗，水泵流量按最大冲洗强度计算。水泵程计算同式（5-67），但式中的滤池配水系统水头损失 h_2、滤料层水头损失值 h_4 的计算方法不同，即

h_2——配水系统中滤头水头损失，按照厂家提供数据计算，一般设计取 0.2 ～ 0.3 m；

h_4——按未膨胀滤层水头损失计算式（5-52）计算；设计时多取 1.50 m 左右。

其余符号同上。

（3）供气

气 - 水反冲洗滤池供气系统分为鼓风机直接供气和空压机串联储气罐供气。鼓风机直接供气方式操作方便，使用最多。鼓风机风量等于空气冲洗强度 q 乘以单格滤池过滤面积，其出口处静压力按式（5-69）计算：

$$H_A = h_1 + h_2 + 9\,810\,kh_3 + h_4 + h_5 \qquad (5-69)$$

式中：H_A——鼓风机出口处静压力，Pa；

h_1——输气管道压力总损失，Pa；

h_2——配气系统的压力损失，Pa；

k——安全系数，取 $k = 1.05 \sim 1.10$；

h_3——配气系统出口至空气溢出面的水深，m；采用长柄滤头式，取 24 500 Pa；

h_4——富余压力，取 $h_4 = 0.5 \times 9\,810 = 4\,905$（Pa）。

在实际的长柄滤头配水配气系统的滤池中，H_A = 39 240 Pa 左右，相当于 4.0 m 水柱。

5.3.5 滤池类型及设计

5.3.5.1 滤池分类

在水处理中，当前最常用的是普通快滤型滤池。其型式有很多种，滤速一般都在 6 m/h 以上，截留水中杂质的原理基本相同，仅在构造、滤料组成、进水、出水方式以

及反冲洗排水等方面有一定差别。

按照滤料组成和级配划分，常用的滤池有单层细砂级配滤料滤池，单层粗砂均匀级配滤料滤池，双层滤料滤池和三层滤料滤池以活性炭吸附滤池。

滤池按照控制阀门多少划分，可以分为 4 个阀门控制的滤池［俗称四阀滤池（或称普通快滤）］、双阀（双虹吸管）滤池。基于滤层过滤阻力增大，砂面水位上升到一定高度形成虹吸或水位继电器控制的原理，可省去控制阀门，便出现了无阀滤池、虹吸滤池和单阀滤池。

滤池按照反冲洗方法分类，有单水反冲滤池和气水反冲洗滤池。

此外，滤池还有上向流、下向流、双向流之分，以及混凝、沉淀过滤和接触过滤滤池。

滤池的形式是多样的，各自具有一定的适用条件。从过滤周期长短，过滤水质稳定考虑，滤料粒径、级配与组成是滤池设计的关键因素，也由此决定反冲洗方法。在过滤过程中，一组滤池的过滤流量基本不变，进入各格滤池的流量是否相等，是等速过滤或是变速过滤操作运行的主要依据。原水中悬浮物的性质、含量及水源受到污染的状况，是滤池选型主要考虑的问题，也是整个水处理工艺选择和构筑物形式组合的出发点。

5.3.5.2　普通快滤池

（1）构造特点

普通快滤池通常是指安装 4 个阀门（浑、排、冲、清）的快滤型滤池。一组滤池分为多格，如图 5-38 所示为普通快滤池其中的一格。每格内的滤层、承托层、配水系统、冲洗排水槽尺寸完全相同。每一个滤池上都设置了 4 个阀门，又称四阀滤池。滤池滤层一般采用单层石英砂滤料或无烟煤 - 石英砂双层滤料，放置在承托层之上。

快滤池过滤出水水质稳定、使用历史悠久，适用于不同规模的水厂。当设计水量在 1 万 m^3/d 以下时，可按图 5-38 所示的管道进水方式设计。设计水量较大时，一般设计成管渠结合的进、出水方式。把反冲洗进水总管（渠）、滤后出水管（渠）布置在管廊中间，浑水进水、反冲洗排水分别布置在滤池两端。如果一组滤池分为 4 格以上，可设计成双排，中间设管廊和操作间，上部设反冲洗高位水箱。单格滤池面积较大时，大多采用每格双单元布置，即中间布置排水总渠，两侧有若干条冲洗排水槽。

普通快滤池有“浑、排、冲、清”4 个阀门，先后开启、关闭各一次，即一个工作周期（过滤时间 + 反冲洗时间 + 停用时间）。其中，清水出水阀门在工作周期内开启度由小到大。为了减少阀门数量，开发了双阀滤池。即用虹吸管代替过滤进水和反冲洗排水的阀门。在管廊间安装真空泵，抽吸虹吸管中空气形成真空，浑水便从进水渠中虹吸到滤池，反冲洗废水从滤池排水渠虹吸到池外排水总渠，如图 5-39 所示。

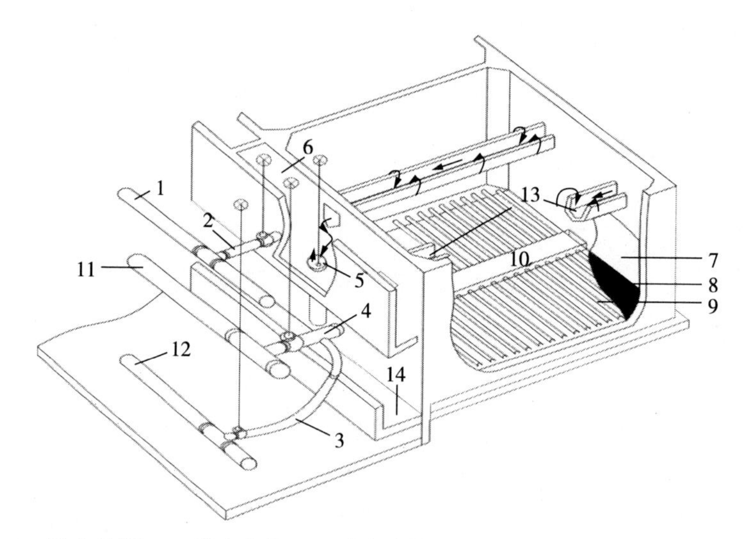

1—进水总管；2—进水支管；3—清水支管；4—冲洗水支管；5—排水阀；
6—浑水渠；7—滤料层；8—承托层；9—配水支管；10—配水干管；
11—冲洗水总管；12—清水总管；13—冲洗排水槽；14—废水渠。

图 5-38　普通快滤池剖面示意图

在实际运行过程中，抽吸虹吸管中空气形成真空的时间不便控制，且抽气管、虹吸管需严密不漏气。对自动化控制、运行具有不利影响，所以，近年来设计的自动化控制的滤池仍以四阀滤池为主，各阀门为电动或气动控制。

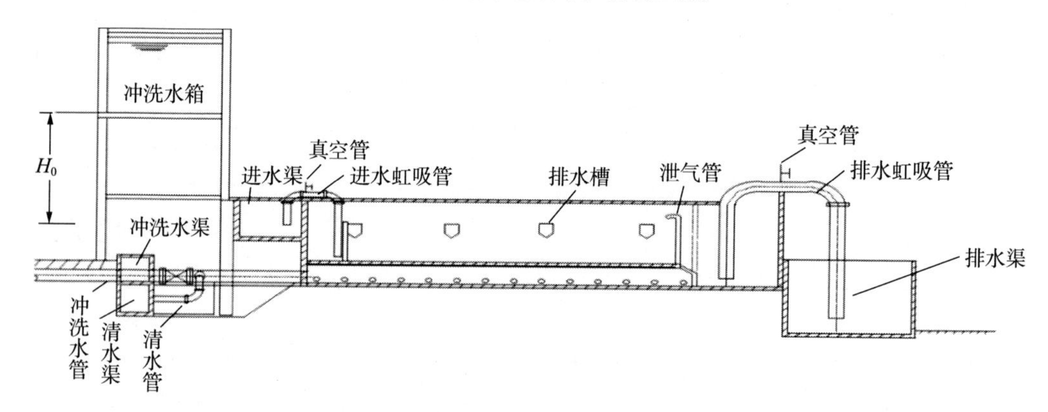

图 5-39　双阀快滤池

（2）设计要点

在已知过滤水量条件下，设计一座快滤池，就是确定滤池尺寸大小、平面布置形式、进出水管（渠）尺寸、反冲洗方式等。

1）滤池面积与分格

快滤池的滤速相当于滤池的负荷、单位过滤面积上的过滤水量计算，单位是 m^3/（m^2·h）或 m/h。通常单层细砂滤料滤池滤速 7 ～ 9 m/h，当一格或二格停止运行进行检修、冲洗或翻砂时其他滤池滤速（强制滤速）为 9 ～ 12 m/h。

设计滤速是指过滤周期内的滤速。如果设计的快滤池每天反冲洗一次，即工作周期为 24 h。扣除反冲洗时间和冲洗后停用时间为 1 h 左右，则实际过滤时间为 23 h。有时明确要求滤池每天过滤 22 h，应按实际过滤时间的流量计算。

一组滤池分格多少由过滤滤速和强制滤速的大小决定，与设计水量无关。但在设计时必须考虑过滤水量、允许停运的格数。

一组滤池分格数应大于 4 格，可采用双排布置，中间设置管廊，操作间及高位水箱，设计成方形。在分格数相同的条件下，管廊越长，输水管越长，操作间越长，相对应的造价越高。所以尽量设计成管廊操作间较短些，对于反冲洗均匀配水是有益的。

【例 5-9】一座单层细砂滤料的普通快滤池，设计过滤水量为 2 400 m^3/h，评价计滤速为 8 m/h，出水阀门适时调节，等水头过滤运行。当其中一格检修，一格反冲洗时其他几格滤池强制滤速不大于 12 m/h，该座滤池可采用的最大单格滤池面积为多少？

【解】假定该座滤池共分为 n 格，单格面积为 F（m^2），全部滤池均在工作时的过滤水量是 $8nF$（m^3/h）。其中一格停运检修，一格反冲洗，（$n-2$）格的最大过滤水量是 12（$n-2$）F（m^3/h），则有

$12(n-2)F \geqslant 8nF$，得最少分格数 $n \geqslant 6$（格）；

单格滤池最大过滤面积：

$$F = \frac{2\,400}{8 \times 6} = 50(\mathrm{m^2}/格)$$

2）滤池深度

普通快滤池深度包括砾石承托层厚 400 mm 左右，反冲洗配水支管放置其中；

滤层厚度 700 ～ 800 mm，放置在承托层之上；

滤层砂面以上水深，又称为砂面水深，一般为 1 500 ～ 2 000 mm，砂面水深越大，池深越大；

保护高度，又称为超高或干舷高度，一般取 300 ～ 400 mm。

由此可以计算出滤池总深度为 3 000 ～ 3 600 mm，多层滤料滤池深度为 3 500 ～ 4 000 mm。

滤池的深度不代表滤池内水面标高。砂面以上水位标高与过滤水头损失、清水池最高水位有关。

3）管廊内管线设计流速

普通快滤池的管渠有浑水进水管（渠）、滤后清水管（渠）、反冲洗进水管（渠）、反冲洗排水管（渠）及与各格相连接的支管。其设计过水断面参考下列流速确定：

浑水进水管（渠）：0.8 ～ 1.2 m/s；

清水出水管（渠）：1.0 ～ 1.5 m/s；

反冲洗进水管：2.0 ～ 2.5 m/s；

反冲洗排水管（渠）：1.0 ～ 1.5 m/s。

如果浑水进水渠、反冲洗排水渠为重力流，其流速适当缩小，同时计入超载系数进行计算。

4）配水系统

普通快滤池配水体大多采用管式大阻力配水系统。

①过滤面积较小的快滤池管式大阻力配水系统由干管、支管组成。过水断面参考下列数据计算：

②配水干管（渠）进口处流速取 1.0 ～ 1.5 m/s，支管起端流速取 1.5 ～ 2.0 m/s，支管上孔眼出口流速取 5 ～ 6 m/s。

③配水支管间距为 0.20 ～ 0.30 m，支管长度与支管直径之比不大于 60。

④支管上孔眼直径 9 ～ 12 mm，与垂线成 45° 向下交错排列。孔眼个数和间距根据滤池开孔比 α 确定。

⑤不设废水渠的小型快滤池配水干管（渠）埋设在承托层之下，直径或渠宽大于 300 mm 时，应开孔布水。并在上方加设挡水板，不使直冲滤料。

5）排水渠和冲洗排水槽

快滤池冲洗水通常由冲洗排水槽和排水渠排除，其布置和断面形式如图 5-40 所示，同时，它是过滤进水分配到整格滤池的渠道。

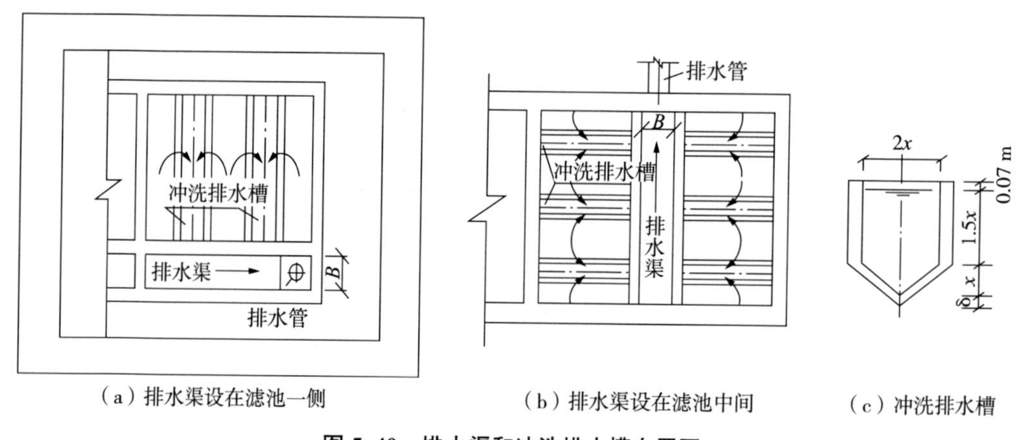

（a）排水渠设在滤池一侧　（b）排水渠设在滤池中间　（c）冲洗排水槽

图 5-40　排水渠和冲洗排水槽布置图

排水渠，又称废水渠，收集冲洗排水槽排出水，再由排水管排到池外废水池。滤池面积较小时，排水渠设在滤池一侧；滤池面积较大时，排水渠设在滤池中间。排水渠一般设计成矩形，起端水深按式（5-70）计算：

$$H_q = \sqrt{3} \cdot \sqrt[3]{\frac{Q^2}{gB^2}} \tag{5-70}$$

式中：Q——滤池冲洗流量，m^3/s；

B——渠宽，m；

g——重力加速度，9.81 m/s^2。

为使排水顺畅，排水渠起端水面需低于冲洗排水槽底 100 ～ 200 mm，使排水槽内废水自由跌落到排水渠。渠底高度即由排水槽槽底高度和排水渠中起端水深确定。

过滤面积较小的快滤池、冲洗排水槽常设计成槽底斜坡，末端深度等于起端深度的 2 倍，收集的废水在水力坡度下迅速流到排水渠。槽底是平坡的排水槽，末端、起端断面相同。起端水深按照末端水深的$\sqrt{3}$倍。取槽宽 $2x$ 等于起端平均水深，则排水槽断面模数 x（m）的近似计算值式为

$$x = 0.45Q^{0.45} \tag{5-71}$$

也可按照冲洗排水槽末端流速 v 计算，即

$$x = \frac{1}{2}\sqrt{\frac{qa_0L_0}{1\,000v}} \tag{5-72}$$

式中：Q——每条冲洗排水槽的排水量；

q——滤池反冲洗强度，L/（m^2 · s）；

L_0——冲洗排水槽长度，m，一般小于 6 m；

a_0——两条冲洗排水槽中心距，一般取 1.5 ～ 2.0 m；

v——通常取≤0.6 m/s。

当两式计算结果出入较大时，可式（5-72）优先。

反冲洗时，滤料层处于膨胀状态，两排水槽中间水流断面减小，上升水流流速加快，容易冲走滤料，所以，排水槽设置在滤料层膨胀面以上。则槽顶距滤料层砂面的高度为

$$H_e = eH_2 + 2.5x + \delta + 0.07 \tag{5-73}$$

式中：H_e——冲洗排水槽槽顶距滤料层砂面高度，m；

H_2——滤料层厚度，m；

e——冲洗时滤料层膨胀率，一般取 40% ～ 50%；

x——冲洗排水槽断面模数，m；

δ——冲洗排水槽槽底厚度，m，一般取 0.05 m；

0.07——排水槽超高。

为了达到均匀地排出废水，设计排水渠和冲洗排水槽时还应注意以下几点：

①排水渠通常设有一定坡度，末端渠底比起端低 0.3 m 左右。排水渠下部是配水干渠的快滤池，排水渠底板最高处安装排气管，并在排水渠中部底板上设置检修人孔，故要求设在池内的排水渠宽度一般在 800 mm 以上。

②冲洗排水槽在平面上的总面积（槽宽 × 槽长 × 条数）一般不大于滤池面积的

25%，以免冲洗时槽与槽之间水流上升速度过大，将细滤料冲出池外。

③冲洗排水槽中心间距 1.5 ～ 2.0 m，以免出水流量存在差异，直接影响反冲洗均匀性。

④单位槽长的溢入流量应相等，故施工时力求排水槽口水平，误差限制在 ± 2 mm 以内。

【例 5-10】如图 5-40（b）所示，快滤池冲洗水槽分布在排水渠两侧，每侧 3 条，每条长 4 m，中心间距 2.00 m，中间排水渠宽 0.8 m，滤层厚 H_2=0.8 m，在 15 L/（m^2·s）水冲洗强度下，膨胀率为 45%。计算：①冲洗排水槽槽顶距滤料层砂面高度；②冲洗排水槽面积占滤池面积的比例；③中间排水渠底距冲洗排水槽底的高度。

【解】单格滤池宽 3×2 = 6（m）；

过滤面积 F = 2×4×6=48（m^2）；

每条冲洗排水槽流量$Q_t = \dfrac{0.72}{6} = 0.12(m^3/s)$；

冲洗水槽断面模数$x = 0.45Q^{0.45} = 0.193(m) \approx 0.20(m)$。

① 冲洗排水槽槽顶距滤料层砂面高度：

$$H_e = 0.45 \times 0.80 + 2.5 \times 0.2 + 0.05 + 0.07 = 0.98(m)$$

② 冲洗排水槽面积：

$$A = 2 \times 0.2 \times 4 \times 6 = 9.6(m^2)$$

冲洗排水槽面积与滤池面积的比值 = 9.6 / 48 = 20%＜25%。

③ 中间排水渠底距冲洗排水槽底的高度：

排水渠底宽 0.80 m，渠底为平底排水渠起端水深：

$$H_q = \sqrt{3} \cdot \sqrt[3]{\frac{Q^2}{gB^2}} = \sqrt{3} \cdot \sqrt[3]{\frac{0.72^2}{9.81 \times 0.8^2}} = 0.754(m)$$

因此，中间排水渠底应低于冲洗排水槽槽底 0.754 + 0.1 = 0.854（m）。其中，0.1 m 是排水渠起端水面低于排水槽底的富余高度，以保证排水槽自由跌落，排水通畅。

5.3.5.3 V 形滤池

V 形滤池是一种滤料粒径较为均匀的重力式快滤型滤池。由于截污量大，过滤周期长，而采用了气 - 水反冲方式。近年来，在我国应用广泛，适用于大、中型污水厂深度处理单元。

（1）构造和工艺流程

V 形滤池构造如图 5-41 所示。

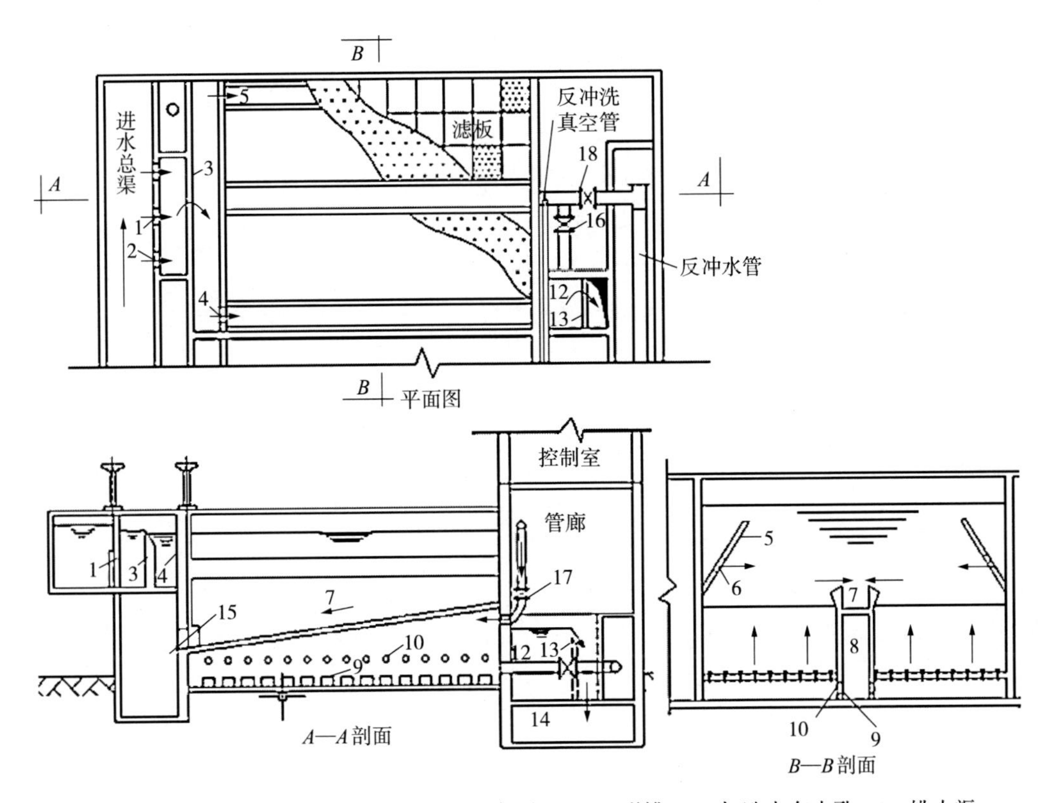

1—进水闸门；2—进水方孔；3—堰口；4—侧孔；5—V 形槽；6—扫洗水布水孔；7—排水渠；8—配水配气渠；9—配水孔；10—配气孔；11—底部空间；12—水封井；13—出水槽；14—清水渠；15—排水阀门；16—清水阀；17—进气阀；18—冲洗水阀。

图 5-41　V 形滤池构造

一组滤池通常分为多格，每格构造相同。多格滤池共用一条进水总渠、清水出水总渠、反冲洗进水管和进气管道。反冲洗水排入同一条排水总渠后排出。滤池中间设双层排水、将滤池分为左右两个过滤单元。渠道上层为冲洗废水排水渠，顶端呈 45° 斜坡，防止冲洗时滤料流失。下层是气水分配渠，过滤后的清水汇集其中。反冲洗时，气、水从分配渠中均匀流入两侧滤板之下。滤板上安装长柄滤头，上部铺设 d = 2 ～ 4 mm 粗砂承托层，覆盖滤头滤帽 50 ～ 100 mm。承托层上面铺 d = 0.9 ～ 1.2 mm 滤料层厚 1 200 ～ 1 500 mm。滤池侧墙设过滤进水 V 形槽和冲洗表面扫洗进水孔。

在过滤时，冲洗进水、进气阀门关闭，浑水由进水总渠经开启的阀门、堰口进入分配渠，向两侧流过侧孔进入 V 形槽。同时，从 V 形槽槽底扫洗孔和槽顶溢流，均匀分布到滤池之中。滤后清水从底部空间经配水孔汇入气水分配渠，再由水封、出水堰、清水渠流入清水池。出水堰的堰顶水位标高和砂面水位标高的差值即过滤水头损失值。

当滤后水质逐渐变差时，即要进行滤池反冲洗。启动鼓风机，开启空气进水阀，压缩空气经配水配气渠上部的进水孔均匀分布在滤板之下空间，并形成气垫层。不断进入的空气经长柄滤头滤杆上进气孔（缝）到滤头缝隙流出，冲动砂滤料发生位移，填补，互相摩擦，导致滤料表面附着的污泥脱落到滤料孔隙之中。被气流带到水面表层的污泥，在V形槽底扫洗孔横向出流的扫洗水作用下，推向排水渠。经过气冲2 min左右，启动反冲洗水泵，开启冲洗水阀，或用高位水箱冲洗，冲洗水经气水分配渠下部的配水孔进入滤板下空间的气垫层，从长柄滤头滤杆端口压入滤头，和压缩空气一并从滤头缝隙进入滤池。反冲洗水流冲刷滤层，进一步搅动滤料相互摩擦，促使滤料表层污泥脱落，同时把滤层孔隙中污泥冲到水面带走。气、水同时冲洗时，空气冲洗强度不变，水冲洗强度为2.5～3 L/（m^2·s）。气、水同时冲洗4～5 min。最后停止空气冲洗，关闭进气阀门，单独用水漂洗（后水冲洗），适当增大反冲洗强度到4～6 L/（m^2·s），冲洗5～8 min，整个反冲洗历程时长10～12 min。

（2）工艺特点

1）从滤料级配、过滤过程、反冲洗方式等方面考虑，均质滤料滤池具有以下工艺特点：滤层含污量大；所选滤料粒径d_{max}和d_{min}相差较小，趋于均匀。气－水反冲洗时滤层不发生膨胀和水力分选，不发生滤料上细下粗的分级现象。又因为该种滤料孔隙尺寸相对较大，过滤时，杂质穿透深度大，能够发挥绝大部分滤料的截污作用，因而滤层含污量增加，过滤周期延长。

2）等水头过滤；滤池出水阀门根据砂面上水位变化，不断调节开启度，用阀门阻力逐渐减小的方法，克服滤层中增大的水头损失，使砂面水位在过滤周期内趋于平稳状态。虽然，上层滤料截留杂质后，孔隙流速增大，污泥下移，但因滤层厚度较大，下层滤料仍能发挥过滤作用，确保滤后水质。当一格反冲洗时，进入该池的待滤水大部分从V形槽下扫洗孔流出进行表面扫洗，不至于使其他未冲洗的几格滤池增加过多水量或增大滤速，也就不会产生冲击作用。

3）滤料反复摩擦，污泥及时排出；空气反冲洗引起滤层微膨胀，发生位移、碰撞。气、水同时冲洗，增大滤层摩擦及水力冲刷，使附着在滤料表面的污泥脱落，随水流冲出滤层，在侧向表面冲洗水流作用下，及时推向排水渠，不沉积在滤层。和处于流态化的滤层相比，气、水同时冲洗的摩擦作用更大。

4）配水布气均匀；滤池滤板表面平整，同格滤池所有滤头滤帽或滤柄顶表面在同一水平高程，高差不超过±5 mm。从底部空间进入每一个滤头的气量、水量基本相同。底部空间高600～900 mm，气、水通过时，流速很小，各点压力相差很小，可以保证气、水均匀分布，冲洗到滤层各处，不产生泥球与板结滤层。

（3）设计要点

1）单池面积

滤池过滤面积等于处理水量除以滤速。单池面积与分格数有关。根据均质滤料滤池的工艺特点可知，当一格滤池反冲洗时，如果进入该格的待滤水量参与表面扫洗，仅有少许水量增加到其他几格，因此不会出现较大的强制滤速。如果滤池冲洗时不用待滤水表面扫洗，则应按照强制滤速大小进行计算。

滤池分格多少，主要考虑反冲配水布气均匀，表面扫洗排水通畅，滤池不均匀沉降引起滤板水平误差等因素，故希望单格滤池面积不宜过大。其平面尺寸虽没有长宽比限制，但考虑到表面扫洗效果，滤池两侧 V 形槽槽底扫洗配水孔口到中央排水渠边缘的水平距离宜在 3.50 m 以内，最大不超过 5.0 m。

2）滤池深度

气 - 水反冲洗滤池底部空间高 700 ～ 900 mm；

滤板厚 100 ～ 150 mm；

承托层厚 150 ～ 200 mm；

滤料层 1 200 ～ 1 500 mm；

滤层砂面以上水深 1 200 ～ 1 500 mm；

进水系统跌落（从进水点渠到滤池砂面上水位）300 ～ 400 mm；

进水总渠超高 300 mm；

则滤池深度 4 000 ～ 4 500 mm。

每格滤池的出水都经过出水堰口流入清水总渠，砂面上水位标高和出水堰口水位标高之差即最大过滤水头损失值。均质滤料滤池冲洗前的滤层水头损失值一般控制在 2.0 m 左右。

3）配水、配气系统

均质滤料气 - 水反冲洗滤池具有均匀的配水配气系统。通常有配水配气渠、滤板、长柄滤头（图 5-42）组成。

配水、配气渠位于排水渠之下，起端安装空气进气管，进气管管顶和渠顶平接。下面安装冲洗水进水管，进水管管底和渠底平接。配水配气渠起端末端宽度相同。当气、水同时进入配水配气渠时，空气处于压缩状态，其体积占冲洗水的 20% ～ 30%。配水干管进口端流速为 1.5 m/s 左右。空气输送管或配气干管进口端空气流速为 10 ～ 15 m/s。

配水、配气渠上方两侧开配气孔，出口流速为 10 m/s 左右。沿渠底开配水孔，配水孔过孔水流流速为 1.0 ～ 1.50 m/s。

滤板搁置在配水、配气渠和池壁之间的支撑小梁上，每平方米滤板上安装长柄滤头 50 ～ 60 个。每个滤头缝隙面积为 2.5 ～ 3.35 cm^2。根据安装滤头个数便可计算出长柄滤头滤帽缝隙总面积与滤池过滤面积之比值（开孔比）。

4）管渠设计

均质滤料气水反冲洗滤池的管渠较多，除进水总渠、滤后清水总渠、反冲洗进水管、反冲洗排水干渠之外，还有冲洗输气管、V 形槽（图 5-43）、排水渠等。

其中过滤水进水总渠、滤后清水总渠、排水总渠流速及断面设计参见普通快滤池管渠设计。低庒空气输气管直径按照 10 ～ 15 m/s 流速设计。为防止输气管中进水，进入滤池的空气总管应安装在滤池砂面上最高水位以上，进滤池前安装控制阀门。

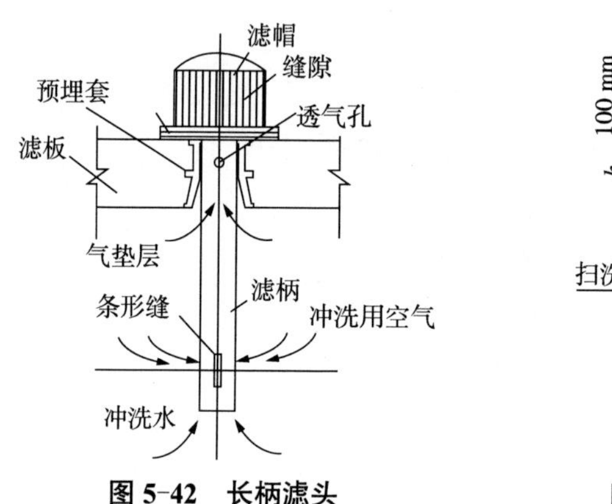

图 5-42　长柄滤头

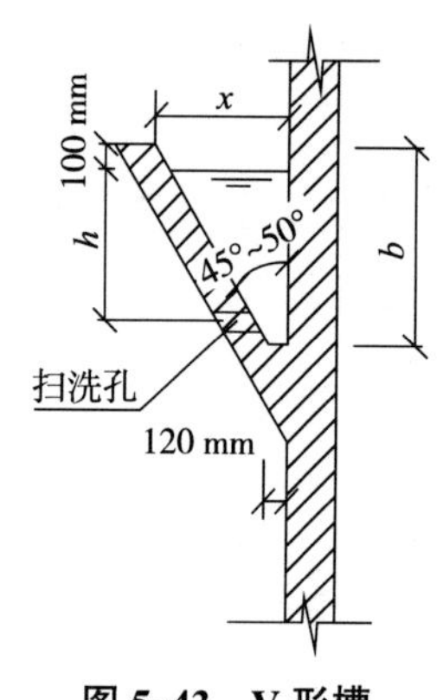

图 5-43　V 形槽

位于配水、配气渠上的排水渠渠底标高随着配水、配气渠渠顶高度变化而变化。该排水渠一般宽 800 ～ 1 200 mm，渠顶高出滤料层 500 mm。排水渠起端深度应根据后水冲洗时的水深计算，一般取 1 000 mm 以上。V 形槽设计尺寸如图 5-43 所示，在过滤时处于淹没状态，待滤水经 V 形槽起端的进水孔进入 V 形槽，经槽口和扫洗孔进入滤池。反冲洗时，槽内水位下降到斜壁顶以下 50 ～ 100 mm。经扫洗孔流出表面扫洗。扫洗孔孔径 d = 25 ～ 30 mm，间距 100 ～ 1 200 mm，流速 2.0 m/s 左右。扫洗孔中心标高低于反冲洗时滤池内最高水位 50 ～ 150 mm。

【例 5-11】V 形滤池中央排水渠渠顶标高 2.00 m，排水渠到 V 形槽一侧滤池宽 3.50 m，V 形槽夹角 45° ，表面扫洗强度 2.3 L/（m^2・s），扫洗孔出流流速 v = 2.0 m/s。计算 V 形槽尺寸及扫洗孔间距。

【解】取扫洗孔平均断面上过孔流速 v = 2.0 m/s，冲洗时 V 形槽内水深按下式计算：

因为$q = wv = \mu w\sqrt{2gh}$，$h = \dfrac{v^2}{2g\mu^2}$，μ 是孔口流量系数，取 0.62，则 h = 0.53 m。

槽高：$b = 0.53 + 0.10 = 0.63$（m）

槽宽：$x = b\tan 45° + 0.12 = 0.75$（m）

取扫洗孔内径 d = 30 mm，单孔流量：

$$q = 0.62 \times \pi/4 \times (0.03)^2 \times (2g \times 0.53)^{0.5} = 0.001\,41\ (m^3/s)$$

设扫洗孔间距为 a，沿长度 L 方向共开 L/a 个扫洗孔。根据扫洗水强度 2.3 L/（m^2・s）计算，$2.3 \times 3.5 \times L = 1.41 \times L/a$，得扫洗孔间距 a = 0.175 m。取扫洗孔 d = 30 mm，间距为 170 mm。

5.3.5.4　重力式无阀滤池

无阀滤池是一种不设阀门式、水力控制运行的等速过滤滤池。也是目前小规模水厂常用的滤池形式。按照滤后水压力大小分为重力式和压力式两类。通常，滤后水出水水位较低，直接流入地面式清水池的无阀滤池为重力式，而滤后水直接进入高位水箱、水塔或用水设备，滤池及进水管中都有较高压力的无阀滤池为压力式。

（1）重力式无阀滤池的构造

重力式无阀滤池构造如图5-44所示，主要由进水分配槽、U形进水管、过滤单元、冲洗水箱、虹吸上升管、虹吸下降管、冲虹吸破坏系统组成。

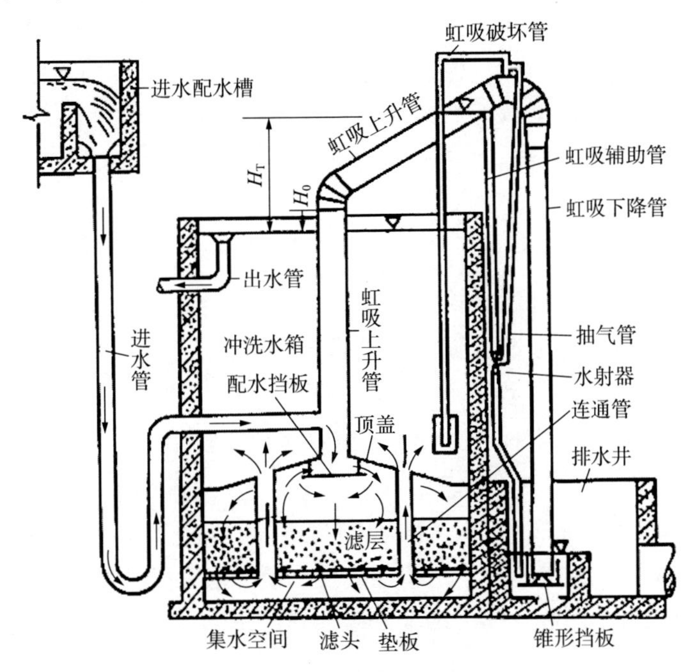

图5-44　重力式无阀滤池

（2）重力式无阀滤池设计计算

重力式无阀滤池要求各管道设计严密、标高计算准确，完全按照水力计算结果自动运行，涉及内容较多，仅对主要部位的设计计算做一简要说明。

1）反冲洗水箱

反冲洗水箱置于滤池顶部，一般加设盖板或密封（留出人孔），水箱容积按照一格滤池冲洗一次所需要的水量计算：

$$V = 0.06qFt \tag{5-74}$$

式中：V——冲洗水箱容积，m^3；

q——冲洗强度，L/（m^2·s），一般采用平均冲洗强度 q_a = 15 L/（m^2·s）；

F——单格滤池过滤面积，m^2；

t——冲洗历时，min，一般取4～6 min。

反冲洗水箱深度与合用一个冲洗水箱的滤池格数有关，n 格滤池合用一个冲洗水箱的深度 ΔH 为

$$\Delta H = \frac{V}{nF} = \frac{0.06qFt}{nF} = \frac{0.06qt}{n} \tag{5-75}$$

多格滤池合用一座冲洗水箱，水箱水深可以减少很多。反冲洗时的最大冲洗水头 H_{max} 和最小冲洗水头 H_{min}，分别指的是冲洗水箱最高、最低水位和排水堰口标高的差值。当冲洗水箱水深变浅后，最大冲洗水头和最小冲洗水头差别变小，反冲洗强度变化较小，能使反冲洗趋于均匀。

无阀滤池的分格多少除考虑冲洗水箱水深、冲洗强度均匀外，还应考虑的是，当1格滤池冲洗时，其他几格的过滤水量必须小于该格冲洗水量。否则，其将会一直处于反冲洗状态。因此，一组无阀滤池合用一座反冲洗水箱时其分格数一般≤3。当1格滤池冲洗即将结束时，其余二格滤池过滤水量不至于随即淹没虹吸破坏管口，使虹吸得以彻底破坏。

2）虹吸上升管

从反冲洗过程可知，冲洗水箱水经连通渠、承托层、滤层进入虹吸上升管、下降管排入排水井，其水量等于冲洗强度乘以滤池面积。设计时，冲洗强度采用平均冲洗强度，即按照 H_{max} 和 H_{min} 平均值 H_a 计算的冲洗强度。如果冲洗的一格不能自动停水，进入该格的过滤水直接进入虹吸上升管、虹吸下降管排出，则虹吸管的流量等于这两部分流量之和。

当滤池面积和反冲洗强度确定后，即确定了反冲洗水的流量，可以先行选定管径计算出总水头损失，然后确定排水堰口的高度，使总水头损失 $\sum h$ 小于冲洗水箱平均水位与排水堰前水封井水位高差值，即 $\sum h<H_a$。也可以按照设定的平均冲洗水头 H_a，反求出虹吸管管径。

在能够利用地形高差的地方建造无阀滤池，将排水井放在低处，增大平均冲洗水头后，便可减小虹吸管管径。设计时，虹吸下降管管径比上升管管径小1～2级。虹吸下降管管口安装冲洗强度调节器，用改变阻力大小方法调节冲洗强度。

3）虹吸辅助管

虹吸辅助管是加快虹吸上升管、虹吸下降管形成虹吸、减少虹吸过程中水量损失的主要部件，如图5-45所示。当虹吸上升管中水位到达虹吸辅助管上端管口后，从辅助管内下降的水流抽吸虹吸上升管顶端积气，加速虹吸形成。虹吸上升管中的水位很快就会充满全管，所以虹吸辅助管管口标高作为过滤过程中砂面上水位上升的最大值。虹吸辅助管管口标高和冲洗水箱中出水堰口标高的差值即期终允许过滤水头损失值 H。为防止虹吸辅助管管口被水膜覆盖，通常设计成管口比辅助管管径大一号的管口。

4）虹吸破坏斗虹

虹吸破坏斗如图5-46所示。和虹吸辅助管相连接，是破坏虹吸、结束反冲洗的关键部件。由虹吸破坏管抽吸破坏斗中存水时，水斗中存水抽空后再行补充的间隔时间长短直接影响虹吸破坏程度。当冲洗水箱中水位下降到破坏斗缘口以下时，水箱水仍能通过两侧的小虹吸管流入破坏斗。只有破坏斗外水箱水位下降到小虹吸管口以下，破坏斗停止进水。虹吸破坏管根快抽空斗内存水后，管口露出进气，虹吸上升管排水停止，冲洗水箱内水位开始上升。当从破坏斗两侧小虹吸管管口上升到管顶向破坏斗充水时，需要间隔一定时间。于是能有足够的空气进入虹吸管，彻底破坏虹吸。

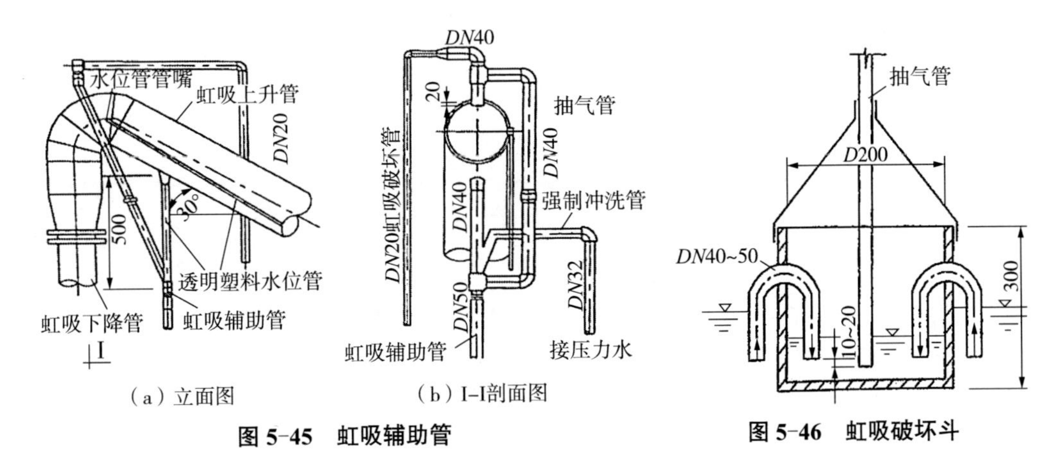

图 5-45　虹吸辅助管

图 5-46　虹吸破坏斗

5）进水分配槽

进水分配槽一般由进水堰和进水井组成。过滤水通过堰顶溢流进入各格滤池，同时保持一定高度，克服重力流过滤过程中的水头损失。进水堰顶标高 = 虹吸辅助管管口标高 + U 形进水管、虹吸上升管内各项水头损失 + 保证堰上自由跌水高度（0.1 ～ 0.15 m）。

堰后进水分配井平面尺寸和水深对无阀滤池的运行会产生一定影响。当滤料为清洁砂层或冲洗不久过滤时，水头损失很小，虹吸上升管及进水分配井中水位高出冲洗水箱水面很少，从进水堰上跌落的水流就会卷入空气，从进水管带入滤池。这些空气要么逸出积聚在虹吸上升管顶端，要么积存在滤池顶盖之下，越积越多。虹吸上升管中水位上升后，或者大量水流冲洗滤池时，积聚在滤池顶盖之下的气囊就会冲入虹吸上升管顶端，有可能使反冲洗中断。

为了避免上述现象发生，通常采用减小进水管、进水分配井的流速，保持进水分配井有足够水深，设计分配井底与滤池冲洗水箱顶相平或低于冲洗水箱水面。同时，放大进水分配井平面尺寸到（0.6 m×0.6 m）～（0.8 m×0.8 m），均有助于散除水中气体，防止卷入空气作用。

6）U 形进水管

如图 5-44 所示，如果进水分配井出水直接进入虹吸上升管，而不设 U 形弯管，就会出现如下现象：反冲洗时，虹吸上升管中流量强烈抽吸三通处接入管中水流，无论进水管是否停止进水都会将进水管中大部分存水抽出而吸入空气，破坏虹吸。为此，加设 U 形管进行水封，并将 U 形管管底设置在排水水封井水面以下，U 形管中存水就不会排往排水井，也就不可能从进水管处吸入空气。

5.3.3.5 压力滤池

压力滤池是一种工作在高于正常大气压下的封闭罐式快滤型滤池。一般池体为钢制的圆柱状封闭罐，可分为立式和卧式两种。由于单池过滤面积较小，所以通常用作软化、除盐系统的预处理工艺，也可以用于工矿企业、小城镇及游泳池等小型或临时处理工程。

压力滤池像无阀滤池一样设有进水系统、过滤系统和配水系统，池体外则设置各种管道、阀门和其他附属设备。图 5-47 为双层滤料压力滤池示意图。

压力滤池的过滤和冲洗过程基本上同普通快滤池，所不同之处在于：进水是用水泵送入滤池，滤池在压力下工作；滤后水的压力一般较高，可以直接输入水塔中或后续用水处。

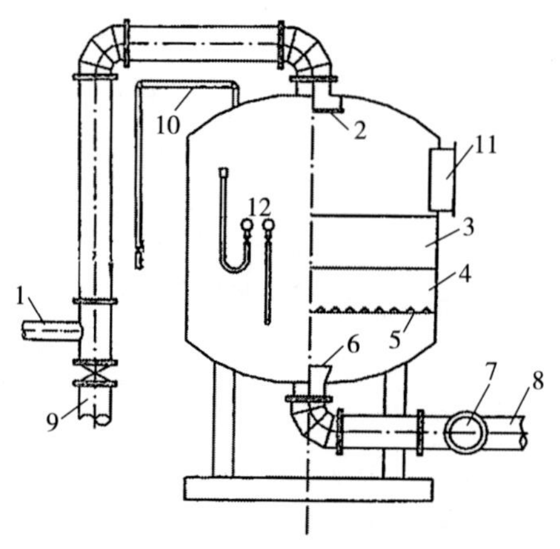

1—进水管；2—进水挡板；3—无烟煤滤层；4—石英砂滤层；5—滤头；6—配水盘；
7—出水管；8—冲洗水管；9—排水管；10—排气管；11—检修孔；12—压力表。

图 5-47 双层滤料压力滤池

5.4 消毒理论

5.4.1 基本理论

水消毒是杀灭水中对人体健康有害的致病微生物，防止通过水传播疾病。消毒并非要把水中的微生物全部杀灭，只是消除水中致病微生物（包括病菌、病毒及原生动物胞囊等）的致病作用。

水中微生物往往会黏附在悬浮颗粒上，因此，经混凝、沉淀和过滤去除悬浮物、降低水的浑浊度的同时，也去除了大部分微生物。然而水中仍有少量病菌、病毒、原生动物滞留水中，最后再通过消毒予以杀灭。所以认为消毒是水安全、水卫生的最后保障。

5.4.1.1　消毒方法

水的消毒方法很多，包括氯及氯化物消毒、臭氧、二氧化氯消毒，以及紫外线消毒和某些重金属离子消毒等，也可采用上述方法组合使用。氯消毒经济有效、使用方便，应用历史最久也最广泛。

5.4.1.2　消毒机理

氯、二氧化氯、臭氧等氧化型消毒剂，可以通过氧化等以多种途径对微生物产生灭活作用。一般来说，常用的氧化型消毒方法对微生物的作用机理包括以下几个方面：破坏细胞膜；损害细胞膜的生化活性，氧化微生物有机体；对细胞的重要代谢功能造成损害，抑制破坏酶的活性；损坏核酸组分；破坏有机体的 RNA、DNA。

紫外线消毒是一种物理消毒方法。通过破坏微生物 DNA 中的结构键，或发生光学聚合反应，DNA 丧失复制繁殖能力，进而达到消毒灭菌的目的。

不同微生物的表面性质和生理特性不同，对消毒剂的耐受能力不同。例如，对于三大类肠道病原微生物来说，按照其对消毒剂的耐受能力从强到弱的排序：肠道原虫包囊＞肠道病毒＞肠道细菌。这三类微生物的大小有一定差别。细菌的尺寸比病毒大 10 倍多，原虫包囊比细菌约大 10 倍。原虫包囊对其不利生存环境的耐受能力最强，而病毒结构中既无细胞膜，也无复杂的酶系统，比一般细菌较难杀灭。所以微生物的尺寸大小以及它们的生存与繁殖方式，对消毒剂的耐受能力有较大差异。

5.4.1.3　消毒影响因素

影响消毒的主要因素是接触时间、消毒剂浓度、水的温度和水质。这里仅简单介绍消毒剂的浓度 C 和接触时间 T 的乘积 CT 值的概念。

在消毒过程中，消毒接触时间和消毒剂浓度是最重要的影响因素。对于一定的消毒剂浓度，接触时间越长，杀菌灭活率越高。在消毒过程中，存活的微生物浓度随时间的变化速率基本上符合一级反应，即

$$\frac{\mathrm{d}N_\mathrm{T}}{\mathrm{d}t}=-kN_\mathrm{T} \tag{5-76}$$

式中：N_T——T 时刻的微生物浓度；

T——时间，min；

K——灭活速率常数。

当 $t=0$ 时 $N_T=N_0$，积分上式得

$$T=\frac{1}{k}\ln\frac{N_0}{N_T},\quad 或T=\frac{2.303}{k}\lg\frac{N_0}{N_T} \tag{5-77}$$

在实际消毒过程中，有时会出现偏离以上规律的现象，其主要原因是水中其他组分先于消毒剂反应影响了消毒效果，或者部分微生物包裹在胶体、悬浮颗粒群体之中而产生屏蔽保护作用影响了消毒效果。

在一定的微生物灭活率条件，消毒剂的浓度 C（以剩余消毒剂的浓度表示）和接触时间 T 的乘积 CT 值等于常数。对于不同的消毒剂种类、微生物、水温、pH 等条件下，达到一定灭活要求的 CT 值不同。从理论上分析，微生物去除率越高，灭活后的微生物越少，需要的 CT 值越大。

消毒剂与水的接触时间 T 与消毒剂的种类、消毒灭活率有关。为安全起见，氯消毒、二氧化氯消毒的有效接触时间不少于 30 min，氯胺消毒的有效接触时间不少于 2 h。

一般而言，用清水池作为接触池来满足加入消毒剂后的接触时间。由于清水池中的水流不能达到理想的推流状态，部分水流在清水池中的停留时间小于平均水力停留时间。则应加设多道导流墙，减少短流影响。加设 3 道以上导流墙的清水池，消毒剂接触时一般大于平均水力停留时间（V/Q）的 65% 以上。

5.4.1.4 消毒剂的投加点

水处理中，采用化学药剂进行消毒时，通常氯、二氧化氯等消毒剂投加在以下位置：

（1）在水厂取水口或净水厂混凝前预投加，以控制输水管渠和水厂构筑物内菌藻贝的生长；

（2）清水池前投加是消毒剂的主要投加点；

（3）调整出厂水剩余消毒剂浓度时补充投加在输水泵站吸水井中；

（4）配水管网中的补充投加（转输泵站吸水井中）等。

污水处理中的常用投药点主要是清水池前。

5.4.2 氯消毒技术

氯消毒是指以液氯、漂白粉或次氯酸钠为消毒剂的消毒。其具有经济有效、使用方便、安全可靠、持续消毒时间长的特点。在加强水源保护，有效去除水中有机污染物，合理采用氯消毒工艺的基础上，氯消毒可以同时满足对水质微生物学和毒理学两方面的要求，是一种广泛使用的消毒技术。

水厂氯消毒一般采用液氯。小型水站消毒、游泳池水消毒等，宜采用次氯酸钠；

临时性消毒多采用漂白粉。

5.4.2.1 氯消毒的化学反应

（1）自由氯消毒：液态氯为黄绿色透明液体，气化为氯气后成为一种黄绿色有毒气体。很容易溶解于水，在 20℃、98 kPa 条件下，溶解度为 7 160 mg/L。当氯溶解在纯水中时，下列两个反应几乎瞬时发生：

$$Cl_2 + H_2O \longrightarrow HClO + HCl \tag{5-78}$$

次氯酸（HClO）部分离解为氢离子和次氯酸根：

$$HClO \longrightarrow H^+ + OCl^- \tag{5-79}$$

其平衡常数为

$$K_i = \frac{[H^+][OCl^-]}{[HClO]} \tag{5-80}$$

在不同温度下次氯酸离解平衡常数见表 5-12。

表 5-12 次氯酸离解平衡常数

温度 /℃	0	5	10	15	20	25
$K \times 10^{-8}$/（mol/L）	2.0	2.3	2.6	3.0	3.3	3.7

水中的 Cl_2、HClO 和 ClO^- 被称为自由性氯或游离氯。由于氯很容易溶解在水中，所以自由性氯主要是 HClO 和 ClO^-。HClO 和 ClO^- 的相对比例取决于水的温度和 pH，如图 5-48 所示。其中，当 pH＞9 时，ClO^- 接近 100%；当 pH＜6 时，HClO 接近 100%；当 pH = 7.54 时，HClO 与 ClO^- 大致相等。

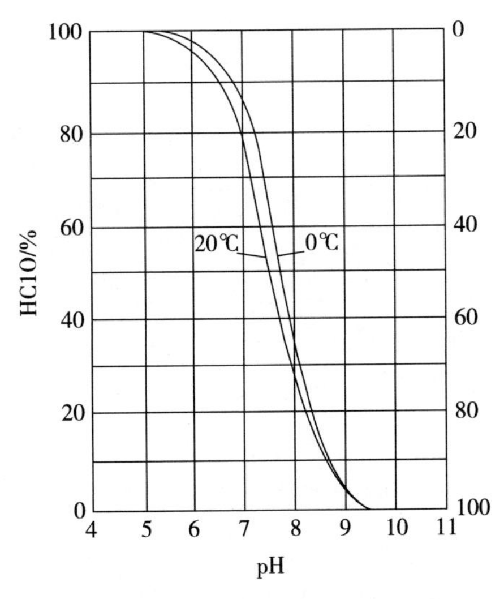

图 5-48 不同 pH 和水温时水中 HClO 和的 ClO^- 比例

【例 5-12】 计算 20℃时，pH 为 7 时，纯水中次氯酸 HClO 在自由性氯（HClO 和 ClO^-）中的占比。

【解】 本题要求$\frac{[HClO]}{[HClO]+[ClO^-]}$值的大小。

变化该式，$\frac{[HClO]}{[HClO]+[ClO^-]}=1/\left[1+\frac{[ClO^-]}{[HClO]}\right]=1/\left[1+\frac{[K_i]}{[H^+]}\right]$

查表 5-12，知 20℃时，$K_i=3.3\times10^{-8}$，代入上式，求得 HClO 占比为 75.2%。

同法可求，不同条件下 ClO^- 在自由性氯（HClO 和 ClO^-）中的占比。

自由性氯消毒主要是通过次氯酸 HClO 和 ClO^- 的氧化作用来实现的。HClO 是很小的中性分子，能扩散到带负电的细菌表面，破坏细菌细胞膜并渗透到细菌内部，继而破坏酶的活性而使细菌死亡。ClO^- 虽有杀菌能力，但是带有负电，难以接近带负电荷的细菌表面，杀菌能力比 HClO 差得多。生产实践表明，pH 越低则消毒能力越强，证明 HClO 是消毒的主要因素。当 HClO 消耗殆尽时，ClO^- 就会转化成 HClO，继续发挥消毒作用。

（2）化合性氯消毒

常用于地表水源的消毒，由于污染而含有一定的氨氮，氯加入这种水中，产生如下的反应：

$$NH_3+HClO \longrightarrow NH_2Cl+H_2O \tag{5-81}$$

$$NH_2Cl+HClO \longrightarrow NHCl_2+H_2O \tag{5-82}$$

$$NHCl_2+HClO \longrightarrow NCl_3+H_2O \tag{5-83}$$

次氯酸（HClO）、一氯胺（NH_2Cl）、二氯胺（$NHC1_2$）和三氯胺（$NC1_3$）的存在以及在平衡状态下的含量比例决定于氯、氨的相对浓度、pH 和温度。一般来讲，在中性 pH 条件下，当氯、氨比例小于 4 时，一氯胺占优势；当氯、氨比例大于 4，一氯胺和二氮胺同时存在；而三氯胺只有在一氯胺被氧化后才有少量存在。水中的一氯胺、二氯胺和三氯胺统称为氯胺，又称为化合性氯。

从消毒效果分析，用氯消毒时，5 min 内可杀灭细菌 99% 以上。在相同的条件下，采用氯胺消毒时，5 min 仅杀灭细菌 60% 左右，需要将水与氯胺的接触时间延长到数小时以上，才能达到 99% 以上的灭菌效果。由此认为水中有氯胺时，当水中的 HClO 因消毒而消耗后，反应向左进行，继续产生消毒所需的 HClO 发挥消毒作用，消毒作用比较缓慢。也有资料报道，经氯胺消毒后细胞结构中产生了有机氯胺的成分，细胞内有的反应产物与游离氯消毒不同，说明氯胺本身也能破坏细菌核酸和病毒的蛋白质外壳，直接进行反应，从而达到消毒目的。

比较 3 种氯胺的消毒效果，$NHCl_2$ 要胜过 NH_2Cl，但 $NHCl_2$ 具有臭味。当 pH 低时，$NHCl_2$ 所占比例大，消毒效果较好。三氯胺消毒作用很差，当其含量 0.05 mg/L 时，即会产生恶臭味。一般自来水中不太可能产生三氯胺，而且它在水中溶解度很低，不稳定而易气化，所以三氯胺的恶臭味并不会引起严重问题。

（3）漂白粉消毒

市售漂白粉（$CaOC1_2$）为白色粉末，有氯气味，含有效氯 20% ～ 25%，包装成 500 kg 一袋。含氯量较高的漂白精［$Ca(OCl)_2$］和漂白粉消毒作用原理相同，含有效氯 60% ～ 70%，有时制成片状。

漂白粉、漂白精的消毒原理和氯气相同，利用水解过程产生的次氯酸进行消毒。

$$2CaOCl_2 + 2H_2O = 2HClO + Ca(OH)_2 + CaCl_2 \tag{5-84}$$

用于预 / 后加氯氧化有机物助凝时，漂白粉投加量（按有效氯计）为 1 ～ 3 mg/L，特殊情况时为 4 ～ 6 mg/L。投加漂白粉消毒时需要设置溶解池、溶液调配池，先溶解成 10% ～ 15% 浓度的溶液，再加水调配成 1% ～ 2% 浓度的稀释溶液，澄清后，用计量设备加入水中。

（4）次氯酸钠消毒

次氯酸钠（NaClO）是一种淡黄色透明状液体，pH 为 9 ～ 10，含有效氯 6 ～ 10 mg/L。现场制备或外购的 NaClO 质量与生产条件有关而略有差别，使用单位可向供货的化工厂提出质量要求。

NaC1O 在阳光和温度影响下容易分解，产生具有消毒作用的 OCl^- 和 HClO：

$$NaC1O \longrightarrow Na^+ + C1O^- \tag{5-85}$$

$$C1O^- + H_2O \longrightarrow HC1O + OH^- \tag{5-86}$$

次氯酸钠的消毒效果较氯气消毒效果要差一些，常用于游泳池、深井供水和小型水厂等小水量的给水工程，以及污水处理厂深度脱氮工艺段。

次氯酸钠可用次氯酸钠发生器（以钛极为阳极，电解食盐水）生产：

$$NaCl + H_2O \longrightarrow NaClO + H_2\uparrow \tag{5-87}$$

每产生 1 kg 有效氯，耗用食盐 3 ～ 4.5 kg，耗电 5 ～ 10 kW・h。

（5）有效氯和余氯

自由氯和化合氯都具有消毒能力，两者之和称为有效氯，或总有效氯，简称总氯。经过一定接触时间后水中剩余的有效氯成为余氯，显然，余氯中包括自由性余氯和化合性余氯。

（6）加氯量与余氯量

加入水中的氯大部分用于灭活水中微生物、氧化有机物和还原性物质，称为需氯量。以供水为例：

为了抑制水中残余病原微生物的复活，出厂水和管网中尚需维持少量剩余氯，称为余氯量。我国《生活饮用水卫生标准》（GB 5749—2006）中规定：出厂水游离性余氯与水接触 30 min 后不应低于 0.3 mg/L，管网末梢不应低 0.05 mg/L。当采用化合氯消毒时，出厂水中一氯胺余量与水接触 120 min 后不少于 0.5 mg/L。管网末梢余氯量仍具有消毒能力，虽然不能维持管网污染的消毒作用，但可以作为预示再次污染的信号，此点对于管网较长而有死水端和设备陈旧的情况，尤为重要。

根据水中氨氮含量不同，耗氧量不同，余氯量的多少也有一定差别。不同情况下加氯量与剩余氯量之间有如下关系：

1）如水中不含微生物、不含有机物和还原性物质，则需氯量为零，加氯量等于剩余氯量，如图 5-49 中所示的虚线①，该线与坐标轴成 45°。

2）实际上，地表水源水已受到不同程度的污染，含有有机物以及滋生大量微生物。氧化这些有机物和杀灭微生物需要消耗一定的氯量，即需氯量不等于 0。加氯量必须超过需氯量，才能保证水中含有一定的剩余氯。当水中不含有氨氮时，加氯量大于需氯量会出现自由性余氯，如图 5-49 中的实线②。

由于水中一些有机物与氯作用的速度缓慢，以及水中余氯自行分解，如次氯酸受水中某些杂质或光线的作用，产生如下的催化分解：

$$2HClO \longrightarrow 2HCl + O_2 \uparrow \qquad (5-88)$$

使得剩余氯量不能立刻彰显出来，所以，图 5-49 中的实线②与横坐标交角小于 45°。

3）当水中含有氨、氮化合物时，情况比较复杂，会出现如图 5-50 所示的 4 个区域。曲线 $AHBC$ 的纵坐标值 α 表示余氯量，曲线 $AHBC$ 与斜虚线间的差值 b 表示消耗的需氯量。其中：

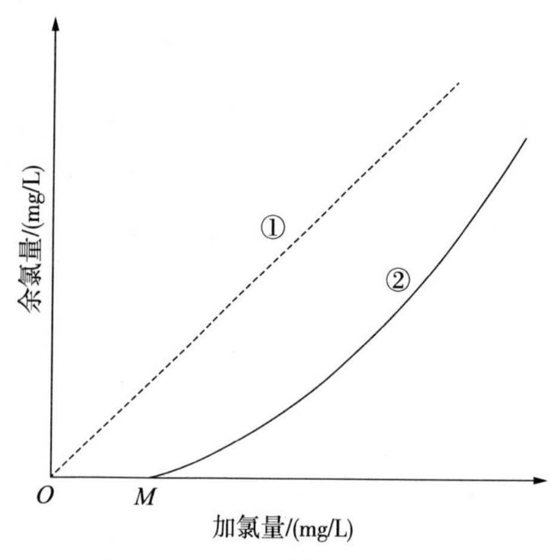

图 5-49 加氯量与余氯量关系

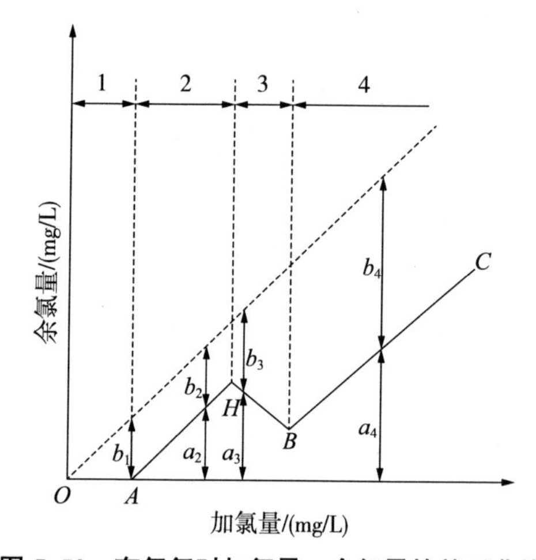

图 5-50 有氨氮时加氯量—余氯量的关系曲线

第 1 区即 OA 段，称为无余氯区。该区表示水中耗氯物质将氯消耗已尽，余氯量为 0，需氯量为 b_1，这时的消毒效果是不可靠的。

第 2 区即 AH 曲线段，称为化合性余氯区。当起始的需氯量 OA 满足以后加氯量增加，剩余氯也增加，氯与氨发生反应，有余氯存在，但余氯为化合性氯，其主要成分是一氯胺。

第 3 区即 HB 段，称为化合性余氯分解区。加氯量超过 H 点后，虽然加氯量增加，余氯量反而下降，H 点称为峰点。该区内的化合性余氯和自由性氯发生下列化学反应：

$$2NH_2Cl + HClO \longrightarrow N_2\uparrow + 3HCl + H_2O \tag{5-89}$$

反应结果使氯胺被氧化成一些不起消毒作用的化合物，余氯反而逐渐减少，最后到达折点 B。

超过折点 B 以后，进入第 4 区，即曲线 BC 段，称为折点后余氯区。已经没有消耗氯的杂质了，故所增加的氯均为自由性余氯，加上原存在的化合性余氯，该区同时存在自由余氯和化合余氯。

从整个加氯曲线看，到达峰点 H 时，余氯量最多，以化合性余氯形式存在。在折点 B 处余氯最少，也是化合性余氯。在折点以后，若继续加氯，则余氯量也随之增加，而且所增加的是自由性余氯。加氯量超过折点的称为折点氯化。

加氯曲线应根据水厂生产实际进行测定。由于水中含有多种消耗氯的物质（特别是有机物），故实际测定的加氯曲线往往不像图 5-50 那样曲折分明。如果反应时间充裕，在折点处的化合性余氯就会全部被氧化，超过折点 B 以后的余氯则是自由性余氯。

5.4.2.2　氯消毒工艺

（1）折点加氯法

采用折点加氯时，形成的自由性氯的氧化能力强，消毒效果好，可以同时去除水中部分臭味、有机物等优点，被广泛采用。但在受污染水源水消毒时，自由性氯会与水中污染物反应，生成三卤甲烷、卤乙酸等消毒副产物。所以，对于受污染的水源水，不希望采用折点氯化法，而是通过强化常规处理、增加预处理或深度处理来去除消毒副产物的前期物质，或改进消毒工艺，尽量减少消毒副产物的生成量。如果水源水含氨量较低，投加氯气消毒时生成的氯胺量不能满足消毒要求，则要耗用部分氯气将氨氮氧化为氮气（折点加氯）后，此做法也常常被用于市政污水处理厂氨氮出水超标时的应急处理方式。加氯量可超过折点 B，再增加的氯均为剩余氯，以自由性氯的形式存在。

【例 5–13】城市水厂设计规模为 20 万 m^3/d，滤池过滤出水中含有氨（NH_3）0.6 mg/L，用氯气消毒时氧化有机物、杀灭细菌需要投加 0.4 mg/L，要求水厂出厂水自由性余氯（即活氯）0.5 mg/L，则该水厂每天至少需要投加多少氯气?

【解】由反应式 $2NH_2Cl + HClO \longrightarrow N_2\uparrow + 3HCl + H_2O$

简化为 $2NH_3 + 3Cl_2 \longrightarrow N_2 + 6HCl$，

即每氧化 1 mg NH_3/L 消耗 6.26 mgCl_2/L，

则加氯量至少为 $0.4 + 6.26 \times 0.6 + 0.5 = 4.656$(mg/L) = 46.56 kg/ 万 m^3，

因此，水厂每天至少需要投加氯气量为 $20\times46.56 = 931.2$(kg)。

（2）氯胺消毒法

氯胺具有一定的消毒作用，水厂采用的氯胺消毒实际上是氯胺维持自由氯消毒的工艺。因氯胺分解出自由氯需要一定时间，就显得氯胺消毒作用比游离氯缓慢，但氯胺消毒还具有其他优点：稳定性好，可以在管网中维持较长时间，特别适合于大型城市和长距离管网；氯嗅味和氯酚味比游离氯消毒小；产生的三卤甲烷、卤乙酸等消毒副产物少；操作简单、消毒费用低。具体方法如下：

1）先氯后氨的氯胺消毒法

一些大型水厂或长距离管网的自来水供水系统，常采用先氯后氨的氯胺消毒法，即先对滤池出水采用折点加氯氯化法消毒处理，在清水池中保证足够的接触时间再在出厂前的二级泵房处加氨，一般采用液氨瓶加氨，Cl_2 和 NH_3 的质量比为 3 ～ 6：1，使水中游离性余氯转化为化合性氯，以减少氯味和余氯的分解速度。主要过程仍是通过游离性氯来消毒，目前部分水厂把此消毒工艺称为氯胺消毒法。

2）化合性氯的氯胺消毒法

氯胺的消毒能力低于游离氯消毒。但是，氯胺衰减速度远低于游离氯衰减速度，当接触消毒时间在 2 h 以上时，氯胺消毒可以达到消毒效果且在长距离管网中维持较长时间的消毒作用。

因此，对于氨氮浓度较高的原水，有的采用化合性氯消毒。即使是水源较好，原水中氨氮浓度很低时，也可以在消毒时同时投加氯和氨，采用化合性氯法消毒。这样，既可以减少加氯量，又能减少氯化消毒副产物的生成量。

5.4.2.3 加氯加氨设备

加氯消毒普遍采用的是液氯，存放在氯瓶之中。游泳池、小型污水消毒等可以采用次氯酸钠、漂白粉消毒。液氯消毒的加氯设备主要包括加氯机、氯瓶、加氯监测、漏氯吸收装置与自控设备。

5.4.3 二氧化氯消毒技术

5.4.3.1 二氧化氯的性质

二氧化氯（ClO_2）的分子量为 67.453，常温常压下为黄绿色或橘红色气体，其蒸气在外观和气味上酷似氯气，有窒息性臭味，在冷却并低于 −40℃以下，为深红色（或红褐色）液体；温度低于 −59℃时，为橙黄色固体。温度升高、曝光或与有机物质相接触，二氧化氯会发生爆炸。ClO_2 极易溶于水而不与水反应；几乎不发生水解，20℃时溶解度约为 8 300 mg/L。二氧化氯水溶液为黄绿色，作为溶解的气体保留在溶液中，在阴凉处避光保存并严格密封非常稳定；$C1O_2$ 还溶于冰醋酸、四氯化碳，易被硫酸吸收且不与其反应。二氧化氯的挥发性较大，稍一曝气即从溶液中逸出。从理论上分析，ClO_2 中的有效氯（得到电子的个数乘以含氯量）是单质 Cl_2 的2倍，杀菌活性很高，不发生氯代反应。

在常温下，$C1O_2$ 在空气中的体积浓度超过10%或在水中浓度超过30%时会发生爆炸。不过，$C1O_2$ 溶液浓度在10 g/L以下时基本没有爆炸的危险。由于 $C1O_2$ 对压力、温度和光线敏感，目前还不能压缩液化储存和运输，只能在使用时现场制备。

5.4.3.2　二氧化氯消毒特点

二氧化氯具有很强的反应活性和氧化能力，在水的pH为6～10的范围内消毒效果较好，温度升高后二氧化氯杀菌能力增强；不与氨反应，水中的氨氮不影响消毒效果；稳定性仅次于氯胺，高于游离氯，能在管网中保持较长时间；不仅能杀死细菌，而且能分解残留的细胞结构，并具有杀灭隐孢子虫和病毒的作用，消毒灭细菌、病毒、藻类和浮游动物的效果好于液氯；不形成氯仿（$CHCl_3$）等有机卤代物，不产生致突变物质；ClO_2 与水中无机物和有机物的反应表现为氧化作用为主，大大降低了三卤甲烷等卤代消毒副产物。

一般认为，二氧化氯与细菌及其他微生物细胞中蛋白质发生氧化还原反应，使其分解破坏，进而控制微生物蛋白质合成，最终导致细菌死亡。二氧化氯对细胞壁有较强的吸附力，能渗透到细胞内部与含硫基（—SH）的酶反应，使内部组织产生变异，细菌组织破坏，从而达到杀灭的目的。二氧化氯对水中的病原微生物，包括病毒、芽孢、硫酸盐还原菌、真菌等均有很高的杀灭作用。

二氧化氯一般需要现场制备，设备复杂，费用较高。二氧化氯作为饮用水消毒使用时，可产生对人体有害的分解产物亚氯酸盐；此外，其可单独使用，也可与氯消毒剂配合使用，有可能防止生成过量的三卤甲烷等卤代消毒副产物，同时降低管网水中的 ClO_2、ClO_2^-、ClO_3^- 的总量。尽管二氧化氯消毒要优于氯消毒，但短期之内尚不能全面代替饮用水氯消毒技术。

5.4.3.3　二氧化氯的制备

二氧化氯的制备方法主要有两种，即化学法和电解法。其中，化学法制备二氧化氯的技术已趋成熟；电解法制备二氧化氯技术正在发展中。化学法又分为亚氯酸钠法和氯酸盐法两种。

1）亚氯酸钠法制备二氧化氯

国内使用 ClO_2 消毒的自来水厂有100多家，其中有10余家分别使用 $NaClO_2$ + 盐酸、$NaClO_2$ + 氯气生产 $NaClO_2$ 方法，即

$$5NaC1O_2 + 4HCl = 4ClO_2 + 5NaCl + 2H_2O \tag{5-90}$$

$$2NaC1O_2 + C1_2 = 2ClO_2 + 2NaCl \tag{5-91}$$

$NaClO_2$ + 盐酸制取二氧化氯在反应器内进行，把亚氯酸盐稀溶液（约 10%）和酸的稀溶液（HCl 约 10%）送入反应器，经过约 20 min 的反应，就得到二氧化氯水溶液。酸用量一般超过化学计量关系的 3 ～ 4 倍。该法所生成的二氧化氯不含游离性氯，但是，亚氯酸钠转化为二氧化氯的只有 80%，另 20% 转化为氯化钠。

$NaClO_2$ + 氯气制取二氧化氯在瓷环反应器内进行，从加氯机出来的氯溶液与计量泵投加的亚氯酸盐稀溶液共同进入反应器，经过约 1 min 的反应，就得到二氧化氯水溶液，再把它加入要消毒的水中。

（2）氯酸盐法制备二氧化氯

该法以氯酸钠和盐酸为原料，反应生成二氧化氯和氯气的混合气体，产物中二氧化氯与氯气的摩尔比为 2∶1，因此称为复合式。国内使用 ClO_2 消毒的自来水厂大多使用 $NaClO_3$ + 盐酸方法生产 ClO_2，即

$$2NaClO_3 + 4HCl = 2ClO_2 + Cl_2 + 2NaCl + 2H_2O \tag{5-92}$$

以氯酸钠为原料生产复合式二氧化氯的生产成本为以亚氯酸钠为原料生产二氧化氯的 1/4 ～ 1/3。反应的最佳温度在 70℃左右，其稳定性、安全性也都较高，产生的混合气体通过水射器投加到需要处理的水中。

（3）电解法制备二氧化氯

根据电解原料的不同，电解法主要分为电解氯化钠法、电解亚氯酸钠法和电解氯酸钠法。常规电解法生产二氧化氯以食盐水为电解质。以食盐为原料的电解法制得的二氧化氯纯度较低，ClO_2 一般仅占 10% 左右，大多数为氯气，失去了使用二氧化氯的意义，且设备能耗高、管理麻烦，电极易于腐蚀。因此，该法适用于小型消毒场所或应急工程中，如游泳池消毒、二次供水补充消毒、小规模污水应急处理设备等。

（4）稳定型二氧化氯溶液

稳定型二氧化氯是一种可以保存的化工产品。其生产方法是将生成的二氧化氯气体通入含有稳定剂的液体（碳酸钠、硼酸钠、过氯化物的水溶液等）中而制成的二氧化氯溶液。产品中二氧化氯的含量约为 2%，储存期为 2 年。使用前需再加活化剂，如柠檬酸，活化后的药剂应当天用完。因稳定型二氧化氯价格较高，只适用于个别小型消毒场所。

5.4.3.4 二氧化氯的投加

二氧化氯投加系统包括原料储存调配、二氧化氯制备、投加设备等。

制备二氧化氯材料，包括氯酸钠、亚氯酸钠、盐酸、氯气等，严禁相互接触，必须分别储存在分类库房内，储放槽需设置隔离墙。库房需设置快速水冲洗设施，在溶液泄漏时进行冲洗稀释。库房与设备间需符合有关的防毒、防火、防爆、通风、检测等要求。

二氧化氯溶液的投加浓度必须控制在防爆浓度之下。对投加到管渠中的可采用水射器投加；投加到水池中的应设置扩散器或扩散管。

5.4.4　其他消毒技术

5.4.4.1　臭氧消毒

臭氧（O_3）是氧（O_2）的同素异形体。在常温常压下，它是淡蓝色的具有强烈刺激性气体，液态呈深蓝色。臭氧的标准电极电位为 2.07 V，仅次于氟 2.87 V，居第 2 位。它的氧化能力高于氯（1.36 V）、二氧化氯（1.5 V）。臭氧是一种活泼的不稳定的气体。臭氧密度约为 2.144 kg/Nm^3（0℃），易溶于水，在空气或水中均易分解为 O_2。空气中臭氧浓度 0.01 ppm 时即能嗅出，安全浓度为 1 ppm，空气中臭氧浓度达到 1 000 mg/L 时对人即有生命危险。

臭氧是在现场用空气或纯氧通过臭氧发生器产生的。臭氧发生系统包括气源制备和臭氧发生器。如果以空气作为气源，所产生的臭氧化空气中臭氧含量一般为 2% ～ 3%（质量比）；如果以纯氧作为气源，所生产的是纯氧 / 臭氧混合气体（臭氧化氧气），其中臭氧含量为 6% ～ 8%（质量比）。臭氧用于水处理一般包括三部分：臭氧发生系统、接触设备、尾气处理设备（必须具备，强制条件）。由臭氧发生器生产出来的臭氧化空气进入接触设备和待处理水充分混合。为获得最大传质效率，臭氧化空气体可通过微孔扩散器等设备形成微小气泡均匀分散于水中。

臭氧作为消毒剂的主要机理：臭氧能破坏分解细菌的细胞壁，迅速进入细胞内氧化其中的酶系统，或破坏细胞膜和组织结构中的蛋白质与核糖核酸，导致细胞死亡。臭氧能对病毒、芽孢等生命力较强的微生物起到灭杀作用，是一种很好的消毒剂。

臭氧消毒相对氯消毒的主要优点：消毒能力强，不会产生三卤甲烷和卤乙酸等副产物；消毒后的水口感好，不会产生氯及氯酚等臭味。但臭氧在水中很不稳定，易分解，故经臭氧消毒后，管网水中无消毒剂余量。为了维持管网中消毒剂余量，通常在臭氧消毒后的水中再投加少量氯或氯胺。臭氧消毒虽然不会产生三卤甲烷和卤乙酸等有害物质，但也不能忽视在某些特定条件下可能产生有毒有害副产物。例如，当水中含有溴化物时，经臭氧化后，将会产生有潜在致癌作用的溴酸盐；臭氧也可能与腐殖质等天然有机物反应生成具有“三致”作用的物质，如醛化物（甲醛）等。

臭氧消毒的主要应用场所：食品饮料行业和饮用纯净水、矿泉水等的消毒，由于臭氧消毒设备复杂，电耗较高，投资大，故城市水厂单纯消毒一般不采用臭氧，通常与微污染水源氧化预处理或深度处理相结合。污水处理中的应用较为罕见。

5.4.4.2 紫外线消毒

紫外线消毒是一种物理消毒方法。紫外线光子能量能够破坏水中各种病毒、细菌以及 DNA 结构。经紫外光照射后，微生物 DNA 中的结构键断裂，或发生光学聚合反应，DNA 丧失复制繁殖能力，进而达到消毒灭菌的目的。

一般化学氧化剂消毒处理不是灭菌，并不能杀灭水中所有微生物。特别是对于个别生存能力很强的微生物，如某些病毒和原生动物（如贾第鞭毛虫、隐孢子虫等），一般消毒处理并不能完全去除。而紫外线消毒则可在短时间内杀灭这些病毒和原生动物。

与上面的化学消毒方法相比，紫外线消毒的优点：杀菌速度快，管理简单，无须向水中投加化学药剂，产生的消毒副产物少，不存在剩余消毒剂所产生的味道，特别是紫外线消毒是控制贾第鞭毛虫和隐孢子虫的经济有效方法。其主要不足之处是紫外线无持续消毒作用，需要与化学消毒法（氯或二氧化氯）联合使用，且紫外灯管寿命有限、穿透能力有限，被照射水不宜色度过大，且应与灯管之间保持较小的距离。

习　题

一、选择题

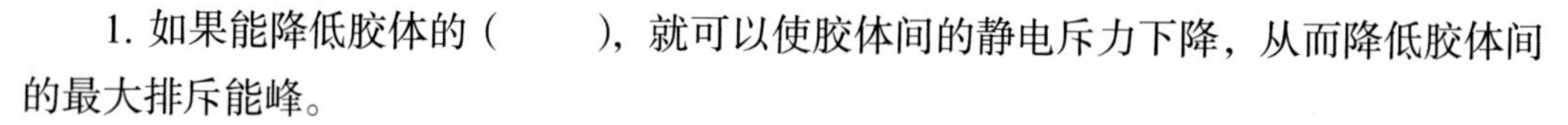

1. 如果能降低胶体的（　　），就可以使胶体间的静电斥力下降，从而降低胶体间的最大排斥能峰。

A. 电动电位　　B. 总电位　　C. 反离子　　D. 吸附层

2. 在水处理中，混凝工艺过程实际上分为（　　）步骤。

A. 1 个　　B. 2 个　　C. 3 个　　D. 4 个

3. 絮凝池的动力学控制参数 G 值和 GT 值分别为（　　）。

A. 50 ～ 70 s^{-1}；10^3 ～ 10^4　　B. 20 ～ 50 s^{-1}；10^4 ～ 10^5

C. 20 ～ 70 s^{-1}；10^4 ～ 10^5　　D. 50 ～ 70 s^{-1}；10^4 ～ 10^5

4. 平流理想沉淀池的长宽高分别为 L、B、H，以下关于沉淀效果分析，正确的是（　　）。

A. 容积和深度不变，长宽比 L/B 增大后可以提高去除率

B. 容积和深度不变，长深比 L/H 增大后可以提高去除率

C. 平面面积不变，长宽比 L/B 增大后可以提高去除率

D. 平面面积不变，长深比 L/H 增大后可以提高去除率

5. 某水厂有两座平流沉淀池，处理水量和平面面积相同，分别处理水库水和河流水，则关于这两座平流沉淀池的特性中，正确的是（　　）。

A. 两座池子的表面负荷或截留速度一定相同

B. 两座池子的去除水中颗粒物的总去除率一定相同

C. 两座池子的雷诺数一定相同

D. 两座池子的长宽比一定相同

6. 斜板沉淀池的表面负荷是指处理的流量与（　　）的比值，该值与同样表面积的平流沉淀池的表面负荷值（　　）。

A. 沉淀池表面积；相差不大

B. 各斜板总面积之和；相差较大

C. 各斜板总的水平投影面积之和；相差不大

D. 配水穿孔墙的面积；相差较大

7. 滤池的过滤工作机理是（　　），其中以（　　）为主。

A. 接触凝聚和机械筛滤；机械筛滤　　B. 接触凝聚和机械筛滤；接触凝聚

C. 颗粒的迁移和黏附；颗粒黏附　　D. 深层过滤和接触凝集；接触凝集

8. 煤砂双层滤料滤池和单层细砂滤料滤池相比较的叙述中，正确的是（　　）。

A. 为防止混层，采用单水冲洗时，双层滤料滤池采用更小的冲洗强度

B. 双层滤料滤池一般采用单水冲洗或气水同时冲洗

C. 双层滤料滤池具有较大的含污量和含污能力

D. 为防止杂质穿透，双层滤料滤池选用较小的滤速

9. 全部滤池中1个或2个停产检修或反冲洗时，若过滤流量不变，其他滤池的滤速称为（　　）。

A. 正常滤速　　B. 强制滤速　　C. 反冲洗滤速　　D. 反冲洗强度

10. 氯消毒时（ ）

A. HClO 起主要消毒作用　　B. OCl^- 起主要消毒作用

C. HClO 和 OCl^- 起同样的消毒作用　　D. OCl^- 不起消毒作用

11. 以臭氧作为消毒剂时，出厂水仍需要投加少量氯气、二氧化氯或氯氨等消毒剂，其主要原因是（　　）。

A. 臭氧分解生产的氧气有利于细菌再繁殖

B. 臭氧易分解，无抵抗再次污染的能力

C. 臭氧在氧化耗氧物质后，已无杀菌能力

D. 超量投加有风险，不足维持消毒计量

12. 控制贾第鞭毛虫和隐孢子虫的经济有效方法是（　　）。

A. 氯消毒　　B. 二氧化氯消毒　　C. 臭氧消毒　　D. 紫外线消毒

二、计算题

13. 某水厂拟建的机械混凝池池宽 4 m，池长 12 m，平均水深 2 m，沿长度方向均匀布置 3 个搅拌机，电动机所耗功率分别为 233 W、83 W 和 17 W，总效率为 60%，水的动力黏度 $\mu = 1.14\times10^{-3}$ Pa·s，计算池子的平均速度梯度 G 和第 1 格的 G 值。（参考答案：43 s^{-1}；62 s^{-1}）

14. 某水厂拟采用水泵混合，处理水量为 $Q = 24\ 000\ m^3/d$，经 2 条直径均为 400 mm，长均为 100 m 的并联管道送往水厂絮凝池，若正常工作时每条管道内总水头损失为 0.45 m，则管道内水流的速度梯度 G 值。（$\mu = 1.14\times10^{-3}$ Pa·s，$\rho = 1\ 000\ kg/m^3$）（参考答案：206 s^{-1}）

15. 某地表水厂水源的总碱度为 20 mg/L（以 CaO 计）。三氯化铁（以 $FeCl_3$ 计）投加量为 15.4 mg/L，剩余碱度取 0.4 mmol/L（以 CaO 计）。每天处理水量 12 000 m^3，请计算一天需投市售石灰的量。（市售品纯度 50%，相对原子量 Fe = 55.85，Cl = 35.45，Ca = 40）（参考答案：250 kg）

16. 平流沉淀池处理水量 50 000 m^3/d，长 75 m，宽 10 m，深 3.5 m。新建一个 50 000 m^3/d 的沉淀池，宽 10 m，深 3 m，要求进出水质相同，新池的池长为多少？（参考答案：75 m）

17. 上向流斜板沉淀池，已知池长 10 m，池宽（斜板宽）5 m，斜板间垂直间距为 40 mm，板长 1 m，板厚忽略不计，倾角 60°，当 $u_0 = 0.4$ mm/s，斜板效率系数为 0.65 时，试计算板间流速。（参考答案：5.46 mm/s）

18. 一座大阻力配水系统的普通快滤池，配水支管上的孔口总面积为 f，配水干管过水断面面积是孔口总面积的 6 倍，配水支管过水断面面积之和是孔口总面积的 3 倍。以孔口平均流量代替干管起端支管上的孔口流量，孔口流量系数 μ= 0.62，该滤池反冲洗时，配水均匀程度可达多少？（参考答案：97.4%）

19. 一等水头变速滤池，分 4 格，设计滤速为 8 m/h，正常过滤时，第 1 格滤速为 6 m/h，第 2 格滤速为 10 m/h，当第 1 格滤池反冲洗时，如果过滤总流量不变，且滤速按相等比例增加时，试计算第 2 格滤池的滤速。（参考答案：12.3 m/h）

20. 一座单层细砂滤料的普通快滤池，设计过滤水量 2 400 m^3/h，平均设计滤速 8 m/h，出水阀门适时调节，等水头过滤运行。当其中一格检修、一个反冲洗时，其他几格滤池强制滤速不大于 12 m/h，该滤池可采用的最大单格滤池面积为多少？（参考答案：50 m^2）

21. 一组无阀滤池共分 3 格，合用一个反冲洗水箱，平均冲洗水头为 2.8 m，期终允许过滤水头 1.7 m，反冲洗排水井出水堰口标高 −0.5 m，试计算虹吸辅助管口（上）标高。（参考答案：4.90 m）

22. 一单层粗砂均匀级配滤料气水反冲洗滤池共分 8 格，设计过滤滤速为 9 m/h。

自动调节出水阀门保持恒水头等速过滤。表面扫洗强度 1.5 L/（s · m^2），后水冲洗强度 6 L/（s · m^2），进入该组滤池的总进水量不变，在一格检修、一格反冲洗时，其他几格的强制滤速是多少？（参考答案：V 形滤池；11.1 m/h）

23. 水厂采用氯气消毒时，杀灭水中的细菌的时间 t（以 s 计）和水中氯气含量 C（以 mg/L 计）的关系式为 $C^{0.86}t = 1.74$，在氯气含量足够时，水中细菌个数减少的速滤仅与水中原有细菌个数有关，一级反应，反应速度变化系数 $K = 2.4\ s^{-1}$。假设水中含有 $NH_3 = 0.1$ mg/L，要求杀灭 95% 的细菌，同时完成氧化 NH_3，保持水中余氯为自由性氯，则至少需要加多少氯气？（参考答案：2.1 mg/L）

第 6 章　水的生化处理理论与技术

6.1　活性污泥法

活性污泥法是以活性污泥为主体的污水生物处理技术。它是通过采取一系列人工强化、控制的技术措施，使活性污泥中的微生物对有机污染物氧化、分解的生理功能得到充分发挥，以达到净化污水的生物工程技术。

活性污泥法于 1914 年在英国曼彻斯特建成试验场以来，已逾百年历史。随着生产上的广泛应用和技术上的不断革新，特别是近几十年来，在对其生物反应和净化机理进行深入研究探索的基础上，活性污泥法在生物学、反应动力学的理论方面以及在工艺、功能方面都取得了长足的发展，出现了能够适应各种条件的工艺流程。当前，活性污泥法已成为城镇污水及有机工业废水处理的主流技术。

6.1.1　基本原理及反应动力学基础

6.1.1.1　活性污泥形态及微生物

（1）活性污泥是活性污泥处理系统的主体

活性污泥中栖息着丰富的微生物群体，在微生物群体新陈代谢的作用下，将污水中的有机污染物转化为稳定的无机物质，故称为活性污泥。其外观上呈黄褐色的絮绒颗粒状，故又称为生物絮凝体，其颗粒尺寸取决于微生物的组成、数量、污染物质的特性以及某些外部环境因素，活性污泥絮体直径一般为 0.02 ～ 2 mm，含水率为 99% 以上，其相对密度则因含水率不同而异，为 1.002 ～ 1.006。

活性污泥中的固体物质仅占 1% 以下，由有机与无机两部分组成，其组成比例随污水性质不同而异。城镇污水的活性污泥，有机成分一般占 75% ～ 85%，无机成分占 15% ～ 25%。

活性污泥中固体物质的有机成分，主要由栖息在活性污泥上的微生物群体所组成，此外，还夹杂着由入流污水挟带的有机固体物质，其中包括某些难以为细菌摄取、利用的所谓“难降解有机物质”。此外，微生物菌体经内源代谢、自身氧化的残留物（如细胞膜、细胞壁等），也属于难降解的有机物质。

活性污泥的无机组成部分，则全部是由原水带入，至于微生物体内存在的无机盐类，由于数量极少可忽略不计。

活性污泥由下列四部分物质组成：

1）具有代谢功能的活性微生物群体，M_a；

2）微生物，主要是细菌内源代谢、自身氧化的残留物，M_e；

3）由污水带入的难以为细菌降解的惰性有机物，M_i；

4）由污水带入的无机物质，M_{ii}。

（2）活性污泥微生物及其在活性污泥反应中的作用

活性污泥微生物是由细菌类、真菌类、原生动物、后生动物等多种群体所组成的混合群体。这些微生物在活性污泥上形成食物链和相对稳定的特有生态系统。

活性污泥微生物中的细菌以异养型的原核生物为主，在正常成熟的活性污泥上的细菌数量为 10^7 ～ 10^8 个 /mL 活性污泥。在活性污泥中能形成优势的细菌，主要有各种杆菌、球菌、单胞菌属等。在环境适宜的条件下，它们的世代时间仅为 20 ～ 30 min。它们也都具有较强的分解有机物并将其转化成无机物质的功能。

真菌的细胞构造较为复杂且种类繁多，与活性污泥处理系统有关的真菌是微小腐生或寄生的丝状菌，这种真菌具有分解碳水化合物、脂肪、蛋白质及其他含氮化合物的功能，但真菌大量异常的增殖会引发污泥膨胀，丝状菌的异常增殖是活性污泥膨胀的主要诱因之一。

活性污泥中的原生动物有肉足虫、鞭毛虫和纤毛虫三类。通过显微镜镜检，能够观察到出现在活性污泥中的原生动物，并辨别认定其种属，据此能够判断处理水质的优劣。因此，将原生动物称为活性污泥系统的指示性生物。

此外，原生动物还不断地摄食水中的游离细菌，起到进一步净化水质的作用。后生动物（主要指轮虫）在活性污泥系统中是不经常出现的，仅在处理水质优异的完全氧化型活性污泥系统中出现。轮虫出现是水质非常稳定的标志。如图 6-1 所示为活性污泥处理系统指示性生物的原生动物在曝气池内活性污泥反应过程中，数量和种类的增长与递变关系。

在活性污泥处理系统中，净化污水的第一承担者（即主要承担者）是细菌；而摄食处理水中游离细菌，使污水进一步净化的原生生物是净化污水的第二承担者。原生生物摄取细菌，是活性污泥生态系统的首位捕食者。后生动物摄食原生动物，则是生态系统的第二捕食者。通过显微镜镜检活性污泥原生动物的生物相，是对活性污泥混质量评价的重要手段之一。

（3）活性污泥微生物的增殖与活性污泥的增长

曝气池内，活性污泥微生物降解污水中有机污染物的同时，伴随着微生物的增殖。而微生物的增殖实际上就是活性污泥的增长，一般用增殖曲线来表示。

增殖曲线所表示的是在某些关键性的环境因素，如温度一定、溶解氧含量充足等情况下，营养物质一次充分投加时，活性污泥微生物总量随时间的变化，如图 6-2 所示。整个曲线分为4个阶段：

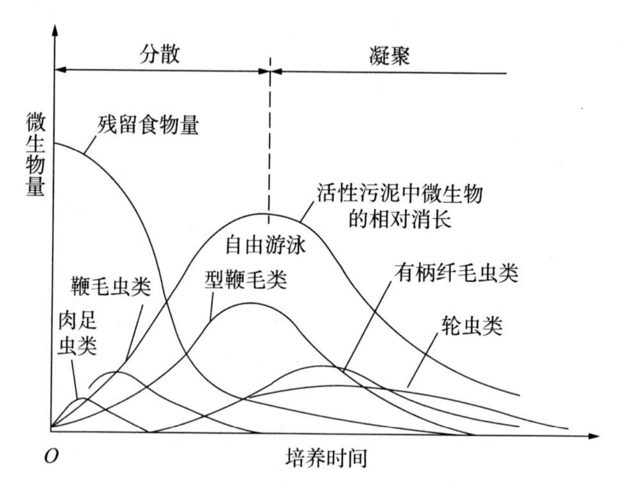

图6-1　原生后生动物在活性污泥反应过程中数量和种类的增长与递变

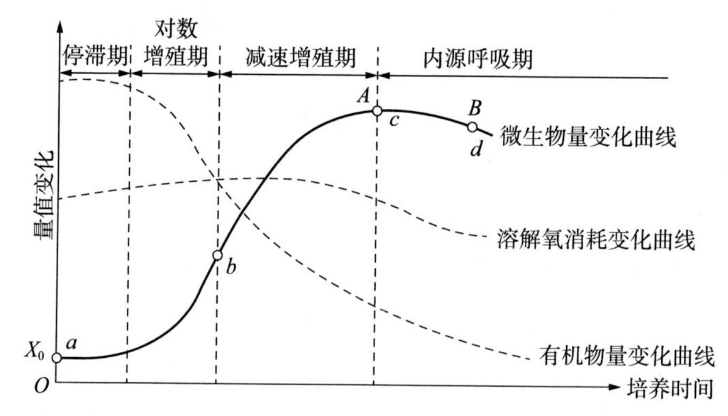

图6-2　活性污泥增长曲线及其与有机污染物，BOD降解、氧利用速率的关系

1）适应期，也称为停滞期或调整期。这是微生物培养的最初阶段，是微生物细胞内各种酶系统对新环境的适应过程。在本阶段初期，微生物不裂殖，数量不增加，但在质的方面开始出现变化，如个体增大，酶系统逐渐适应新的环境。在本期后期，酶系统对新环境已基本适应，微生物个体发育也达到一定的程度，细胞开始分裂、微生物开始增殖。

2）对数增殖期，又称增殖旺盛期。本期的必要条件是营养物质（有机污染物）非常充分，微生物以最高速率摄取营养物质，也以最高速率增殖。微生物细胞数按几何级数增加。微生物（活性污泥）增殖速率与时间呈直线关系，为一常数，其值即直线的斜率。

3）减速增殖期，又称稳定期或静止期。经对数增殖期后，微生物大量繁衍、增殖，培养液（污水）中的营养物质也被大量耗用，营养物质逐步成为微生物增殖的控制因素，微生物增殖速率减慢，增殖速率几乎和细胞衰亡速率相等，微生物活体数达到最高水平，但也趋于稳定。

4）内源呼吸（代谢）期，又称衰亡期。培养液（污水）中营养物质（有机物）浓度继续下降，并达到近乎耗尽的程度。微生物由于得不到充足的营养物质，而开始利用自身体内的储存物质或衰亡的菌体，进行内源代谢以维持生理活动。在此期间，多数细菌进行自身代谢而逐步衰亡，只有少数微生物细胞继续裂殖，活菌体数大为下降，增殖曲线呈显著下降趋势。在细菌形态方面，此时也多呈退化状态，且往往产生芽孢。

决定污水中微生物活体数量和增殖曲线上升、下降走向的主要因素是其周围环境中营养物质的多少。对污水中营养物（有机污染物）量加以控制，能够控制微生物增殖（活性污泥增长）的走向和增殖曲线各期的延续时间。以增殖曲线所反映的微生物增殖规律，即活性污泥增长规律，对活性污泥处理系统有着重要的意义。比值 F（有机物量）/M（微生物量）是活性污泥处理技术重要的设计和运行参数。

（4）活性污泥絮凝体的形成

在活性污泥反应器曝气反应池内形成发育良好的活性污泥絮凝体，是使活性污泥处理系统保持正常净化功能的关键。活性污泥絮凝体，也称为生物絮凝体，其骨干部分是由千万个细菌为主体结合形成的通常称为“菌胶团”的颗粒。菌胶团对活性污泥的形成及各项功能的发挥，起着十分重要的作用，只有在它发育正常的条件下，活性污泥絮凝体才能很好地形成，其对周围有机污染物的吸附功能及其絮凝、沉降性能，才能够得到正常发挥。

6.1.1.2　活性污泥净化污水的反应过程

（1）初期吸附去除

在活性污泥系统内，污水开始与活性污泥接触后的较短时间内，污水中的有机污染物即被大量去除，BOD 去除率很高。这种初期高速去除有机物的现象是由物理吸附和生物吸附交织在一起的吸附作用促成的。

活性污泥强吸附能力的产生源如下：

1）活性污泥具有很大的表面面积：2 000 ～ 10 000 m^2/m^3 混合液；

2）组成活性污泥的菌胶团细菌使活性污泥絮体具有多糖类黏质层。

活性污泥吸附能力的影响因素：

1）微生物的活性程度，处于良好状态的微生物具有很强的吸附能力；

2）反应器内水力扩散程度与水动力学流态。

吸附过程进行较快，能够在 30 min 内完成，污水 BOD 的去除率可达 70%。被吸附在微生物细胞表面的有机污染物，只有在经过数小时的曝气后，才能够相继被摄入微生物体内降解，因此，“初期吸附去除”的有机物数量是有限的。

（2）微生物的代谢

被吸附在栖息有大量微生物的活性污泥表面的有机污染物，与微生物细胞表面接触，在微生物透膜酶的催化作用下，透过细胞壁进入微生物细胞体内。小分子的有机物能够直接透过细胞壁进入微生物体内，而如淀粉、蛋白质等大分子有机物，则必须在细胞外酶的作用下，被水解为小分子后再为微生物摄入细胞内。

被摄入细胞体内的有机污染物，在各类酶（如脱氢酶、氧化酶等）的催化作用下，微生物对其进行代谢反应。

微生物对一部分有机污染物进行氧化分解，最终形成 CO_2 和 H_2O 等稳定的无机物质，并从中获取合成新细胞物质所需要的能量，这一过程可用式（6-1）表示：

$$C_xH_yO_z+\left(x+\frac{y}{4}-\frac{z}{2}\right)O_2\longrightarrow xCO_2+\frac{y}{2}H_2O+\Delta H \tag{6-1}$$

式中：$C_xH_yO_z$——有机污染物。

另一部分有机污染物为微生物用于合成新细胞即合成代谢，所需能量取自分解代谢，这一反应过程可用式（6-2）表示：

$$nC_xH_yO_z+nNH_3+n\left(x+\frac{y}{4}-\frac{z}{2}-5\right)O_2\longrightarrow$$

$$\left(C_5H_7NO_2\right)_n+n\left(x-5\right)CO_2+\frac{n}{2}\left(y-4\right)H_2O+\Delta H \tag{6-2}$$

式中：$C_5H_7NO_2$——细菌细胞组织的化学式。

如果污水中营养物质匮乏，微生物可能进入内源代谢反应，微生物对其自身的细胞物质进行代谢反应，其过程可用式（6-3）表示：

$$\left(C_5H_7NO_2\right)_n+5nO_2\longrightarrow 5nCO_2+2nH_2O+nNH_3+\Delta H \tag{6-3}$$

6.1.1.3 活性污泥法的主要影响因素及控制指标

（1）活性污泥法的主要影响因素

活性污泥微生物只有在适宜的环境下才能生存和繁殖，影响微生物生理活动的因素主要有营养物质、温度、pH、溶解氧以及有毒物质等。

1）营养平衡。活性污泥的微生物，在其生命活动过程中，所必需的营养物质包括碳源、氮源、无机盐类及某些生长素等。碳是构成微生物细胞的重要物质，污水中大多含有微生物能利用的碳源，对于有些含碳量低的工业废水，可能需要补充碳源。此外，还需要氮、磷等营养性成分，微生物对碳、氮、磷的需求量，可按 BOD∶N∶P = 100∶5∶1 考虑。生活污水是活性污泥微生物的最佳营养源，一般满足这一比值要求，但经过初次沉淀池或水解酸化工艺等预处理后，BOD 值有所降低，其值可能变成 100∶20∶2.5。

无机盐类对微生物而言不可或缺，分为主要和微量两类。主要无机盐类首推磷以及钾、镁、钙、铁、硫等，它们参与细胞结构的组成、能量的转移、控制原生质的胶态等。微量无机盐类则有铜、锌、钴、锰、钼等，它们是酶辅基的组成部分，或是酶的活化剂。

2）溶解氧含量。参与污水活性污泥处理的是以好氧菌为主体的微生物种群，曝气反应池内必须有足够的溶解氧。溶解氧不足，必将对微生物的生理活动产生不利的影响，污水处理进程也必将受到影响，甚至遭到破坏。根据活性污泥法大量的运行经验数据，要维持曝气反应池内微生物正常的生理活动，在曝气反应池出口端的溶解氧一般宜保持不低于 2 mg/L。但曝气池内溶解氧也不宜过高，否则会导致有机污染物分解过快，从而使微生物缺乏营养，活性污泥结构松散、破碎、易于老化。此外，溶解氧过高，过量耗能，也是不经济的。

3）pH。以 pH 表示的氢离子浓度能够影响微生物细胞膜上的电荷性质。电荷性质改变，微生物细胞吸取营养物质的功能也会发生变化，从而对微生物的生理活动产生不良影响。参与污水生物处理的微生物，最佳的 pH 范围一般为 6.5 ～ 8.5。在曝气反应池内，保持微生物最佳 pH 范围是十分必要的。这是活性污泥处理进程正常、取得良好处理效果的必要条件。

4）水温。温度适宜，能够促进、强化微生物的生理活动；温度不适宜，会减弱甚至破坏微生物的生理活动，导致微生物形态和生理特性的改变，甚至可能使微生物死亡。微生物最适宜的温度是指在这一温度条件下，微生物的生理活动强劲、旺盛，增殖速度快，世代时间短。参与活性污泥处理的微生物多属嗜温菌，其适宜温度为 10 ～ 45℃，最佳温度范围一般为 15 ～ 30℃。在常年或多半年处于低温的地区，应考虑将曝气反应池建于室内。建于室外露天的曝气反应池，应采取适当的保温措施。

5）有毒物质。指达到一定浓度时对微生物生理活动具有抑制作用的某些无机物质及有机物质，如重金属离子（铅、镉、铬、铁、铜、锌等）和非金属无机有毒物质（砷、氰化物等）能够和细胞的蛋白质结合，而使其变性或沉淀。汞、银、砷等离子对微生物的亲和力较大，能与微生物酶蛋白的—SH 基结合而抑制其正常的代谢功能。

（2）活性污泥处理系统的控制指标

通过人工强化、控制，使活性污泥处理系统能够正常、高效运行的基本条件：适当的污水水质和水量；具有良好活性和足够数量的活性污泥微生物，并相对稳定；在混合液中保持能够满足微生物需要的溶解氧浓度；在曝气池内，活性污泥、有机污染物、溶解氧三者能够充分接触。

为保证达到上述基本条件，须确定相应的控制指标，这些指标既是活性污泥法的评价指标，也是活性污泥法处理系统的设计和运行参数。

1）混合液活性污泥微生物量的指标

① 混合液悬浮固体浓度，又称混合液污泥浓度，简称 MLSS。

它表示曝气反应池单位容积混合液中所含有的活性污泥固体物质的总质量，单位为 mg/L 或 kg/m^3：

$$MLSS = M_a + M_e + M_i + M_{ii} \quad (6\text{-}4)$$

该指标中既包括 M_e、M_i 两项非活性物质，也包括 M_{ii} 无机物，因此不能精确地表示“活”的活性污泥量。

② 混合液挥发性悬浮固体浓度，简称 MLVSS。

它表示混合液活性污泥中所含有的有机性固体物质的浓度，单位为 mg/L，或 kg/m^3：

$$MLVSS = M_a + M_e + M_i \quad (6\text{-}5)$$

本项指标中还包括 M_e、M_i 等惰性有机物质，因此也不能很精确地表示活性污泥微生物量，它表示的仍然是活性污泥量的相对值。

大量的试验及运行经验表明，对于生活污水为主的城镇污水其 MLVSS 与 MLSS 的比值较为固定，以 f 表示，该值通常在 0.75 左右。

2）活性污泥的沉降性能指标

正常的活性污泥在静止 30 min 内即可完成絮凝沉淀和成层沉淀过程，随后进入浓缩。根据活性污泥在沉降、浓缩方面所具有的特性，建立了以活性污泥静止沉淀 30 min 为基础的两项指标，表示其沉降、浓缩性能。

① 污泥沉降比，又称 30 min 沉降率，简称 *SV*。

它表示曝气池出口处的混合液在量筒内静置 30 min 后形成的沉淀污泥容积占原混合液容积的百分数，以 % 表示。

该指标可反映曝气池运行过程的活性污泥量，可用以控制、调节剩余污泥的排放量，还能通过它及时地发现污泥膨胀等异常现象。

② 污泥容积指数又称污泥指数，简称 *SVI*。

该指标是指在曝气池出口处的混合液，经过 30 min 静置后，每克干污泥形成的沉淀污泥所占有的容积，以 mL/g 计。习惯上只称数字，而把单位略去。

$$SVI = \frac{1\,\text{L混合液30 min静沉形成的活性污泥容积(mL)}}{1\,\text{L混合液中悬浮固体干重}} = \frac{SV(\%)\times 10(\text{mL/L})}{\text{MLSS(g/L)}} \quad (6\text{-}6)$$

SVI 值能够反映活性污泥的凝聚、沉降性能。生活污水及城市污水处理的活性污泥 *SVI* 值为 70 ～ 100。*SVI* 值过低，说明泥粒细小、无机物质含量高、缺乏活性；*SVI* 过高，说明污泥沉降性能不好，并且有产生膨胀现象的可能。

3）污泥龄（*SRT*）

生物反应池（曝气反应池）内活性污泥总量（*VX*）与每日排放污泥量（ΔX）之比，称为污泥龄，即活性污泥在生物反应池内的平均停留时间，因此又称为生物固体平均停留时间，即

$$\theta_c = \frac{VX}{\Delta X} \quad (6\text{-}7)$$

式中：θ_c——污泥龄（生物固体平均停留时间），d；

V——生物反应池容积，m^3；

X——混合液悬浮物固体（MLSS）浓度，kg/m^3；

ΔX——每日排除系统外的活性污泥量（即新增污泥量），kg/d。

ΔX 按下式计算：

$$\Delta X = Q_w X_r + (Q - Q_w) X_e \tag{6-8}$$

式中：Q_w——作为剩余污泥排放的污泥量，m^3/d；

X_r——剩余污泥浓度，kg/m^3；

Q——污水流量，m^3/d；

X_e——出水的悬浮物固体浓度，kg/m^3。

将式（6-8）代入式（6-7），得

$$\theta_c = \frac{VX}{Q_w X_r + (Q - Q_w) X_e} \tag{6-9}$$

一般情况下，X_e 值极低，可忽略不计，式（6-9）可简化为

$$\theta_c = \frac{VX}{Q_w X_r + (Q - Q_w) X_e} \tag{6-10}$$

一般情况下，X_r 是活性污泥特性和二次沉淀效果的函数，可由 SVI 值近似求定：

$$X_r = \frac{10^3}{SVI} \tag{6-11}$$

污泥龄（生物固体平均停留时间）是活性污泥处理系统重要的设计、运行参数。这一参数能够说明活性污泥微生物的状况，世代时间长于污泥龄的微生物在生物反应池内不可能繁衍成优势菌种属，如硝化菌在 20℃时，其世代时间为 3 d，当 θ_c<3 d 时，硝化菌就不可能在曝气反应池内大量增殖，不能成为优势菌种，生物反应池内就不能发生硝化反应。

4）BOD- 污泥负荷

BOD- 污泥负荷是指生物反应池内单位质量污泥（干质量，kg）在单位时间（d）内所接受的或所去除的有机物量（BOD，kg）。前者称施加 BOD- 污泥负荷，它表示了生物反应池内活性污泥的 F/M 值，F 是指供给污泥的食料（Feed），M 指污泥质量（Mass），可用式（6-12）表示；后者称去除 BOD- 污泥负荷，现行规范规定的 BOD- 污泥负荷都是指去除负荷，用 L_s 表示。两种负荷的单位均为 kg BOD/(kg MLSS · d)。

$$\frac{F}{M} = \frac{QS_0}{XV} \tag{6-12}$$

$$L_s = \frac{Q(S_0 - S_e)}{XV} \tag{6-13}$$

式中：Q——污水流量，m^3/d；

S_0——进水五日生化需氧量（BOD_5）浓度，mg/L；

S_e——出水五日生化需氧量（BOD_5）浓度，mg/L；

V——生物反应池容积，m^3；

X——混合液悬浮物固体（MLSS）浓度，mg/L。

BOD-污泥负荷是活性污泥处理系统设计、运行的重要参数。采用高值的BOD-污泥负荷，将加快有机污染物的降解速率与活性污泥增长速率，减小生物反应池的容积，在经济上比较适宜，但处理水的水质未必能够达到预定的要求；采用低值的BOD-污泥负荷，有机物的降解速率和活性污泥的增长速率都将降低，生物反应池的容积加大，建设费用有所增高，但处理水的水质较好。

BOD-污泥负荷与活性污泥的膨胀现象直接相关。在0.5 kg BOD/(kg MLSS · d)以下的低负荷区和1.5 kg BOD/(kg MISS · d)以上的高负荷区域，*SVI*值都在150以下，不会出现泥膨胀现象。中间区域属于污泥膨胀高发区。

5）BOD-容积负荷

BOD-污泥负荷是指单位生物应池容积（m^3）在单位时间内（d）内所接受的有机物量（BOD）。BOD-容积负荷按式（6-14）计算：

$$L_V = \frac{QS_0}{V} \tag{6-14}$$

符号意义同前。

6）剩余污泥量

剩余污泥量有两种计算方法：

① 按污泥龄计算：

$$\Delta X = VX / \theta_c \tag{6-15}$$

② 按污泥产率系数、衰减系数及不可生物降解和惰性悬浮物计算：

$$\Delta X = YQ\left(S_0 - S_e\right) - K_d V X_V + fQ\left(SS_0 - SS_e\right) \tag{6-16}$$

式中：ΔX——剩余污泥量，kg SS/d；

Y——污泥产率系数，kg VSS/kg BOD_5；

Q——设计平均日污水量，m^3/d；

S_0——生物反应池进水五日生化需氧量，kg/m^3；

S_e——出水五日生化需氧量（BOD_5）浓度，kg/m^3；

K_d——衰减系数，d^{-1}；

V——生物反应池容积，m^3；

X_V——生物反应池内混合液挥发性悬浮固体平均浓度，g MLVSS/L；

f——*SS*的污泥转化率，宜根据试验资料确定，无试验资料时可取0.5～

0.7 g MLSS/g SS；

SS_0——生物反应池进水悬浮物浓度，kg/m^3；

SS_e——生物反应池出水悬浮物浓度，kg/m^3；

θ_c——污泥龄，d；

X——生物反应池内混合液悬浮固体平均浓度，g MLSS/L。

从式（6-16）可知，此式前两项的计算结果即生物反应池中挥发性悬浮固体（MLVSS）作为剩余污泥排出的净增量。

7）有机污染物降解与需氧量

生物反应池中好氧区的污水需氧量，根据去除的五日生化需氧量、氨氮的硝化和除氮等要求，宜采用式（6-17）计算：

$$O_2 = 0.001\alpha Q\left(S_0 - S_e\right) - c\Delta X_V + b\left[0.001Q\left(N_K - N_{Ke}\right) - 0.12\Delta X_V\right] \\ -0.62b\left[0.001Q\left(N_t - N_{Ke} - N_{oe}\right) - 0.12\Delta X_V\right] \tag{6-17}$$

式中：O_2——污水需氧量，kgO_2/d；

Q——生物反应池进水水量，m^3/d；

S_0——生物反应池进水五日生化需氧量，mg/L；

S_e——生物反应池出水五日生化需氧量，mg/L；

ΔX_V——排出生物反应池系统的微生物量，kg/d；

N_K——生物反应池进水总凯氏氮浓度，mg/L；

N_{Ke}——生物反应池出水总凯氏氮浓度，mg/L；

N_t——生物反应池进水总氮浓度，mgL；

N_{oe}——生物反应池出水硝态氮浓度，mg/L；

$0.12\Delta X_V$——排出生物反应池系统的微生物含氮量，kg/d；

α——碳的氧当量，当含碳物质以 BOD_5 计时，取 1.47；

b——常数，氧化每千克氨氮所需氧量，kgO_2/kgN，取 4.57；

c——常数，细菌细胞的氧当量，取 1.42。

一般而言，氧化 1 kg 氨氮需 4.57 kg 氧，因此式（6-1）中 b 取 4.57；反硝化时氧的回收率为 0.62，即式中第四项系数的来源；氧化一个细菌细胞需要 5 分子氧，所以 c 取 1.42。

参考国内外研究成果，仅考虑去除含碳污染物时，每去除 1 kg BOD 需要 0.7 ～ 1.2 kg O_2。

6.1.1.4　活性污泥反应动力学基础

活性污泥反应动力学是从 20 世纪 50—60 年代发展起来的。它能够通过数学式定量地或半定量地揭示活性污泥系统内有机物的降解、污泥增长、耗氧等与各项设计参数、运行参数以及环境因素之间的关系，对工程设计与优化运行管理有一定的指导意义。

有关动力学模型都是以完全混合式曝气反应池为基础建立的，经过修正后再应用到推流式曝气反应池系统。此外，在建立适性污泥反应动力学模型时，还做了以下假定：

①活性污泥系统运行时处于稳定状态；

②活性污泥在二次沉淀池内不产生微生物代谢活动且泥水分离良好；

③进入系统的有毒物质和抑制物质不超过其毒阈浓度；

④进入曝气反应池的原污水中不含活性污泥。

对活性污泥反应动力学研讨更深一层的目的是对反应机理进行研究，探讨活性污泥对有机物的代谢降解过程，揭示这一反应的本质，使人们能够更方便地对反应速率加以控制和调节。

当前，从活性污泥法处理系统的工程实践要求考虑，对活性污泥反应动力学的研讨重点在于“确定生化反应速率与各项主要环境因素之间的关系”，研讨的主要内容如下：

①有机物的降解速率与有机物浓度、活性污泥微生物量等因素之间的关系；

②活性污泥微生物的增殖速率（即活性污泥的增长速率）与有机物浓度、微生物量等因素之间的关系；

③微生物的耗氧速率与有机物降解、微生物量等因素之间的关系。

（1）米—门（Michelics-Menton）公式

米凯利斯—门坦（简称米—门）于 1913 年根据生物化学动力学，从理论上推导出有机物（底物）在准稳态酶促反应条件下，有机物的反应（降解）速率方程，即米—门公式：

$$v=\frac{v_{max}[S]}{K_s+[S]} \tag{6-18}$$

式中：v——单位容积有机物降解速率；

v_{max}——单位容积有机物最大降解速率；

$[S]$——反应器中有机物（底物）浓度；

K_s——准稳态反应复合速率常数。

从式（6-18）中可以看出，K_s 是当反应速率 $v=v_{max}/2$ 时的 $[S]$ 值，故又称为半速率常数或饱和常数。

（2）莫诺特（Monod）方程

莫诺特于 1942 年和 1950 年曾两次用纯种微生物在单一有机物（底物）培养基中进行微生物增殖速率与有机物浓度之间关系的试验。根据试验结果，莫诺特提出可以采用与米—门公式形式上相似的方程来描述生物比增速率与有机物浓度的关系，即莫诺特方程：

$$\mu = \frac{\mu_{max} \cdot [S]}{K_s + [S]} \tag{6-19}$$

式中：μ——微生物的比增殖速率，即单位生物量的增殖速率；

μ_{max}——微生物最大比增殖速率；

K_s——饱和常数，为当 $\mu = \mu_{max}/2$ 时有机物浓度，又称为半速率常数；

$[S]$——反应器中有机物浓度。

注：两方程的区别与联系：①米—门公式是有机物（底物）在准稳态酶促反应中的降解速率公式，而莫诺特方程是微生物在消耗有机物时的增殖速率方程；②米—门公式是根据生物化学反应动力学进行严格推导得出的，因此它是理论公式，而莫诺特方程是试验式，是描述微生物增殖速率与培养微生物的有机物浓度之间关系的一种方法，实践证明，这种描述方法比较符合微生物增殖速率规律。

（3）劳—麦（Lawrence-McCarty）方程

劳伦斯—麦卡蒂（简称劳—麦）以微生物的增殖速率及其对有机物的利用（降解）为基础，于 1970 年建立了活性污泥的反应动力学方程，并提出了“单位有机物利用（降解）率”的概念，它是指单位微生物量的有机物利用率 q，可表示为

$$q = \frac{\left(\frac{dS}{dt}\right)_u}{X_a} \tag{6-20}$$

式中：X_a——微生物浓度；

$\left(\frac{dS}{dt}\right)_u$——微生物对有机物的利用（降解）速率。

劳—麦通过对活性污泥处理系统的物料平衡计算，导出了具有使用价值的五大主要的关系式：

1）处理后出水中有机物浓度 S_e 与污泥龄（θ_c）的关系：

$$S_e = \frac{K_s\left(\frac{1}{\theta_c} + K_d\right)}{Yv_{max} - \left(\frac{1}{\theta_c} + K_d\right)} \tag{6-21}$$

式（6-21）中的 K_s、K_d、Y 及 v_{max} 均为常数值。从式（6-21）可知，处理后出水有机物含量 S_e 值，只取决于污泥龄 θ_c。由此说明，污泥龄是活性污泥处理系统十分重要的参数。

2）生物反应池内活性污泥浓度 X_a 与 θ_c 值之间的关系：

$$X_a = \frac{\theta_c Y(S_0 - S_e)}{t(1 + K_d\theta_c)} \tag{6-22}$$

式中：t——污水在反应器内的停留时间；

其他符号意义同前。

3）污泥回流比 R 与 θ_c 值之间的关系：

$$\frac{1}{\theta_c}=\frac{Q}{V}\left(1+R-R\frac{X_r}{X_a}\right) \tag{6-23}$$

式中：X_r——从二次沉淀池底部回流至生物反应池的活性污泥浓度，可由式（6-11）求其近似的最高浓度值。

4）按劳—麦的观点，有机底物的降解速度等于其被微生物的利用速度，即 $v=q$。对完全混合曝气池，有如下关系：

$$\frac{Q\left(S_0-S_e\right)}{V}=K_2X_aS_e \tag{6-24}$$

5）活性污泥的两种产率系数（合成产率系数 Y 与表观产率系数 Y_{obs}）与 θ_c 值的关系

产率是活性污泥微生物摄取、利用、代谢单位质量有机物而使自身增殖的百分率，一般用 Y 表示，表示微生物增殖的总百分数，包括由于微生物内源呼吸作用而使其本身质量减少的那一部分，所以这个产率系数也称为合成产率系数。可表示为

$$Y_{obs}=\frac{Y}{1+K_d\theta_c} \tag{6-25}$$

在工程实践中，Y_{obs} 是一项重要的参数，它对设计、运行管理特别是污泥产量都有重要意义。

6.1.2 主要反应器及运行方式

曝气生物反应池是活性污泥法的核心设施，活性污泥系统的效能，首先取决于曝气生物反应池功能的优劣。曝气生物反应池按池内混合液的流态分为推流式和完全混合式；按池的平面形状分为长廊式、圆形、方形和环状跑道式；按曝气方式分为鼓风曝气和机械曝气；按曝气生物反应池和二次沉淀池的组建关系分为合建式和分建式等。

6.1.2.1 推流式曝气生物反应池

推流式曝气生物反应池的平面形状通常呈长廊形。所谓推流是指混合液在池中沿水方向无纵向返混，即混合液从池的一端流入池内，然后沿池长方向一直向前流动，最终从池的另一端流出。虽然在推流式曝气生物反应池中无纵向混合，但通过设置在池底部的空气扩散装置，可造成横向混合。因此，在推流式反应池中，水流是呈螺旋形流过反应池的，如图 6-3 所示。

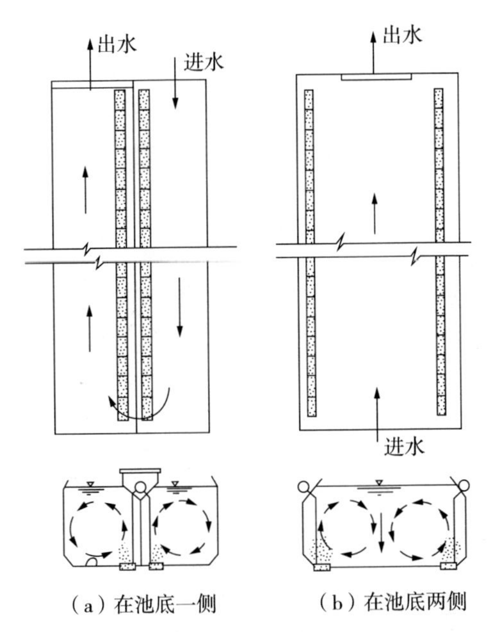

图 6-3　推流式鼓风曝气生物反应池及其空气装置的布置形式与水流在横断面的流态

推流式曝气生物反应池的廊道数主要取决于污水处理流量，即规模。可以想见，当廊道数为双数时，进、出水口位于曝气生物反应池的同一侧，为单数时，则位于两端，如图 6-4 所示。推流式曝气生物反应池的池长主要根据污水处理厂厂址的地形条件与总体布置而定，为保证在水流方向不产生短流，长度宜长一点，通常在 50 m 以上，长度（L）与长廊道宽度（B）宜保持为 $L \geqslant (5 \sim 10)B$，廊道宽度与池深（H）宜保持为 $B=(1 \sim 2)H$。池深与造价及曝气动力费用密切相关，池深大，氧利用效率较高，但造价与动力费高；反之，池深浅，造价和动力费低，但氧利用率也低。此外，池深还与污水处理厂占地面积等因素相关，故推流式曝气生物反应池的池深通常要根据上述因素，经技术经济比较后确定。当前我国推流式曝气生物区应池池深多采用 3 ～ 5 m。

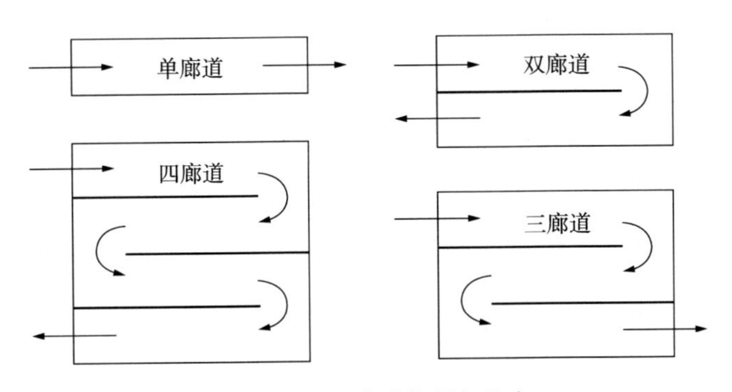

图 6-4　曝气池廊道数量与进出口

6.1.2.2 完全混合式曝气生物反应池

完全混合式曝气生物反应池是指污水进入反应池后能立即与池中混合液进行完全充分的混合。完全混合式曝气生物反应池多采用表面机械曝气装置，但也可采用鼓风曝气。

完全混合式曝气生物反应池应主要是合建式完全混合曝气沉淀池，简称曝气沉淀池。其主要特点是曝气反应与固液分离在同一处理构筑物内完成。曝气沉淀池有多种结构形式，表面多为圆形，偶见方形或多边形。如图 6-5 所示为我国 20 世纪 70 年代以来广泛采用的一种形式。

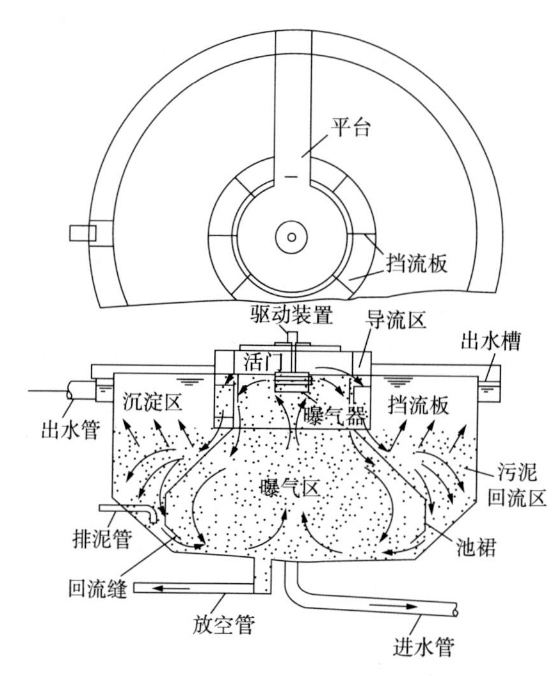

图 6-5 圆形曝气沉淀池示意图

由图 6-5 可见，曝气沉淀池由曝气区、导流区和沉淀区三部分组成。

（1）曝气区

考虑到表面机械曝气装置的提升能力，深度一般在 4 m 以内。曝气装置设于池顶部中央，并深入水下某一深度。污水从池底部进入，并立即与池内原有混合液和从沉淀区回流缝回流的活性污泥完全充分混合接触。经过曝气生物反应后的污水从位于顶部四周的回流窗流出并进入导流区。回流窗的大小可调节，以调节流量。

（2）导流区

导流区位于曝气区与沉淀区之间，其宽度通过计算确定，一般在 0.6 m 左右，内设竖向整流板，其作用是阻止从回流窗流入的水流在惯性作用下的旋流，并释放混合液中的气泡，使水流平稳地进入沉淀区，为固液分离创造良好条件。导流区的高度在

1.5 m 以上。

（3）沉淀区

沉淀区位于导流区和曝气区的外侧，其功能是泥水分离，上部为澄清区，下部为污泥区。澄清区的深度不宜小于 15 m，污泥区的容积，一般应不小于 2 h 的存泥量。澄清的处理水沿设于四周的出流堰流出进入排水槽，出流堰多采用锯齿状的三角堰。污泥通过回流缝回流到曝气生物反应区，回流缝一般宽 0.15 ～ 0.20 m。在回流缝上侧设池裙，以避免死角。在污泥区的一定深度设排泥管，以排出剩余污泥。

完全混合式曝气沉淀池具有结构紧凑、流程短、占地少、无须回流设备、易于管理等优点，在国内外得到广泛应用。但曝气沉淀池的沉淀区在泥水分离、污泥浓缩以及污泥回流等环节上还存在一些尚待解决的问题。

理论上完全的推流式曝气生物反应池（即完全无返混）和真正的完全混合式曝气生物反应池（即污水进入池内立即达到与混合液完全充分混合），在工程实践中是没有的。流态的确定往往采用测定池中各点的运行参数，如溶解氧（DO）、悬浮固体浓度（MLSS）、COD 浓度等来进行判定：在推流式曝气池中，污水从进口至出口各点是完全不同的；而在完全混合曝气池中则理论上应完全一样，但由于存在水流死角、短流以及检测的误差，不可能完全一样，通常认为，各点检测到的运行参数差值处于 10% 范围，便被认为该反应器处于完全混合式流态。

6.1.3　活性污泥法的主要运行方式

活性污泥法的运行有多种方式，按流态分类有推流式、完全混合式、间歇式等活性污泥法系统；按功能分类有缺氧 / 好氧法（A_NO 法）、厌氧 / 好氧法（A_PO 法）、厌氧 / 缺氧 / 好氧法（AAO 法）等。本节主要按流态来论述活性污泥的运行方式。

6.1.3.1　推流式活性污泥法处理系统

（1）普通活性污泥法处理系统

推流式活性污泥法处理系统是指系统中的主体构筑物曝气生物反应池的水流流态属推流式。这类处理系统最早使用且一直沿用至今，其中最典型的是普通活性污泥法系统，也称传统活性污泥法系统。普通活性污泥法系统工艺如图 6-6 所示。

由图 6-6 可知，经预处理后的污水从曝气生物反应池首端进入池内，由二次沉淀池回流的回流污泥也同步进入。污水与回流污泥形成的混合液在池内呈推流式流动至池的末端，流出池外后进入二次沉淀池，在这里污水与活性污泥分离，分离后的污水排出，沉淀污泥部分回流至曝气池，部分作为剩余污泥排出系统。

其工艺特征如下：

有机污染物在曝气反应池内的降解，经历了第一阶段吸附和第二阶段代谢的完整过程，活性污泥也经历了一个从池首端的对数增长、减速增长到池末端的内源呼吸期完整的全生长周期。由于有机污染物浓度沿池长逐渐降低，需氧速率也会沿池长逐渐降低，如图 6-7 所示。因此，在池首端和前段混合液中的溶解氧浓度较低，甚至可能不足，但在池末端溶解氧含量较充足，一般能够达到规定的 2 mg/L 左右。

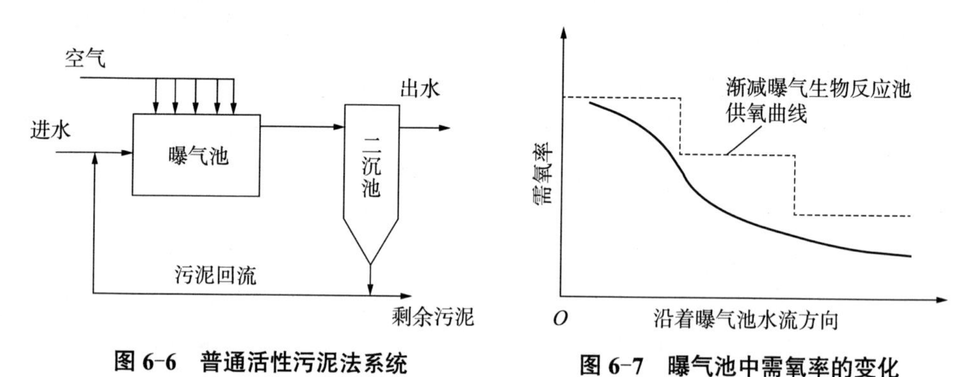

图 6-6　普通活性污泥法系统　　**图 6-7　曝气池中需氧率的变化**

普通活性污泥法系统对污水处理的效果较好，BOD 去除率可达 90% 以上，适宜处理净化程度和稳定程度要求较高的污水。

从工艺流程可以看出，普通活性污泥法处理系统存在以下问题：

1）曝气生物反应池首端有机污染物负荷高，耗氧速率也高，为了避免由于缺氧形成厌氧状态，进水有机物负荷不宜过高，因此，曝气池容积大，占地较多，基建费用高。

2）耗氧速率沿池长是变化的，而供氧速率难于与其吻合、适应。在池前段可能出现耗氧速率高于供氧速率，从而出现溶解氧过低的现象；池后段又可能反过来，从而出现溶解氧过剩的现象。

3）对进水水质、水量变化的适应性较差，运行效果易受水质、水量变化的影响。

（2）阶段曝气活性污泥法系统

阶段曝气活性污泥法系统是针对普通活性污泥法系统存在的问题，在工艺上做了某些改革的活性污泥处理系统。其于 1939 年在美国纽约开始应用，迄今已有 80 多年的历史，应用广泛，效果良好。由于该系统是多点进水，所以也称分段进水活性污泥法。其工艺流程如图 6-8 所示。

该工艺与传统活性污泥处理系统的主要不同点是污水沿曝气气生物反应池的长度分散地、但均衡地进入。这种运行方式具有如下效果：

1）曝气生物反应池内有机污染物负荷及需氧率得到均衡，一定程度上缩小了耗氧速率与供氧速率之间的差距（图 6-9），有助于能耗的降低。活性污泥微生物的降解功能也得以正常发挥。

2）污水分散均衡进入，提高了曝气生物反应池对水质、水量冲击负荷的适应能力。

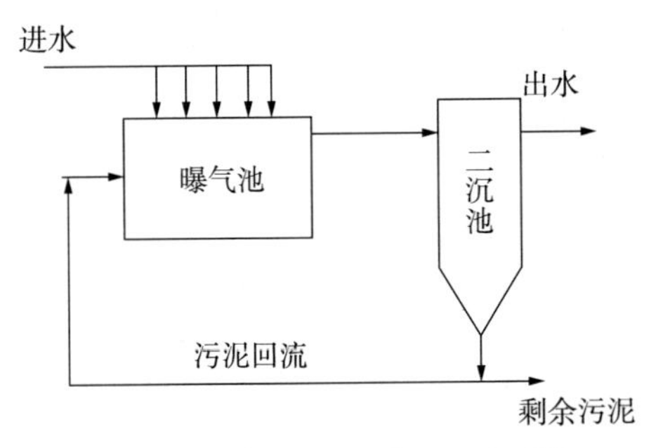

图 6-8　阶段曝气活性污泥法系统

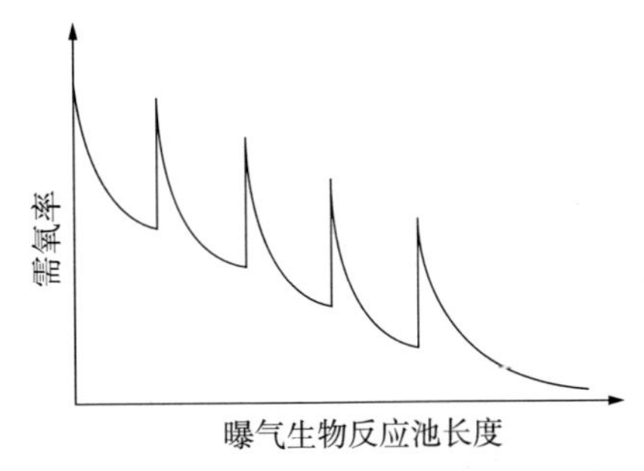

图 6-9　阶段曝气生物反应池内需氧量的变化

（3）吸附—再生活性污泥法系统

这种运行方式的主要特点是将活性污泥对有机污染物降解的两个过程——吸附与代谢稳定，分别在各自反应器内进行，如图 6-10 所示。这种系统又名生物吸附活性污泥法系统，或接触稳定法。

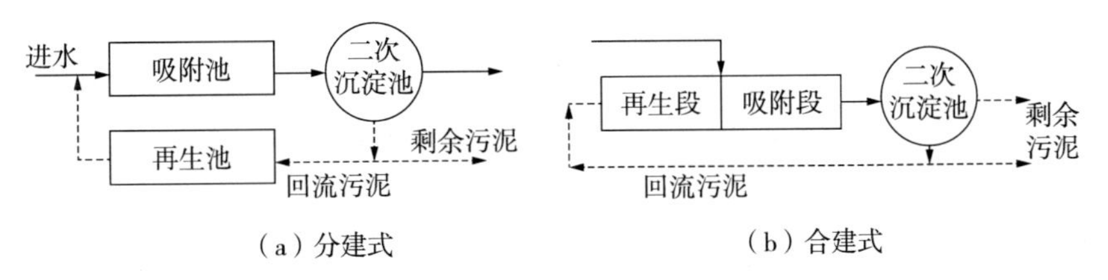

（a）分建式　　（b）合建式

图 6-10　吸附—再生活性污泥法系统

为说明这种运行方式的基本原理，先要说明史密斯（Smith）的试验。史密斯曾将含有溶解性和非溶解性混合有机污染物的污水和活性污泥共同进行曝气，发现污水的 BOD_5 值在 5 ～ 15 min 内急剧下降，然后略微升起，随后又缓慢下降。史密斯认为，BOD_5 值的第一次急剧下降是活性较强的活性污泥对污水中的有机污染物吸附的结果，即“初期吸附去除”。随后略微升起是由于胞外水解酶将吸附的非溶解状态的有机物水解成为溶解性小分子有机物后，部分有机物又进入污水使 BOD_5 值上升。此时，活性污泥微生物进入营养过剩的对数增殖期，能量水平很高，微生物处于分散状态，污水中存活着大量的游离细菌，也进一步促使 BOD_5 值上升。随着反应的持续进行，有机污染物浓度下降，活性污泥微生物进入减速增殖期和内源呼吸期，BOD_5 值又缓慢下降。

如图 6-10 所示，污水和经过再生池充分再生后活性很强的活性污泥同步进入吸附池，在吸附池充分接触 30 ～ 60 min，使部分呈悬浮、胶体和溶解状态的有机污染物被活性污气过程泥所吸附得以去除。此后，混合液流入二次沉淀池，进行泥水分离，污泥返回再生池，在这里进行第二阶段的分解和合成代谢反应，使污泥的活性得到充分恢复，以使其进入吸附池与污水接触后，能够充分发挥其吸附功能。

与普通活性污泥法系统相比，吸附—再生活性污泥法系统的特点如下：

1）污水与活性污泥在吸附池内接触的时间较短（30 ～ 60 min），因此，吸附池的容积一般较小，而再生池接纳的是已排除剩余污泥的回流污泥，因此，再生池的容积也是较小的。两者之和，远远低于普通活性污泥法曝气生物反应池的容积。

2）该工艺对水质、水量的冲击负荷具有一定的承受力。当在吸附池内的污泥遭到破坏时，可由再生池内的污泥予以补救。

该工艺存在的主要问题：处理效果低于普通活性污泥法，且不宜处理解性有机污染物含量较高的污水。

（4）推流式活性污泥法的设计参数

我国《室外排水设计规范（2016 年版）》（GB 50014—2006）对城镇污水处理除碳的上述推流式活性污泥法推荐的设计参数见表 6-1。

表 6-1 传统活性污泥去除碳源污染物的主要设计参数

类别	L_s/（kg/kg·d）	X/（g/L）	L_V/（kg/m³·d）	污泥回流比/%	总处理效率/%
普通曝气	0.2～0.4	1.5～2.5	0.4～0.9	25～75	90～95
阶段曝气	0.2～0.4	1.5～3.0	0.4～1.2	25～75	85～95
吸附再生曝气	0.2～0.4	2.5～6.0	0.9～1.8	50～100	80～90
合建式完全混合曝气	0.25～0.5	2.0～4.0	0.5～1.8	100～400	80～90

6.1.3.2 完全混合式活性污泥法处理系统

在完全混合式活性污泥法处理系统中，污水与回流污泥进入曝气生物反应池后，立即与池内混合液充分混合，可认为池内混合液是已经处理而未经泥水分离的处理水。

其工艺优点如下：

（1）进入曝气生物反应池的污水很快被池内已存在的混合液所稀释、均化，原污水在水质、水量方面的变化，对活性污泥产生的影响将降到较小程度，因此，这种工艺对冲击负荷有较强的适应能力，适用于处理工业废水，特别是浓度较高的工业废水。

（2）污水在曝气生物反应池内分布均匀，各部位的水质相同，F/M 值相等，微生物群体的组成和数量接近一致，各部位有机污染物降解工况相同，因此，有可能通过对 F/M 值的调整，将整个曝气生物反应池的工况控制在最佳条件，此时工作点处于微生物增值曲线上的一个点上。活性污泥的净化功能得以良好发挥，在处理效果相同的条件下，其负荷率高于推流式曝气生物反应池。

（3）曝气生物反应池内混合液的需氧速率均衡，动力消耗低于推流式曝气生物反应池。

其工艺缺点：曝气生物反应池混合液内，各部位的有机污染物质量相同、活性污泥微生物质与量相同，在这种情况下微生物对有机物的降解动力较低，污泥膨胀现象极易发生。此外，在一般情况下，处理出水水质低于推流式曝气生物反应池的活性污泥法系统。

6.1.3.3　间歇式活性污泥法处理系统

上述活性污泥处理系统的运行方式都是连续式的，包括进水、曝气、沉淀、出水都是按顺序在空间上的不同地点但在时间上是连续进行的。而间歇式活性污泥法处理系统（Sequencing Batch Reactor，SBR，又称序批式活性污泥法）工艺，其进水、曝气、沉淀、出水是在空间上的同一地点（反应池），但在时间上是按顺序间歇进行的。所以，也可以说间歇式活性污泥法是时间意义上的推流式系统。在活性污泥处理技术开创的早期，通常按间歇方式运行，只是由于这种运行方式操作烦琐，空气扩散装置易于堵塞等问题，所以活性污泥处理系统长期采取连续的运行方式。

由于这项工艺在技术上具有某些独特的优越性，从 1979 年以来，在美、德、日、澳、加等工业发达国家的污水处理领域，得到较为广泛的应用。20 世纪 80 年代以来，在我国也受到重视，并得到广泛应用，包括用于城镇污水；啤酒、制革、食品加工、肉类加工、制药等工业废水处理。

（1）间歇式活性污泥法的工艺流程及其特征

如图 6-11 所示为间歇式活性污泥法处理系统的工艺流程。

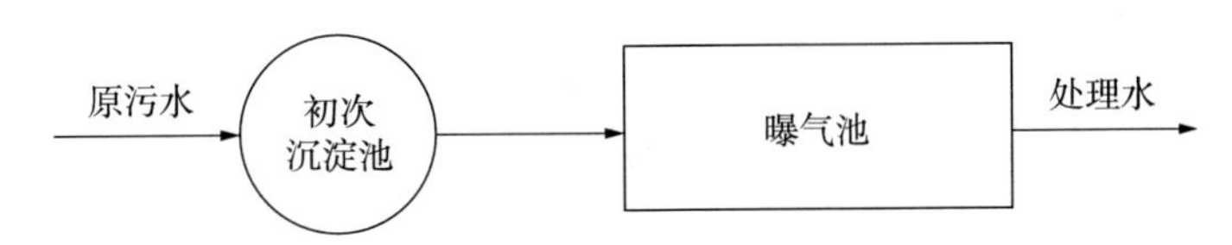

图 6-11　间歇式活性污泥法处理系统工艺流程

由图 6-11 可知，该工艺系统最主要的特征是集有机污染物降解与混合液沉淀于一体的曝气池。与连续式活性污泥法系统相比，该系统组成简单；无须设污泥回流设备，不单设二次沉淀池；曝气池容积也小于连续式；建设费用与运行费用都较低。此外，还具有如下优点：

1）大多数情况下（包括工业废水处理），无须设调节池。

2）*SVI* 值较低，污泥易于沉淀，不易产生污泥膨胀现象。

3）通过对运行方式的调节，在单一的生物反应池内能够进行脱氮和除磷反应。

4）应用电动阀、液位计、自动计时器及可编程序控制器等自控仪表，可使工艺运行过程实现由中心控制室控制的全部自动化操作。

5）如果运行管理得当，处理出水水质优于连续式。

（2）间歇式活性污泥法的工作原理与操作过程

间歇式活性污泥处理系统的间歇式运行，由进水、反应、沉淀、排水和待机（闲置）五道工序组成。这五道工序都在曝气生物反应池这一个反应池内进行，各工序运行操作的要点与功能如图 6-12 所示。

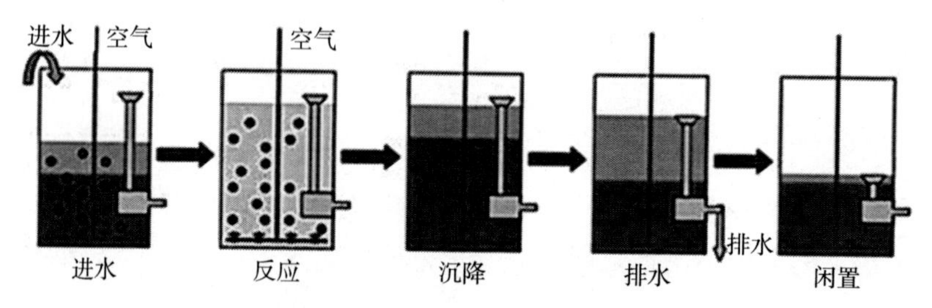

图 6-12　间歇式活性污泥法运行操作五道工序示意图

1）进水工序

进水前，反应器处于五道工序中最后的闲置期（或待机期），处理后的尾泥已经排放，池内残存着高浓度的活性污泥混合液。进水注满后再进行反应，从这个意义来说，反应池起到调节池的作用，因此，反应池对水质、水量的变动有一定的适应性。

污水进入、水位上升时，可根据其他工艺上的要求，配合进行其他的操作过程，如曝气既可取得预曝气的效果，又可取得使污泥恢复再生其活性的作用；也可根据需要，如需脱氮、释放磷等，则进行缓速搅拌；也可以不进行其他技术措施，仅单纯进水等。

本工序所用时间，可根据实际排水情况和设备条件确定，从工艺效果上要求，进水历时以短促为宜，瞬间最好，但在工程上是难以做到的。

2）反应工序

反应工序是该工艺最主要的工序，污水进入池内达到预定水位后，即开始反应操作。根据污水处理的目的，如 BOD 去除、硝化、磷的吸收以及反硝化等，可采取相应的技术措施，如前三项，则须曝气，后一项则须缓速搅拌。

在本工序的后期，进入下一步沉淀之前，还要进行短暂的微量曝气，以吹脱黏附在污泥上的气泡或氮，保证沉淀过程的正常进行，如需要排泥，也在本工序后期进行。

3）沉淀工序

沉淀工序相当于活性污泥法连续系统的二次沉淀池。停止曝气和搅拌，使混合液处于静止状态，活性污泥与水分离，由于本工序是静止沉淀，沉淀效果较其他沉淀池好。沉淀工序的历时基本同二次沉淀池，一般为 1.0 h。

4）排放工序

经过沉淀后产生的上清液，作为处理水排放，直至最低水位，在反应器内残留一部分活性污泥，作为种泥，这一工序的历时宜为 1.0 ～ 1.5 h。

5）闲置工序

闲置工序也称为待机工序，即在处理水排放后，反应器处于停滞状态，等待下一个操作周期开始。此工序历时应根据现场具体情况而定。

（3）间歇式活性污泥法处理工艺的发展及其主要的变形工艺

基于间歇式活性污泥法处理工艺，迄今已开发出多种各具特色的变形工艺。现将几种主要工艺简要介绍如下：

1）间歇式循环延时曝气活性污泥工艺（Intermittent Cyclic Extended Activated Sludge，ICEAS）

该工艺的运行方式是连续进水、间歇排水。在反应阶段，污水多次反复地经受“曝气好氧、闲置缺氧”的状态，从而产生有机物降解、硝化、反硝化、吸收磷、释放磷等反应，能够取得比较彻底的 BOD 去除、脱氮和除磷效果。在反应（包括闲置）阶段后设沉淀和排放阶段。该工艺最主要的优点是将同步去除 BOD、脱氮、除磷的 AAO 工艺集于一池，无污泥回流和混合液的内循环，能耗低。此外，污泥龄长，污泥沉降性能好，剩余污泥少。

2）循环式活性污泥工艺（Cyclic Activated Sludge Technology，CAST）

该工艺的主要技术特征之一是在进水区设置生物选择器，它实际上是一个容积较小的污水与污泥的接触区；特征之二是活性污泥由反应器回流，在生物选择器内与进入的新鲜污水混合、接触，创造微生物种群在高浓度、高负荷环境下竞争生存的条件，从而选择出适应该系统生存的独特微生物种群，并有效地抑制丝状菌的过量增殖，从而避免污泥膨胀现象的产生，提高系统的稳定性。

混合液在生物选择器的水力停留时间为 1 h，活性污泥从反应器的回流率一般取值 20%。在污泥浓度较高的条件下，生物选择器具有释放磷的作用。经生物选择器后，混合液进入反应器，反应后顺序经过沉淀、排放等工序。

CAST 工艺的操作运行灵活，其内容覆盖了间歇式活性污泥法处理工艺及其所有的各种变形工艺，但其反应机理比较复杂，这里不再赘述。

3）需氧池—间歇曝气池（Demand Aeration Tank-Intermittent Aeration Tank，DAT-IAT）

在需氧池，污水连续流入，同时有从主反应区回流的活性污泥注入，进行连续的高强度曝气，强化了活性污泥的生物吸附作用，“初期降解”功能得到充分的发挥。大部分溶解性有机污染物被去除。

在主反应区的间歇曝气池，由于需氧池的调节、均衡作用，进水水质稳定、负荷低，提高了对水质变化的适应性。由于 C/N 较低，有利于硝化菌的繁育，能够产生硝化反应；此外，间歇曝气和搅拌，能够造成缺氧—好氧—厌氧—好氧的交替环境，可在去除 BOD 的同时取得脱氮、除磷的效果。

此外，由于在预反应区的需氧池内强化了生物吸附作用，故菌胶团贮存了大量营养物质，在主反应区的间歇性曝气池内可以利用这些物质提高内源呼吸的反硝化作用，即产生所谓的贮存性反硝化反应。

6.1.3.4 膜生物反应器系统

膜生物反应器在废水处理领域中的应用始于 20 世纪 60 年代末的美国，但当时由于受膜生产技术所限，使其在投入实际应用的开发中遇到了困难。20 世纪 70 年代中后期，日本根据本国地价高的特点对膜分离技术在废水处理中的应用进行了大力的开发与研究。20 世纪 80 年代后，由于新型膜材料技术与制造业的迅速发展，膜生物反应器的开发研究在国际范围内开始逐步成为热点。

（1）膜生物反应器系统的组成及分类

膜生物反应器系统是指将膜分离技术中的超、微滤膜组件与生物反应器相结合组成的污水处理系统，英文称 Membrane Bioreactor（MBR），其综合了膜分离技术与生物处理技术的优点，以超、微滤膜组件代替生物处理系统传统的二次沉淀池以实现泥水分离，被超、微滤膜截留下来的活性污泥混合液中的微生物絮体和较大分子质量的有机物，被截留在生物反应器内，使生物反应器内保持高浓度的生物量和较长的停留时间，极大地提高了生物对有机物的降解率。膜生物反应器系统的出水质量很高，甚至可达到深度处理要求，同时系统几乎不排剩余污泥。

根据膜组件与生物反应器的组合位置可将膜生物反应器系统分为分置式和一体式两大类，如图 6-13 所示。分置式是指膜组件与生物系统反应器分开设置，超、微滤膜的过滤驱动力一般靠加压泵提供。一体式是指膜组件安置在生物反应器内部，通过水头压差、真空泵和其他类型泵的抽吸得到过滤液，省去了分置式的循环泵及循环管路系统，因而动力较节省。

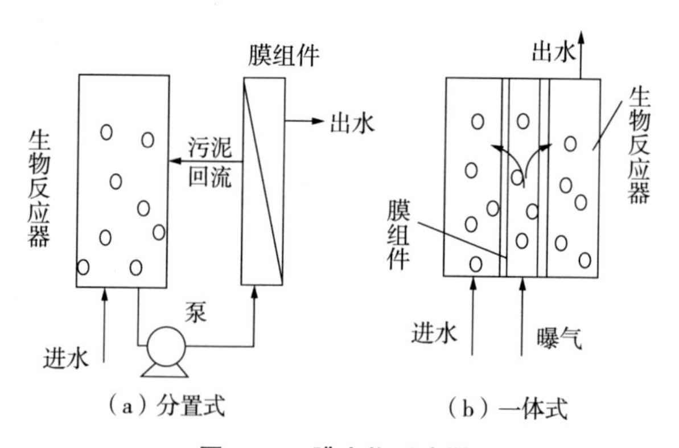

图 6-13　膜生物反应器

在分置式膜生物反应器工艺中，平板式和管式应用较多，在一体式膜生物反应器工艺中，中空纤维式和平板式应用较多。根据生物反应器中微生物生长需氧情况的不同，膜生物反应器也分为两大类，即好氧膜生物反应器与厌氧膜生物反应器，有文献按这一分类原则将膜生物反应器归纳为 4 种系统即 RAMB 系统（Reclamation with Acidogenesis Membrane Bioreactor）、MFMB 系统（Methane Fermentation with Membrane Bioreactor）、TOMB 系统（Total Oxidation Membrane Bioreactor）和 SCMB

系统（Separation and Concentration with Membrane Bioreactor）。前两者是厌氧膜生反应器，后两者是好氧膜生物反应器。各系统的基本特性及适用范围见表 6-2。

表 6-2　膜生物反应系统的特性及适用范围

系统名称	处理原理	处理对象	特性	适用范围
RAMB	兼性产酸	高浓度有机废水	处理范围广，能回收资源，剩余污泥少，但技术上待开发问题较多	污泥处理，屎、尿处理，工业废水处理，家畜产业废水处理，城市污水再生处理，固体废物最终处理场的渗滤液处理，工业废水再生处理
MFMB	单相产甲烷	有机废水	维护管理比较容易，剩余污泥少，能回收沼气资源	与 RAMB 相同
TOMB	完全氧化	有机废水	维护管理容易，适用于规模小，剩余污泥少，能量消耗较大	小规模污水及废水再生处理，特殊工业废水处理
SCMB	好氧氧化膜分离浓缩	低浓度有机废水	处理范围广，可与 RAMB 系统组合	直接采用 RAMB 系统不能进行资源回收的城市废水处理和利用，不能进行厌氧处理的特殊废水，给水净化处理

（2）膜生物反应器系统的特征

膜生物反应器系统作为新型的污水生物处理系统与传统的生物处理系统相比，具有下列特点：

1）污染物去除效率高，出水水质稳定，出水中基本无悬浮固体，这主要得益于膜的高效过滤作用，一般而言，从能够分离颗粒尺寸的角度看，常规过滤＞微滤＞超滤＞纳滤＞反渗透，如图 6-14 所示。这就可使生物反应器保持较高的污泥浓度（MLSS），从而降低污泥负荷且同时提高反应器的容积负荷，减少反应器容积和系统的占地面积。

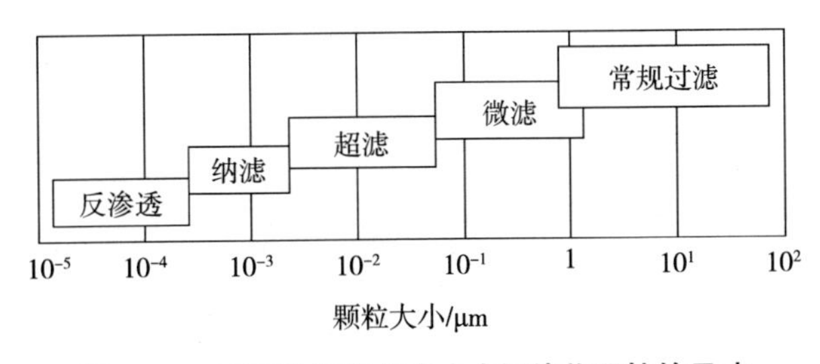

图 6-14　不同种类膜分离水中污染物颗粒的尺寸

2）基本实现了生物平均停留时间与污水水力停留时间的分离，有利于生物反应器中细菌种群多样性的培养和保持，世代时间长的细菌也能生长。

3）由于反应器中 MLSS 值很高，有时甚至可达 50 g/L，因此 F/M 值很低，反应器中微生物因营养限制而处于内源呼吸阶段，其比增值率很低，甚至几乎为零。这样，膜生物反应器系统的剩余污泥量很少，大大降低了污泥处理和处置的费用。

4）膜生物反应器系统的结构比较紧凑，且易于自动控制，运行管理较方便。

其缺点主要体现在：首先，膜组件的污染与堵塞，理论上这是一个微生物的膜过滤过程，运行时间一长，膜的污染和堵塞不可避免，因此在运行一定时间后需要更换膜组件进行清洗，而清洗后的膜组件的通水能力势必会受到一定影响；其次，由于膜表面会因浓差极化而形成凝胶层，为降低凝胶层的阻力，不得不保持膜表面高流速运行，这不仅造成能耗较高，也由于膜表面高流速产生的剧烈紊流和高剪切力，使原生动物等大个体的微生物生长受到限制，因此，膜生物反应器中生物相不及普通活性污泥法系统丰富；最后，膜的制造成本较高，运行能耗也较高，使污水处理成本相对较高。

（3）膜生物反应器系统的应用及研究

1）膜生物反应器系统的应用。

膜生物反应器系统在处理医院污水、高浓度有机废水、需利用高效菌处理的难降解有机物废水以及处理后废水需要回用等领域均具有广阔的应用前景，且都已有不少生产性实例。从目前的研究与生产运行情况看，膜生物反应器系统处理废水的规模仍处于万吨级以下。好氧膜生物反应器系统在处理城市与工业废水时，其运行参数见表 6-3。

表 6-3　好氧膜生物反应器的运行参数

参数	城市污水	工业废水
进水 COD/（mg/L）	44.2 ～ 800	1 330 ～ 68 000
COD 去除率 /%	90 ～ 98	90 ～ 99.8
MLSS/（g/L）	10 ～ 20	＞ 20
容积负荷 L_V/［kg COD/(m^3·d)］	1.2 ～ 3.2	0.25 ～ 16
污泥负荷 L_s/［kg COD/(VSS·d)］	0.03 ～ 0.55	0.01 ～ 2.72
水力停留时间 /d	2 ～ 24	14 ～ 389
污泥龄 /d	5 ～ 100	6 ～ 600
污泥产率 /（kg MLSS/kg COD）	0 ～ 0.34	0.05 ～ 0.35

膜通量是膜生物反应器运行的重要操作参数，其影响因素有混合液悬浮固体浓度、温度、膜面流速、膜的工作压力、膜的阻力、膜吸附、膜堵塞和浓差极化等。

2）膜生物反应器系统的研究。

膜生物反应器系统自开发利用以来，工程界和学术界已进行了大量的研究。早期的 MBR 为充分发挥膜过滤的特性，多在长污泥龄、高活性污泥浓度条件下运行，但这样做在好氧 MBR 系统中不仅传氧效率受到限制，且膜很容易污染，膜通量不高。近年来，MBR 集中研究抗污染、高通量、低成本、长寿命膜材料的研发；低能耗膜组件的研发；膜污染控制、清洗及系统稳定运行的理论与技术；膜生物反应器系统处理废水的推广应用与产业化等问题。

6.1.4　活性污泥法系统的工艺设计

6.1.4.1　概述

（1）设计内容

活性污泥法系统由曝气生物反应池、曝气系统、污泥回流系统、二次沉淀池等单元组成，其工艺设计主要包括以下内容：

1）工艺选择；

2）生物反应池容积的计算与工艺设计；

3）需氧量、供气量以及曝气系统的计算与工艺设计；

4）回流污泥量、剩余污泥量与污泥回流系统的计算与工艺设计；

5）二次沉淀池容积的计算与工艺设计。

（2）基本资料与数据

1）污水的日平均流量（m^3/d）、最大时流量（m^3/h）。

《室外排水设计规范（2016 年版）》（GB 50014—2006）中规定，污水处理构筑物的设计流量，应按分期建设的情况分别计算。当污水为自流进入时，应按每期的最高日最高时设计流量计算；污水提升进入时，应按每期工作水泵的最大组合流校核管渠配水能力。生物反应池的设计流量，应根据生物反应池类型和曝气时间确定。曝气时间较长时，设计流量可酌情减小。

2）原污水和经一级处理后的主要水质指标，如 BOD_5、COD_{Cr}、SS、TOC、总固体、TN、TP 等。

3）处理后出水的去向，要求处理后出水达到的水质指标，如 BOD_5、COD_{Cr}、SS 等。

4）对所产生污泥的处理与处置要求。

5）原污水中所含有毒有害物质、浓度，驯化微生物的可能性。

（3）主要设计参数确定

1）BOD-污泥负荷（COD-污泥负荷）；

2）混合液污泥浓度（MLSS、MLVSS）；

3）污泥回流比。

为此，相应地应掌握下列各项资料与数据：

BOD-污泥负荷（COD-污泥负荷）与①处理效果以及处理水 BOD 值（COD 值）

之间的关系，确定 K_2 值；②污泥沉降、浓缩性能的关系，确定 SV（%）与 SVI 值；③污泥增长率的关系，确定 Y 与 K_d 值（或 a 与 b 值）；④需氧量、需氧率之间的关系，确定 a' 与 b' 值。

以生活污水为主体的城市污水，上述各项原始资料、数据和主要设计参数已比较成熟。但是对工业废水所占比例较大的城市污水或工业废水，则应通过试验和现场实测确定各项设计参数。

（4）处理工艺流程

上述各项原始资料是确定处理工艺流程的主要依据。此外，还要综合考虑现场的地质、地形条件、气候条件以及施工水平等客观因素，综合分析所选工艺在技术上的可行性、先进性以及经济上的合理性等。

对工程量较大，投资额较高的工程，需要进行多种工艺流程方案的比选优化，以使所确定的工艺流程是技术上先进、适用，经济上合理的优选方案。通常，对工程量大的污水处理工程，一般都采用工程招标的方法，组织有关专家评，选定技术经济上的最佳方案。

6.1.4.2 曝气生物反应池容积计算

当系统以去除碳源污染物为主时，曝气生物反应池容积的计算，可以采用以下两种方法：

（1）按 BOD-污泥负荷计算池容积

$$V=\frac{24Q\left(S_0-S_e\right)}{1000L_sX} \tag{6-26}$$

式中：L_s——BOD-污泥负荷，kgBOD$_5$/（kg MLSS · d）；

Q——设计流量，m^3/h；

S_0——进水的五日生化需氧量，mg/L；

S_e——池出水的五日生化需氧量，mg/L；

X——混合液悬浮物固体平均浓度，g MLSS/L；

V——曝气生物反应池容积，m^3。

由式（6-26）可见，合理地确定 BOD-污泥负荷（L_s）和混合液污泥浓度（X）是正确确定曝气生物反应池容积的关键。

1）BOD-污泥负荷（L_s）的确定

确定 BOD-污泥负荷，首先必须结合要求处理后出水的 BOD$_5$ 值（S_e）来考虑。日本专家桥本奖教授根据哈兹尔坦（Haseltine）对美国 46 个城市污水处理厂的调研资料进行归纳分析，得出了适用于推流式曝气生物反应池的 BOD-污泥负荷（L_s）与处理后出水 BOD$_5$ 值（S_e）之间关系的经验计算式，可供参考：

$$L_s = 0.012\,95 S_e^{1.1918} \tag{6-27}$$

其次，确定 BOD–污泥负荷，还必须考虑污泥的凝聚、沉淀性能。即根据处理后出水 BOD 值确定 L_s 值后，应进一步复核其相应的污泥指数 *SVI* 值是否在正常运行的允许范围内。

一般地说，对城市污水的 BOD–污泥负荷取值多 0.2 ～ 0.4 kg BOD_5/(kg MLSS · d)。BOD_5 去除率可达 90% 左右，污泥的吸附性能和沉淀性能都较好，*SVI* 值为 80 ～ 150。

对剩余污泥不便处理与处置的污水处理厂，应采用较低的 BOD–污泥负荷，一般不宜高于 0.1 kg BOD_5/(kg MLSS · d)，这能够使污泥自身氧化过程加强，减少污泥排量。

在寒冷地区修建的活性污泥法系统，其曝气生物反应池也应当采用较低的 BOD–污泥负荷，这样能够在一定程度上补偿由于水温低对生物降解反应带来的不利影响。中国工程建设标准化协会制定了《寒冷地区污水活性污泥法处理设计规程》(CECS 111—2000)。

2）混合液污泥浓度（MLSS）的确定

曝气生物反应池内混合液的污泥浓度（MLSS），是活性污泥处理系统重要的设计与运行参数，采用高污泥浓度能够减少曝气生物反应池的有效容积，但会带来一系列不利的影响。在确定这一参数时，应考虑下列因素：

① 供氧的经济与可能性；

② 活性污泥的凝聚沉淀性能；

③ 沉淀池与回流设备的造价。

混合液中的污泥主要来自回流污泥，回流污泥浓度可近似地按式（6-11）修正后确定：

$$X_r = r\frac{10^3}{SVI} \tag{6-28}$$

式中：r——考虑污泥在二次沉淀池中停留时间、池深、污泥厚度等因素有关的修正系数，一般取 1.2 左右。

从式（6-28）中看出，X_r 与 *SVI* 成反比。一般情况下，当 *SVI* 值为 100 左右时，X_r 值为 8 ～ 12 kg/m^3。

污泥浓度高，会增加二次沉淀池的固体负荷，从而使其造价提高。此外，对于分建式曝气生物反应池，混合液浓度越高，则维持平衡的污泥回流量也越大，从而使污泥回流设备的造价和动力费用增加。按物料平衡关系可得出混合液污泥浓度（X）和污泥回流比（R）及回流污泥浓度（X_r）之间的关系：

$$RQX_r = (Q + RQ)X$$

$$X = \frac{R}{1+R}X_r \cdot 10^3 \tag{6-29}$$

式中：R——污泥回流比；

X——曝气生物反应池混合液污泥浓度，mg/L；

X_r——回流污泥浓度，kg/m³。

将式（6-28）代入式（6-29），可估算出曝气生物反应池混合液污泥浓度：

$$X=\frac{R}{1+R}\frac{10^6}{SVI}r \tag{6-30}$$

曝气生物反应池混合液污泥浓度（X）也可参照经验数据取值，一般普通曝气生物反应池可采用 2 000 ～ 3 000 mg/L。

廊道式曝气生物反应池，池宽与有效水深比宜采用 1∶1 ～ 2∶1，有效水深一般可采用 3.5 ～ 4.5 m；对合建式完全混合曝气生物反应池，曝气生物反应池的容积应含导流区。

（2）按污泥龄（θ_c）计算池容积

$$V=\frac{24Q\theta_c Y\left(S_0-S_e\right)}{1\,000X_V\left(1+K_d\theta_c\right)} \tag{6-31}$$

式中：V——曝气生物反应池容积，m³；

θ_c——设计污泥龄，d，根据工艺特点一般可取 0.2 ～ 15 d；

Y——污泥产率系数，kg VSS/kg BOD_5；一般根据试验资料确定，无试验资料时，可取为 0.4 ～ 0.8；

X_V——混合液挥发性悬浮固体平均浓度，gMLVSS；

K_d——衰减系数（1/d），20℃时为 0.04 ～ 0.075，K_d 值应按当地冬季和夏季的污水温度加以修正，修正式为

$$K_{dT}=K_{d20}\cdot\left(\theta_T\right)^{T-20} \tag{6-32}$$

式中：K_{dT}——T ℃时的 K_d 值，d^{-1}；

K_{d20}——20℃时的 K_d 值，d^{-1}；

θ_T——温度系数，取值 1.02 ～ 1.06；

T——设计计算温度，℃。

6.1.4.3 曝气系统的设计计算

曝气系统的设计计算首先应选择曝气方式；其次计算所需充氧量或空气量；最后进行曝气系统的设计计算。鼓风曝气包括空气扩散装置（曝气装置）、空气输送管道（干管、支管和竖管）、选择空压机型号与台数以及空压机房的设计；机械曝气包括形式及其直径选择。

（1）鼓风曝气系统设计

1）空气扩散装置的选定与布置

在选定空气扩散装置时，要考虑下列因素：

① 空气扩散装置应具有较高的氧利用率（E_A）和动力效率（E_P），布气均匀，阻力小，具有较好的节能效果。几种常见的空气扩散装置的 E_A、E_P 值见表 6-4。

表 6-4　几种空气扩散装置的 E_A、E_P 测定值

扩散装置类型	氧利用率 E_A/%	动力效率 E_P/［kg O_2/(kW·h)］
陶土扩散板、管（水深 3.5m）	10 ～ 12	1.6 ～ 2.6
绿豆砂扩散板、管（水深 3.5m）	8.8 ～ 10.4	2.8 ～ 3.1
穿孔管：ϕ5（水深 3.5m）	6.2 ～ 7.9	2.3 ～ 3.0
ϕ10（水深 3.5m）	6.7 ～ 7.9	2.3 ～ 27
倒盆式扩散器（水深 3.5m）	6.9 ～ 7.5	2.3 ～ 2.5
（水深 4.0m）	8.5	2.6
（水深 3.5m）	10	—
竖管扩散器（ϕ19，水深 3.5m）	6.2 ～ 7.1	2.3 ～ 2.6
射流式扩散装置	24 ～ 30	2.6 ～ 3.0
橡胶膜微孔曝气器（水深 4.3m）	20 ～ 23	6 ～ 7
钟罩式微孔曝气器（水深 4.0m）	17.3 ～ 24.8	5.7

②不易堵塞，耐腐蚀，出现故障易排除，便于维护管理。

③构造简单，便于安装，工程造价及装置本身成本较低。

此外，还应考虑污水水质、地区条件以及曝气生物反应池池形、水深等。根据计算出的总供气量 G 和每个空气扩散装置的通气量、服务面积、曝气生物反应池池底面面积等数据，计算、确定空气扩散装置的数目，并对其进行布置，可考虑满池布置或池侧布置，也可沿池长分段渐减布置。

2）空气管道系统的设计计算

①一般规定

活性污泥系统的空气管道系统是从空压机的出口到空气扩散装置的空气输送管道，一般使用焊接钢管，管道内外应有不同的耐热、耐腐蚀处理。小型污水处理厂的空气管道系统一般为枝状，而大、中型污水处理厂则宜环状布置，以保证安全供气。空气管道一般敷设在地面上，且应考虑温度补偿。接入曝气的输气立管管顶，应高出池水面 0.5 m，以免产生回水。曝气生物反应池水面上的输气管，宜按需要布置控制阀，其最高点宜设置真空破坏阀。空气管道的流速：干、支管为 10 ～ 15 m/s，通向空气扩散装置的竖管、小支管为 4 ～ 5 m/s。

②空气管道的计算

空气管道和空气扩散装置的压力损失，一般控制在 14.7 kPa 以内，其中空气管道总损失控制在 4.9 kPa 以内，空气扩散装置的阻力损失为 49 ～ 9.8 kPa。

空气管道计算，根据流量 Q、流速 v，按常用手册选定管径，然后再核算压力损失，调整管径。

空气管道的压力损失（h）为沿程阻力损失（h_1）与局部阻力（h_2）之和：

$$h = h_1 + h_1 \ (\mathrm{Pa})$$

局部阻力则根据式（6-33）将各配件换算成管道的当量长度：

$$l_0 = 55.5KD^{1.2} \tag{6-33}$$

式中：l_0——管道的当量长度，m；

D——管径，m；

K——长度换算系数，按表 6-5 取值。

表 6-5　长度换算系数 K

配件	长度换算系数	配件	长度换算系数
三通：气流转弯	1.33	大小头	0.1 ～ 0.2
直流异口径	0.42 ～ 0.67	球阀	2.0
直流等口径	0.33	角阀	0.9
弯头	0.4 ～ 0.7	闸阀	0.25

气温按 30℃考虑时，空气压力可按式（6-34）进行估算：

$$p = (1.5 + H) \times 9.8 \tag{6-34}$$

式中：p——空气压力，kPa；

H——空气扩散装置距水面的深度，m。

空压机所需压力：

$$H = h_1 + h_2 + h_3 + h_4 \tag{6-35}$$

式中：h_3——空气扩散装置安装深度（以装置出口处为准），mm；

h_4——空气扩散装置的阻力，Pa，按产品样本或试验资料确定。

3）空压机的选定与鼓风机房的设计

①根据每台空压机的设计风量和风压选择空压机。各式罗茨鼓风机、离心式空压机、通风机等均可用于活性污泥系统。

定容式罗茨鼓风机噪声大，应采取消声措施，一般用于中、小型污水处理厂。离心式空压机噪声较小，效率较高，适用于大、中型污水处理厂。变速率离心空压机，节省能源，能根据混合液溶解氧浓度，自动调整空压机开启台数和转速。轴流式通风机（风压在 1.2 m 以下），一般用于浅层曝气的生物反应池。

②同一供气系统中，应尽量选用同一型号的空压机。空压机的备用台数：工作空压机≤3 台时，备用 1 台；工作空压机≥4 台时，备用 2 台。每台空压机应单设基础，基础间通道宽度应在 1.5 m 以上。

③压机房应设双电源，供电设备的容量，应按全部机组同时启动时的负荷设计。当采用燃油发动机作为动力时，可与电动空压机共同布置，但相互应有隔离措施，并应符合国家现行防火防爆规范的要求。

④空压机房一般包括机器间、配电室、进风室（设空气净化设备）、值班室。值班室与机器间之间应有隔声设备和观察窗，还应设自控设备。

（2）机械曝气装置的设计

机械曝气装置的设计内容主要是选择曝气器的形式和确定其直径。在选择曝气器形式时要考虑其充氧能力、动力效率以及加工条件等。直径的确定，主要取决于曝气生物反应池的需氧量，使所选择的曝气器的充氧量应能够满足混合液需氧量的要求。

如果选择叶轮，要考虑叶轮直径与曝气生物反应池直径的比例关系，叶轮过大，可能伤害污泥，过小则充氧不够。一般认为平板叶轮或伞形叶轮直径与曝气生物反应池直径或正方形边长为 1/5 ～ 1/3；而泵型叶轮以 1/7 ～ 1/3.5 为事，叶轮线速度为 5.0 ～ 3.5 m/s，叶轮直径与水深之比可采用 1/4 ～ 2/5，池深过大，将影响充氧和泥水混合。宜设置调节曝气器转速和浸没水深的设施。

6.1.4.4　污泥回流系统的设计计算

分建式曝气生物反应池中，污泥从二次沉淀池回流需设污泥回流系统，其中包括污泥提升装置和污泥输送的管渠系统。

污泥回流系统的设计计算内容包括回流污泥量的计算以及污泥提升设备的选择和设计。

（1）回流污泥量的计算

回流污泥量 Q_R 值为

$$Q_R = RQ \tag{6-36}$$

$$R = \frac{X}{X_r - X} \tag{6-37}$$

由式（6-37）可知，回流比 R 值取决于混合液污泥浓度（X）和回流污泥浓度（X_r），而 X_r 值又与 SVI 值有关。根据式（6-27）和式（6-29），令 r 值为 1.2，结合式（6-37）求定污泥回流比 R 值。SVI、X 和 X_r 三者关系值列于表 6-6。

在实际运行的曝气生物反应池内，SVI 值在一定的幅度内变化，且混合液浓度 X 也需要根据进水负荷的变化而加以调整，因此，在进行污泥回流系统的设计时，应按最大回流比考虑，并使其具有能够在较小回流比条件下工作的可能性，即应使回流污泥量可以在一定幅度内变化。

表 6-6 *SVI*、*X* 和 X_r 三者关系

SVI	X_r/mg/L	在下列 *X* 值（mg/L）时的回流比					
		1 500	2 000	3 000	4 000	5 000	6 000
60	20 000	0.08	0.11	0.18	0.5	0.33	0.43
80	15 000	0.11	0.15	0.25	0.36	0.50	0.66
120	10 000	0.18	0.25	0.43	0.67	1.00	1.50
150	8 000	0.24	0.33	0.60	1.00	1.70	3.00
240	5 000	0.43	0.67	0.50	4.00	—	—

（2）污泥提升设备的选择与设计

在污泥回流系统中，常用的污泥提升设备主要有污泥泵、空气提升器和螺旋泵。

1）污泥泵。污泥泵的主要形式是轴流泵，运行效率较高。可用于较大规模的污水处理工程。在选择时，首先应考虑的因素是不破坏活性污泥的絮凝体，使污泥能够保持其固有的特性，运行稳定可靠。采用污泥泵时，将从二次沉淀池流出的回流污泥集中到污泥井，再用污泥泵抽送至曝气生物反应池。大、中型污水处理厂则设回流污泥泵站，泵的台数视条件而定，一般采用 2 ～ 3 台，此外，还应考虑适当台数的备用泵。

2）空气提升器。空气提升器是利用升液管内、外液体的相对密度差从而使污泥提升。它结构简单，管理方便，而且有利于提高活性污泥中的溶解氧和保持活性污泥的活性，多为中、小型污水处理厂采用，一般设在二次沉淀池的排泥井中或在曝气生物反应池进口处专设的回流井中。在每座回流井内只设一台空气提升器，而且只接受一座二次沉淀池污泥斗的来泥，以免造成二次沉淀池排泥量的相互干扰，污泥回流量则通过调节进气阀门的气量加以控制。

3）螺旋泵。近年来，国内外在污泥回流系统中比较广泛地使用螺旋泵。螺旋泵由泵轴、螺旋叶片、上支座、下支座、导槽、挡水板和驱动装置组成。其外形类似中国古代农村常用的提水水车。

采用螺旋泵的污泥回流系统，具有以下各项特征：

①效率高，而且稳定，即使进泥量有所变化，仍能保持较高的效率。

②能够直接安装在曝气生物反应池与二次沉淀池之间，不必另设其他附属设备。

③不因污泥而堵塞，维护方便，节省能源。

④转速较慢，不会打碎活性污泥絮凝体颗粒。

螺旋泵提升回流污泥，常使用无级变速或有级变速的传动装置，以便能够改变提升流量，也可以用电子计算机来控制回流污泥量。

螺旋泵的最佳转速，可按式（6-38）计算：

$$v_j = \frac{50}{\sqrt[3]{D^2}} \tag{6-38}$$

螺旋泵的工作转速应处于下列范围：

$$0.6v_j < v_g < 1.1v_j \tag{6-39}$$

式中：v_j——螺旋泵的最佳转速，r/min；

v_g——螺旋泵的工作转速，r/min；

D——螺旋管的外缘直径，m。

螺旋泵安设的倾角为 30° ～ 80° 。

螺旋泵的导槽可用混凝土建造，亦可采用钢构件。当使用混凝土导槽时，混凝土应有足够的强度。泵体外缘与导槽内壁之间必须保持一定的间隙 δ，δ 值可按式（6-40）计算：

$$\delta = 0.142\sqrt{D} \pm 1 \tag{6-40}$$

式中：δ——允许间隙，mm；

D——螺旋泵外缘直径，m。

6.1.4.5　二次沉淀池的设计计算

二次沉淀池是活性污泥系统重要的组成部分，它的作用是泥水分离，使混合液澄清、污泥浓缩和回流活性污泥。其工作效果直接影响活性污泥系统的出水水质和回流污泥浓度。原则上，用于初次沉淀池的平流式沉淀池、辐流式沉淀池和竖流式沉淀池都可以作为二次沉淀池使用。但也有某些区别，大、中型污水处理厂多采用机械吸泥的圆形辐流式沉淀池，中型污水处理厂也可采用多斗式平流沉淀池，小型污水处理厂则普遍采用竖流式沉淀池。由于活性污泥黏度大，因此斜板（管）沉淀池很少作为二次沉淀池。

（1）二次沉淀池的特点

二次沉淀池有别于其他沉淀池，首先在作用上它除了进行泥水分离外，还进行污泥浓缩，并由于水量、水质的变化，还要暂时贮存污泥。由于二次沉淀池需要完成污泥浓缩的作用，所需要的池面面积大于只进行泥水分离所需要的池面面积。

其次，进入二次沉淀池的活性污泥混合液在性质上也有其特点。活性污泥混合液的浓度高（2 000 ～ 4 000 mg/L），具有絮凝性能，属于成层沉淀。沉淀时泥水之间有清晰的界面，絮凝体结成整体共同下沉，初期泥水界面的沉速固定不变，仅与初始浓度 c 有关［$u = f(c)$］。

同时，活性污泥质轻，易被出水带走，并容易产生异重流现象，使实际的过水断面远小于设计的过水断面。因此，设计平流式二次沉淀池时，最大允许的水平流速要比初次沉淀池的水平流速小一半；池的出流堰常设在离池末端一定距离的范围内。辐流式二次沉淀池可采用周边进水的方式以提高沉淀效果；此外，出流堰的长度也要相对增加，使出流量不超过 1.7 L/（s·m）。

辐流式二次沉淀池的混合液是泥、水、气三相混合体，因此中心管的下降流速不应超过 0.03 m/s，以利气、水分离，提高澄清区的分离效果，曝气沉淀池的导流区，其下降流速还要小些（0.015 m/s 左右），因为其气水分离的任务更重。

二次沉淀池采用静水压力排泥时，其排泥管直径应不小于 200 mm，静水头不应小于 0.9 m，污泥斗底坡与水平夹角不应小于 55°，以利于污泥顺利下滑和排泥通畅。

（2）二次沉淀池的设计计算

二次沉淀池的设计计算主要包括池型选择、沉淀池（澄清区）面积、有效水深和污泥区容积的设计计算。计算方法有水力表面负荷法和固体通量法。

以下为水力表面负荷法。

沉淀池表面面积 A（m^2）

$$A=\frac{Q}{q}=\frac{Q}{3.6u} \tag{6-41}$$

式中：Q——污水最大时流量，m^3/h；

q——水力表面负荷，$m^3/(m^2 \cdot h)$；

u——正常活性污泥成层沉淀之沉速，mm/s。

u 值随污水水质和混合液浓度而异，变化范围为 0.2 ～ 0.5 mm/s。生活污水中含有一定的无机物，可采用稍高的 u 值；有些工业废水溶解性有机物较多，活性污泥质轻，*SVI* 值较高，因此 u 值宜低些。混合液与污泥浓度对 u 值有较大影响。浓度较高时 u 值则偏小；反之，则偏大。表 6-7 是 u 值与混合液浓度之间关系的实测资料，可供设计时参考。若将表中不同的混合液浓度与对应的 u 值近似地换算成固体通量，则都接近 90 kg/（m^2·d）。由此可见，采用表中 u 值计算出的沉淀池面积较为合适，既能起澄清作用又能起一定的浓缩作用。

表 6-7 随混合液浓度而变的 u 值

混合液污泥浓度 /（mg/L）	上升流速 u/（mm/s）	混合液污泥浓度 /（mg/L）	上升流速 u/（mm/s）
2 000	＜ 0.5	5 000	0.22
3 000	0.35	6 000	0.18
4 000	0.28	7 000	0.14

计算沉淀池面积时，设计流量应为污水量的最大时流量，而不包括回流污泥量。这是因为一般沉淀池的污泥出口常在沉淀池的下部，混合液进池后基本分为方向不同的两路流出：一路通过澄清区从沉淀池上部的出水槽流出，另一路通过污泥区从下部排泥管流出。前一路流量为污水流量，后一路流量为回流污泥量和剩余污泥量，所以

采用污水量最大时流量。

6.2　生物膜法技术及原理

6.2.1　概述

传统活性污泥法的基建与运行费用较高、能耗较大、管理也较复杂、易出现污泥膨胀和污泥上浮等问题，且对 N、P 等营养物质去除效果有限。而生物膜法是一种能代替活性污泥法用于城市污水的二级生物处理方法，具有运行稳定、脱氮效能强、抗冲击负荷能力强、经济节能、无污泥膨胀问题，并能在其中形成较长的食物链，污泥产量较活性污泥工艺少等特点。它主要适用于温暖地区和中小城镇的污水处理。目前，生物膜法的工艺主要有生物滤池（普通生物滤池、高负荷生物滤池、塔式生物滤池）、生物转盘、生物接触氧化、生物流化床和曝气生物滤池等。

6.2.1.1　生物膜的构造

污水与滤料或某种载体流动接触，经过一段时间后，在其表面形成一种膜状污泥——生物膜。生物膜沿水流方向分布，是由各种微生物、原生动物、后生动物及微型动物等组成的能稳定降解有机物的生态系统。从开始形成到成熟，生物膜经过潜伏和生长两个阶段，一般的城市污水，在 20℃的条件下大致需要 30 d 形成稳定的生物膜。生物滤池滤料上的生物膜构造如图 6-15 所示。

生物膜是高度亲水的物质，当污水流经生物膜，在其外侧形成一层附着水层。生物膜是微生物高度密集的物质，在膜的表面和一定深度的内部生长繁殖着大量的各类微生物和微型动物，形成有机污染物—细菌—原生动物（后生动物）的食物链。

6.2.1.2　生物膜净化污水的过程

生物膜在其形成和成熟后，由于微生物不断增殖，生物膜的厚度不断增加，在增厚到一定程度后，在氧气不能透入的里侧深部即转变为厌氧状态，形成厌氧性膜。这样，生物膜便由好氧层和厌氧层组成。好氧层的厚度一般为 2 mm 左右，有机物的降解主要是在好氧层内进行。由图 6-15 可见，在生物膜内外，生物膜与水层之间进行着多种物质的传递过程。空气中的氧溶解于流动层，通过附着水层传递给生物膜，供微生物呼吸；污水中的有机污染物则由流动水层传递给附着水层，然后进入生物膜，并通过细菌的代谢活动而被降解，使污水在其流动过程中逐步得到净化。微生物的代谢产物（如 H_2O 等）则通过附着水层进入流动水层，并随其排走，而 NH_3 以及 CO_2 等气态代谢产物则从水层逸出进入空气。

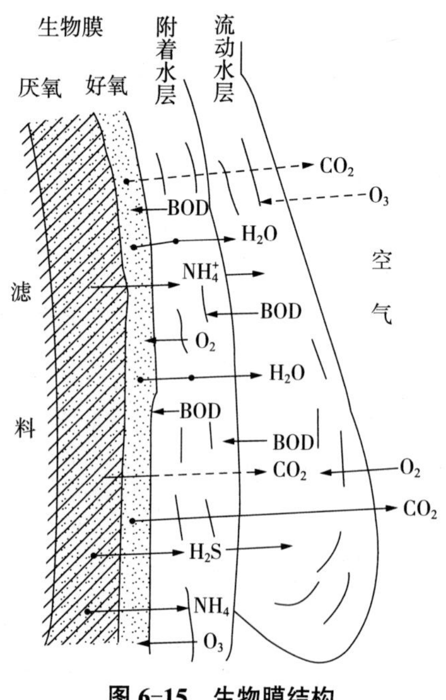

图 6-15　生物膜结构

当厌氧层不厚时，它与好氧层保持着一定的平衡与稳定关系，好氧层能够维持正常的净化功能，但当厌氧层逐渐加厚，并达到一定的程度后，其代谢产物也逐渐增多，这些产物向外逸出，必然要透过好氧层，使好氧层生态系统的稳定状态遭到破坏，从而失去这种膜层之间的平衡关系，又因气态代谢产物的不断逸出，减弱了生物膜在滤料（载体、填料）上的附着力，处于这种状态的生物膜即老化生物膜，老化生物膜净化功能较差而且易于脱落。生物膜脱落后形成新的生物膜，新生物膜必须经历一段时间后才能充分发挥其净化功能。

6.2.1.3　生物膜法的特征

（1）微生物相方面的特征

1）参与净化的微生物多样性

生物膜法处理的各种工艺，具有适于微生物生长栖息、繁衍的稳定环境，有利于微生物生长繁殖。填料上的微生物，其生物固体平均停留时间（污泥龄）较长，因此在生物膜中能够生长世代时间较长、比增殖速率较小的微生物，如硝化菌等；在生物膜上还可能大量出现丝状菌，而无污泥膨胀之虞；线虫类、轮虫类以及寡毛虫类的微型动物出现的频率也较高。此外，在日光照射到的部位能够出现藻类，在生物滤池上，还会出现像小苍蝇（滤池蝇）等昆虫类生物。

2）生物膜的食物链长

在生物膜上生长繁育的生物中，动物性营养类生物所占比例较大，微型动物的存活率亦较高，表明在生物膜上能够栖息高层次营养水平的生物，在捕食性纤毛虫、轮虫类、线虫类上还栖息着寡毛虫类和昆虫。生物膜上形成的这种长食物链，使生物膜处理系统内产生的污泥量较活性污泥处理系统少 1/4 左右。

（2）处理工艺方面的特征

1）对水质、水量波动有较强的适应性

生物膜法的各种工艺，对流入污水水质、水量的变化都具有较强的适应性，即使有一段时间中断进水，对生物膜的净化功能也不会造成显著的影响，通水后能够较快得到恢复。

2）污泥沉降性能良好，易于固液分离

由生物膜上脱落下来的生物污泥，所含动物成分较多，相对密度较大，而且污泥颗粒个体较大，沉降性能较好，易于固液分离。但是，如果生物膜内部形成的厌氧层过厚，在其脱落后，将有大量的非活性的细小悬浮物分散于水中，使处理水的澄清度降低。

3）适合处理低浓度的污水

如原水的 BOD_5 值较低，将影响活性污泥絮凝体的形成和增长，净化能力降低，处理水质不高。但生物膜法中的微生物栖息在填料上繁衍生长，因此处理低浓度污水时，也能取得较好的处理效果。

4）易于维护管理、节能

与活性污泥处理系统相比，生物膜法中的各种工艺都比较易于维护管理，而且生物滤池、生物转盘等工艺具有节省能源、动力费用较低的特点。

6.2.2　生物滤池

生物滤池是生物膜反应器的最初形式，随着研究的不断深入和实际运行经验的不断积累，生物滤池已由原来承受较低负荷的普通生物滤池逐步发展成为能承受较高负荷的高负荷生物滤池、塔式生物滤池和曝气生物滤池。

生物滤池可分为普通生物滤池、高负荷生物滤池、塔式生物滤池和曝气生物滤池。前三者一般均采用自然通风。为防止堵塞，减少占地，高负荷滤池工艺采用处理水回流，并采用碎石、炉渣、蜂窝、波形板等做滤料。而曝气生物滤池借鉴给水处理中过滤和反冲洗技术，由浸没式接触氧化与过滤相结合的生物处理工艺，在有氧条件下完成污水中有机物氧化、过滤过程，使污水得到净化。

6.2.2.1　普通生物滤池

普通生物滤池，又名滴滤池，是生物滤池早期出现的类型，即第一代生物滤池。

普通生物滤池负荷低，水力负荷只有 1 ～ $3m^3$ 废水 /（m^2 滤池 · d），BOD_5 负荷也仅为 0.15 ～ 0.30 kg BOD_5/（m^3 滤料 · d）。

（1）普通生物滤池的构造

普通生物滤池由池体、滤料、布水装置和排水系统四部分组成，如图 6-16 所示。

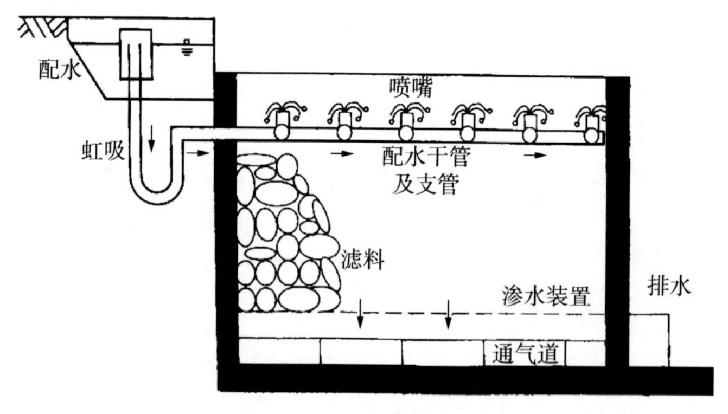

图 6-16　普通生物滤池构造

1）池体

普通生物滤池池体在平面上多呈方形、矩形或圆形。池壁多用砖石筑造，可筑成带孔洞的和不带孔洞的两种形式。有孔洞的池壁有利于滤料内部的通风，但在低温季节，易受低温的影响，使净化功能降低。池壁一般应高出滤料表面 0.5 ～ 0.9 m，具有围护滤料的作用，并防止风力对池表面均匀布水的影响。池底一般具有 0.01 ～ 0.02 的坡度，其作用是支撑滤料和排出处理后的污水，池底底部四周设通风孔，其总面积不小于滤池表面面积的 1%。

2）滤料

滤料（填料）是生物滤池的主体，对生物滤池的净化功能有直接影响。滤料应具有的特征如下：

①高强度、耐腐蚀、颗粒匀称。塑料填料还应该耐热、耐老化并易于挂膜。

②比表面面积大，滤料表面是生物膜形成、固着的场所，大的比表面面积是形成高生物量的基础。

③较大的孔隙率（单位体积滤料所持有的空隙体积所占的百分率），滤料间的空隙是污水、微生物与空气相互接触的场所，是氧传递的重要通道。

④可就地取材，便于加工、运输。

普通生物滤池的滤料工作层厚度为 1.3 ～ 1.8 m，粒径宜为 25 ～ 40 mm；承托层厚度为 0.2 m，粒径为 75～100 mm。长期以来，普通生物滤池一般多采用碎石、卵石、炉渣和焦炭等实心无机滤料。但近年来也已广泛使用由聚氯乙烯、聚苯乙烯和聚酰胺等材料制成的呈波形板状、多孔筛状和蜂窝状等人工有机滤料，它们具有比表面面积大（100 ～ 200 m^2/m^3）和孔隙率高（80% ～ 95%）的优点。

3）布水装置

生物滤池布水装置的主要任务是向滤池表面均匀撒布污水，应能适应水量变化，防止堵塞，易于清通以及不受风雪影响等。普通生物滤池多采用固定嘴式的间歇喷洒布水系统，主要由投配池、布水管道和喷嘴等几部分组成，向滤池表面均匀地撒布污水。投配池设于滤池的一端或两座滤池的中间，其内设有虹吸装置。布水管道铺设在滤池表面下 0.5 ～ 0.8 m，其上设有一系列规则排列、伸出池面 0.15 ～ 0.2 m 的竖管，竖管顶端安装有喷嘴。当污水流入投配池并达到一定高度后，虹吸装置即开始作用，污水泄入布水管道，并从喷嘴喷出，由于被倒立圆锥所阻，向四外分散，形成水花。当投配池内水位降到一定位置后，虹吸被破坏，停止喷水。

除间歇喷洒布水系统外，目前使用较为广泛的是旋转式布水器，主要由固定不动的进水竖管、配水短管和可以转动的布水横管所组成，如图 6-17 所示，其多用于圆形或多边形的生物滤池。横管距滤料表面为 0.15 ～ 0.25 m，其数量一般为 2 ～ 4 根；横管上一侧开有直径为 10 ～ 15 mm 的小孔，小孔间距从池中心向池边由大逐渐减小，以保证均匀布水。污水从进水竖管进入配水短管，然后分配至各布水横管，在一定水头（为 0.25 ～ 1.0 m）的作用下喷出小孔并产生反作用力，从而推动布水横管向水流相反的方向转动，由此保证向滤池均匀布水。

4）排水系统

生物滤池的排水系统设于池的底部，有两个作用：一是排除处理后的污水；二是保证滤池的良好通风。排水系统包括渗水装置、汇水沟、总排水沟以及供通风用的底部空间等。渗水装置使用比较广泛的是混凝土板式装置，如图 6-18 所示。排水孔隙的总面积不低于滤池总面积的 20%，其主要作用在于支撑滤料，排出滤池处理后的污水，并保证通风良好；池底集水沟宽 0.15 m，间距为 2.5 ～ 4.0 m；集水沟通向总排水沟，总排水沟的过水断面面积不小于其总断面面积的 50%，沟内流速应大于 0.7 m/s，以免发生沉积和堵塞现象。

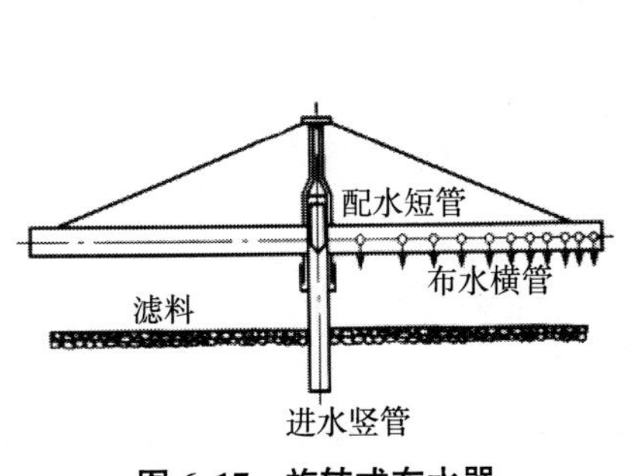

图 6-17　旋转式布水器

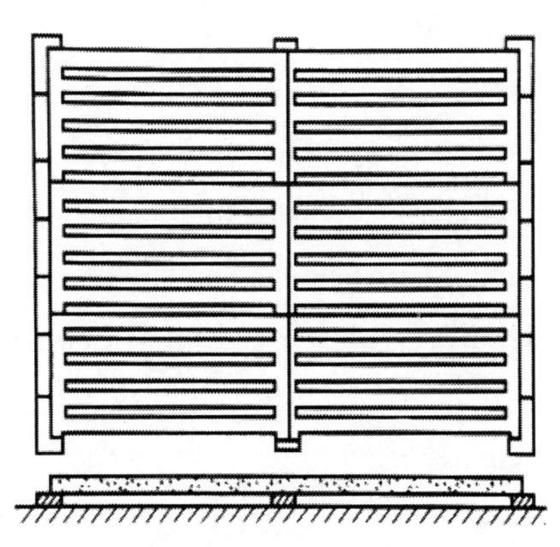

图 6-18　混凝土板式渗水装置

（2）普通生物滤池的特点

普通生物滤池一般适用于处理日污水量不大于 1 000 m^3 的小城镇污水或有机工业废水。其优点是处理效果较好，BOD_5 去除率可达 95% 以上；易于管理；节省能源；运行稳定；剩余污泥量小且易于沉降分离。主要缺点是占地面积大、不适于处理量大的污水；滤料易于堵塞；易产生滤池蝇，影响环境卫生；喷嘴喷洒污水散发臭气。由于上述缺点，使其在推广应用上受到很大限制。

（3）普通生物滤池池体的设计计算

1）设计要求与主要参数

一般设计要求与参数如下：

①生物滤池的平面形状采用圆形或矩形，滤池个数（或分格数）应不少于 2 个，且按平时工作考虑。

②处理城市污水时，表面水力负荷为 1 ～ 3 m^3 废水 /（m^2 滤池 · d）；BOD_5 容积负荷为 0.15 ～ 0.30 kg BOD_5/（m^3 滤料 · d）。

③生物滤池的滤料应质坚、耐腐蚀、强度高、比表面面积大、孔隙率高，适合就地取材，一般宜为碎石、卵石、炉渣、焦炭等无机滤料。采用塑料制品时，应能抗老化，比表面面积大，一般为 100 ～ 200 m^2/m^3，孔隙率高，一般为 80% ～ 90%。

④普通生物滤池滤料层分为工作层和承托层两部分，工作层厚 1.3 ～ 1.8 m，粒径为 30 ～ 50 mm；承托层厚 0.2 m，粒径为 60 ～ 100 mm，即滤层高 1.5 ～ 2.0 m。

⑤池壁高度比滤层高出 0.5 ～ 0.9 m，用以挡风，保证布水均匀。

⑥生物滤池底部空间高度不应小于 0.6 m，沿滤池池底周边应设置自然通风孔，其总面积应不小于池表面积的 1%。

⑦生物滤池的池底应设 0.01° ～ 0.02° 的坡度坡向集水沟，集水沟以 0.005° ～ 0.02° 的坡度坡向总排水沟，并有冲洗底部排水渠的措施。

2）设计方法

① 确定负荷

生物滤池的负荷是生物滤池的性能参数，包括有机物负荷和水力负荷两种。其中有机物负荷主要有 BOD_5 容积负荷和 BOD_5 表面负荷，通常以 BOD_5 容积负荷表示；水力负荷包括容积水力负荷和表面水力负荷。

BOD_5 容积负荷：在保证处理水达到质量要求的前提下，每 1 m^3 滤料在 1 d 内所接受的 BOD_5 量，单位为 kg BOD_5/（m^3 滤料 · d）。

BOD_5 表面负荷：在保证处理水达到质量要求的前提下，每 1 m^2 滤池表面积在 1 d 内所接受的 BOD_5 量，单位为 kg BOD_5/（m^2 滤池 · d）。

容积水力负荷：在保证处理水达到质量要求的前提下，每 1 m^3 滤料在 1 d 内所接受的污水水量（m^3），单位为 m^3 废水 /（m^3 滤料 · d）。

表面水力负荷：在保证处理水达到质量要求的前提下，每 1 m^2 滤池表面积在 1 d

内所接受的污水水量（m^3），单位为 m^3 废水 /（m^2 滤池・d）。

当处理对象为生活污水或以生活污水为主的城市污水时，BOD_5 容积负荷可按表 6-8 所列数据选用。

表 6-8　普通生物滤池 BOD_5 容积负荷

年平均气温（℃）	BOD_5 容积负荷［kg BOD_5/（m^3 滤料・d）］
3 ～ 6	0.10
6.1 ～ 10	0.17
＞10	0.20

注：1. 本表所列负荷适用于处理生活污水或以生活污水为主的城市污水的普通生物滤池。

2. 当处理工业废水含量较多的城市污水时，应考虑工业废水所造成的影响，适当降低上表所列举的负荷值。

3. 若冬季污水温度不低于 6℃，则上表所列负荷值应乘以 $T/10$（T 为污水在冬季的平均温度）。

② 确定滤料体积

$$V = \frac{QS_0}{1\,000L_V} \tag{6-42}$$

式中：V——滤料体积，m^3；

S_0——进水 BOD_5，mg/L；

Q——污水流量，m^3/d；

L_V——BOD_5 容积负荷，kg BOD_5/（m^3 滤料・d）。

③ 确定滤池尺寸

滤池面积：

$$A = \frac{V}{h_2} \tag{6-43}$$

式中：A——滤池面积，m^2；

h_2——滤层高，m。

滤池总高：

$$H = h_1 + h_2 + h_3 \tag{6-44}$$

式中：H——滤池总高，m；

h_1——滤池超高，m，一般取 0.5 ～ 0.9 m；

h_2——滤层高，m；

h_3——底部构造层高，m，一般取 1.0 m。

④ 校核水力负荷

$$L_q = \frac{Q}{A} \tag{6-45}$$

式中：L_q——水力负荷，m^3 废水 /（m^2 滤池 · d）。

【例 6-1】已知污水量 Q=2 000 m^3/d，进水 BOD_5 浓度 S_0=160 mg/L，出水 BOD_5 浓度 S_e≤20 mg/L，冬季污水平均水温 t=10℃，当地年平均气温 11℃。试用容积负荷法计算普通生物滤池。

【解】1. BOD_5 去除率

$$\eta_{BOD_5} = \frac{160-20}{160} \times 100\% = 87.5\%$$

根据表 6-8 的要求，当地年平均气温 11℃，且 BOD_5 去除率在中等水平，故 BOD_5 容积负荷 L_V 选用 0.20 kg BOD_5/（m^3 滤料 · d）。

2. 滤料体积 V

拟设计 2 座滤池并联运行，滤料总体积：

$$V_{总}=\frac{QS_0}{L_V}=\frac{2\,000\times160}{1\,000\times0.20}=1\,600(m^3)$$

单池滤料体积：

$$V_{单}=\frac{V_{总}}{2}=\frac{1\,600}{2}=800(m^3)$$

3. 滤池尺寸

设滤料层高 h_2 = 2 m，单池滤料面积：

$$A_{单}=\frac{V_{单}}{h_2}=\frac{800}{2}=400(m^2)$$

滤池采用方形，每池边长：

$$a=\sqrt{A_{单}}=\sqrt{400}=20(m)$$

取滤池超高 h_1 = 0.8 m，底部构造层 h_3 =1 m，滤池总高：

$$H = h_1 + h_2 + h_3 = 0.8 + 2 + 1 = 3.8(m)$$

4. 校核滤池水力负荷（L_q）：

$$L_q = \frac{Q/2}{A_{单}} = \frac{2\,000/2}{400} = 2.5\left[m^3废水/(m^2滤池\cdot d)\right]$$

计算水力负荷 1 ～ 3 m^3 废水 /（m^2 滤池 · d），符合要求。

6.2.2.2　高负荷生物滤池

高负荷生物滤池是在改善普通生物滤池净化功能和运行中存在的弊端基础上提出的，它通过采取处理水回流稀释进水 BOD_5 值低于 200 mg/L 的技术措施，实现了高滤速、大幅提高了滤池的负荷，其 BOD_5 容积负荷高于普通生物滤池 6 ～ 8 倍，水力负荷则高达 10 倍。

（1）高负荷生物滤池的特点

高负荷生物滤池适宜处理浓度和流量变化较大的废水。同普通生物滤池相比，通过污水回流，增大了进水量，既稀释了进水浓度，又增大了冲刷生物膜的力度，使其常保持活性，可防止滤料堵塞，抑制臭味及滤池蝇的过度滋生；同时增大了滤料孔径，可防止迅速增长的生物膜堵塞滤料，使水力负荷和 BOD_5 负荷大大提高；占地面积小，卫生条件较好；但出水水质较普通生物滤池差，出水 BOD_5 常大于 30 mg/L；池内不产生硝化反应，脱氮效率低；二沉池污泥易腐化。

（2）高负荷生物滤池的设计计算

1）设计要求与主要参数

①高负荷生物滤池的个数不应少于 2 座；

②进水 BOD_5 浓度不大于 200 mg/L，否则宜用处理后水回流稀释；

③处理城市污水，在正常温度条件下，表面水力负荷一般为 10 ～ 36 m^3 废水 /（m^2 滤池・d）；BOD_5 容积负荷不宜大于 1.8 kg BOD_5/（m^3 滤料・d），BOD_5 表面负荷一般为 1.1 ～ 2.0 kg BOD_5/（m^2 滤池・d）；

④滤料层高度一般为 2 ～ 4 m。自然通风时，滤料层不大于 2 m：工作层厚度为 1.8 m，滤料粒径为 40 ～ 70 mm；承托层厚 0.2 m，粒径为 70 ～ 100 mm。当滤层厚度超过 2.0 m 时，一般应采用人工通风措施。

⑤一般以冬季污水平均温度作为计算水温。

2）设计方法

高负荷生物滤池的设计计算包括两部分：一是滤池池体的设计计算；二是旋转布水器的设计计算。滤池池体的计算主要是确定滤料体积。

①池体的设计

滤池池体的工艺计算有多种方法，其中以负荷计算法使用较广泛，按平均日污水量进行计算。计算前首先应确定进入滤池的污水经回流水稀释后的 BOD_5 值及回流比。

经处理水稀释后，进入滤池污水的 BOD_5 值为

$$S_a = \alpha S_e \tag{6-46}$$

式中：S_e——滤池处理后出水的 BOD_5 值，mg/L；

S_a——进入滤池污水的 BOD_5 值，mg/L；

α——系数，按表 6-9 所列数据选用。

回流稀释倍数（n）：

$$n = \frac{S_0 - S_a}{S_a - S_e} \tag{6-47}$$

式中：S_0——原污水的 BOD_5 值，mg/L。

表 6-9　系数 α 的取值

污水冬季平均气温 /℃	年平均气温 /℃	不同滤料层高度（m）的 α 值				
		2	2.5	3	3.5	4
8 ~ 10	＜3	2.5	3.3	4.4	5.7	7.5
10 ~ 14	3 ~ 6	3.3	4.4	5.7	7.5	9.6
＞14	＞6	4.4	5.7	7.5	9.6	12

回流量 Q_R 与原污水量 Q 之比称为回流比（R）：

$$R=\frac{Q_R}{Q} \tag{6-48}$$

回流稀释倍数（n）与回流比（R）在数值上是相等的。

喷洒在滤池表面上的总水量 Q_T 为

$$Q_T=Q+Q_R \tag{6-49}$$

总水量 Q_T 与原污水量 Q 之比称为循环比 F：

$$F=\frac{Q_T}{Q}=1+R \tag{6-50}$$

回流比确定后的计算步骤如下：

a. 确定负荷

负荷计算法属于经验计算法，负荷数据一般都是对运行数据归纳总结整理后得出的。采用人工塑料滤料的高负荷生物滤池的容积负荷与出水 BOD_5、滤池高度、污水冬季平均水温等因素有关，可按表 6-10 选用。

表 6-10　高负荷生物滤池（人工塑料滤料）的容积负荷

出水 BOD_5/（mg/L）	BOD_5 容积负荷［kg BOD_5/（m^3 · d）］					
	滤层高 3 m			滤层高 4 m		
	污水冬季平均水温 /℃					
	10 ~ 12	13 ~ 15	16 ~ 20	10 ~ 12	13 ~ 15	16 ~ 20
15	1.15	1.30	1.55	1.50	1.75	2.10
20	1.35	1.55	1.85	1.80	2.10	2.50
25	1.65	1.85	2.20	2.10	2.45	2.90
30	1.85	2.10	2.50	2.45	2.85	3.40
40	2.15	2.50	3.00	2.90	3.20	4.00

b. 确定滤池尺寸

b1. 按 BOD_5 容积负荷计算

滤料体积 V：

$$V=\frac{Q(n+1)S_a}{1\,000L_V} \tag{6-51}$$

式中：Q——污水流量，m^3/d；

L_V——BOD_5 容积负荷，kg BOD_5/（m^3 滤料·d）

滤池面积 A：

$$A=\frac{V}{h_2} \tag{6-52}$$

式中：h_2——滤料层高，m。

b2. 按 BOD_5 面积负荷率计算

滤池面积 A：

$$A=\frac{Q(n+1)S_a}{1\,000L_A} \tag{6-53}$$

式中：L_A——BOD_5 面积负荷，kg BOD_5/（m^2 滤池·d）。

滤料体积：

$$V=h_2\times A \tag{6-54}$$

b3. 按水力负荷计算

滤池面积：

$$A=\frac{Q(n+1)}{L_q} \tag{6-55}$$

式中：L_q——滤池表面水力负荷，m^3 废水 /（m^2 滤池·d）。

设计计算时，可选用其中任一种负荷进行计算，以其余两种负荷进行校核。

3）确定滤池高度

$$H=h_1+h_2+h_3 \tag{6-56}$$

式中：H——滤池总高，m；

h_1——滤池超高，m，一般取 0.8 m；

h_2——滤料层高，m；

h_3——底部构造层高，m，一般取 1.5 m。

4）确定高负荷生物滤池的供氧量

生物滤池的供氧，是在自然条件下通过池内外空气的流通使氧转移到污水中，继而从污水扩散传递到生物膜内部的。影响生物滤池通风状况的因素主要有滤池内外的温度差、风力、滤料类型及污水的布水量等，其中特别是池内外的温度差，能够决定空气在滤池内的流速、流向等。滤池内部的温度大致与水温相等，在夏季，滤池内温度低于池外气温，空气呈下向流，冬季则相反。

根据 Halveron 的研究结果，池内外温差 ΔT 与空气流速 v 的关系，可用经验式计算：

$$v = 0.075 \times \Delta T - 0.15 \quad (6\text{-}57)$$

式中：v——空气流速，m/min；

ΔT——滤池内外温差，℃。

当 $\Delta T = 2$℃时，$v = 0$，空气流通停止。一般情况下，ΔT 值为 6℃，按式计算，空气流通速度为 0.3 m/min = 18 m/h = 432 m/d。即每 1 m^2 滤料每日通过的空气量为 432 m^3，每 1 m^3 空气中氧的含量为 0.28 kg，则向生物膜提供的氧量为 120.96 kg，氧的利用率以 5% 考虑，则实际上生物膜能够利用的氧量为 6.05 kg。这样，当 BOD_5 负荷为 2.0 kg BOD_5/（m^2 滤池 · d）时，氧是充足的。可见，运行正常、通风良好的生物滤池，在供氧问题上是不存在问题的。

②旋转布水器的设计

旋转布水器设计的主要内容包括：确定布水横管根数（一般是 2 根或 4 根）和直径；布水管上的孔口数和在布水横管上的位置；布水器的转速。旋转布水器如图 6-17 所示。

a. 布水横管根数与直径：布水横管的根数取决于池子和滤速的大小，布水量大时用 4 根，一般用 2 根。布水横管的直径（D_1，单位为 mm）计算公式如下：

$$D_1 = 2\,000 \cdot \sqrt{\frac{Q'}{\pi v}} \quad (6\text{-}58)$$

式中：Q'——每根布水横管的最大设计流量，m^3/s，$Q' = \frac{(1+R)Q}{n}$；

v——横管进水端流速，m/s；

R——回流比；

Q——每个滤池处理的水量，m^3/s；

n——横管数。

b. 孔口数和在布水横管的位置：假定每个出水孔口喷洒的面积基本相同，孔口数（m）的计算公式为

$$m = \frac{1}{1 - \left(1 - \frac{4d}{D_2}\right)^2} \quad (6\text{-}59)$$

式中：d——孔口直径，一般为 10 ～ 15 mm，孔口流速为 2 m/s 左右或更大些；

D_2——旋转布水器直径，mm，比滤池内径小 200 mm。

第 i 个孔口中心距滤池中心的距离（r_i）为

$$r_i = \frac{D_2}{2}\sqrt{\frac{i}{m}} \quad (6\text{-}60)$$

式中：i——从池中心算起，任一孔口在布水横管上的排列顺序序号。

5）布水器的转速：布水横管的转速与滤速、横管根数有关，见表 6–11。也可以近似地用下式计算：

$$n=\frac{34.78\times10^6}{md^2D_2}\cdot Q' \tag{6-61}$$

布水横管可以采用金属管或高分子材料管，其管底离滤床表面的距离，一般为 150 ～ 250 mm，以避免风力的影响。布水器所需水压为 0.6 ～ 1.5 m 水柱。

表 6–11　旋转布水器的转速

滤速 /（m/d）	转速 /（r/min）（4 根横管）	转速 /（r/min）（2 根横管）
15	1	2
20	2	3
25	2	4

【例 6–2】某城市设计人口为 100 000 人，排水量标准为 200 L/（人・d），BOD_5 按人均 27 g/d 考虑。市内设有排水量较大的肉类加工厂一座，生产废水量 1 500 m^3/d，BOD_5 值为 1 800 mg/L。该市年平均气温为 10℃，城市污水冬季水温为 15℃，处理水排放 BOD_5 值应低于 30 mg/L。拟采用高负荷生物滤池处理，试进行工艺计算与设计。

【解】1. 设计水量、水质及回流稀释倍数的确定

（1）计算污水水量 Q：

$$Q=100\,000\times0.2+1500=21\,500(\mathrm{m^3/d})$$

（2）计算污水的 BOD_5 值 S_0：

$$S_0=(100\,000\times27+1\,500\times1800)/21\,500=251.16(\mathrm{g/m^3})=251(\mathrm{mg/L})$$

（3）因 $S_0>200$ mg/L，原污水必须用处理水回流稀释，稀释后的污水达到的 BOD_5 值经计算，$S_e=30$ mg/L，α 值按表 6–9 选用。滤池采用自然通风，滤料层高度取 2 m。该市年平均气温为 10℃，冬季污水平均水温为 15℃。按以上数据，查表 6–9，$\alpha=4.4$，得

$$S_a=\alpha S_e=4.4\times30=132(\mathrm{mg/L})$$

（4）回流稀释倍数，按下式计算。

$$n=\frac{251-132}{132-30}=\frac{119}{102}=1.167=1.2$$

2. 滤池容积及滤池表面面积计算

（1）计算滤池面积：

BOD_5 表面负荷取 1.75 kg BOD_5/（m^2 滤池・d），计算滤池面积：

$$A=\frac{21\,500\times(1.2+1)\times132}{1750}=\frac{6\,243\,600}{1\,750}=3\,567.8(\mathrm{m^2})$$

（2）计算滤料总体积：

$$V = 2.0 \times 3\,567.8 = 7\,135.6(\mathrm{m}^3)$$

（3）校核 BOD_5 容积负荷和水力负荷：

校核 BOD_5 容积负荷

$$L_V = \frac{Q(n+1)S_a}{V} = \frac{21\,500 \times (1.2+1) \times 132}{7\,135.6} = 875\left[\mathrm{g/(m^3 \cdot d)}\right]$$

L_V<1 800 g/（m^3 · d），符合要求。

校核水力负荷：

$$L_q = \frac{Q(n+1)}{A} = \frac{21\,500 \times (1.2+1)}{3\,567.8} = 13.26\left[\mathrm{m^3/(m^2 \cdot d)}\right]$$

L_q 为 10 ～ 36 m^3/（m^2 · d），符合要求。

（4）滤池座数、每座滤池表面面积、滤池直径的确定

1）拟采用 8 座滤池。

2）每座滤池表面面积：

$$A_1 = \frac{3\,567.8}{8} = 446(\mathrm{m}^2)$$

3）每座滤池直径：

$$D = \sqrt{\frac{4A_1}{\pi}} = 23.8(\mathrm{m})，取 24\ \mathrm{m}。$$

即采用直径为 24 m、高为 2.0 m 的高负荷生物滤池 8 座。

6.2.2.3 塔式生物滤池

塔式生物滤池是一种高负荷生物滤池。塔式生物滤池池体高，有抽风作用，可以克服滤料空隙小所造成的通风不良问题。由于它的直径小，高度大，形状如塔，故称为塔式生物滤池。

（1）塔式生物滤池的构造

塔式生物滤池在平面上多呈圆形。在构造上由塔身、滤料、布水系统以及通风和排水装置所组成，如图 6-19 所示。

1）塔体：塔体主要起围挡滤料的作用，一般可用砖砌筑，也可以在现场浇筑钢筋混凝土或预制板构件进行现场组装，还可以采用钢框架结构，四周用塑料板或金属板围嵌，以减轻整个池体重量。塔体每层高以不大于 2.5 m 为宜。每层还应设检修孔，以便更换滤料；设测温孔和观察孔，以便测量池内温度和观察塔内生物膜的生长情况及滤料表面布水的均匀程度，并取样分析。

2）滤料：塔式生物滤池应采用轻质滤料。如国内常用的纸蜂窝（密度 20 ～ 25 kg/m^3）、

玻璃布蜂窝和聚氯乙烯斜交错波纹板（密度 140 kg/m^3）等。这些滤料的比表面面积较大，结构比较均匀，有利于空气流通与污水的均匀配布，流量调节幅度大，不易堵塞。

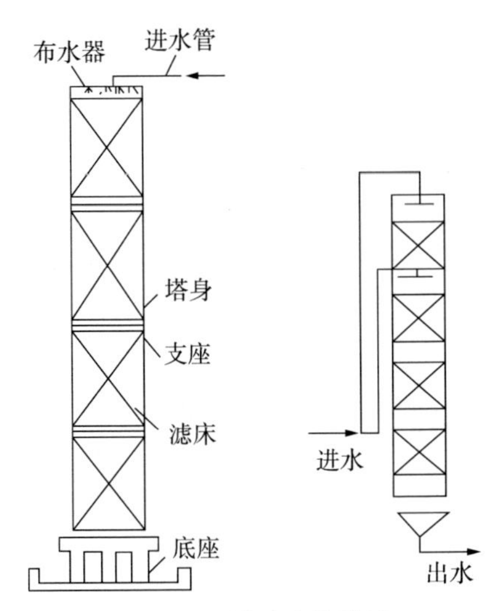

图 6-19　塔式生物滤池

3）布水装置：塔式生物滤池的布水装置与一般的生物滤池相同，大、中型滤塔多采用旋转布水器，小型滤塔则多采用固定式喷嘴布水系统。

4）通风：塔式生物滤池一般都采用自然通风，自然通风供氧不足的情况下可考虑采用机械通风。采用机械通风时，在滤池上部和下部装设吸气或鼓风的风机，要注意空气在滤池表面上的均匀分布，并防止冬季池温降低，影响过滤效果。

（2）塔式生物滤池的特征

塔式生物滤池的主要工艺特征是能承受的负荷高，高有机物负荷使生物膜生长迅速，高水力负荷也使生物膜受到强烈的水力冲刷，从而使生物膜不断脱落、更新；塔式生物滤池占地面积小，由于滤料分层而抗冲击负荷能力较强。但在地形平坦时污水所需抽升费用较大，且由于滤池较高，使运行管理不够方便。

（3）塔式生物滤池的设计计算

塔式生物滤池的设计计算主要包括滤料的选择、滤池池体的设计，以及水力负荷校核。

1）设计要求与主要参数

① 进水 BOD_5 浓度值须控制在 500 mg/L 以下，否则应采用回流稀释措施。

② 水力负荷和有机容积负荷应由试验或参照相似污水的资料确定。无试验条件和无相关资料时，水力负荷宜为 80 ～ 200 m^3/（m^2 滤池 · d），BOD_5 容积负荷率为 1.0 ～ 3.0 kg BOD_5/（m^3 滤料 · d）。

③ 滤料层总厚度一般宜为 8 ～ 12 m，塔径宜为 1 ～ 3.5 m，滤池径高比宜为 1∶6 ～ 1∶8。

④一般采用自然通风方式。塔底有高度为 0.4～0.6 m 的空间，周围应留有通风孔，其有效面积不得小于滤池面积的 7.5% ～ 10%。

⑤ 滤料应采用轻质材料，国内常用纸蜂窝、玻璃钢蜂窝和聚乙烯斜交错波纹板等，国外推荐使用的塔式生物滤池滤料有波纹塑料板、聚苯乙烯蜂窝等。

⑥ 滤料应分层设置，以使滤料荷重分层负担，每层滤料层厚不宜大于 2 m，以免压碎滤料，并应便于安装与养护。塔顶高出最上层滤料表面 0.5 m 以上，以免风吹影响污水的均匀分布。

2）设计方法

① 确定容积负荷

BOD_5 容积负荷取决于对处理水 BOD_5 值的要求和污水在冬季的平均温度，三者间的关系曲线如图 6-20 所示，可供设计处理城市污水的塔式生物滤池时参考。当塔式生物滤池用于处理工业废水时，一般应通过一定规模的试验获取设计参数。

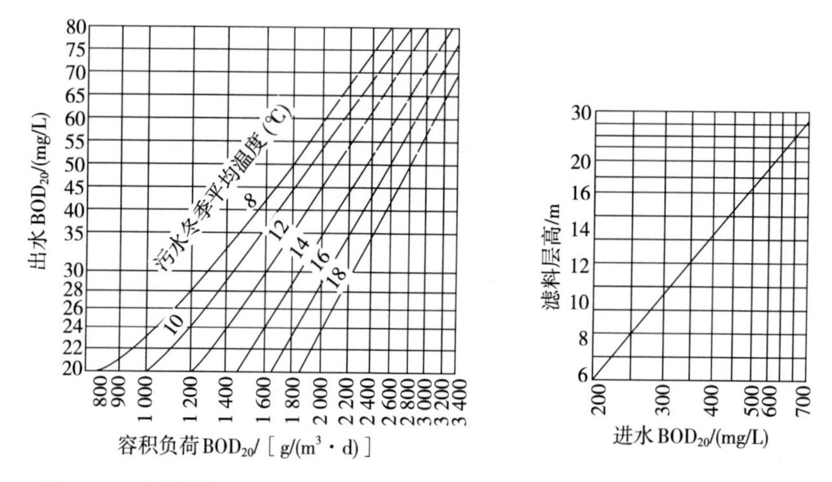

图 6-20　生物塔滤 BOD_{20} 容积负荷与处理水 BOD_{20} 及水温之间的关系曲线

②滤料总体积计算

$$V=\frac{QS_0}{1\,000\times L_V} \tag{6-62}$$

式中：V——滤料总体积，m^3；

S_0——进水 BOD_5，也可按 BOD_{20} 考虑，mg/L；

Q——污水流量，m^3/d；

L_V——BOD_5 容积负荷，由图 6-20 查定，kg BOD_5/（m^3 滤料 · d）。

③ 确定滤池尺寸

a. 滤池面积：

$$A=\frac{V}{h} \tag{6-63}$$

式中：A——滤塔的表面面积，m^2；

h——滤料总高度，m，其值可根据表 6-12 所列数据确定。

表 6-12　进水 BOD_{20} 与滤料高度的关系

进水 BOD_{20}/（mg/L）	250	300	350	450	500
滤料高度 /m	8	10	12	14	＞16

b. 滤池总高：

$$H = h + h_1 + h_2 + h_3 \tag{6-64}$$

式中：H——滤池总高，m；

h_1——滤池超高，m，一般取 0.8 m；

h_2——滤层间距总高，m，一般每层取 0.4 ～ 0.5 m；

h_3——底部构造层高，m，一般取 1.85 m。

c. 校核水力负荷 L_q：

$$L_q = \frac{Q}{A} \tag{6-65}$$

式中：L_q——水力负荷，m^3/（m^2 滤池 · d）。

【例 6-3】某污水处理厂污水量 Q = 2 000 m^3/d，进水 BOD_{20} 浓度 S_0 = 280 mg/L，出水 BOD_{20} 浓度 $S_e \leqslant 40$ mg/L，污水冬季平均水温为 14℃，夏季为 26℃。拟采用塔式生物滤池处理，试进行塔式生物滤池的工艺计算与设计。

【解】1. 设计 10 座塔式滤池，每座处理水量为 200 m^3/d，按图 6-20 选用塔滤容积负荷 L_V 为 1.7 kg BOD_{20}/（m^3 · d），则滤料总体积为

$$V = \frac{QS_0}{1\,000 \times L_V} = \frac{2\,000 \times 280}{1\,000 \times 1.7} = 329.4(m^3)$$

2. 滤池面积和直径

由进水 BOD_{20} 浓度 S_0 = 280 mg/L，内插法选取滤料总高为 H 为 9.2 m。

滤池总面积：

$$A = \frac{V}{h} = \frac{329.4}{9.2} = 35.80(m^2)$$

单池面积：

$$A_{单} = \frac{A}{10} = \frac{35.80}{10} = 3.58(m^2)$$

单池直径：

$$D = \sqrt{\frac{4A_{单}}{\pi}} = \sqrt{\frac{4 \times 3.58}{3.14}} = 2.14(m) \text{ 取 } 2.15 \text{ m。}$$

3. 滤池总高 H

设滤池上部超高 $h_1 = 0.8$ m，滤料分 5 层，每层高 1.84 m，滤层间距高 $h_2 = 0.5$ m，底部构造高 $h_3 = 1.85$ m。塔式滤池总高为

$$H = h + h_1 + h_2 + h_3 = 9.2 + 0.8 + 0.5 \times 4 + 1.85 = 13.85(\text{m})$$

4. 校核径高比

$$D:H = 2.15:13.85 = 1:6.5$$

满足 1∶6 ～ 1∶8 的要求。

6.2.3 曝气生物滤池

曝气生物滤池是 20 世纪 80 年代末在普通生物滤池的基础上，借鉴给水滤池工艺开发的集生物降解和固液分离为一体的污水处理新工艺。曝气生物滤池最初用于污水的三级处理，后发展成兼有二级处理工艺的功能，目前广泛用于城镇污水、小区生活污水、中水处理、生活杂排水和食品加工废水、酿造和造纸等废水处理。

曝气生物滤池根据水流方向的不同，可分为上向流滤池和下向流滤池。上向流滤池具有不易堵塞、冲洗简便、出水水质好等优点，近年来，工程应用中采用上向流曝气生物滤池较多。

曝气生物滤池具有以下优点：氧的转移率高，动能消耗低；无须设沉淀池，占地面积少；池内能够保持较高的生物量，加上滤料的截留作用，污水处理效果良好；无须污泥回流，也无污泥膨胀之虞。同时，曝气生物滤池也有如下缺点：对进水的 *SS* 值要求较高；水头损失较大，水的总提升高度较大；在反冲洗操作中，短时间内水力负荷较大，反冲洗水直接回流入初沉池会造成较大的冲击负荷；因设计或运行管理不当时，还会造成滤料随水流失等。

（1）曝气生物滤池的构造

曝气生物滤池在结构上与给水处理的快滤池类似。滤池底部设承托层，上部设滤料层。在承托层设置曝气和反冲洗用的空气管及空气扩散装置，处理水集水管兼作反冲洗配水管，也设置在承托层内。

1）滤池池体：曝气生物滤池的形状有圆形、正方形和矩形 3 种，结构形式有钢结构和钢筋混凝土结构等。一般当处理水量较少、池体容积较小并为单座池时，采用圆形钢结构较多；当处理水量和池容较大，选用的滤池个数较多并考虑池体共壁时，采用矩形和方形钢筋混凝土结构较为经济。

2）承托层：承托层常用材质为卵石或磁铁矿，为保证承托层稳定，并使配水均匀，要求材质具有良好的机械强度和化学稳定性，形状尽量接近圆形，工程一般选用鹅卵石作为承托层。

3）布水系统：曝气生物滤池的布水系统主要包括滤池最下部的配水室和滤板上的

配水滤头，对于上向流滤池，配水室的作用是使进入滤池的污水能在短时间内在配水室内混合均匀，并通过配水滤头均匀流向滤料层。布水系统作为滤池运行时配水外，也是滤池反冲洗时的布水装置。在气、水联合反冲洗时，配水区还起到均匀配气作用。如果布水系统设计不合理或安装达不到要求，使反冲水配水不均匀，将产生下列不良后果：①整个生物滤池冲洗不均匀，影响生物滤池对污染物的去除效果；②冲洗强度大的区域，由于水流速度过大，会冲动承托层，甚至引起生物滤料与承托层混合，生物滤料流失，有时还会引起布水系统的松动，造成较大危害。

4）布气系统：曝气生物滤池内的布气系统包括正常运行时曝气所需的曝气系统和进行气－水联合反冲洗时的供气系统两部分。曝气生物滤池最简单的曝气装置是穿孔管。穿孔管属大、中气泡型，氧利用率较低，仅为 3% ～ 4%，其优点是不易堵塞、造价低。在应用中有将充氧曝气与反冲洗曝气共用同一套布气管的，由于充氧曝气需气量比反冲洗时需气量小，因此配气不易均匀。共用一套布气管虽然能减少投资，但因需气量不匹配，影响曝气生物滤池的稳定运行。实践中发现，此法利少弊多，宜将两者分开，各自独立设置。

目前，生物滤池常用专用的曝气扩散器作为空气扩散装置。单孔膜空气扩散器按一定间隔安装在空气管道上，空气管道又被固定在承托滤板上，单孔膜空气扩散器一般都安装在滤料承托层，距承托板 0.1 ～ 0.15 m，使空气通过扩散器并流过滤料层时可达到 30% 以上的氧利用率。

5）反冲洗系统：曝气生物滤池气－水联合反冲洗过程一般按以下步骤进行：先降低滤池内的水位并单独气洗，而后采用气－水联合反冲洗，最后单独采用水洗。

6）出水系统：曝气生物滤池出水系统有周边出水和单侧堰出水等方式。在大、中型污水处理工程中，为工艺布置方便，一般采用单侧堰出水。

（2）曝气生物滤池的工艺流程

如图 6-21 所示，曝气生物滤池污水处理工艺由预处理设施、曝气生物滤池及滤池反冲洗系统组成，可不设二沉池。预处理一般包括沉砂池、初沉池或混凝沉淀池、隔油池等设施。污水经预处理后使悬浮固体浓度降低，再进入曝气生物滤池，有利于减少反冲洗次数和保证滤池的正常运行。如进水有机物浓度较高，污水经沉淀后可进入水解调节池进行水质水量的调节，同时也提高了污水的生物可降解性。曝气生物滤池的进水悬浮固体浓度应控制在 60 mg/L 以下，并根据处理程度不同，可分为碳氧化、硝化、后置反硝化或前置反硝化等。碳氧化、硝化和反硝化可在单级曝气生物滤池内完成，也可在多级曝气生物滤池内完成。

（3）曝气生物滤池的设计计算

曝气生物滤池的工艺设计包括滤池池体和反冲洗系统设计两部分。

1）设计要求与主要设计参数

① 滤池个数（格数）一般不应少于 2 个。

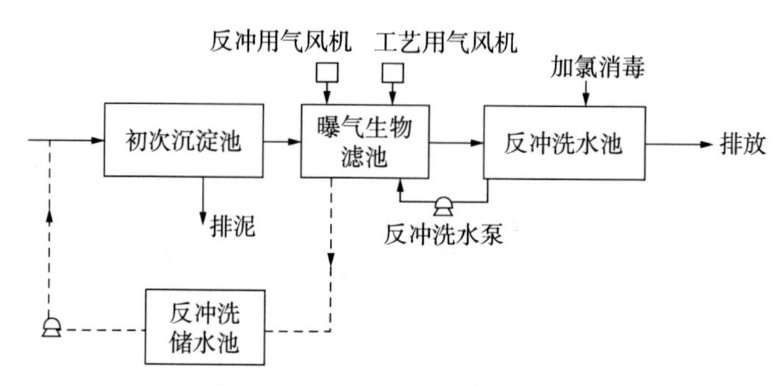

图 6-21　曝气生物滤池工艺流程

② 滤池前应设沉砂池、初沉池或絮凝沉淀池等预处理设施，进水悬浮固体浓度不宜大于 60 mg/L。曝气生物滤池后一般不设二沉池。

③ 池体高度应考虑配水区、承托层、滤料层、清水区和超高等，池体高度一般为 5 ～ 7 m。

④布水布气系统有滤头布水布气系统、穿孔板布水布气系统和大阻力布水布气系统。城市污水处理宜采用滤头布水布气系统。

⑤滤池宜分别设置充氧曝气和反冲洗供气布气系统。过滤速率为 2 ～ 8 $m^3/(m^2·h)$，曝气速率为 4 ～ 15 $m^3/(m^2·h)$。曝气装置可采用单孔膜空气扩散器或穿孔管曝气。曝气管宜设在承托层。

⑥滤料承托层宜选用机械强度和化学稳定性良好的卵石，并按一定级配设置。其级配自上而下一般为 2 ～ 4 mm、4 ～ 8 mm、8 ～ 16 mm，高度分别为 50 mm、100 mm、100 mm。

⑦滤料层应选择具有强度高、不易磨损、孔隙率高、比表面面积大、化学稳定性好、易挂膜、相对密度小、耐冲洗和不易堵塞的滤料，宜选用球形轻质多孔陶粒滤料或塑料球形滤料。滤料层高一般为 2.0 ～ 4.5 m。

⑧曝气生物滤池的容积负荷应通过试验确定，无条件试验时，曝气生物滤池的五日生化需氧量容积（以滤料计）负荷宜为 3 ～ 6 kg $BOD_5/(m^3·d)$，硝化容积负荷宜为 0.1 ～ 0.5 kg NH_3-N/$(m^3·d)$，反硝化容积负荷宜为 0.8 ～ 4.0 kg NO_3^--N/$(m^3·d)$。

⑨反冲洗系统宜采用气－水联合反冲洗。反冲洗空气强度宜为 10 ～ 15 $L/(m^2·s)$，反冲洗水强度不应超过 8 $L/(m^2·s)$。工作周期一般为 24 ～ 72 h，冲洗时间为 30 ～ 40 min。

2）设计方法

曝气生物滤池的设计方法一般采用容积负荷法。其步骤如下：

① 滤料体积

$$V=\frac{QS_0}{1000\times L_V} \tag{6-66}$$

式中：V——滤料体积，m^3；

S_0——进水 BOD_5，mg/L；

Q——污水流量，m^3/d；

L_V——BOD_5 容积负荷，kg BOD_5/（m^3 · d）。

② 滤池面积

$$A = \frac{V}{h_3} \tag{6-67}$$

式中：h_3——滤料高度，m。

③ 校核水力负荷 L_q（过滤速率）

$$L_q = \frac{Q}{A} \tag{6-68}$$

此值应为 2 ～ 8 m^3 废水 /（m^2 滤池 · d）。

④ 滤池总高度

$$H = h_1 + h_2 + h_3 + h_4 + h_5 \tag{6-69}$$

式中：H——滤池总高度，m；

h_1——滤池超高，m，一般取 0.5 m；

h_2——稳水层高度，m，一般取 0.9 m；

h_4——承托层高度，m，一般取 0.25 ～ 0.3 m；

h_5——配水室高度，m，一般取 1.5 m。

⑤反冲洗系统计算

按设计要求选取适当的冲洗强度，然后按式（6-70）计算：

$$Q_{气} = q_{气} \times A \tag{6-70}$$

式中：$Q_{气}$——滤池冲洗需气量，m^3/h；

$q_{气}$——空气冲洗强度，m^3/（m^2 · h）；

A——滤池面积，m^2。

同理，

$$Q_{水} = q_{水} \times A \tag{6-71}$$

式中：$Q_{水}$——滤池冲洗需水量，m^3/h；

$q_{水}$——水冲洗强度，m^3/（m^2 · h）。

然后按设计要求校核冲洗水量，确定工作周期及冲洗时间。

【例 6–4】某污水处理厂污水量 Q = 6 000 m^3/d，进水 BOD_5 浓度 S_0 = 160 mg/L，出水溶解 BOD_5 浓度 S_e ≤20 mg/L。拟采用曝气生物滤池处理，试进行曝气生物滤池工艺设计计算。

【解】1. 曝气生物滤池滤料体积

拟选用陶粒滤料，BOD_5 容积负荷 L_V 选用 3.0 kg BOD_5/（m^3·d）。

$$V=\frac{QS_0}{1000\times L_V}=\frac{6\,000\times160}{1\,000\times3.0}=320(m^3)$$

2. 曝气生物滤池面积

设滤池分两格，滤料高 h_3 为 3.5 m，则曝气生物滤池面积为

$$A=\frac{V}{h_3}=\frac{320}{3.5}=91.4(m^2)$$

单格滤池面积：

$$A_{单}=\frac{A}{2}=\frac{91.4}{2}=45.7(m^2)$$

滤池每格采用方形，单格滤池边长 a 为

$$a=\sqrt{A_{单}}=\sqrt{45.7}=6.8(m)$$

则设计的单格滤池面积为 6.8×6.8 ≈ 46.2（m^2）。

3. 校核水力负荷 L_q

$$L_q=\frac{Q}{A}=\frac{6\,000}{2\times6.8\times6.8}=64.9\ [m^3/(m^2\cdot d)]=2.7\ [m^3/(m^2 滤池\cdot h)]$$

水力负荷 L_q 为 2 ～ 8 m^3/（m^2 滤池·h），满足要求。

4. 滤池总高

$$H=h_1+h_2+h_3+h_4+h_5=0.5+0.9+3.5+0.3+1.5=6.7(m)$$

5. 反冲洗系统计算

采用气－水联合反冲洗。

（1）空气反冲洗计算

选用空气冲洗强度为 40 m^3/（m^2·h），两格滤池轮流反冲，每格需气量：

$$Q_{气}=q_{气}\times A_{单}=40\times46.2=1\,848(m^3/h)=30.8(m^3/min)$$

（2）水反冲洗计算

选用水冲洗强度为 25 m^3/（m^2·h），每格需水量：

$$Q_{水}=q_{水}\times A_{单}=25\times46.2=1\ 155(m^3/h)=19.3(m^3/min)$$

（3）工作周期以 24 h 计，水冲洗每次 15 min，冲洗水量与处理水量比为

(19.3×2×15)/6 000×100% = 9.65%

6.2.4　生物转盘

生物转盘由许多平行排列、部分浸没在一个水槽（接触反应槽）中的圆盘（盘片）组成。生物转盘技术不仅用于城市污水处理，而且在化纤、石化、印染、制革等工业废水处理领域也得到了应用。

6.2.4.1　生物转盘的构造与工艺流程

（1）生物转盘的构造

生物转盘是由盘片、转轴和驱动装置以及接触反应槽等部分组成，如图 6–22 所示。

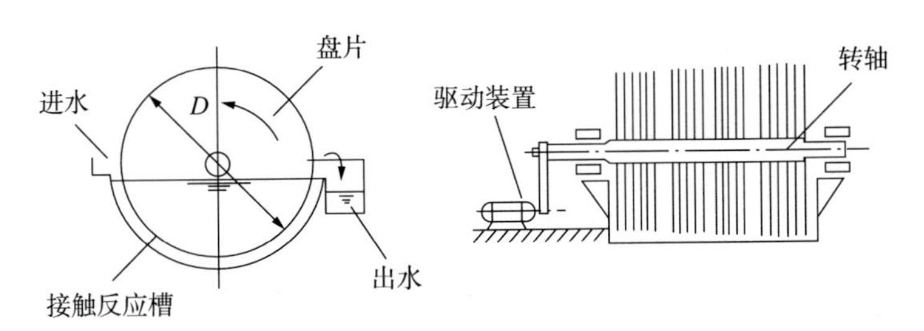

图 6–22　生物转盘基本构造示意图

1）盘片：盘片是生物转盘的主要部件，应质轻、高强度、抗老化、易挂膜、比表面面积大，以及便于安装、养护和运输。

盘片形状一般为圆形平板，也有采用波纹状盘片。

盘片直径一般为 2.0 ～ 3.0 m。

盘片间距一般为 10 ～ 35 mm。

为了减轻盘片的自重，盘片大多由塑料制成，平板盘片多以聚氯乙烯塑料制成，波纹板盘片则多用聚酯玻璃钢。

2）转轴：转轴是支撑盘片并带动其转动的重要部件。转盘的转速以 2 ～ 4 r/min 为宜，外缘线速度宜为 15 ～ 19 m/min。

3）驱动装置：驱动装置包括动力设备、减速装置以及传动链条等。

4）接触反应槽：盘体在接触反应槽内的浸没深度不应小于盘体直径的 35%，但转轴中心应高出水位 150 mm 以上。盘体外缘与槽壁的净距不宜小于 150 mm，首级转盘盘片间距宜为 25 ～ 35 mm，末级转盘盘片间距宜为 10 ～ 20 mm。

（2）生物转盘的工艺流程

生物转盘法的基本流程如图 6–23 所示。实践表明，处理同一种污水，如盘片面积不变，将转盘分为多级串联运行能显著提高处理水水质和水中溶解氧的含量。通过对生物转盘上生物相的观察表明，第一级盘片上的生物膜最厚，随着污水中有机物的逐渐减少，后几级盘片上的生物膜逐级变薄。处理城市污水时，第一、二级盘片上占优势的微生物是菌胶团和细菌，第三、四级盘片上则主要是细菌和原生动物。

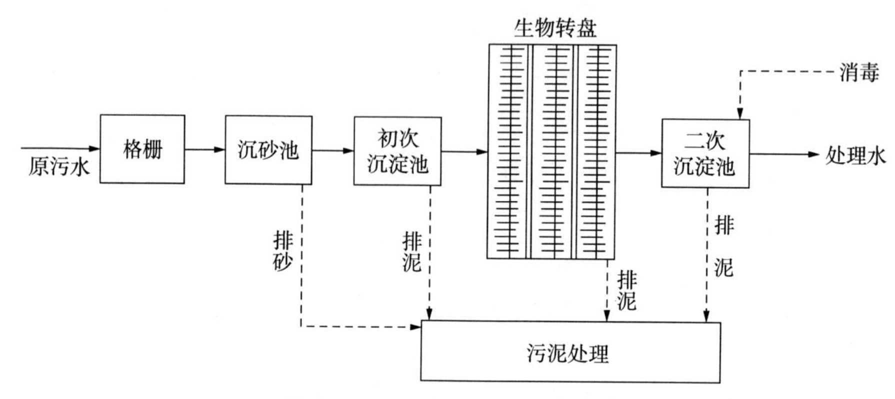

图 6-23　生物转盘处理系统流程

根据转盘和盘片的布置形式，生物转盘可分为单轴单级式、单轴多级式和多轴多级式，如图 6-24 所示，级数多少主要取决于污水水量与水质、处理水应达到的处理程度和现场条件等因素。

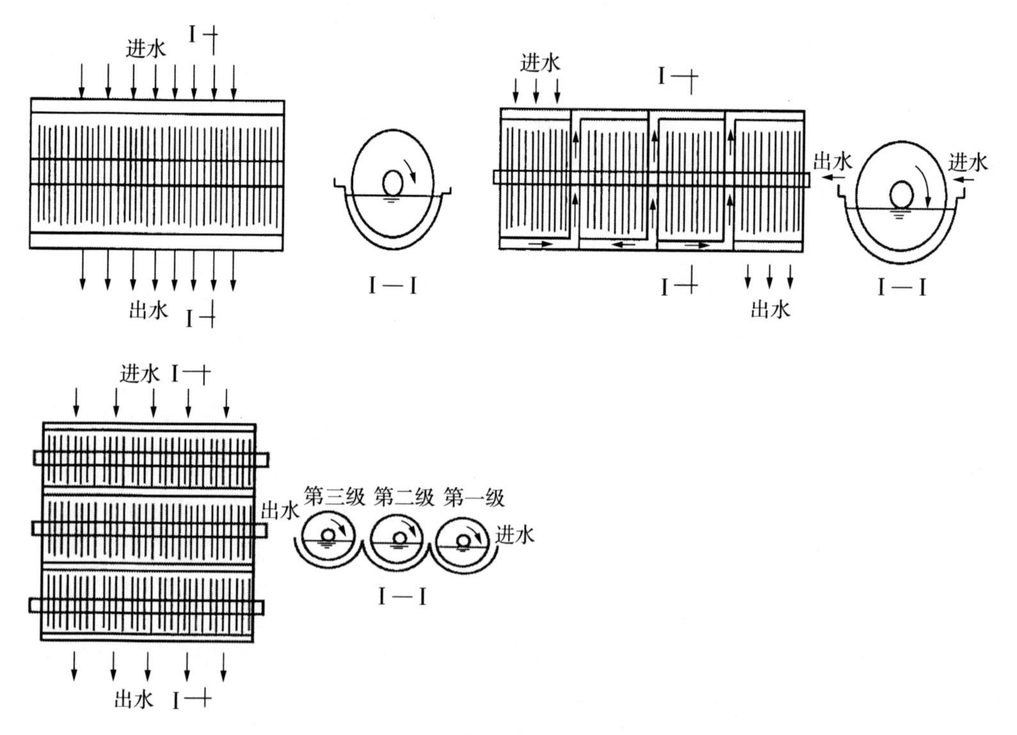

图 6-24　单轴单级、单轴多级与多轴多级式生物转盘

6.2.4.2　生物转盘的设计计算

（1）设计要求

1）生物转盘一般按日平均污水量计算，季节性水量变化的污水，则按污水量最大季节的日平均污水量计算。

2）进入转盘污水的 BOD_5 值，应按经调节沉淀后的平均值考虑。

3）盘片直径一般以 2 ～ 3 m 为宜。盘片厚度与盘材、直径及结构有关：以聚苯乙烯泡沫塑料为盘材时，厚度为 10 ～ 15 mm；采用硬聚氯乙烯板为盘材时，厚度为 3 ～ 5 mm；采用玻璃钢为盘材时，厚度为 1 ～ 2.5 mm；以金属板为盘材时，厚度为 1 mm 左右。

4）接触反应槽断面形状宜呈半圆形。

5）盘片外缘与槽壁的净距不宜小于 150 mm。盘片净间距：首级转盘宜为 25 ～ 35 mm，末级转盘宜为 10 ～ 20 mm。

6）盘片在接触反应槽内的浸没深度不应小于盘片直径的 35%，转轴中心高度应高出水位 150 mm 以上。转盘转速宜为 2 ～ 4 r/min，盘片外缘线速度宜为 15 ～ 19 m/min。

7）生物转盘的转轴强度和挠度必须满足盘体自重和运行过程中附加荷重的要求。

（2）生物转盘的设计

生物转盘一般按面积负荷或水力负荷进行设计。其步骤如下：

① 转盘总面积 A（m^2）

a. 面积负荷计算：

$$A=\frac{QS_0}{1\,000L_A} \tag{6-72}$$

式中：Q——平均日污水量，m^3/d；

S_0——原污水 BOD_5 值，mg/L；

L_A——面积负荷 kg BOD_5/（m^2 盘片·d）。

城市污水生物转盘的设计负荷应根据试验确定，无试验条件时，BOD_5 面积负荷（以盘片面积计）可参考表 6-13 所列数据采用，一般宜为 0.005 ～ 0.02 kg BOD_5/（m^2 盘片·d），首级转盘不宜超过 0.04 kg BOD_5/（m^2 盘片·d）。

表 6-13　生活污水面积负荷与 BOD_5 去除率

面积负荷 /［kg BOD_5/（m^2 盘片·d）］	0.006	0.01	0.025	0.030	0.060
BOD_5 去除率 /%	93	92	90	80	61

b. 水力负荷计算：

$$A=\frac{Q}{L_q} \tag{6-73}$$

式中：L_q——水力负荷，m^3 废水 /（m^2 盘片·d）。

水力负荷因原废水浓度不同而有较大差异，一般表面水力负荷以盘片面积计，宜为 0.04 ～ 0.2 m^3 废水 /（m^2 盘片·d）。

②转盘总片数

当所采用的转盘为圆形时，转盘的总片数按式（6-74）计算：

$$m=\frac{4A}{2\pi D^2}=0.637\times\frac{A}{D^2}\tag{6-74}$$

式中：m——转盘总片数；

D——转盘直径，m。

在确定转盘总片数后，可根据现场的具体情况并参照类似条件的经验，决定转盘的级数，并求出每级转盘的盘片数。

③转动轴有效长度 L（m）

$$L=m_1(d+b)K\tag{6-75}$$

式中：m_1——每级转盘盘片数；

d——盘片间距，m；

b——盘片厚度，m；

K——考虑污水流动的循环沟道系数，一般取 1.2。

④接触反应槽的容积

当采用半圆形接触反应槽时，其总有效容积 V（m^3）为

$$V=(0.294\sim0.335)(D+2C)^2L\tag{6-76}$$

而净有效容积为

$$V'=(0.294\sim0.335)(D+2C)^2(L-m_1b)\tag{6-77}$$

式中：C——盘片外缘与接触反应槽内壁之间的净距，m；

$D+2C$——接触反应槽的有效宽度，m。当 $r/D=0.1$ 时取 0.294，$r/D=0.06$ 时取 0.335，r 为转轴中心距水面的高度，一般为 150 ～ 300 mm。

⑤转盘速度

$$n_0=\frac{6.37}{D}\times\left(0.9-\frac{V'}{Q'}\right)\tag{6-78}$$

式中：n_0——转盘转速，r/min；

V'——每个接触反应槽净有效容积，m^3；

Q'——每个接触反应槽污水流量，m^3/d。

⑥电动机功率 N_p（kW）

$$N_p=\frac{3.85R^4n_0}{10d}m_1\alpha\beta\tag{6-79}$$

式中：R——转盘半径，cm；

d——盘片间距，cm；

α——同一电动机上带动的转轴数；

β——生物膜厚度系数，见表 6-14。

表 6-14　生物膜厚度系数 β 值

膜厚 /mm	β 值
0 ～ 1	2
1 ～ 2	3
2 ～ 3	4

⑦接触时间

$$t=\frac{24V'}{Q'} \quad (6\text{-}80)$$

式中：t——单个接触反应槽的水力停留时间，h。

⑧校核容积面积比

$$G=\frac{V'}{A}\times 10^3 \quad (6\text{-}81)$$

式中：G——容积面积比，L/m^2，G 值以 5 ～ 9 L/m^2 为宜。

6.2.5　生物接触氧化法

生物接触氧化法实质上是一种介于活性污泥法与生物滤池两者之间的生物处理技术，不仅广泛用于城市污水处理，而且在含酚、啤酒、纺织印染、石油化工等工业废水处理领域也得到了应用。

6.2.5.1　生物接触氧化池的构造与形式

（1）生物接触氧化池的构造特点

接触氧化池由池体、填料、支架、曝气装置、进出水装置及排泥管道等基本部件组成，如图 6-25 所示。

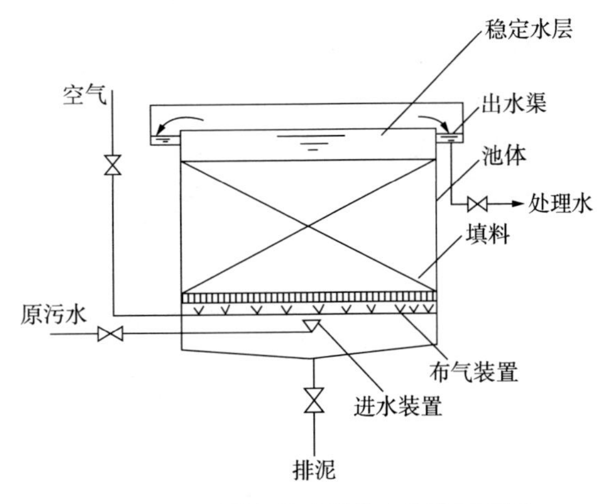

图 6-25　接触氧化池的基本构造示意图

1）池体：接触氧化池池体在平面上多呈圆形、方形或矩形，在材料上有钢板型、钢筋混凝土型和砖混型。池内填料高度为 3.0 ～ 3.5 m；底部布气层高为 0.6 ～ 0.7 m；顶部稳定水层高为 0.5 ～ 0.6 m，总高度为 4.5 ～ 5.0 m。

2）填料：填料是生物膜的载体，直接影响处理效果，在接触氧化系统的建设中其费用所占比例较大，选择适宜的填料非常重要。目前国内常用的填料有整体型、悬浮型和悬挂型。填料按形状可分为蜂窝状、束状、筒状、列管状、波纹状、板状、网状、盾状、圆环辐射状、不规则粒状以及球状等；按性状分有硬性、半软性、软性等；按材质分则有塑料、玻璃钢、纤维等。目前常采用的填料主要有聚氯乙烯塑料、聚丙烯塑料、环氧玻璃钢等做成的蜂窝状和波纹板状填料、纤维组合填料、立体弹性填料等（图 6-26）。

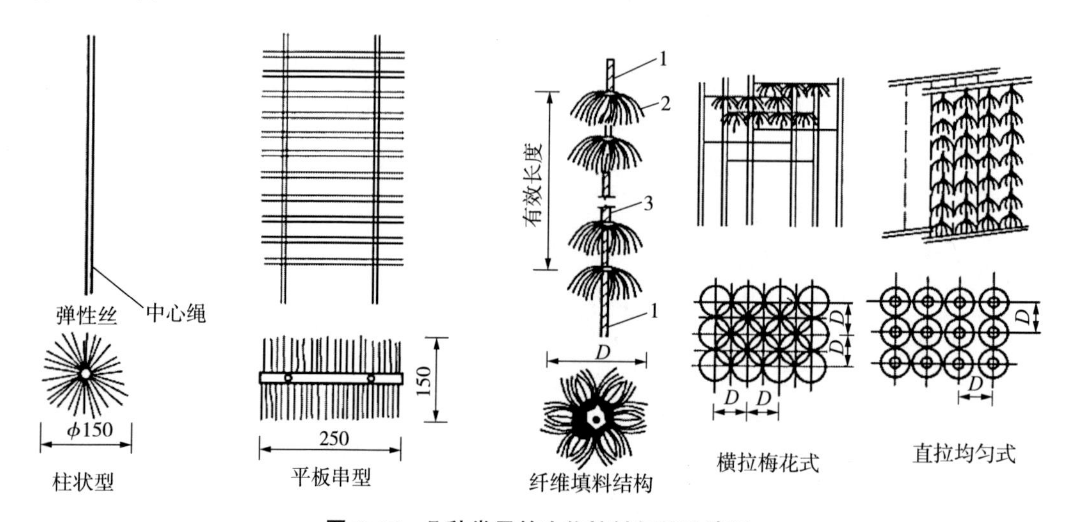

图 6-26　几种常见的生物接触氧化池填料

纤维状填料是用尼龙、维纶、腈纶、涤纶等化学纤维编结成束，呈绳状连接。用尼龙绳直接固定纤维束的软性填料，易发生纤维填料结团问题，现在已较少采用。而采用圆形塑料盘作为纤维填料支架，将纤维固定在支架四周，可以有效解决纤维填料结团问题，同时保持纤维填料比表面面积大、价格较低的优势，得到较为广泛的应用。为安装检修方便，填料常以框架组装，带框放入池中，或在池中设置固定支架，用于固定填料。

3）曝气装置：曝气装置为接触氧化池的重要组成部分，它对于充分发挥填料上生物膜降解作用，维持氧化池生物膜的更新等具有重要作用。同时，与接触氧化池的动力消耗密切相关。

4）进出水装置：常用的进水方式有顺流式（水与空气同向）和从顶部进水的逆流式（水与空气逆向）两种，一般直接用管道进水。出水装置形式一般为顶部四周（或一侧）布置孔口、溢流堰等。

5）排泥管：为了定期从氧化池排出脱落的生物膜和积泥，池底设排泥管（维修时也可作放空管用)。当池内曝气强度足够，并且曝气管离池底较近时，可能无排泥需求，只用于维修放空用。

（2）生物接触氧化池的形式

生物接触氧化池中的填料可采用全池布置，底部进水，整个池底安装布气装置，全池曝气；两侧布置，底部进水，布气管布置在池子中心，中心曝气。或单侧布置，上部进水，侧面曝气，如图 6-27 所示。采用填料全池布置、全池曝气形式，由于曝气均匀，填料不易堵塞，氧化池容积利用率高等优势，是目前生物接触氧化池采用的主要形式。但不管哪种形式，曝气池的填料应分层安装。

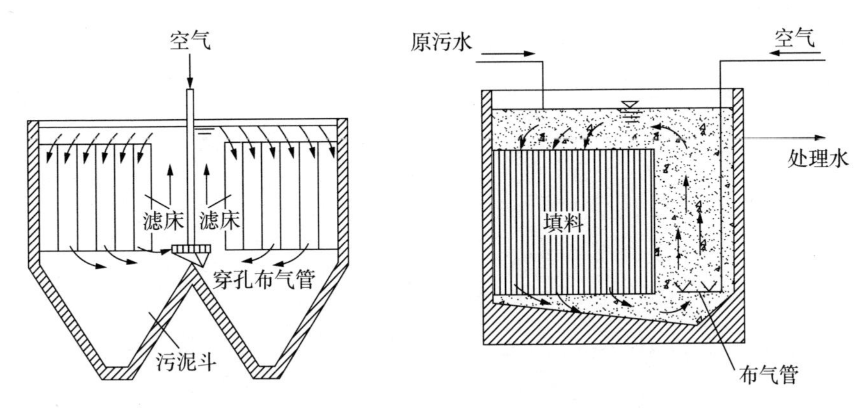

图 6-27　中心曝气与侧面曝气的生物接触氧化池

6.2.5.2　生物接触氧化法的工艺流程

生物接触氧化池应根据进水水质和处理程度确定采用单级式、二级式或多级式，如图 6-28 所示是生物接触氧化法的几种基本流程。在一级处理流程中，原污水经预处理（主要为初沉池）后进入接触氧化池，出水经过二沉池分离脱落的生物膜，实现泥水分离。在二级处理流程中，两级接触氧化池串联运行，必要时中间可设中间沉淀池。多级处理流程中串联 3 座或 3 座以上的接触氧化池，第一级接触氧化池内的微生物处于对数增长期和减速增长期的前段，生物膜增长较快，有机负荷较高，有机物降解速率也较大；后续的接触氧化池内微生物处在生长曲线的减速增长期后段或生物膜稳定期，生物膜增长缓慢，处理水水质逐步提高。

6.2.5.3　生物接触氧化池的设计计算

（1）设计要求及主要设计参数

1）设计水量按平均日污水量计算；

2）池数不宜少于 2 个（格），每池可分为两室，并按同时工作考虑；

3）填料层总高度一般取 3 m；

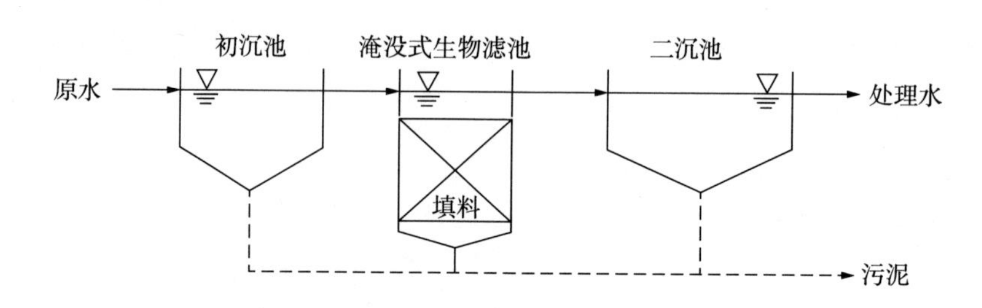

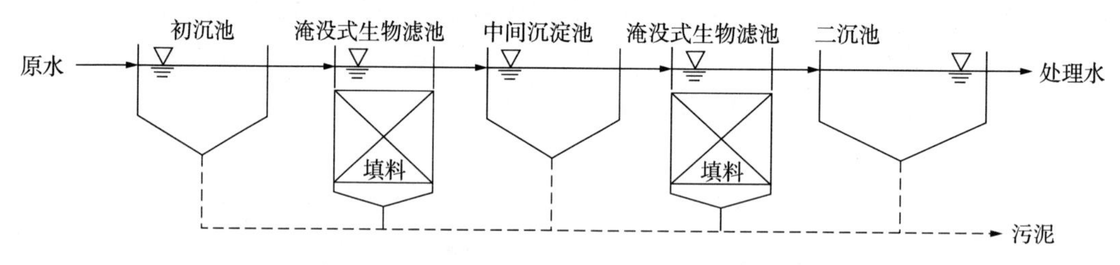

图 6-28 单级、二级生物接触氧化池工艺流程

4）曝气强度应按供氧量、混合要求确定。池中污水的溶解氧含量一般控制为 2.5 ～ 3.5 mg/L，气、水比约为 8：1。

5）污水在池内的有效接触时间不得少于 2 h；

6）生物接触氧化池 BOD_5 容积负荷宜根据试验资料确定。无试验资料时，碳氧化宜为 2.0 ～ 5.0 kg BOD_5/（m^3·d），碳氧化 / 硝化宜为 0.2 ～ 2.0 kg BOD_5/（m^3·d）。

（2）生物接触氧化池的设计计算

生物接触氧化池一般按容积负荷进行设计，主要内容包括填料体积确定和接触氧化池池体设计。其步骤如下：

1）填料总体积 W（m^3）：

$$W = Q(S_0 - S_e)/1\,000L_V \tag{6-82}$$

式中：Q——日平均污水量，m^3/d；

S_0——原污水 BOD_5 值，mg/L；

S_e——处理水 BOD_5 值，mg/L；

L_V——BOD_5 容积负荷，kg BOD_5/（m^3·d）。

2）接触氧化池总面积 A（m^2）：

$$A = W/H \tag{6-83}$$

式中：H——填料层高度，m，一般取 3 m。

3）接触氧化池座（格）数：

$$n = A/f \tag{6-84}$$

式中：n——接触氧化池座（格）数，一般 $n \geqslant 2$；

f——每座（格）接触氧化池面积，m^2，一般 $f \leqslant 25\ m^2$。

4）污水与填料的接触时间：

$$t = nfH / Q \tag{6-85}$$

式中：t——污水在填料层内的接触时间，h。

5）接触氧化池的总高度 H_0（m）：

$$H_0 = H + h_1 + h_2 + h_3 \tag{6-86}$$

式中：H——填料层高度，m；

h_1——超高，m，一般取 0.5 ～ 1.0 m；

h_2——填料上部的稳定水层深，m，一般取 0.4 ～ 0.5 m；

h_3——配水区高度，m，当考虑需要入内检修时，取 1.5 m；当不需要入内检修时，取 0.5 m。

6）空气量 D 按下式计算：

$$D = D_0 \times Q \tag{6-87}$$

式中：D_0——处理每 1 m^3 污水所需要的空气量，m^3/m^3，一般取 8 m^3/m^3。

【例 6-5】某居民小区生活污水量 Q = 5 000 m^3/d，BOD_5 = 200 mg/L，处理水 BOD_5 要求达到 60 mg/L。拟采用生物接触氧化处理工艺，试进行生物接触氧化池的工艺计算。

【解】（1）填料总有效体积计算

BOD_5 容积负荷取 1.0 kg BOD_5/（m^3·d），填料的总有效体积为

$$W = 5\,000 \times (200 - 60) / 1\,000 \times 1.0 = 700(m^3)$$

（2）接触氧化池面积计算

填料层总高度（H）取 3 m，接触氧化池总面积为

$$A = 700 / 3 = 233(m^2)$$

（3）接触氧化池座（格）数

每座（格）面积（f）取 25 m^2，接触氧化池座（格）数为

$n = 233 / 25 = 9.3$，拟采用 10 座（格）。

（4）污水与填料的接触时间（即污水在填料层内的停留时间）

$$t = (10 \times 25 \times 3) / (5\,000 / 24) = 3.6(h)$$

（5）接触氧化池的总高度

超高 h_1 取 0.5 m；填料上部的稳定水层深 h_2 取 0.4 m；配水区高度 h_3 取 1.5 m，接触氧化池的总高度为

$$H_0 = 0.5 + 0.4 + 3 + 1.5 = 5.4(m)$$

（6）所需空气量

处理每 1 m^3 污水所需空气量取 8 m^3，所需空气量为

$$D = 8 \times 5\,000 / 24 = 1\,667(m^3/h)$$

6.2.6 生物流化床

生物流化床以砂、活性炭、焦炭一类较小的惰性颗粒为载体填充在床内，因载体表面覆盖着生物膜而使其变轻，污水以一定流速从下向上流动，使载体处于流化状态。载体颗粒小，总体的表面面积大，生物量较其他生物处理工艺有大幅提高。同时，由于载体处于流化状态，与生物膜接触良好，强化了传质过程，且能有效防止堵塞现象。生物流化床的投资及占地面积仅相当于传统活性污泥法曝气生物反应池的 50% ～ 70%，但动力消耗大，运行费用高。生物流化床除用于好氧生物处理外，尚可用于生物脱氮和厌氧生物处理。

6.2.6.1 生物流化床的构造特征

生物流化床是由床体、载体、布水装置、脱膜装置等部分组成。

（1）床体：床体平面多呈圆形，多由钢板焊制，也可以用钢筋混凝土浇灌砌制。

（2）载体：常用的载体有石英砂、无烟煤、焦炭、颗粒活性炭、聚苯乙烯球，载体是生物流化床的核心组件。

（3）布水装置：均匀布水是生物流化床能够发挥正常净化功能的重要环节。布水不均，可能导致部分载体沉积而不形成流化，使流化床的工作受到破坏。布水装置又是填料的承托层，在停水时，载体不流失。布水装置如图 6-29 所示。

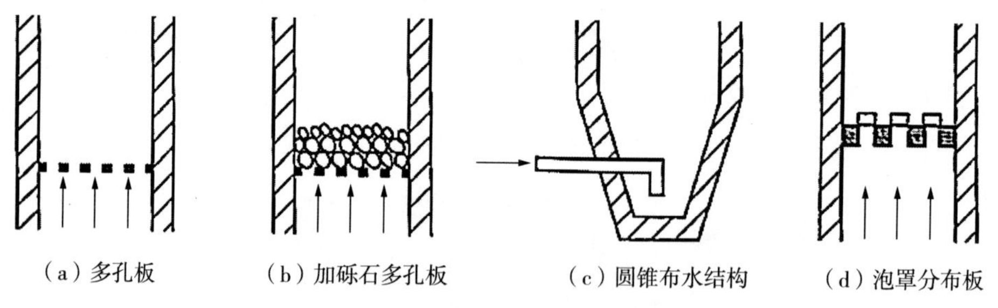

（a）多孔板　（b）加砾石多孔板　（c）圆锥布水结构　（d）泡罩分布板

图 6-29　液动流化床的几种布水装置

（4）脱膜装置：及时脱除老化的生物膜，使生物膜经常保持一定的活性，是生物流化床维持正常净化功能的重要环节。气动流化床，一般不需要另行设置脱膜装置。脱膜装置主要用于液动流化床，可单独另行设置，也可以设在流化床的上部。

6.2.6.2 生物流化床的工艺类型

根据生物流化床的供氧、脱膜和床体结构等方面的不同，好氧生物流化床主要有下述两种类型：

（1）两相生物流化床

这类流化床是在流化床体外设置充氧设备与脱膜装置，为处理水充氧并脱除载体表面的生物膜。基本工艺流程如图 6-30 所示。

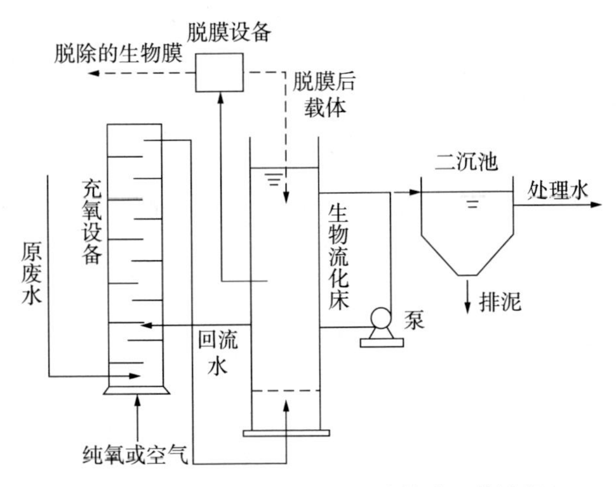

图 6-30　液流动力两相生物流化床工艺流程

（2）三相生物流化床

三相生物流化床是气、液、固三相直接在流化床体内进行生化反应，不另设充氧设备和脱膜设备，载体表面的生物膜依靠气体的搅动作用，使颗粒之间激烈摩擦而脱落。其工艺流程如图 6-31 所示。

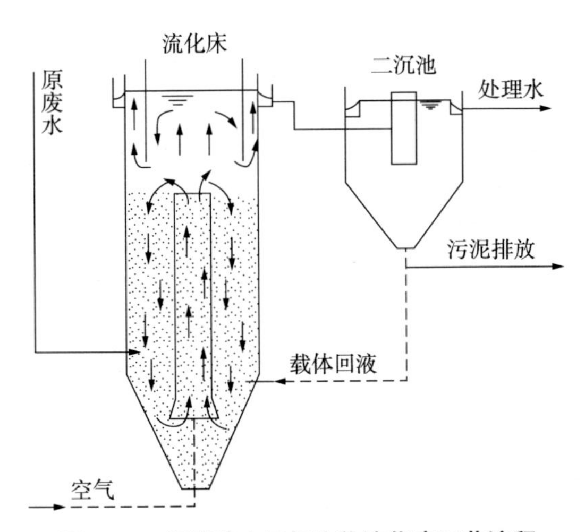

图 6-31　气流动力三相生物流化床工艺流程

6.2.6.3　生物流化床的设计计算

（1）设计内容

生物流化床设计内容主要有载体选择和反应器设计等。

（2）设计要求与主要参数

1）生物流化床一般不应少于 2 座（格）；

2）对于生活污水，容积负荷宜为 5 ～ 11 kg BOD_5/（m^3·d）；水力负荷为 30 m^3/（m^2·d）左右；污泥负荷为 0.12 ～ 0.92 kg BOD_5/（kgVSS·d）；不同性质的废水，其有机负荷相差较大，应慎加选用；

3）床内生物量最大达 40 g/L，一般以 6 ～ 20 g/L 为宜；

4）载体量最大达 200 g/L，一般以 50 ～ 100 g/L 为宜；

5）污泥产率为 0.24 ～ 0.38 kg VSS/kg COD，污泥龄为 1.3 ～ 2.7 d；

6）氧利用率为 10% ～ 30%，出水 DO＞2.0 mg/L。

（3）设计方法

生物流化床一般按容积负荷设计。步骤如下：

1）流化床容积 V（m^3）：

$$V = \frac{24QS_0}{1\,000 \times L_V} \tag{6-88}$$

式中：Q——平均日污水量，m^3/h；

S_0——原污水 BOD_5 值，mg/L；

L_V——BOD_5 容积负荷，kg BOD_5/（m^3·d）。

2）流化床面积：

$$A = \frac{V}{h} \tag{6-89}$$

式中：A——流化床面积，m^2；

h——床层高，m。

3）水力负荷：

$$L_q = \frac{Q}{A} \tag{6-90}$$

式中：L_q——水力负荷，m^3 废水 /（m^2·d）。

4）污泥负荷：

$$L_s = \frac{24Q(S_0 - S_e)}{1\,000 \times VX \times 0.75} \tag{6-91}$$

式中：L_s——污泥负荷，kg BOD_5/（kg VSS·d）；

X——池内微生物固体浓度 MLSS，g/L；

S_e——处理后出水 BOD_5 值，mg/L；

0.75——MLVSS 换算系数。

习　题

一、选择题

1. 活性污泥处理法中（　　）。

A. 只有分解代谢能够去除污水中的有机污染物

B. 只有合成代谢能够去除污水中的有机污染物

C. 无论是合成代谢还是分解代谢，都能够去除污水中的有机污染物

D. 无论是合成代谢还是分解代谢，都能够将污水中的有机污染物分解成 CO_2 和 H_2O 等稳定的无机物

2.（　　）是对活性污泥微生物增殖速度产生影响的主要因素，也是 BOD_5 去除速度、氧利用速度和活性污泥的凝聚、吸附性能的重要影响因素。

A. 有机物量与无机物量的比值　　B. 有机物量与微生物量的比值

C. 污水总量与细菌量的比值　　D. 污水总量与微生物量的比值

3. 活性污泥增殖曲线的对数增长期，又称增殖旺盛区，这个时期内必备的条件是（　　）。

A. 微生物依靠内源代谢维持其生理活动

B. 微生物细胞内各种酶系统适应新的环境

C. 摄食细菌的原生动物数量充分

D. 营养物质（有机污染物）非常充分

4. 污泥指数 *SVI* 的物理意义是（　　）。

A. 在曝气池出口处的混合液，在量筒中静置 30 min 后所形成沉淀污泥的容积占原混合液容积的百分数

B. 在曝气池进口处的混合液，在量筒中静置 30 min 后所形成沉淀污泥的容积占原混合液容积的百分数

C. 在曝气池出口处的混合液，经过 30 min 静置后，每克干污泥形成的沉淀污泥所占有的容积

D. 在曝气池进口处的混合液，经过 30 min 静置后，每克干污泥形成的沉淀污泥所占有的容积

5. 污泥指数 *SVI* 值能够反映活性污泥的凝聚、沉淀性能，（　　）。

A. *SVI* 值过低，说明污泥的沉降性能不好，缺乏活性；*SVI* 值过高，说明泥粒细小，无机物质含量高，并且可能产生污泥膨胀现象

B. *SVI* 值过低，说明污泥的沉降性能不好，并且可能产生污泥膨胀现象；*SVI* 值过

高，说明泥粒细小，无机物质含量高，缺乏活性

C. *SVI* 值过低，说明泥粒细小，无机物质含量高，可能产生污泥膨胀现象；*SVI* 值过高，说明污泥的沉降性能不好，缺乏活性

D. *SVI* 值过低，说明泥粒细小，无机物质含量高，缺乏活性；*SVI* 值过高，说明污泥的沉降性能不好，并且可能产生污泥膨胀现象

6. 污泥龄的含义是（　　）。

A. 曝气池内活性污泥总量与每日排放污泥量之比

B. 曝气池内活性污泥总量与每日回流污泥量之比

C. 曝气池内活性污泥中有机固体物质的量与每日排放污泥量之比

D. 每日排放污泥量与每日回流污泥量之比

7. 活性污泥处理法中，BOD 污泥负荷（　　），属污泥影胀高发区。

A. $<$0.5 kg BOD_5/（kg MLSS・d）　　B. $>$1.5 kg BOD_5/（kg MLSS・d）

C. 0.5 ～ 1.5 kg BOD_5/（kg MLSS・d）　　D. 1.5 ～ 1.8 kg BOD_5/（kg MLSS・d）

8. 下列关于生物膜法工艺特点的描述，（　　）不正确。

A. 生物膜上能够生长硝化菌，硝化效果好

B. 生物膜污泥龄较长，剩余污泥量较少

C. 生物膜内部有厌氧层，除磷效果好

D. 生物膜上可生长多样微生物，食物链长

9. 下列关于生物膜法工艺的说法中，说法错误的是（　　）。

A. 生物膜处理系统内产生的污泥量较活性污泥处理系统少 1/4 左右

B. 生物膜适合处理低浓度污水

C. 生物膜工艺对水质、水量波动的适应能力差

D. 生物膜法适合于溶解性有机物较多易导致污泥膨胀的污水处理

10. 关于生物膜工艺的填料，说法错误的是（　　）。

A. 塔式生物滤池滤层总厚度为 8 ～ 12 m，常用纸蜂窝、玻璃钢蜂窝和聚乙烯斜交错波纹板等轻质材料

B. 生物接触氧化池内填料高度为 3 ～ 3.5 m，可采用半软性填料

C. 曝气生物滤池填料层高为 5 ～ 7 m，以 3 ～ 5 mm 球形轻质多孔陶粒做填料

D. 流化床常用 0.25 ～ 0.5 mm 的石英砂、0.5 ～ 1.2 mm 的无烟煤等做填料

11. 下列关于生物膜法预处理工艺要求的叙述中，哪几项正确？（　　）（多选）

A. 高负荷生物滤池进水 BOD_5 浓度应控制在 500 mg/L 以下，否则应设置二段高负荷生物滤池

B. 生物接触氧化池的池型宜为矩形，有效水深为 3 ～ 5 mm

C. 上向流曝气生物滤池进水悬浮物浓度不宜 $>$60 mg/L，滤池前应设沉砂池、初沉池或混凝沉淀池等

D. 单轴多级生物转盘前应设沉砂池、初沉池等，进水 BOD_5 宜小于 200 mg/L

12. 下列关于曝气生物滤池的设计做法，哪几项错误？（　　）（多选）

A. 曝气生物滤池可采用升流式或降流式

B. 硝化曝气生物滤池前不应设置厌氧水解池

C. 曝气生物滤池的滤料体积按容积负荷计算

D. 曝气充氧和反冲洗供气应共用一套系统，可节省能耗

二、计算题

13. 从某活性污泥曝气出口处取混合液 100 mL，经 30 min 静置沉降后，沉淀污泥体积为 22 mL，测得该活性污泥池混合液浓度为 2 800 mg/L，试计算活性污泥容积指数。（参考答案：79 mL/g）

14. 某城镇污水处理厂设计流量为 15 000 m^3/d，原污水经初沉池处理后出水的 BOD_5 为 150 mg/L，设计出水 BOD_5 为 15 mg/L，曝气池混合液污泥浓度为 3 000 mg/L，污泥负荷为 0.3 kg BOD_5/（kg MLSS · d），试计算曝气池容积。（参考答案：2 250 m^3）

15. 某城镇污水处理厂设计流量为 2 000 m^3/h，原污水经初沉池处理后出水的 BOD_5 为 180 mg/L，设计出水 BOD_5 为 15 mg/L。采用传统活性污泥法处理工艺，曝气池混合液挥发性悬浮固体浓度 2 g/L，设计污泥龄为 12 d，污泥产率系数和衰减系数分别为 0.61 kg VSS/ kg BOD_5 和 0.049 d^{-1}，试计算曝气池容积。（参考答案：18 254 m^3）

16. 一活性污泥曝气池出口处的污泥容积指数为 97 mL/g，假设在二沉池的污泥停留时间、池深、污泥厚度等因素对回流污泥浓度的影响系数为 1.2，试预测该活性污泥系统的回流污泥近似浓度。（参考答案：12 371 mg/L）

17. 某活性污泥系统回流污泥浓度为 12 000 mg/L，设在二沉池的污泥停留时间、池深、污泥厚度因素对回流污泥浓度的影响系数为 1.2，试计算污泥容积指数。（参考答案：100 mL/g）

18. 某城镇污水处理厂设计规模为 800 m^3/d，总变化系数 K_Z=2.17，污水经调节沉淀池处理后，采用生物转盘处理，设计进、出水 BOD_5 浓度分别为 350 mg/L、20 mg/L，设计面积负荷率根据试验确定为 25 g BOD_5/(m^2 · d)，水力负荷为 0.085 m^3/(m^2 · d)，采用的玻璃转盘直径为 2.5 m，盘片厚 2 mm，则该污水处理厂的所需生物转盘总片数应为多少？（请王博士提供参考答案）

19. 某污水处理厂设计水量为 10 000 m^3/d，进水 BOD_5 和 TN 分别为 180 mg/L 和 40 mg/L，出水均要求≤20 mg/L，拟采用生物接触氧化法处理，填料层高度为 3 m，碳氧化容积负荷宜为 2 ～ 4 kg BOD_5/(m^3 · d)，碳氧化 / 硝化容积负荷宜为 0.2 ～ 2 kg BOD_5/(m^3 · d)，试计算生物接触氧化池至少分多少格？（请王博士提供参考答案）

第7章　水的深度处理与新技术

7.1　水源微污染与饮用水的深度处理

7.1.1　地下水除铁、除锰和除氟

7.1.1.1　含铁、含锰和含氟地下水水质

地下水中一般含有微量的铁离子和锰离子。有一些地方地下水中铁离子或者铁、锰离子的含量较高，直接影响居民生活使用和工业应用。铁和锰可共存于地下水中，在大多数情况下，含铁量高于含锰量，我国地下水的含铁量一般小于15 mg/L，其值有的高达20 ～ 30 mg/L，含锰量为0.5 ～ 2.0 mg/L。

由于Fe^{3+}、Mn^{4+}的溶解度低，易被地层滤除，所以水中溶解性铁、锰主要以二价离子的形态存在。其中，铁主要为Fe^{2+}，以重碳酸亚铁［$Fe(HCO_3)_2$］假想组合形式存在，在酸性矿井水中以硫酸亚铁（$FeSO_4$）形式存在。锰主要为Mn^{2+}，以重碳酸亚锰［$Mn(HCO_3)_2$］的假想组合形式存在。

地表水中含有一定量的溶解氧，铁锰主要以不溶解的$Fe(OH)_3$和MnO_2存在，所以铁锰含量不高。在地下水和一些较深的湖泊、水库的底层，由于缺少溶解氧处于还原状态，以至于部分地层中的铁锰被还原为溶解性的二价铁、锰，引起水中铁、锰含量升高。

含有铁、锰的地下水接触大气后二价的铁、锰会被大气中的氧所氧化，形成$Fe(OH)_3$（脱水后成为Fe_2O_3，即铁锈）、MnO_2等沉淀析出物。含有较高浓度铁、锰的水的色度将会升高，并有铁腥味。Fe_2O_3析出物会使用水器具产生黄色、棕红色锈斑，MnO_2析出物的颜色还要更深，为棕色或棕黑色。作为饮用水，铁腥味影响口感；作为工业用水影响许多产品的质量，如用于纺织、印染、造纸会出现黄色或棕黄色斑渍；用于食品、饮料影响口味；用于化工和皮革精制等生产用水，会降低产品质量；铁质沉淀物Fe_2O_3会滋长铁细菌，阻塞管道，导致自来水的流红现象发生。

我国《生活饮用水卫生标准》（GB 5749—2006）中规定，铁、锰浓度分别不得超过0.3 mg/L和0.1 mg/L，主要是为了防止水的腥臭味及颜色沾污生活用具或衣物，并没有毒理学的意义。

我国地下水含氟地区的分布范围很广，长期饮用含氟量高于1.5 mg/L的水可引起氟斑牙，表现为牙釉质损坏，牙齿过早脱落等。当饮用水中含氟量高于3.0 mg/L，即

发生慢性氟中毒，重者则骨关节疼痛，骨骼变形，出现弯腰驼背现象，完全丧失劳动能力。所以，高氟水的危害是严重的，应予除氟处理。我国《生活饮用水卫生标准》（GB 5749—2006）中规定氟化物含量不得超过 1.0 mg/L。

7.1.1.2　地下水除铁

（1）除铁原理

由于地下水中不含有溶解氧，不能氧化 Fe^{2+} 为 Fe^{3+}，因此认为含铁地下水中不含有溶解氧是 Fe^{2+} 稳定存在的必要条件。如果把水中溶解的 Fe^{2+} 氧化为 Fe^{3+}，使其以 $Fe(OH)_3$ 形式析出，再经沉淀或过滤去除，即能达到除铁的目的，这就是地下水除铁的基本原理。空气中氧氧化 Fe^{3+} 的反应式为

$$4Fe^{2+} + O_2 + 2H_2O = 4Fe^{3+} + 4OH^- \quad (7-1)$$

常用的氧化剂有空气中的氧气、氯和高锰酸钾等。由于空气中氧的获取既方便又经济，所以生产上用氧气做氧化剂最广泛。本节重点介绍空气自然氧化和接触催化氧化除铁方法。此外，在除铁设备中所生长的微生物，如铁细菌等，具有生物除铁作用，可以提高处理效果。

对于含铁量略高的地表水，在常规的混凝、沉淀、过滤处理工艺中，只要加强预氧化（如预氯化）就可以把 Fe^{2+} 化成 Fe^{3+}，所形成的氢氧化铁在沉淀过滤中去除，不必单独设置除铁处理设施。对于含铁量较高以及其他水质指标不符合饮用水标准的含铁地下水，常规处理不能达到饮用水标准时，就需要考虑另加地下水的除铁工艺或去除其他杂质工艺。

（2）空气自然氧化法除铁

含铁地下水，经曝气向水中充氧后，空气中的 O_2 将 Fe^{2+} 氧化成 Fe^{3+}，与水中的 OH^- 作用形成 $Fe(OH)_3$，沉淀物析出而被去除，习惯上称为曝气自然氧化法除铁。

根据反应方程式（7-1）可以得出：每氧化 1 mg/L 的 Fe^{2+}，理论上需耗氧 $(2\times16)/(4\times55.8)=0.14\,(mg/L)$。生产中实际需氧量远高于此值。一般按照式（7-2）计算：

$$[O_2] = 0.14\alpha[Fe^{2+}] \text{ mg/L} \quad (7-2)$$

式中：$[O_2]$——水中溶解氧浓度，mg/L；

$[Fe^{2+}]$——水中 Fe^{2+} 浓度，mg/L；

α——实际需氧量的浓度与理论的比值，又称为过剩溶氧系数，通常取 $\alpha=2\sim5$。

水中 Fe^{2+} 的氧化速度即 Fe^{2+} 浓度随时间的变化速率，与水中溶解氧浓度、Fe^{2+} 浓度和氢氧根浓度（或 pH）有关。当水的 pH＞5.5 时，Fe^{2+} 氧化速度可用式（7-3）表示：

$$-\frac{d[Fe^{2+}]}{dt} = k[Fe^{2+}][O_2][OH^-]^2 \quad (7-3)$$

式中 k 值为反应速率常数。公式左端负号表示 Fe^{2+} 浓度随时间而减少。一般情况

下，水中 Fe^{2+} 自然氧化速度较慢，故经曝气充氧后，应有一段反应时间，以保证 Fe^{2+} 获得充分的氧化和沉淀下来。

上式表明，Fe^{2+} 的氧化速度与氢氧根离子浓度的平方成正比。由于水的 pH 是氢离子浓度的负对数，因此，水的 pH 每升高 1 个单位，Fe^{2+} 的反应速度将增大 100 倍。采用空气氧化时，一般要求水的 pH 大于 7.0，方可使氧化除铁顺利进行。

对于含有较多 CO_2 而 pH 较低的水，曝气除了提供氧气外，还可以起到吹脱除水中 CO_2 气体，提高水的 pH，加速氧化反应的作用。

自然氧化除铁一般采用如图 7-1 所示的工艺系统：

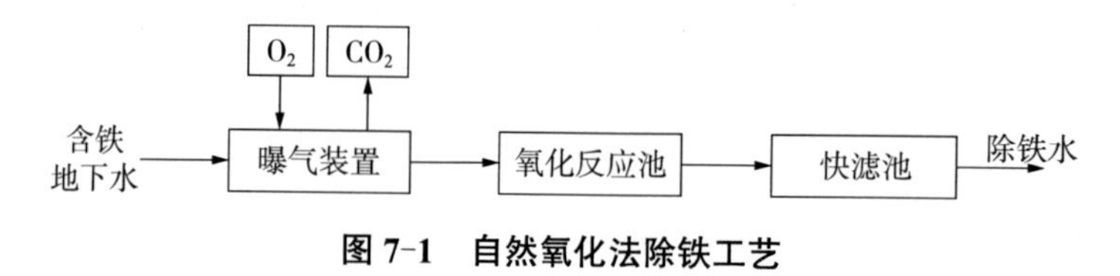

图 7-1　自然氧化法除铁工艺

此法适用于原水含铁量较高的情况。曝气的作用主要是向水中充氧，其有多种形式，常用的有曝气塔、跌水曝气、喷淋曝气、压缩空气曝气及射流曝气等。为提高 Fe^{2+} 氧化速度，通常采用在曝气充氧时还散除部分 CO_2，以提高水 pH 的曝气装置，如曝气塔等。

曝气后的水进入氧化反应池停留时间一般在 1 h 左右，以便将 Fe^{2+} 充分氧化为 Fe^{3+}，发挥 $Fe(OH)_3$ 絮体的沉淀作用，减轻后续快滤池的负荷。一般采用常规的快滤池，但滤层厚度根据除铁要求稍有增加，可取 800 ～ 1 200 mm。当原水含铁量＞6 mg/L 时，可采用天然锰砂或石英砂滤料的二级过滤工艺。滤池滤速一般为 5 ～ 7 m/h，含铁量高或需除锰的采用较低滤速。反冲洗参数与普通给水过滤相同。

（3）接触催化氧化法除铁

含铁地下水经天然锰砂滤料或石英砂滤料滤池过滤多日后，滤料表层会覆盖一层具有很强氧化除铁能力的铁质活性滤膜，以此进行地下水除铁的方法称为接触催化氧化除铁。

铁质活性滤膜由 $Fe(OH)_3 \cdot 2H_2O$ 组成，主要是 Fe^{2+} 的氧化生成物。含铁地下水通过含有铁质活性滤膜的滤料时，活性滤膜首先以离子交换方式吸附水中 Fe^{2+}，即

$$Fe(OH)_3 \cdot 2H_2O + Fe^{2+} = Fe(OH)_2 \cdot 2H_2O^+ + H^+ \qquad (7-4)$$

因水中含有溶解氧，被吸附的 Fe^{2+} 在活性滤膜催化作用下，迅速氧化成 Fe^{3+}，并水解成 $Fe(OH)_3$，形成新的催化剂：

$$Fe(OH)_2(OFe) \cdot 2H_2O^+ + 0.25O_2 + 2.5H_2O = 2Fe(OH)_3 \cdot 2H_2O + H^+ \qquad (7-5)$$

试验证明，天然锰砂不仅是铁质活性滤膜的载体和附着介质，而且对 Fe^{2+} 具有很好的吸附去除能力。锰砂中的锰质化合物不起催化作用，吸附水中铁离子形成的铁质活性滤膜对低价铁离子的氧化具有催化作用。因此认为，Fe^{2+} 氧化生成物（铁质活性

滤膜）又是催化剂，而除铁氧化过程是一个自催化过程。

曝气接触氧化除铁工艺系统如图 7-2 所示。

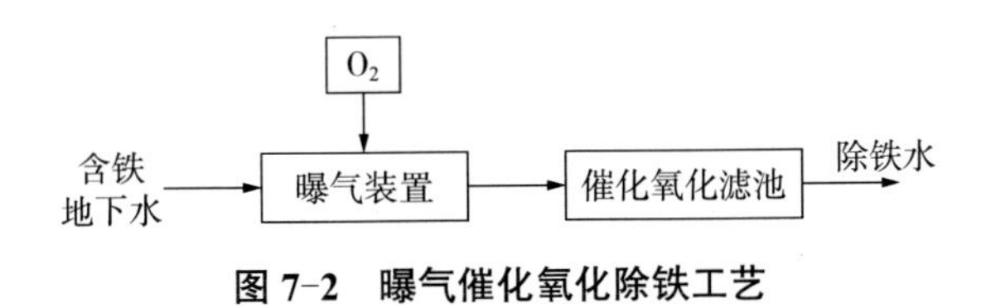

图 7-2　曝气催化氧化除铁工艺

接触催化氧化除铁工艺简单，无须设置氧化反应池，只需把曝气后的含铁水经过含有活性滤膜滤料的滤池，即可在滤层中完成 Fe^{2+} 的氧化过程。催化氧化除铁过程中的曝气主要是为了充氧，不要求有去除 CO_2 的功能，故曝气装置也比较简单，可使用射流、跌水、压缩空气或莲蓬头等曝气方式。

接触催化氧化除铁滤池中的滤料可以是天然锰砂、石英砂或无烟煤等粒状材料。相比之下，锰砂对铁的吸附容量大于石英砂和无烟煤。曝气充氧后的含铁地下水直接经过滤池过滤时，新滤料表面无活性滤膜，仅靠滤料本身吸附作用，除铁效果较差。当滤料表面活性滤膜逐渐增多直至滤料表面覆盖棕黄色滤膜出水含铁量达到要求时，表明滤料已经成熟，可投入正常运行。因锰砂吸附 Fe^{2+} 较多，成熟期较短。铁质活性滤膜逐渐累积量多，催化能力越强，滤后水质会越来越好。因此过滤周期并不决定于滤后水质，而是决定于过滤阻力，这与一般澄清用的滤池不同。

接触催化氧化除铁滤池滤料粒径、滤层厚度和滤速，根据原水含铁量、曝气方式和滤池形式等确定，滤料粒径通常为 0.5 ～ 2.0 mm，滤层厚度为 700 ～ 1 500 mm（压力滤池滤层一般较厚），滤速为 5 ～ 10 m/h，含铁量高的采用较低滤速，含铁量低的采用较高滤速。也有天然锰砂除铁滤池的滤速高达 20 ～ 30 m/h。

对于锰砂滤料，因其密度为 3.2 ～ 3.6 g/cm^3，需采用较大反冲洗强度。大多锰砂除铁滤池工作周期为 8 ～ 24 h，反冲洗时间为 10 ～ 15 min。

水中硅酸盐能与 Fe^{3+} 形成溶解性较高的铁与硅酸的复合物。对于含有较多硅酸盐水，如果曝气过多，水的 pH 升高，则 Fe^{2+} 的氧化反应过快，所生成的 Fe^{3+} 将与硅酸盐反应形成铁与硅酸的复合物，造成滤后出水含铁偏高。处理此类水，应使 Fe^{2+} 的氧化和 Fe^{3+} 的凝聚过滤去除都基本上在滤料层中完成，或考虑第一级过滤前仅简单曝气，在第二级过滤前再进行一次曝气。

（4）氧化剂氧化法除铁

在天然地下水的 pH 条件下，氯和高锰酸钾都能迅速将 Fe^{2+} 氧化为 Fe^{3+}。当用空气中的氧氧化除铁有困难时，可以在水中投加强氧化剂，如氯、高锰酸钾等。此法适用于铁、锰略超标的地表水常规处理。

药剂氧化时可以获得比空气氧化法更为彻底的氧化反应。用作地下水除铁的氧化药剂主要是氯。氯是比氧更强的氧化剂，当 pH 大于 5 时，即可将 Fe^{2+} 迅速氧化为

Fe^{3+}，反应方程式为

$$2Fe^{2+} + HClO \longrightarrow + 2Fe^{3+} + Cl^- + OH^- \quad (7\text{-}6)$$

按此理论反应式计算，每氧化 1 mg/L 的 Fe^{2+} 理论上需要 2×35.5/(2×55.8)= 0.64(mg/L) 的 Cl_2。由于水中含有其他能与氯反应的还原性物质，实际上所需投氯量要比理论值略高一些。

7.1.1.3 地下水除锰

铁和锰的化学性质相近似，常常共存于地下水。通过氧化，将溶解状态的 Mn^{2+} 氧化为溶解度较低的 Mn^{4+} 从水中沉淀析出，即地下水除锰的基本原理。

当水的 pH＞9.0 时，水中溶解氧能够较快地将氧化成 Mn^{2+} 氧化为 Mn^{4+}，在中性 pH 条件下，Mn^{2+} 几乎不能被溶解氧氧化。所以在生产上一般不采用空气自然氧化法除锰。目前，常用的除锰方法是催化氧化法、生物氧化法以及化学氧化剂氧化法。

（1）催化氧化法除锰

接触催化氧化法除锰工艺系统和接触催化氧化法除铁类似。即在中性 pH 条件下，含锰地下水经过天然锰砂滤料或石英砂滤料滤池过滤多日后，滤料表面会形成黑褐色锰质活性滤膜，吸附水中的 Mn^{2+}，在锰质活性滤膜催化作用下，氧化成 Mn^{4+} 后去除，称为接触催化氧化法除锰。

活性滤膜化学成分有多种说法，有的认为是 MnO_2，有的认为是 Mn_2O_4 或某种待定混合物 MnO_x，也有认为是某种待定化合物，可用 $Mn_x \cdot Fe_yO_z \cdot xH_2O$ 表示。以 MnO_2 起催化作用为例，则 Mn^{2+} 的催化氧化反应为

$$Mn^{2+} + MnO_2 \longrightarrow MnO_2 \cdot Mn^{2+}\text{（吸附）} \quad (7\text{-}7)$$

$$MnO_2 \cdot Mn^{2+} + 0.5O_2 + H_2O \longrightarrow 2MnO_2 + 2H^+\text{（氧化）} \quad (7\text{-}8)$$

综合反应式表示为

$$2Mn^{2+} + O_2 + 2H_2O \longrightarrow 2MnO_2 + 4H^+ \quad (7\text{-}9)$$

由于 MnO_2 沉淀物的表面催化作用，使得 Mn^{2+} 的氧化速度明显加快，这种反应生成物又起催化作用的氧化过程是一种自催化过程。根据式（7-9）计算，每氧化 1 mg/L 的 Mn^{2+}，理论上需氧量为 32/(2×54.9)= 0.29(mg/L)。实际需氧量为理论值的 2 倍以上。

催化氧化除锰工艺流程如图 7-3 所示。

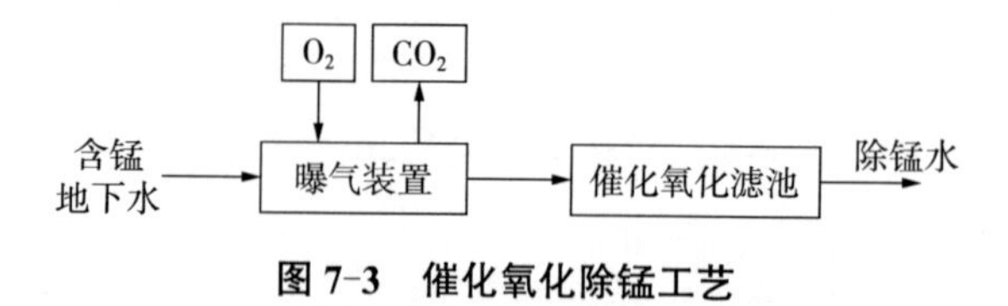

图 7-3 催化氧化除锰工艺

催化氧化滤池滤料多采用含有 MnO_2 或 Mn_3F_4 的天然锰砂，形成锰质活性滤膜的

时间（滤层成熟期）较短。Mn^{2+} 的氧化反应和 MnO_2 的凝聚过滤都在滤料层中完成。对于普通石英砂滤料，经过 3 ～ 4 月的运行时间，滤料颗粒表面上也会形成深褐色的 MnO_2 覆盖膜，起到很好的催化作用，熟化后的砂滤料可以获得与锰砂相同的良好的除锰效果。在长期运行的除锰滤池中还会逐步滋生出大量的除锰菌落，具有生物催化氧化除锰的作用，明显提高除锰效果。

铁、锰共存的地下水除铁、除锰时，由于铁的氧化还原电位低于锰，而容易被 O_2 氧化。在相同的 pH 条件下，Fe^{2+} 比 Mn^{2+} 的氧化速率快。同时，Fe^{2+} 又是 Mn^{4+} 的还原剂，阻碍 Mn^{2+} 的氧化，使得除锰比除铁困难。对于同时以含有较低浓度铁、锰的水，可以一步同时去除；如果铁、锰含量较高，需先除铁再除锰。如图 7-4 所示是一种先除铁后除锰的两级曝气两级过滤工艺系统。

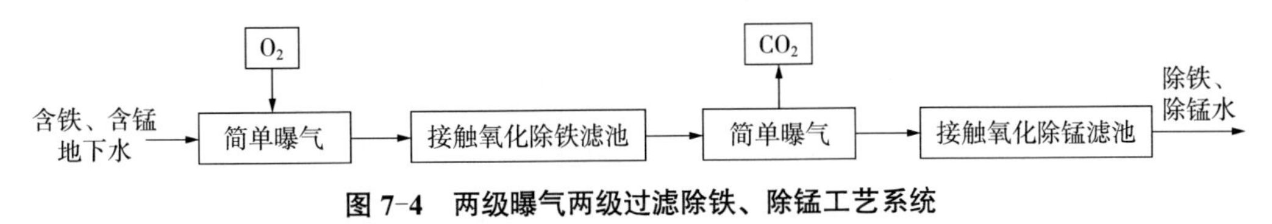

图 7-4　两级曝气两级过滤除铁、除锰工艺系统

当地下水中铁的含量不高（＜2 mg/L）且满足水的 pH ≥7.5 时，两级曝气两级过滤除铁、除锰工艺系统可简化为一次曝气一次过滤的工艺，滤池上层除铁下层除锰在同一滤层中完成，不至于因锰的泄漏而影响水质。

如果铁含量高于 5 mg/L 以上同时含有锰时，则除铁滤层的厚度增大后，剩余的滤层已无足够能力截留水中的锰，会使 Mn^{2+} 泄漏。为了更好地除铁、除锰，可在一个流程中建造两座滤池，采用二级过滤，第一级过滤除铁，第二级过滤除锰。如图 7-5 所示的压力滤池为双层滤料滤池，经预氧化的含铁、含锰地下水，自上而下进入双层滤料滤池，上层除铁，下层除锰。

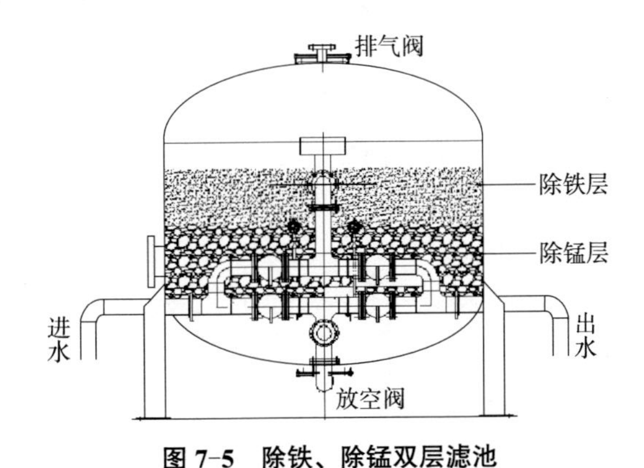

图 7-5　除铁、除锰双层滤池

（2）生物氧化法除锰

在自然曝气除铁、除锰滤池中，因生存条件适宜，不可避免会滋生一些微生物，其中就有一些能够氧化二价铁、锰的细菌，具有加速水中溶解氧氧化二价铁、锰的作用。在自然氧化除铁过程中，铁细菌的作用不甚明显。而在中性 pH 条件下自然氧化除锰困难时，生物作用可以发挥较好的除锰效果。该方法又称为生物氧化法除锰。

生物氧化法除铁、除锰也是在滤池中进行的，称为生物除铁、除锰滤池。曝气后的含铁、含锰水进入滤池过滤，铁细菌氧化水中 Fe^{2+}、Mn^{2+} 并进行繁殖。经数十日，便有良好的除铁、除锰效果，即认为生物除锰滤层已经成熟。如果用成熟滤池中的铁泥对新的滤料层微生物接种、培养、驯化，则可以加快滤层成熟速度。一般认为，生物除铁、除锰原理：铁、锰氧化细菌胞内酶促反应以及铁、锰氧化细菌分泌物的催化反应，使 Fe^{2+} 氧化成 Fe^{3+}，Mn^{2+} 氧化成 Mn^{4+}。

生物氧化法除铁、除锰工艺简单，可在同一滤池内完成，如图 7-6 所示。

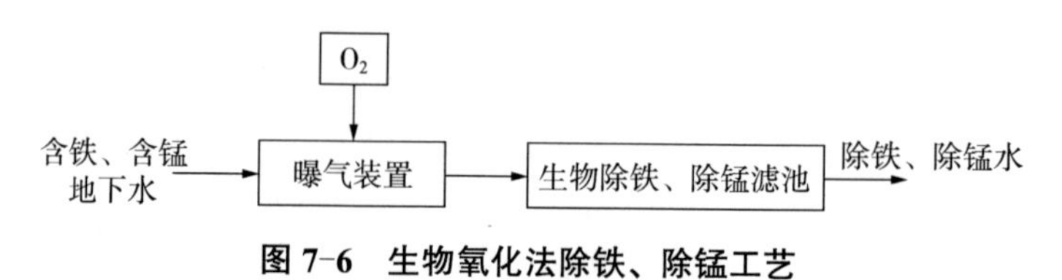

图 7-6　生物氧化法除铁、除锰工艺

生物氧化法除铁、除锰需氧量较少，只需简单曝气即可（如跌水曝气），曝气装置简单。滤池中滤料仅起微生物载体作用，可以是石英砂、无烟煤和锰砂等。目前，生物除铁、除锰法我国已有生产应用，在 pH=6.9 条件下，允许含锰量高达 8 mg/L。该工艺的原理、适用铁锰比例以及 pH 范围，尚需不断研究和积累经验。

（3）化学氧化法除锰

和化学氧化法除铁相似，氯、二氧化氯、臭氧、高锰酸钾强氧化剂能把 Mn^{2+} 氧化成 Mn^{4+} 沉淀析出，具有除锰作用，容易发生化学反应的反应式为

$$HClO + Mn^{2+} + H_2O \longrightarrow MnO_2 + HCl + 2H^+ \qquad (7\text{-}10)$$

理论上，每氧化 1 mg/L 的 Mn^{2+} 需要 2×35.5/54.9=1.29(mg/L) 的氯。

$$2ClO_2 + 5Mn^{2+} + 6H_2O \longrightarrow 5MnO_2 + 2HCl + 10H^+ \qquad (7\text{-}11)$$

$$O_3 + Mn^{2+} + H_2O \longrightarrow MnO_2 + O_2 + 2H^+ \qquad (7\text{-}12)$$

其中，二氧化氯、臭氧生产工序复杂。用氯氧化水中的 Mn^{2+} 需要在 pH ≥ 9.5 时才有足够快的氧化速度，在工程上应用不便。如果通过滤料表面的 $MnO_2 \cdot H_2O$ 膜催化作用，氯在 pH=8.5 的条件下可将 Mn^{2+} 氧化为 Mn^{4+}，是工程上可以接受的。

高锰酸钾是比氯更强的氧化剂，可以在中性或微酸性条件下将水中的 Mn^{2+} 迅速氧化为 Mn^{4+}：

$$3Mn^{2+} + 2KMnO_4 + 2H_2O \longrightarrow 5MnO^{2+} + 2K^+ + 4H^+ \qquad (7\text{-}13)$$

理论上，每氧化 1 mg/L 的 Mn^{2+} 需要 2×158.04/(3×54.9) = 1.92(mg/L) 的高锰酸钾。

7.1.1.4　地下水除氟

氟是人体必需元素之一。当饮用水中含氟量低于 0.5 mg/L，有可能引起儿童龋齿，

但氟过量又会引起毒害作用。

我国地下水含氟地区分布范围很广，当水中含氟量高于 1.0 mg/L，需要进行除氟处理。目前，饮用水常用的除氟方法中，应用最多的是吸附过滤法。作为吸附剂的滤料主要是活性氧化铝，其次是磷酸三钙和骨炭。该方法都是利用吸附剂的吸附和离子交换作用，除氟比较经济有效。其他还有混凝、电渗析、反渗透等除氟方法已逐渐应用于实际工程。

（1）活性氧化铝法

活性氧化铝是白色颗粒状多孔吸附剂，由氧化铝的水化物灼烧而成，具有较大的比表面面积。活性氧化铝是两性物质，等电点约为 pH=9.5。当水的 pH 小于 9.5 时可吸附阴离子，大于 9.5 时可吸附阳离子，因此，在酸性溶液中活性氧化铝为阴离子交换剂，对氟有极大的选择性。

活性氧化铝使用前先用 3% ～ 4% 浓度的硫酸铝溶液活化，使其转化成为硫酸盐型，反应如下：

$$(Al_2O_3)_n \cdot 2H_2O + SO_4^{2-} \longrightarrow (Al_2O_3)_n \cdot H_2SO_4 + 2OH^- \tag{7-14}$$

除氟时的反应为

$$(Al_2O_3)_n \cdot H_2SO_4 + 2F^- \longrightarrow (Al_2O_3)_n \cdot 2HF + SO_4^{2-} \tag{7-15}$$

活性氧化铝失去除氟能力后，可用 2% ～ 3% 浓度的硫酸铝溶液再生：

$$(Al_2O_3)_n \cdot 2HF + SO_4^{2-} \longrightarrow (Al_2O_3)_n \cdot H_2SO_4 + 2F^- \tag{7-16}$$

活性氧化铝在水的 pH=5 ～ 8 范围内时，除氟效果较好，而在 pH=5.5 时，吸附量最大，因此如将原水的 pH 调节到 5.5 左右，可以增加活性氧化铝的吸氟效率。

每 1 g 活性氧化铝所能吸附氟的质量（吸氟容量）一般为 1.2 ～ 4.5 mg F^-/g Al_2O_3。它取决于原水的氟浓度、pH、活性氧化铝的颗粒大小等。在原水含氟量为 10 mg/L 条件下，原水含氟量增加时，吸氟容量可相应增大。进水 pH 影响 F^- 泄漏前的处理水量，活性氧化铝颗粒大小和吸氟容量呈线性关系，颗粒小则吸氟容量大，但小颗粒会在反冲洗时流失，并且容易被再生剂 NaOH 溶解。活性氧化铝的粒径应小于 2.5 mm，宜为 0.5 ～ 1.5 mm。

活性氧化铝除氟工艺可分成原水调节 pH 和不调节 pH 两类。为减少酸的消耗和降低成本，大多将进水 pH 调节为 6.0 ～ 7.0，除氟装置的接触时间应在 15 min 以上。

当活性氧化铝吸附滤池进水 pH 大于 7 时，采用间断运行方式，滤速 2 ～ 3 m/h，连续运行 4 ～ 6 h，间断 4 ～ 6 h。

当活性氧化铝吸附滤池进水 pH 小于 7 时，采用连续运行方式，滤速 6 ～ 8 m/h。

活性氧化铝吸附滤池滤料厚度与原水含氟量有关：原水含氟量小于 4 mg/L 时，滤料厚度宜大于 1.5 m；原水含氟量大于 4 mg/L 时，滤料厚度宜大于 1.8 m。

活性氧化铝柱失效后，须进行再生。再生时，首先反冲洗氧化铝柱 10 ～ 15 min，膨胀率为 30% ～ 50%，以去除滤层中的悬浮物。再生液浓度和用量应通过试验确定，

$Al_2(SO_4)_3$ 再生时，浓度为 2% ～ 3%。采用 NaOH 再生时，浓度为 0.75% ～ 1.0%。再生时间为 1.0 ～ 2.0 h，再生后用除氟水反冲洗 8 ～ 10 min。采用 NaOH 溶液再生的滤层呈现碱性，须再行转变为酸性，以便去除 F^- 和其他阴离子。这时可在再生结束重新进水时，将原水的 pH 调节到 3 左右，并以平时的滤速流过滤层，连续测定出水的 pH。当 pH 达到预定值时，出水即可送入管网系统中应用，然后恢复原来的方式运行。和离子交换法一样，再生废液的处理是一个麻烦的问题，再生废液处理费用往往占运行维护费用很大的比例。

（2）磷酸三钙、骨炭吸附法

磷酸三钙除氟通常采用羟基磷灰石作为滤料吸附除氟。其分子式可以写作 $Ca_3(PO_4)_2 \cdot CaCO_3$，或 $Ca_{10}(PO_4)_6(OH)_2$，其交换反应如下：

$$Ca_{10}(PO_4)_6(OH)_2+2F^- \rightleftharpoons Ca_{10}(PO_4)_6F_2+2OH^- \qquad (7\text{-}17)$$

当水的含氟量较高时，反应向右进行，氟被磷酸三钙吸收而去除。滤料再生一般用 1% 的 NaOH 溶液浸泡，然后用 5% 的硫酸溶液中和，再生时水中 OH^- 浓度升高，反应向左进行，使滤层得到再生又成为羟基磷酸钙。

骨炭法除氟原理和磷酸三钙除氟相同，较活性氧化铝法的接触时间短，只需 5 min 左右，且骨炭价格比较低，但是机械强度较差，吸附性能衰减较快。

（3）其他除氟方法

铝盐混凝法除氟是利用铝盐的混凝作用，凝聚氟离子沉淀过滤除氟，适用于原水含氟量较低并需同时去除浊度的水源水质。由于投加的硫酸铝量很大会影响水质，处理后出水中总含有大量溶解性铝引起人们对其健康影响的担心，因此应用越来越少。电混凝法除氟的原理和铝盐混凝法基本相同，应用也少。

膜分离除氟技术包括电渗析和反渗透等。膜分离技术除氟效率较高，是具有良好应用前景的新型饮用水除氟技术。电渗析和反渗透法除氟可同步脱盐，适用于苦咸水、高氟水地区的饮用水除氟，其应用越来越多。

7.1.2 有机微污染水源水处理

水源污染是一个全球性问题，其对人类的影响主要取决于排放污水的治理程度。目前，我国城市污水和工业废水处理滞后，地面水源污染治理缓慢。同时，垃圾、粪便、腐烂植物秆经常倾倒入河，加速了水环境的恶化。

水源受到排放的工业废水、生活污水或农田排水污染，其水质具有不同的特点：

（1）工业废水污染

工业废水排放量大，占总排水量的 50% ～ 60%，所含杂质种类繁多。一般来说，悬浮物含量高，常有大量漂浮物；色度高，多呈黄褐色，直接影响了水质感官指标；化学耗氧量或高锰酸钾指数（COD_{Mn}）较高，生化需氧量（BOD_5）有时较高；含有多种有毒有害成分，如重金属（Cd、Cr、As、Pb）、酚、染料、多环芳烃。此类水源距城市越近，污染越严重，远离城市则污染较轻。

（2）城市生活污水、生活垃圾污染

城市生活污水排放量仅次于工业废水排放量，其中含有大量碳水化合物和氮、硫、磷生活营养源的有机物及洗涤剂。生活垃圾或渗出液虽然数量不多，却污染严重。经污染后的水源，很容易引起水体富营养化，滋生藻类。当溶解氧大量消耗后，在厌氧细菌作用下产生 H_2S、CH_4 及其他恶臭物质，致使水源发黑、发臭。

（3）农田排水污染

中国现有耕地约占世界耕地的 10%，而氮肥使用量占世界的 30%。其中氮肥在农作物吸收前有一半以气体形式逸失到大气或排入地下水或排入河道，另有部分残存于土壤之中。再加上很多农作物秸秆在田间腐烂，降水过后，经淋滤富集，汇入河流，使河流水中含有大量腐殖质及化肥、农药。特别是湖泊水源，受农田排水污染的较多。该类水源中耗氧量较高、氨氮含量增加，在光照充足的条件下易滋生藻类。此外，还有农药污染。

受污染严重的水源大多属于Ⅳ、Ⅴ类水体，已不能作为生活饮用水水源。而污染较轻的水源，又称为微污染水源，大多属于Ⅲ类水体，个别指标劣于Ⅲ类。较为普遍的影响水质的主要指标：氨氮、COD_{Mn}、藻类等并伴有色度增加，气味异常。微污染水源中的有毒、有害物质多呈分子、离子状态，经自来水厂混凝、沉淀、过滤后，分子量较大的（1 000Da 以上）有可能聚结，附着在其他微粒上去除，而分子量较小（500Da 以下）的，基本不能去除。预加氯又会使水中氯代化合物倍增，生成新的污染物，饮用时经常引起感官不良、味觉异常、肠胃不适，以至于致畸、致癌，对人体健康存有潜在威胁。

针对我国有机微污染水源状况，许多单位对提高水质的处理技术进行了大量试验研究，提出了新的见解，有的已付诸实施。在现有条件下，加强常规处理、增加预处理和深度处理是提高饮用水水质的有效方法，常用的方法有生物氧化、化学氧化、活性炭吸附、膜式分理技术等。

7.1.2.1　生物氧化

（1）生物氧化原理

微污染水源水生物氧化，主要依靠生物膜对水中的氨氮、有机物进行降解，再经絮凝沉淀去除。生物氧化池中，装填一定厚度的滤料或其他生物填料。通入含有污染物质的水流后，水中有机营养物和附着在填料上的微生物接触。微生物在填料表面生长繁殖。随着时间延长，填料表面的微生物增殖越来越多，逐渐在填料表面形成了具有大量微生物群落的黏液状膜即生物膜。沿水流方向，生物膜上的细菌及各种微生物组成的生态系以及对有机物的降解功能趋于稳定状态。

根据受污染水源水中的有机营养物浓度，目前自来水厂采用的生物氧化构筑物主要是生物接触氧化池，如图 7-7 所示。该形式的生物氧化池池内装填滤料或生物填料，经充氧或含有氧气的原水浸没全部滤料。水流在通过布满生物膜的填料层时，水中有机物被生物膜吸附、吸收、氧化和分解。实际上，生物接触氧化池是淹没式生物滤池。

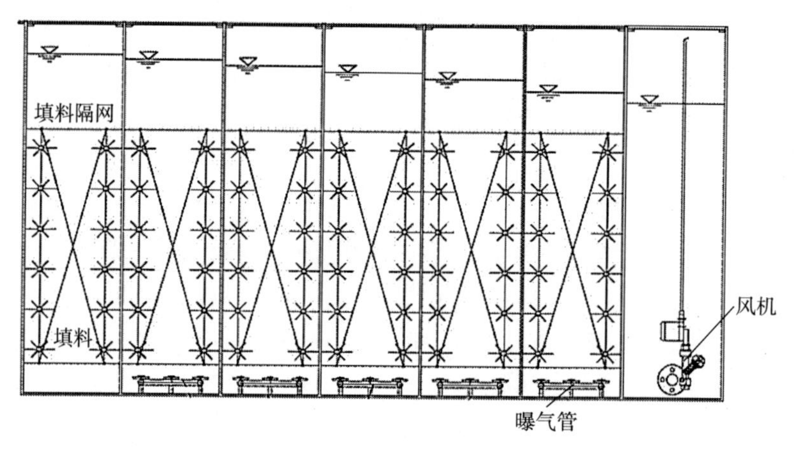

图 7-7　生物接触氧化池示意图

（2）生物接触氧化池构造

微污染水源水处理中所采用的生物接触氧化池的主要构造包括池体、填料和布水布气系统。

1）池体：考虑到饮用水处理水量大、有机营养物含量低的特点，大多数生物氧化池设计成矩形或圆形，以钢筋混凝土浇筑或钢板焊接加工而成。池内填料高 3 ～ 4 m，底部布水布气系统高 0.5 ～ 1.0 m，顶部集水系统高 0.5 ～ 0.8 m，总高 5 ～ 6 m。通常一座生物氧化池分成多格串联。

2）填料：生物接触氧化池中的填料是生物膜载体，是接触氧化处理工艺的关键部位。用于微污染水源水生物接触氧化池的填料分为固定式、悬挂式和分散堆积式 3 种类型。其中，固定式填料主要是蜂窝类填料，已很少使用。悬挂式填料是生物氧化池使用较早的生物填料，经不断改进，已由悬挂式软性填料改为弹性立体填料。在水流、气流以及自旋、摆动多种外力作用下，使老化生物膜较容易脱落，有效避免结团、结块现象。分散堆积式填料避免了积泥后冲洗困难的现象，具有更换、冲洗容易的优点。该种系列填料又称为悬浮填料或轻质填料，填料多为空心多瓣球形，有的是大球中再放入 4 ～ 5 个小球，有的是斜切空心柱状填料。

3）曝气系统：生物接触氧化池曝气充氧一般采用鼓风机供气作为气源，采用穿孔管曝气器、微孔曝气器、散流式曝气器、射流式曝气器、机械曝气器等曝气。从近几年设计建造的自来水厂接触氧化池来看，使用最多的是微孔曝气和穿孔管曝气。

目前，从南方地区几家建有生物接触氧化池的水厂使用情况分析，选用曝气器时应一并考虑采用的填料形式和后续的沉淀澄清构筑物。当生物接触氧化池中填放悬浮填料或立体弹性填料，后续沉淀澄清构筑物是气浮池，则选用何种曝气器均无大的问题。如果后续工艺紧接沉淀池，选用微孔曝气器充氧，需采用较大的空气量冲起悬浮填料或冲洗掉立体填料上污泥时，就会向水中溶入大量空气。而在沉淀池起端，溶解的气体附带细小絮凝体一起漂浮在水面上，使沉淀池的入口出现气浮池，直接影响了沉淀效果。在这种情况下，选用穿孔管曝气器为宜。

（3）生物接触氧化池计要点

在污水处理中，生物接触氧化池一般按照污水中 BOD_5 含量设计计算。而微污染水源水中 BOD_5 含量较低，通常为 3 ～ 5 mg/L，这比污水中 BOD_5 含量 100 ～ 200 mg/L 低很多。因此，设计计算时大多按照试验数据、进行设计计算，并注意以下各要点：

1）微污染水源水生物接触氧化处理一般适用于高锰酸盐指数小于 10 mg/L，NH_4^+-N 含量小于 5 mg/L 的微污染水源水。

2）设计时，应分为两组以上同时运行，保证在不间断供水条件下，可进行检修和冲洗。

3）生物填料层高度根据填料种类确定。当采用悬浮式填料时，填料层高 4 ～ 5 m。当采用堆积式球形填料时，以填料外轮廓直径计算所得的体积等于接触池中水体积的 20% ～ 40%。当选用悬挂式填料时，填料层高 3 ～ 4 m，设计成池底预埋吊钩固定的网格式，或用角钢焊接好框架，直接放入水中的单体框架式。

4）微污染水源水接触氧化池停留时间取 1.2 ～ 2.5 h，为减小占地面积，氧化池中水深可达 5 ～ 6 m。

5）生物氧化池中水的溶解氧含量应保持 5 ～ 8 mg/L，以此计算应向水中溶解的空气量或曝气气水比。大多数生物氧化池采用的气水比为（0.8 ～ 2）：1。生物接触氧化池沿水平水流方向应分为 3 段以上，每段曝气器可根据水中溶解氧含量进行调整，一般采用渐减曝气方式，如果分为 4 段，可按 4 段曝气量 35%、27%、23% 和 15% 设计。

6）曝气充氧时，多采用鼓风机供气，按照氧化池水深确定鼓风机风压。连接曝气器的曝气管道可用钢管、ABS 管，并应保持布气管道水平，干管中空气流速为 10 ～ 15 m/s。

7）采用穿孔管曝气时，穿孔管管径为 25 ～ 50 mm，曝气孔口直径 d=3 ～ 5 mm，孔口空气流速为 8 ～ 10 m/s，干管、支管中空气流速可适当减小到 5 ～ 6 m/s，支管间距 200 ～ 250 mm。

7.1.2.2　化学氧化

（1）预加氯氧化

氯气（Cl_2）是一种氧化能力很强的黄绿色有毒气体，在 0℃和 98 kPa 压力下，1 L 氯气质量为 3.2 g，在 0℃和 392 kPa 压力下被压缩成液态，1 L 液氯质量为 1.5 kg。常温常压下，液氯很容易气化，液化点在 981 Pa 压力下为 −34.5℃。1 L 液氯能气化为

457.6 L 氧气，1 kg 液氯可气化为约 310 L 氯气。20℃时，氯气在水中溶解度 7.0 g/L 以上。自来水厂、污水处理厂等单位使用的液氯由化工厂生产运输到使用单位气化为氯气投加到水中。

投加在水中的氯气立即水解，生成次氯酸，同时和水中氨氮反应，生成化合性氯。其能快速氧化水中的有机物、氨氮，降低色度，杀灭藻类等。

众多的研究指出，预氯化、折点加氯会产生大量三氯甲烷及其他有毒有害副产物，已引起了广泛关注。如果合理掌握加氯量或先行去除三氧甲烷前期物，仍可控制自来水出厂水三氯甲烷小于 0.06 mg/L 的水质标准。

目前，我国有很多自来水厂采用氯消毒和氯预氧化技术。为了强化混凝沉淀，有的自来水厂在投加混凝剂时投加氯气提高混凝效果，有助于降低沉淀池出水浑浊度。实践中，应据原水中总有机碳（TOC）含量，合理选择氯气加注量。此外，有些以湖泊、水库为水源的自来水厂，在藻类含量较高时，加氯灭藻效果明显。

我国的很多河流受农田排水、生活污水污染严重，水中氨氯含量较高。先投加粉末活性炭，5 min 后投加混凝剂絮凝沉淀，过滤后折点加氯，或粉末活性炭与混凝剂同时投加，滤后折点加氯可使生成三卤甲烷含量最低。实践证明，生成的副产物含量越高，致突变性试验（Ames）呈现阳性的可能性越大。因此，预加氯氧化的水厂需要做到合理加氯，或再经活性炭吸附，可以使氯氧化副产物含量降低到安全范围以内。

（2）二氧化氯氧化

二氧化氯的物理性质已在消毒一节进行过介绍，作为氧化剂使用，这里主要说明其化学性质。

ClO_2 在酸性条件下具有很强的氧化性：

$$ClO_2 + 4H^+ + 5e \longrightarrow Cl^- + 2H_2O \qquad (7-18)$$

在水中 pH 为中性的条件下，

$$ClO_2+e \longrightarrow Cl^-+O_2 \qquad (7-19)$$

$$ClO_2 + 2H_2O + 4e \longrightarrow C1^-+4OH^- \qquad (7-20)$$

ClO_2 能将水中少量的 S_2^-、SO_3^{2-}、NO_3^- 等还原性酸根氧化成无害状态，并可对苯酚、苯胺、吡咯有较强的氧化能力，以氧化还原的形式将少量有机物降解，不产生三氯甲烷副产物。

ClO_2 预氧化只是有选择性地与某些有机物进行氧化反应，将其降解为以含氧基团为主的产物，不产生氯化有机物，所需投加量小，约为氯投加量的 40%，且不受水中氨氮的影响。因此，采用 ClO_2 代替氯氧化或消毒，可使减少三氯甲烷生成量。ClO_2 在受污染水源水处理中的应用如下：

1）ClO_2 预氧化除藻

有研究指出，藻类叶绿素中的吡咯环和苯环类似，ClO_2 对苯环具有一定亲和性，容易氧化。同样，ClO_2 也会亲和吡咯环、氧化叶绿素、使藻类新陈代谢终止，中断蛋白质合成，而使藻死亡。在投加量较大的条件下，ClO_2 透过细胞壁与细胞内的氨基酸反应杀藻。

2）ClO_2 预氧化去除异味

当水源受到生活污水污染时，水中 N、P 增加，滋生藻类，容易产生异味。如果水中含有酚、硫化物时，产生臭味加重。投加 ClO_2，利用单电子转移反应机理，可氧化酚类物质和硫化物，氧化水中引起色度、臭味的物质。一般情况下，投加 ClO_2 约 1 mg/L，可有效去除异味。

3）ClO_2 氧化去除有机物

水中的有机物多种多样、形态各异，一般强氧化剂直接氧化，去除率在 20% 以下。同样，ClO_2 氧化也是基于破坏有机物分子结构，使其转化为小分子或生成其他有机物的原理。经试验，原水 COD_{Mn} < 6 mg/L 时，投加 ClO_2 2 ～ 3 mg/L，使 COD 不足 10%。

ClO_2 可氧化水中氰化物、亚硝酸盐，不与氨氮反应。投加量过多时会使水的色度增加。投加 ClO_2 时不会提高溶解氧含量，与颗粒活性炭滤池配合使用时，需另行溶入氧气。

（3）高锰酸钾氧化

高锰酸钾（$KMnO_4$）是一种暗紫色或黑色细长形结晶体，稀溶液呈紫红色，分子量为 158.03，密度为 2.70 g/cm^3。易溶于水，0℃时的溶解度是 27.5 g/L，10℃时溶解度为 40.1 g/L，20℃时溶解度为 60 g/L。高锰酸钾是一种普通的氧化剂，氧化还原电位为 1.69 V（pH=0），比氯气（氧化还原电位为 1.36 V）、二氧化氯（一级反应氧化还原电位为 0.95 V）的氧化能力还要强。氧化时，$KMnO_4$ 中的 Mn^{7+} 还原为 Mn^{4+}、Mn^{2+}。

$KMnO_4$ 氧化工艺是近几年在我国推广的新技术，它能氧化水中部分微量有机污染物、氧化藻类等。$KMnO_4$ 的氧化还原能力虽然比 O_3 低，不像 O_3、ClO_2 那样起效迅速，但能和水中无机物生成无机化合物，有利于沉淀去除。在正常 pH 条件下，氧化生成 MnO_2。MnO_2 在水中溶解度很低，很容易形成具有较大比表面面积的水合 MnO_2 胶体，又能吸附其他有机物。所以认为 $KMnO_4$ 的氧化和 MnO_2 的吸附双重作用不仅能去除被氧化的微量有机物，还能去除未被氧化的微量有机物。

$KMnO_4$ 氧化水中有机物时，可减轻水的嗅、味；其氧化能力比臭氧弱，所以常采用臭氧 / 高锰酸钾复合氧化技术，发挥协同氧化作用。此外，$KMnO_4$ 还原中间价态锰氧化物会对臭氧产生催化氧化作用。又因 $KMnO_4$ 中的锰在水中会变成 MnO_2，使水的色度增加，常与粉末活性炭（PAC）联合使用，同时发挥高锰酸钾、粉末活性炭在去除微量有机物时的协同作用。

$KMnO_4$ 去除水中污染物时，一般无须专门的设备，只要将 $KMnO_4$ 连续加入即可。当投加量在 12 kg/d 以上时，宜采用干式投加。湿式投加配制 $KMnO_4$ 水溶液浓度 2% ～ 4%，先于其他混凝剂投加前 3 min 以上投加。$KMnO_4$ 作为预氧化剂去除水中藻类时，投加量为 0.5 ～ 1.0 mg/L，接触时间为 10 ～ 15 min，可杀灭藻类 90% 以上。

（4）臭氧（O_3）氧化

O_3 是一种有特殊刺激性气味的不稳定气体，常温下为浅蓝色，液态呈深蓝色。O_3 是常用氧化剂中氧化能力最强的，在水中的氧化还原电位为 2.07V，具有较强的腐蚀性。

O_3 在空气中会慢慢自行分解为 O_2，同时放出大量的热量，当其浓度超过 25% 时，很容易爆炸。但一般空气中 O_3 的浓度不超过 10%，不会发生爆炸。在标准压力和 20℃温度下，纯臭氧的溶解度比氧大 15 倍以上，比空气大 30 倍，在水中的半衰期约为 20 min。

臭氧在水中不稳定，在含杂质的水溶液中迅速分解为 O_2，并产生氧化能力极强的单原子氧（O）。在催化条件下，产生羟基自由基（·OH）等具有极强灭菌作用的物质，其氧化还原电位为 2.80V。

O_3 溶于水后会发生两种反应：一种是直接氧化，反应速度慢，选择性高，易与苯酚等芳香族化合物及乙醇、胺等反应；另一种是 O_3 分解产生羟基自由基从而引发的链反应，此反应还会产生十分活泼的、具有强氧化能力的单原子氧（O），可瞬时分解水中有机物、细菌和微生物。当溶液 pH＞7 时，在催化条件下，O_3 自分解加剧，自由基型反应占一定地位，这种反应速度快，选择性低。

由上述机理可知，O_3 在水处理中能氧化水中的多数有机物使之降解，此外，由于 O_3 具有很高的氧化还原电位，能破坏或分解细菌的细胞壁，容易通过微生物细胞迅速扩散到细胞内并氧化其中的酶等有机物，或破坏细胞膜和组织结构的蛋白质、核糖核酸等，从而导致细胞死亡。因此，O_3 能够除藻、杀菌，对病毒、芽孢等生命力较强的微生物也有很好的灭活作用。

1）臭氧在水处理中的应用

O_3 可氧化溶解性铁、锰化合物，形成高价沉淀物，经沉淀、过滤去除；可将氰化物、酚等有毒有害物质氧化为无害物质；可氧化致嗅和着色物质，从而减少嗅味，降低色度；可将生物难降解的大分子有机物氧化分解为易于生物降解的中小分子量有机物。使用 O_3 预处理，还可以起到微絮凝作用，提高出水水质；当水源水含有溴化物时，O_3 容易把溴离子（Br^-）氧化成次溴酸（HBrO），溴离子化合价升高，继而和有机物反应生成危害人体健康的溴代三卤甲烷。《生活饮用水卫生标准》（GB 5749—2006）中规定：使用 O_3 时，溴酸盐含量≤0.01 mg/L。

臭氧在水处理中作为氧化剂、消毒剂，有如下特点：O_3 氧化、消毒时受 pH、水温及水中含氨量影响较小。但由于水中无机物和有机物也会消耗一部分 O_3，所以影响了消毒灭菌效果。O_3 能改变小粒径颗粒表面电荷的性质和大小，使带电的小颗粒聚集，对提高混凝效果有一定帮助。O_3 分解速度快，无法维持管网中剩余消毒剂余量，故通常在 O_3 消毒后的水中再投加少量的含氯消毒剂。O_3 氧化有机物时同时向水中充氧，为后续处理（特别是生物处理）提供更为有利的条件。O_3 能氧化分解苯并［*a*］芘、苯、二甲苯、苯乙烯、氯苯和艾氏剂，不能氧化 DDT、环氯、狄氏剂和氯丹等杀虫剂。

2）臭氧接触氧化池设计和尾气处理

根据气体转移传质过程可知，气体在水中的溶解一般分为难溶解、中等溶解、易溶解 3 种状况。对难溶解气体，例如 O_2，液膜阻力是气膜阻力的 140 倍，提高传质速度的方法是尽量减小液膜厚度，增大气液接触面积，分割气泡，增加水流速度，多采用鼓泡式溶解方法。对于易溶解的气体，以减少气膜阻力为主，多用变换水流方式的水滴式，或用填料塔，同时变换水流气流接触面积和接触方式。

对 O_3 化气体在水中溶解度的要求要严格，因为这不仅影响水中有机物的氧化和 O_3 的利用效率，还影响尾气中 O_3 的污染问题。自来水厂处理水量较大，O_3 化气体需用量大，设计时多采用水流串联，O_3 化气体并联分段加入的溶解接触氧化方法。

臭氧在空气中浓度 0.3 mg/m^3（6.25×10^{-6} mol/L）时，对眼、鼻、喉有刺激感觉；浓度在 3 mg/m^3 以上时，会使人头痛、呼吸器官局部麻痹，我国《环境空气质量标准》第 1 号修改单（GB 3095—2012/XG1—2018）中规定：一级标准 O_3 浓度为 0.12 mg/m^3，二级标准为 0.16 mg/m^3，三级标准为 0.20 mg/m^3。因此，应对臭氧接触氧化排放尾气进行处理。目前常用的方法包括回用、加热分解和催化分解。

臭氧氧化是在自来水厂常规处理工艺不能满足水质要求条件下另行增加的工艺，串联在常规处理工艺系统之中。臭氧氧化、生产制备系统是自来水处理中的新工艺，目前使用的厂家仍然较少。该系统运行流程包括臭氧接触氧化池（塔）、尾气吸收破坏、臭氧制备生产、气源选择、自动控制、安装调试等。

臭氧化后，水中能转化为细胞质量的有机碳上升，可能会造成水中细菌再度繁殖。为了维持管网中有足量的剩余消毒剂，在臭氧处理后再加氯或氯胺处理会分别生成三氯硝基甲烷和氯化氰等新的消毒副产物。相对某些农药，臭氧氧化后的产物可能更有害。所以，在大多数情况下，臭氧不单独使用，需和活性炭联合使用。

7.1.2.3　活性炭吸附

（1）活性炭分类

活性炭是由木材、煤炭、果壳等加工制造而成的，其制造工艺不断革新，用途不断扩大，根据水源水质的变化，其在水处理中已逐渐得以使用。

活性炭按照外观形状分类，大致分为粉末活性炭、颗粒活性炭、破碎活性炭、球形活性炭、中空纤维球活性炭、纤维状活性炭、蜂巢状活性炭等。按照制造生产方法不同，还可分为化学药品活化法活性炭（活化剂是氧化锌、磷酸、氢氧化钾、氢氧化钠等）、强碱活化法活性炭、气体活化法活性炭及水蒸气活化法活性炭。

水处理用活性炭主要用于吸附水中有机物，并能在其表面附着生物群落。为便于微孔内外均能发挥作用，一使用中孔（孔径 $10^{-4}\sim10$ m^{-5}）活性炭、大孔（孔径

$10^{-2} \sim 10\ m^{-3}$）活性炭。

（2）活性炭的制备

活性炭是由木材、果壳、无烟煤、泥炭等多种来自植物的炭前驱体原材料在高温下炭化后再经活化后制成，即木材、煤、树脂、沥青等经过热分解，氢、氧大部分呈气体脱离，炭以石墨微晶形态残存并在温度升高后相互结合，变成结晶状形态。最后经过炭化而打通非晶质碳堵塞的通道，使孔隙结构发达，制成具有很大比表面面积、孔隙结构均匀的活性炭。

用于水处理的活性炭大多使用煤基粒状活性炭，通常采用压块（压条）置于425℃特定条件下烘烤，去除部分挥发性有机化合物，进行炭化处理后置于1 000℃特定条件下热活化，或把无烟煤直接进行破碎筛分后活化处理，制成颗粒状活化炭。不规则颗粒状活化炭装填密实、比表面面积大、具有更好的吸附作用。

（3）活性炭性能

1）吸附特性

由活性炭的生产制造或再生过程可知，活性炭具有很大比表面面积的网格结构，可看作木炭、焦炭进行无限分割的结果。在分割面上的分子所处的电场、力场由原来的平衡状态变成了不对称、不平衡状态，因而表现出很强的界面自由能。活性炭吸附水中杂质主要依靠吸附界面上的物理化学自由能，或者说主要源于表面物理吸附作用，如范德华力等。很多被吸附物质移出后在活性炭固相和液相之间积聚。当水中有足够氧气时，活性炭表面会滋生一层生物菌落及其黏液状膜构成生物膜，以附着的有机物为营养，将积聚在活性炭孔内外的有机物分解消化。故认为生物作用起到再生效果。

颗粒活性炭吸附水中污染物质是一种动态平衡，表面已被吸附的难吸附物质会被后面水流中容易吸附的物质置换下来。在交替更换过程中，吸附能力较弱的杂质有可能继续被深层活性炭吸附，出现吸附层移现象，又称为“色谱分层效应”。在水处理工艺中，活性炭和大部分有机物之间的物理吸附通常是可逆的。随着时间延长，对各种污染物的吸附由快速转为慢速，通过生物作用降解部分有机物后，处于相对平衡状态。

活性炭表面的生物化学作用并不能把所有吸附的杂质分解，而生物代谢也不可能全部从活性炭孔穴中排出。所以，长时间使用后的活性炭表面孔隙堵塞、网纹模糊不清、吸附能力下降，一般采用高温扩孔再生法进行再生。该再生工艺是在隔绝氧气条件下以过热蒸汽活化。可使活性炭强度不受损伤，基本上维持新炭的强度；损耗控制在5%～10%；蒸汽活化造孔扩孔不仅能恢复原有的孔穴，还可以重新造孔，从而使吸附能力得以较高的恢复；对原有炭基可反复再生7～8次，每次再生费用仅为购置新炭的25%～30%。

2）吸附容量

活性炭吸附水中有机物的效果除了与活性炭比表面面积有关，还与水温、pH、被吸附物质的性质、浓度有关。在一定的压力和温度条件下，如果以质量为m(g)的活性

炭吸附水中溶质 x(mg)，则单位质量的活性炭所吸附溶质的数量 q_e 表示为

$$q_e = \frac{x}{m} \tag{7-21}$$

一般来说，当被吸附的物质能够与活性炭发生结合反应，或与活性炭有较强的亲和作用，或浓度较大时，q_e 值较大。描述吸附容量 q_e 与吸附平衡浓度 C 的关系式有 Langmuir、BET 和 Fruendlich 吸附等温式。在水和污水处理中通常用 Fruendlich 近似表达式来比较不同温度和不同溶质浓度下活性炭的吸附容量，即

$$q_e = kC^{\frac{1}{n}} \tag{7-22}$$

式中：q_e——吸附容量，mg/g；

k——与活性炭吸附比表面面积、吸附平衡浓度有关的系数；

n——与水温有关的系数，$n>1$；

C——吸附平衡时的溶质浓度，mg/L。

式（7-22）是一个经验公式，表示为图 7-8（a）的吸附等温线。通常用图解方法求出 k 和 n 值。为方便求解，常把式（7-22）变换成线性对数关系式：

$$\lg q_e = \lg k + \frac{1}{n}\lg C \tag{7-23}$$

式中：C_0——被吸附物质原始浓度，mg/L；

C——水中被吸附物质的平衡浓度，mg/L；

其余符号同上。

在双对数坐标纸上绘出 $\lg q_e$、$\lg C$ 的关系直线，即对数表示的吸附等温线，如图 7-8（b）所示。$\lg k$ 为直线的截距，$1/n$ 为斜率。用此等温线可对各种活性炭的吸附容量进行比较。

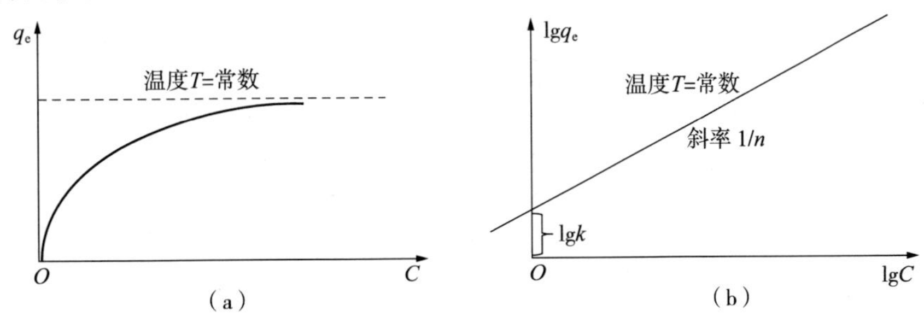

图 7-8　Fruendlich 吸附等混线

目前，我国生产的活性炭分为柱状 EJ 型、颗粒状 PJ 型和粉状 FJ 型。出厂时测定活性炭的碘吸附值在 800 mg/g 以上，亚甲基蓝吸附值在 120 mg/g 以上，说明活性炭具有较大的吸附容量。

一般来说，具有碘吸附容量的活性炭同样具有吸附有机物的能力。应该注意的是，

颗粒活性炭（包括柱状和非柱状）在水处理中并非完全按照碘吸附值和亚甲基蓝吸附值的大小发挥作用。活性炭滤池总是先发挥物理吸附，然后变成生物活性炭，依靠生物作用降解有机物。只要活性炭表面生物菌落生长良好，就有很好去除 COD、UV_{254} 的功效。所以孔发达的活性炭上附着的生物菌落较多，即使碘吸附值下降，仍有很好的效果。因此以 COD、UV_{254} 的去除效果衡量活性炭是否再生是正确的。

3）影响活性炭吸附的主要因素

①活性炭性质的影响

如前所述，活性炭的比表面面积、孔隙尺寸和分布、表面化学性质对吸附效果影响大。但吸附效果主要决定于吸附剂和吸附质两者的物理化学性质，一般需通过试验选择合适的活性炭。

②吸附质性质及浓度的影响

活性炭主要吸附水中芳香族类有机物、卤代芳香烃、酚与氯酚类、烃类有机物、合成洗涤剂、腐殖酸类以及水中致嗅致色物质等。活性炭是一种吸附剂，对水中非极性、弱极性的有机物有很好的吸附能力。吸附质的极性越强，则被活性炭吸附的性能越差。例如，苯是非极性有机物，被活性炭吸附性强；苯酚有极性，活性炭对其吸附的性能比苯差。一般来说，活性炭对芳香族化合物吸附优于对非芳香族化合物的吸附；对支链烃类的吸附，优于对直链烃类的吸附；对分子量大、沸点高的有机化合物的吸附，高于分子量小、沸点低的有机化合物的吸附。此外，在无机物中，活性炭对汞、铋、锑、铅、六价铬等均具有较好吸附效果。试验证明，分子量在 500 ～ 1 000 范围的有机物易被活性炭吸附去除。经检测，饮用水水源中分子量＜500 部分的有机物主要为极性物质，不易被活性炭吸附，分子量大于 3 000 的有机物基本上不被去除。

吸附质浓度对活性炭吸附量也有影响，一般情况下，吸附质浓度越高，活性炭吸附量越大。

③ pH 影响

水的 pH 往往影响水中有机物存在形态。例如，当 pH＜6 时，苯酚很容易被活性炭吸附；当 pH＞10 时，苯酚大部分会电离为离子而不易被吸附。不同吸附质的最佳 pH 应通过试验确定。一般情况下，水的 pH 越高，吸附效果越差。

④水中其他物质的影响

无论是微污染水源水或是污水中，都含有多种物质，包括有机物和无机物。多种物质共存时，对活性炭吸附有的有促进作用，有的起干抗作用，有的互不干扰。有研究认为，水中有 CaC_2 时，会对活性炭吸附黄腐酸有促进作用。因为黄腐酸与钙离子络合而增加了活性炭对黄腐酸的吸附量。也有无机盐类如镁盐、钙盐、铁盐等，可能沉积于活性炭表面而阻碍对其他物质的吸附。

水中多种物质共存时，往往存在竞争吸附。易被活性炭吸附的物质首先被吸附，只有当活性炭还存在吸附位时，才吸附其他物质。对特定的吸附对象而言，其他物质的竞争吸附就是一种干扰或抑制。

⑤温度的影响

活性炭吸附杂质时所放出的热量称为吸附热，吸附热越大，则温度对吸附的影响越大。在水处理中的吸附主要为物理吸附，吸附热较小，温度变化对吸附容量影响较小，对有些溶质，温度高时，溶解度变大，对吸附不利。

总之，影响活性炭吸附的因素很复杂，以上只对几个主要因素进行了粗略的说明。

（4）活性炭吸附在水处理中的应用

1）活性炭吸附除色脱味

地面水源受到轻微污染，经常规处理仍有一定色度和嗅味时，通常使用活性炭除色脱味。有时采用颗粒活性炭滤池过滤，依靠其微孔吸附作用，吸附捕捉引起着色、产生嗅味的溶解性杂质。如建造活性炭滤池去除水中的泥土味、鱼腥味、铁腥味等。使用较多的情况是在混凝阶段投加粉末活性炭（PAC）去除水中土嗅味、水草味及某些化工污染引起的异味。为了防止活性炭和混凝剂之间发生竞争吸附或被混凝剂包卷，粉末活性炭投放点应进行试验后确定。

为防止加氯后产生大量三卤甲烷，投加粉末活性炭或使用颗粒活性炭能够部分去除三卤甲烷的前期物。尽管水中总有机碳（TOC）和三卤甲烷生成量之间的关系不十分明确，活性炭吸附去除 TOC 和其他有机物后，对三卤甲烷的生成具有明显的降低作用。不同类型的活性炭对不同有机物吸附作用不尽相同。所以，活性炭对三卤甲烷前驱物的去除效果取决于原水水质、活性炭吸附能力及活性炭的吸附周期。

大量研究表明，活性炭吸附可较好去除地面水中的一些杀虫剂，有效吸附三氯甲烷的 20% ～ 30%，并能吸附部分腐殖酸，降低水中致突变物质。去除率高低与水中被吸附物质浓度有关。

2）生物增强活性炭吸附

使用粉末活性炭除色脱臭时，往往是在突发性水质变化或季节性水质较差的情况下。粉末活性炭发挥一次性的吸附作用，而后经沉淀或过滤后随水厂废水排出。粉末活性炭吸附容量一般只能为 30% ～ 50%。颗粒活性炭滤池去除水中污染物时，是一种连续吸附不间断工作状态。根据活性炭吸附容量和去除水中污染物总量传质过程计算，一般活性炭吸附数月到半年可能达到饱和状态。实践证明，当水中有足够的溶解氧时，活性炭表面滋生繁殖了大量的细菌微生物，并有效降低了水中有机物含量。同时发现，投加臭氧（O_3）后的水流可以增强颗粒活性炭的生物活性，于是便出现了生物增强性活性炭工艺，或称为生物活性炭（BAC）工艺。

生物增强活性炭工艺去除水中有机物的过程，是活性炭吸附和生物降解协同作用。首先，活性炭依靠其吸附性能吸附大部分有机物，在其表面积聚浓缩，同时滋生繁殖部分细菌微生物并使之逐渐适应生存环境或称为生物驯化。此时去除水中有机物仍以活性炭吸附为主要作用。根据水温、水中溶解氧和有机物含量不同，生物驯化时间有所差别。当水温在20℃左右时，经3～4周时间，生物驯化基本结束，细菌微生物已能适应所处的生存环境，逐渐把积聚在活性炭表面的有机物作为养料消化分解。实际上也是对活性炭生物再生过程，使接近吸附饱和的活性炭恢复部分吸附性能再重新吸附。水中的有机物向活性炭表面扩散迁移，继而被活性炭及生物菌落吸附降解，如此处于一种动态平衡过程。在此稳定状态下，既去除了水中有机污染物，满足处理要求，又延长了活性炭使用寿命，故称为活性炭的生物再生效应。

3）氧化剂/生物活性炭吸附联合工艺

颗粒活性炭过滤工艺常和臭氧氧化工艺紧密结合。在活性炭滤池前先对处理的水流臭氧氧化，把大分子有机物氧化为活性炭容易吸附的小分子有机物，并向水中充氧，最大限度地增强活性炭的生物活性。于是，臭氧—生物活性炭工艺具有更强的降解有机物功能。大多数受污染水源的水厂采用这一工艺，降低可生物降解的有机碳50%以上。具有生物活性的活性炭同时还能去除有机化合物，如苯、甲烷和部分杀虫剂，有效降低产生嗅味的化合物，如链醛、胺和脂肪醛、苯酚及氧化苯酚等。

投加臭氧、氯气、高锰酸钾、二氧化氯等强氧化剂预氧化后的水流，经生物活性炭滤层时，未完全分解的臭氧及氯气等对生物活性炭的作用具有不良影响。这些强氧化剂一方面和具有石墨结构的活性炭发生化学反应，减少了活性炭吸附容量，同时对生物生长起破坏作用。因此，应尽量降低进入生物活性炭滤池水中的强氧化剂浓度。另外，有毒农药或重金属离子含量较高时，也会减小活性炭动态吸附容量，降低生物活性炭的生物活性。此时应适当增加炭层厚度，保证可靠的去除效果。

生物活性炭表面的生物菌落（生物膜）新陈代谢和生物氧化池中生物填料上的生物膜相类似，厌氧层中部分老化的菌落会定时脱落，用水反冲洗或借助气水反冲洗便可排除。

颗粒活性炭作为吸附或生物载体进行过滤时，一般把活性炭放置在滤池或过滤器中。其中，过滤器适用于水量小或采用压力过滤的水厂。

活性炭滤池的结构和常规处理工艺的滤池大同小异。我国已建成使用的活性炭滤池多以普通快滤池为基础，采用变速过滤方式，或采用气水反冲洗式的滤池。

气－水冲洗滤池反冲洗时，利用空气扰动，引起滤料运移、填补和互相摩擦，再用水漂洗，具有较好的反冲洗效果。特别是水源水含有藻类时，经气－水反冲洗后，黏附在滤料表面的杂质容易脱落，过滤出水水质稳定。近年来，气－水反冲洗开始应用于活性炭滤料的滤池。从理论上分析，过滤反冲洗不会存在问题。但需注意以下问题：

空气反冲洗扰动滤层，有棱角的颗粒活性炭互相摩擦时，容易破碎，因此反冲洗强度应通过试验或在试运转时进一步研究确定。在正常情况下，活性炭吸附滤池冲洗周期宜采用3～6 d。常温下经常冲洗时的冲洗强度宜为11～13 L/(m^2·h)，历时8～12 min，膨胀率为15%～20%。定期采用15～18L/(m^2·s) 高强度冲洗，历时8～

12 min，膨胀率为 25% ～ 35%。

空气反冲洗后引起活性炭表层微气泡附着，影响生物菌落的生长，一般不采用气 - 水同时反冲洗方法。颗粒活性炭滤料是一种轻质滤料，较大的反冲洗强度容易使滤料浮起流失。很小的反冲洗强度又往往不能使滤料冲洗干净。为此，一些水厂引进了翻板阀滤池。

7.1.2.4　膜式分离

膜式分离即膜分离法，在下一节脱盐中详细介绍，这里仅简要介绍膜分离法在受污染水处理中的应用受污染水源水的处理可以采用超滤、纳滤和反渗透。

超滤膜的孔径范围为 0.01 ～ 0.1 μm，主要发挥机械筛分作用，进一步降低浑浊度。超滤膜可截留水中的微粒、胶体、细菌、大分子有机物和部分病毒，但无法截留无机离子和小分子物质。

纳滤膜的截留分子量为 200 ～ 1 000。驱动压力为 0.5 ～ 1.5 MPa。纳滤对水中溶解性有机物的去除率可达 75% 以上，对无机物中的高价离子（如 Ca^{2+}、Mg^{2+} 等）去除率高于对低价离子（如 Na^{+}、K^{+} 等）的去除率。既能去除水中溶解性有机物和无机离子，又能保留水中部分微量元素，故在饮用水深度处理中受到重视。

反渗透应用历史较久，主要用于苦咸水、海水淡化及水的除盐等。近年来，也开始用于微污染水源的深度处理。几乎可截留水中所有有机物和无机物，滤后水可达到纯水程度。

膜分离法作为微污染水处理工艺的主要特点：去除污染物的范围广，无须投加化学药剂，设备体积小，易于自动控制。随着制膜技术的发展，膜分离装置价格下降，在水处理领域的应用也日益广泛，已成为今后的发展趋势。

7.1.3　苦咸水的软化与脱盐

7.1.3.1　软化与除盐的基本概念

（1）软化与除盐的基本方法

无论是工业生产用水或是生活用水，均对水的硬度、含盐量有一定的要求，特别是锅炉用水对硬度指标要求严格。含有硬度、盐类的水进入锅炉，会在锅炉内生成水垢，降低传热效率、增大燃料消耗，甚至因金属壁面局部过热而烧损部件。因此，对于低压锅炉，一般要进行水的软化处理，对中、高压锅炉，则要求进行水的软化与脱盐处理。

软化处理主要去除水中的部分硬度或者全部硬度，常用药剂软化、离子交换方法。除盐处理是针对水中的各种离子以减少水中溶解盐类的总量，满足中、高压锅炉用水以及医药、电子工业的生产用水要求。去除部分离子、降低含盐量、海水淡化和苦咸水淡化也是除盐处理的内容。基本方法有离子交换法、膜分离（反渗透、电渗析）法和蒸馏法等。

（2）离子浓度的表示方法

水中的 Ca^{2+}、Mg^{2+} 构成了水的硬度，其单位以往习惯用 meq/L（毫克当量 / 升）表示。国外也有以 10 mg CaO/L 作为 1 度（如德国），也有换算成 mg $CaCO_3$/L 表示（如美国、日本）。它们之间的换算关系为 1 meq 硬度 /L=2.8 德国度 =50 mg $CaCO_3$/L（表 7-1）。

按照法定计量单位，硬度应统一采用物质的量浓度 c 及法定单位 mol/L 或 mmol/L 表示。1 mol 的某一物种是指 6.022×10^{23} 个该物种粒子（分子、离子和电子）的质量。记为 $c(Ca^{2+})$、$c(Mg^{2+})$，表示 Ca^{2+}、Mg^{2+} 的摩尔浓度。可以看出，物质的量 m（mol）与基本单元 X 的粒子数 N 之间有如下关系：

$$m(X)(\text{mol}) = \frac{N(X)(\text{粒子个数})}{6.022\times10^{23}} \tag{7-24}$$

以 Ca^{2+}、Mg^{2+} 硬度为例，根据基本单元 X 的表示方法，可以是 Ca^{2+}、Mg^{2+}，也可采用 $1/2Ca^{2+}$、$1/2Mg^{2+}$ 表示当量粒子浓度，它们之间的关系为 n（$1/2Ca^{2+}$）=$2n$（Ca^{2+}），n 表示 Ca^{2+} 的当量粒子个数。写成通式为

$$n\left(\frac{1}{z}X\right) = zn(X) \tag{7-25}$$

式中的 z 为离子电荷。在实用中，称 X/z 为当量离子。以当量粒子 $1/2Ca^{2+}$、$1/2Mg^{2+}$ 表示硬度时，符合软化除盐反应中各反应物质等当量反应的规律，meq/L 浓度和 mmol/L 浓度完全相同。在计算离子平衡时，以往的“meq/L”可代之以“mmol/L”而数值保持不变，既符合法定计量单位的使用规则，又保留了当量浓度表示方法的某些优点，有许多方便之处，得到了广泛采用。

水处理中所采用的基元当量粒子有以下几种：

阳离子：H^+、Na^+、K^+、$1/2Ca^{2+}$、$1/2Mg^{2+}$。

阴离子：OH^-、Cl^-、HCO^-、$1/2CO_3^{2-}$、$1/2SO_4^{2-}$。

酸、碱、盐：HCl、$1/2H_2SO_4$、NaOH、1/2CaO、$1/2CaCO_3$。

上述离子浓度表示法，一般适用于离子含量较高的情况。经软化除盐后的工业用水中离子浓度很低，不足几个 mg/L，远小于 1 meq/L，用质量浓度表示时测定麻烦，不如电导性测定简便。为此，通常采用水的导电指标（电阻率或电导率）来表示水的纯度。水的纯度越低，含盐量越大，水的导电性能越强，电阻越弱；反之，导电性能很弱，电阻很大的水必然是含盐量很低的水。

表 7-1　Ca^{2+} 硬度单位表示方法及换算关系

表示方法	物质量浓度		当量浓度	$CaCO_3$ 质量浓度	德国度
定义	$c(Ca^{2+})=N(Ca^{2+})/V/$(mmol/L)	$c(0.5Ca^{2+})=N(Ca^{2+})/V/$(mmol/L)=(meq/L)	Ca^{2+} 的毫克当量数 / 体积 / (meq/L)	$CaCO_3$ 质量 / 体积 / (mg/L)	10 mg CaO/L/ ^{0}dH
$c(Ca^{2+})$/(mmol/L)	1.0	2.0	2.0	100	5.6
$c(0.5Ca^{2+})$/(mmol/L)	0.5	1.0	1.0	50	2.8
meq/L	0.5	1.0	1.0	50	2.8
mg $CaCO_3$/L	0.01	0.02	0.02	1.0	0.056
^{0}dH	0.179	0.358	0.358	17.86	1.0

水的电阻是指断面 1 cm×1 cm、长 1 cm 体积的水所测得电阻，单位为“欧姆·厘米”，符号为 Ω·cm。水的电阻率与水的温度有关。我国规定测量电阻率均以水温为 25℃时数值为标准。在 25℃时，纯水的理论电阻率约等于 18.3×10^6 Ω·cm。一般井水、河水的电阻率只有 100 ～ 1 000 Ω·cm。

纯水的电阻率很大，为方便起见，常用电阻率的倒数表示，称为电导率，表示纯水电导率的单位是 μS/cm（微西门子 / 厘米，1 μS/cm =10^{-6} S/cm）。纯水电阻率 25×10^6 Ω·m 相当于电导率 =0.04 μS/cm。常见的除盐水，纯水、高纯水 25℃导电指标见表 7-2。

表 7-2　除盐水、纯水、高纯水电导率和残余含盐量

	除盐水	纯水	高纯水	理论纯水
电导率 /（S/cm）	10 ～ 1	1 ～ 0.1	＜ 0.1	0.054 8
残余含盐量 /（mg/L）	1 ～ 5	1	0.1	≈ 0

注：仅去除电介质的水称为除盐水，不仅去电介质适去除非电介质的水称为纯水。

（3）水中离子假想组合

天然水中的阳离子主要是 Ca^{2+}、Mg^{2+}、Na^+（包括 K^+），阴离子主要是 HCO_3^-、SO_4^{2-}、Cl^-，其他离子含量均较低。就整个水体来说是电中性的，也即水中阳离子的电荷总数等于阴离子的电荷总数。实际上，这些离子并非以化合物形式存在于水中，但是一旦将水加热，便会按一定规律先后分别组合成一些化合物从水中沉淀析出。钙、镁的重碳酸盐转化成难溶解的 $CaCO_3$ 和 $Mg(OH)_2$ 首先沉淀析出，其次是钙、镁的硫酸盐，而钠盐析出最难。在水处理中，往往根据这一现象将有关离子假想组合一起，写成化合物的形式。

水中阳离子与阴离子的组合顺序是 Mn^{2+}、Fe^{2+}、Al^{3+}、Ca^{2+}、Mg^{2+}、Na^+、K^+；

水中阴离子与阳离子的组合顺序是 PO_4^{3-}、HCO_3^-、CO_3^{2-}、OH^-、F^-、SO_4^{2-}、NO_3^-、Cl^-。

【例 7–1】有一井水水质分析资料：总硬度（以 $CaCO_3$ 计）= 400 mg/L，其中，钙硬度（以 $CaCO_3$ 计）= 255 mg/L，镁硬度（以 $CaCO_3$ 计）= 145 mg/L，Na^+= 67.6 mg/L，K^+=3.5 mg/L，碱度（以 $CaCO_3$ 计）= 340 mg/L，SO_4^{2-}= 110 mg/L，Cl^-=68.87 mg/L。根据上述资料，写出水的 pH＜7.5 时的离子假想组合关系图。

【解】当水的 pH＜7.5 时，认为水中不含有 CO_3^{2-}，仅含有 HCO_3^- 离子。以当量粒子摩尔浓度表示离子浓度，计算结果见表 7–3，假想组合结果见表 7–4。

表 7–3　当量粒子摩尔浓度计算

阳离子		阴离子	
Ca^{2+}	255 / 50 = 5.10 mmol/L	HCO^{3-}	340 / 50 = 6.80 mmol/L
Mg^{2+}	145 / 50 = 2.90 mmol/L	SO_4^{2-}	110 / 48 = 2.29 mmol/L
Na^+	67.6 / 23 = 2.94 mmol/L	Cl^-	68.87 / 35.5 = 1.94 mmol/L
K^+	3.5 / 39 = 0.09 mmol/L		
合计	11.03 mmol/L	合计	11.03 mmol/L

表 7–4　假想组合结果

<table>
<tr><td colspan="2">Ca^{2+}=5.10 mmol/L</td><td colspan="2">Mg^{2+}=2.90 mmol/L</td><td>Na^+=2.94 mmol/L</td><td>K^+=0.09 mmol/L</td></tr>
<tr><td colspan="2">HCO_3^-=6.80 mmol/L</td><td colspan="2">SO_4^{2-}=2.29 mmol/L</td><td colspan="2">Cl^-=1.94 mmol/L</td></tr>
<tr><td>$Ca(HCO_3)_2$=
5.10 mmol/L</td><td colspan="2">$Mg(HCO_3)_2$=
1.70 mmol/L</td><td>$MgSO_4$=
1.20 mmol/L</td><td>Na_2SO_4=
1.09 mmol/L</td><td>NaCl=1.85 mmol/L
KCl=0.09 mmol/L</td></tr>
</table>

7.1.3.2　水的药剂软化

水的药剂软化是根据溶度积原理，投加一些药剂（如石灰、苏打）于水中，使之和水中的钙、镁离子反应生成难溶化合物［如 $CaCO_3$ 和 $Mg(OH)_2$］，通过沉淀去除，达到软化的目的。

药剂软化或加热时，Ca^{2+}、Mg^{2+}、Fe^{2+}、Mn^{2+}、Al^{3+} 等形成的难溶盐类和氢氧化物都会沉淀下来。在一般天然水中，Ca^{2+}、Mg^{2+} 的结晶沉淀物较多，其他离子氢氧化物含量很少。构成硬度的是 Ca^{2+}、Mg^{2+}，所以通常以水中钙、镁离子的总含量称为水的总硬度 H_t。硬度又可分为碳酸盐硬度 H_c 和非碳酸盐硬度 H_n。碳酸盐硬度在加热时易沉淀析出，称为暂时硬度，而非碳酸盐硬度在加热时不沉淀析出，又称为永久硬度。

水处理中常见的一些难溶化合物的溶度积见表 7–5。

表 7-5　几种难溶化合物（25℃）的溶度积

化合物	$CaCO_3$	$CaSO_4$	$Ca(OH)_2$	$MgCO_3$	$Mg(OH)_2$	$Fe(OH)_3$
溶度积	4.8×10^{-9}	6.1×10^{-5}	3.1×10^{-5}	1.0×10^{-5}	5.0×10^{-12}	3.8×10^{-38}

水的软化处理药剂有石灰、苏打、苛性钠，根据水质特点通常采用一种药剂或采用两种药剂配合使用。目前使用较多的是石灰、苏打药剂软化。

（1）石灰软化

石灰 CaO 加水反应为消化过程，生成物 $Ca(OH)_2$ 称为熟石灰或消石灰。$Ca(OH)_2$ 投入含有构成硬度离子的水中，发生下列化学反应：

$Ca(OH)_2$ 首先与水中的游离 CO_2 反应，即

$$CO_2 + Ca(OH)_2 \longrightarrow CaCO_3\downarrow + H_2O \tag{7-26}$$

其次与水中的碳酸盐硬度 $Ca(HCO_3)_2$ 和 $Mg(HCO_3)_2$ 反应：

$$Ca(OH)_2 + Ca(HCO_3)_2 \longrightarrow 2CaCO_3\downarrow + 2H_2O \tag{7-27}$$

$$Ca(OH)_2 + Mg(HCO_3)_2 \longrightarrow CaCO_3\downarrow + MgCO_3 + 2H_2O \tag{7-28}$$

$$MgCO_3 + Ca(OH)_2 \longrightarrow CaCO_3\downarrow + Mg(OH)_2\downarrow \tag{7-29}$$

根据各反应物质等当量反应的原理可知，去除 1 mol$Ca(HCO_3)_2$，需 1 mol$Ca(OH)_2$。当石灰和 $Mg(HCO_3)_2$ 反应时，第一步生成的 $MgCO_3$ 溶解度较高，还需再与 $Ca(OH)_2$ 进行第二步反应，生成溶解度更小的 $Mg(OH)_2$ 才沉淀析出。所以去除 1 mol $Mg(HCO_3)_2$，需要 2 mol 的 $Ca(OH)_2$。

从上述的反应可以看出，投加石灰的实质是使水中的碳酸平衡向右移动，生成 CO_3^{2-}，如式（7-30）所示。

$$H_2O + CO_2 \rightleftharpoons H^+ + HCO_3^- \rightleftharpoons 2H^+ + CO_3^{2-} \tag{7-30}$$

因此，投加石灰后，最先消失的应为 CO_2，即石灰首先与 CO_2 反应。当加入的石灰量有富余时，石灰继续与 $Ca(HCO_3)_2$ 和 $Mg(HCO_3)_2$ 反应。

石灰与非碳酸盐硬度的反应如下式：

$$MgSO_4 + Ca(OH)_2 \longrightarrow CaSO_4 + Mg(OH)_2\downarrow \tag{7-31}$$

$$MgCl_2 + Ca(OH)_2 \longrightarrow CaCl_2 + Mg(OH)_2\downarrow \tag{7-32}$$

由此可见，镁的非碳酸盐硬度虽也能与石灰作用，生成 $Mg(OH)_2$ 沉淀，但同时生成等当量钙的非碳酸盐硬度，这部分硬度仍然不能去除。所以，石灰软化无法去除水中的非碳酸盐硬度。

石灰反应生成的 $CaCO_3$ 和 $Mg(OH)_2$ 沉淀物常常不能全部聚结成大粒径颗粒沉淀下来，仍有少量呈胶体状态残留在水中。特别是当水中有机物存在时，它们吸附在胶体颗粒上，起保护胶体的作用，使胶体颗粒在水中更加稳定。在这种情况下，石灰软化处理后，残留在水中的 $CaCO_3$ 和 $Mg(OH)_2$ 含量有所增加。所以，石灰软化经常与

混凝处理同时进行。实践证明，铁盐混凝剂具有较好的去除微小硬度颗粒的作用。

石灰软化时石灰用量不仅与中的 Ca^{2+}、Mg^{2+} 含量有关，还与水中铁、硅含量等有关，应通过试验确定。在进行设计或拟订试验方案时，需要预先知道石灰用量的近似值，［CaO］（以 100%CaO 当量粒子摩尔浓度计算，mmol/L）可按式（7-33）进行估算：

$$[CaO]=[CO_2]+[Ca(HCO_3)_2]+2[Mg(HCO_3)_2]+[Fe]+K+\alpha \qquad (7\text{-}33)$$

式中：［$Ca(HCO_3)_2$］——假想组合的 $Ca(HCO_3)_2$ 当量粒子摩尔浓度，mmol/L；

［$Mg(HCO_3)_2$］——假想组合的 $Mg(HCO_3)_2$ 当量粒子摩尔浓度，mmol/L；

［CO_2］——水中游离的 CO_2 当量粒子摩尔浓度，mmol/L；

［Fe］——水中 Fe^{2+} 浓度，mmol/L；

K——混凝剂投加量，mmol/L；

α——CaO 过剩量，一般为 0.1 ～ 0.2 mmol/L。

当水的钙硬度大于碳酸盐硬度，水中碳酸盐硬度仅以 $Ca(HCO_3)_2$ 形式出现，不存在 $Mg(HCO_3)_2$ 形式的硬度。

经石灰处理后，水的剩余碳酸盐硬度可降低到 0.25 ～ 0.5 mmol/L，剩余碱度为 0.8 ～ 1.2 mmo/L。石灰软化法虽以去除碳酸盐硬度为目的，但同时可去除部分铁、硅和有机物。经石灰处理后，硅化合物可去除 30% ～ 35%，有机物可去除 25%，铁残留量约 0.1 mg/L。

在水的药剂软化中，石灰软化是最常用的方法。石灰价格低、货源广，很适用原水的碳酸盐硬度较高、非碳酸盐硬度较低的且不要求深度软化的场合。

（2）石灰—苏打软化

这一方法是同时投加石灰和苏打（Na_2CO_3）的软化方法。其中石灰去除碳酸盐硬度，苏打去除非碳酸盐硬度，化学反应如下：

$$CaSO_4+Na_2CO_3 \longrightarrow CaCO_3\downarrow+Na_2SO_4 \qquad (7\text{-}34)$$

$$MgSO_4+Na_2CO_3 \longrightarrow MgCO_3\downarrow+Na_2SO_4 \qquad (7\text{-}35)$$

$$MgCO_3+Ca(OH)_2 \longrightarrow Mg(OH)_2\downarrow+CaCO_3\downarrow \qquad (7\text{-}36)$$

此法适用硬度大于碱度的水。

7.1.3.3 离子交换软化与脱盐

（1）离子交换软化原理

离子交换法是利用离子交换剂上的可交换离子与水中离子进行交换反应，达到去除水中一些离子的目的。利用离子交换剂所具有的可交换阳离子（Na^+ 或 H^+）把水中的钙、镁离子交换出来的过程，称为水的离子换软化。利用离子交换剂所具有的可交换阳离子（H^+）、阴离子（OH^-）把水中金属阳离子和 OH^- 以外的阴离子交换出来的过程，称为水的离子交换脱盐。

水处理用的离子交换剂有离子交换树脂和磺化煤两类。离子交换树脂的种类很多，按其结构特征，可分为凝胶型、大孔型、孔型等；按其单体种类，可分为苯乙烯系、酚醛系和丙烯酸系等；根据其活性基团（交换基或官能团）性质，又可分为强酸性、弱酸性、强碱性和弱碱性，前两种带有酸性活性基团，称为阳离子交换树脂，后两种带有碱性活性基团，称为阴离子交换树脂。磺化煤为兼有强酸性和弱酸性两种活性基团的阳离子交换剂。阳离子交换树脂或磺化煤可用于水的软化或脱碱软化，阴、阳离子交换树脂配合用于水的除盐。

离子交换树脂是由空间网状结构骨架（即母体）与附属在骨架上的许多活性基团所构成的不溶性高分子化合物。活性基团遇水电离，分成两部分：①固定部分，仍与骨架紧密结合，不能自由移动，构成所谓固定离子；②活动部分，能在一定空间内自由移动，并与其周围溶液中的其他同性离子进行交换反应，称为可交换离子或反离子。以强酸性阳离子交换树脂为例，可写成 $RSO_3^-H^+$，其中 R 代表树脂母体即网状结构部分，SO_3^- 为活性基团的固定离子，H^+ 为活性基团的活动离子。$RSO_3^-H^+$ 还可进一步简写为 RH。因此，离子交换的实质是不溶性的电解质（树脂）与溶液中的另一种电解质所进行的化学反应。这种反应不是在均相溶液中进行，而是在固态的交换树脂和溶液接触的界面上进行。这一化学反应可以是中和反应、中性盐分解反应或复分解反应。

$$RSO_3^-H^+ + NaOH \rightleftharpoons RSO_3^-Na^+ + H_2O \text{（中和反应）} \tag{7-37}$$

$$RSO_3^-H^+ + NaCl \rightleftharpoons RSO_3^-Na^+ + HCl \text{（中和盐分解反应）} \tag{7-38}$$

$$2RSO_3^-Na^+ + CaCl_2 \rightleftharpoons (RSO_3)_2Ca^+ + 2NaCl \text{（复分解反应）} \tag{7-39}$$

（2）离子交换树脂的基本性能

1）外观

离子交换树脂是外观呈不透明或半透明球状的颗粒。颜色有乳白、淡黄或棕褐色等数种。树脂粒径一般为 0.3 ～ 1.2 mm。

2）交联度

树脂交联度是指在制造过程中加入交联剂的比例。树脂骨架的交联程度取决于制造过程。工业中常用的聚苯乙烯树脂用 2% ～ 12% 的二乙烯苯作为苯乙烯的交联剂，通过二乙烯苯架桥交联构成网状结构的树脂骨架。交联度大小直接影响树脂的特性。例如，交联度的改变将引起树脂交换容量、含水率、溶胀度、机械强度等性能的改变。水处理用的离子交换树脂，交联度以 7% ～ 10% 为宜。

3）含水率

树脂的含水率一般以每克湿树脂所含水分的百分比来表示（约 50%）。树脂交联度越小，孔隙度越大，含水率也越大。

4）溶胀性

干树脂湿水后成为湿树脂，体积增大；或湿树脂转型时（如阳树脂由钠型转换为氢型），体积也有变化。这种体积变化的现象称为溶胀。湿水发生的体积变化率称为绝对溶胀度，湿树脂转型发生的体积变化率称为相对溶胀度。树脂溶胀的原因是活性基团遇水电离出的离子生成水合离子，使交联网孔胀大所致。由于水合离子半径有一定差别，因而溶胀后的体积不完全相同。树脂交联度越小或活性基团越易电离或水合离子半径越大，则溶胀度越大。例如，强酸性阳离子交换树脂由 Na 型转换为 H 型，强碱性阴离子交换树脂由 Cl 型转换为 OH 型，相对溶胀度都会增加变化 5% ～ 15%。

5）密度

在水处理中，树脂处于湿水状态下工作，通常所说的树脂真密度和视密度是指湿真密度和湿视密度。湿真密度指树脂溶胀后的质量与其本身所占体积（不包括树脂颗粒之间的孔隙）之比：

$$湿真密度（\rho_s）=\frac{湿树脂质量}{湿树脂颗粒本身所占体积}(g/mL)$$

苯乙烯系强酸树脂湿真密度约 1.3 g/mL，强碱树脂约为 1.1 g/mL。

湿视密度指树脂溶胀后的质量与其堆积体积（包括树脂颗粒之间的孔隙）之比，也称为堆积密度。

$$湿视密度（\rho_w）=\frac{湿树脂质量}{湿树脂颗粒堆积体积}(g/mL)$$

该值一般为 0.60 ～ 0.85 g/mL。

上述两项指标在生产上均有实用意义。树脂的湿真密度与树脂层的反冲洗强度、膨胀率以及混合床和双层床的树脂分层有关，而树脂的湿视密度用于计算离子交换器所需装填湿树脂的数量。

6）交换容量

交换容量是树脂最重要的性能指标，它定量地表示树脂交换能力的大小。交换容量又可分为全交容量和工作交换登量。全交换容量是一定量树脂所具有的活性基团或可交换离子的总数量；工作交换容量指树脂在给定工作条件下实际上可利用的交换能力。树脂全交换容量可由滴定法测定，在理论上也可从树脂单元结构式进行计算。

7）有效 pH 范围

由于树脂活性基团分为强酸、强碱、弱酸、弱碱，水的 pH 势必对交换容量产生影响。强酸、强碱树脂的活性基团电离能力强，其交换容量基本上与 pH 无关。弱酸树脂在水的 pH 低时不电离或仅部分电离，因而只能在碱性溶液中才会有较高的交换能力。弱碱树脂则相反，在水的 pH 高时不电离或仅部分电离，只是在酸性溶液中才会有较高的交换能力。各种类型树脂的有效 pH 范围见表 7-6。

表 7-6　各种类型树脂有效 pH 范围

树脂类型	强酸性	弱酸性	强碱性	弱碱性
有效 pH 范围	1 ～ 14	5 ～ 14	1 ～ 12	0 ～ 7

此外，树脂还应有一定的耐磨性、耐热性以及抗氧化性能。

（3）离子交换平衡

离子交换是一种可逆反应。正反应为交换反应，逆反应为树脂再生。一价对一价的离子交换反应通式为

$$R^-A^+ + B^+ \rightleftharpoons R^-B^+ + A^+$$

其离子交换选择系数表示为

$$K_{A^+}^{B^+} = \frac{[R^-B^+][A^+]}{[R^-A^+][B^+]} = \frac{[R^-B^+]/[R^-A^+]}{[B^+]/[A^+]} \tag{7-40}$$

式中：$[R^-B^+]$、$[R^-A^+]$ ——树脂相中离子浓度，mmol/L；

$[B^+]$、$[A^+]$ ——溶液中离子浓度，mmol/L。

此时，选择系数为树脂中 B^+ 与 A^+ 浓度的比率和溶液中 B^+ 与 A^+ 浓度的比率之比。选择系数大于 1，说明该树脂对 B^+ 的亲合力大于对 A^+ 的亲合力，即有利于进行离子交换反应。

二价对一价离子的交换反应通式为

$$2R^-A^+ + B^{2+} \rightleftharpoons R_2^-B^{2+} + 2A^+$$

其离子交换选择系数为

$$K_{A^+}^{B^{2+}} = \frac{[R_2^-B^{2+}][A^+]^2}{[R^-A^+]^2[B^{2+}]} \tag{7-41}$$

选择系数大，则亲合力也大。强酸、强碱树脂对水中各种常见离子的选择性顺序为

强酸性阳离子交换树脂：$Fe^{3+} > Al^{3+} > Ca^{2+} > Mg^{2+} > K^+ > NH_4^+ > Na^+ > H^+ > Li^+$；

强碱性阴离子交换树脂：$SO_4^{2-} > NO_3^- > Cl^- > F^- > HCO_3^- > HSO_3^-$。

位于顺序前面的离子可从树脂上取代位于顺序后面的离子。由此可知，原子价越高的阳离子，其亲合力越强；在同价离子（碱金属和碱土金属）中原子序数越大，则水合离子半径越小，其亲合力也越大。

应着重指出，上述有关选择性的顺序均对常温、稀溶液的情况而言。当高浓度时，顺序的前后变成次要的问题，而浓度的大小成为决定离子交换反应方向的关键因素。

利用离子平衡方程式及选择系数，可以估算离子交换过程中某些极限值，从而得出水处理系统处理效果的有益启示。

（4）树脂层离子交换过程

在离子交换柱中以装填钠型树脂为例，从上而下通过含有一定浓度钙离子的水。交换反应进行了一段时间后，停止运行，逐层取出树脂样品并测定树脂内的钙离子含量以及饱和程度。可以看出，树脂层分为 3 部分：第 1 部分表示树脂内的可交换离子

已全部变成钙离子；第 2 部分的树脂层中既有钙离子又有钠离子，表示正在进行离子交换反应；第 3 部分的树脂中基本上还是钠离子，表示尚未进行交换。如把整个树脂层各点饱和程度连成曲线，即得出如图 7-9 所示的饱和程度曲线。

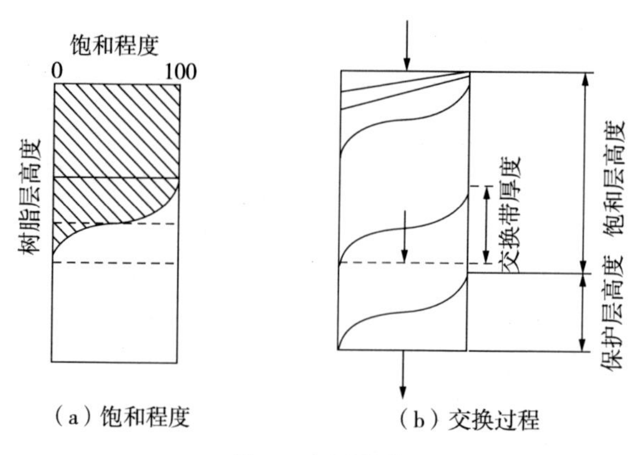

图 7-9　树脂层

当交换带下端到达树脂层底部时，硬度也开始泄漏。此时，整个树脂层可分为两部分：树脂交换容量得到充分利用的部分称为饱和层；树脂交换容量只是部分利用的部分称为保护层。可见，交换带厚度相当于此时的保护层厚度。在水的离子交换软化情况下，交换带厚度主要与进水流速及进水总硬度有关。

（5）离子交换软化方法与系统

离子交换软化方法，目前常用的有 Na 离子交换法、H 离子交换法和 H-Na 离子交换法。

1）Na 离子交换法

Na 离子交换法是最简单的一种软化方法，其反应如下式：

$$2RNa + Ca(HCO_3)_2 \rightleftharpoons R_2Ca + 2NaHCO_3 \tag{7-42}$$

$$2RNa + CaSO_4 \rightleftharpoons R_2Ca + Na_2SO_4 \tag{7-43}$$

$$2RNa + MgCl_2 \rightleftharpoons R_2Mg + 2NaCl \tag{7-44}$$

该法的优点是过程不产生酸性水，缺点是无法去除碱度。

2）H 离子交换法

强酸性 H 离子交换树脂的软化反应如下式：

$$2RH + Ca(HCO_3)_2 \rightleftharpoons R_2Ca + 2CO_2 + 2H_2O \tag{7-45}$$

$$2RH + Mg(HCO_3)_2 \rightleftharpoons R_2Mg + 2CO_2 + 2H_2O \tag{7-46}$$

$$2RH + CaCl_2 \rightleftharpoons R_2Ca + 2HCl \tag{7-47}$$

$$2RH + MgSO_4 \rightleftharpoons R_2Mg + H_2SO_4 \tag{7-48}$$

H 离子交换系统通常不单独自成系统，多与 Na 离子交换联合使用。原因：尽管 H 离子交换法能去除碱度，但出水为酸性水，无法单独作为处理系统。

3）H-Na 离子交换脱碱软化法

H-Na 离子交换系统适用于原水硬度高、碱度大的情况，分为两种形式。一种是并联系统：原水一部分进入 Na 离子交换器，另一部分进入 H 离子交换器。前者出水呈碱性，后者出水呈酸性。这两股水混合后进入除二氧化碳脱除器去除 CO_2，同时达到软化和脱碱作用。另一种是串联系统：原水一部分进入 H 离子交换器，出水与另一部分原水混合后，进入除二氧化碳器脱气，然后进入中间水箱，再进入 Na 离子交换器进行软化。

特点：并联系统比较紧凑，投资省；串联系统运行效果好，安全可靠，且更适合处理高硬度的水。

4）离子交换软化装置

离子交换装置，按照运行方式的不同，可分为固定床和连续床两大类：

固定床是离子交换装置中最基本的一种形式。离子交换树脂装填在离子交换器内。在处理过程中，软化和再生均在同一交换器内完成，所以称为固定床。固定床离子交换工艺有两个缺陷：一是离子交换器的体积较大，树脂用量多。这是因为在离子交换需要再生之前，大量的树脂已呈失效状态，所以交换器的大部分容积用来存储失效树脂，容积利用率低。二是离子交换的运行方式不连续，无法连续供水。故发展了移动床和流动床工艺。

离子交换器的计算基于下述物料衡算关系式：

$$FLE=QTH_t \tag{7-49}$$

式中：F——离子交换器截面面积，m^2；

L——树脂层厚度，m；

E——树脂工作交换容量，mmol/L；

Q——软化水水量，m^3/h；

T——软化工作时间，即从软化开始到出现硬度泄漏的时间，h；

H_t——原水硬度，mmol/L。

上式左边表示交换器在给定工作条件下所具有的实际交换能力，式右边表示树脂交换的离子总量。其中的关键是如何确定树脂工作交换容量。工作交换容量还可以表示为

$$E=\eta E_0 \tag{7-50}$$

式中：E_0——树脂全交换容量，mmol/L；

η——树脂实际利用率，受树脂再生程度、交换饱和程度影响。

再生程度是指树脂处在再生之后、交换之前的恢复状态而言；饱和度是指树脂处在交换之后、再生之前的失效状态而言，在概念上不应混淆。在实际生产中，树脂再生度和饱和度为 80% ～ 90%。对于逆流再生，这两个指标趋于上限，对于顺流再生，则趋于下限。树脂实际利用率根据具体条件为 60% ～ 80%。

（6）离子交换脱盐方法与系统

离子交换脱盐是通过离子交换把强电解质类去除的过程。一般方法是阳离子 H^+、阴离子羟基 OH^- 和水中阴、阳离子进行交换，组合成以下不同的工艺流程。

1）复床脱盐

阳离子、阴离子交换器串联使用，达到除盐目的。最常用的复床系统有以下两种：

①强酸—脱气—强碱脱盐系统

该系统流程如图 7-10 所示。原水经强酸 H^+ 交换器，去除 Ca^{2+}、Mg^{2+}、Na^+ 等阳离子。交换下来的 H^+ 和水中的阴离子结合成酸。其中，H^+ 和 HCO_3^- 结合生成的 CO_2 连同原有的 CO_2 经除 CO_2 器一并去除。剩余的 SO_4^{2-}、Cl^-、$HSiO_3^-$ 阴离子最后经强碱 OH^- 交换器去除。如果原水中碱度偏低或水量很小，也可不设除 CO_2 器。

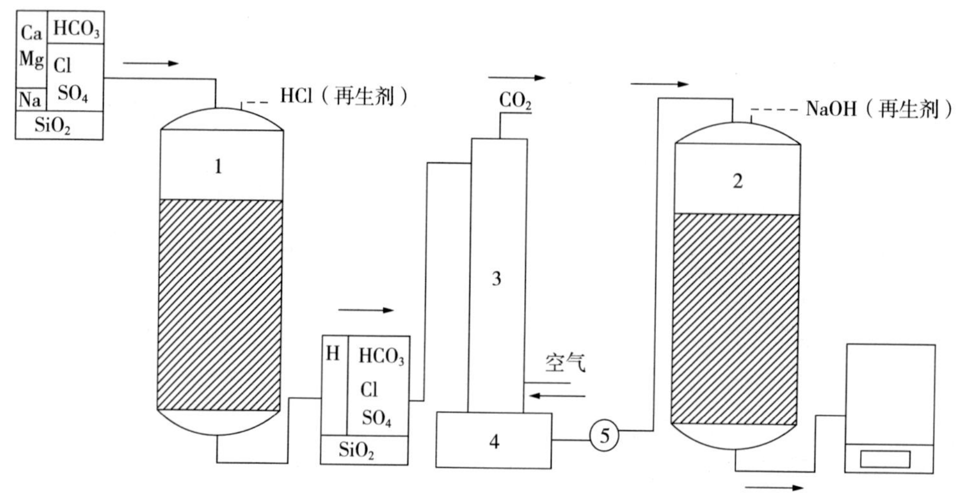

1—强酸 H^+ 交换器；2—强碱 OH^- 交换器；3—除 CO_2 器；4—中间水箱；5—提升泵房。

图 7-10 强酸—脱气—强碱脱盐系统

强酸 H^+ 交换器总是设在强碱 OH^- 交换器之前，且强酸 H^+ 交换器以漏 Na^+ 为终点，其主要原因如下：

强酸 H^+ 交换器出水中的 CO_2 用物理方法去除后降低 OH^- 交换器负荷。否则，如果先经过强碱 OH^- 交换器，本应去除的碳酸都要由强碱 OH^- 交换器承担，必然增加再生剂耗用量。

强酸 H^+ 交换器首先去除 Ca^{2+}、Mg^{2+}、Na^+ 等阳离子，避免在强碱 OH^- 交换器中生成 $CaCO_3$、$Mg(OH)_2$ 沉积物，不会影响强碱树脂交换容量。

强酸树脂比强碱树脂具有更强的抵抗有机物污染的能力。

强酸 H^+ 交换器去除阳离子后出水呈酸性条件下，强碱树脂容易吸附 $HSiO_3^-$。否则，如果先经过强碱 OH^- 交换器，交换器中硅酸成 $NaHSiO_3$ 形式。在碱性条件下，强碱树脂对 $NaHSiO_3$ 的吸附作用很弱，直接影响了硅酸盐的去除效果。

为防止交换树脂污染，该系统要求进水中的游离氯小于 0.1 mg/L，铁含量小于 0.3 mg/L，COD_{Mn} 小于 2 mg/L，含盐量不大于 500 mg/L。经处理后，出水电阻率可达 $0.1\times10^6\,\Omega\cdot cm$ 以上，硅含量在 0.1 mg/L 以下。

②强酸—脱气—弱碱—强碱脱盐系统

该系统流程如图 7-11 所示。原水经强酸 H^+ 交换器，去除 Ca^{2+}、Mg^{2+}、Na^+ 等阳离子。交换下来的 H^+ 和水中的阴离子结合成酸。其中，H^+ 和 HCO_3^- 结合生成的 CO_2 连同原有的 CO_2 经除 CO_2 器一并去除。剩余的 SO_4^{2-}、Cl^-、$HSiO_3^-$ 阴离子首先进入弱碱树脂交换器，强酸阴离子由弱碱阴离子吸附交换后，剩余的弱酸阴离子如 $HSiO_3^-$、HCO_3^- 经强碱 OH^- 交换器去除。

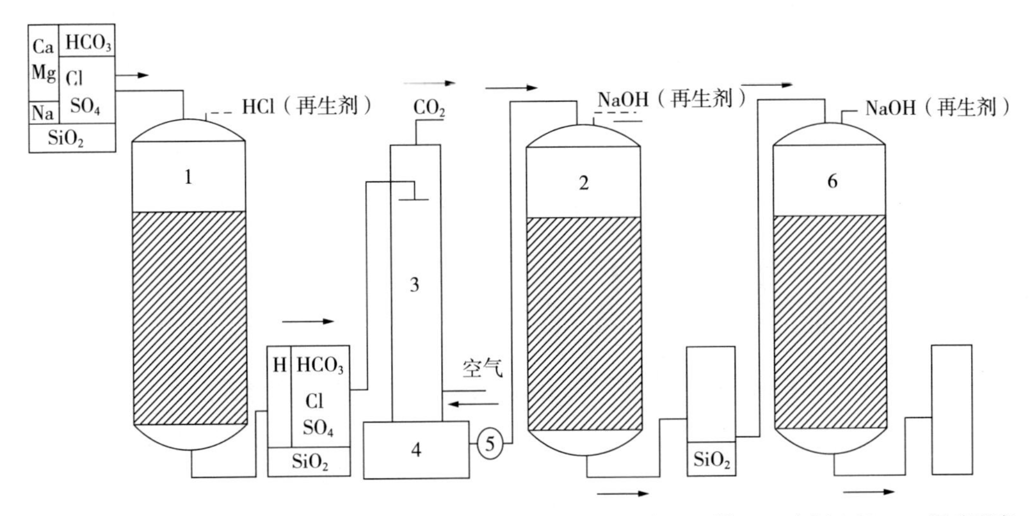

1—强酸 H^+ 交换器；2—强碱交换器；3—强碱 OH^- 交换器；4—除 CO_2 器；5—中间水箱；6—提升泵房。

图 7-11　强酸—脱气—弱碱—强碱脱盐系统

该系统中弱碱、强碱树脂串联再生，所有 NaOH 再生液都先再生强碱树脂，然后生弱碱树脂。系统出水水质和强酸—脱气—强碱脱盐系统大致相同，运行费用较低。

2）混合床脱盐

混合床脱盐就是把阴、阳离子交换树脂装填在一个交换器内进行多级阴、阳离子交换的脱盐设备。

混合床内的树脂已分别再生成 H、OH 型，紧密交替接触，如同很多阳床、阴床串联在一起交错排列的微型复床。整个交换过程是阴、阳离子同时交换反应，又是盐的分解反应和酸碱中和反应的组合。影响阳离子交换反应的 H^+ 和影响阴离子交换反应的 OH^- 立即中和生成了水。使得交换反应绝大多数在中性条件下进行，出水纯度较高，出水电阻率可达 $5\sim10\times10^6\,\Omega\cdot cm$ 以上。

混合床通常采用反洗分层后酸、碱再生液分步进入阳、阴树脂层的再生方法。

混合床存在的主要问题是再生时阴、阳树脂不能完全分层，有相互混杂现象。部分阳树脂混杂在阴树脂层中再生后变成了 Na 型树脂，容易造成 Na^{+} 过早泄漏。混合床阴、阳树脂同时接触原水，阴树脂抗污染能力较弱，容易受有机物污染而影响出水水质。

7.1.3.4　膜分离法

（1）膜分离法的特点

反渗透、纳滤、超滤、微滤、渗析、电渗析、电脱盐（EDI）等统称为膜分离法。所谓膜分离法系指在某种推动力作用下，利用特定膜的透过性能，分离水中离子或分子以及某些微粒的方法。膜分离的推动力可以是膜两侧的压力差、电位差或浓度差。膜分离具有高效、耗能低、占地面积小等特点，并且可以在室温和无相变的条件下进行，因而得到了广泛的应用。各种膜去除杂质的范围以及特点如图 7-12 和表 7-7 所示。

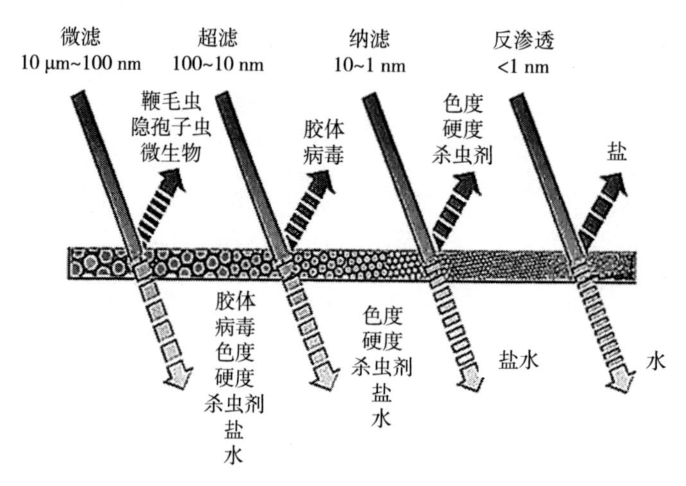

图 7-12　压力驱动膜去除杂质的范围

表 7-7　各种膜分离方法以及特点

膜类型	推动力	透过物	截留物	膜孔径
渗析	浓度差	低分子量物质	大分子量物质	—
电渗析	电位差	电解质离子	非电解质物质	—
反渗透	压力差	水溶剂	全部悬浮物、大部分溶解性盐、大分子物质	0.1 nm 以下
纳滤	压力差	水溶剂	全部悬浮物、某些溶解性盐、大分子物质	1 nm
超滤	压力差	水和盐类	悬浮固体、胶体大分子	0.01 ～ 0.1 μm
微滤	压力差	水和溶解性物质	悬浮固体	0.05 ～ 5 μm
电脱盐	电位差	电解质离子	非电解质物质	—

膜孔的大小是表示膜性能的重要参数。虽然有多种试验方法可以间接测定膜孔径

的大小，但由于这些测定方法都必须做出一些假定条件以简化计算模型，因此实用价值不大。通常用截留分子量表示膜的孔径特征。所谓截留分子量是用一种已知分子量的物质（通常为蛋白质类的高分子物质）来测定膜的孔径，当 90% 的该物质为膜所截留，则此物质的分子量即该膜的截留分子量。由于超滤膜的孔径不是均一的，而是有一个相当宽的分布范围，因此，虽然表明某个截留分子量的超滤膜，但对大于或小于该截留分子量的物质也有截留作用。

（2）膜的结构和组件

1）膜的结构

膜结构的特点是非对称结构和具有明显的方向性。膜主要有两层结构：表皮层和支撑层。表皮层致密，起脱盐和截留作用。支撑层为一较厚的多孔海绵层，结构松散，起支撑表皮层的作用。支撑层没有脱盐和截留作用。表皮层中具有很多 2 nm 左右宽度的孔隙，进行透水，截留盐分。

具有实用价值的膜要有较高的脱盐率和透水通量。根据这样的要求，膜的结构必须是不对称的，这样可尽量降低膜阻力，提高透水量，同时满足高脱盐率的要求。

2）膜组件及其种类

所谓的膜组件是指将膜、固定膜的支撑材料、间隔物或管式外壳等通过一定的黏合或组装构成基本单元，在外界压力的作用下实现对杂质和水的分离。膜组件有板框式（a）、卷式（b）、管式（c）和中空纤维式（d）4 种类型，膜组件示意如图 7-13 所示。

①板框式：膜被放置在可垫有滤纸的多孔的支撑板上，两块多孔的支撑板叠压在一起形成的料液流道空间，组成一个膜单元。单元与单元之间可并联或串联连接。板框式膜组件方便更换，清洗容易，操作灵活。

②管式：管式膜组件有外压式和内压式两种。管式膜组件的优点是对料液的预处理不高，可用于处理高浓度的悬浮液。缺点是投资和操作费用较高，单位体积内的膜装填密度较低，为 30 ～ 500 m^2/m^3。

③卷式：卷式组件将导流隔网、膜和多孔支撑材料依次叠合，用黏合剂沿三边把两层膜黏结密封，另一开放边与中间淡水集水管连接，再卷绕一起。原水由一端流入导流隔网，从另一端流出，即浓水。透过膜的淡化水或沿多孔支撑材料流动，由中间集水管流出。卷式膜的装填密度一般为 600 m^2/m^3，最高可达 800 m^2/m^3。卷式膜由于进水通道较窄，进水中的悬浮物会堵塞其流道，因此必须对原水进行预处理。反渗透和纳滤多采用卷式膜组件。

④中空纤维式：中空纤维膜是将一束外径为 50 ～ 100 μm、壁厚 12 ～ 25 μm 的中空纤维弯成 U 形，装于耐压管内，纤维开口端固定在环氧树脂管板中，并露出管板。透过纤维管壁的处理水沿空心通道从开口端流出。中空纤维膜的特点是装填密度最大，最高可达 30 000 m^2/m^3。中空纤维膜可用于微滤、超滤、纳滤和反渗透。

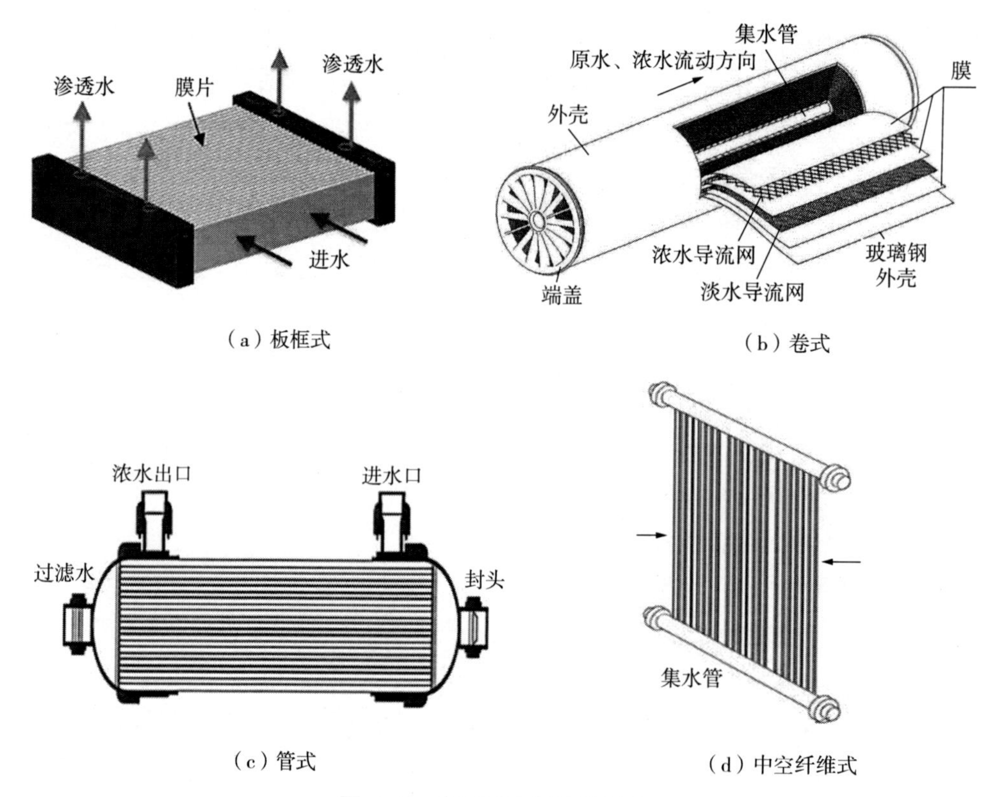

（a）板框式　（b）卷式　（c）管式　（d）中空纤维式

图 7-13　各不同类型的膜组件

（3）反渗透（RO）与纳滤（NF）

1）渗透现象与渗透压

只能透过溶剂而不能透过溶质的膜称为半透膜。用只能让水分子透过，而不允许溶质透过的半透膜把纯水和咸水分开，则水分子将从纯水一侧通过膜进入咸水一侧，结果使成水一侧的液面上升，直到某一高度，处于平衡状态，这一现象称为渗透现象，如图 7-14 所示。

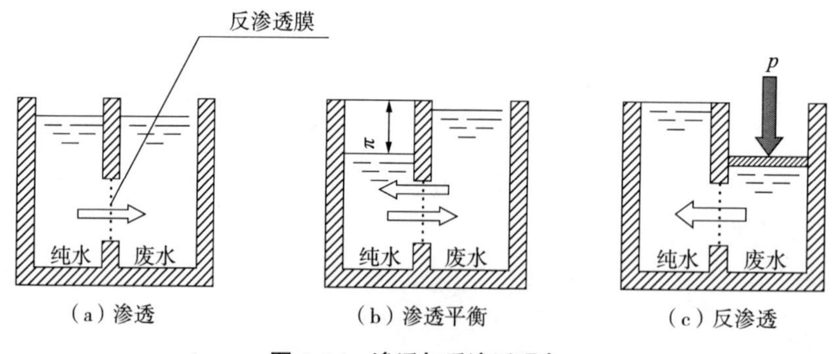

（a）渗透　（b）渗透平衡　（c）反渗透

图 7-14　渗透与反渗透现象

渗透现象是一种自发过程，但要有半透膜才能表现出来。当渗透达到动平衡状态时，半透膜两侧存在着一定的水位差或压力差，此即为在指定温度下的溶液（咸水）

渗透压 π，并可按式（7-51）进行计算：

$$\pi=icRT \tag{7-51}$$

式中：π——溶液渗透压，Pa；

c——溶液中溶质的浓度，mol/m^3；

i——系数，对于含有大量 NaCl 的海水，约等于 1.8；

R——气体常数，8.314 J/(mol · K)；

T——绝对温度，K。

2）反渗透

如图 7-14 所示，当咸水一侧施加的压力 p 大于该溶液的渗透压 π，可迫使渗透反向进行，实现反渗透过程。此时，在高于渗透压的压力作用下，咸水中水的化学位升高并超过纯水的化学位，水分子从咸水一侧反向地透过膜进入纯水一侧，海水淡化即基于此原理理论上，用反渗透法从海水中生产单位体积淡水所耗费的最小能量即理论耗能量（25℃），可按式（7-52）计算：

$$W_{\lim}=\frac{ARTS}{V} \tag{7-52}$$

式中：$W_{\lim}$——理论耗能量，$kW \cdot h/m^3$；

A——系数，0.000 537；

S——海水盐度，一般取 34.3‰，计算时仅用 ‰ 前的数值代入式中；

V——纯水的摩尔体积，$0.018\times10^{-3}\ m^3/mol$；

R——理想气体常数，写成 2.31×10^{-6} kW · h/(mol · K)。

将上列各值代入上式，得 $W_{\lim}=0.7\ kW \cdot h/m^3$。

将 $W_{\lim}$ 进行量纲计算，得 $\pi=2.52$ MPa，该值即海水的渗透压。

工程中，由于反渗透过程伴随海水盐度的不断提高，其相应的渗透压随之增大，此外，为了达到一定规模的生产能力，还需施加更大的压力，所以海水淡化实际所耗能量要比理论值大很多。故海水淡化一般采用高压反渗透（5.6 ～ 10.5 MPa），苦咸水淡化采用低压反透（1.4 ～ 4.2 MPa），自来水除盐采用超低压反渗透（0.5 ～ 1.4 MPa）。

经一级（或两级串联）反渗透出水一般电导率在 1 μS/cm 以上，不能满足电力工业中高压锅炉补给水（电导率＜0.3 μS/cm）和电子工业纯水、高纯水要求。所以，在电力工业锅炉补给水和电子工业纯水生产中，反渗透一般作为作为预除盐工艺，再经混合床离子交换或其他去离子设备进行深度除盐处理，可以达到纯水要求。

和离子交换复合床、混合床制取纯水工艺相比，反渗透作为预除盐工艺可以减少排放酸碱再生废液对环境的污染，但要增能耗水耗。

反渗透膜透过水中游离 CO_2、HCO_3^-、CO_3^{2-} 的顺序为 $CO_2>HCO_3^->CO_3^{2-}$，出水一般呈酸性（pH＜6）。

3）反渗透主要技术参数

① 水与溶质的通量分别可以表示为

$$J_w = W_p(\Delta p - \Delta\pi) \tag{7-53}$$

$$J_s = K_p \Delta C \tag{7-54}$$

式中：J_w——水透过膜的通量，$cm^3/(cm^2 \cdot s)$；

W_p——水的透过系数，$cm^3/(cm^2 \cdot s \cdot Pa)$；

Δp——膜两侧的压力差，Pa；

$\Delta \pi$——膜两侧的渗透压差，Pa；

J_s——溶质透过膜的通量，$mg/(cm^2 \cdot s)$；

K_p——溶质的透过系数，cm/s；

ΔC——膜两侧的浓度差，mg/cm^3。

由上式可知，在给定条件下，渗透过膜的水通量与压力差成正比，而渗析过膜的溶质通量则主要与分子扩散有关，因而只与浓度差成正比。所以提高反渗透器的操作压力不仅使淡化水产量增加，且可降低化水中的溶质浓度。另外，在操作压力不变的情况下，增大进水的溶质浓度即是增大浓度差，原水渗透压增高、水渗通量减小，溶质通量增大。

②脱盐率

反渗透的脱盐率 R 表示膜两侧的含盐浓度差与进水含盐量之比：

$$R = \frac{C_b - C_f}{C_b} \times 100\% \tag{7-55}$$

式中：C_b——进水含盐量，mg/L；

C_f——淡化水含盐量，mg/L，$C_f = J_s/J_w$。

4）纳滤（NF）

20 世纪 80 年代末发展的纳滤膜，与反渗透具有类似性质，故又称为“疏松型”反渗透膜。纳滤膜的截留分子量为 200 ～ 1000 D，与截留分子量相对应的膜孔径为 1 nm 左右，故将这类膜称为纳滤膜。纳滤膜对 NaCl 的截留率一般小于 40%；但对二价离子有较高的去除率，通常在 90% 以上，可用于水的软化。纳滤膜对有机物有很好的去除效果，故在微污染水源的饮用水处理中有广阔的应用前景。

反渗透和纳滤膜脱盐处理的原水一般先经过细砂过滤器滤除水中细小悬浮物，再经消毒、保安过滤器后进入膜处理装置。根据水中含盐量高低，通常采用一级处理、二级处理和一级两段式工艺系统，如图 7-15 所示。

5）反渗透与纳滤的预处理

进水水质预处理是膜处理工艺的一个重要组成部分，是保证膜装置安全运行的必要条件。预处理包括去除悬浮物、有机物、胶体物质、微生物以及某些有害物质（如铁、锰)。悬浮物和胶体物质会黏附在膜表面，使膜过滤阻力增加。某些膜材质(如醋酸纤维素)可成为细菌的养料，使膜的醋酸纤维减少，影响膜的脱盐性能。水中的有机物，特别是腐殖酸类会污染膜。因此，作为膜的预处理，可采用常规处理如混凝、沉淀和过滤、活性炭吸附以及投加消毒剂等，消除影响膜运行的不利因素。反渗透和纳滤膜对进水水质的要求见表 7-8。

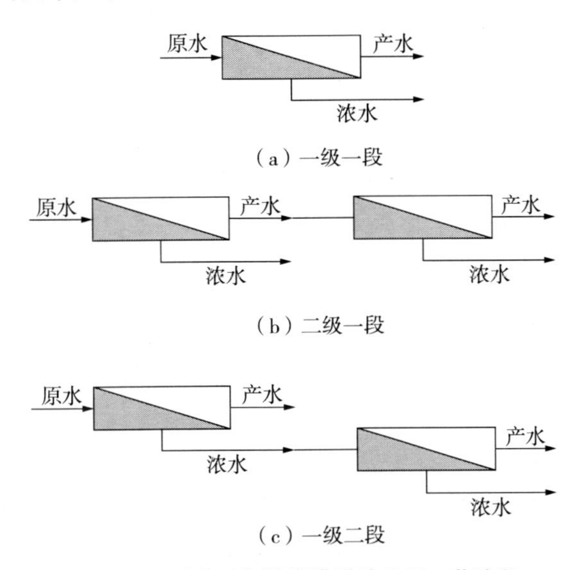

图 7-15　反渗透和纳滤膜脱盐处理工艺流程

表 7-8　反渗透和纳滤膜对进水水质的要求

水质指标	卷式膜	中空纤维膜
浑浊度(度)	＜0.5	＜0.3
污染指数 *FI*	3 ～ 5	＜3
pH	4 ～ 7	4 ～ 11
水温 /℃	15 ～ 35	15 ～ 35
化学耗氧量 /(mg O_2/L)	＜1.5	＜1.5
游离氯 /(mg/L)	0.2 ～ 1.0	0 ～ 0.1
总铁 /(mg/L)	＜0.05	＜0.05

表中污染指数 *FI* 值又称为滤阻指数，表示在规定压力和时间的条件下，用微孔膜过滤一定水量所花费的时间变化来计算过滤过程中的滤膜堵塞的程度，从而间接地推算水中悬浮物和胶体颗粒的数量。

污染指数 *FI* 的测定方法：用有效直径为 42.7 mm 的 0.45 μm 的微孔滤膜，在 0.2 MPa 的压力下测定最初过滤 500 mL 水所需要的时间 t_1，然后继续过滤 15 min 后，再测定过滤 500 mL 水所需要的时间 t_2，按式（7-56）计算 FI 值：

$$FI=\left(1-\frac{t_1}{t_2}\right)\times\frac{100}{15} \tag{7-56}$$

当 t_1 和 t_2 相等时，表明水中没有任何杂质，此时的 FI 值为 0；如果水中的杂质较多，使 t_1/t_2 趋向 0，此时的 FI 值为 6.7。说明 FI 值的范围为 0 ～ 6.7。反渗透膜的进水的 FI 值要求低于 3，该值正好位于范围的中间值。

（4）微滤和超滤

超滤（UF）和微滤（MF）对溶质的截留被认为主要是机械筛分作用，即超滤和微滤膜有一定大小和形状的孔，在压力的作用下，溶剂和小分子的溶质透过膜，而大分子的溶质被膜截留。超滤膜的孔径范围为 0.01 ～ 0.1 μm，可截留水中的微粒、胶体、细菌、大分子有机物和部分的病毒，但无法截留无机离子和小分子的物质。微滤膜孔径范围为 0.05 ～ 5 μm。

超滤所需的工作压力比反渗透低。这是由于小分子量物质在水中溶解度很高，因而具有很高的渗透压，在超滤过程中，这些微小的溶质可透过超滤膜，而被截留的大分子溶质，渗透压很低。微滤所需的工作压力则比超滤更低。

超滤和微滤有两种过滤模式：死端过滤和错流过滤。死端过滤为待处理的水在压力的作用下全部透过膜，水中的微粒被膜截留。而错流过滤是在过滤过程中，部分水透过膜，而一部分水沿膜面平行流动。由于截留的杂质全部沉积在膜表面，因而死端过滤的通过量下降较快，膜容易堵塞，需周期性地反冲洗以恢复通过量。而错流过滤中，由于平行膜面流动的水不断将沉积在膜面的杂质带走，通过量下降缓慢。但由于一部分能量消耗在水的循环上，错流过滤的能量消耗较死端过滤大。在常见的膜处理工艺中，微滤和超滤可采用死端过滤或错流过滤模式，而反渗透和纳滤采用错流过滤模式。

（5）电渗析

电渗析是以电位差为推动力的膜分离技术，用于脱盐和咸水淡化。

1）电渗析的原理及过程

电渗析法是在外加直流电场作用下，利用离子交换膜的选择透过性（即阳膜只允许阳离子透过，阴膜只允许阴离子透过），使水中阴、阳离子作定向迁移，从而达到离子从水中分离的一种物理化学过程。电渗析原理示意如图 7-16 所示。

在阴极和阳极之间，阳膜与阴膜交替排列，并用特制的隔板将这两种膜隔开，隔板内有水流的通道。进入淡室的含盐水，在电场的作用下，阳离子不断透过阳膜向阴极方向迁移，阴离子不断透过阴膜向阳极方向迁移，水中离子含量不断减少，含盐水逐渐变成淡化水。而进入浓室的含盐水，由于阳离子在向阴极方向迁移中不能透过阴膜，阴离子在向阳极方向迁移中不能透过阳膜。同时，浓室还不断接受相邻的淡室迁移透过的离子，浓室中的含盐水的离子浓度越来越高而变成浓盐水。这样，在电渗析器中，形成了淡水和浓水两个系统。与此同时，在电极和溶液的界面上，通过氧化、还原反应，发生了电子与离子之间的转换，即电极反应。

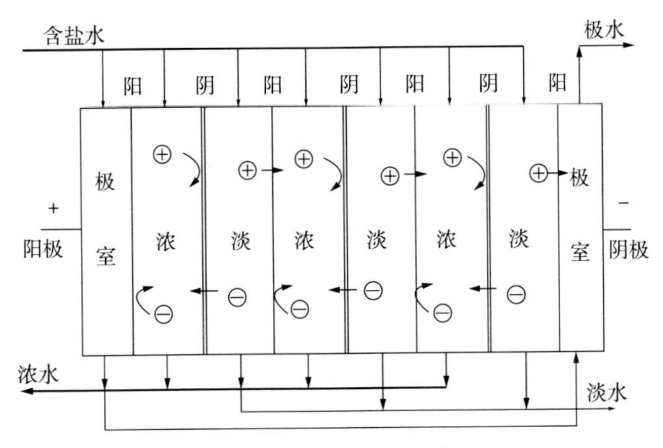

图 7-16　电渗析原理示意图

以食盐水溶液为例，阴极还原反应为

$$H_2O \longrightarrow H^+ + OH^-$$

$$2H^+ + 2e \longrightarrow H_2 \uparrow$$

阳极氧化反应为

$$H_2O \longrightarrow H^+ + OH^-$$

$$4OH^- \longrightarrow O_2 \uparrow + 2H_2O + 4e$$

$$2Cl^- \longrightarrow Cl_2 \uparrow + 2e$$

所以，在阴极不断排出氢气，阴极室溶液呈碱性，当水中有 Ca^{2+}、Mg^{2+}、HCO_3^- 等离子时，会生成 $CaCO_3$ 和 $Mg(OH)_2$ 水垢，沉积在阴极上。在阳极则不断有氧气或氯气放出，而阳极室溶液则呈酸性，对电极造成强烈的腐蚀。

在运行中，电渗析器的膜界面上还会出现极化和沉淀现象。

在阳膜淡室一侧，膜内阳离子迁移数大于溶液中阳离子迁移数，迫使水电离后 H^+ 穿过阳膜传递电流，而产生极化象。水电离后生成的 OH^- 迁移穿过阴膜进入浓室，使浓水的 pH 上升，出现 $CaCO_3$ 和 $Mg(OH)_2$ 沉淀的现象。极化会引起以下不良的后果：

①部分电能消耗在水的离解上，降低电流效率；

②当水中有钙镁离子时，会在膜面生成水垢，增大膜电阻，增加耗电量，降低出水水质；

③极化严重时，出水呈酸性或碱性。

2）电渗析器的构造与设计

①膜堆

对阴、阳膜和一对浓、淡水隔板交替排列，组成最基本的脱盐单元，称为膜对。电极（包括中间电极）之间由若干组膜对堆叠一起即膜堆。

②极区

电渗析器两端的电极连接直流电源，设有原水进口，淡水、浓水出口以及极室水通路。电极区由电极、极框、电极托板、橡胶垫板等组成。常用电极材料有石墨、钛涂钌、铅、不锈钢等。

③紧固装置

紧固装置用来将整个极区和膜堆均匀夹紧，形成整体，使电渗析器在压力下运行时不漏水。压板由槽钢加强的钢板制成，紧固时四周用螺栓拧紧。

④电渗析器的组装

电渗析器组装方式有“级”和“段”。一对电极之间的膜堆称为级，具有同向水流的并联膜堆称为一段。增加段数就等于脱盐流程，提高脱盐效率。增加膜对数可提高水处理量。一台电渗析器的组装方式有一级一段、多级一段、一级多段和多级多段等，如图 7-17 所示。

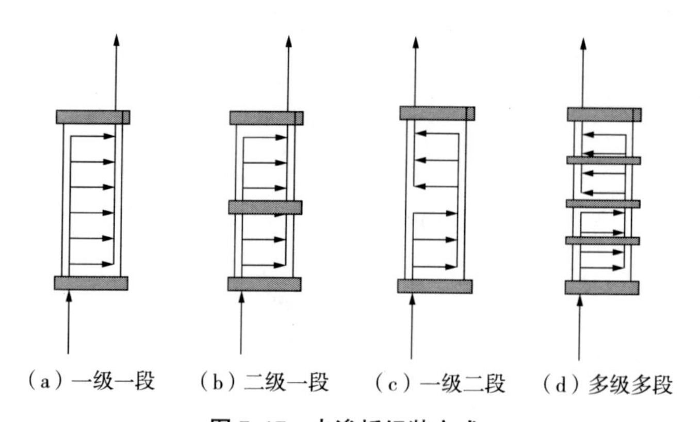

图 7-17　电渗析组装方式

⑤工艺设计与计算

a. 平均电流密度：

$$i = \frac{1\,000I}{bL}\ (\mathrm{mA/cm^2}) \tag{7-57}$$

式中：b——流水道宽度，cm；

L——流水道长度为，cm；

I——通入电流，A。

b. 一个淡室的流量：

$$q=\frac{dbv}{1\,000}\ (\text{L/s}) \tag{7-58}$$

式中：d——隔板厚度，cm；

v——隔板流水道中的水流速度，cm/s。

c. 电渗析器用于水的淡化时，一个淡室（相当于一对膜）实际去除的盐量为：

$$m_1=\frac{q(c_1-c_2)t\cdot M_a}{1\,000}\ (\text{g}) \tag{7-59}$$

式中：q——淡室的出水量，L/s；

c_1、c_2——进、出水含盐量，当量粒子摩尔浓度作为基本单元，mmol/L；

t——通电时间，s；

M_a——物质的摩尔质量，g/mol。

d. 根据法拉第定律，应析出的盐量为

$$m=\frac{I\cdot t\cdot M_a}{F}\ (\text{g}) \tag{7-60}$$

式中：F——法拉第常数，等于 96 500 C/mol 或等于 96 500 A · s/mol。

e. 电渗析器电流效率等于一个淡室实际去除的盐量与应析出的盐量之比，即

$$\eta=\frac{m_1}{m_2}=\frac{q(c_1-c_2)F}{1\,000I}\times 100\% \tag{7-61}$$

f. 脱盐流程长度：

$$L=\frac{vd(c_1-c_2)F}{1\,000\eta I}\ (\text{cm}) \tag{7-62}$$

电渗析器总流程长度即在给定条件下需要的脱盐流程长度。对于一级一段或多级一段组装的电渗析器，脱盐流程长度也就是隔板的流水道长度。

g. 电渗析器并联膜对数 n_p 可由下式求出：

$$n_p=278\frac{Q}{dbv} \tag{7-63}$$

式中：Q——电渗析器淡水产量，m^3/h；

其余符号同上。

7.2　污水资源化与再生利用

污水深度处理是指进一步去除二级处理出水中特定污染物的过程，包括以排放水

体作为补充地面水源为目的的三级处理和以回用为目的的深度处理。其主要处理工艺有混凝沉淀法、粒状材料过滤法、活性炭吸附法、膜处理法、离子交换法和消毒等。

再生水水质指标高于排放标准但又低于饮用水卫生标准。污水的深度处理是对城市污水二级处理厂的出水进一步进行处理，以去除其中的悬浮物和溶解性无机物与有机物等，使之达到相应的水质标准。二级处理水进行深度处理的目的、去除对象和可采用的处理技术见表 7-9。

表 7-9　深度处理的目的、去除对象和可采用的处理技术

处理目的	去除对象		有关指标	主要处理技术
排放水体再用	有机物	悬浮状态	SS、VSS	快滤池、微滤、混凝沉淀
		溶解状态	BOD_5、COD、TOC、TOD	混凝沉淀、活性炭吸附、臭氧氧化
防止富营养化	营养盐	氮	TK、KN、NH_4^+-N、NO_2^--N、NO_3^--N	吹脱、折点加氯、生物脱氮
		磷	PO_4^{3-}−P、TP	絮凝剂、生物除磷
再用	微量成分	溶解性无机物、无机盐	电导率、Na^+、Ca^{2+}、Cl^-	膜处理、离子交换
		微生物	细菌、病毒	臭氧氧化、消毒

7.2.1　污水生物脱氮除磷技术

7.2.1.1　污水生物脱氮原理

以传统活性污泥法为代表的好氧生物处理法，其传统功能主要是去除污水中呈溶解性的有机物。至于氮、磷，只能去除细菌细胞由于生理上的需求而摄取的数量。因此，氮的去除率只有 20% ～ 40%，而磷的去除率仅为 5% ～ 20%。

自然界存在氮循环的自然现象，只要采取恰当的运行条件，人类是能够将这一自然现象运用于活性污泥反应系统的，目前，普遍认为污水的生物脱氮主要可以分为氨化、硝化和反硝化 3 个阶段。

（1）氨化阶段

城市污水中氮的主要来源为生活污水、工业污水，特别是化肥、焦化、洗毛、制革、印染、食品与肉类加工、石油精炼行业排放的污水等。在未经处理的新鲜污水中，含氮化合物存在的主要形式有有机氮，如蛋白质、氨基酸、尿素、胺类化合物、硝基化合物等；氨态氮，一般以 NH_3 为主。含氮化合物在微生物的作用下，首先会产生氨化反应。有机氮化合物在氨化菌的作用下分解、转化为氨态氮，这一过程称为氨化反应，以氨基酸为例，其反应式为

$$RCHNH_2COOH+O_2 \xrightarrow{\text{氨化菌}} RCOOH+CO_2+NH_3$$

（2）硝化阶段

1）硝化过程

在亚硝化菌的作用下，氨态氮进一步分解氧化，首先使氨离子（NH_4^+）转化为亚硝酸氮，反应式为

$$NH_4^+ + 1.5O_2 \xrightarrow{\text{亚硝化菌}} NO_2^- + H_2O + 2H^+ - \Delta F \quad (\Delta F = 278.42\ kJ)$$

继之，亚硝酸氮在硝酸菌的作用下，进一步转化为硝酸氮，其反应式为

$$NO_2^- + 0.5O_2 \xrightarrow{\text{硝化菌}} NO_3^- - \Delta F \quad (\Delta F = 72.27\ kJ)$$

因此，硝化反应的总反应式为

$$NH_4^+ + 2O_2 \xrightarrow{\text{硝化菌}} NO_3^- + H_2O + 2H^+ - \Delta F \quad (\Delta F = 351\ kJ)$$

2）硝化细菌

亚硝酸菌和硝酸菌统称为硝化菌，它们是化能自养菌，从无机物的氧化中获取能量。硝化菌是专性好氧菌，只有在有溶解氧的条件下才能增殖，厌氧和缺氧条件都不能增殖。

3）影响硝化反应的因素

硝化菌对环境的变化很敏感，为了使硝化反应正常进行，必须保持硝化菌所需要的环境条件。影响化反应的主要因素如下：

①溶解氧。氧是硝化反应过程中的电子受体，1 g 氮完成硝化反应的理论需氧量为 4.57 g。因此，在进行硝化反应的曝气生物反应池内，需保持良好的好氧条件。试验结果证实，溶解氧含量不能低于 1 mg/L。

② pH 与碱度。硝化反应过程伴随着 H^+ 的释放，导致混合液 pH 下降。硝化菌对 pH 的变化十分敏感，最佳 pH 为 8.0 ～ 8.4。为了保持系统的适宜 pH，应当保持足够的碱度，一般好氧区总碱度（以 $CaCO_3$ 计）宜大于 70 mg/L。

③有机物浓度。有机物度虽然不是硝化菌的限制因素，但若有机物浓度过高会引起异养型细菌的迅速增殖，导致自养型的硝化菌难以成为优势菌属，硝化反应难于进行。因此，硝化反应过程中有机物的浓度不宜过高，BOD_5 宜＜20 mg/L。

④温度。硝化反应的适宜温度是 20 ～ 30℃，15℃以下时，硝化速率下降，5℃时完全停止。

⑤污泥龄（θ_c）。为了使硝化菌群能够在连续流反应池中存活，反应池的污泥龄 θ_c 必须大于自养型硝化菌最小的世代时间 $(\theta_c)_N$，否则硝化菌的流失率将大于净增殖率，使硝化菌从系统中流失殆尽。一般 θ_c 至少应为硝化菌最小世代时间的 2 倍以上，即安全系数应大于 2。

⑥重金属及有害物质。除重金属外，对硝化反应产生抑制作用的物质还有高浓度的 NH_4^+-N、高浓度的 NO_x^--N、有机物以及络合阳离子等。

（3）反硝化阶段

1）反硝化过程

硝化反应是氨氮中负三价的氨硝化为正三价和正五价的氮，在这一过程中，氮都是去电子被氧化的，氧是这一过程中的电子受体。而反硝化反应是硝酸氮和亚硝酸氮在反硝化菌的作用下，被还原成气态氮的过程。这一过程可能同时有两种转化途径：一是同化反硝化（合成），最终形成有机氮化合物，成为菌体的组成部分；一是异化反硝化（分解），最终产物是气态氮，如下式所示。

$$NO_3^- \rightarrow NO_2^- \rightarrow NH_2OH \longrightarrow \text{有机体（同化反硝化）}$$

$$NO_3^- \rightarrow NO_2^- \rightarrow N_2O \longrightarrow N_2 \text{（异化反硝化）}$$

2）反硝化菌

反硝化菌是异养型兼性厌氧菌。在厌氧条件下，进行厌氧呼吸，以有机物（有机碳）为电子供体，以硝态氮（NO_2^--N、NO_3^--N）为电子受体。在这种条件下，不能释放出更多的 ATP，相应合成的细胞物质较少。

3）影响反硝化反应的因素

①碳源。能为反硝化菌所利用的碳源是多种多样的，但从污水生物脱氮工艺来考虑可分两大类：一类是污水中所含碳源，这是比较理想和经济的，优于外加碳源。一般当污水中 BOD_5/TN 值＞5 时，可认为碳源充足，无须外加碳源；另一类是当污水中碳、氮比过低，如 BOD_5/TN 值＜3，需另投加有机碳源，现多采用甲醇（CH_3OH），因为它被分解后的产物为 CO_2 和 H_2O，不留任何难以降解的中间产物，而且反硝化速率高。

② pH。pH 是反硝化反应的重要影响因素，对反硝化菌的最佳 pH 为 6.5 ～ 7.5，在该 pH 条件下，反硝化速率最高，当 pH 高于 8 或低于 6 时，反硝化速率大为下降。

④溶解氧。反硝化菌是异养兼性厌氧菌，只有在无分子氧且同时存在硝酸和亚硝酸离子的条件下才能利用这些离子中的氧进行呼吸，使硝酸盐还原。因此，反硝化过程溶解氧宜控制在 0.5 mg/L 以下。

⑤温度。反硝化反应的适宜温度是 20 ～ 40℃，低于 15℃时，反硝化菌的增殖速率和代谢速率都会降低，从而降低反硝化速率。此外，负荷高，温度的影响大；负荷低，温度的影响小。

7.2.1.2 污水生物脱氮工艺

（1）活性污泥法脱氮传统工艺

1）三级生物脱氮系统

活性污泥法脱氮的传统工艺是由巴茨（Barth）开创的，污水连续经过三套生物处理装置，依次完成氨化、硝化和反硝化三项功能的三级活性污泥生物脱氮系统。三套处理装置都有各自独立的反应池（第一级曝气池、第二级硝化池、第三级反硝化池）、沉淀池和污泥回流系统。

三级活性污泥生物脱氮系统第一级曝气池为一般的二级处理曝气生物反应池，其主要功能是去除 BOD_5、COD 和使有机氮完成氨化过程。

第二级硝化池，使 NH_3 和 NH_4^+ 氧化为 NO_3^-–N。硝化反应要消耗碱度，因此需要投碱，以防 pH 下降。

第三级反硝化池，在缺氧条件下，NO_3^-–N 还原为气态 N_2，并逸至大气。这一级应采取厌氧—缺氧交替的运行方式，其中碳源可投加 CH_3OH（甲醇），也可引入原污水。为去除由于投加甲醇而带来的 BOD_5 值，可设后曝气生物反应池，处理最终排放水。

当以甲醇作为外加碳源时，投入量可按式（7–64）计算：

$$C_m=2.47N_2+1.53N+0.87O \tag{7-64}$$

式中：C——需投加的甲醇量，mg/L；

N_2——初始的 NO_3^-–N 浓度，mg/L；

N——初始的 NO_2^-–N 浓度，mg/L；

O——初始的溶解氧浓度，mg/L。

这种系统的优点是有机物降解菌、硝化菌、反硝化菌分别在各自反应池内生长繁殖，容易保持适宜的环境条件，反应速率快而彻底，但由于处理设备多，造价高，管理不够方便，目前已很少使用。

2）两级生物脱氮系统

在三级生物脱氮系统的基础上开发了两级生物脱氮系统。两级生物脱氮系统是将三级系统的第一级并入第二级，使碳源有机物氧化、氨化和硝化合并在硝化池内完成，比三级处理系统减少了一级。

3）单级生物脱氮系统

单级生物脱氮系统是取消两级生物脱氮系统的中间沉淀池，仅用一个最终沉淀池。经有机物氧化、氨化和硝化后直接进入反硝化池，流程简单，构筑物和设备少，克服了上述多级生物脱氮系统的缺点。

单级生物脱氮系统只能利用微生物的内源代谢物质作为碳源，反硝化脱氮过程中碳源明显不足，因此反硝化速率低，出水水质难于保证，在工程中应用不多。

（2）缺氧—好氧活性污泥脱氮系统（A_NO 工艺）

1）工艺特性

上述活性污泥法脱氮传统工艺是遵循有机物氧化、氨化、硝化、反硝化顺序设置的这 3 种传统生物脱氮系统都需要在硝化阶段投加碱度，在反硝化阶段投加碳源，运行成本较高。

20 世纪 80 年代后期开发了缺氧—好氧活性污泥法脱氮系统，其主要特点是将反硝化反应池放置在系统之首，故又称为前置反硝化生物脱氮系统，或称 A_NO 工艺，这是目前采用比较广泛的一种脱氮工艺，如图 7–18 所示。

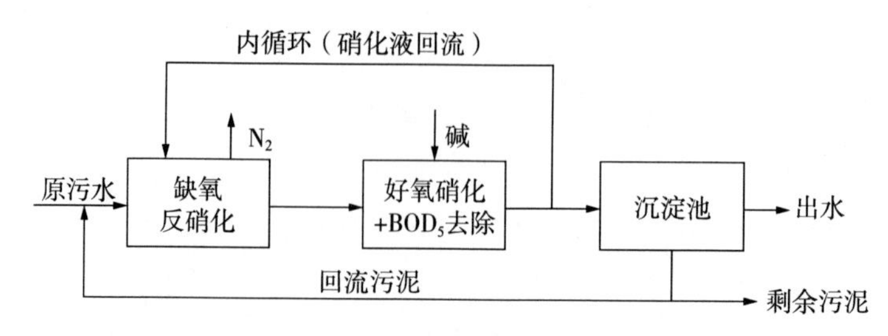

图 7-18　分建式缺氧—好氧活性污泥脱氮系统

在缺氧—好氧活性污泥脱氮系统中，反硝化、硝化与 BOD_5 去除分别在两座不同的反应池内进行。原污水、回流污泥同时进入系统前端的反硝化池（缺氧池），同时硝化反应池内已经充分反应的一部分硝化液回流至反硝化反应池（称混合液回流或内循环），反硝化反应池内的反硝化菌以原污水中的有机物作为碳源，将硝态氮还原为氮气，可不外加碳源。之后，混合液进入好氧池，完成有机物的氧化、氨化和硝化反应。缺氧—好氧活性污泥脱氮系统又名 A/O 工艺，为区别除磷 A/O 工艺，一般将本工艺称为 A_NO 工艺，将后者称为 A_PO 工艺。

缺氧—好氧活性污泥脱氮系统中设内循环系统，向前置的反硝化池回流混合液是本工艺的特征。由于原污水直接进入反硝化池（缺氧池），为缺氧池中内循环混合液（硝化液）的硝态氮的反硝化反应提供了足够的碳源，不需要外加碳源，可保证反硝化过程 C/N 的要求。此外，由于前置的反硝化池消耗了一部分碳源有机物，有利于降低后续好氧的污泥负荷，减少了好氧池中有机物氧化和硝化的需氧量。本系统硝化池在后，使反硝化残留的有机物得以进一步去除，提高了处理后出水的水质。

在该系统中，反硝化反应所产生的碱度可以补偿硝化反应消耗的部分碱度。反硝化过程中，还原 1 mg 硝态氮能产生 3.75 mg 的碱度，而在硝化反应过程中，将 1 mg 的 NH_4^+-N 氧化为 NO_3^--N，要消耗 7.14 mg 的碱度，因而在缺氧—好氧系统中，反硝化反应所产生的碱度可补偿硝化反应消耗的一半左右。所以，对含氮浓度不高的废水（生活污水、城市污水）可不必另行投碱以调节 pH。

该系统工艺流程简单，省去了中间沉淀池，构筑物少，无须外加碳源，降低了工程投资成本和运行费用。

缺氧—好氧活性污泥脱氮系统可以建成合建式系统，即反硝化、硝化及 BOD_5 去除都在一座反应池内完成，中间隔以隔板，好氧池 / 缺氧池的容积比一般为 2 ～ 4。

该系统的主要不足是处理后的出水来自硝化池，所以在出水中含有一定浓度的硝酸盐，如果沉淀池运行不当，在沉淀池内也会发生反硝化反应，使污泥上浮，处理后出水水质恶化。此外，如需提高脱氮率，必须加大混合液回流比，这样势必增加运行费用。同时，混合液回流来自曝气的硝化池，污水中含有一定量的溶解氧，使反硝化池难以保持理想的缺氧状态，影响反硝化反应，因此脱氮率很难达到 90%。

2）影响因素

①水力停留时间。硝化反应与反硝化反应进行的时间对脱氮效果有一定的影响。为了取得 70% ～ 80% 的脱氮率，硝化反应所需时间长，而反硝化反应所需时间较短，总水力停留时间一般为 8 ～ 16 h，其中缺氧区 0.5 ～ 3.0 h。

②混合液回流。（内循环）比（R_i） 混合液回流的作用是向反硝化区提供硝态氮作为反硝化反应的电子受体，从而达到脱氮的目的。混合液回流比不仅影响脱氮效果，而且影响工艺系统的动力消耗，是一项非常重要的参数。一般地，回流比在 50% 以下时，脱氮率很低；回流比为 50% ～ 100% 时，脱氮率随回流比增高而显著上升；回流比高于 200% 后，脱氮率提高较慢，因此，回流比不宜高于 400%。

③ MLSS 值。反应池内的 MLSS 值一般应为 2 500 ～ 4 500 mg/L，通常不应低于 3 000 mg/L。

④污泥龄（θ_c）。为保证在硝化区内有足够数量的硝化菌，应采用较长的污泥龄，一般取值为 11 ～ 23 d。

⑤ TN/MLSS 负荷。TN/MLSS 负荷应低于 0.05 kg TN/（kg MLSS · d），高于此值时，脱氮效果急剧下降。

3）工艺设计计算

①按污泥负荷法或泥龄法计算

生物反应池的总容积，可按第 6 章式（6-26）或式（6-31）计算。

计算出生物反应池总容积 V 后，按 V_0/V_N=2 ～ 4 计算好氧区容积 V_0 和缺氧区容积 V_N；或根据缺氧区水力停留时间经验值 0.5 ～ 3 h 计算缺氧区容积 V_N，然后计算好氧区容积 V_0。

为了保证硝化发生，泥龄应大于 $1/\mu$ 并有足够的安全余量，以便环境条件不利于硝化细菌生长时，系统中仍能存留硝化细菌。为此，污泥负荷通常取较低的值 0.05 ～ 0.15 kg BOD_5/（kg MLSS · d）。

②动力学计算法

a. 好氧区容积 V，可按式（7-65）计算：

$$V_0 = \frac{Q(S_0 - S_1)\theta_{c0} Y_t}{1000X} \tag{7-65}$$

式中：θ_{c0}——好氧区设计污泥龄，d。

θ_{c0} 可按式（7-66）计算：

$$\theta_{c0} = F\frac{1}{\mu} \tag{7-66}$$

式中：F——安全系数，为 1.5 ～ 3.0；

μ——硝化细菌比生长速率，d^{-1}。

μ 可按式（7-67）计算：

$$\mu = 0.47 \frac{N_a}{K_N + N_a} e^{0.098(T-15)} \tag{7-67}$$

式中：N_a——好氧区氨氮浓度，mg/L；

K_N——硝化作用中氮的半速率常数，mg/L，一般取 1.0 mg/L；

T——设计温度，℃；

0.47——15℃时，硝化细菌最大比生长速率，d^{-1}；

Q——设计流量，m^3/d；

S_0——生物反应池进水 BOD_5 浓度，mg/L；

S_e——生物反应池出水 BOD_5 浓度，mg/L；

X——好氧区混合液悬浮固体平均浓度，g MLSS/L；

Y_t——污泥产率系数（kg MISS/kg BOD_5），宜根据试验资料确定。无试验资料时，应考虑原污水中总悬浮固体量对污泥净产率系数的影响。由于原污水总悬浮体中的一部分沉积到污泥中，系统产生的污泥量将大于由有机物降解产生的污泥量，在不设初次沉淀池的处理工艺中这种现象更明显。因此，系统有初次沉淀池时取 Y_t=0.3，无初次沉淀池时取 Y_t=0.6 ～ 1.0。

b. 缺氧区容积 V_N 可按式（7-68）计算：

$$V_N = \frac{0.001Q\left(N_K - N_{te}\right) - 0.12\Delta X_V}{K_{de}X} \tag{7-68}$$

式中：Q——设计流量，m^3/d；

0.12——微生物中氮的质量分数，由表示微生物细胞中各组分质量比的分子式 $C_5H_7NO_2$ 计算得出；

X——缺氧区混合液悬浮平固体均浓度，g MLSS/L；

N_K——缺氧区进水总凯氏氮浓度，mg/L；

N_{te}——生物反应池出水总氮浓度，mg/L；

K_{de}——缺氧区反硝化脱氮速率，kg NO_3^--N/(kg MLSS · d)，其值宜根据试验资料确定。无试验资料时，20℃的 K_{de} 可取 0.03 ～ 0.06，并可按式（7-69）进行温度修正：

$$K_{de(t)} = K_{de(20)} 1.08^{(T-20)} \tag{7-69}$$

式中：$K_{de(t)}$、$K_{de(20)}$——T 和 20℃时的脱氮速率，T 为设计温度，℃；

ΔX_V——微生物的净增量，即排出系统的微生物量，kg MLVSS/d，可按式（7-70）计算：

$$\Delta X_V = yY_t \frac{Q(S_0 - S_e)}{1\,000} \tag{7-70}$$

式中：y——MISS 中 MLVSS 所占比例。

c. 混合液回流量可按式（7-71）计算：

$$Q_{Ri}=\frac{1\,000V_N K_{de}X}{N_t-N_{ke}}-Q_R \tag{7-71}$$

式中：Q_{Ri}——混合液回流量，m^3/d，混合液回流比宜取 100% ～ 400%；

Q_R——污泥回流量，m^3/d，污泥回流比宜取 50% ～ 100%；

N_{ke}——生物反应池出水总凯氏氮浓度，mg/L；

V_N——缺氧区容积，m^3；

N_t——生物反应池进水总氮浓度，mg/L。

4）设计参数

缺氧 / 好氧法（A_NO 法）生物脱氮的主要设计参数，宜根据试验资料确定。无试验资料时，可采用经验数据或按表 7-10 的规定取值。

表 7-10　缺氧 / 好氧法生物脱氮的主要设计参数

项目	参数值
BOD_5 污泥负荷 L_s/［kg BOD_5/(kg MLSS · d)］	0.05 ～ 0.15
总氮负荷率 /［kg TN(kg MLSS · d)］	＜ 0.05
污泥浓度（MLSS）X/(g/L)	2.5 ～ 4.5
污泥龄 θ_c/d	11 ～ 23
污泥产率系数 Y/(kg VSS/kg BOD_5)	0.3 ～ 0.6
需氧量 O_2/(kg O_2/kg BOD_5)	1.1 ～ 2.0
水力停留时间 HRT/h	8 ～ 16
	其中厌氧 0.5 ～ 3.0
污泥回流比 R/%	50 ～ 100
混合液回流比 R_i/%	100 ～ 400
总处理效率 η/%	90 ～ 95（BOD_5）
	60 ～ 85（TN）

（3）生物脱氮新技术

近几年，有不少研究和实践证明，在各种不同的生物处理系统中存在有氧条件下的反硝化现象。研究还发现一些与传统脱氮理论有悖的现象，如硝化过程可以有异养菌参与、反硝化过程可在好氧条件下进行、NH_4^+ 可在厌氧条件下转变成 N_2 等。这些研究的结果，导致了不少脱氮新工艺的诞生。

1）厌氧氨氧化工艺

厌氧氨氧化（Anaerobic Ammonium Oxidation，ANAMMOX）工艺是 1990 年荷兰

Delt 技术大学 Kluyver 生物技术实验室开发的。该工艺突破了传统生物脱氮工艺中的基本理论概念。在厌氧条件下，以氨为电子供体，以硝酸盐或亚硝酸盐为电子受体，将氨氧化成氮气，这比全程硝化（氨氧化为硝酸盐）节省 60% 以上的供氧量。以氨为电子供体还可节省传统生物脱氮工艺中所需的碳源。同时由于厌氧氨氧化菌细胞产率远低于反硝化菌，所以，厌氧氨氧化过程的污泥产量只有传统生物脱氮工艺中污泥产量的 15% 左右。

①机理

Van de Graaf 等通过同位素 ^{15}N 示踪研究表明，氨被微生物氧化时，羟氨最有可能作为电子受体，而羟基本身又是由 NO_2^- 分解而来，其反应的可能途径如下：

$$NH_2OH + NH_3 \longrightarrow N_2H_4 + H_2O \tag{7-72}$$

$$N_2H_4 \longrightarrow N_2 + 4[H] \tag{7-73}$$

$$HNO_2 + 4[H] \longrightarrow NH_2OH + H_2O \tag{7-74}$$

$$NH_3 + HNO_2 \longrightarrow N_2 + 2H_2O \tag{7-75}$$

$$HNO_2 + H_2O + NAD^+ \longrightarrow HNO_3 + NADH_2 \tag{7-76}$$

厌氧氨氧化涉及的是自养菌，反应过程无须添加有机物。Jetten 等从 ANAMMOX 工艺的反硝化流化床反应器中分离并取得了 ANAMMOX 菌，经富集培养后获得了一种优势自养菌，该优势菌种为一种具有不规则球状的革兰氏阴性菌，颜色呈红色。迄今为止，已获得两种厌氧氨氧化菌：Brocadiaanammoxidans 和 Kuenen stuttgartiensis。此外，Jetten 等和 Van de Graaf 等在 ANAMMOX 富集菌培养物中都发现有好氧氨氧化菌 Nitrosomonas europaea。但 Jetten 等认为，好氧氨氧化菌在厌氧氨氧化过程中所起的作用不大，在厌氧件下它们最大的氨氧化速率仅为 2 mmol/(min · mg 蛋白质)；而厌氧氨氧化菌的最大氨氧化速率可达 55 nmol/(min · mg 蛋白质)，但是这种厌氧氨氧化细菌的比生长速率非常低，仅为 0.003 h^{-1}，即其倍增时间为 11 d。厌氧氨氧化细菌的产率也很低，为 11g VSS/g NH_4^+-N。因此，一般认为 ANAMMOX 工艺的污泥龄越长越好。

Strous 等研究了好氧和微氧条件下厌氧氨氧化污泥的性质，发现在好氧和微氧条件下均没有发生氨氧化反应，这说明即使是微量的氧对厌氧氨氧化细菌也有较强的抑制作用。但是，发现氧气对厌氧氨氧化的抑制是可逆的，即当厌氧氨氧化细菌从好氧或微氧条件下恢复到厌氧条件时，很快就能恢复活性。

自厌氧氨氧化工艺提出以来，人们对这一全新的氨氧化过程进行了大量的研究。结果发现，在自然界的许多缺氧环境中（尤其是在缺氧 / 有氧界面上），如土壤、湖底沉积物等，均有厌氧氨氧化细菌存在。因此，厌氧氨氧化菌在自然界分布广泛。

②影响因素

a. 底物浓度。厌氧氨氧化过程的底物是氨和亚硝酸盐，但如果两者浓度过高，也会对厌氧氨氧化过程产生抑制作用。有研究表明，氨的抑制浓度为 3.0 ～ 98.5 nmol/L，NO_2^- 的抑制浓度为 5.4 ～ 12.0 mL，Jetten 等的研究认为，在 NO_2^- 浓度高于 20 nmol/L

时，ANAMMOX 工艺受到 NO_2^- 的抑制，长期（2 h）处于高 NO_2^- 浓度下，ANAMMOX 活性会完全消失，但在较低的 NO_2^- 浓度（10 nmol/L 左右）下，其活性仍会较高。

b. pH。由于氨和 NO_2^- 在水溶液中会发生离解，因此 pH 对厌氧氨氧化有影响。研究表明，ANAMMOX 工艺在 pH 为 6.7 ～ 8.3 范围内可以运行较好，最适宜的 pH 为 8 左右。

c. 温度。厌氧氨氧化的适宜温度为 30 ～ 40℃，有研究认为，最适宜的温度在 30℃左右。

2）同步硝化 / 反硝化（SND）工艺

根据传统的脱氮理论，硝化与反硝化反应不能同时发生。然而，近年有不少试验证明，存在同时硝化反硝化现象（Simultaneous Nitrification and Denitrification，SND），在各种不同的生物处理系统中，有氧条件下的反硝化现象确实存在，如生物转盘、SBR、氧化沟、CAST 工艺等。其特点如下：

硝化过程中碱度被消耗，同时反硝化过程又产生碱度，因此 SND 能有效地保持反应器中 pH 稳定，考虑到硝化菌最适 pH 范围很窄（7.5 ～ 8.6），这便很有价值。

SND 意味着在同一反应器、相同的操作条件下，使硝化、反硝化同时进行。如果能够保证在好氧池中一定效率的硝化与反硝化同时进行，那么对于连续运行的 SND 工艺，可以省去缺氧池或至少减小其容积。对于序批式反应器来讲，SND 系统能够降低完全硝化反硝化所需的时间。

3）短程硝化 / 反硝化工艺

短程硝化 / 反硝化生物脱氮技术（shortcut nitrification-denitrification，SHARON）也称为亚硝酸型生物脱氮。Voet 于 1975 年发现，在硝化过程中有 NO_2^- 累积现象，因而首次提出了短程硝化 / 反硝化生物脱氮的概念和机理，最初被用于污泥硝化液的处理。

亚硝酸菌和硝酸菌虽然彼此为邻，但并无进化谱系上的必然性，完全可以独立生活。从氨的生物化学转化过程看，氨被氧化成 NO_3^- 是由两类独立细菌完成的两个不同生物化学反应，也应该能够分开。这两类细菌的特征有明显的差异。对于反硝化菌，无论是 NO_2^- 还是 NO_3^- 均可以作为最终电子受体，因此整个生物脱氮过程可以通过 NH_4^+-N 到 NO_2^- 到 N_2 这样的短途径来完成。所谓短程硝化物脱氨就是将硝化过程控制在 NO_2^- 阶段，随后进行反硝化。控制在亚硝酸型阶段易于提高硝化反应速率，缩短硝化反应时间，减小反应器容积，节省基建投资。此外，从亚硝酸菌的生物氧化反应可以知道，控制在亚硝酸型阶段可以节省氧化 NO_2^- 为 NO_3^- 所需的氧量。从反硝化的速度看，从 NO_2^- 还原到 N_2 所需要的电子供体比从 NO_3^- 还原到 N_2 所需要的电子供体要少，这对于低 C/N 比废水的脱氮是很有价值的。

短程硝化 / 反硝化生物脱氮技术与传统生物脱氮技术相比具有以下特点：

① NH_4^+-N 进行生物氧化时，把 NH_4^+-N 氧化到 NO_2^--N，较氧化成 NO_3^--N 更能节省能源。

②短程硝化/反硝化脱氮方式中，在脱氮反应初期虽然有来自 NO_2^-–N 的阻碍而存在一段停滞期，但即使包括停滞期在内，NO_2^-–N 的还原速率仍然较 NO_3^-–N 的还原速率快。

短程硝化/反硝化脱氮方式中，作为脱氮菌所必需的电子供体，即有机碳源的需要量较硝酸型脱氮减少 50% 左右。

4）氧限制自养硝化反硝化工艺

氧限制自养硝化反硝化（OLAND）工艺由比利时 GENT 微生物生态实验室开发。研究表明，低溶解氧条件下亚硝酸菌增殖速率加快，补偿了由于低氧所造成的代谢活动下降，使得整个硝化阶段中氨氧化未受到明显影响。低氧条件下亚硝酸积累是由于亚硝酸菌对溶解氧的亲合力较硝酸菌强。亚硝酸菌氧饱和常数一般为 0.2 ～ 0.4 mg/L，硝酸菌为 1.2 ～ 1.5 mg/L。OLAND 工艺就是利用这两类菌动力学特性的差异，实现了在低溶解氧状态下淘汰硝酸菌和积累大量亚硝酸的目的。然后以 NH_4^+ 为电子供体，以 NO_2^- 为电子受体进行厌氧氨氧化反应产生 N_2。

OLND 工艺与 SHARON 工艺同属亚硝酸型生物脱氮工艺。

7.2.1.3 污水生物除磷原理

城市污水中磷酸盐按物理特性可以划分为溶解态磷和颗粒态磷，按化学特性可以划分为正磷酸盐、聚合磷酸盐和有机磷酸盐。城市污水中磷酸盐的主要来源为人类活动的排泄物、废弃物和工业废水。污水除磷方法包括两个必要的过程，首先将污水中溶解性含磷物质转化成不溶性颗粒形态，然后通过将颗粒固体去除从而达到污水除磷的目的。能够结合磷酸盐实现除磷的固体包括难溶性金属磷酸盐化学沉淀物和富磷的生物固体。根据产生固体颗粒的不同，除磷技术分为化学除磷和生物除磷。本节主要阐述污水的生物除磷。

（1）污水生物除磷机理

生物除磷主要是利用聚磷菌（属于不动杆菌属、气单胞菌属和假单胞菌属等）在厌氧条件下释放磷和在好氧条件下蓄积磷的作用。根据 Holmers 提出的活性污泥化学组成经验式 $C_{118}H_{170}O_{51}N_{17}P$ 和 Sherrard 提出的经验式 $C_{60}H_{87}O_{23}N_{12}P$ 估算，磷在活性污泥中的含量为 2% 左右，但在厌氧—好氧活性污泥中，污泥含磷量达 3% ～ 8%。活性污泥对磷过量吸收的原因，迄今尚无定论。一些人认为主要在细菌细胞内形成了磷酸钙结晶体沉淀，是化学原因；另一些人认为主要是生物学原因，是聚磷菌的代谢特性决定的，因为用磷和钙进行实验发现，即使磷发生了过量吸收，细胞内的钙含量也几乎未变。从生物学角度对聚磷菌过量吸收磷的解释如下：

在厌氧条件下，聚磷菌在分解体内聚磷酸盐的同时产生三磷酸腺苷（ATP），聚磷菌利用 ATP 以主动运输方式将细胞外的有机物摄入细胞，以聚 β–羟基丁酸（PHB）及糖原等有机颗粒的形式储存在细胞内。聚磷菌在厌氧条件下释放出的磷是 ATP 的水解产物，反应式如下：

$$ATP+H_2O \longrightarrow PDP+H_2PO_4 \quad (7-77)$$

应当说明，这里所谓的厌氧（anaerobic）条件是指既无分子氧也无氮氧化物氧（NO_x），以区别于只无分子氧的缺氧（anoxic）条件。

在好氧条件下，储存有有机物的聚磷菌在有溶解氧和氧化态氮的条件下进行有机物代谢，同时产生大量的 ATP，产生的 ATP 大部分供给细菌合成和维持生命活动，一部分则用于合成磷酸盐蓄积在细菌细胞内。该过程可由图 7-19 形象地描述。

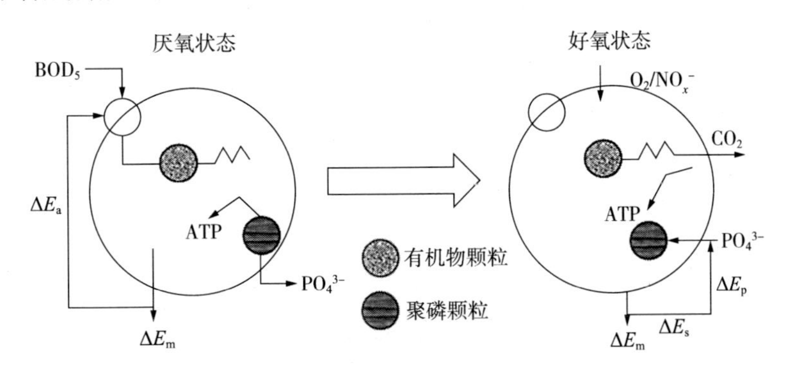

图 7-19　聚磷菌释放和吸收磷的代谢过程

（2）影响污水生物除磷的环境因素

1）厌氧 / 好氧条件的交替。生物除磷要求创造适合聚磷菌生长的环境，从而使聚磷菌群体增殖。在工艺上可设置厌氧、好氧交替的环境条件，使聚磷菌获得选择性增长。聚磷菌在厌氧段大量吸收水中挥发性脂肪酸（VFAs），并在体内转化为聚 β-羟基丁酸，聚磷菌进入好氧段后就无须同其他异养菌争夺水中残留的有机物，从而成为优势群体。在好氧反应池中，聚磷菌一方面进行磷的吸收和聚磷的合成，以聚磷的形式在细胞内存储磷酸盐，以聚磷酸高能键的形式捕积存储能量，将磷酸盐从液相中去除，另一方面合成新的聚磷菌细胞和存储细胞内糖，产生富磷污泥。

2）硝酸盐。硝酸盐在厌氧阶段存在时，反硝化细菌与聚磷菌竞争优先利用底物中甲酸、乙酸、丙酸等低分子有机酸，聚磷菌处于劣势，抑制了聚磷菌的磷释放。只有在污水中聚磷菌所需的低分子脂肪酸量足够时，硝酸盐的存在才可能不会影响除磷效果。

3）pH 与碱度。污水生物除磷好氧池的适宜 pH 为 6 ～ 8。污水中保持一定的碱度具有缓冲作用，可使 pH 维持稳定，为使好氧池的 pH 维持在中性附近，池中剩余总碱度宜大于 70 mg/L。

4）BOD_5/TP。聚磷菌厌氧释磷时，伴随着吸收易降解有机物贮存于菌体，若 BOD_5/TP 比值过低，影响聚磷菌在释磷时不能很好地吸收和贮存易降解有机物，从而影响其好氧吸磷，使除磷效果下降。一般要求该值宜大于 17。

5）污泥龄。生物除磷主要是通过排除剩余污泥来实现的，因此剩余污泥的多少会对除效果产生影响，污泥龄短的系统产生的剩余污泥较多，可以取得较高的除磷效果。

6）温度。温度在 10 ～ 30℃，都可以取得较好的除磷效果。

7.2.1.4 污水生物除磷工艺

（1）弗斯特利普（Phostrip）除磷工艺

弗斯特利普除磷工艺实质上是生物除磷与化学除磷相结合的一种工艺。该工艺具有很高的除磷效果。

1）弗斯特利普除磷工艺流程

弗斯特利普除磷工艺流程如图 7-20 所示。

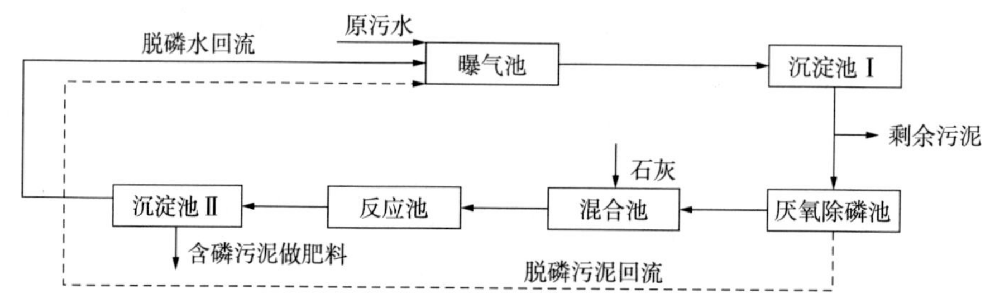

图 7-20　弗斯特利普除磷工艺流程

本工艺各设备单元的功能如下：

①含磷污水进入曝气生物反应池，同步进入的还有由除磷池回流的已释放磷但含有聚磷菌的污泥。曝气生物反应池的功能：使聚磷菌过量地摄取磷和去除有机物（BOD 或 COD），还希望产生硝化作用。

②从曝气生物反应池流出的混合液（污泥含磷，污水已经除磷）进入沉淀池 I，在此进行泥水分离，含磷污泥沉淀，已除磷的上清液排放。

③含磷污泥进入除磷池，除磷池应保持厌氧状态，含磷污泥在这里释放磷，并投加冲洗水，使磷充分释放，已释放磷的污泥沉于池底，并回流至曝气生物反应池，再次用于吸收污水中的磷。含磷上清液从上部流出进入混合池。

④含磷上清液进入混合池时，同步投加石灰乳，经混合后进入搅拌反应池，使磷与石灰反应，形成磷酸钙［$Ca_3(PO_4)_2$］固体物质。

⑤沉淀池 II 为混凝沉淀池，经过混凝反应形成的磷酸钙固体物质在混凝沉淀池与上清液分离。已除磷的上清液回流至曝气生物反应池，而含有大量 $Ca_3(PO_4)_2$ 的污泥排出，这种含有高浓度磷的污泥可用作肥料。

2）弗斯特利普除磷工艺的特点

①生物除磷与化学除磷相结合的工艺，除磷效果良好，处理水中含磷量一般均低于 1 mg/L；产生的污泥中，含磷率较高，为 2.1% ～ 7.1%。石灰用量一般较低，一般

为 21 ～ 31.8 mg $Ca(OH)_2/m^3$ 污水。

② *SVI* 值＜100，污泥易于沉淀、浓缩、脱水，污泥肥分高，丝状菌难于增殖，污泥不膨胀。

③本工艺流程较复杂，运行管理比较麻烦，投加石灰乳，运行费用和建设费用均较高。可根据 BOD/P 比值灵活调节回流污泥量与混凝污泥量的比例。

④沉淀池Ⅰ的底部可能形成缺氧状态而产生释磷现象，因此，应当及时排泥和回流。

（2）厌氧好氧生物除磷（A_pO）工艺

厌氧好氧生物除磷工艺的流程如图 7-21 所示。

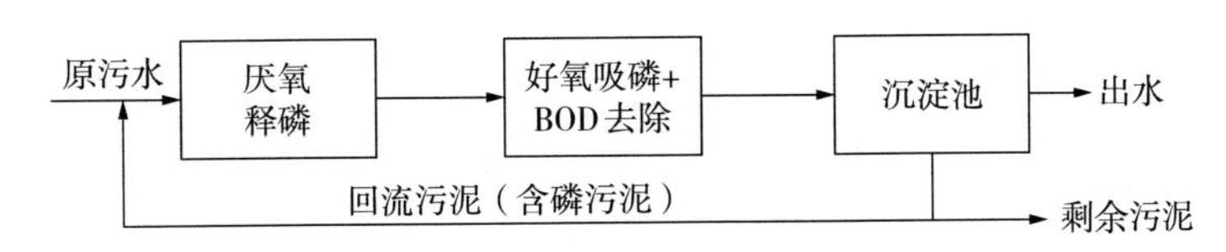

图 7-21　厌氧好氧生物除磷工艺流程

1）工艺特征

由图 7-21 可知，该工艺流程简单，既不投药，也无须考虑混合液回流，因此，建设费用及运行费用都较低，而且由于无混合液回流的影响，厌氧反应器能够保持良好的厌氧（或缺氧）状态。

根据该工艺实际应用情况，它具有如下特点：

①水在反应池内的停留时间较短，一般为 3 ～ 6 h。

②曝气生物反应池内污泥浓度一般为 2 700 ～ 3 000 g/L；混合液的 *SVI* 值≤100，污泥易沉淀，不膨胀。

③ BOD 的去除率大致与一般传统活性污泥法系统相同，磷的去除率较好，处理水中磷含量一般都低于 1.0 mg/L，去除率为 76% 左右；沉淀污泥含磷约 4%，污泥的肥效较好。

④对磷的过量吸收是有一定限度的，除磷率难于进一步提高，特别是当进水 BOD 值不高或废水中含磷量过高时。

⑤在沉淀池内容易产生磷的释放现象，特别是当污泥在沉淀池内停留时间较长时。

2）影响因素

①好氧反应池中的溶解氧应维持在 2 mg/L 以上。聚磷菌对磷的吸收和释放是可逆的，其控制因素是溶解氧浓度。溶解氧浓度高易于吸收，低则易于释放。

② pH 应控制为 7 ～ 8。有研究表明：当 pH 为 6 以下时，混合液中的磷在 1 h 内急剧增加；当 pH 为 7 ～ 8 时，含磷量减少，且比较稳定。

③原水中的 BOD_5 浓度应在 50 mg/L 以上。据研究，向废水中投加有机物可提高磷的吸收率。因此废水中的有机物必须保证有一定的浓度。

④好氧池曝气时间不宜过长。污泥在沉淀池中的停留时间宜尽可能短，因为聚磷

菌吸收磷是可逆的。

3）工艺设计计算

①按污泥负荷法或污泥龄法计算

与 A_NO 工艺计算方法类似，可按本书可按第 6 章式（6-26）或式（6-31）计算总容积 V，然后，按 V_p：V_o=1：2 ～ 1：3 计算厌氧区容积 V_p 和好氧区容积 V_o。

②水力停留时间法

按水力停留时间先计算出厌氧区容积 V_p：

$$V_p = \frac{t_p Q}{24} \tag{7-78}$$

式中：t_p——厌氧区水力停留时间，h，宜为 1 ～ 2 h（若 t_p 小于 1 h，磷释放不完全，会影响磷的去除率；但 t_p 过长也不经济，综合考虑除磷效率和经济性，取 t_p=1 ～ 2 h）；

Q——设计污水流量，m^3/d。

计算出厌氧区容积 V_p 后，按 V_p：V_o=1：2 ～ 1：3 计算出好氧区容积 V_o，最后计算出生物反应池总容积 V。

4）设计参数

厌氧 / 好氧法（A_pO 法）生物除磷的主要设计参数，宜根据试验资料确定；无试验资料时，可采用经验数据或按表 7-11 的规定取值。

表 7-11　厌氧 / 好氧法生物除磷的主要设计参数

项目	参数值
BOD_5 污泥负荷 L_s/［kg BOD_5/(kg MLSS · d)］	0.4 ～ 0.7
污泥浓度（MLSS）X/(g/L)	2.0 ～ 4.0
污泥龄 θ_c/d	3.5 ～ 7.0
污泥产率系数 Y/(kg VSS/kg BOD_5)	0.4 ～ 0.8
污泥含磷率 /(kg TP/kg VSS)	0.03 ～ 0.07
需氧量 /(kg O_2/kg BOD_5)	0.7 ～ 1.1
水力停留时间 HRT/h	3 ～ 8h
	厌氧段 1 ～ 2 h；V_p：V_o=1：2 ～ 1：3
污泥回流比 R/%	40 ～ 100
总处理效率 /%	80 ～ 90（BOD_5）
	75 ～ 85（TP）

（3）反硝化除磷工艺

迄今为止，国际学术界普遍认可和接受的生物除磷理论均基于聚磷菌的好氧吸磷和厌氧释磷原理。但是，近年来研究发现，在厌氧、缺氧、好氧交替的环境下，活性污泥中除了以氧为电子受体的聚磷菌（PAO），还存在一种反硝化聚磷菌（Denitri-fying Phosphorus Removing Bacteria，DPB）。DPB 能在缺氧环境下以硝酸盐为电子受体，在进行反硝化脱氮反应的同时过量摄取磷，从而使摄磷和反硝化脱氮这两个传统观念认为互相矛盾的过程能在同一反应池内一并完成。其结果不仅减少了脱氮对碳源（COD）的需要量，而且摄磷在缺氧区内完成可减小曝气生物反应池的体积，节省曝气的能源消耗。此外，产生的剩余污泥量也有望降低。

20 世纪末，荷兰、意大利、捷克等国在反硝化除磷工艺的基础性研究和工程性应用方面做了许多工作。虽然至今对其机理仍不甚明了，但在工程上已得到良好的应用。如图 7-22 所示的 Dephanox 工艺采用固定膜硝化及交替厌氧和缺氧流程。世代时间长的硝化细菌固定在生物膜上，不随回流污泥暴露在缺氧条件下。交替厌氧和缺氧则为缺氧摄磷提供了条件，实测结果表明，DPB 的除磷效果相当于总除磷量的 50%。用于处理生活污水时，与 A_pO 法相比，可节省 30% 的 COD。

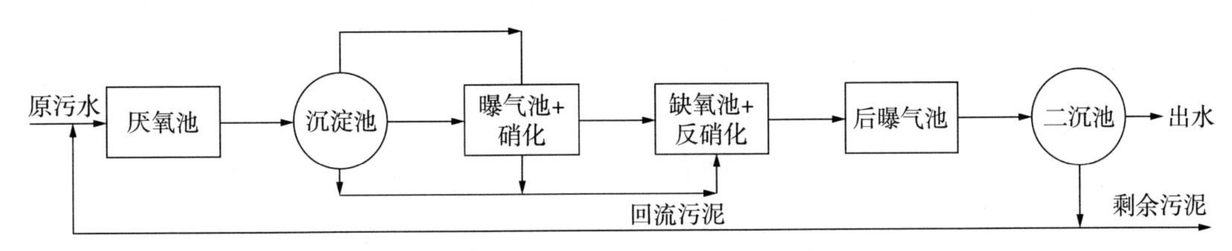

图 7-22　反硝化除磷（Dephanox）工艺流程

7.2.1.5　同步脱氮除磷

（1）AAO 法同步脱氮除磷工艺

1）工艺特征

AAO（A^2/O）工艺，是英文 Anaerobic-Anoxic-Oxic 的简称，也称厌氧—缺氧—好氧工艺，如图 7-23 所示。

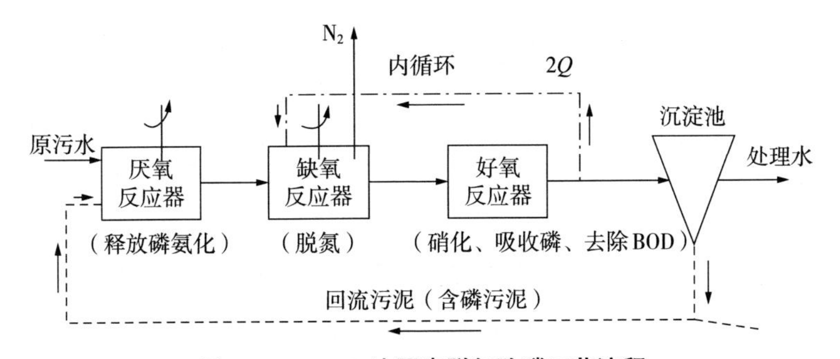

图 7-23　AAO 法同步脱氮除磷工艺流程

AAO 工艺是在 20 世纪 70 年代，由美国的一些专家在厌氧好氧（A_NO）法脱氮工艺的基础上开发的，旨在同步脱氮除磷。图中各单元的功能分别是原污水进入厌氧反应池，同时进入的还有从沉淀池排出的含磷回流污泥，该反应池的主要功能是污泥释放磷，同时将部分有机物进行氨化。污水经过厌氧反应池后进入缺氧反应池，缺氧反应池的首要功能是脱氮，硝态氮由好氧反应池内回流混合液送入，混合液回流量较大，回流比≥200%。然后污水从缺氧反应池进入好氧反应池（曝气池），这一反应池是多功能的：去除 BOD、硝化和吸收磷等多项功能都在该反应池内完成。沉淀池的功能是泥水分离，上清液作为出水排放，污泥的一部分回流至厌氧反应池，另一部分作为剩余污泥排放。

工艺优点：本工艺在系统上可以称为是最简单的同步脱氮除磷工艺，总的水力停留时间少于其他同类工艺，在厌氧、缺氧、好氧交替运行条件下，丝状菌不能大量增殖，无污泥膨胀的危险，*SVI* 值一般小于 100；污泥中含磷浓度高，具有很高的肥效。运行中无须投药，厌氧、缺氧两反应池只需轻缓搅拌，以达到泥水混合为度，运行费用低。

工艺缺点：污泥增长有一定的限度，除磷效果不易再行提高，特别是当 BOD/P 值较低时更是如此；脱氮效果也难于进一步提高，混合液回流量较大，能耗高；进入沉淀池处理的出水要保持一定的溶解氧浓度，以防止产生厌氧状态和污泥释磷现象出现，但溶解氧浓度又不能过高，以防回流混合液中的溶解氧干扰缺氧反应池的反应。

2）工艺计算及设计参数

生物反应池的容积按本书第 6 章式（6-26）或式（6-31），或本书第 7 章式（7-65）或式（7-68）计算，其中厌氧、缺氧、好氧的容积比一般可采用（1 ～ 2）：1：（1 ～ 3），生物反应池的总水力停留时间为 7 ～ 14 h。

AAO 法生物脱氮除磷的主要设计参数，宜根据试验资料确定；无试验数据或按表 7-12 的规定取值。

表 7-12　厌氧—缺氧—好氧法生物脱氮除磷的主要设计参数

项目	参数值
BOD_5 污泥负荷 L_s/［kg BOD_5/(kg MLSS · d)］	0.1 ～ 0.2
污泥浓度（MLSS）X/(g/L)	2.5 ～ 4.5
污泥龄 θ_c/d	10 ～ 20
污泥产率系数 Y/(kg VSS/kg BOD_5)	0.3 ～ 0.6
需氧量 /(kg O_2/kg BOD_5)	1.1 ～ 1.8
水力停留时间 HRT/h	7 ～ 14
	厌氧段 1 ～ 2
	缺氧段 0.5 ～ 3
污泥回流比 R/%	20 ～ 100

续表

项目	参数值
混合液回流比 R_i/%	≥200
总处理效率 /%	85 ～ 95（BOD_5）
	50 ～ 75（TP）
	55 ～ 80（TN）

（2）巴颠甫（Bardenpho）脱氮除磷工艺

本工艺是以高效同步脱氮、除磷为目的而开发的，其工艺流程如图 7-24 所示。

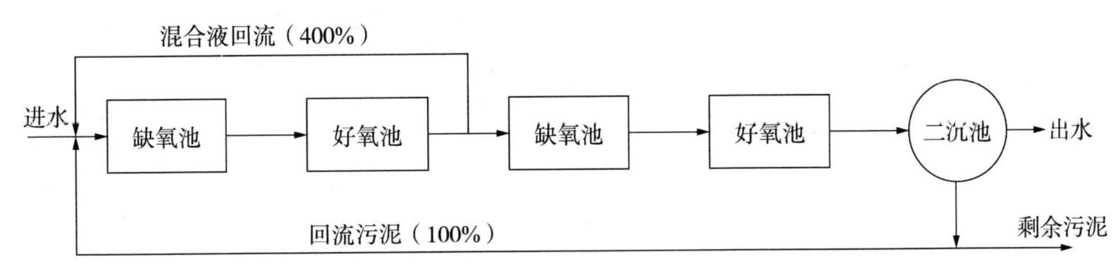

图 7-24　巴颠甫脱氮除磷工艺流程

各组成单元的功能如下：

1）原污水进入第一缺氧反应池，该单元的首要功能是反硝化脱氮，含硝态氮的污水通过混合液回流来自第一好氧反应池；第二功能是使从沉淀池回流的污泥释放磷。

2）污水经第一缺氧反应池处理后进入第一好氧反应池，其功能有三：首先是去除由原污水带入的有机污染物；其次是硝化，但由于有机物浓度还较高，因此，硝化程度较低，产生的 NO_3^- 也较少；最后是聚磷菌吸收磷。按除磷机理，只有在 NO_x^- 较低时，才能取得良好的除磷效果，因此，在第一好氧反应池内，吸磷效果不会太好。

3）污水进入第二缺氧反应池，其功能与第一缺氧反应池相同，一是脱氮；二是释磷，以前者为主。

4）污水进入第二好氧反应池，其功能主要是吸收磷，其次是进一步硝化和进一步去除有机物。

5）沉淀池的主要功能是泥水分离，上清液作为出水排放，含磷污泥的一部分作为回流污泥回流到第一缺氧反应池，另一部分作为剩余污泥排出系统。

由上可知，无论哪一种反应，在系统中都反复进行，因此本工艺脱氮、除磷的效果较好。

综上，本工艺有很好的脱氮率，达 90% ～ 95%，除磷率为 97%。缺点是工艺较复杂，反应单元多，运行烦琐，成本较高。

（3）Phoredox 工艺

由于发现混合液回流中的硝酸盐对生物除磷有非常不利的影响，通过 Bardenpho 工艺的中试研究，Barnard 于 1976 年提出了 Phoredox 生物除磷脱氮工艺。它是在

Bardenpho 工艺前端增设一个厌氧池，反应池的排序为厌氧—缺氧—好氧—缺氧—好氧，混合液从第一好氧池回流到第一缺氧池，污泥回流到厌氧池的进水端。该工艺又称五段 Bardenpho 工艺或改良型 Bardenpho 工艺。它通常按低污泥负荷（较长泥龄）方式设计和运行，目的是提高脱氮率。

（4）UCT 工艺

20 世纪 80 年代初，Marais 开发了 UCT 工艺。它是将污泥回流到缺氧池而不是厌氧池，在缺氧池和厌氧池之间建立第二套混合液回流，使进入厌氧池的硝态氮负荷降低。在 UCT 工艺中，来自好氧池的回流量需加以控制，使进入厌氧池的硝态氮负荷尽可能小。但这样一来，该工艺过程的反硝化作用就被削弱了，脱氮潜力得不到充分发挥。UCT 工艺的 TKN/COD 比值上限为 0.14，超过此值就不能达到预期的除磷效果。UCT 工艺的厌氧、缺氧、好氧池是单个反应池，通常采用机械曝气，完全混合流态，串联组合，泥龄为 13 ～ 25 d，工艺过程的典型水力停留时间为 24 h。

（5）VIP 工艺

VIP 工艺是美国于 20 世纪 80 年代末开发并获得专利的污水生物除磷脱氮工艺。它是专门为弗吉尼亚州 Lamberts Point 污水处理厂的改扩建而设计的，工程名称为 Virginia Initiative Plant（VIP），目的是采用生物处理取得经济有效的氮磷去除效果，如图 7-25 所示。由于 VIP 工艺具有普遍适用性，在其他污水处理厂也得到了应用。

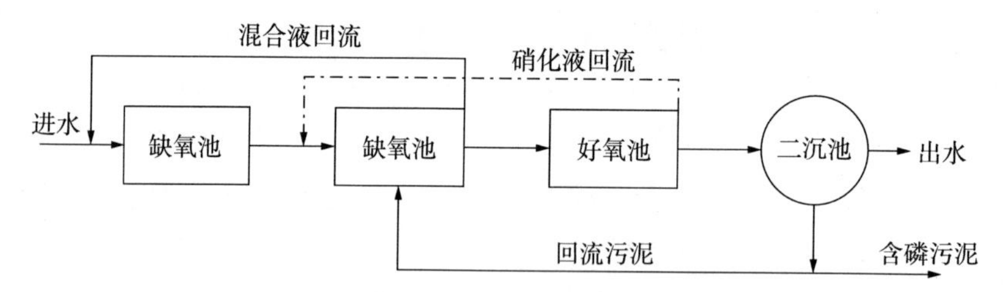

图 7-25　VIP 除磷脱氮工艺流程

VIP 工艺的反应池由多个完全混合型反应格串联组成，采用分区方式，每区由 2 ～ 4 格组成，通常采用空气曝气，污泥龄为 4 ～ 12 d，工艺过程的典型水力停留时间为 6 ～ 7 h。此外，污泥回流通常与混合液回流混合在一起，而来自缺氧区的缺氧混合液回流与进水混合。

（6）氧化沟工艺

严格地说，氧化沟不属于专门的生物除磷脱氮工艺，但氧化沟特有的廊道式布置形式为厌氧、缺氧、好氧的运行方式提供了得天独厚的条件，因此，将氧化沟设计或改造成脱氮除磷工艺是不难的。关键是工艺参数、功能分区和操作方式的选择。

奥贝尔（Obal）氧化沟（图 7-26）是在氧化沟内设置厌氧区、缺氧区和好氧区，使之具有脱氮除磷功能的氧化沟。如生物除磷要求较高，也可在氧化沟前设单独的厌氧池。脱氮除磷机理可以分析如下：

由第一沟道（外沟道）进水，第三沟道（内沟道）出水。3 条沟道的 DO 从外到内控制在 0 mg/L、1 mg/L、2 mg/L。大多数 BOD 在外沟道去除，并同时进行硝化和反硝化，反硝化多在此进行。奥贝尔氧化沟 3 条沟道的功能（特别是外沟的功能）由供氧决定，当系统只要求脱氮不要求除磷时，相当于 AO 脱氮工艺；当系统要求同时脱氮除磷时，相当于 AAO 工艺。

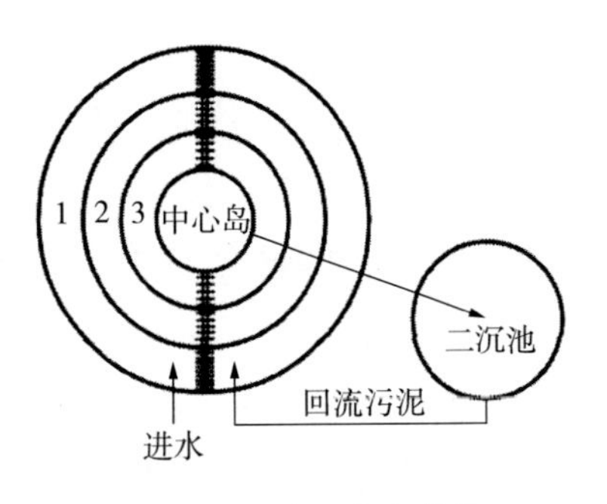

图 7-26　奥贝尔氧化沟

氧化沟作为 AO 工艺运行时，外沟供氧用于去除 BOD、活性污泥内源呼吸和氨氮的硝化，50% 的供氧量加上反硝化“回收”的氧量，一般可满足 80% 以上 BOD 的降解、外沟微生物的内源呼吸和 60% 左右 TKN 的硝化需氧量，余下的 40%TKN 进入中沟和内沟硝化，然后进入二沉池，其中部分随出水出流，部分随回流污泥返回外沟，若污泥回流比为 100%，则有 20%TKN 随出水出流，20% 又回到外沟被反硝化，加上外沟硝化的 60%TKN 被同步反硝化，系统的反硝化率可达 80%。如果希望进一步提高脱氮率，一个办法是可提高外沟的硝化比，这就要求增加外沟供氧量比，如由 50% 增至 60% 甚至 70%，但这将有破坏外沟宏观缺氧状态的风险，使反硝化无法进行，因此一般不采用；另一个办法是增加从内沟向外沟的混合液回流，其计算方法与 AO 脱氮工艺相同。

氧化沟作为 AAO 工艺运行时，外沟的供氧从 50% 降为 35%，供氧用于去除大部分 BOD、活性污泥内源呼吸和约 40%TKN 的硝化，系统脱氮率降低，但这时外沟缺氧加剧，沟中除部分区域是缺氧和好氧外，还有相当一部分处于厌氧状态，既无溶解氧，又无硝态氮氧，为聚磷菌的释磷提供了厌氧环境，再经中沟、内沟的超量吸磷达到除磷效果。显然，除磷是以牺牲脱氮率来实现的。奥贝尔氧化沟 AAO 工况时的脱氮率比 AO 工况时要低，如果希望提高脱氮率，只有通过调节混合液回流实现。中沟起调节缓冲作用，当外沟处理效率不够理想时，中沟可以近似按外沟工况运行，调低 DO，补充外沟的不足，当外沟处理效果很好，需要加强后续好氧工况时，中沟可按内沟状态运行，调高 DO，使整个系统具有较大的调节缓冲能力。

内沟中 DO 不小于 2 mg/L，有利于聚磷菌超量吸磷，并确保二沉池中不会出现缺氧反硝化和释磷。

当氧化沟前设置单独的厌氧池进行生物脱氮除磷时，厌氧池的计算与 AAO 工艺的厌氧池计算相同。

（7）JBR 工艺

JBR（Jet Biologicalmembrane Reactor）是射流生物膜污水处理设备的英文代号，是 AAO 的改良工艺，其具有以下 3 个特点：

①在一个反应器内完成好氧（碳化与氨化）、硝化（兼氧）及反硝化（厌氧）3 个反应过程，所以工艺流程大为缩短。但由于被活性污泥吸收的磷在厌氧的条件下，会

释放回水体中，故设备须增加一段除磷区，有除磷区的 JBR 称为合建式 JBR，无除磷区的 JBR 称分建式 JBR。

②在反应区内安装有生物膜，是活性污泥法与生物膜法的结合体，故兼有短程硝化的功能，即在兼氧、厌氧的条件，实现厌氧氨氧化脱氮：$NH_4^+ + NO_2^- \longrightarrow N_2\uparrow + 2H_2O$。

③采用专利设备 MFSJ 多功能射流器作为充氧和搅拌的唯一设备，提高了氧的利用率并强化了生物化学过程。

1）适用范围：城镇和农村污水、高浓度养殖污水、与生活污水性质相似的工业废水，处理程度可达《城镇污水处理厂污染物排放标准》（GB 18918—2002）中规定的一级 A 排放标准。后续联合 RCERP 技术做深度处理单元，可达《地表水环境质量标准》（GB 3838—2002）中规定的Ⅳ类地表水标准。

2）基本分类：一是用树脂混凝土工业化制作的 JBR 污水处理一体化设备（规模＜300 m^3/d），包括立式、卧式、管式、B 型及微型集成 5 种类型；二是大型土建式，其单池处理能力＞500 m^3/d，直至百万吨级的污水处理厂均可使用。

3）主要理论依据：好氧、兼氧、厌氧 3 个反应阶段可以在同一个反应池内完成的理论依据：3 个阶段繁殖的优势菌种，在营养类型、处理对象、生活环境（主要因素有水温、pH、溶解氧及碱度）等方面，有相同之处，也有不同之处。相同之处是 JBR 可行的理论依据，不同之处可以用 JBR 的运行模式及自动化控制加以解决。

① 3 个阶段优势菌种理论：

a. 好氧段。优势菌种是异养型原核好氧菌，包括细菌类，真菌类、原生动物与后生动物等。处理的对象：把含碳有机物降解为 H_2O 与 CO_2，把含氮有机物降解为 NH_4^+-N，BOD_5 可降至 20 ～ 30 mg/L。适宜条件：pH=6.5 ～ 8，水温为 15 ～ 35℃，溶解氧浓度为 2.0 ～ 4.0 mg/L，整个反应过程，碱度的消耗与产生是可以自行平衡的。

b. 兼氧段。优势菌种是自养型兼性硝化菌（亚硝酸菌与硝酸菌统称为硝化菌）。处理对象：把 NH_4^+-N 硝化成亚硝酸盐 NO_2^- 与硝酸盐 NO_3^-。适宜条件：pH 亚硝酸菌为 7.0 ～ 8.1，硝酸菌为 7.0 ～ 8.5，水温为 15 ～ 35℃，溶解氧浓度为 0.7 ～ 2.0 mg/L。

c. 厌氧段。优势菌种是异养型兼性反硝化菌，需要一定量的碳源作为电子供体，一般认为当兼氧段内的 BOD_5/TN＞3 ～ 5 倍时，可认为碳源已足。把 NO_2^- 与 NO_3^- 还原为 N_2，达到生物脱氮的效果。适宜条件：pH=6.5 ～ 8.5，水温为 20 ～ 40℃，溶解氧浓度为 0.2 ～ 0.7 mg/L。

上述 3 阶段优势菌的适宜条件中，城市污水的 pH、水温均可满足，对溶解氧的要求变化可通过自动化控制予以调节。

② 碱度平衡理论

硝化过程：
$$NH_4^+ + \frac{3}{2}O_2 \xrightarrow{\text{亚硝化细菌}} NO_2^- + H_2O - \Delta H;$$

$$NH_4^+ + 2O_2 \xrightarrow{\text{硝化细菌}} NO_3^- + H_2O + 2H^+ - \Delta H$$

该过程产生 4 个 H^+，混合液的 pH 降低，为使混合液的 pH 维持稳定，需要消耗 7.14 g（以 $CaCO_3$）碱度。但在反硝化过程中，还原 1 g NH_4^+-N 成硝酸盐可产生 3.75 g 碱度，每去除 1 g BOD_5 可产生 0.3 g 碱度，每还原 1 g NO_3^- 氮可产生 3 g 碱度，故共可回收碱度：3.75 + 0.3 + 3 = 7.05(g) 碱度。故反应系统碱度的消耗与补充，基本达到平衡，pH 可保持稳定。

（8）序批式反应器（SBR）工艺

SBR 实质上也不属于专门的生物脱氮除磷工艺。但是，SBR 的曝气、沉淀、出水排放和污泥回流均在一个池中进行，操作的灵活性（如在进水阶段采用限制曝气等措施）使其很容易引入厌氧—缺氧—好氧过程，成为人们进行生物脱氮除磷可选择的对象。

SBR 工艺用于脱氮除磷时，其运行方式分为 6 期 4 阶段：

1）进水厌氧段（进水期），为使微生物与底物有充分接触，可以只搅拌而不曝气，保证混合液处于厌氧阶段。

2）曝气—好氧阶段（好氧反应期），进水结束后进行充氧曝气，该阶段在反应池内进行碳化、硝化和磷的吸收，好氧反应期的历时一般由要求处理的程度决定。

3）停止曝气—缺氧段（缺氧反应期），在此阶段停止曝气，保持搅拌混合。主要是在缺氧条件下进行反硝化，达到脱氮的目的，缺氧反应期不宜过长，以防止聚磷菌过量吸收的磷发生释放。

4）沉淀—排水段（沉淀期和排水期），此阶段反应池内混合液先进行固液分离，然后排放处理后出水。由于是静置沉淀，所以沉淀效率较高，沉淀历时一般 1.0 h，而排水期的长短由一个周期的处理水量和排水设备决定。

5）闲置期，当处理系统为多池运行时，反应池会有一个闲置期，在此期可从反应池排出废弃富磷的活性污泥。

目前，工程上具有脱氮除磷功能的 SBR 工艺还有不少，例如 ICEAS、CASS、UNITANK 工艺等，在此不再赘述。

7.2.2　污水的消毒处理

城市污水经二级处理后，水质已经改善，细菌含量也大幅减少，但细菌的绝对值仍很可观，并存在着有病原菌的可能。我国《城镇污水处理厂污染物排放标准》（GB 18918—2002）将粪大肠菌群列为基本控制项目。《室外排水设计规范（2016 年版）》（GB 50014—2006）中规定，深度处理的再生水必须进行消毒。目前，污水消毒的主要方法是向污水中投加消毒剂，如液氯、臭氧、次氯酸钠、紫外线等。这些消毒剂的优缺点与适用条件见表 7-13。

表 7-13　消毒剂优缺点及选择

名称	优点	缺点	适用条件
液氯	效果可靠，投配设备简单，投量准确，价格低	氯化形成的余氯及某些含氯化合物低浓度时对水生物有毒害；当污水含工业废水比例大时，氯化可能生成致癌物质	适用于大、中型污水处理厂
臭氧	消毒效率高并能有效地降解污水中残留有机物、色、味等，污水 pH 与温度对消毒效果影响很小，不产生难处理的成生物积累性残余物	投资大、成本高，设备管理较复杂	适用于出水水质较好，排入水体的卫生条件要求高的污水处理厂
次氯酸钠	用海水或浓盐水作为原料，产生次氯酸钠，可以在污水处理厂现场产生直接投配，使用方便，投量容易控制	需要有次氯酸钠发生器与投配设备	适用于中、小型污水处理厂
紫外线	紫外线照射与氯化共同作用的物理化学方法，消毒效率高	紫外线射灯具源不足、电耗能量较多	适用于小型污水处理厂

7.2.2.1　投氯消毒

（1）液氯消毒

1）消毒原理

液氯消毒的原理是氯投入水中后有下列反应：

$$Cl_2+H_2O \longrightarrow HClO+HCl$$

$$HClO \longrightarrow H^++ClO^-$$

其中所产生的次氯根 ClO^- 是极强消毒剂，可以杀灭细菌和病原体。消毒的效果与水温、pH、接触时间、混合程度、污水浑浊度及所含的干扰物质、有效氯浓度有关。

2）设计参数

污水处理后出水的加氯量应根据试验资料或类似运行经验确定。无试验资料时，二级处理出水可采用 6 ～ 15 mg/L，再生水的加氯量按卫生学指标和余氯量确定。

混合池设计历时为 5 ～ 15 s，当用鼓风混合时，鼓风强度为 0.2 $m^3/(m^3 \cdot min)$。当采用隔板式混合时，池内平均流速不应小于 0.6 m/s。

接触消毒池的接触时间不应小于 30 min，沉降速度采用 1 ～ 1.3 mm/s。保证余氯量不少于 0.5 mg/L。

（2）二氧化氯消毒

二氧化氯消毒也是氯消毒法的一种，但二氧化氯靠 ClO^- 杀菌，它一般只起氧化作用，不起氯化作用，因此它与水中有机物形成的消毒副产物比液氯消毒少得多。二氧化氯在碱性条件下仍具有很好的杀菌能力，在 pH=6 ～ 10 时，二氧化氯的杀菌效率几乎不受 pH 影响。二氧化氯与氨不起作用，因此可用于高氨废水的杀菌，二氧化氯的杀菌消毒能力虽次于臭氧但高于液氯。与臭氧消毒相比，其优点在于它有剩余消毒效果且无氯臭味。通常情况下，二氧化氯不能储存，只能用二氧化氯发生器现制现用。

在城市污水深度处理工艺中，二氧化氯投加量与原水水质有关，实际投加量应试验确定，并应保证管网末端有 0.05 mg/L 的剩余氯。二氧化氯消毒应使污水与二氧化氯进行混合和接触，接触时间不应小于 30 min。

（3）次氯酸钠消毒

次氯酸钠可用次氯酸钠发生器，以海水或食盐水为电解液电解产生：

$$2NaOH+Cl_2 \longrightarrow NaClO+NaCl+H_2O$$

次氯酸钠的消毒也是依靠 ClO^- 的作用，即

$$NaClO+H_2O \longrightarrow HClO+NaOH$$

从次氯酸钠发生器产生的次氯酸可直接注入污水，进行接触消毒。

7.2.2.2　臭氧消毒

臭氧由 3 个氧原子组成，极不稳定，分解时产生自由基氧［O］，具有极强的氧化能力，是除氟以外最活泼的氧化剂，对具有极强抵抗力的微生物如病毒、芽孢等具有很强的杀伤力。［O］还有很强的渗入细胞壁的能力，从而破坏细菌有机链状结构导致细菌的死亡。臭氧消毒的一般工艺流程如图 7-27 所示。

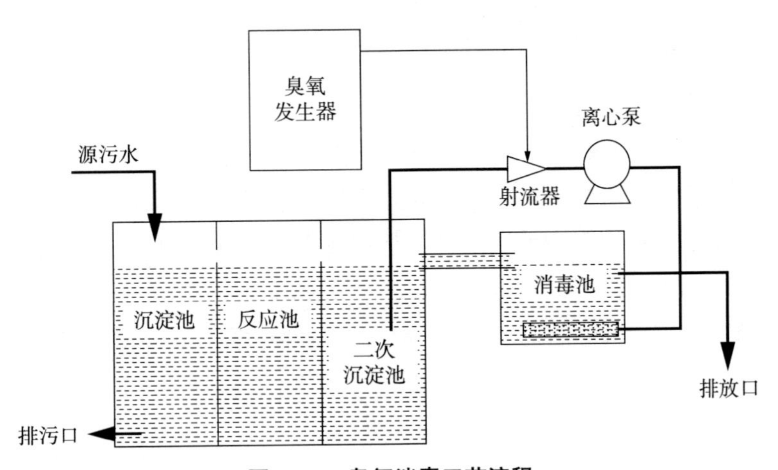

图 7-27　臭氧消毒工艺流程

臭氧在水中的溶解度仅为 10 mg/L 左右，因此通入污水中的臭氧往往不可能全部

被利用，为了提高臭氧的利用率，接触反应池最好建成水深为 4 ～ 6 m 的深水池，或建成封闭的几格串联的接触池，用管式或板式微孔扩散器扩散臭氧。扩散器用陶瓷或聚氯乙烯微孔型材料或不锈钢制成。臭氧消毒迅速，接触时间可采用 15 min，能够维持的剩余氧量为 0.4 mg/L。接触池排出的剩余臭氧，具有腐蚀性，因此必须做尾气破坏处理。臭氧不能贮存，须现场边发生边使用。臭氧消毒具有如下特点：

1）反应快，投量少，在水中不产生持久性残余，无二次污染；

2）适应能力强，在 pH=5.6 ～ 9.8，水温 0 ～ 35℃范围内，消性能稳定；

3）臭氧没有氯那样的持续消毒作用。

臭氧消毒接触池设计为如图 7-28 所示的类型时，其容积可采用式（7-79）计算：

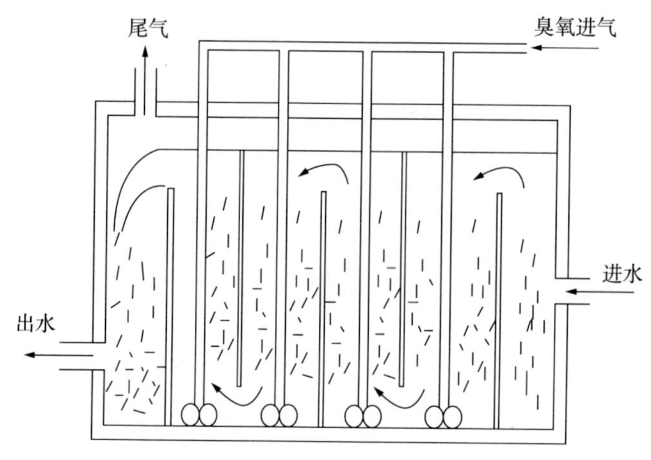

图 7-28　臭氧消毒流程

$$V=\frac{QT}{60} \tag{7-79}$$

式中：V——接触池容积，m^3；

Q——所需消毒的污水流量，m^3/h；

T——水力停留时间，min，一般取 5 ～ 15 min。

在图 7-28 中，水流上升室的水流速度可取 5 ～ 10 cm/s。池顶应密封，以防尾气漏出。当臭氧发生器低于接触池顶时，进气管应先上弯到池顶以上再下弯到接触池内，以防池中的水倒流入臭氧发生器。

通常，接触池的深度取 4 ～ 6 m，可保证臭氧和水的接触时间大于 15 min。

臭氧需要量可按式（7-80）计算：

$$D=1.06aQ \tag{7-80}$$

式中：D——臭氧需要量，g/h；

a——臭氧投加量，g/m^3；

1.06——安全系数；

Q——所需消毒的污水流量，m^3/h。

7.2.2.3　紫外线消毒

（1）工作原理

水银灯发出的紫外光，能穿透细胞壁并与细胞质发生反应而达到杀菌消毒的目的。波长为 2 500 ～ 3 600 Å的紫外光杀菌能力最强。紫外光需照透水层才能起消毒作用，因此处理水水质光传播系数越高，紫外线的消毒效果越好。所以污水中的悬浮物、浑浊度、有机物都会干扰紫外光的杀菌效果。

紫外线光源是高压石英水银灯，杀菌设备主要有两种：浸水式和水面式。浸水式是把石英灯管置于水中，此法的特点是紫外线利用效率较高，杀菌效能好，但设备的构造较复杂。水面式的构造简单，但由于反光罩吸收紫外线以及光线散射，杀菌效果不如前者。

紫外线消毒和液氯消毒比较，具有以下优点：①消毒速度快、效率高。据试验证实，经紫外线照射几十秒钟即能杀菌，一般大肠杆菌的平均去除率可达 98%，细菌总数的平均去除率为 96.6%。此外，还能去除液氯法难以杀死的芽孢和病毒。②不影响水的物理性质和化学成分，不增加水的嗅味。③操作简单，便于管理，易于实现自动化。缺点：不能解决消毒后管网中的再污染问题，电耗较大，受水中悬浮杂质影响大等。

（2）影响因素

1）紫外透光率。紫外透光率是废水透过紫外光能力的量度，它是设计紫外消毒系统的重要依据。紫外透光率一般随消毒器深度的增加而降低。此外，当溶液中存在能吸收或散射紫外光的化合物或粒子时，紫外透光率也会降低，这就使得用于消毒的紫外光能量降低，此时只能通过延长接触时间，或增加紫外灯数来补偿。

2）悬浮固体。悬浮固体会通过吸收和散射降低废水中的紫外光强度。由于悬浮固体浓度的增加同时伴随着悬浮粒子数的增加，某些细菌可以吸附在粒子上，这种细菌最难被杀灭。所以，用紫外消毒的废水悬浮固体浓度要严格控制，一般不宜超过 20 mg/L。

3）悬浮固体颗粒分布。溶液中所含悬浮固体颗粒分布不同，杀菌所需的紫外光的剂量也不同，因为颗粒尺寸影响紫外光的穿透能力。小于 10 μm 的粒子容易被紫外光穿透，10 ～ 40 μm 的粒子可以被紫外光穿透，但紫外光量需要增加，而大于 40 μm 的粒子则很难被紫外光穿透。为提高紫外光的利用率，宜对二级处理出水进行过滤去除大颗粒悬浮固体后再进行紫外消毒处理。

4）无机化合物。在废水处理过程中，为提高处理效果，有时会向水中投加金属盐，比较常用的是铝盐或铁盐絮凝剂。溶解性铝盐一般不影响紫外透光率，且含有铝盐的悬浮固体对于紫外光杀菌也没有阻碍作用。但水中的铁盐可直接吸收紫外光使消毒套管发生拥塞现象，且铁盐还会被吸附在悬浮固体或细菌凝块上形成保护膜，这都不利于紫外光对细菌的杀灭。

（3）设计参数

紫外线消毒系统的消毒能力可用辐照剂量（简称剂量）来表示，用剂量率表示紫外线杀灭微生物作用的强度，包括紫外线灯的发射波长、停留时间、紫外灯到水体任何位置的距离和灯的辐射强度等。在实际应用中，用紫外线灯辐射强度和照射接触时间这两个参数来决定剂量率。用化学药剂消毒时，采用 *CT* 值（化学剂浓度和接触时间的乘积）来表示化学剂剂量，紫外线消毒时则采用 *IT* 值（紫外线强度和接触时间的乘积）来表示紫外线剂量。《室外排水设计规范（2016 年版）》（GB 50014—2006）中规定的污水紫外线消毒的设计参数如下：

1）污水的紫外线剂量宜根据试验资料或类似运行经验确定；无试验资料时，也可采用下列设计值：二级处理的出水为 15 ～ 22 mJ/cm^2；再生水为 24 ～ 30 mJ/cm^2。

2）紫外线照射渠的设计，应符合照射渠水流均布，灯管前后的渠长度不宜小于 1 m；水深应满足灯管的淹没要求，一般为 0.65 ～ 1.0 m。

3）紫外线照射渠不宜少于 2 条。当采用 1 条时，宜设置超越渠。

7.2.3 污水的回用处理

7.2.3.1 悬浮物的去除

污水经二级处理后残留的悬浮物是从几毫米到 10 μm 生物絮凝体和未被二沉池沉降的胶体颗粒，这些颗粒绝大多数是有机性的，二级处理出水 BOD 值的 50% ～ 80% 源于这些颗粒。为提高二级处理出水的水质，提高深度处理和污水脱氮除磷效果，去除这些残留的悬浮物是必要的。采用的处理技术一般根据悬浮物的状态和粒径而定：呈胶体状态的粒子，一般采用混凝沉淀法去除；粒径在 1 μm 以上的颗粒，一般采用砂滤去除；径从几百埃到几十微米的颗粒，可用微滤技术去除；粒径在 1 ～ 1 000 Å 的颗粒，则应采用去除溶解性盐类的膜技术加以去除。

（1）混凝沉淀

关于混凝沉淀的工作原理、装置构造、处理系统以及设计、运行参数等内容在本书第 3 章中有比较详细的阐述，本节只做简要的说明。

采用混凝法去除污水中的有机物，去除效果良好，但投药量较大，如采用商品浓度的工业硫酸铝，往往需要投加 50 ～ 100 mg/L，这会产生大量的含水率很高（可达 99.0% 以上）的污泥，且难于脱水，给污泥处置带来很大困难。

污水深度处理采用混凝沉淀工艺时，投药混合设施中平均速度梯度值宜采用 300 s^{-1}，混合时间宜采用 30 ～ 120 s。混凝沉淀工艺的设计，宜符合下列要求：混合反应时间为 5 ～ 20 min；平流沉淀池的沉淀时间为 2.0 ～ 4.0 h，水平流速为 4.0 ～ 12.0 mm/s；斜管沉淀池的上升流速为 0.4 ～ 0.6 mm/s。

（2）过滤

滤池是污水回用保证再生水水质的关键过程。有关水的过滤设备的构造、作用原理以及计算与设计等内容，在本书第 3 章中有比较详细的阐述，因此有关过滤设备的内容本节从略。但如将给水处理过滤技术直接用于废水处理过滤，由于截留的废水处理污泥黏度大而易破碎，污泥很快在滤料表面积聚，形成泥封，如加大水头，污泥又很容易穿透滤层。经过多年针对废水处理的特点进行试验研究，人们开发出了适合废水特点的过滤技术，并应用到工程上，从而使污水回用得以顺利实现。

1）污水深度处理中过滤的主要作用

进一步去除废水二级处理后的生物絮体和胶体物质；进一步去除废水的 BOD、COD 值，对重金属、细菌、病毒也有很高的去除率；去除化学絮凝过程产生的铁盐、铝盐、石灰等沉积物；去除化学法除磷时水中的不溶性磷；作为预处理设施提高活性炭或膜处理装置的安全性和处理效率，减少废水消毒的费用。

2）二级处理出水过滤的主要特点

①一般情况下，不需要投加药剂。但由于胶体污染物难于通过过滤法去除，滤后水的浑浊度有可能不好，在这种情况下应考虑投加一定的药剂。

②反冲洗困难。二级处理出水的悬浮物多是生物絮凝体，在滤料层表面较易形成一层滤膜，导致水头损失迅速上升，过滤周期大为缩短。絮凝体贴在滤料表面，不易脱离，因此需辅助冲洗，即加表面冲洗，或用气水共同反冲洗。在一般条件下，气-水共同反冲的气强度为 20L/(m^2·s)，水强度为 10L/(m^2·s)。

③所用滤料粒径应适当加大，以增大单位体积滤料的截泥量和减缓滤料堵塞。

3）设计参数

① 滤池的进水浊度不宜大于 10NTU。

② 滤池可采用双层滤料滤池、单层滤料滤池、均质滤料滤池。双层滤料滤池可采用无烟煤和石英砂，滤层厚度：无烟煤宜为 300 ～ 400 mm，石英砂宜为 400 ～ 500 mm。滤速宜为 5 ～ 10 m/h。单层石英砂滤料滤池的滤层厚度可采用 0.7 ～ 1.0 m，滤速宜为 4～6 m/h。均质滤料滤池的滤层厚度可采用 1.0～1.2 m，粒径为 0.9～1.2 mm，滤速宜为 4 ～ 7 m/h。

③ 滤池的工作周期宜采用 12 ～ 24 h，宜设气水反冲洗或表面冲洗辅助系统，且应备有冲洗滤池表面污垢和泡沫的冲洗水管。滤池设在室内时，应设通风装置。

④ 滤池的构造形式可根据具体条件，通过技术经济比较确定。

4）处理效果

废水经不同类型生物处理工艺处理后的出水的过滤效果见表 7-14。因为好氧 / 兼性池出水存在藻类，所以去除效率较低。

表 7-14　二级处理出水过滤效果

滤池进水类型	无化学混凝	经化学混凝（双层过滤）		
	SS/（mg/L）	SS/（mg/L）	PO_4^{3-}/（mg/L）	浑浊度 /NTU
高负荷生物滤池出水	10 ～ 20	0	0.1	0.1 ～ 0.4
二级生物滤池出水	6 ～ 15	0	0.1	0.1 ～ 0.4
接触氧化出水	6 ～ 15	0	0.1	0.1 ～ 0.4
普通活性污泥法出水	3 ～ 10	0	0.1	0.1 ～ 0.4
延时曝气法出水	1 ～ 5	—	0.1	0.1 ～ 0.4
好氧 / 兼性池出水	10 ～ 50	0 ～ 30	0.1	—

7.2.3.2　溶解性物质的去除

在生活污水中，溶解性物质的主要成分是蛋白质、碳水化合物、表面活性剂和溶解性无机盐等，经过二级处理后，污水中的溶解性有机物多是丹宁、木质素、黑腐酸等难降解的有机物，而溶解性无机盐类几乎没有去除。污水中溶解性有机物的深度去除技术较多，但从经济合理和技术可行性方面考虑，采用活性炭吸附较为适宜。

（1）吸附法原理

物质在相界面上的富集现象称为吸附。废水处理主要是利用固体对废水中物质的吸附作用。工程中用于吸附分离操作的固体材料称为吸附剂，而被吸附剂吸附的物质称为吸附质。固体表面都有吸附作用，但用作吸附剂的固体要求有很大的表面面积，这样单位质量的吸附剂才能吸附更多的吸附质。所以吸附剂为多孔材料。

1）吸附类型

根据固体表面吸附力的不同，吸附可分为物理吸附与化学吸附。

①物理吸附。吸附剂与吸附质之间通过分子间引力（即范德华力）而产生的吸附，称为物理吸附。

②化学吸附。吸附剂与吸附质之间产生化学作用，如原子或分子之间发生电子转移或共有，依靠化学键的吸附作用称为化学吸附。

物理吸附和化学吸附往往同时发生。废水的吸附处理，往往是几种吸附作用的结果。由于外界条件的影响，有时以某种吸附为主，如低温时，主要是物理吸附，而在高温时，主要是化学吸附。

2）影响吸附的因素

①吸附剂的性质。吸附剂的比表面面积：吸附剂的比表面面积越大，吸附能力越强。吸附剂的物理化学性质：一般极性分子（或离子）型的吸附剂易于吸附极性分子（或离子）型的吸附质；非极性分子型的吸附剂易于吸附非极性的吸附质。

②吸附质的性质。吸附质溶解度：吸附质溶解度越小，越易被吸附；吸附质分子

量：一般分子量增大会增大吸附能力，但分子量过大，会影响扩散速率；吸附质的物理化学性质：极性吸附质易被极性吸附剂吸附，非极性吸附质易被非极性吸附剂吸附，越能使液体表面自由能降低的吸附质越容易被吸附；吸附质浓度：吸附质的浓度越高吸附量越大。

③废水 pH。吸附质在废水中存在的形态（分子、离子或络合物）与 pH 有关，因而废水 pH 会影响吸附效果。例如活性炭的吸附率一般在酸性溶液中比在碱性溶液中大。

④水温。当以物理吸附为主时，水温升高吸附量下降；反之吸附量增加。

3）吸附平衡、吸附容量与吸附等温线

①吸附平衡。如果吸附与解吸的速度相等，即单位时间内被吸附的吸附质数量与解吸数量相等时，废水中吸附质的浓度和吸附剂表面上的浓度都不再改变而达到平衡，此时废水中吸附质的浓度称为平衡浓度。

②吸附容量。单位质量的吸附剂所能吸附的吸附质质量。如向含吸附质浓度为 C_0，容积为 V 的废水中投加质量为 W 的活性炭，在吸附平衡时，废水中吸附质剩余浓度为 C 时，吸附容量可按式（7-81）计算：

$$q = \frac{V(C_0 - C)}{W} \tag{7-81}$$

式中：q——吸附容量，g/g；

V——废水容积，L；

C_0——原废水的吸附质浓度，g/L；

C——吸附平衡时，废水中剩余的吸附质浓度，g/L；

W——活性炭投加量，g。

③吸附等温线。在温度一定时，吸附容量随吸附质平衡浓度的提高而增加，吸附容量随平衡浓度而变化的曲线称为吸附等温线，如图 7-29 所示。

表示吸附等温线的方程式称为吸附等温式。常用的吸附等温式有弗里德里希（Freundlich）等温式、朗缪尔（Langmuir）等温式等。

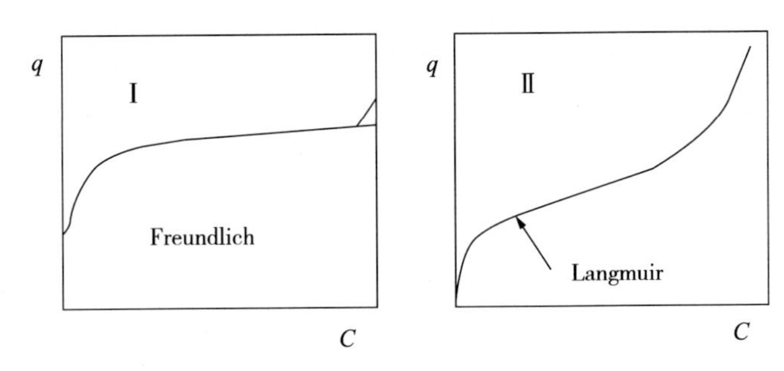

图 7-29　吸附等温线形式

a. 弗里德里希等温式。在水处理中，通常采用弗里德里希经验公式：

$$q = KC^{\frac{1}{n}} \tag{7-82}$$

式中：q——吸附剂的吸附容量，g/g；

C——废水中吸附质平衡浓度，g/L；

K、$1/n$——表现吸附特性的参数。

式（7-82）可改写成对数式：

$$\lg q = \lg K + \frac{1}{n}\lg C \tag{7-83}$$

将 C 和与之对应的 q 点画在双对数坐标纸上，便可得一条近似直线，直线的截距为 K，斜率为 $1/n$。

b. 朗缪尔等温式。朗缪尔等温式是建立在一些假定条件基础上的，诸如：吸附剂的表面均一，其各点的吸附能相同；吸附是单分子层的，当吸附剂表面被吸附质饱和时，达到最大吸附量；在吸附剂表面上的各吸附点之间不存在吸附质的转移；当达到吸附平衡时，吸附速率和脱附速率相等。

由动力学方法推导出平衡吸附量 q 与液相平衡浓度 C 的关系式如下：

$$q_{e} = \frac{abC}{1+bC} \tag{7-84}$$

式中：a——与最大吸附量有关的常数；

b——与吸附有关的常数。

朗缪尔等温式所根据的假定，并非严格正确，它适于解释单分子层的化学吸附情况。

4）吸附速率

吸附速率是指单位质量的吸附剂在单位时间内所吸附的吸附质量。吸附速率越大，废水和吸附剂的接触时间越短，所需吸附设备的容积越小。吸附过程影响吸附速率，以活性炭吸附为例影响吸附速率的 3 个过程：

①吸附质向活性炭颗粒表面的扩散过程。扩散速度与吸附质浓度成正比，与活性炭颗粒直径成反比，即与表面面积成正比。扩散速度还与废水和活性炭之间的相对运动速度有关，相对速度越快，则吸附剂表面的液膜越薄，吸附质的扩散速度也越快。

②吸附质在活性炭颗粒内部孔隙间的扩散过程。这一过程比较复杂，其扩散速度与活性炭细孔大小及构造、吸附质颗粒大小及构造等有关。活性炭孔隙内部的扩散速度是影响吸附速率的主要因素。

③吸附质被吸附在活性炭颗粒内部孔隙表面上的吸附反应过程。

5）常用吸附剂——活性炭

①活性炭的特性

a. 活性炭是一种多孔性、疏水性吸附剂，对水中有机物有较强的吸附作用。在工业废水处理中，可用于除去表面活性物质，酚类、染料、农药、重金属等污染物。

活性炭可制成粉末状和颗粒状，废水处理常用粒状炭，其应用工艺简单，操作方便。其外观呈黑色，化学稳定性好，耐酸、碱、高温及高压。可浸水，相对密度小于 1。

b. 由于活性炭是多孔材料，它的比表面面积（即每克吸附剂所具有的表面面积）可达 500 ～ 2 000 m^2/g。活性炭的吸附量，不仅与比表面面积有关，还与细孔的构造和细孔分布有关。不同的细孔，在吸附过程中所起的作用不同。大孔主要为吸附质提供扩散的通道，使吸附质得以到达过渡孔与小孔。通过过渡孔吸附质可扩散到小孔。如吸附质分子较大，小孔几乎不起吸附作用，此时主要由过渡孔进行吸附。而小孔的表面面积最大（占所有孔表面面积的 95% 以上），因此活性炭的吸附量主要由小孔决定，所以活性炭宜处理含小分子污染物的废水。

c. 活性炭表面的化学性质也是影响其吸附特性的因素。活性炭是由形状扁平的石墨微晶体构成的，处于微晶体边缘的碳原子，由于共价键不饱和而易与氧、氢等结合形成含氧官能团，使活性炭具有一定的极性。

②活性炭的质量指标

表 7-15 所列为我国活性炭质量国家标准。表 7-16 是水处理用粒状活性炭特性指标。

表 7-15　净化水用煤质颗粒炭质量国家标准（GB/T 7701.2—2008）

指标名称	指标	粒度 /mm	指标
外观	暗黑色炭素物质呈颗粒状	＞ 2.75	≤ 2%
水分 /%	≤ 5	1.50 ～ 2.75	不规定
强度 /%	≤ 85	1.00 ～ 1.50	≤ 14%
碘吸附质 /（mg/g）	≥ 800	＜ 1.00	≤ 1%

表 7-16　水处理用粒状活性炭特性指标

指标	一般范围	指标	一般范围
粒径	0.44 ～ 3 mm	真密度	2 ～ 2.2 g/cm^3
长度	0.44 ～ 4 mm	堆积密度	0.35 ～ 0.5 g/cm^3
强度	≥ 80%	总孔容积	0.7 ～ 1.0 cm^3/g
碘值	700 ～ 1 200 mg/g	总表面面积	590 ～ 1 500 m^2/g
亚甲基蓝值	100 ～ 1 500 mg/g	pH	8 ～ 10
水分	≤ 3%	灰分	≤ 8%

③活性炭的再生

吸附饱和的活性炭，可以再生重复利用。再生过程是将吸附质从活性炭的细孔中去除，且活性炭结构基本不发生变化。活性炭再生方法有加热再生、化学再生、溶剂再生、生物再生等。常用的是加热再生法和化学再生法。

a. 加热再生法。当将吸附饱和的活性炭加热到一定温度时，吸附质分子的能量增大，使之从活性炭的活性点脱离；或者在较高温度条件下，活性炭吸附的有机物被氧化和分解，成为气态逸出或断裂成低分子。加热再生法有低温加热和高温加热两种不同的再生方式。

b. 化学再生法。通过化学反应，使吸附质转化为易溶于水的物质而从活性炭解吸脱附。活性炭的化学再生法有湿式氧化法、臭氧氧化法、电解氧化法等。

c. 溶剂再生法。用苯、丙酮及甲醇等有机溶剂萃取吸附在活性炭上的有机吸附质，使其脱附。

d. 生物再生法。利用微生物的作用将活性吸附的有机物氧化分解而脱附。

（2）吸附工艺

在水处理中应用的活性炭主要有粉末活性炭（Powdered Activated Carbon，PAC）和粒状活性炭（Granular Activated Carbon，GAC），它们的应用条件和处理工艺均不一样。

1）粉末活性炭（PAC）

PAC 可以用于二级生物处理出水的深度处理，或直接投加入生物反应池中形成 PAC/ 活性污泥工艺（PACT），也可以用于一些物理化学工艺。在二级生物处理出水的深度处理中，PAC 与二级生物处理出水一起进入接触池，经过一段时间的水炭接触，水中的一些残余污染物质会被活性炭吸附。活性炭可以沉入池底，深度处理后的水则可以排放或回用。由于 PAC 颗粒非常细小，自身难于通过重力沉淀，所以常辅助投加混凝剂（如聚合电解质）来形成混凝沉淀，或采用快速砂滤池过滤来去除吸附了污染物质的 PAC。在工业废水的物理化学处理流程中，PAC 常与一些化学药剂配合使用形成沉淀来去除一些特殊的物质。

2）粒状活性炭（GAC）

采用粒状活性炭处理废水时，被处理废水一般通过活性炭填充床反应器（通常称为吸附塔或吸附池），可采用几种不同类型的活性炭填充床，其典型形式有固定床、移动床和流动床 3 种。

①固定床。吸附处理最常用的吸附塔形式，它又分为降流式和升流式两种。降流式是废水自上而下流过吸附剂层，由吸附塔底部出水。这种方式处理效果稳定。但经过吸附层的水头损失较大，如果废水含悬浮物浓度高时尤为严重。为了防止堵塞吸附层，常用定期反冲洗，还要在吸附层上部装设反冲洗装置。如图 7-31 所示是降流式固定床吸附塔构造示意图。根据处理水量、原水水质和处理要求的不同，可选择单床式、

多床串联式和多床并联式 3 种操作方式，如图 7-31 所示。

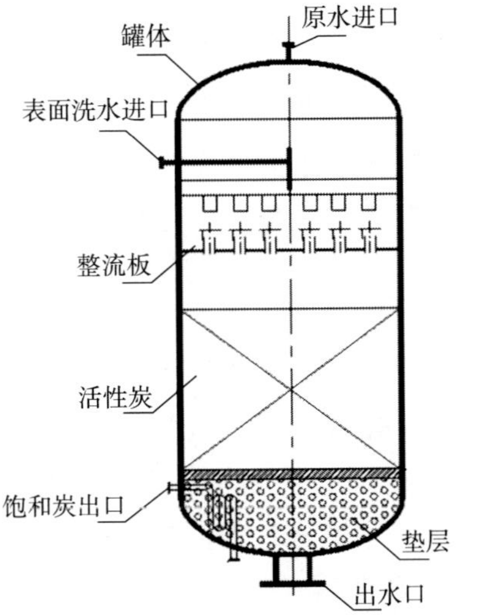

图 7-30　降流式固定床吸附塔构造示意图

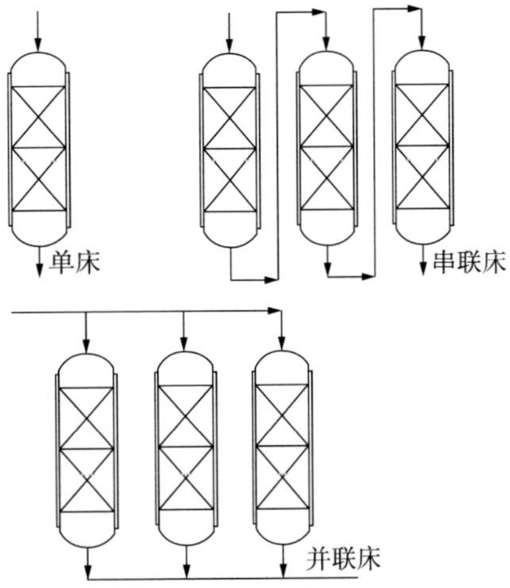

图 7-31　固定床操作模式

②移动床。废水自吸附塔底部流入吸附塔，水流向上与吸附剂活性炭逆流接触，处理水由塔顶排出。活性炭由塔顶加入，接近吸附饱和的活性炭从塔底定期排出塔外。其特点是能充分利用吸附剂的吸附容量，水头损失也较小。被截流在吸附剂层的悬浮固体可随饱和活性炭一起从塔底排出，因之可免去反冲洗。运行时要求保持塔内吸附剂上下层不互混，操作管理要求严格。

③流化床。废水由下向上升流通过活性炭层，活性炭由上向下移动。活性炭在塔内处于膨胀状态或流化状态。水与活性炭逆流接触。活性炭与水的接触面大，能使活性炭充分发挥吸附作用。废水含悬浮物浓度高也能适应，无须进行反冲洗。要求连续排炭和投炭，操作管理要求严格。

（3）穿透曲线与吸附容量的利用

在进行活性炭吸附工艺设计与计算之前，可利用静态吸附试验测定出不同类型活性炭的吸附等温线，以便选择合适的活性炭，同时可估计出处理单位废水量所需活性炭的数量，然后再用活性炭吸附柱进行动态吸附试验，以得出所需的设计参数，如空塔速度、饱和周期、通水倍数（当吸附平衡时，单位质量活性炭所处理的废水质量，如废水密度以 1 kg/L 计，则通水倍数也表示了单位质量活性炭所能处理的废水体积）、接触时间以及串联级数等。

1）穿透曲线。如连续将废水通入降流式固定床活性炭吸附柱时，可发现存在正在起吸附作用的一段吸附剂填充层，该层称为吸附带。在吸附带以下的填充层尚未发生吸附作用，吸附带会随废水不断流经填充层而缓缓下移，其下移速度较废水在填充层内流动的线速度小得多，在吸附带逐步下移至填充层末端时，可发现出水中有吸附质出现，再通入废水时，出水中吸附质浓度会迅速上升，最后出水中吸附质浓度达到与原废水中浓度 C_0 相同。以通水时间 t 或出水量 Q 为横坐标，以出水中吸附质浓度 C 为纵坐标做曲线，如图 7-32 所示，该曲线称为穿透曲线。图中 a 点为穿透点，b 点为吸附终点。从点 a 至 b 这段时间内，吸附带移动的距离，即为吸附带长度。一般取 C_a 为 $(0.05 \sim 0.1)C_0$，取 C_b 为 $(0.9 \sim 0.95)C_0$ 或按排放要求确定。

如采用多柱串联工作，最后一柱的出水应控制在 a 点，第一柱的出水可控制在 b 点。

一般采用多柱（4～6 柱）串联试验绘制穿透曲线，填充层总高一般采用 3～9 m。在各柱出水口处设置取样口。通水后定时测定各取样口所取水样的吸附质浓度。

当第一柱的出水吸附质浓度达到进水浓度 C_0 的 90%～95% 时，停止向第一柱进水，转向第二柱进水，第一柱进行再生。当第二柱出水中吸附质浓度达到进水浓度 C_0 的 90%～95% 时，停止向第二柱进水，转向第三柱进水，如此将试验进行下去，一直达到稳定状态为止。以出水量 Q 为横坐标，以各柱各取样点的吸附质浓度 C 为纵坐标，可得出如图 7-33 所示的各柱穿透曲线。

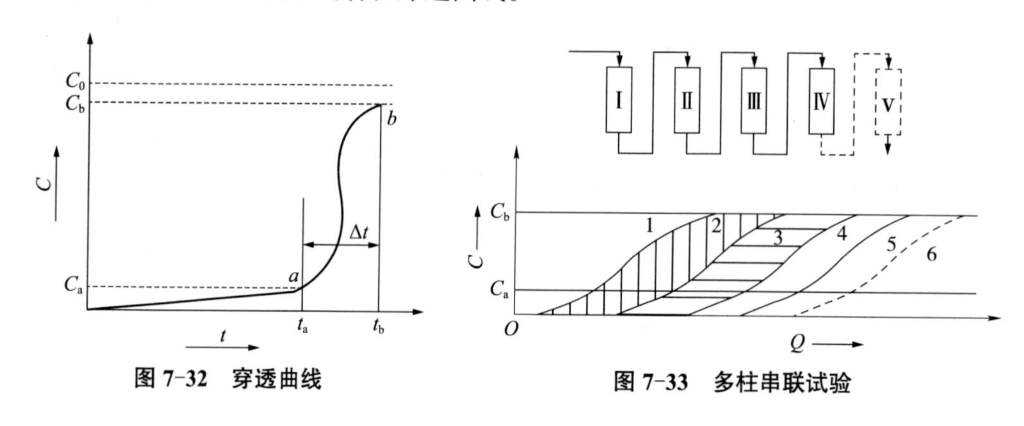

图 7-32　穿透曲线　　图 7-33　多柱串联试验

2）吸附容量的利用。从穿透曲线可知，当吸附柱的穿透曲线达到 a 点时，其吸附剂量并未饱和，此时继续通水使其达到 b 点（吸附终点）时，才使该柱的吸附剂填充层充分利用。在设计时，应考虑这部分吸附容量的利用问题。通常有以下两个方案可以解决。

一是可以采用多柱串联工艺（图 7-33）。此时控制最后一柱的出水吸附质浓度 $\leqslant C_a$，待第一柱出水达到 b 点时，进行再生，然后串联作为最后出水级。依次第二、第三柱也如第一柱操作方式。如此循环操作，这样就充分利用了每柱的吸附容量。

二是采用升流式移动床工艺。此时从移动床底部排出的炭都是接近饱和的，所以可充分利用活性炭的吸附容量。

（4）吸附塔的设计

1）设计要点

①废水经常规处理后，出水水质中某些指标不能符合排放标准时，才考虑采用活

性炭吸附处理。

②设计活性炭处理工艺前，应用拟处理的废水水样进行吸附试验。对不同品牌的活性炭进行筛选，并得出各项设计参数，诸如滤速、接触时间、饱和周期、反冲洗周期等。

③废水在吸附处理前，宜经过滤处理，防止堵塞炭层。拟进行吸附处理的废水污染物（吸附质）浓度也不宜过高，否则应做预处理，当进水 COD＞50 mg/L 时，可考虑采用生物活性炭工艺。

④如废水污染物浓度经常变化，宜采用均化设备，或设置旁通管，如遇污染物浓度低于排放标准不需吸附处理时，可通过旁通管跨越吸附塔。

为防止腐蚀，吸附塔内表面应进行防腐处理。

采用活性炭固定床吸附塔时，其主要设计参数和操作条件，根据实际运行资料，建议采用下列数据：

吸附塔直径：1.0 ～ 3.5 m；

充填层厚度：3 ～ 10 m；

充填层与塔径之比：1∶1 ～ 4∶1；

活性炭粒径：0.5 ～ 2.0 mm；

接触时间：10 ～ 50 min；

容积速度（即单位容积吸附剂在单位时间内通过处理水的容积）：2 $m^3/(m^3 \cdot h)$；

过滤线速度：升流式 9 ～ 25 m/h；

降流式 7 ～ 12 m/h；

反冲洗线速度：28 ～ 32 m/h；

反冲洗时间：3 ～ 8 mim；

反冲洗周期：8 ～ 72 h；

反冲洗膨胀率：30% ～ 50%。

2）吸附塔的设计计算步骤

如已知设计流量 Q（m/h）、废水含吸附质浓度 C_0（mL）、出水容许吸附质浓度 C_e。试验已得出空塔速度 v、接触时间 T、通水倍数 n、活性炭填充层密度 ρ，则吸附塔的设计计算步骤：

吸附塔总面积（m^2）：

$$F = \frac{Q}{v} \tag{7-85}$$

如吸附塔个数为 N，每塔面积（m^2）：

$$f = \frac{F}{N} \tag{7-86}$$

塔直径（m）：

$$D=\sqrt{\frac{4f}{\pi}} \tag{7-87}$$

炭层高（m）：

$$h=vT \tag{7-88}$$

每塔填充活性炭容积 V（m^3）及质量 G（t）：

$$V=fh \tag{7-89}$$

$$G=V\rho \tag{7-90}$$

每天再生的活性炭质量（t）：

$$W=\frac{24Q}{n} \tag{7-91}$$

习　题

一、选择题

1. 氯消毒时（　　）。

A. HClO 起主要消毒作用　　B. ClO^- 起主要消毒作用

C. HClO 和 ClO^- 起同样的消毒作用　　D. ClO^- 不起消毒作用

2. 某加氯消毒试验，当到达折点时加氯量为 5 mg/L，余氯量为 1 mg/L，当加氯量为 5.5 mg/L 时，自由性余氯、化合物余氯和需氯量各为（　　）。

A. 1 mg/L；1 mg/L；4 mg/L　　B. 1.5 mg/L；1 mg/L；3 mg/L

C. 0.5 mg/L；1 mg/L；4 mg/L　　D. 1 mg/L；1 mg/L；3 mg/L

3. 空气氧化除铁时，水的 pH 提高 1，Fe^{2+} 氧化速率可提高（　　）。

A. 2 倍　　B. 10 倍

C. 100 倍　　D. 1 倍

4. 地下水除铁、除锰时，通常采用化学氧化、锰砂滤料过滤工艺。下列锰砂滤料主要作用和除铁、除锰顺序的叙述中，不正确的是（　　）。

A. 锰砂中的二氧化锰作为载体吸附水中铁离子形成铁质活性滤膜对低价铁离子的催化氧化发挥主要作用

B. 锰砂中的二氧化锰对低价铁离子的催化氧化发挥主要作用

C. 锰砂中的金属化合物以及滤料中锰质化合物形成的活性滤膜对低价锰离子的催化氧化发挥主要作用

D. 同时含有较高铁、锰的地下水一般先除铁、再除锰

5. 水中同时含有铁（Fe^{2+}）、锰（Mn^{2+}）时，多采用曝气充氧后进入催化滤池过滤。在一般情况下，应是（　　）。

A. Fe^{2+} 穿透滤层　　B. Mn^{2+} 穿透滤层

C. Fe^{2+}、Mn^{2+} 同时穿透滤层　　D. MnO_2 穿透滤层

6. 当原水含铁量低于 6.0 mg/L，含锰量低于 1.5 mg/L 时，其工艺流程可采用：原水曝气→（　　）过滤除铁、除锰工艺。

A. 双级　　B. 单级

C. 混凝　　D. 直接

7. 采用氯氧化三价铁时，每氧化 5 mg/L 的三价铁，理论上需投加（　　）的氯。

A. 3.2 mg/L　　B. 1.6 mg/L

C. 6.4 mg/L　　D. 3.5 mg/L

8. 臭氧活性炭深度处理工艺的有关叙述中，不正确的是（　　）。

A. 混凝之前投加臭氧，主要是去除水中溶解性铁、锰、色度、藻类以及发挥助凝作用

B. 滤池后投加臭氧主要是氧化有机物，同时避免后续活性炭表面滋生生物菌落

C. 活性炭的主要作用是利用吸附特性，吸附水中部分有机物以及重金属离子

D. 活性炭表面生的生物菌落发挥有机物降解及氨氮的硝化作用

9. 水的纯度的表示方法有电阻率和电导率。纯水的电导率为（　　）。

A. 1 ～ 10 μS/cm　　B. 1 ～ 0.1 μS/cm

C. ＜0.1 μS/cm　　D. 0.055 μS/cm

10. 水中钙硬度大于碳酸盐硬度时，下列有关投加石灰软化的叙述中，正确的是（　　）。

A. 石灰软化只能去除碳酸盐硬度中的 $Ca(HCO_3)_2$

B. 石灰和重碳酸盐 $Ca(HCO_3)_2$ 反应生成的 CO_2 由除 CO_2 器脱除

C. 石灰软化不能去除水中的铁和硅化物

D. 石灰和镁的非碳酸盐反应时，投加 $Ca(OH)_2$，沉淀析出 $Mg(OH)_2$，含盐量（mg/L）有所增加

11. 水的除盐和软化是去除水中离子的深度处理工艺，下列除盐、软化基本方法和要求的叙述中正确的是（　　）。

A. 经除盐处理的水仍需经软化处理，方能满足中、高压锅炉的进水水质要求

B. 离子交换除盐流程是：阴离子交换→脱二氧化碳→阳离子交换

C. 电渗析除盐时，阳极板产氢气，阴极板产氧气

D. 为制取高纯水，可采用反渗透后再进行离子交换处理

12. 超滤是一种介于（　　）之间的膜分离技术。

A. 纳滤和反渗透　　B. 微滤和纳滤

C. 反渗透和电渗析　　D. 微滤和反渗透

13. 城镇污水处理 AAO 工艺中，厌氧工艺单元的主要功能（　　）。

A. 反硝化脱氮　　B. 释磷

C. 去除 BOD　　D. 硝化

14. AO 法脱氮工艺中，将缺氧反应器前置的主要目的是（　　）。

A. 充分利用内循环的硝化液进行脱氮

B. 使回流污泥与内循环硝化液充分接触硝化

C. 改善污泥性质，防止污泥膨胀

D. 充分利用原污水中的碳源进行脱氮

15. 反硝化菌（　　）。

A. 在有氧条件下，它会以 O_2 为电子受体进行反硝化反应；在缺氧条件下，当有 NO_3^- 或 NO_2^- 存在时，它则以 NO_3^- 或 NO_2^- 为电子受体，以有机物为电子供体，进行氨化反应

B. 在有氧条件下，它会以 O_2 为电子受体进行反硝化反应；在缺氧条件下，当有 NO_3^- 或 NO_2^- 存在时，它则以 NO_3^- 或 NO_2^- 为电子受体，以有机物为电子供体，进行硝化反应

C. 在有氧条件下，它会以 O_2 为电子受体进行好氧呼吸；在缺氧条件下，当有 NO_3^- 或 NO_2^- 存在时，它则以 NO_3^- 或 NO_2^- 为电子受体，以有机物为电子供体，进行反硝化反应

D. 在有氧条件下，它会以 O_2 为电子受体进行好氧呼吸；在缺氧条件下，当有 NO_3^- 或 NO_2^- 存在时，它则以 NO_3^- 或 NO_2^- 为电子受体，以有机物为电子供体，进行硝化反应

16. 关于污水紫外线消毒，下述说法中错误的是（　　）。

A. 紫外线消毒与液氯消毒相比速度快，效率高

B. 紫外线照射渠灯管前后的渠长应小于 1 m

C. 污水紫外线剂量宜根据试验资料或类似运行经验确定

D. 紫外线照射渠不宜少于 2 条

17. 当污水处理厂二沉池出水的色度和悬浮物浓度较高时，不宜选择（　　）。

A. 紫外线消毒　　B. 二氧化氯消毒

C. 液氯消毒　　D. 次氯酸钠消毒

18. 某印染厂生产过程中主要采用水溶性染料，对该废水的处理工艺流程采用“格栅—调节池—生物处理池—臭氧反应塔”，其中臭氧反应塔工艺单元的最主要效能是（　　）。

A. 去除悬浮物　　B. 去除有机物

C. 去除色度　　D. 杀菌

二、计算题

19. 当水温为 10℃，pH=8 时，ClO^- 占自由氯的百分比为多少？（参考答案：72%）

20. 水厂采用氯气消毒时，杀灭水中细菌的时间 t（以 s 计）和水中氯气含量 C（以 mg/L 计）的关系式为 $C^{0.86}t=1.74$，在氯气含量足够时，水中细菌个数减少的速率仅与水中原有细菌个数有关，呈一级反应，反应速度变化系数 $K=2.4\ s^{-1}$，如水中含有 NH_3=0.1 mg/L，要求杀灭 95% 的细菌，同时完成氧化 NH_3，保持水中余氯为自由性氯，试计算至少需要加入氯气的量？（参考答案：2.1 mg/L）

21. 原水中含 8 mg/L Fe^{2+} 和 2 mg/L Mn^{2+}，请计算采用曝气法氧化铁锰所需的理论空气量。（参考答案：1.7 mg/L）

22. 水质资料为：Ca^{2+}80 mg/L；Mg^{2+}36 mg/L；Na^+4.6 mg/L；HCO_3^- 150 mg/L；SO_4^{2-} 85 mg/L；Cl 138 mg/L（相对原子质量：Ca 40，Mg 24，Na 23，S 32，C 12，Cl 35.5）的原水，需软化水量 200 m^3/h，软化后剩余碱度为 0.3 mmol/L（以 HCO_3^- 计），采用 RH-RNa 并联系统，试计算流经 RH 和 RNa 系统的水量分别是多少；若采用 RH-RNa 串联系统，则流经 RH 和 RNa 系统的水量分别是多少？（RH 以钠泄漏为控制点）（参考答案：并联时 53，147；串联时 53，200，单位 m^3/h）

23. 某城镇污水处理厂设计污水量为 30 000 m^3/d，设计 2 个缺氧—好氧活性污泥生化池，初沉池出水 BOD_5、TN、TKN 分别为 200 mg/L、40 mg/L、35 mg/L。要求出水 BOD_5 和 TN 分别小于或等于 10 mg/L 和 15 mg/L。生化池污泥浓度为 3 000 mg/L，污泥龄安全系数取 1.5。污泥总产率系数取 0.3，通过试验求得硝化菌的比生长速度为 0.15 d^{-1}，则单个生化池好氧区的有效容积至少应为多少？（参考答案：2850 m^3）

24. 某污水处理厂拟采用 AO 生物接触氧化法工艺，单池设计水量为 2 500 m^3/d，进出水 BOD_5 分别为 200 mg/L 和 20 mg/L，生物膜产率系数为 0.25 kg MLSS/kg BOD_5，设计水温为 20℃，脱氮速率为 0.06 kg NO_3^--N/(kg MLSS・d)，A 段单位填料体积的生物膜量为 4 g/L，生物膜 MLVSS/MLSS 为 0.7，进水 TKN 为 40 mg/L，出水 TN 为 15 mg/L，则 A 段池的填料体积为多少？（参考答案：221 m^3）

25. 某污水处理厂拟采用 AAO 生物脱氮除磷工艺，设计污水量为 40 000 m^3/d，设计 2 座 AAO 池，经计算每座 AAO 池的有效容积为 10 000 m^3。试给出厌氧段、缺氧段和好氧段容积的合理分配。（参考答案：厌氧段 833 ～ 1 666 m^3，缺氧段 417 ～ 2 500 m^3，好氧段 4 583 ～ 7 500 m^3）

26. 城市污水处理厂规模为 10×10^4 m^3/d，二级处理后的污水拟采用反渗透装置处理后回用 50%，反渗透膜的透水量为 1.0 $m^3/(m^2 \cdot d)$，装置对水的回收率为 80%，请计算该反渗透装置膜面的总面积 S 和装置的总进水量 Q。（参考答案：$S=5\times10^4\ m^2$；$Q=6.25\times10^4\ m^3/d$）

第8章 污水的自然生物处理

污水的自然生物处理是一种利用自然生态或人工生态功能净化污水的工艺技术，主要功能性设施为稳定塘和土地处理系统。污水生态处理因其净化效率高、运行维护成本较低而被广泛使用，其工艺技术较为成熟。

8.1 稳定塘

稳定塘在我国曾长期习称氧化塘，又名生物塘。稳定塘是经过人工适当修整的土地，设围堤和防渗层的污水池塘，主要依靠自然生物净化功能使污水得到净化的一种污水生物处理技术。除个别类型如曝气塘外，在提高其净化功能方面，不采取实质性的人工强制措施。污水在塘中的净化过程与自然水体的自净过程相近。污水在塘内缓慢流动、较长时间地停留，通过污水中存活微生物的代谢活动和包括水生植物在内的多种生物的综合作用，使有机污染物降解，污水得到净化。其净化全过程，包括好氧、兼性和厌氧3种状态。好氧微生物生理活动所需要的溶解氧主要由塘内以藻类为主的水生浮游植物所产生的光合作用提供。

稳定塘是一种比较古老的污水处理技术，从19世纪末已经开始使用，但是，20世纪50年代以后才得到较快的发展。近几十年来，各国的实践证明，稳定塘能够有效地用于生活污水、城市污水和各种有机性工业废水的处理。稳定塘现多作为二级处理技术考虑，但它完全可以作为活性污泥法或生物膜法后的深度处理技术，也可以作为一级处理技术。如将其串联起来，能够形成一级、二级以及深度处理全部系统的净化功能。

作为生物处理技术，稳定塘具有一系列较为显著的优点，其中主要有①能够充分利用地形，工程简单，建设投资省。建设稳定塘，可以利用农业开发利用价值不高的废河道、沼泽地、峡谷等地段，因此，能够整治国土、绿化、美化环境。在建设上也具有周期短、易于施工的优点。②能够实现污水资源化，使污水处理与利用相结合。稳定塘处理后的污水，一般能够达到农业灌溉的水质标准，可用于农业灌溉，充分利用污水的水肥资源。③污水处理能耗少，维护方便，成本低。

但是，稳定塘也存在一些难于解决的弊端，其中主要有以下几项：①占地面积大，没有空闲的余地是不宜采用的。②污水净化效果，在很大程度上受季节、气温、光照等自然因素的控制，在全年范围内，不够稳定。③防渗处理不当，地下水可能遭到污染，应认真对待。④易于散发臭气和滋生蚊蝇等。

根据稳定塘内微生物优势群体类型和溶解氧状况来划分，稳定塘可以分为以下 4 种：

（1）好氧稳定塘，简称好氧塘，深度较浅，一般不超过 0.5 m，阳光能够透入塘底，主要由藻类供氧，全部塘水呈好氧状态，由好氧微生物负责有机污染物的降解与污水的净化。

（2）兼性稳定塘，简称兼性塘，塘水较深，一般在 1.0 m 以上。从塘面到一定深度（0.5 m 左右），阳光能够透入，藻类光合作用旺盛，溶解氧比较充足，呈好氧状态；塘底为沉淀污泥，处于厌氧状态，进行厌氧发酵；介于好氧与厌氧之间的为兼性区，存活大量的兼性微生物。兼性塘的污水净化作用是由好氧、兼性、厌氧微生物协同完成的。兼性塘是城市污水处理最常用的一种稳定塘。

（3）厌氧稳定塘，简称厌氧塘，塘水深度一般在 2.0 m 以上，有机负荷率高，整个塘水基本上都呈厌氧状态，在其中进行水解、产酸以及甲烷发酵等厌氧反应全过程。净化速度低，污水停留时间长。厌氧稳定塘一般用作高浓度有机废水的首级处理工艺，继之还设兼性塘、好氧塘甚至深度处理塘。

（4）曝气稳定塘，简称曝气塘，塘深在 2.0 m 以上，由表面曝气机供氧，并对塘水进行搅动，在曝气条件下，藻类的生长与光合作用受到抑制。

根据处理水的出流方式，稳定塘又分为连续出水塘、控制出水塘与贮存塘 3 种类型。控制出水塘的主要特征是人为地控制塘的出水，在年内的某个时期内，如结冰期，塘内只有污水进入，而无处理水流出，此时塘可起蓄水作用。在某个时期，如在灌溉季节，又将塘水大量排出，出水量远超进水量。控制出水塘适用于下列地区：结冰期较长的寒冷地区；干旱缺水，需要季节性利用塘水的地区；稳定塘处理水季节性达不到排放标准或水体只能在丰水期接纳塘水的地区。贮存塘，即只有进水而无处理水排放的稳定塘，主要依靠蒸发和微量渗透来调节塘容。这种稳定塘需要的水面积很大，只适用于蒸发量高的地区。

8.1.1　稳定塘的净化机理

8.1.1.1　稳定塘生态系统

稳定塘以净化污水为目的，因此，分解有机污染物的细菌在生态系统中具有关键作用。藻类在光合作用中释放氧气，向细菌提供足够的氧，使细菌能够进行正常的生命活动。菌藻共生体系是稳定塘内最基本的生态系统。其他水生植物和水生动物的作用则是辅助性的，它们的活动从不同的途径强化了污水的净化过程。

典型的兼性稳定塘的生态系统，包括好氧区、厌氧区（污泥层）及两者之间的兼性区，如图 8-1 所示。

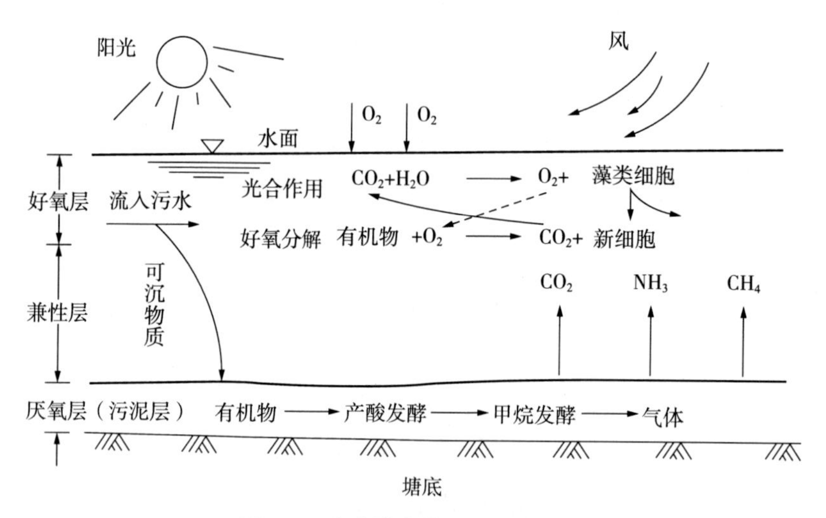

图 8-1　稳定塘内典型的生态系统

8.1.1.2　稳定塘内的食物链网

在稳定塘内，从食物链来考虑，细菌、藻类以及适当的水生植物是生产者，细菌与藻类为原生动物及枝角类动物所食用，并不断繁殖，它们又为鱼类所吞食。藻类，主要是大型藻类和水生植物既是鱼类的饵料，又可成为鸭、鹅等水禽类的饲料。在稳定塘内，鱼、水禽处在最高营养级。如果各营养级之间保持适宜的数量关系，能够建立良好的生态平衡，使污水中有机物得到降解，污水得到净化，其产物得到充分利用，最后得到鱼、鸭和鹅等水禽产物，如图 8-2 所示。

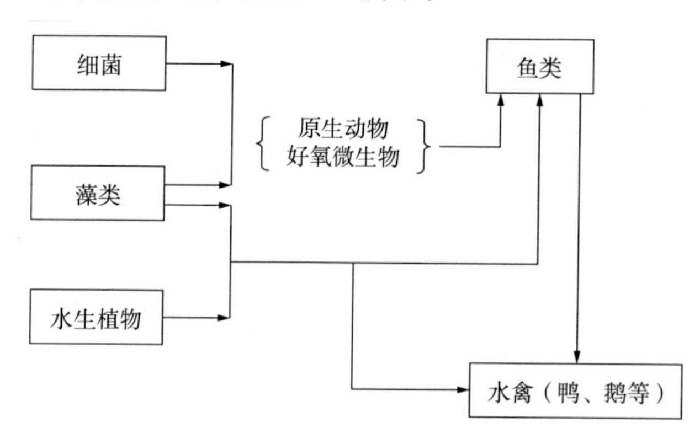

图 8-2　稳定塘内主要的食物链

8.1.1.3　稳定塘对污水的净化作用

稳定塘由以下 6 个方面对污水产生净化作用：

（1）稀释作用

污水进入稳定塘后，在风力、水流以及污染物的扩散作用下，与塘内已有塘水进行一定程度的混合，使进水得到稀释，降低了其中各项污染指标的浓度。稀释作用是一种物理过程，稀释作用并没有改变污染物的性质，但为进一步的净化作用创造条件，如降低有害物质浓度，使塘中生物净化过程能够正常进行。

（2）沉淀和絮凝作用

污水进入稳定塘后，由于流速降低，其所挟带的悬浮物质，在重力作用下，沉于塘底，使污水的 SS、BOD_5、COD 等各项指标都得到降低。此外，在稳定塘含有大量的生物分泌物，这些物质一般都具有絮凝作用，在它们的作用下，污水中的细小悬浮颗粒产生了絮凝作用，小颗粒聚结成了大颗粒，沉于塘底成为沉积层。沉积层则通过厌氧分解进行稳定。

（3）好氧微生物的代谢作用

由于好氧微生物的代谢作用，稳定塘能够取得很高的有机物去除率，BOD_5 可去除 90% 以上，COD 去除率也可达 80%。

（4）厌氧微生物的代谢作用

在厌氧塘和兼性塘的塘底，有机污染物一般能够经历厌氧发酵 3 个阶段的全过程，即水解阶段、产氢产乙酸阶段和产甲烷阶段的全过程，最终产物主要是甲烷和二氧化碳以及硫醇等。

（5）浮游生物的作用

藻类的主要功能是供氧，同时起到从塘水中去除某些污染物（氮、磷）的作用。原生动物、后生动物及枝角类浮游动物在稳定塘内的主要功能是吞食游离细菌和细小的悬浮状污染物和污泥颗粒，可使稳定塘水质进一步澄清。此外，它们还分泌能够产生生物絮凝作用的黏液。底栖动物如摇蚊等摄取污泥中的藻类或细菌，可使污泥层的污泥数量减少。放养的鱼类的活动也有助于水质净化，它们捕食微型水生动物和残留于水中的污染物。

（6）水生维管束植物的作用

1）水生植物吸收氮、磷等营养，使稳定塘去除氮、磷的功能有所提高；

2）水生植物的根部具有富集重金属的功能，可提高重金属的去除率；

3）每一株水生植物都像一台小小的供氧机，向塘水供氧。

8.1.1.4　稳定塘净化过程的影响因素

（1）温度

温度对稳定塘净化功能的影响是十分重要的，因为温度直接影响细菌和藻类的生命活动。好氧菌能在 10 ～ 40℃的范围内存活并且进行生命活动，其最佳温度范围是 25 ～ 35℃。藻类正常的存活温度范围是 5 ～ 40℃，最佳生长温度范围是 30 ～ 35℃。在温度为 5 ～ 30℃的正常范围内，每升高 10℃，微生物代谢速率将提高一倍。厌氧菌的存活温度范围是 15 ～ 60℃，其有两个适宜温度：一个是 33℃左右，一个是 53℃左右。在气温低的季节，应考虑采取降低负荷率，减少进水负荷，延长污水在塘内的停留时间等措施。

（2）光照

光是藻类进行光合作用的能源，藻类必须获得足够的光，才能将各种物质转化为细胞的原生质。

（3）混合

进水与塘内原有塘水的混合，对充分发挥稳定塘的净化功能至为重要。混合能使营养物质与溶解氧均匀分布，能使有机物与细菌充分接触。

使塘水混合的重要因素是风力，对水面较大，深度较浅的稳定塘，风力的推动，可使塘水流速达 10 m/h。风力推动塘表面水到塘的一端，并转向塘底，表层水中的溶解氧比较充足，转向塘的深部，能够使溶解氧得到充分混合分布，营养物质也可以得到一定的混合。当稳定塘不能借助风力，混合情况不佳时，应考虑采用人工搅拌、混合等措施。

（4）营养物质

微生物所需要的营养元素主要是碳、氮、磷、硫及其他某些微量元素，如铁、锰、钾、钼、钴、锌、铜等。城市污水基本上能够满足微生物对各种营养元素的需要。如氮、磷含量过多时，可能导致藻类的过量繁殖，这也是应当避免的。

（5）蒸发量和降水量

应当综合考虑蒸发和降水两方面的因素。降水能够使稳定塘中污染物质浓度得到稀释，促进塘水混合，但也缩短了污水在塘中的停留时间。蒸发的作用则相反，塘的出水量将小于进水量，水力停留时间将大于设计值，但塘水中的污染物质，如无机盐类的浓度，由于浓缩而有所提高。

（6）污水的预处理

预处理的目的是使污水水质更适应稳定塘净化功能的要求。这包括①去除悬浮物特别是可沉性的悬浮物和油脂；②调整 pH，使进水的 pH 处于中性左右；③去除污水中的有毒有害物质，使其浓度降至允许数值以下。

可沉悬浮物能够在塘内沉淀，并在塘底形成污泥沉积物，在沉积层内进行厌氧发酵反应，使沉泥量减少，但这一进程缓慢，如污水未经去除悬浮物的处理，污泥沉积与降解不能平衡，沉积层仍将形成，并逐渐增厚，进入兼性区或好氧区。

城市污水稳定塘处理所采用的预处理工艺包括格栅、沉砂池、沉淀池，需要时应增设除油池。此外，水解酸化工艺可以作为稳定塘系统的预处理技术。

8.1.2 好氧塘

好氧塘的深度一般在 0.5 m 左右，阳光能透入池底，采用较低的有机负荷，塘内存在着藻－菌及原生动物的共生系统。

在好氧塘内高效进行着光合成反应和有机物的降解反应，溶解氧是充足的，但在一日内是变化的。在白天，藻类光合作用放出的氧远远超过藻类和细菌所需要的，塘水中氧的含量很高，可达到饱和状态；晚间光合作用停止，由于生物呼吸消耗，水中的溶解氧浓度下降，在凌晨时最低，阳光开始照射，光合作用又开始，水中溶解氧浓度再次上升。在好氧塘内 pH 也是变化的，在白天 pH 上升，夜晚下降。

好氧塘的优点是净化功能较高，有机污染物降解速率高，污水在塘内停留时间短。但进水应进行比较彻底的预处理去除可沉淀悬浮物，以防形成沉积层。好氧塘的缺点是占地面积大，处理水中含有大量的藻类，需进行除藻处理，对细菌的去除效果也较差。

8.1.2.1　好氧塘的设计

1）根据城市规划，在有可供污水处理利用的湖塘、洼地，气温适宜、日照条件良好的地方，可以考虑采用好氧塘。

2）好氧塘可作为独立的污水处理技术，也可以作为深度处理技术，设置在人工生物处理系统或其他类型稳定塘（兼性塘和厌氧塘）之后。

3）作为独立的污水处理技术的好氧塘，污水在进塘之前必须进行旨在去除可沉悬浮物的预处理。

4）好氧塘分格，不宜少于两格，可串联或并联运行。

5）好氧塘的水深应保证阳光透射到塘底，使整个塘容都处于好氧状态。但不宜过浅，过浅会在运行上产生问题，如水温不易控制，变动频繁，对藻类生长不利；光合作用产生的氧不易保持；冲击负荷造成的影响较大等。

6）塘内污水进行良好的混合，风是稳定塘塘水混合的主要动力，为此，好氧塘应建于高处通风良好的地域；每座塘的面积以不超过 4 万 m^2 为宜。

7）塘表面以矩形为宜，长宽比取值 2∶1 ～ 3∶1，塘堤外坡为 4∶1 ～ 5∶1，内坡为 3∶1 ～ 2∶1，堤顶宽度取 1.8 ～ 2.4 m。

8）以塘深 1/2 处的面积作为设计计算面积，应取 0.5 m 以上的超高。

9）可以考虑处理水回流措施，这样可以在原污水接种藻类，增高溶解氧浓度，有利于稳定塘净化功能的提高。

10）塘底有污泥沉积，是不可避免的，为了避免底泥发生厌氧发酵，影响好氧塘的净化功能，塘底污泥应定期清理。

11）好氧塘处理水含有藻类，必要时应进行藻类处理。

8.1.2.2　好氧塘的计算

好氧塘的计算，主要内容是确定塘的表面面积。

当前，好氧塘的计算仍以经验数据为准进行，即按表面有机负荷率进行计算，计算公式为

$$A = \frac{QS_0}{N_A} \tag{8-1}$$

式中：A——好氧塘的有效面积，m^2；

Q——污水设计流量，m^3/d；

S_0——原污水 BOD_5 浓度，kg/m^3；

N_A——BOD_5 面积负荷率，$kg/(m^2 \cdot d)$。

BOD_5 面积负荷应根据试验或相近地区污水性质相近的好氧塘的运行数据确定。表 8-1 所列数据可供参考。

表 8-1　好氧塘典型设计参数

参数	类型		
	高负荷好氧塘	普通好氧塘	深度处理好氧塘
BOD_5 表面负荷率 / [$kg/(m^2 \cdot d)$]	0.004 ～ 0.016	0.002 ～ 0.004	0.005
水力停留时间 /d	4 ～ 6	2 ～ 6	5 ～ 20
水深 /m	0.3 ～ 0.45	～ 0.5	0.5 ～ 1.0
BOD_5 去除率 /%	80 ～ 90	80 ～ 95	60 ～ 80
藻类浓度 / (mg/L)	100 ～ 260	100 ～ 200	5 ～ 10
回流比	—	0.2 ～ 2.0	—

8.1.3　兼性塘

在各类型的氧化塘中，兼性塘是应用最为广泛的一种。兼性塘一般深 1.0 ～ 2.0 m，在塘的上层，阳光能够照射透入的部位，为好氧层，由好氧微生物对有机污染物进行氧化分解；藻类的光合作用旺盛，释放大量的氧。在塘的底部，由沉淀的污泥和死亡的藻类和菌类形成污泥层，由于缺氧，进行由厌氧微生物起主导作用的厌氧发酵，从而称为厌氧层。好氧层与厌氧层之间，存在着一个兼性层，在这里溶氧量很低，而且时有时无，一般在白天有溶解氧存在，而在夜间又处于厌氧状态，在这里存活的是兼性微生物，这一类微生物既能够利用水中游离的分子氧，也能够在厌氧条件下，从 NO_3^- 或 SO_4^{2-} 摄取氧。

兼性塘计算的主要内容也是获取塘的有效面积。对兼性塘现仍采用经验数据进行计算。

8.1.3.1　设计参数的参考值

（1）兼性塘可以作为独立处理技术考虑，也可以作为生物处理系统中的一个处理单元，或者作为深度处理塘的预处理工艺。

（2）塘深一般采用 1.2 ～ 2.5 m。此外，应考虑污泥层的厚度以及为容纳流量变化和风浪冲击的保护高度，在北方寒冷地区还应该考虑冰盖的厚度。保护高度按 0.5 ～ 1.0 m 考虑；冰盖厚度由地区气温而定，一般为 0.2 ～ 0.6 m。

（3）停留时间，一般规定为 7 ～ 180 d，幅度很大。高值用于北方，即使冰封期高达半年以上的高寒地区也可以采用。低值用于南方，但也能够保持处理水水质达到规定的要求。

（4）BOD_5 表面负荷率，按 0.000 2 ～ 0.010 kg/(m^2 · d) 考虑。低值用于北方寒冷地区，高值用于南方炎热地区。我国幅员辽阔，表面负荷率也处于较大的范围，见表 8-2。应当说明，负荷率的选定应以最冷月份的平均温度作为控制条件。

（5）BOD_5 去除率一般可达 70% ～ 90%。

（6）藻类浓度取值 10 ～ 100 mg/L。

表 8-2　处理城市污水兼性塘 BOD_5 面积负荷与水力停留时间

冬季月平均气温 /℃	BOD_5 负荷率 / [kg/（10^4 m^2 · d）]	停留时间 /d
15 以上	70 ～ 100	＞7
10 ～ 15	50 ～ 70	7 ～ 20
0 ～ 10	30 ～ 50	20 ～ 40
-10 ～ 0	20 ～ 30	40 ～ 120
-20 ～ -10	10 ～ 20	120 ～ 150
-20 以下	＜10	150 ～ 180

8.1.3.2　在塘的构造方面应该考虑的因素

（1）塘形以矩形为宜，矩形易于施工和串联组合，有助于风对塘水的混合，而且四角少。如四角做成圆形，死区更少，长宽比 2∶1 或 3∶1 为宜。

（2）塘数，除小规模的兼性塘可以考虑采用单一的塘进行处理外，一般不宜少于 2 座。宜采用多级串联，第一塘面积大，占总面积的 30% ～ 60%，采用较高的负荷率，以不使全塘都处于厌氧状态为限。串联可得优质处理水；也可以考虑并联，并联式流程可使污水中的有机物达到均匀分配。

（3）进水口，矩形塘进水口应尽量使塘的横断面上配水均匀，宜采用扩散管或多点进水。

（4）出水口，出水口与进水口之间的直线距离应尽可能大，一般在矩形塘按对角线排列设置，以减少短路。

8.1.4 厌氧塘

厌氧塘多用以处理高浓度水量不大的有机废水，如肉类加工、食品加工、牲畜饲养场等废水。城市污水由于有机污染物含量较低，一般很少采用厌氧塘处理。此外，厌氧塘的处理水，有机物含量仍很高，需要进一步通过兼性塘和好氧塘处理。在这种情况下，以厌氧塘为首塘无须进行预处理，以厌氧塘代替初次沉淀池，这样做有下列几项效益：①有机污染物降解一部分，30% 左右；②使一部分难降解有机物转化为可降解物质，有利于后续塘处理；③通过厌氧发酵反应有机物降解，降低污泥量，减轻污泥处理与处置工作。

8.1.4.1 厌氧塘的设计

迄今为止，厌氧塘是按经验数据设计的，现将用于厌氧塘设计的经验数据加以介绍，并做简要说明。

（1）有机负荷率：对厌氧塘，由于有机物厌氧降解速率是停留时间的函数，而与塘面积关系较小，因此，以采用 BOD_5 容积负荷率，kg BOD_5/(m^3 塘容・d) 为宜。对 VSS 含量高的废水，还应用 VSS 容积负荷率进行设计。但对城市污水厌氧塘的设计，一般还多采用 BOD_5 表面负荷率。

1）BOD_5 表面负荷率

厌氧塘为了维持其厌氧条件，应规定其最低容许 BOD_5 表面负荷率。如果厌氧塘的 BOD_5 表面负荷率过低，其工况就将接近兼性塘。最低容许 BOD_5 表面负荷率与 BOD_5 容积负荷率、气温有关。我国北方可采用 300 kg BOD_5/(10^4 m^2・d)，南方采用 800 kg BOD_5/(10^4 m^2・d)。

我国给水排水设计手册对厌氧塘处理城市污水的建议负荷率值为 20 ～ 60 g BOD_5/(m^2・d)、200 ～ 600 kg BOD_5/(10^4 m^2・d)。

2）VSS 容积负荷率

VSS 容积负荷率用于厌氧塘处理 VSS 含量高废水的设计。下面所列举的是国外对几种废水厌氧塘处理所采用的 VSS 容积负荷。

家禽废水　　0.063 ～ 0.16 kg VSS/（m^3・d）

奶牛废水　　0.166 ～ 1.12 kg VSS/（m^3・d）

猪粪水　　0.064 ～ 0.32 kg VSS/（m^3・d）

牛屠宰废水　　0.593 kg VSS/（m^3・d）

（2）水力停留时间

我国给水排水手册的建议水力停留时间，对城市污水是 30 ～ 50 d。国外有长达

160 d 的设计运行数据，但也有短为 12 d 的。

8.1.4.2　厌氧塘的形状及主要尺寸

（1）厌氧塘表面仍以矩形为宜，长宽比为 2∶1 ～ 2.5∶1。

（2）塘深，厌氧塘的有效深度（包括污泥层深度）为 3 ～ 5 m，当土壤和地下水条件适宜时，可增大到 6 m。

处理城市污水用厌氧塘的塘深为 1.0 ～ 3.6 m，由于厌氧塘是通过阳光对塘水加热的，塘水温度的垂直分布梯度为 -1℃ /0.3 m，因此，深度不宜过大。

用以处理城市污水的厌氧塘底部储泥深度，不应小于 0.5 m，污泥量按 50 L/（人 · a）计算。污泥清除周期为 5 ～ 10 年。

（3）保护高度 0.6 ～ 1.0 m。

（4）塘底略具坡度，堤内坡 1∶1 ～ 1∶3。

（5）厌氧塘的单塘面积不应大于 8 000 m^2。

（6）厌氧塘一般位于稳定塘系统之首，截留污泥量较大，因此，宜设并联的厌氧塘，以便轮换清除塘泥。

（7）厌氧塘进出口，厌氧塘进口一般安设在高于塘底 0.6 ～ 1.0 m 处，使进水与塘底污泥相混合。塘底宽度小于 9 m 时，可以只用一个进口，宽塘应采用多个进口。进水管径为 200 ～ 300 mm，出水口为淹没式，深入水下 0.6 m，不得小于冰层厚度或浮渣层厚度。

8.1.5　曝气塘

曝气塘是经过人工强化的稳定塘。采用人工曝气装置向塘内污水充氧，并使塘水搅动。人工曝气装置多采用表面机械曝气器，但也可以采用鼓风曝气系统。曝气塘可分为好氧曝气塘和兼性曝气塘两类，主要取决于曝气装置的数量、安设密度和曝气强度。

曝气塘虽属于稳定塘的范畴，但又不同于其他以自然净化过程为主的稳定塘，实际上，曝气塘是介于活性污泥法中的延时曝气法与稳定塘之间的处理工艺。由于经过人工强化，曝气塘的净化功能、净化效果以及工作效率都明显高于一般类型的稳定塘。

（1）曝气塘也用表面负荷率进行计算，就此采用下列参数。

（2）BOD_5 表面负荷率，《给水排水设计手册》对城市污水处理的建议值是 30 ～ 60 g BOD_5/（m^2 · d）。

（3）塘深，与采用的表面机械曝气器的功率有关，一般为 2.5 ～ 5.0 m。

（4）停留时间，好氧曝气塘为 1 ～ 10 d，兼性曝气塘为 7 ～ 20 d。

（5）塘内悬浮物固体（生物污泥）浓度为 80 ～ 200 mg/L。

8.1.6 深度处理塘

深度处理塘又称三级处理塘、熟化塘。深度处理塘的处理对象是常规二级处理工艺（如活性污泥法、生物膜法）的处理水以及处理效果与二级处理技术相当的稳定塘出水，使处理达到一定高度的水质标准，以适应受纳水体或回用对水质的要求。

深度处理塘一般多采用好氧塘的形式，也有采用曝气塘形式的，用兼性塘形式的则较少。进入深度处理塘进行处理的污水水质，一般 BOD 不大于 30 mg/L，COD 不大于 120 mg/L，而 SS 为 30 ～ 60 mg/L。通过深度处理塘的处理，可使 BOD、COD 等指标进一步降低；进一步去除水中的细菌和去除水中的藻类以及氮、磷等植物性营养物质。

稳定塘除藻问题一直是一项待解决的问题。效果比较好的方法就是在稳定塘内养鱼，通过养鱼使塘水中藻类含量降低，又可从养鱼中取得收益。塘水中的藻类为动物性浮游生物的食料，浮游生物又是鱼类的良好饵料，这样在塘水中就形成藻类—动物性浮游生物—鱼类这一生态系统与食物链。放养鱼的深度处理塘，出水的藻类含量可降至 1 000 个 /mL 左右。

除藻类的吸收外，氮还能通过反硝化反应而去除，如在底部有污泥层的浅塘，在泥水交界面上，硝酸氮就有可能通过反硝化过程而去除。磷酸盐大部分是通过光合作用形成高 pH 环境，通过沉淀而从水中去除的。在冬季和夜间，pH 下降，塘底污泥的磷，可能重新溶解入水。其设计计算如下：

（1）以去除 BOD、COD 为主要目的的深度处理塘，采用表 8-3 所列举的各项参数。

表 8-3　深度处理塘的设计参数（去除有机物为主要目的）

类型	BOD 表面负荷 /［kg/（$10^4 m^2$·d）］	水力停留时间 / d	深度 / m	BOD 去除率 / %
好氧塘	20 ～ 60	5 ～ 25	1 ～ 1.5	30 ～ 55
兼性塘	100 ～ 150	3 ～ 8	1.5 ～ 2.5	40

至于曝气塘深度处理塘所采取的负荷率值一般在 100 kg/(10^4 m^2 · d) 以上，应根据试验确定。

（2）养鱼的深度处理塘，BOD_5 负荷率可取值 20 ～ 35 kg/(10^4 m^2 · d)。水力停留时间应不小于 15 d。

（3）以去除氨氮为目的的深度处理塘，BOD_5 表面负荷率不高于 20 kg BOD_5/(10^4 m^2 · d)，水力停留时间不少于 12 d，氨氮去除率可达 65% ～ 70%。

（4）除磷为目的的深度处理塘，BOD_5 表面负荷率取值在 13 kg BOD_5/(10^4 m^2 · d) 左右，水力停留时间为 12 d，磷酸盐去除率可按 60% 考虑。

8.1.7　控制出水塘

设于北方寒冷地区的稳定塘，在冬季低温季节，生物降解功能极度低下，处理水水质难以达到排放要求，因而在这个季节处理水不能排放，将污水加以贮存，待天气转暖，降解功能恢复正常，处理水水质达到排放标准，稳定塘开始正常运行，这种稳定塘就是控制出水塘。控制出水塘的设计要点主要有以下 3 个方面。

8.1.7.1　设计应考虑的因素

（1）塘深应大于该地区冰冻深度 1 m，在冰层下应保证 1 m 深的水层。

（2）多塘系统的控制出水塘，各塘应逐级降低塘底标高，以利排放塘水。

（3）在塘底应考虑高为 0.3 ～ 0.6 m 贮泥层。

（4）进出水口应设在污泥层之上，冰冻层之下。

8.1.7.2　一般要求

（1）污水进塘前要经格栅及旨在去除悬浮物的一级处理。

（2）多级塘宜于布置为既可按串联方式运行，又可按并联方式运行。

（3）塘数不得少于 2 座。

（4）控制出水塘根据地形条件，可采用任何的表面形状，但应尽量避免产生短流现象。

8.1.7.3　设计方法与数据

城市污水控制出水塘仍按 BOD 表面负荷率进行计算，表 8-4 所列举的是对控制出水塘（兼性塘）采用的参考设计数据。

表 8-4　控制出水塘的设计参数

参数	有效水深 /m	水力停留时间 /d	BOD 负荷率 / kg/(10^4 m^2 · d)	BOD 去除率 /%
数值	2.0 ～ 3.5	30 ～ 60	10 ～ 80	20 ～ 40

8.2　土地处理系统

污水土地处理系统属于污水自然生态处理范畴，是通过人工控制将污水投配在土地上，通过土壤—植物系统，进行一系列物理、化学、物理化学和生物化学的净化过程，使污水得到净化的一种污水处理工艺。

污水土地处理系统，能够经济有效地净化污水；能够充分利用污水中的营养物质和水，强化农作物、牧草和林木的生产，促进水产和畜产的发展；能够绿化大地，整治国土，建立良好的生态环境。因此土地处理系统是一种环境生态工程。

8.2.1 土地处理的机理

土壤对污水的净化作用是一个复杂的综合过程，其中包括物理过滤、物理与物理化学吸附、化学反应、化学沉淀与微生物的代谢作用等。

8.2.2 土地处理的基本工艺

污水土地处理系统大体可分为土地渗滤处理系统和湿地处理系统，常用的有以下几种工艺：

8.2.2.1 湿地处理系统

按系统的自然度，湿地可划分为自然湿地（或天然湿地）、人工次生湿地（或半自然人工湿地）和人工湿地（或工程湿地）。

（1）自然湿地系统

自然湿地系统利用天然洼地、苇塘、湖滨与海岸等加以人工修整而成。自然湿地中可设置导流土堤，使进水沿一定方向流动。自然湿地水深一般为 30 ～ 80 cm，不超过 1 m，其净化作用类似氧化塘。尽管它具有一定的净化污水污染物质的功能，但不宜作为直接接纳污水的处理系统，只宜作为城市污水处理厂出水的深度净化。进入自然湿地系统的处理出水，必须消毒处理，防止有害生物的入侵。

（2）人工次生湿地系统

一般人工次生湿地选择的是原始地表基质（土壤），通过改变基底地形状况，使表层的水按照预定线路流动。人工次生湿地系统往往作为城市湿地公园，因此也只适宜用于城市污水处理厂出水的深度净化。

（3）人工湿地系统

人工湿地系统是指通过模拟天然湿地的空间结构与生态功能，选择一定的地理位置与地形，根据功能需要设计与建造的湿地系统。由人工建造和监控的、类似沼泽地的地表，将污水投配到人工土壤（填料）—植物—微生物复合生态系统，并使土壤经常处于水饱和状态，污水沿一定方向流动过程中，在耐湿植物、土壤和微生物联合作用下得到充分净化的处理工艺。

（4）庭院湿地系统

庭院湿地系统是一种小型人工湿地系统。庭院人工湿地是通过形成一种土壤—植物—微生物生态系统，利用植物、动物、微生物和土壤的共同作用，逐级过滤、吸收与降解除人畜粪便以外的其他家庭“灰水”，如日常生活中产生的沐浴水、洗衣水、洗碗水等，从而达到净化污水和美化家园的双重效果。庭院人工湿地对于污水中的COD、BOD、氨氮、总磷、阴离子表面活性剂、粪大肠菌群等的去除率均能达到90%以上，净水效果明显。庭院人工湿地可针对性地用于乡村生活污水、城镇边缘分散居民生活污水和乡村卫生院污水等的处理。庭院湿地系统可形成居住空间内独特的庭院景观。

8.2.2.2　土地渗滤系统

土地渗滤系统是一种利用土壤中的动物、微生物、植物以及土壤的物理、化学和生物化学特性净化污水的就地污水处理技术。污水经预处理（化粪池和水解池）后，输送至土壤渗滤场，在配水系统的控制下，均匀进入场底砾石渗滤沟，由土壤毛细管作用上升至植物根区，经土壤的物理、化学和微生物生化作用，以及植物吸收利用而得以净化。由于利用了土壤的自然净化能力，因此具有基建投资低、运行费用少、操作管理简便等优点。土地渗滤系统同时能利用污水中的水肥资源，将污水处理与绿化相结合，美化和改善区域生态环境。土地渗滤系统有地表漫流渗滤系统、慢速渗滤系统、快速渗滤系统。

8.2.3　人工湿地系统

人工湿地处理系统具有缓冲容量大、处理效果好、工艺简单、投资省、运行费用低等特点，非常适合中、小城镇的污水处理。

人工湿地处理系统可以分为以下几种类型：①表面流人工湿地处理系统；②水平流人工湿地处理系统；③波形潜流人工湿地处理系统；④垂直流人工湿地处理系统；⑤复合垂直流人工湿地处理系统。

8.2.3.1　表面流人工湿地

表面流人工湿地（图 8-3）通常是利用天然沼泽、废弃河道等洼地改造而成的，也可以用池塘或渠道等构造而成。其底部有黏土层或其他防渗材料构成的不透水层，填以渗透性较好的土壤或者其他适合的介质作为基质，生长着各种挺水植物和沉水植物，污水以比较缓慢的流速和较浅的水深流过土壤表面，这种浅水深、低流速并且有植物茎秆和枯枝落叶存在的湿地系统调节着和控制着水流状态，特别是当有较长且狭窄渠道存在时，湿地的水流呈现推流状态。

由于土壤基质和植物根系与废水接触不充分，导致表面流人工湿地的净化效果不是很理想，加上这类湿地系统的卫生条件较差，易在夏季滋生蚊蝇，产生臭味而影响湿地周围的环境，在冬季或北方则易发生表面结冰以及系统的处理效果受温差变化影响大等问题，因而在实际工程中较少单独应用。

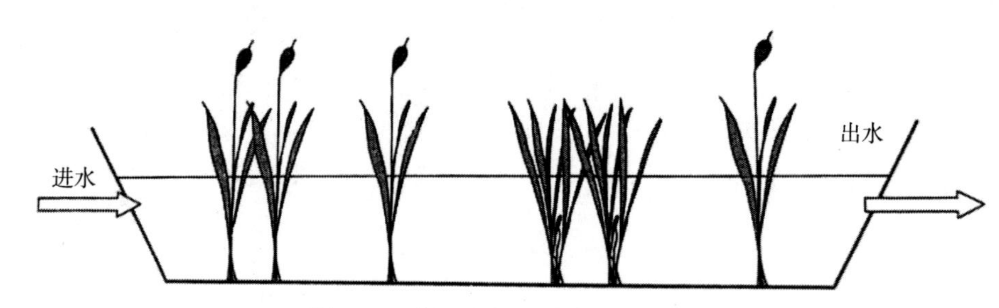

图 8-3　表面流人工湿地系统示意图

由于不需要砂和砾石做介质，只要将现有河流稍加改造即可形成自由表面流人工湿地，改造后也不影响原有河网的防洪、泄洪功能，因此表面流人工湿地的造价较低，比潜流行人工湿地更符合湖泊周边河网地区的实际需求。近年来，生物浮床修复污染河道技术（类似表面流湿地）因植物体直接吸收水中的营养物质，兼有美化绿化水面的效果已经引起了较多关注。

目前，表面流人工湿地已经广泛地应用于以下几个方面：处理生活污水、养殖污水，蓄积和净化暴雨径流，控制面源污染，恢复和重建河流、湖泊湿地，净化与修复受污河、湖水等。

8.2.3.2　水平潜流人工湿地

目前，世界上最为流行的湿地污水处理系统就是水平潜流人工湿地（图 8-4），它是在挖掘的池塘内或者在陆地上建造的池子中填满多孔介质，这些介质通常是砂子、砾石或者岩石，水位被保持在稍微低于多孔介质的顶层，多孔介质作为挺水植物根系的支撑基质。水平潜流人工湿地系统最为流行的水生植物品种有香蒲、莎草和芦苇。

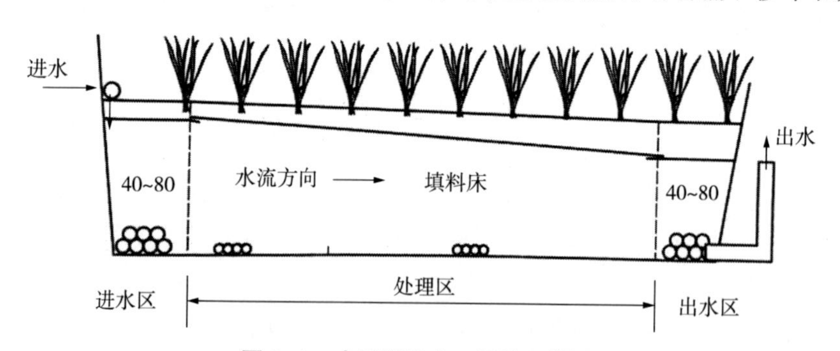

图 8-4　水平潜流人工湿地示意图

水平潜流人工湿地是水在填料表面以下的潜流系统，它充分利用整个系统的协同作用，且具有卫生条件较好、占地较少、处理效果较好等特点。它的缺点是控制相对复杂，其对废水氨氮的硝化和除磷的效果不如垂直流人工湿地。

8.2.3.3　波形潜流人工湿地

波形潜流人工湿地在湿地中沿垂直水流方向设多个挡板，不断改变水流方向，使湿地中水流流态呈波形曲线形状而得名。

波形潜流人工湿地经隔板或隔墙导流（图 8-5），使池内水流在每格池内呈对角线流动，污水与基质充分接触，湿地容积利用率高，池内的物理、化学与生物净化作用得到充分发挥，污染物去除效果明显优于水平潜流人工湿地，COD、NH_3-N 与 TP 去除率分别高于水平潜流人工湿地 8.2%、13.1% 和 6.6%。

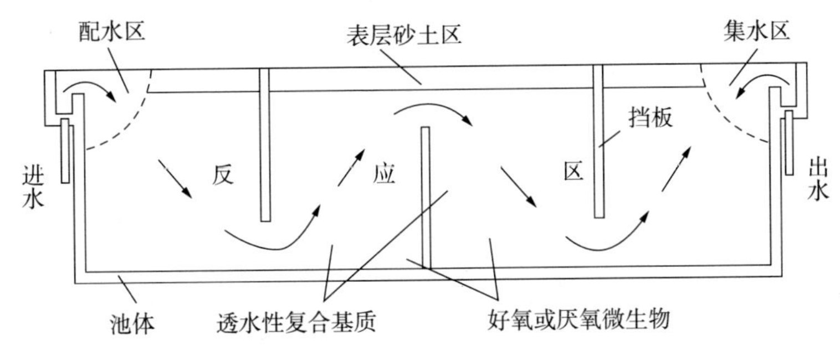

图 8-5　波形潜流人工湿地结构

8.2.3.4　垂直流人工湿地

垂直流人工湿地（图 8-6）是指污水由表面纵向流至床底，床底处于不饱和状态，大气中氧气可以通过灌溉期的排水、停灌期的通风和植物传输进入湿地系统，通过湿地生态系统中基质、湿地植物和基质内微生物三者的物理、化学和生物作用达到净化污水的目的。垂直流人工湿地被认为是废水净化的可靠天然处理系统。垂直流人工湿地根据水流方向，可以分为垂直下行流人工湿地和垂直上行流人工湿地。在垂直下行流人工湿地中，污水经过布水管向下流经各基质层，最后由底部的集水管收集排出。而在垂直上行流人工湿地中，污水则由下至上依次经过基质层后，由上部收集管收集排出。

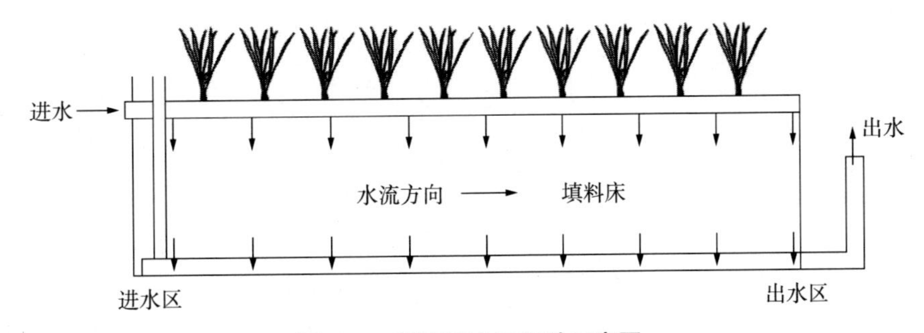

图 8-6　垂直流人工湿地示意图

垂直流湿地占地面积比水平流湿地的占地面积少 1/3 以上，同时，垂直流人工湿地具有相对较少的死区，如果进水分布均匀，对水体复氧有一定的作用。垂直流人工湿地对有机物的去除能力不如水平潜流人工湿地；落水 / 淹水时间较长，夏季会滋生蚊蝇；尽管建造成本低于二级生物处理工艺，但与其他湿地工艺相比，垂直流人工湿地的控制相对复杂，建造要求较高。垂直下行流人工湿地具有较强的复氧能力，溶解氧高于上行流人工湿地，微生物类群数目也较多，因此，下行流人工湿地净化污水的作用大于上行流人工湿地。

垂直下行流人工湿地表层具有最强的硝化作用，也是硝化作用作为氮素主要作用途径的基质层。然而下行流人工湿地的上层填料容易出现堵塞，使下行流池表面出现积水层，阻碍了空气中的氧气进入基质层，降低了好氧微生物活性。

8.2.4 土地渗滤处理系统

8.2.4.1 慢速渗滤系统

慢速渗滤处理系统是将污水投配到种有作物的土地表面，污水缓慢地在土地表面流动并向土壤中渗滤，一部分污水直接被作物吸收，另一部分则渗入土壤中，从而使污水得到净化的一种土地处理工艺。

向土地布水可采用表面布水和喷灌布水。两种布水方式的污水投配负荷均低，污水在土壤层的渗滤速度慢，在含有大量微生物的表层土壤中停留时间长，水质净化效果非常好，但一般不考虑处理水流出系统。

当以处理污水为本工艺主要目的时，可种植多年生牧草，牧草的生长期长，氮利用率高，可耐受较高的水力负荷。当以利用污水为本工艺主要目的时，可选种谷物，由于作物生长与季节及气候条件的限制，对污水的水质及调蓄管理应加强。

慢速渗滤系统被认为是土地处理中最适宜的工艺。本工艺适用于渗水性能良好的土壤，如砂质土壤和蒸发量小、气候湿润的地区。本工艺对 BOD 的去除率，一般可达 95% 以上，COD 去除率达 85% ～ 90%，TN 去除率则为 80% ～ 90%。

8.2.4.2 快速渗滤系统

快速渗滤系统是将污水有控制地投配到具有良好渗滤性能的土地表面，污水向下渗滤的过程中，在过滤、沉淀、氧化、还原以及生物氧化、硝化、反硝化等一系列物理、化学及生物的作用下得到净化的一种污水土地处理工艺，如图 8-7 所示。

在本系统中，污水周期地向渗滤田灌水和休灌，使表层土壤处于淹水 / 干燥（即厌氧、好氧）交替运行状态，在休灌期，表层土壤恢复好氧状态，在这里发生活跃的好氧降解反应，被土壤层截留的有机物为微生物所分解，休灌期土壤层脱水干化有利于下一个灌水周期的下渗和排除。在土壤层形成的厌氧、好氧交替运行状态有利于氮、磷的去除。本系统的处理效果：BOD 去除率可达 95%；COD 去除率可达 90%。处理水 BOD＜10 mg/L；COD＜40 mg/L。此外，有较好的脱氮除磷功能：氨氮去除率为 85% 左右，TP 去除率为 80%，磷去除率可达 65%。去除大肠菌的能力强，去除率可达 99.9%，出水含大肠菌≤40 个 /（100 mL）。

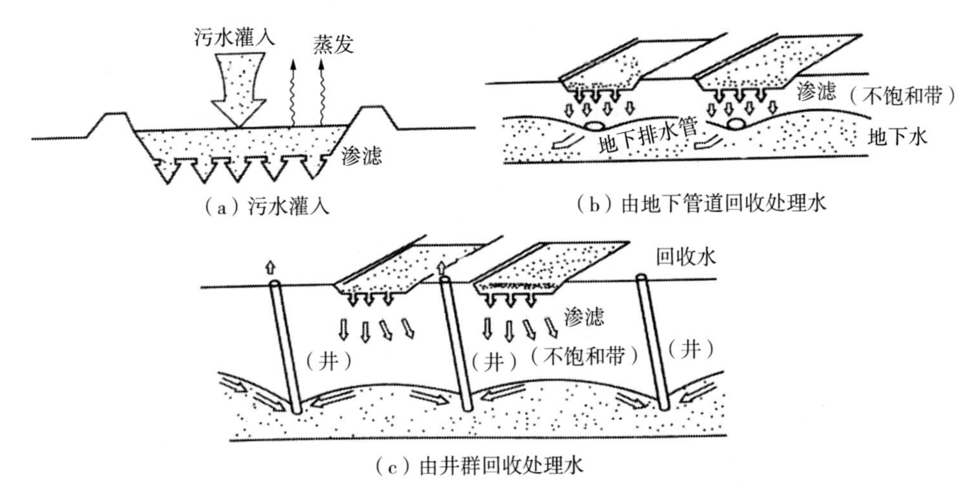

图 8-7　快速渗滤系统示意图

8.2.4.3　地下渗滤系统

将经过化粪池或水解酸化池预处理后的污水有控制地通入设于地下距地面约 0.5 m 深处的渗滤田，在土壤的渗滤作用和毛细管作用下，污水向四周扩散，通过过滤、沉淀、吸附和微生物降解作用，使污水得到净化。这种污水处理法称为污水地下渗滤处理系统。这种工艺适用于处理小流量的居住小区、旅游点、度假村、疗养院等未与城市排水系统接通的分散建筑物排出的污水。

8.2.5　土地处理系统设计

8.2.5.1　人工湿地处理系统设计

（1）一般规定

①人工湿地的表面面积设计应考虑最大污染负荷，可按 COD 表面负荷、水力负荷、TN 表面负荷、NH_3-N 表面负荷、TP 表面负荷进行计算，取计算结果中最大值，并校核水力停留时间是否满足设计要求。

②人工湿地的进水，宜控制为 COD≤200 mg/L，SS≤80 mg/L。

③人工湿地污水处理工程的接纳污水中含有毒有害物质时，其浓度应符合《污水综合排放标准》（GB 8978—1996）中第一类污染物最高允许排放浓度的有关规定。

④人工湿地前的预处理程度应根据具体水质情况与污水处理技术政策，选择一级处理、强化一级处理和二级处理等适宜工艺，其设计必须符合《室外排水设计规范（2016年版）》（GB 50014—2006）中的有关规定。

（2）工艺形式

①自由表面流人工湿地

水面在人工湿地填料表面以上，水流从池体进水端水平流向出水端的人工湿地。自由表面流人工湿地由于占地面积较大及存在一些环境卫生问题，在实际污水处理工程中应用较少。

②水平潜流人工湿地

水面在人工湿地填料表面以下，水流从池体进水端沿填料孔隙水平流向出水端的人工湿地。

③垂直潜流人工湿地

污水从人工湿地表面垂直流过填料层的人工湿地，分单向垂直流型人工湿地和复合垂直流型人工湿地两种。单向垂直流人工湿地一般采用间歇进水方式，复合垂直流型人工湿地一般采用连续进水运行方式。

（3）设计参数及公式

1）水平潜流人工湿地主要设计参数

生活污水或具有类似性质的污水，经过一级处理和二级处理后可直接采用水平潜流人工湿地进行处理，相应的人工湿地作为二级处理和深度处理设施，其主要设计参数见表8-5。

表8-5　水平潜流人工湿地主要设计参数

设计参数	二级处理	深度处理
COD表面负荷 N_A/［g/(m^2·d)］	≤16	≤16
TN表面负荷 N_{TN}/［g/(m^2·d)］	2.5～8.0	2.5～8.0
NH_4^+-N表面负荷 $N_{NH_4^+-N}$/［g/(m^2·d)］	2～5	2～5
TP表面负荷 N_{TP}/［g/(m^2·d)］	0.3～0.5	0.3～0.5
水力负荷 N_q/［L/(m^2·d)］	≤40	≤200～500
停留时间 T/d	≥3	≥0.5
池底坡度 i/%	≥0.5	≥0.5
填料深度 h/mm	700～1 000	700～1 000

人工湿地污染负荷有COD表面负荷、TN表面负荷、NH_4^+-N表面负荷、TP表面负荷。用污染负荷计算人工湿地面积为

$$A=\frac{Q(C_0-C_e)}{N} \quad (8\text{-}2)$$

式中：Q——污水流量，m^3/d；

C_0——进水污染物浓度，mg/L 或 g/m^3；

C_e——出水污染物浓度，mg/L 或 g/m^3；

N——污染物表面负荷，g/（m^2·d）。

用水力负荷计算人工湿地面积为

$$A=\frac{Q}{N_q} \quad (8\text{-}3)$$

式中：Q——污水流量，m^3/d；

N_q——水力负荷，L/(m^2·d)。

水力停留时间 T 计算为

$$T=\frac{lbhn}{Q} \quad (8\text{-}4)$$

式中：Q——污水流量，m^3/d；

l——人工湿地长度，m；

b——人工湿地宽度，m；

h——人工湿地深度，m；

n——人工湿地填料孔隙率。

2）垂直流人工湿地主要设计参数

垂直流人工湿地主要设计参数见表 8-6，垂直流人工湿地的面积、水力停留时间计算公式同水平潜流人工湿地。

表 8-6　垂直流人工湿地主要设计参数

设计参数	二级处理	深度处理
COD 表面负荷 N_A/［g/(m^2·d)］	≤ 20	≤ 20
水力负荷 N_q /［L/(m^2·d)］	≤ 80	≤ 100 ～ 300
TN 表面负荷 N_{TN}/［g/(m^2·d)］	3 ～ 10	3 ～ 10
NH_4^+-N 表面负荷 $N_{NH_4^+\text{-}N}$/［g/(m^2·d)］	2.5 ～ 8	2.5 ～ 8
TP 表面负荷 N_{TP} /［g/(m^2·d)］	0.3 ～ 0.5	0.3 ～ 0.5
停留时间 T/d	≥ 2	≥ 1
池底坡度 i/%	≥ 0.5	≥ 0.5
填料深度 h/mm	800 ～ 1 400	800 ～ 1 400

（4）防渗设计

人工湿地建设时，应在底部和侧面进行防渗处理。当原有土层渗透系数大于 10^{-8} m/s 时，应构建防渗层，一般采取下列措施：

1）水泥砂浆或混凝土防渗：砖砌或毛石砌后底面和侧壁用防水水泥砂浆防渗处理，或采用混凝土底面和侧壁，按相应的建筑工程施工要求进行改造。

2）塑料薄膜防渗：薄膜厚度宜大于 1.0 mm，两边衬垫土工布，以降低植物根系和紫外线对薄膜的影响。宜优选 PE 膜，敷设要求应满足《聚乙烯（PE）土工膜防渗工程技术规范》（SL/T 231—1998）等专业规范要求。

3）黏土防渗：采用黏土防渗时，黏土厚度应不小于 60 cm，并进行分层压实。也可采取将黏土与膨润土相混合制成混合材料，敷设不小于 60 cm 的防渗层，以改善原有土层的防渗能力。

对于渗透系数小于 10^{-8} m/s，且有厚度大于 60 cm 的土壤或致密岩层时，可不需要采取其他防渗措施。工程建设中，应对湿地底部和侧壁 60 cm 厚度范围进行渗透性测试。

（5）人工湿地填料

1）人工湿地填料常用的填料有石灰石、矿渣、蛭石、沸石、砂石、高炉渣、页岩等，碎瓦片、混凝土块经过加工筛选后也可作为填料使用。

2）在水平潜流人工湿地的进水区，人工湿地填料层的结构设置，应沿着水流方向铺设粒径从大到小的填料，颗粒粒径宜为 16 ～ 6 mm，在出水区，应沿着水流方向铺设粒径从小到大的填料，颗粒粒径宜为 8 ～ 16 mm。

3）垂直流人工湿地一般分为滤料层、过渡层和排水层，滤料层一般由粒径 0.2 ～ 2 mm 的粗砂构成，厚度为 500 ～ 800 mm；过渡层由 4 ～ 8 mm 的砂砾构成，厚度为 100 ～ 300 mm；排水层一般由粒径为 8 ～ 16 mm 的砾石构成，厚度为 200 ～ 300 mm。

（6）湿地植物选配

1）人工湿地植物的选择宜符合下列要求：根系发达，输氧能力强；适合当地气候环境，优先选择本土植物；耐污能力强、去污效果好；具有抗冻、抗病害能力；具有一定经济价值；容易管理；有一定的景观效应。

2）人工湿地常用的植物有芦苇、香蒲、旱伞草、美人蕉、水葱、灯芯草、水芹、茭白、黑麦草等。

3）植物种植时间宜选择在春季。为提高低温季节净化效果，人工湿地植物宜采取一定的轮作方式，秋冬可种植黑麦草、水芹、水葱等具有耐低温性能的植物。

4）植物种植时，应保持池内一定的水深，植物种植完成后，逐步增大水力负荷使其驯化适应处理水质。同一批种植的植物植株大小应均匀，不宜选用苗龄过小的植物。

（7）强化吸磷

人工湿地吸磷填料宜采用含钙、镁较为丰富的高炉炉渣、石膏、粉煤灰陶粒、蛭石、石灰石等，吸磷填料的种类及数量应通过试验确定。为减轻吸磷填料的饱和、堵塞问题，宜选用孔隙率较高、具有良好附着性能的填料；吸磷填料应便于清理和置换。

（8）消毒及中水回用设施

人工湿地用于城市污水和生活污水处理时，应设置消毒设施。

8.2.5.2　土地渗滤系统设计

（1）一般规定

1）地下渗滤技术适宜于地下水位较低的地区。

2）场地土壤渗透系数应满足 $k>1\times10^{-7}$ m/s；当渗透系数较小时，则应采取一定的措施使其满足要求。

3）每个渗滤区均应设计为独立的封闭系统，底部及四周宜采用隔水材料制成不透水层，以便再生中水的回收与防止污染地下水。

4）为保证渗滤系统的运行稳定性，防止堵塞。宜在渗滤系统前设置预处理构筑物，以便有效地降低渗滤系统的 SS 负荷。

（2）渗滤区的主要设计参数

设计进水水质：BOD_5≤200 mg/L，SS≤120 mg/L。

有机物面积负荷：N_A≤10 g/(m^2·d)。

有机物管长负荷：N_l≤15 g/(m·d)（散水管长度），水力负荷：N_q≤70 L/(m·d)。

（3）土地渗透系统的特点

地下渗滤技术与传统工艺相比，具有以下显著特点：

1）集水距离短，可在选定的区域内就地收集、就地处理和就地利用。

2）处理设施全部采用地下式，不影响地面优化和地面景观。

3）运行管理方便，与相同规模的传统工艺比，运行管理人员减少 50% 以上。

4）由于地下渗滤工艺无须曝气和曝气设备，无须投加药剂，无须污泥回流，无剩余污泥产生，因而可大大节省运行费用，并可获得显著的经济效益。

5）处理效果好，出水水质可达到或超过传统的三级处理水平；如无特殊需要，渗滤出水只需要加氯消毒即可作为冲厕、洗车、灌溉、绿化及景观用水或工业回用。

6）地下渗滤工艺的设计规模不宜过大，采用地下渗滤技术可以最大限度地实现水的循环利用，该工艺非常适合于市政排水管网不完善的地区，对于宾馆、别墅区以及乡村建筑区或无排放水体的生活小区尤其适用。

习 题

1. 下列关于污水自然处理的描述，哪一条是错误的？（　　）

A. 污水自然处理是将污水直接排放于天然水体和湿地的处理方法

B. 污水自然处理是利用自然生物作用的处理方法

C. 污水自然处理基本上是经过一定人工强化的处理方法

D. 污水自然处理不适合大水量的处理工程

2. 下列关于污水自然处理的规划设计原则哪一项是不正确的？（　　）

A. 污水处理厂二级处理出水可采用人工湿地深度净化后用于景观补充水

B. 在城市给水水库附近建设的污水氧化塘需要做防渗处理

C. 污水进入人工湿地前，需设置格栅、沉砂、沉淀等预处理设施

D. 污水土地处理设施，距高速公路 150 m

3. 以下关于污水稳定塘处理系统设计的叙述中，哪一项是正确的？（　　）

A. 我国北方地区稳定塘设计负荷取值应低于南方地区

B. 农村污水经兼氧塘处理后，可回用于生活杂用水

C. 设计厌氧塘时应取较长的水力停留时间

D. 设计曝气塘时要充分考虑菌藻共生的条件

4. 下列关于污水自然处理的设计要求，哪几条是正确的？（多选）（　　）

A. 采用稳定塘处理污水，塘底必须有防渗措施

B. 污水自然处理前，一般需要进行预处理

C. 在溶岩地区，可采用土地过滤法代替稳定塘

D. 土地处理场不宜紧邻公路建设

5. 下列关于人工湿地污水处理系统设计的叙述中，哪几项是正确的？（　　）

A. 人工湿地进水悬浮物浓度不大于 100 mg/L

B. 水平潜流型人工湿地的填料层应由单一且均匀的填料组成

C. 人工湿地常选用苗龄很小的植株种植

D. 人工湿地的防渗材料主要有塑料薄膜、水泥或合成材料隔板、黏土等

第9章　城镇供水、污水处理厂设计

9.1　城镇供水处理厂设计

9.1.1　供水工艺系统确定

9.1.1.1　供水处理工艺系统选择

城市供水处理是把含有不同杂质的原水处理成符合使用要求的自来水。由于江河湖泊原水中所含杂质有很大差别，应根据不同的原水水质，采取不同的处理方法及工艺系统。无论采取哪些处理方法和工艺，经处理后的水质必须符合国家规定的生活饮用水水质要求。

（1）常规处理工艺

自来水厂的常规处理是去除引起浑浊度和杀灭致病微生物为主的工艺，适用于未受污染或污染极其轻微的水源。自来水厂在去除泥沙等构成的悬浮物的同时，也能去除一些附着在上面的有机无机溶解杂质和菌类。所以降低水的浑浊度至关重要。

目前，去除水的浑浊度方法有很多，但自来水厂通常采用的方法是混凝、沉淀（澄清）、过滤。经该工艺去除形成浑浊度的杂质后，再进行消毒，即可达到饮用水水质要求。其典型的工艺流程如图9-1所示。

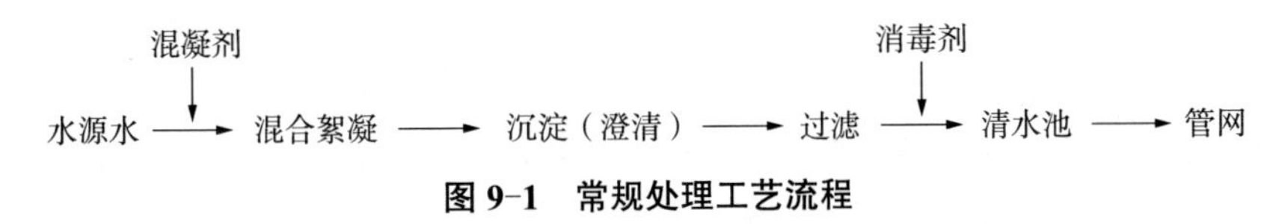

图9-1　常规处理工艺流程

在设计常规处理工艺时，涉及混凝剂选用、混合絮凝方法、沉淀（澄清）过滤类型、消毒剂种类等方面内容。根据不同水源水质，便出现了优化设计问题。

如果原水常年浑浊度较低（一般在25NTU以下），且水源未受污染、不滋生藻类，水质变化不大者，可省略沉淀（或澄清）单元，投加混凝剂后直接采用双层煤砂滤料或单层细砂滤料滤池过滤。也可在过滤前设置一微絮凝池，称为微絮凝过滤。所谓絮凝过滤，是指絮凝阶段不必形成粗大絮凝体以免堵塞表面滤层，只需形成微小絮体即进入滤池的过滤。微絮凝过滤工艺流程如图9-2所示。

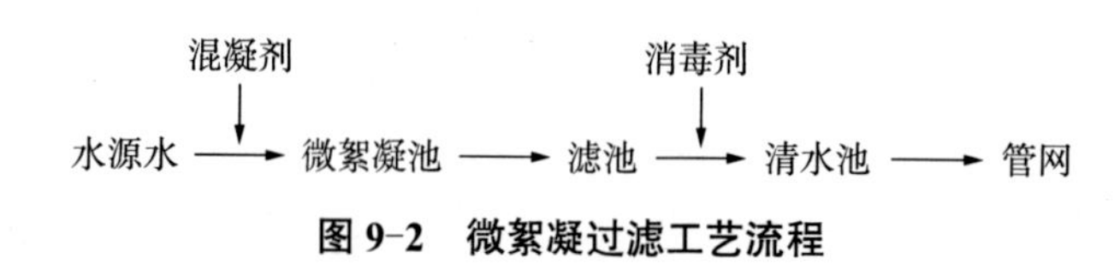

图 9-2　微絮凝过滤工艺流程

如果水源水常年浑浊度很高，含沙量很大，为减少混凝剂用量，则在混凝、沉淀前增设预沉池或沉沙池，即为高浑浊度水二级沉淀（或澄清）工艺，如图 9-3 所示。

混凝剂　　　　　　　　　　　　　　消毒剂

水源水 → 调蓄、预沉 → 混合絮凝 → 沉淀（澄清） → 过滤 → 清水池 → 管网

图 9-3　高浑浊度水二级沉淀（或澄清）工艺流程

以上所用的处理方法，均称为常规处理法。

（2）受污染水源水处理工艺

我国不少城市水厂水源都受到污染，很多湖泊水库呈现富营养化。大多数受污染水源水中氨氮、COD_{Mn}、铁锰、藻类含量超过水源标准。

对于水中的溶解有机物、氨氮和藻类等，常规处理工艺一般不能有效去除。为此，需在常规处理的基础上增加预处理或深度处理。预处理通常设在常规处理之前，深度处理设在常规处理之后。

1）预处理—常规处理工艺

目前，受污染水源水预处理大多采用生物氧化法、化学氧化法以及粉末活性炭吸附等方法。如图 9-4 所示为常规处理工艺之前增加生物预处理工艺流程。

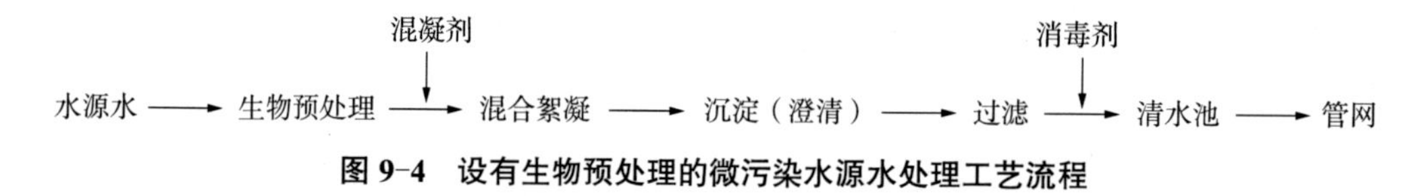

图 9-4　设有生物预处理的微污染水源水处理工艺流程

生物预处理可以有效去除微污染水源水中氨氮、藻类和部分有机物。

生物预氧化工艺设在混凝构筑物之前，辅助设置鼓风机房以保证原水中有足够的溶解氧，水温宜在 5℃以上。一般情况下，生物预氧化工艺前不宜采用预氯化处理。如果是长距离输水，为防止输水管中滋生贝螺，有时在取水泵房处投加少量氯气，但应保持不影响生物活性的剂量以下。

当受污染水源水中含有较多难以生物降解的有机物时，宜采用化学预氧化法。

化学预氧化常用的氧化剂有氯（Cl_2）、臭氧（O_3）、二氧化氯（ClO_2）、高锰酸钾（$KMnO_4$）及其复合药剂。化学氧化剂的种类及投加剂量选择，决定于水中污染物种类、性质和浓度等。一般来说，选用氯气作为预氧化剂，经济、有效，投加设备简单，操作方便，是使用较多的预氧化剂。但氯氧化副产物前置物含量较高时，不宜使用。化学预氧化工艺流程如图 9-5 所示。

化学氧化剂
混凝剂
消毒剂
水源水
化学预处理
混合絮凝
沉淀（澄清）
过滤
清水池
管网

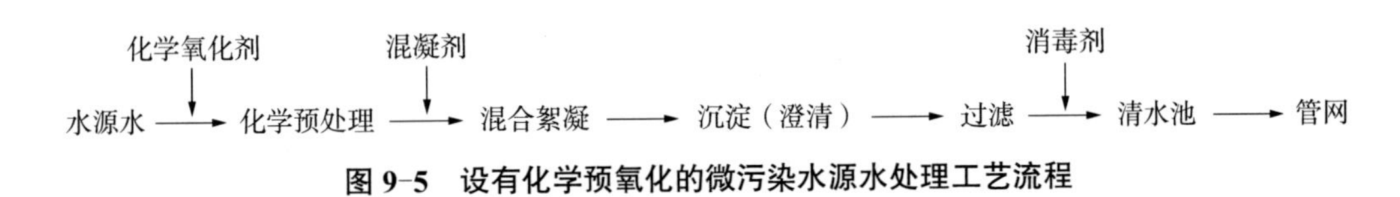

图 9-5　设有化学预氧化的微污染水源水处理工艺流程

粉末活性炭是一种应用很广的吸附剂。具有吸附水中微量有机物及其产生的异味、色度的能力。当水源水质突发变化或季节性变化时，在混凝剂投加之前投加粉末活性炭，经沉淀、过滤截留在排泥水中。粉末活性炭投加点应进行试验后确定，有的投加在混凝剂投加点之前，有的投加在絮凝池中间或后段，机动灵活，简易方便。其工艺流程如图 9-6 所示。

粉末活性炭
混凝剂
消毒剂
水源水
混合絮凝
沉淀（澄清）
过滤
清水池
管网

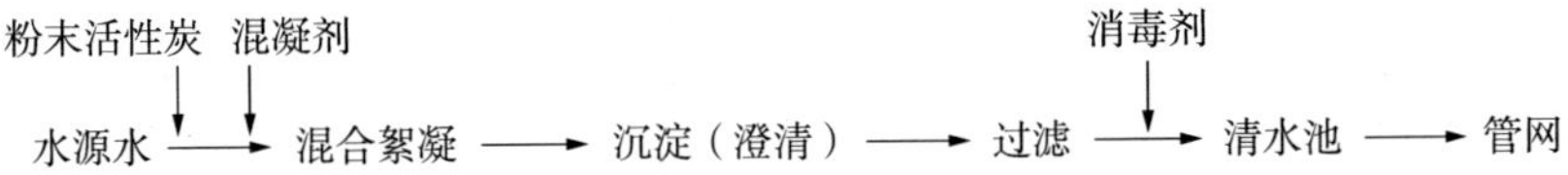

图 9-6　预加粉末活性炭的微污染水源水处理工艺流程

如图 9-6 所示的供水处理的预处理工艺是根据水源水质来确定的。一般来说，微污染水源水中氨氮含量常年大于 1 mg/L，应首先考虑采用生物预处理工艺。对于藻类经常繁殖的水源水，预氧化杀藻后，可配合活性炭吸附，降低藻毒素含量。含有溶解性铁锰或少量藻类的水源水，预加高锰酸钾氧化具有较好效果。水中土腥味和霉烂味，多由土臭素和 2- 甲基异冰片引起，投加高锰酸钾预氧化和粉末活性炭吸附联用能够很好地去除异臭异味。

2）常规处理—深度处理工艺

当水源污染比较严重，经混凝、沉淀、过滤处理后某些有机物质含量或色、臭、味等感官指标仍不能满足出水质要求时，可在常规处理之后或者穿插在常规处理工艺之中增加深度处理单元。目前，生产上常用的深度处理方法有颗粒活性炭吸附法、臭氧—活性炭法、反渗透、纳滤膜分离法。尤以臭氧—活性炭法应用较多。如图 9-7 所示为使用臭氧—活性炭法进行深度处理的工艺流程。

混凝剂
臭氧
水源水
混合絮凝
沉淀（澄清）
砂滤
臭氧接触氧化池
管网
清水池
颗粒活性炭吸附滤池
消毒剂

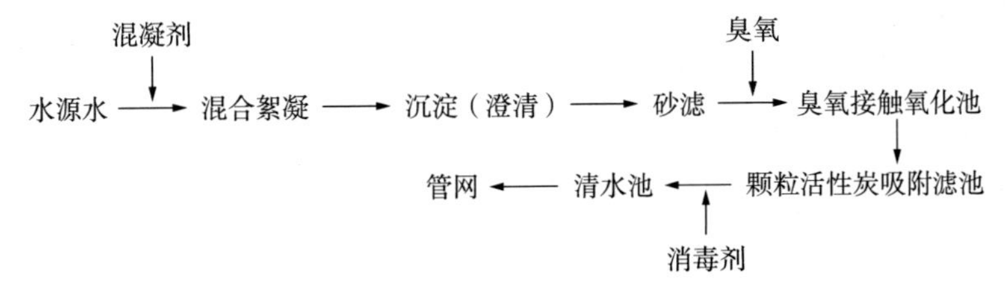

图 9-7　加设臭氧—活性炭吸附的受污染水源水处理工艺流程

近年来，超滤、反渗透等膜处理工艺开始应用于生活饮用水深度处理。超滤工艺能使出水浑浊度降至 0.5NTU 以下，所以混凝后的水经过沉淀或不经沉淀便可进入超滤过滤，从而简化了工艺流程。该技术已趋成熟，设备运行安全可靠。如图 9-8 所示为采用超滤进行深度处理的工艺流程。

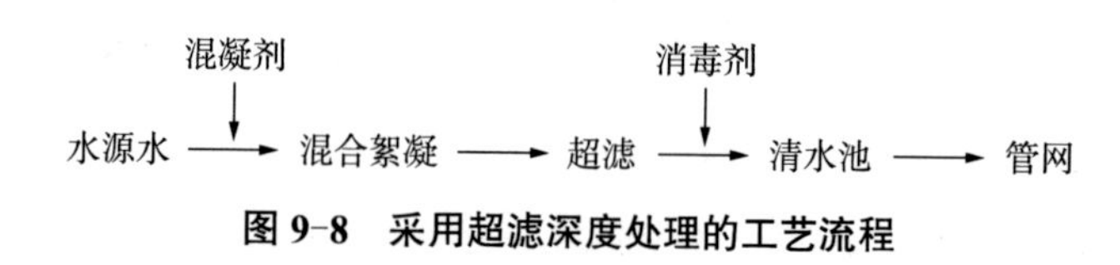

图 9-8　采用超滤深度处理的工艺流程

3）预处理—常规处理—深度处理工艺

当微污染水源水中氨氮含量常年大于 1 mg/L、高锰酸盐指数（COD_{Mn}）大于 5 mg/L 时，大多在常规处理前后分别增加生物预处理和深度处理工艺，如图 9-9 所示。

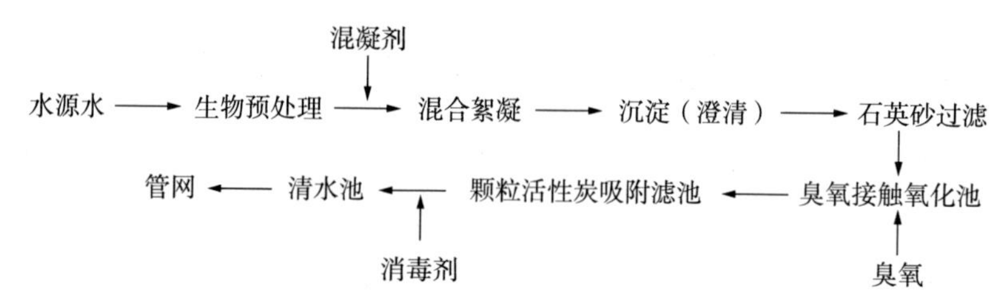

图 9-9　预处理一常规处理一深度处理工艺流程

为了减少活性炭吸附滤池出水中的悬浮颗粒，有的水厂把活性炭吸附滤池设计成上滤池，放置在石英砂滤料滤池之前。此方法应充分注意悬浮杂质堵塞活性炭孔隙的影响。

9.1.1.2　排泥水处理系统

排泥水是指絮凝池、沉淀、澄清池排泥水和滤池反冲洗排出的生产废水。不含有水厂食堂、浴室等生活污水和消毒、加药间排出的废水。虽然排泥水中的污泥取自河道，但流经自来水厂后又被加入混凝剂，而后形成高浑浊度废水。如果集中排出，很容易淤积河道，同时也会影响河流的生态环境。为此，有些距城市污水处理厂较近的自来水厂，在有可能条件下，将排泥水排入污水处理厂集中处理。当需在自来水厂进行处理时，上清液回用或外排，污泥经浓缩脱水后，外运处置。目前，新建自来水厂应考虑排泥水处理系统。

排泥水处理的流程一般包括以下几部分：排泥水截流、调节、浓缩，污泥调理和污泥脱水。其流程如图 9-10 所示。

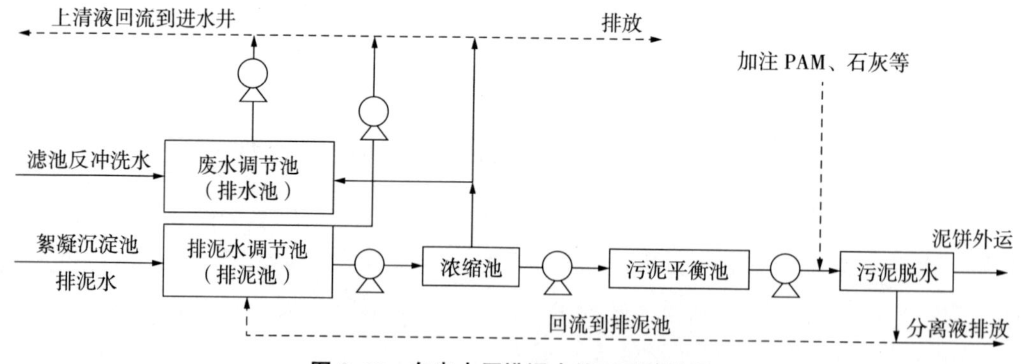

图 9-10　自来水厂排泥水处理系统流程

水厂沉淀（澄清）池排泥和滤池冲洗是间歇进行的，其水质和水量也是变化的。如将这些排泥水直接浓缩，所需浓缩池体积庞大，且管理也困难。因此，截留池一方面收集沉淀（澄清）池和滤池排泥水，另一方面起调节和平衡浓缩池的进水流量作用。

排泥水浓缩是自来水厂排泥水处理的关键工艺。根据常用的污泥脱水机械的脱水要求，经浓缩后排出的泥浆水含固率应在 2% 以上。按照物料平衡计算，进入浓缩池的排泥水中有 75% 以上的上清液漂出，剩余 25% 以下的泥浆进一步污泥脱水。

自来水厂排泥水处理、处置方法及工艺系统选择，应根据污泥特性和现场条件，综合考虑技术、经济、环境影响和运行、管理等因素确定。

9.1.1.3 给水处理构筑物选择

给水处理构筑物的类型较多，应根据水源水水质、用水水质要求、水厂规模、水厂可用地面积和地形条件等，通过技术经济比较后选用。以“混凝—沉淀—过滤”的常规处理工艺而言，每一单元处理都应根据上述条件选择合适的处理构筑物形式。例如，隔板絮凝池多用于大、中型规模的自来水厂；无阀滤池一般适应于规模不大于 5 万 m^3/d 的小型水厂；辐流沉淀池一般用于高浑浊度水处理；气浮宜用于藻类含量较高的微污染水源水处理。当水厂使用面积有限时，可不采用平流式沉淀池，而采用澄清池、斜管沉淀池。

当处理工艺确定之后，处理构筑物形式选择，仍存在一个优化设计的问题。例如，沉淀池停留时间取高限值时，出水浑浊度较低，后续过滤负荷降低，过滤面积减少，或冲洗周期增长，冲洗耗水量减少，但沉淀池造价提高。故设计参数选用时需要优化组合。目前，构筑物形式组合和设计参数的选用优化，主要依靠设计者经验。如何根据水源水质，采用相关技术集成和构筑物优化组合数学模型有待进一步确定。

9.1.2 供水厂设计

9.1.2.1 水厂厂址选择

水厂厂址选择是城市规划、给水专项规划中的内容。不仅涉及取水水源评价、城市防洪，还涉及城市发展、工业区布局、重要交通道路的建设等。一般考虑以下几个方面：

（1）水厂应设置在城市河流上游，不易受洪水威胁的地方。自来水厂的防洪标准和城市防洪标准相同，或高于城市防洪标准，且设计洪水重现期不低于 100 年。

（2）水厂应尽量设置在交通方便、靠近电源的地方。因供水安全要求，自来水厂常需两路电源，独立的变配电系统。

（3）考虑水质安全要求，自来水厂周围应有良好的卫生环境，并便于设立防护地带。自来水厂不应设置在垃圾堆放场、垃圾处理厂、污水处理厂附近，应远离化工厂或有烟尘排放的地方。

（4）自来水厂的建设常常统一规划，分期实施，因此应考虑远期发展用地条件及废水处理排放、污泥处置的条件。

（5）当取水水源距离用水区较近时，处理构筑物一般设置在取水构筑物附近。当取水水源远离用水区时，有的处理构筑物设置在取水点附近，其优点：便于集中管理，水厂排泥水就近排放。主要缺点：从水厂二级泵房到用水区的清水输水管按照最高日最高时输水量设计，输水管造价提高。

当处理构筑物设在用水区时，水源水由取水泵房或提升泵房通过压力或重力流输送到建有处理构筑物的水厂，经过处理后再输送到用水区管网。浑水输水渠易受污染，多用管道输送。这种布置形式的缺点是把水厂排泥水一并远距离输送，既浪费能量，也增加了城市排水量，但浑水输水管按照最高日平均时流量设计，造价较低。究竟选择何种形式，不仅要考虑技术经济条件，还应考虑水质变化因素。长距离输送自来水时，自来水在管中停留时间较长，水质会有所下降。有研究指出，当取水地点距城市用水区 15 km 以上时，自来水厂建设在集中用水区是适宜的。

9.1.2.2　水厂平面设计

设计一座自来水厂，无论规模大小，都包含有取水构筑物、处理构筑物、清水池、二级泵房、药剂调配、投加及存放间，同时要设置化验室、机修间、材料仓库、车库、配电间以及办公室、食堂宿舍。这些构筑物、建筑物必须根据生产工艺流程分别设置在合适位置。

（1）水厂平面布置原则

自来水厂基本组成分为生产设施构（建）筑物，附属生产建筑物和辅助建筑物两部分。生产构（建）筑物指的是混凝、沉淀、过滤构筑物和清水池，以及生物氧化、化学氧化构筑物和排泥水调节、浓缩、污泥调配构筑物，供配电建统物。其平面尺寸按照相应的设计参数确定。附属生产建筑物主要是一、二级泵房、加药间、消毒间。建筑面积根据水厂规模、选用设备情况确定。生产辅助建筑物是指化验室、修理车间、仓库、车库、值班室，生活辅助建筑物包括办公室、食堂、浴室、职工宿舍。其建筑面积根据水厂规模、管理规制和功能确定。

水厂平面布置的主要内容包括各构筑物建筑物的平面定位；相互连接管渠布置，雨水、生活污水排水布置，道路，围墙、绿化、喷水池景观布置等。一座自来水厂的构筑物很多，各种管线交错，通常按照以下原则进行布置。

1）确保水处理构筑物功能要求

水处理构筑物是自来水厂的主要构筑物。根据水源或原水进水井位置依次布置取水泵房或提升泵房、混凝、沉淀、过滤、深度处理、清水池等处理构筑物。以这些构筑物为主线，力求水流通畅、顺直，避免迂回，然后布置有关生产辅助构筑物和建筑物。混凝剂投加系统是保证混凝沉淀必不可少的，而投加点通常设在絮凝池之前。所以加药间以及混凝剂储存间应设置在投加点附近。考虑到原水水质变化，有的水厂采用了投加粉末活性炭及预氧化工艺，同样也应设置在投加点附近，形成相对完整的加药系统区域。需要考虑生物预氧化处理的水厂，生物氧化池应布置在混凝剂投加点之前。

滤池反冲洗水泵房或高位冲洗水箱和鼓风机房一般紧靠滤池。采用臭氧活性炭深度处理的水厂，提升泵房吸水池及臭氧生产车间、接触氧化池也应在活性炭滤池旁。臭氧生产车间及纯氧储罐应远离水厂其他建筑物道路 10 m 以外，远离民用建筑明火或散发火花地点 25 m 以外。

二级泵房及吸水井应紧靠清水池。排泥水处理构筑物应设置在排水方便处，且便于泥饼外运。

2）统一规划分期实施

一般自来水厂近期设计年限为 5 ～ 10 年，远期规划设计年限 10 ～ 20 年，故应考虑近远期结合，以近期为主的原则。自来水厂水处理构筑物远期大多采用逐步分组扩建，而加药间、二级泵房、加氯间则不希望分组过多，所以常常按照 5 ～ 10 年后的规模建设，其中设备、仪表则按近期规模设置。

3）功能分区

大中型规模的自来水厂，除设有各种处理构筑物的生产区以外，因所需工作人员较多，还设有办公室、中央控制室、化验仪表校验室、值班宿舍等，常集中在一座办公楼内，同时设有食堂厨房、锅炉房、浴室。这些生产管理建筑物和生活设施可组合为生活区，设置在进门附近，与生产区分开、互不干扰。采暖地区锅炉房布置在水厂最小频率风向的上风向。

此外，水厂的机修仓库、车库等组成的附属设施区，有时堆物杂乱、加工制作扬尘多，也应和生产区分开。

4）充分利用地形、土方平衡降低能耗

建设在有一定地形高差的水厂，应充分利用地形，把沉淀、澄清构筑物建造在地形较高处，清水池建造在地形较低处。这不仅使水流顺畅，而且减少了土方开挖及填补土方量。

建有生物预氧化构筑物的水厂，也可设置在原水进水处的地形较低处。水厂排泥水调节池设置在水厂排水口低洼处。

5）布置紧凑，道路顺直

在满足各构筑物功能前提下，各构筑物应紧密布置，尽量减少各构筑物间连接管渠长度。自来水厂的道路布置是平面布置的重要内容。水厂的滤池、加药间、加氯间、一二级泵房附近必须有道路到达，大型水厂可设置双车道或环形道路，所有道路尽量顺直，进出车辆方便行驶，避免水厂布置零散多占土地，增加道路。

上述内容是水厂平面设计时考虑的一般原则，在实际工程设计中，应根据具体地形情况多方案比较后确定。如图 9-11 所示为一座微污染水源水处理工艺的自来水厂，采用了生物预处理、混凝沉淀、砂滤工艺之后又加设了臭氧活性炭深度处理工艺。清水池设置在沉淀池之下，并规划出河道整治距离。

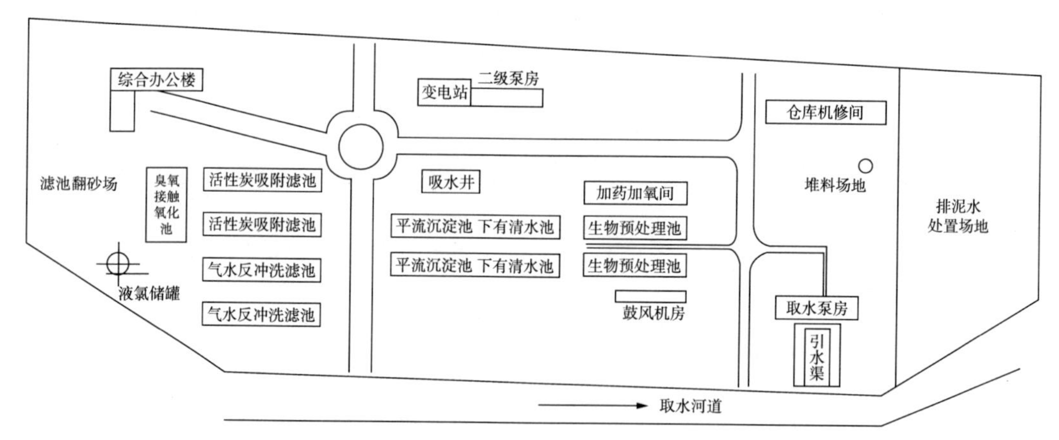

图 9-11　水厂平面布置

（2）构筑物布置

各水厂大多按照生产构筑物为主线，生产建筑物靠近生产构筑物、辅助建筑物另设分区的布置方式。在充分利用地形条件下，力求简捷。同时要注意的是应和朝向、风向适应。需要散发热量的泵房，其朝向应和水厂夏天最大频率风向一致，有利于自然通风散热。

根据自来水厂各构筑物功能和相互关系，水厂构筑物布置形式、特点和基本要求如下：

1）线形布置

最为常见的布置形式，从进水到出水，全流程呈直线形，其生联络管线最短，水流顺畅，有利于分组分期建造，成为各自独立的生产线。与之配合的生产建筑物如加药间可独立设置，同时向几条生产线投加混凝剂。清水池互相连通，由一座二级泵房向用水区供水。

2）折角形布置

当水厂地形或占地面积受到限制时，生产构筑物不能布置成直线形时，有的采用了折角形布置，其生产线呈 L 形。转折点常放在清水池或吸水井，也有的从滤池出水开始转折，如图 9-12 所示。

3）回转形布置

如图 9-12 所示的水厂布置可认为是回转形布置形式。因水厂周围道路和地形限制，只好将生产线转折。可根据需要分期先行建造一组两座澄清构筑物，也可先行建造一座，而一期建造的滤池单边布置，可认为其是折角布置的一种形式。

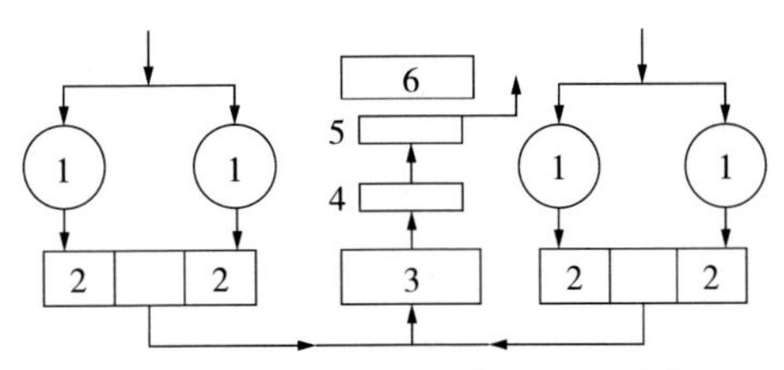

1—机械加速澄清池；2—滤池；3—清水池；4—吸水井；5—二级泵房；6—加氯加药间。

图 9-12　折角、回转形水厂流程

（3）附属建筑、道路和绿化

自来水厂附属建筑物分为生产附属建筑物和生活附属建筑物。生产附属建筑物包括化验室、机修车间、仓库、汽车库。生活附属建筑物包括行政办公部门、生产管理部门、食堂、浴室、宿舍等。这些附属建筑物大多集中在一个区间内，管理方便，不干扰生产。

水厂道路是各构筑物、建筑物相互联系、运送货物、进行消防的主要设施，一般根据下列要求设计。

1）大中型水厂可设置环形主干道路，与之相连接的车行道或人行道应到达每一座构筑物、建筑物。

2）大型水厂可设置双车道，中小型水厂设置单车道，但必须有回车转弯的地方。

3）水厂主车道一般设计单车道宽 3.5 m，双车道宽 6.0 m，支道和车间、构筑物间引道宽 3 m 以上，人行道宽 1.5 ～ 2.0 m。

4）车行道尽头和材料装卸处必须设置回车道或回车场地，车行道转弯半径为 6 ～ 10 m。

自来水厂是一座整体水域面积较大的厂区，力求在绿草树荫的衬托下，环境优美，所以绿化是不可少的。水厂绿化通常有清水池顶上绿地，道路两侧行道树，各构筑物、建筑物间绿地、花坛，一般根据地理气候条件选择树种和花草。

9.1.2.3　水厂高程设计

（1）水厂高程设计的基本原则

自来水厂高程设计主要根据水厂地质条件，各构筑物进出水标高确定。各构筑物的水面高程，一般遵守以下原则：

1）从水厂絮凝池到二级泵房吸水井，应充分利用原有地形条件，力求流程顺畅。

2）各构筑物之间以重力流为宜，对于已有处理系统改造或增加新的处理工艺时，可采用水泵提升，尽量减少能耗。

3）各构筑物连接管道，尽量减少连接长度，使水流顺直，避免迂回。

4）除清水池外，其他沉淀、过滤构筑物一般不埋入地下，埋入地下的清水池、吸水井等应考虑放空溢流设施，避免雨水灌入。

5）设有无阀滤池的水厂清水池应尽量放置在地面之上，可以充分利用无阀滤池滤后水头。

6）在地形平坦地区建造的自来水厂，絮凝、沉淀、过滤构筑物，大部分高出地面，清水池部分埋地的高架式布置方法，挖土填土最少。在地形起伏的地方建造的自来水厂，力求清水池放在最低处，挖出土方填补在絮凝池之下，即需注意土方平衡。

（2）工艺流程标高确定

自来水厂各处理构筑物之间均采用重力流时，前一个构筑物出水水面标高和下一个构筑物进水渠中水面标高差值即连接两构筑物的管（渠）水头损失值。混合池进水分配井或絮凝池进水水位标高和清水池或二级泵房吸水井最高水位标高差值是整个工艺流程中的水头损失值。工艺流程中水头损失值包括两部分：一是连接管（渠）水头损失值；一是构筑物中的水头损失值。连接两构筑物管（渠）的水头损失值与连接管（渠）设计流速有关，按照水力计算确定。当有地形高差时，应取用较大流速。构筑物连接管（渠）设计流速及水头损失估算值参见表 9-1。

表 9-1　构筑物连接管设计流速及水头损失估算值

连接管段	设计流速 /（m/s）	水头损失估算值 /m
一级泵房至絮凝池	1.00 ～ 1.20	按照水力计算确定
絮凝池至沉淀池	0.10 ～ 0.15	0.10
混合池至澄清池	1.00 ～ 1.50	0.30 ～ 0.50
沉淀、澄清池至滤池	0.60 ～ 1.00	0.30 ～ 0.50
滤池至清水池	0.80 ～ 1.20	0.30 ～ 0.50
清水池至吸水井	0.80 ～ 1.00	0.20 ～ 0.30
快滤池反冲洗进水管	2.00 ～ 250	按短管水力计算
快滤池反冲洗排水管	1.00 ～ 1.20	按满管流短管水力计算

工艺流程中处理构筑物的水头损失值与构筑物形式有关。从构筑物进水渠水面到出水渠水面之间的高差值均计为构筑物水头损失。通常按表 9-2 数据选用。

表 9-2　处理构筑物中水头损失值

单位：m

构筑物名称	水头损失	构筑物名称	水头损失
进水井格栅	0.15 ～ 0.30	V 形滤池	2.00 ～ 2.50
水力絮凝池	0.40 ～ 0.50	直接过滤池	2.50 ～ 3.00
机械絮凝池	0.05 ～ 0.10	无阀滤池	1.50 ～ 2.00
沉淀池	0.20 ～ 0.30	虹吸滤池	1.50 ～ 2.00
澄清池	0.60 ～ 0.80	活性炭滤池	0.60 ～ 1.50
普通快滤池	2.50 ～ 3.00	清水池	0.20 ～ 0.30

当所设计的构筑物和连接管道水头损失确定后，便可根据地形、地质条件进行高程布置。高程布置图中的构筑物纵向按比例，横向可不按比例绘制，主要注明连接管中心标高、构筑物水面标高、池底标高。如图 9-13 所示为一水厂高程布置。

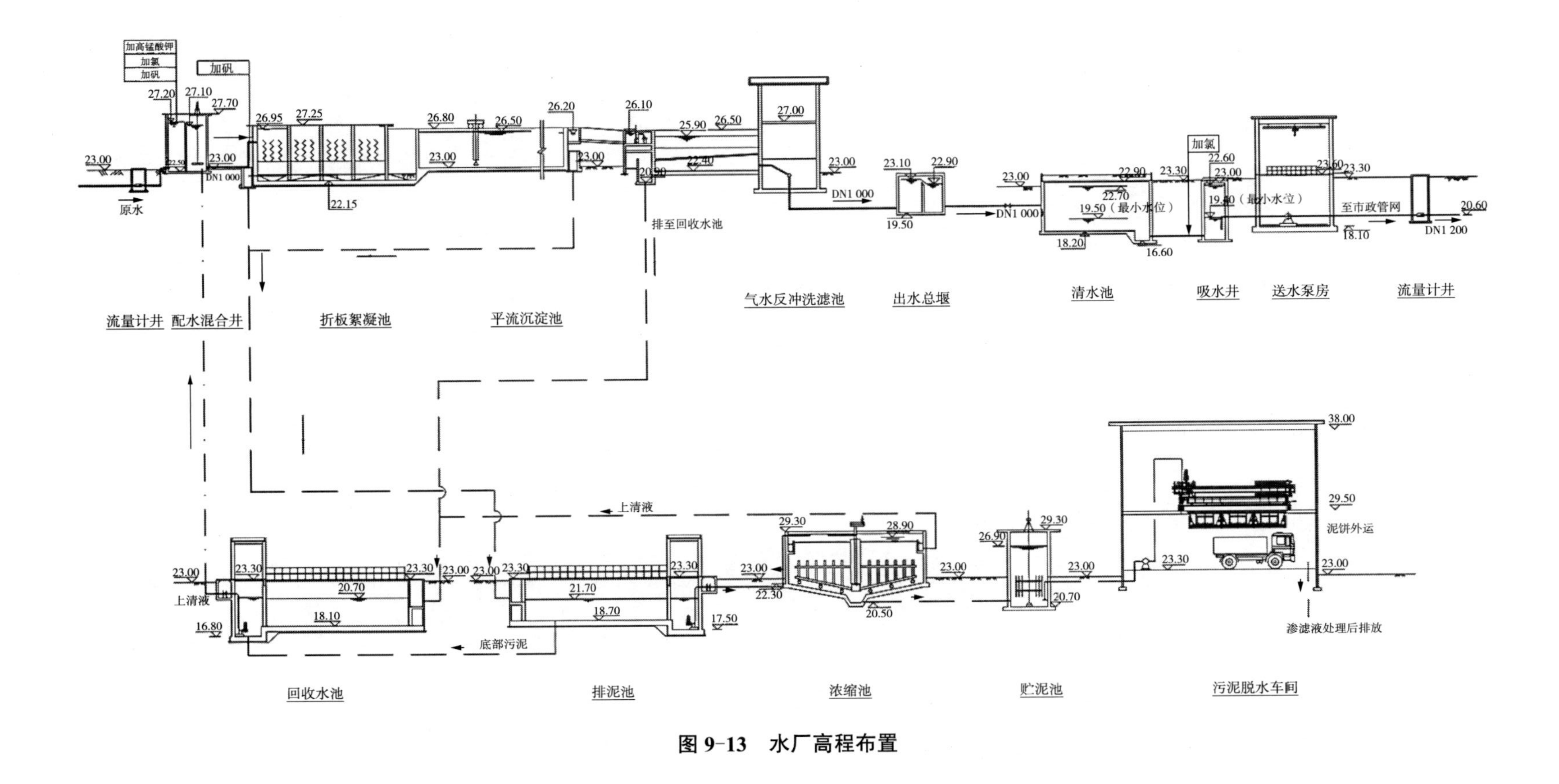

加高锰酸钾
加氯
加矾
加矾
原水
DN1 000
排至回收水池
DN1 000
DN1 000
加氯
19.50（最小水位）
至市政管网
DN1 200
流量计井
配水混合井
折板絮凝池
平流沉淀池
气水反冲洗滤池
出水总堰
清水池
吸水井
送水泵房
流量计井
上清液
泥饼外运
上清液
底部污泥
渗滤液处理后排放
回收水池
排泥池
浓缩池
贮泥池
污泥脱水车间

图 9-13　水厂高程布置

9.1.2.4 水厂管线设计

（1）管线分类及设计

从取水到二级泵房吸水井，需要管渠连接各处理构筑物，所以涉及如下管线：

1）浑水管线。从水源到混合絮凝池或澄清池，或水源到预处理池再到沉淀（澄清）池之间的管道称为浑水管道，一般设计两根。当取水水源远离水厂时，该输水管可采用钢筋混凝土管、玻璃钢夹砂管、球墨铸铁管和钢管。跨越河流，水塘道路多用钢管或球墨铸铁管，埋入厂区道路下时，应保证管顶覆土 0.80 m 以上，否则设置管沟。

2）沉淀水管线。从沉淀池或澄清池到滤池之间的管线，分为高架式和埋地式两种。高架式中以输水管渠为多，采用现浇或预制钢筋混凝土方形渠，或压力式涵洞，或重力式渠道上铺盖板，兼作人行通道。埋地式多用钢管或球墨铸铁管。沉淀水管（渠）输水能力按可能超负荷输水流流量计算。水力计算时应注意进口收缩，出水放大时的局部水头损失值。

3）清水管线。从滤池到清水池，或从砂滤池到活性炭滤池到清水池之间管线。一般采用钢管、球墨铸铁管，也有采用钢筋混凝土管。该类清水管线应注意埋深，进入清水池时可从清水池最高水位以下接入。清水池之间连接管大多埋地较深，也有采用虹吸管连接，增加了操作工序。

4）生产超越管。指跨越某一构筑物的生产管线。当水厂一期仅设一座澄清（沉淀）池、一座滤池、一座清水池时，应考虑加设生产超越管线，从取水泵房可以直接进入滤池，或从澄清池出水直接进入清水池或吸水井，避免其中一座构筑物因事故检修而停止供水。生产超越管上安装了较多阀门，采用焊接钢管为宜。

5）空气输送管。设有生物氧化预处理池和气水反冲洗滤池的空气输送管，压力一般为 4 ～ 5 m，可以设计一座鼓风机房或分开设计两座。空气输送管采用焊接钢管，流速为 10 ～ 15 m/s，并在水平直段加设伸缩接头配件。

6）混凝剂消毒剂等投加管线。投加混凝剂、消毒剂管线通常敷设在管沟内。管沟尺寸按照数设管线的数量、直径而定。加盖盖板后留出适当空间。同时注意管沟内的雨水排除措施，即在最低处埋设排水管。混凝剂投加管线多用 PVC、UPVC 塑料管，投加氯气消毒剂时，也可用 PVC、UPVC 塑料管输送。

从臭氧发生器输出的臭氧化气体加注到臭氧接触氧化池时，或用臭氧消毒时，其输送管线应采用不锈钢管。

7）排水管线。自来水厂排水管线包括三部分：

第一部分是雨水排放管，收集道路、屋面雨水，按当地降水强度和重现期设计排水管径和坡度。雨水排除方法一般用水泥管排入附近雨水管道后流入附近河流，或通过雨水截流池、水泵提升到河道。建在江河旁边的水厂，应注意洪水时，防止河水倒灌。建在山脚下的水厂应注意防洪，排洪沟渠不应穿越水厂。

第二部分是生活用水排水管线，应直接排入污水处理厂或者水厂自行设置小型污水处理装置。生活污水管多用水泥管、PVC 管。

第三部分是生产废水管线，即絮凝池，沉淀池排泥水，滤池反冲洗水，一般单独收集、浓缩、脱水，上清液回用或外排。生产废水管多用低压或重力流钢筋混凝土管、塑料管等。

电缆管线自来水厂内有动力、照明、通信控制、数据显示等各种电缆、电线。在水厂平面设计时应留出相应位置。采用设置电缆沟方式，将各类电缆集中设在沟内，为便于安装检修，电缆沟尺寸在 0.80 m×0.80 m 以上，同时注意加设排除雨水措施。

（2）连接管线水力计算

各构筑物间连接管线水力计算可先选定连接管管径（或输水渠断面），根据两端标高差值，验算输水能力，如不能满足设计要求，再行调整管径或构筑物水位差。

有关构筑物连接管渠流速可选用表 9-1 中数据，按短管计算，计入局部水头损失。

9.1.3　供水厂生产过程检测和控制

供水厂的生产过程涉及混凝剂、助凝剂、消毒剂的投加，水质参数的变化以及水流速度，水头损失等多种影响因素。为了科学管理，优化运行，降低药耗、能耗、水耗，最大限度地降低制水成本，越来越多的水厂采用了生产过程自动检测和自动化控制系统。在水厂设计时应充分考虑这一因素或预留检测、自动控制系统端口。

9.1.3.1　生产过程在线检测的内容

供水厂通常在各相关构筑物、设备上安装在线检测仪表，以及传感器变送器等。检测仪表检测的数据变为电流、电压传送到单个构筑物控制室或传送到全厂调度控制中心，或传送到整个给水系统调度控制中心，进行分级调度或全厂系统调度。所以，生产过程检测是控制调度的基础资料，力求准确可靠。根据筑物工艺要求，供水厂生产过程在线检测的内容大致如下：

（1）取水水源检测：包括水位指示，水温、浑浊度、水源水质（pH、COD、色度、氨氮、溶解氧等），并有水位、COD、氨氮上限报警显示。

地下水取水时，应检测水源井水位、出水流量、出水压力，以及深井泵工作状态工作电流、电压与功率。

（2）一级取水泵房检测：吸水井水位，水泵开启台数，水泵压力、流量，水泵电动机工作电流、电压与功率、温度及报警显示。

（3）生物预氧化处理池：水中溶解氧浓度、分段测定氨氮浓度、COD 含量、生物滤池过滤阻力、空气输送流量、鼓风机电动机工作电流、电压与功率、温度及报警显示。

（4）絮凝沉淀或澄清池检测：进出口水位、进水流量、（进）出水浑浊度、存泥区泥位。

（5）混凝剂、氯气等投加系统检测：混凝剂溶液池浓度、混凝剂投加量、氯气投加量、氯瓶质量及氯气泄漏报警、氨投加量、氨瓶容量及氨气泄漏报警。

（6）滤池控制：分格检测滤池液位，过滤水头损失，滤后出水浑浊度，滤后出水余氯，反冲洗水泵流量、压力，空气冲洗时空气流量、压力，高位水箱水位，提升水泵流量压力。

（7）臭氧—活性炭深度处理检测：臭氧生产及空气净化系统或液氧储存系统已有相应检测显示仪表，应接入调度控制中心。还应检测臭氧化气体中臭氧浓度，臭氧接触氧化池尾气中臭氧浓度，臭氧生产车间臭氧浓度，活性炭滤池进水中臭氧浓度，活性炭滤池进出水中 COD 浓度、色度、氨氮浓度、DO 浓度。

（8）清水池及吸水井检测：最高、最低水位。

（9）二级泵房检测：出水总管压力、流量（及累积值），出水浑浊度、余氯、pH，单台水泵压力流量，水泵电动机工作电流、电压与功率、温度及报警显示。

（10）排泥水处理检测：排水池、排泥池水位，排泥池泥位、调节池水位、浓缩池进出水浓度、污泥脱水排水浓度及离心脱水机工作参数。

（11）管网检测：不同测点的水压、流量、浑浊度、余氯等。

（12）变配电间检测：接线系统电流、电压、有功功率。

9.1.3.2 水厂分级调度控制

一般自来水厂采用三级调度控制，即单个构筑物控制，或全厂性调度控制或全公司调度控制。其中单项构筑物控制（一级控制）属于生产过程控制，包括如下内容：

（1）根据水质特征参数，改变混凝剂投加量和助凝剂投加量，氯气投加量等；

（2）根据泥位高低确定吸（刮）泥机开停时间；

（3）根据滤池出水浑浊度变化或过滤水头损失，调整单格滤池反冲洗周期和反冲洗时间；

（4）根据清水池水位和出水管压力调整二级泵房水泵开启台数和阀门开启程度；

（5）根据清水池水位，调整取水泵开启台数和阀门开启程度。

二级控制属全厂性运转调度控制，一般在水厂控制调度中心采用计算机网络或 PLC 联网系统采集各单项构筑物运行参数，并根据本厂特点发出指令或直接对生产过程进行操作，使水厂运行处于优化状态。

三级控制为整个供水系统运行调度控制，根据管网供水现状和多座水厂的运行及备用水源调度，由自来水公司或城市供水控制调度中心发出指令，各水厂或分公司进行全厂性调度控制。

9.2　城镇污水处理厂设计

城市污水处理厂工程工艺设计主要有厂址选择、处理工艺流程设计、处理构筑物选型、处理构筑物或设施的设计计算、主要辅助构（建）筑物设计计算、主要设备设计计算与选择、污水处理厂总体布置（平面或竖向）及厂区道路、绿化和管线综合布置、处理构（建）筑物、主要辅助构（建）筑物、非标设备设计图绘制、主要设备材料表及设计说明书编制。

9.2.1　设计水质、水量及处理程度的确定

9.2.1.1　设计水质

确定城镇污水的设计水质，一般应考虑城市发展规模、城市类型（工业化城市、消费型城市还是旅游城市等）、居民生活习惯及城市气候特点的影响、城市的排水体制、工业类别和工业废水所占的比例等因素，在充分调查研究和实测、分析的基础上，经反复比较论证后确定。

（1）生活污水

生活污水包括厨房洗涤、淋浴、洗衣等废水以及冲洗厕所等污水，其成分及变化取决于居民生活的状况、水平和习惯。污染物浓度与用水量有关，一般情况下，城镇污水都具有生活污水的特征。因此，城镇污水的设计水质，在有实际监测数据的情况下，采用实际监测数据，或参照临近城镇、同类型居住区的水质确定；在无资料的情况下，生活污水中污染物指标的设计人口当量可根据《室外排水设计规范（2016 年版）》（GB 50014—2006）的规定计算：BOD_5：25 ～ 50 g/（人 · d）；SS：40 ～ 65 g/（人 · d）；TN：5 ～ 11 g/（人 · d）；TP：0.7 ～ 1.4 g/（人 · d）。

目前，我国城镇污水的水质一般为 COD_{Cr} 为 350 ～ 500 mg/L，BOD_5 为 150 ～ 250 mg/L，SS 为 200 ～ 300 mg/L，TN 为 20 ～ 85 mg/L，TP 为 4 ～ 15 mg/L，但不同城镇水质差别较大，典型生活污水水质指标见表 9-3。

（2）工业废水

工业废水的成分复杂，为了保证处理厂的正常运行，工业废水排入城市排水系统时对其水质的要求如下：

1）不影响排水管渠和污水处理厂等构筑物的正常运行；

2）不危害养护管理人员；

3）不影响污水处理厂出水和污泥的排放和利用。

表 9-3 典型生活污水水质

单位：mg/L

序号	指标	浓度			序号	指标	浓度		
		高	中	低			高	中	低
1	总固体	1 200	720	350	8	可生物降解	750	300	200
2	溶解性固体	850	500	250		溶解性	325	150	100
	非挥发性	525	300	145		悬浮性	325	150	100
	挥发性	325	200	105	9	总氮	85	40	20
3	悬浮固体	350	220	100		有机氮	35	15	8
	非挥发性	75	55	20		游离氨	50	25	12
	挥发性	275	165	80	10	亚硝酸盐	0	0	0
4	可沉降物	20	10	5	11	硝酸盐	0	0	0
5	BOD_5	400	200	100	12	总磷	15	8	4
	溶解性	200	100	50		有机磷	5	3	1
	悬浮性	200	100	50		无机磷	10	5	3
6	总有机碳	200	160	80	13	氯化物 /Cl^-	200	100	60
7	COD	1 000	400	250	14	碱度 /$CaCO_3$	200	100	50
	溶解性	400	150	100	15	油脂	150	100	50
	悬浮性	600	250	150					

排入城市下水道的工业废水水质，其最高容许度必须符合《污水排入城市下水道水质标准》，超出时应进行局部预处理。

工业废水的水质应根据污染源调查确定，特别是对于排污大户，因对水质影响大，应实测确定。对于实测有困难的工厂及新建工厂，可参照不同类型的工业企业的实测数据或传统数据确定，或按单位产值污染负荷量计算。

应特别注意组成工业废水的主要污染物成分与特性，影响处理效果的有毒、有害物质的种类及浓度。当工业废水的设计水质参照同类型工业已有数据时，其 BOD_5 和 SS 值可折合成人口当量计算。例如，某市工业废水每天排出 2 500 kg BOD_5，若采用每人每日排出 BOD_5 为 25 g，则该市工业废水以 BOD_5 计的当量人口数 N=2 500/0.025=100 000（人）。

（3）水质浓度的计算

水质浓度按式（9-1）计算：

$$S=\frac{1\,000a_s}{Q_s} \tag{9-1}$$

式中：S——某污染物质在污水中的浓度，mg/L；

a_s——每人每日排出该污染物的克数，g/（人·d）；

Q_s——每人每日（平均日）的排水量，L（人·d）。

城镇污水混合水质按各种污水的水质、水量加权平均计算。对于合流制排水系统，进入污水处理厂的合流污水的 BOD_5、SS、TN 和 TP 值应采用实测值。

（4）进水水质分析

进水水质中不同成分之间的比值直接影响处理工艺的选择和功能。因此，在确定水质浓度后，应对其进行如下水质分析：

1）BOD_5/COD_{Cr} 比值

污水 BOD_5/COD_{Cr} 比值是判断污水可生化性的常用方法。一般认为 $BOD_5/COD_{Cr}>0.45$ 可生化性较好，$BOD_5/COD_{Cr}>0.3$ 可生化，$BOD_5/COD_{Cr}<0.3$ 较难生化，$BOD_5/COD_{Cr}<0.25$ 不易生化。

2）BOD_5/TKN（即 C/N）比值

C/N 比值是判断能否有效脱氮的重要指标。理论上 C/N≥2.86 就能脱氮，但一般认为，C/N≥4 才能进行有效脱氮。

3）BOD_5/TP 比值

BOD_5/TP 是判断能否有效除磷的重要指标，《室外排水设计规范（2016 年版）》（GB 50014—2006）中规定 BOD_5/TP 宜大于 17，比值越大，生物除磷效果较好。

【例 9–1】某污水处理服务区域内人口为 10.5 万人。该区域内 1 年工业总产值为 17.5 亿元。已知生活污水、工业排水的 BOD 负荷量分别为 47 g/（人·d）和 8 kg/ 万元。试计算 BOD 负荷总量（kg/d）；若生活污水量和工业排水量分别为 300 L/（人·d）和 30 m³/ 万元，试计算平均 BOD 值（mg/L）。

【解】生活污水 BOD 负荷量 =$(10.5\times10^4\times47)/1\,000=4\,935$(kg/d)，

工业排水 BOD 负荷量 =$(8\times17.5\times10^4)/365=3\,836$(kg/d)，

则 BOD 负荷总量 =4 935+3 836=8 771(kg/d)。

生活污水量 =$(300\times10.5\times10^4)/1\,000=31\,500$(m³/d)，

工业排水量 =$[(17.5\times10^4)/365]\times30=14\,384$(m³/d)，

平均 BOD 浓度：$3\,836\times10^3/(31\,500+14\,384)=191$(mg/L)。

9.2.1.2　设计水量

城镇污水处理厂的设计水量取决于排入下水道的城市综合生活污水总量、工业废水总量和截流的雨水量。设计水量直接影响工程投资、占地和运行费用。确定的设计水量过大，会导致污水处理厂处理构筑物实际处理水量过小，往往会出现污水处理厂"晒太阳"的现象；若水量过小，将导致处理构筑物运行负荷过大，影响处理效果。因此，污水处理厂的设计水量（规模）应对以下因素进行分析后确定。

（1）城镇人口

城镇人口包括常住人口和流动人口。通常根据城镇总体规划中近、远期及远景人口预测来确定。当城镇总体规划编制年限较早，尚未修编或在修编中，需对现状人口核实并进行合理的分析和预测。同时，确定人口时，要特别注意旅游城市在旅游旺季出现人口峰值的特点及对城镇水量变化的影响。

（2）城镇居民用水量标准班

城镇的性质、经济水平、城镇所在地域自然条件、经济发达程度、人们的生活习惯及住房条件等因素会影响城镇居民用水量标准，因而不同城镇居民的用水量标准不同。

（3）城镇排水体制

城镇排水体制的选择直接影响污水量规模。当采用分流制时，城镇设计污水量为生活污水和工业废水量；当采用截流式合流制系统时，城镇设计污水量除了考虑生活污水和工业废水量外，在雨季还应考虑系统截流的雨水量。

（4）工业废水量

由于城镇结构各异，工业类型和工业比重不同，因而，工业废水量及水质不同。工业废水达到《污水排入城市下水道水质标准》（CJ 3082—1999）后，应优先考虑纳入城镇污水收集系统，与城镇生活污水合并处理。因此，工业废水量是城镇污水处理厂确定处理规模的重要组成部分，必须对其废水量进行充分调查研究，合理确定工业废水量。

（5）污水管网完善程度

污水管网完善程度对确定城镇污水处理厂设计规模十分重要。管网的作用主要是承担城镇污水的收集和输送，由于各城镇管网建设程度不同，输送能力不同，如果将其定义为“污水收集率”，则各城镇现状污水收集率和规划污水收集率是不同的。在设计流域范围内处理污水量确定后，必须乘以污水收集率才能得到排入污水处理厂的实际污水量。当需要保证该处理厂具有一定处理能力时，必须有相应规模的配套污水管网同步建成。

（6）规划年跟

规划年限是合理确定污水处理厂近、远期及远景处理规模的重要因素。排水工程的规模期限应与城镇总体规划期限一致。根据《城市排水工程规划规范》（GB 50318—2017）对规划年限条文的说明，设市城市一般为20年，建制镇一般为15～20年。规划年限分期，原则上应与城镇总体规划和排水专项规划相一致。一般近期按3～5年，远期按8～10年规则。

根据上述因素进行全面的综合分析后，以城镇总体规划和城镇排水规划为依据，根据规划区的污水接纳范围，分析在不同规划年限的总污水量及污水收集率，可确定城镇污水处理厂设计水量（规模）。

用于城镇污水处理厂的设计水量主要有以下几种：

1）平均日流量（m^3/h）平均日流量一般用于污水处理厂的设计规模。用以表示处理总水量，计算污水处理厂年电耗与耗药量、总污泥量。

2）最大日最大时流量（m^3/h）或（L/s）污水处理厂的各处理构筑物（除另有规定外）及厂内连接各处理构筑物的管渠，都应采用最大日最大时流量设计。当污水为提升进入时，按每期工作水泵的最大组合流量计算，但这种组合流量应尽量与设计流量相吻合。

3）最小流量（m^3/d）或（L/s）根据经验估计，一般为平均日污水量的 1/4 ～ 1/2。最小污水流量常用来作为污水泵选型或处理构筑物分组的考虑因素。当最小污水流量进入处理厂时，可以开启一台泵或运行构筑物的一组。

4）最大日平均时流量（m^3/h）考虑到最大流量的持续时间较短，当曝气池的设计反应时间在 6 h 以上时，可采用最大日平均时流量作为曝气池的设计流量。

5）合流设开流量（m^3/d）或（L/s）对于采用截流式合流制排水系统的污水处理厂，降水时的设计流量包括旱季流量和截流的雨水流量。用于校核初池的处理构筑物和设备，并应符合：提升泵站、格栅、沉砂池，按合流设计流量计算；初次沉淀池，宜按旱季流量设计，用合流设计流量校核，校核沉淀时间不宜小于 30 min；二级处理系统，按旱季污水量设计，必要时考虑一定的合流水量；污泥浓缩池、湿污泥池和硝化池的容积，以及脱水规模，应根据合流水量水质计算确定，可按旱流量情况加大 10% ～ 20% 计算；管渠应按合流设计流量计算。

当污水处理厂为分期建设时，设计流量用相应的各期流量。对于水质和（或）水量变化大的污水处理厂，宜设置调节水质和水量的设施。

9.2.1.3　污水处理程度的确定

城镇污水处理程度可按式（9-2）计算：

$$\eta = \left[\frac{C_0 - C_e}{C_0} \right] \times 100\% \tag{9-2}$$

式中：η——污水需要处理的程度，%；

C_0——未经处理的城镇污水中某种污染物质的平均浓度，mg/L；

C_e——允许排入水体的污水中该污染物质的平均浓度，mgL。

确定污水处理程度的几种方法：

（1）根据《城镇污水处理厂污染物排放标准》（GB 18918—2002）的要求确定

根据《城镇污水处理厂污染物排放标准》（GB 18918—2002）有关出水标准即 C_e，代入式（9-2）计算确定污水处理厂应达到的处理程度。特别是当排入封闭或半封闭水体（包括湖泊、水库、江河入海口）时，为防止富营养化发生，应注意控制出水中 TN

和 TP 的浓度。

（2）根据处理水的用途确定

当污水处理厂出水作为回用水时，应根据回用水用途，按国家或地方的相关标准等确定出水水质和污水处理厂应达到的处理程度。

（3）根据受纳水体的稀释自净能力确定

若设计污水处理厂所在地的水体环境容量大，可利用水体稀释和自净能力，使水处理过程中的经济投入相对较小。但需要取得当地环保部门的同意。一般可考虑采用水质混合模型来计算污水处理厂所在地的水体环境容量。

（4）根据城镇污水处理厂处理工艺能达到的处理程度确定

根据我国目前技术经济水平的实际情况，城镇污水处理程度的确定方法通常根据现行国家和地方的有关排放标准、污染物的来源及性质、排入地表水域环境功能和保护目标确定。

9.2.2 设计原则及设计步骤

9.2.2.1 设计原则

污水处理工程设计应遵循如下原则：

1）遵循国家有关环境保护法律、法规、污染物排放标准和地方标准；在实施重点污染物排放总量控制的区域内，还必须符合重点污染物排放总量控制的要求。

2）应全面规划、分期实施，遵循城镇总体规划、水污染防治和环境规划要求，以近期为主，充分考虑远期的发展。

3）在城镇总体规划的指导下，合理确定工程建设规模，使工程建设与城镇的发展相协调，既保护环境，又最大限度地发挥工程效益。

4）采用技术先进成熟、高效节能、管理简单、运行灵活、稳妥可靠的处理工艺，确保污水处理效果。同时，选用的处理工艺既要符合我国国情，又要积极吸收和引进国外先进技术和经验。

5）根据当地的自然环境及农业利用、园林利用、建材利用、卫生填埋等条件综合考虑，妥善处置污水处理过程中产生的栅渣、沉砂和污泥，避免造成二次污染。

6）坚持经济合理原则。在确保污水处理效果的前提下，以投资省、运行费低、工期短、技术经济指标最佳为目标。

7）充分考虑便于污水处理厂运行管理的措施。采用可靠的控制系统，做到技术先进、管理方便。

8）考虑安全运行条件，注意环境保护、绿化与美观。

9.2.2.2　设计步骤

城市污水处理厂的设计步骤一般分为设计前期工作、初步设计、施工图设计 3 个阶段。

（1）设计前期工作

设计前期工作主要有两项：预可行性研究（项目建议书）、可行性研究（设计任务书）。设计前期工作要求设计人员充分收集与设计有关的原始数据和资料，并进行深入的分析。

1）预可行性研究

投资在 3 000 万元以上的较大工程项目，应进行预可行性研究，作为建设单位向上级送审的《项目建议书》的技术附件。预可行性研究报告必须经专家评审，并提出评审意见。预可行性研究经上级机关审批后，就可以“立项”，然后进行下一步的可行性研究。

2）可行性研究

可行性研究报告是对与工程项目有关的各个方面进行深入综合论证的重要文件，它为项目的建设提供科学依据，保证建设项目在技术上先进、可行，在经济上合理，并具有良好的社会与环境效益。可行性研究报告是国家控制投资决策的重要依据，主要内容包括编制依据、原则和范围；污水水量和水质论证；设计城市排水系统工程方案；比选污水处理厂厂址论证、污水处理工艺方案（包括污泥处理与处置方案）及尾水排放方案；工程投资估算，资金筹措方案；工程效益分析及工程进度安排；相关设计图纸等。

（2）初步设计

初步设计应当在可行性研究报告批准后进行，主要包括设计说明书、工程量、材料与设备量、工程概算及初步设计图纸。

1）设计说明共的主要内容

①设计依据，包括可行性研究报告的批准文件、工程建设单位的设计委托书以及与本项工程有关的单位，如供电、供水、铁路、运输及环保等部门签订的协议和批文等。

②城市概况与自然条件资料，包括城市现状与总体规划资料；自然条件资料，如气象特征数据（气温、湿度、雨量、蒸发量资料、土壤冰冻资料和风向玫瑰图等）；水文资料，有关河流的水位（最高水位、平均水位、最低水位等）、流速（各特征水位下的平均流速）、流量（平均流量、保证率为 95% 的水文年的最高月平均流量）资料，潮汐资料，有关水体在城镇给水、渔业和水产养殖、农田灌溉、航运等方面的使用情况和卫生情况的资料；水文地质资料，在喀斯特地区，特别应注意地下水和地面水的相互补给情况和地下水综合利用情况；地质资料，污水处理厂厂址地区的地质钻

孔柱状图，地基的承载能力、地下水位（包括流沙）、地震等级等资料；有关地形资料，包括污水处理厂及其附近 1∶5 000 的地形图和处理厂厂址和排放口附近 1∶200 ～ 1∶1 000 的地形图；以及现有的排水工程概况与环境问题。

③工程设计，包括：

a. 厂址选择：应着重说明在选定厂址时，如何遵循选址的原则，如何与城市的总体规划相呼应，如何解决防洪与卫生防护问题等。此外，应说明所选厂址的地形以及用地面积等。

b. 污水的水质、水量，包括污水水质各项指标的数值，污水的平均流量、高峰流量、现状流量、发展流量等水量资料。

c. 工艺流程的选择与布置，主要说明所选定的工艺流程的合理性、先进性、科学性和安全性等。

d. 对工艺流程中各处理设备的描述。应按流程顺序描述，主要描述内容：处理设备的主要尺寸、构造、材料与特征等；所选用的附属设备的型号、性能、台数。如采用某项新工艺、新技术时，应详细加以说明。

e. 处理后污水和污泥的出路。

f. 扼要地对场内辅助构筑物以及道路等加以说明。

g. 污水处理厂的总体布置。

h. 对污水处理厂分期建设的说明。

i. 存在的问题及其解决途径的建议。

2）工程量。需列出本工程所需要的混凝土量、挖方量、回填土方量等。

3）材料与设备量。需列出本工程所需要钢材、水泥、木材的数量和所需各种设备规格的清单。

4）工程概算书。当地建筑材料与各种设备的供应情况和价格；当地有关施工力量（技术水平、施工设备、劳动力）的资料；编制概算、预算的定额资料，包括地区差价、间接费用定额、运输费用等；有关租地、征地、拆迁补偿、青苗补偿等资料。

5）初步设计图纸。主要包括污水处理工艺系统图（1∶5 000 ～ 1∶10 000）、构筑物图（1∶200 ～ 1∶500）、处理构筑物布置图、污水处理厂总平面布置图等。

（3）施工图设计

施工图设计以初步设计的图纸和说明书为依据，并在初步设计被批准后进行。施工图设计的任务是将污水处理厂各处理构筑物的平面位置和高程，精确地表示在图纸上；将各处理构筑物的各个节点的构造、尺寸都用图纸表示出来。每张图纸都应按一定的比例、用标准图例精确绘制，使施工人员能够按照图纸准确施工。

9.2.3　厂址选择和工艺流程的确定

9.2.3.1　厂址选择

污水处理厂厂址选择是设计中的重要环节，直接影响基建投资、管理费用和环境效益等。城镇污水处理厂厂址选择，应符合城镇总体规划和排水工程专业规划的要求，与城镇的总体规划，城市排水系统的走向、布置，处理后废水的出路都密切相关。虽然在城镇总体规划和排水工程专项规划中，污水处理厂的位置范围已有规定。但在污水处理厂总体设计时，对具体厂址的选择，仍须进行深入的调查研究和进一步的技术经济比较。污水处理厂位置的选择，应根据下列因素综合分析确定：

（1）在城镇水体的下游。污水处理厂在城镇水体的位置应选在城镇水体下游的某一区段，污水处理厂处理后出水排入该河段，对该水体上下游水源的影响最小。污水处理厂厂址由于某些因素，不能设在城镇水体下游时，出水口应设在城镇水体下游。

（2）便于污水回用及安全排放。

（3）便于污泥集中处理与处置。

（4）应选在对周围居民点的环境质量影响最小的方位，一般在城镇夏季主导风向的下风侧。

（5）有良好的工程地质条件，包括土质、地基承载力和地下水位等因素，可为工程的设计、施工、管理和节省造价提供有利条件。

（6）少拆迁，少占农田，根据环境评价要求，有一定的卫生防护距离。根据我国耕地少、人口多的实际情况，选厂址时应尽量少拆迁、少占农田、不占良田。同时，根据环境评价要求，应与附近居民点有一定的卫生防护距离。

（7）有扩建的可能。厂址的区域面积不仅应考虑规划远期的需要，还应考虑满足不可预见的将来扩建的可能。

（8）厂区地形不受洪涝灾害影响，防洪标准不低于城镇防洪标准，有良好的排水条件。厂址的防洪和排水问题必须重视，一般不应在淹水区建污水处理厂，当必须在可能受洪水威胁的地区建厂时，应采取防洪措施。

（9）有方便的交通、运输和水电条件。为缩短污水处理厂建造周期和有利于污水处理厂的日常管理，应有方便的交通、运输和水电条件。

由于城镇污水处理厂位置选择影响因素多，应进行深入调查研究，进行多方案论证比较，确定最佳方案。

污水处理厂的厂区面积应按远期规模确定，并做出分期建设的安排。污水处理厂占地面积与处理水量和所采用的处理工艺有关。根据《城市污水处理工程项目建设标准》，污水处理厂建设用地指标见表 9-4。

表 9-4　污水处理厂建设用地指标　　单位：$m^2/(m^3 \cdot d)$

建设规模（$\times 10^4 m^3/d$）	一级污水处理厂	二级污水处理厂	深度处理
Ⅰ类：50～100	—	0.40～0.50	—
Ⅱ类：20～50	0.20～0.30	0.50～0.60	0.15～0.20
Ⅲ类：10～20	0.30～0.40	0.60～0.70	0.20～0.25
Ⅳ类：5～10	0.40～0.45	0.70～0.85	0.25～0.35
Ⅴ类：1～5	0.45～0.55	0.88～1.20	0.35～0.40

注：1. 建设规模大的取下限，规模小的取上限。

2. 表中深度处理的用地指标是在污水二级处理的基础上增加的用地，深度处理工艺按提升泵房、絮凝沉淀（澄清）、过滤、消毒、回用水提升泵房等常规流程考虑；当二级污水厂出水满足特定回用要求或仅需几个净化单元时，深度处理用地应根据实际情况降低。

9.2.3.2　污水处理工艺流程的确定

污水处理工艺流程是指对污水处理所采用的一系列处理单元的有机组合形式。在污水处理工程设计中，处理工艺流程的确定是最重要的一个环节。污水处理工艺流程的设计，直接影响污水处理厂处理效果、操作管理、工程投资和运行费用。

（1）工艺流程选择的影响因素

1）污水量和水质特征。污水量和水质特征是工艺流程选择最重要的影响因素。对城镇污水处理厂，去除的对象主要是有机物和氮磷污染物。对于有大量的工业废水接入的城镇污水处理厂，必须充分了解工业废水中所含污染物的成分和特性，需进行多方案的技术经济分析比较，甚至通过一定规模的试验研究后，确定合理的工艺流程。除水质外，进水水量及其变化幅度也是选择工艺流程时应考虑的问题，如城镇污水厂规模较小且水质水量变化大时，应考虑设置调节池，或选用耐冲击负荷能力较强的处理工艺，如 SBR 工艺及其改进型工艺。

2）污水处理程度。污水处理程度决定了污水处理工艺流程的复杂程度。一般而言需要采用二级处理；在一定条件下，也可采用一级或强化一级处理；若排入封闭水体，一般需要采用三级处理；若处理水回用，则无论回用的用途如何，在进行深度处理之前，城镇污水都必须经过完整的二级处理后再进行深度处理。

3）工程造价与运行费用。工程造价与运行费用是污水处理最重要的两项经济性指标，一般应在达到处理水质标准要求和运行可靠的前提下，选择低造价、低成本、低能耗、高效率、占地少，且操作简便的处理工艺流程。选择高效的工艺流程，一般可采用多方案的经济技术比较，也可以水质标准作为约束条件，以造价低、成本低为目标函数，进行工艺流程优化，选择较佳工艺。

4）自然条件。当地的地形、气候、水资源等自然条件，也对污水处理工艺流程的选择有较大的影响。如当地有废弃的旧河道、池塘、洼地、河滩、沼泽地与山谷等地域，则可优先考虑采用工程造价低的自然净化技术。寒冷地区宜采用适合于低温季节运行的生物膜工艺或在采取适当技术措施确保能在低温季节运行的处理工艺。

5）运行管理与施工难易程度。运行管理所需的技术条件与施工的难易程度也是选择工艺流程时应考虑的因素。如采用技术密集、运行管理复杂的处理工艺，就需要有技术水平高的管理人员。目前，我国城镇污水处理厂的运行管理存在较多问题，因此，在选择运行管理复杂的工艺时，应在充分的可行性论证基础上确定。地下水水位较高与地质条件较差的地区不宜选择施工难度大的处理构筑物。

此外，资金筹措等情况、可利用的土地面积、处理过程中的二次污染问题，特别是污泥处理与利用问题等，也是工艺流程选择时不可忽略的因素。

（2）城镇污水处理工艺流程的选择

污水处理各级主要去除的污染物质和主要处理方法见表 9–5。

表 9–5　各级的主要处理方法及作用

处理级别	去除的主要污染物	主要方法
一级处理	悬浮或漂浮状态的固体	格栅、沉砂、沉淀
二级处理	呈胶体和溶解态的有机污染物以及氢、磷等可溶性无机污染物	活性污泥法、生物膜法等
三级处理	二级处理中微生物未能降解的有机物	混凝沉淀、气浮、砂滤、活性炭吸附、臭氧氧化、超滤等
	氮磷等溶解性无机物	混凝沉淀、离子交换、电渗析等
	病毒、细菌等	消毒

城镇污水处理厂二级处理通常是指生物处理法，其核心是曝气生物反应池（或生物滤池）和二沉池。不同的生物法主要在于采用的生物处理单元不同。在确定生物处理工艺前应进行技术经济比较。为了保护受纳水体，防止水体富营养化，新建和改建的城镇污水处理厂多数广泛采用了生物脱氮除磷技术，近年应用较多的有 AO、AAO、SBR 系列、氧化沟系列等工艺类型。如考虑处理出水达一级 A 标准和回用时，则需要进行三级处理或深度处理，进一步去除常规二级处理不能除去的成分，如水中残留微生物、细小悬浮物、残留有机物（大多为难生物降解）、氮、磷等。

目前，国内污水处理工艺大多采用活性污泥法。主要有以下几大类：①传统活性污泥法及其改进型 AAO 工艺；②氧化沟法及其改进型工艺；③ SBR 法及其改进型工艺；④ AB 法及其改进型工艺；⑤其他类型，如水解酸化—好氧法等。

各种处理工艺都有其各自的适用条件和特点，大规模污水处理宜选用传统活性污泥法及其改进型 AAO 工艺。工艺流程中设有初沉池、AAO 生物反应池、二沉池；该工艺具有去除有机物和氮磷效率高、出水水质稳定的特点，且规模越大，优势越明显。中小规模污水处理厂，特别当规模 $\leqslant 10\times10^4\ m^3/d$ 时，宜选用氧化沟法、SBR 法及其改进型工艺。氧化沟法及其改进型工艺流程中设有氧化沟及其改进型生物反应池和二沉池，不设初沉池；SBR法及其改进型工艺流程中设有SBR及其改进型生物反应池，不设初沉池及二沉池；它们具有有机物及氮磷去除效率高，抗冲击负荷能力强，设施简单，基建投资省，管理方便的特点；而且规模越小，基建投资低的优势越明显，处理设备基本可实现国产化，设备费低。由于中小城镇水量、水质变化大，经济水平有限，技术力量相对薄弱，管理水平相对较低等特点，采用SBR、氧化沟及其改进型工艺以及生物滤池（特别是曝气生物滤池）是适宜的。

9.2.4 污水处理厂的平面与高程布置

9.2.4.1 污水处理厂的平面布置

污水处理厂总平面布置应因地制宜。布置内容包括厂区内各种污水处理构筑物，污泥处理构筑物，办公楼、化验室、控制室及其他附属构筑物，各类管（渠）道、电缆、道路及绿化等。污水处理厂的平面布置关系到占地面积大小，运行管理是否安全可靠、方便，以及厂区环境卫生状况等多项问题。为了使平面布置更经济合理，应遵循下列原则：

（1）总图布置应考虑近、远期结合，污水厂的厂区面积应按远期规划总规模控制，分期建设，合理确定近期规模，近期工程投入运行一年内水量应达到近期设计规模的60%。同时，在布置上应考虑分期建设内容的合理衔接。

（2）污水厂的总体布置应根据厂内建筑物和构筑物的功能和流程要求，结合厂址地形、气候和地质条件，做到厂区功能分区明确，一般分为厂前区、污水处理区、污泥处理区、辅助性生产建筑物区。其中厂前区应布置在城镇常年主导风向的上风向，各区之间相对独立并考虑污水进出处理厂方便、快捷、工艺流程顺畅等因素。污水和污泥的处理构筑物宜根据情况尽可能分别集中布置。污泥处理构筑物应尽可能布置成单独的区域，以保安全，并方便管理。处理构筑物的间距应紧凑、合理，符合国家现有的防火规范要求，并应满足各构筑物的施工、设备安装和埋设管道以及养护、维修和管理的要求。辅助性生产建筑物区的位置和朝向应力求合理，并应与处理构筑物保持一定距离。污水厂内可根据需要，在适当地点设置堆放材料、备件、燃料和废渣等物料的场地及停车位。

（3）厂区建筑物风格宜统一，布置做到美观、协调、有特色，并要处理好平面与空间的关系，使之适应于周围的环境。

（4）处理构筑物布置应紧凑，生活设施和生产管理建筑物能组合的应尽量组合在一起，其位置和朝向应力求适用、合理，做到节约用地。构筑物之间的连接管（渠）要便捷、直通，避免迂回曲折，尽量减少水头损失；处理构筑物之间应保持一定距离，以便敷设连接管渠。当污水厂内管线种类较多时，应考虑综合布置、避免发生矛盾。主要生产管线（污水、污泥管线）要便捷直通，尽可能考虑重力自流；辅助管线应便于施工和维护管理，有条件时设置综合管廊或管沟；污水厂应设置超越管道，以便在发生事故时，使污水能超越部分或全部构筑物，进入下一级构筑物或事故溢流；各污水处理构筑物间的管渠连通，在条件适宜时，应采用明渠。特别是管线之间及其他构（建）筑物之间，应留出适当的距离，给水管或排水管距构（建）筑物不小于 3 m；给水管和排水管的水平距离，当 $d \leqslant 200$ mm 时，不应小于 1.5 m，当 $d > 200$ m 时不小于 3 m。管道离构（建）筑物最小距离见表 9-6。

表 9-6　管道离构（建）筑物最小距离　　单位：m

项目	建筑物	围墙	公路边缘	变压电线杆支座	照明、电线杆柱	上水干管 ＞ 300 mm	污水管	雨水管
上水干管 ＞ 300 mm	3 ～ 5	2.5	1.5 ～ 2	2	3	2 ～ 3	2 ～ 3	2 ～ 3
污水管	3	1.5	1.5 ～ 2	3	1.5	2 ～ 3	1.5	1.5
雨水管	3	1.5	1.5 ～ 2	3	1.5	2 ～ 3	1.5	0.8

（5）各处理构筑物与附属建筑应根据安全、运行管理方便与节能的原则布置。如鼓风机房应位于曝气池附近，总变电站宜设在耗电大的构筑物附近，办公楼处于夏季主风向的上风向，距处理构筑物有一定距离，同时远离设备间，并应有隔离带等。污水厂附属建筑的组成及其面积，应根据污水厂规模、工艺流程、计算和监控系统的水平和管理体制等，结合当地实际情况，本着节约的原则确定，并应符合现行的有关规定。

（6）交通运输方便，宜分设人流及货流大门，保持厂区清洁。

（7）将主要构筑物布置在厂区内工程地质相对较好的区域，节省工程造价。

（8）厂区平面布置应充分利用地形，减少能耗，平衡土方。

（9）应充分考虑绿化面积，各区之间宜设有较宽的绿化隔离带，以创造良好的工作环境，厂区绿化面积不得小于 30%。

（10）厂区的硝化池、贮气罐、污泥气压缩机房、污泥气发电机房、污泥气燃烧装置、污泥气管道、污泥干化装置、污泥焚烧装置及其他危险品仓库等的位置和设计，应符合国家现行有关消防规范要求。

（11）污水厂内应合理布置道路。既要考虑方便运输，又有分隔不同区域的功能。其设计应符合下列要求：

1）主要车行道的宽度：单车道为 3.5 ～ 4.0 m，双车道为 6.0 ～ 7.0 m，支道和车间引道不小于 3 m，并应有回车道；

2）车行道的转弯半径宜为 6.0 ～ 10.0 m；

3）人行道的宽度宜为 1.5 ～ 2.0 m；

4）向高架构筑物的扶梯倾角一般宜采用 30°，不宜大于 45°；

5）天桥宽度不宜小于 1.0 m；

6）车道、通道的布置应符合现行的消防规范要求，并应符合当地有关部门的规定。

9.2.4.2 污水处理厂的高程布置

污水处理厂的平面布置确定了各处理构筑物的平面位置，而其高程位置则需由污水处理厂的高程布置来确定。污水处理厂高程布置主要依据的技术参数筑物的高度和水头损失。在处理流程中，相邻构筑物的相对高差取决于两个构筑物之间的水面高差，这个水面高差的数值就是流程中的水头损失，它主要由三部分组成，即构筑物本身、连接管（渠）及计量设备的水头损失等。因此进行高程布置时，应首先计算水头损失，且计算所得数值应考虑安全因素，留有余地。污水处理厂的高程布置应注意下列事项：

（1）水力计算时，应选择一条距离最长、水头损失最大的流程进行较准确的计算，并适当考虑预留水头，以防止淤积时水头不够而造成涌水现象，影响处理系统的正常运行。

（2）计算水头损失时以最大流量（涉及远期流量的管渠与设备应按远期最大流量考虑）作为构筑物与管渠的设计流量。还应考虑当某座构筑物停止运行时，与其并联运行的其余构筑物及有关的连接管渠能通过全部流量，以及雨天流量和事故时流量的增加，并留有一定余地。

（3）高程计算时，常以受纳水体的城镇防洪水位作为起点，逆污水处理流程向上倒推计算，以使处理后污水在洪水季节也能自流排出。如果最高水位较高，应在处理后污水排入水体前设置泵站，以便水体水位高时抽水排放。如果水体最高水位低时，可在处理后污水排入水体前设跌水井。此时，处理构筑物可按最适宜的埋深来确定。

（4）污水应尽量经一次提升就能靠重力通过全部处理构筑物，中间不宜再加压提升。

一般而言，污水厂高程布置可按表 9-7 所列数据估算各处理构筑物的水头损失。污水流经处理构筑物的水头损失，主要产生在进口、出口和需要的跌水处，而流经处理构筑物本身的水头损失则较小。

表 9-7 污水流经各处理构筑物的水头损失 单位：m

构筑物名称	水头损失	构筑物名称	水头损失
格栅	0.1 ～ 0.25	污水潜流入池	0.25 ～ 0.5
沉砂池	0.1 ～ 0.25	污水潜跌入池	0.5 ～ 1.5
沉淀池	—	生物滤池（工作高度 2 m）	—

续表

构筑物名称	水头损失	构筑物名称	水头损失
平流式	0.2 ～ 0.4	旋转布水	2.7 ～ 2.8
竖流式	0.4 ～ 0.5	固定喷洒布水	4.5 ～ 4.75
辐流式	0.5 ～ 0.6	混合池或接触池	0.1 ～ 0.3
双层式	0.1 ～ 0.2	污泥干化场	2 ～ 3.5
曝气池	—		

污水处理厂高程布置时，应注意考虑远期发展，水量增加的预留水头，避免处理构筑物之间跌水等浪费水头的现象，充分利用地形高差，实现自流。在计算并留有余量的前提下，力求缩小全程水头损失及提升泵站的扬程，以降低运行费用。需要排放的尾水，常年大多数时间能够自流排放水体。注意排放水位一般不选取每年最高水位，因为其出现时间较短，易造成常年水头浪费，而应选取经常出现的高水位作为排放水位。应尽可能使污水处理工程的出水管渠高程不受洪水顶托，并能自流。

9.2.4.3　污水处理厂设计应考虑的其他因素

（1）污水处理厂周围根据现场条件应设置围墙，其高度不宜小于 2.0 m。

（2）污水处理厂的大门尺寸应能容许运输最大设备或部件的车辆出入，并另设运输废渣的侧门。

（3）污水处理厂并联运行的处理构筑物间应设均匀配水装置，处理构筑物系统间宜设可切换的连通管渠。

（4）构筑物应设排空设施，排出水应回流处理。

（5）污水处理厂宜设置再生水处理系统。给水系统及再生系统严禁与处理装置直接连接。

（6）位于寒冷地区的污水处理构筑物，应有保温防冻措施。

（7）处理构筑物应设置栏杆、防滑梯等安全措施，高架处理构筑物还应设置避雷设施。

9.2.5　城镇污水处理厂运行过程的水质监测与自动控制

9.2.5.1　污水厂的主要监测项目

污水处理厂工艺参数监测及监测点布置均应根据污水处理厂的规模、工艺要求和运行管理要求，并按照现行国家相关标准和行业标准确定。

污水处理厂进出水、泵站和各处理单元或主要构筑物宜设置生产控制、运行管理所需的监测仪表；参与控制和管理的机电设备应监测其工作与事故状态。

污水处理厂主要构筑物的主要监测项目见表9-8。

表9-8 污水处理厂主要构筑物的主要监测项目

构筑物名称	监测项目	控制对象
格栅间	格栅前后液位差	格栅除渣机、输送机、压榨机及阀（闸）门等
进水泵房	液位、浮球液位开关、H_2S含量	进水泵、阀（闸）门
沉砂池	—	除砂设备、阀（闸）门
计量槽	流量、固体悬浮物浓度（SS）、COD、水温、pH	—
初沉池	—	吸刮泥机、阀（闸）门
曝气池	DO、MLSS、ORP	曝气机、搅拌机，回流泵、阀（闸）门等
二沉池	泥位	吸刮泥机、阀门（闸）门
鼓风机房	空气总管压力、温度、流量，空气支管流量	鼓风机
回流泵房	回流污泥浓度、液位、浮球液位开关、出泥管流量	回流污泥泵、剩余污泥泵
储泥池	泥位、浮球液位开关	搅拌机、污泥泵
污泥浓缩池	污泥流量、泥位	污泥浓缩机组
污泥消化池	液位、压力、池中温度、产气管沼气流量、可燃气体浓度、进泥管流量、温度、pH、出泥管温度	搅拌机、污泥泵、热水泵
污泥浓缩脱水机房	进泥管流量、H_2S含量	污泥输送、浓缩脱水设备
加药间	药剂调配池液位、加药管流量	加药设备、阀门
消毒池	余氯、加氯量	加氯设备、阀门
排水渠	流量、COD、SS、TP、NH_4^+-N、NO_3-N	

9.2.5.2 污水处理厂的自动控制

污水处理厂自动控制的目的主要是：保证污水处理厂的安全可靠运行，改善劳动条件和提高科学管理水平；监测和控制各处理单元和关键工艺参数，保证出水水质；最大限度地发挥设备功效和节能降耗。

（1）污水处理厂自动控制系统的结构

污水处理厂的自动控制宜采用三层结构，包括信息层、控制层和设备层，并应符合下列规定：

①信息层设备设置在中控室，采用客户机/服务器（CS）模式，局域网宜采用

100/1 000M 以太网；

②控制层宜采用工业以太网或其他成熟的工业控制网络，以主 / 从、对等或混合结构的通信方式连接中央监控站、工程师站和各现场控制站；控制层设备设在各个现场控制站，控制站下可设远程 I/O 站。现场控制站宜为无人值守模式，操作界面采用触摸显示屏。小型污水处理厂不宜设现场控制层。

③大、中型污水处理厂设备层宜采用现场总线网络。小型污水处理厂设备层通常以硬接线方式直接将仪表与现场控制站相连。

（2）污水处理厂自动控制系统的主要功能

①工艺参数监测，包括物理量监测及超限报警，如物（水、泥）位、流量、温度、压力、液位等的监测和超限报警；水质参数监测，如悬浮物浓度（SS）、污泥浓度（MLSS）、酸碱度（pH）、溶解氧（DO）、总有机碳（TOC）、总磷（TP）、氨氮（NH_3–N）、硝氮（NO_x^-–N）、化学需氧量（COD）、生化需氧量（BOD）、氧化还原电位（ORP）、余氯等。

②环境与安全监测，包括有毒、有害、易燃、易爆气体的监测；厂区视频图像监视及安全防范系统；火灾自动报警系统等。

③工艺设备运行状态监测，包括电动机类工艺设备的状态监测，如设备运行 / 停止、正常 / 故障、自动 / 手动状态等；电动阀门类的状态监测，如阀门开到位、关到位、过力矩、正常 / 故障、自动 / 手动状态以及阀位信号（模拟量输入）等。

④电力系统参数及状态监测，包括电源状态监测、变压器温度监测、低压配电系统主进线断路器状态监测、联络断路器状态监测，以及低压配电系统进线电流、电压监测等。

工艺设备控制，污水处理厂中央监控站根据采集到的各种信息，经数学模型计算或逻辑分析判断后，发出控制命令到各现场控制站，现场控制站控制工艺设备执行相应的运行 / 停止命令、开 / 关阀门命令或调节阀门开度的命令等。

中央监控站的功能包括（a）与上级区域监控中心通信；（b）通过模拟屏或投影仪、计算机显示器等显示设备监测全厂工艺流程，并显示各处理单元的动态模拟图形及工艺设备的工作状态，报警信息等；（c）远控各现场控制站，实时接收现场控制站采集的各种数据，建立全厂监测参数数据库，处理并显示各种监测数据；（d）显示工艺参数历史记录和趋势分析曲线，编制和打印生产日、月、年统计报表等；（e）控制系统手动、自动控制方式转换等功能。

现场控制站的功能包括与中央监控站和现场层设备通信的功能；数据采集、处理和控制功能；控制系统手动、自动两种控制方式转换等功能。

（3）污水处理厂自动控制系统的设备配置

污水处理厂自动控制系统应采用工业级设备，应具备防尘、防潮、耐腐蚀、耐高温、抗电磁干扰的能力。

控制系统设备的防护等级要求：室内安装时不低于 IP44，室外安装时不低于 IP65，浸水安装时不低于 IP68。

大、中型污水处理厂中央监控站应采用两台监控计算机按双机热备方式运行，两台计算机的软硬件配置相同，功能可互换。

根据工艺要求，在主要处理单元设置现场控制站，现场控制站应采用模块式结构，具有工业以太网、现场总线、远程 I/O 连接、自检和故障诊断功能，并能带电插拔。现场控制站操作界面宜采用彩色触摸显示屏。

中央监控站与现场控制站应配置在线浮充式不间断电源。

9.2.6 城镇污水处理厂实例

某市主城区污水处理厂，位于该市长江边。2020 年规划设计人口 154 万人，服务面积 107 km^2；2030 年规划设计人口 169 万人，服务面积 125 km^2。2020 年旱季污水量为 62.7×10^4 m^3/d，2030 年为 78.2×10^4 m^3/d；雨季截流污水量 2020 年为 136.4×10 m^4/d，2020 年为 163.9×10^4 m^3/d。由于规模较大，工程分三期建成，一期工程：旱季 60×10^4 m^3/d，雨季 135×10^4 m^3/d，建设预处理工程；二期工程：在一期工程的基础上完成旱季 60×10^4 m^3/d 的二级生物处理工程，雨季 135×10^4 m^3/d 的一级处理及污泥处理工程建设；三期工程：旱季增加 20×104 m^3/d 的二级生物处理，雨季增加 30×104 m^3/d 的一级处理及污泥处理。该污水处理厂已于 2015 年年底建成投产。

根据该市主城区 42 家工业企业排放的废水水质及 16 个污水排放口水质实测数据，确定设计进水水质为 BOD_5 180 mg/L、COD 360 mg/L、SS 250 mg/L、TN 45 mg/L、TP 5 mg/L。该市长江段的水质要求达到国家《地表水环境质量标准》（GB 3838—2002）中的Ⅲ类水质标准。设计出水水质必须达到《污水综合排放标准》（GB 8978—1996）一级标准的要求，即设计出水水质为 BOD≤20 mg/L、COD≤50 mg/L、SS≤20 mg/L、NH_4^+-N≤8 mg/L、TP≤0.5 mg/L。

污水处理采用厌氧—缺氧—好氧（AAO）脱氮除磷工艺，为满足出水含磷指标，采用化学除磷辅助设施。污水处理工艺流程如图 9-14 所示。

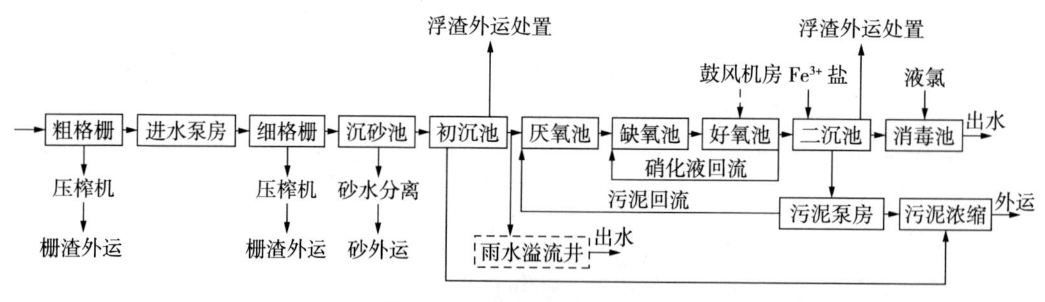

图 9-14　污水处理工艺流程

该厂工艺的主要特征如下：

（1）采用灵活的污水处理工艺：对 AAO 反应池布置三处不同位置的进水点，两处不同位置的回流污泥进泥点，增强了工艺的灵活性，既可按常规 AAO 反应池（厌氧、缺氧、好氧）工艺运行，灵活分配碳源，又可按倒置 AAO 反应池（厌氧、缺氧、好氧）工艺运行。

（2）采用物化法深度除磷：根据进出水水质条件，磷酸盐指标从 5 mg/L 降到 0.5 mg/L，采用生物除磷脱氮与化学深度除磷相结合工艺，是最经济、最有效的。该工艺在国内外均有成功的经验，能有效控制污水中磷的排放量，减少水体富营养化发生的可能性，同时对污泥水加药除磷，使磷从系统中能全部去除，保证除磷效果。

（3）先进的加药装置：该厂采用先进的模糊控制理论设计加药装置，使全厂的自动化程度达到一级水准，同时，可大大减少加药量。

该厂产生的污泥，采用机械浓缩、厌氧中温消化、机械脱水后外运处置，污泥气综合利用。针对初沉污泥和剩余污泥（含化学污泥）的浓缩特性不同，对污泥单纯重力浓缩和初沉污泥重力浓缩，剩余污泥机械浓缩进行了比选，结果表明机械浓缩可以使消化池体积减少 33%，减低工程投资 16.7%。污泥处理工艺流程如图 9–15 所示。

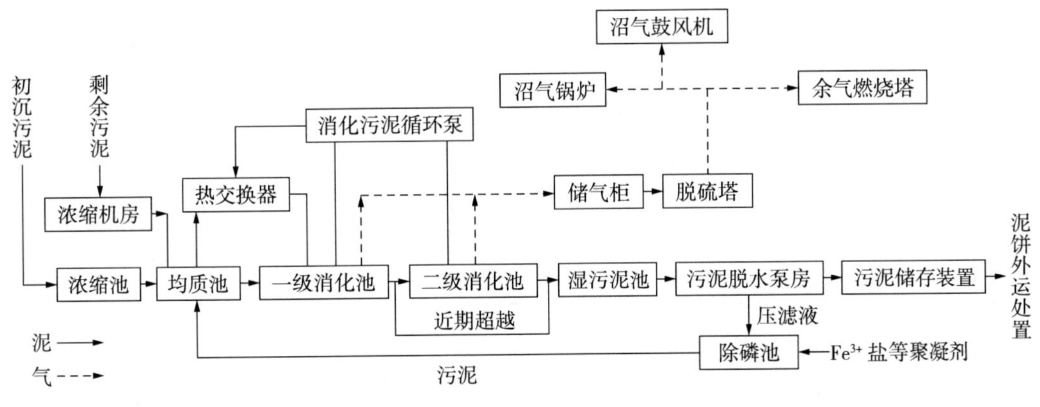

图 9–15　污泥处理流程

厂区高程布置如图 9–16 所示。

高程设计一般有平坡式和阶梯式两种布置，当原地面高差变化不大时，一般采用平坡式布置，当原地面高差变化大时，一般采用阶梯式布置。根据该污水处理厂地形具体条件，污水处理厂征地范围内原地面高差最大为 90 m，所以采用了阶梯式高程布置。根据污水量大、现状污水处理厂厂址地形标高由西向东倾斜，即向长江坡降的特点，污水处理构筑物流程采用由西向东依次成阶梯布置，利用地形条件减少构筑物挖深及土方数量，采用了 8 个台阶设计标高。

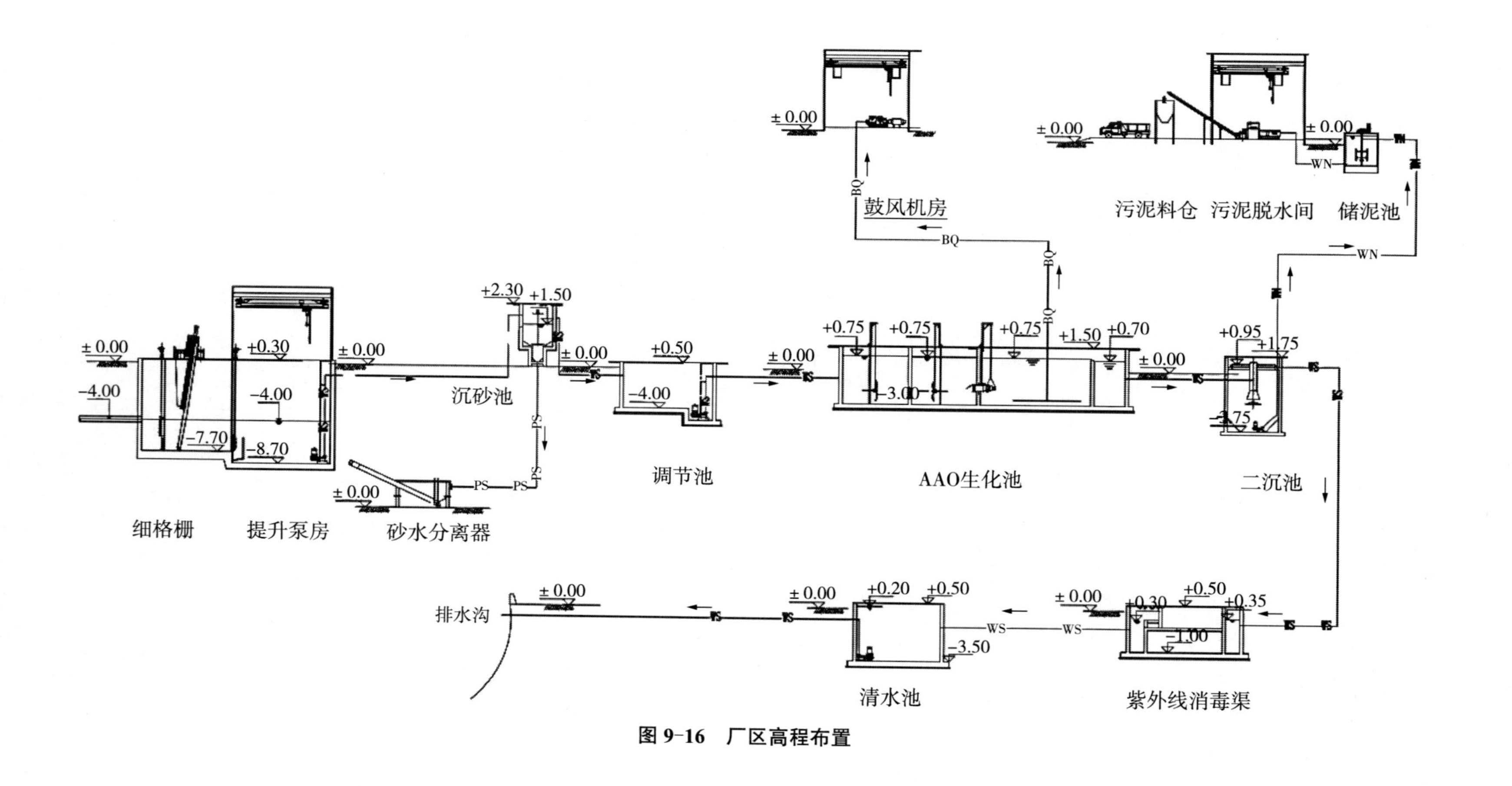
鼓风机房
污泥料仓
污泥脱水间
储泥池
细格栅
提升泵房
砂水分离器
沉砂池
调节池
AAO生化池
二沉池
排水沟
清水池
紫外线消毒渠

图 9-16 厂区高程布置

主要构筑物及设计参数如下：

（1）初次沉淀池：采用平流式矩形池，共 4 座，近期 3 座，远期增加 1 座，每座平面尺寸为 90 m×48 m，分 6 格，每格 8 m，水深 4 m。旱季最大流量时表面水力负荷为 2.48 m^3/（m^2·h），雨季最大污水量时表面水力负荷为 4.29 m^3/（m^2·h），旱季沉淀时间为 1.61 h，雨季沉淀时间为 0.93 h，设计长宽比为 4.75，沉淀污泥含水率为 97.5%。

（2）AAO 生物反应池：共 4 座，近期 3 座，远期增加 1 座，每座分 2 池，每池平面尺寸为 185 m×39.5 m，有效水深 6 m。设计流量为 60×10^4 m^3/d，曝气反应池总容积为 263 070 m^3，MLSS 为 3.3 kg/m^3，停留时间为 10.5 h，污泥龄为 22.4 d，污泥负荷为 0.094 kg BOD_5/（kgMLSS·d），厌氧区 / 缺氧区 / 好氧区容积比 =1/1.5/4.5，污泥回流比为 100%，总内回流比为 300%，气、水比为 5.83。

（3）二次沉淀池：采用平流式矩形池，共 8 座，近期 6 座，远期增加 2 座，每座平面尺寸为 90 m×48 m，分 6 格，每格 8 m，水深 3.5 m。旱季最大流量时的表面水力负荷为 1.08 m^3/（m^2·h），旱季最大流量时的停留时间为 3.7 h，出水堰流率＜1.7 L/s/m，沉淀污泥含水率为 99.2% ～ 99.3%。

（4）污泥消化池：采用中温消化工艺，蛋形构造，污泥总停留时间为 20 d，33 ～ 35℃中温消化，分一、二级，停留时间比例为 2∶1。设计污泥流量为 3 630 m^3/d，设计污泥量 145 200 kg/d，挥发性有机物（VSS）含量为 60%，挥发性有机物量为 87 120 kg/d，污泥停留 20 d，挥发性有机物降解率为 40%，消化后污泥干固体量为 110 350 kg/d（含水率 96%），消化后污泥流量为 2 759 m^3/d，有机物总降解率为 24%，沼气产率为 8.5 m^3 气 /m^3 泥、0.5 m^3 气 /kg VSS，满负荷沼气产生量为 30 800 m^3/d。

（5）污泥脱水机房：机房及污泥贮存装运区建筑面积共 630 m^2。近期设置 4 台离心脱水机（3 用 1 备），远期增加 1 台。单台流量为 38.5 m^3/h，功率为 80 kW。设计污泥流量为 2 759 m^3/d，设计污泥量为 110 350 kg/d，设计脱水后污泥含固率为（25±2）%，脱水后污泥量为 441 m^3/d，凝聚剂加药量为 331 kg/d。

习　题

1. 城镇水厂的自用水量应根据原水水质和所采用的处理方法以及构筑物类型等因素通过计算确定，一般可采用设计水量的（　　）。

A. 1% ～ 5%　　B. 3% ～ 8%

C. 5% ～ 10%　　D. 8% ～ 15%

2. 水处理构筑物的设计，应按原水水质最不利情况（如沙峰等）时，所需最大供水量进行（　　）。

A. 设计　　B. 校核

C. 对比　　　　　　　　　　　　　　D. 调整

3. 给水厂设计的普通快滤池滤层厚度为 0.7 m，滤层表面标高 8 m，沉淀池出水水位标高 9.5 m，沉淀池至每格滤池的水头损失最大为 0.4 m，该流程的主要问题是（　　）。

A. 沉淀池至滤池的水头损失太大　　　B. 沉淀池至滤池的水头损失太小

C. 石英砂滤层厚度太薄　　　　　　　D. 沉淀池至滤池的高程差太小

4. 水厂设计时，应考虑任一构筑物或设备进行检修、清洗或（　　）工作时仍能满足供水要求。

A. 停止　　　　　　　　　　　　　　B. 间歇

C. 交替　　　　　　　　　　　　　　D. 临时

5. 净水厂排泥水处理系统的规模应按满足全年（　　）日数的完全处理要求确定。

A. 100%　　　　　　　　　　　　　 B. 90% ～ 95%

C. 80% ～ 90%　　　　　　　　　　 D. 75% ～ 95%

6. 原水的含砂量或色度、有机物、致突变前体物等含量较高、臭味明显时，可在常规处理（　　）增设预处理。

A. 后　　　　　　　　　　　　　　　B. 中间

C. 前　　　　　　　　　　　　　　　D. 前或后

7. 污水厂中预处理单元和二沉池的设计流量应按（　　）确定。

A. 平均日流量　　　　　　　　　　　B. 平均日流量乘以日变化系数

C. 平均日流量乘以时变化系数　　　　D. 平均日流量乘以总变化系数

8. 污水处理厂厂址的选择原则是（　　）。

A. 位于城镇水体的上游　　　　　　　B. 在城镇夏季最大频率风向的上风向侧

C. 靠近居住区和农田，便于回用　　　D. 少占农田

9. 对污水处理厂内管渠的设计，下列说法中错误的是（　　）。

A. 厂内管渠应按平均时流量设计，最高时流量校核

B. 应设置管廊

C. 应合理布置处理构筑物的超越管渠

D. 处理构筑物应设排空设施，排出水应回流处理

10. 污水处理工艺流程选定不一定必须考虑（　　）。

A. 污水的处理程度以及原污水的水量与污水量日变化程度

B. 工程造价、运行费用以及占地面积

C. 当地的自然与工程条件，工程施工的难易程度，以及运行管理需要的技术条件

D. 优先采用流行工艺和先进工艺

11. 城镇污水处理厂的平面布置原则不正确的是（　　）。

A. 总图布置要考虑近远期结合，厂区面积应按远期规划总规模控制

B. 生产管理建筑物尽量与生产构筑物组合在一起

C. 厂内管线种类较多，应考虑综合布置、避免发生矛盾

D. 污水和污泥的处理构筑物宜根据情况尽可能分别集中布置

12. 污水处理厂的高程布置，一般应遵循的原则是（　　）。

A. 处理水必须能自流排入水体

B. 可不计算各处理构筑物和连接管渠的水头损失

C. 尽量一次提升，避免中间加泵站

D. 分期建设的污水处理厂，水头损失设计按分期设计

第 10 章　污泥的处理与处置

污水处理过程会产生大量污泥，城镇污水处理厂的污泥产量占处理水量的 0.3% ～ 0.5%（以含水率为 97% 计）。污泥处理处置的目的是污泥的减量化、无害化及资源化，污泥处理处置的原则是“循环利用、节能降耗、安全环保、稳妥可靠、因地制宜”等。

城镇污水厂污泥的减量化处理包括污泥体积的减少和污泥质量的减少。污泥体积的减少一般采用污泥浓缩、脱水、干化等技术，污泥质量的减少一般采用污泥消化、污泥焚烧等技术。城镇污水厂污泥的无害化处理包括污泥稳定（不易腐败）和减少污泥中致病菌数量和寄生虫数量，降低污泥臭味，以利于对污泥的进一步处理和利用。城镇污水厂污泥的资源化处理包括污泥消化产生沼气回收生物能源、污泥土地利用、建材利用等，变废为宝。

城镇污水厂污泥的处理处置应根据地区经济条件和环境条件，优先进行减量化和无害化，有条件时应考虑污泥的资源化利用。

10.1　污泥的来源、特征与基本的处理、处置方案

10.1.1　污泥的来源

城镇污水系统中产生的污泥称为城镇污水污泥，主要是在城镇污水与工业废水处理过程中产生的浮渣与沉淀物，统称为污泥。

污泥按来源不同可分为以下几种：

（1）初次沉淀污泥，来自初次沉淀池，含水率一般为 95% ～ 98%。

（2）剩余活性污泥，来自活性污泥法后的二次沉淀池，含水率一般为 99% ～ 99.9%。

（3）腐殖污泥，来自生物膜法后的二次沉淀池，含水率一般为 97% ～ 99%。

以上 3 种污泥统称为生污泥或新鲜污泥。

（4）消化污泥，生污泥经厌氧消化或好氧消化处理后，称为消化污泥或熟污泥。

（5）化学污泥，用化学沉淀法处理后产生的沉淀物称为化学污泥或化学沉渣。

10.1.2　污泥特征

污泥成分十分复杂，其中有害、有毒物质（如寄生虫卵、病原微生物与细菌等物质）；各种天然有机物及化学合成有机物（如苯并［a］芘、有机卤化物、多氯联苯、二噁英等有毒、难降解物质）；重金属（如铜、锌、镍、铬、镉、汞、铅及砷、硫化物）；有用物质［如植物营养元素（氮、磷、钾）、有机物和水分］。

污泥采用含水率、相对密度、污泥比阻、污泥肥分、重金属含量、挥发性固体、灰分、燃烧热值、细菌总数、粪大肠菌群数、寄生虫卵数等指标进行特征描述。

10.1.2.1　物理指标

（1）污泥含水率

污泥中所含水分的质量与污泥总质量之比的百分数称为污泥含水率。污泥含水率高，体积大，相对密度接近 1。污泥的体积、质量与所含固体浓度之间的关系，可用式（10-1）表示：

$$\frac{V_1}{V_2}=\frac{W_1}{W_2}=\frac{100-p_2}{100-p_1}=\frac{C_2}{C_1} \tag{10-1}$$

式中：p_1、V_1、W_1、C_1——污泥含水率及含水率为 p_1 时的污泥体积、质量与固体物质浓度；

p_2、V_2、W_2、C_2——污泥含水率及含水率为 p_2 时的污泥体积、质量与固体物质浓度。

【例 10-1】污泥含水率从 97.5% 降到 95%，求污泥体积。

【解】：由式（10-1）得

$$V_2=V_1\frac{100-p_1}{100-p_2}=V_1\frac{100-97.5}{100-95}=\frac{1}{2}V_1$$

污泥含水率从 97.5% 降到 95%，含水率仅下降 2.5%，但体积减小一半。式（10-1）适用于含水率大于 65% 的污泥。因含水率低于 65% 以后，体积内出现很多气泡，体积与质量不再符合式（10-1）的关系。

表 10-1　污泥含水率及其相态

含水率 /%	污泥状态	含水率 /%	污泥状态
90 以上	几乎为液体	60 ～ 70	几乎为固体
80 ～ 90	粥状物	50	黏土状
70 ～ 80	柔软状	—	—

【例 10-2】某城市污水厂设计规模为 100 000 m³/d，设计进水水质 SS=200 mg/L，

BOD_5=250 mg/L，初沉池 SS 沉淀效率为 55%，初沉排泥水含水率为 97%，脱水后含水率降低至 80%，如污泥密度按 1 000 kg/m^3 计，则该污水厂初沉每日脱水污泥的产量为多少？

【解】：方法一：

1. 含水率为 97% 污泥量：

$$Q_P = \frac{C_0 \eta Q}{1\,000(1-P)\rho} = \frac{100\,000 \times 0.55 \times 200}{1\,000 \times (1-0.97) \times 1\,000} = 366.7(\text{m}^3)$$

2. 含水率为 80% 污泥量：

$$\frac{Q_1}{Q_2} = \frac{V_1}{V_2} = \frac{1-P_2}{1-P_1} \Rightarrow V_2 = \frac{1-P_1}{1-P_2} \times V_1 = \frac{1-0.97}{1-0.8} \times 366.7 = 55(\text{m}^3/\text{d})$$

方法二：

浓缩只是改变了污泥含水率，固体质量守恒：

$$Q_P = \frac{C_0 \eta Q}{1\,000(1-P)\rho} = \frac{100\,000 \times 0.55 \times 200}{1\,000 \times (1-0.8) \times 1\,000} = 55(\text{m}^3/\text{d})$$

（2）湿污泥相对密度与干污泥相对密度

湿污泥质量等于污泥所含水分质量与干固体质量之和，湿污泥相对密度等于湿污泥质量与同体积的水质量之比值。由于水相对密度为 1，所以湿污泥相对密度 γ 可用式（10–2）计算：

$$\gamma = \frac{p + (100-p)}{p + \dfrac{100-p}{\gamma_s}} = \frac{100\gamma_s}{p\gamma_s + (100-p)} \tag{10-2}$$

式中：γ—湿污泥相对密度；

p—湿污泥含水率，%；

γ_s—污泥中干固体物质平均相对密度，即干污泥相对密度。

$$\gamma_s = \frac{250}{100 + 1.5p_v} \tag{10-3}$$

式中：p_v—干固体物质中有机物所占百分比，%。

【例 10–3】已知初次沉淀池污泥的含水率为 95%，有机物含量为 65%，求干污泥和湿污泥的相对密度。

【解】干污泥相对密度用式（10–3）计算：

$$\gamma_s = \frac{250}{100 + 1.5p_v} = \frac{250}{100 + 1.5 \times 65} = 1.26$$

湿污泥相对密度用式（10–2）计算：

$$\gamma_s = \frac{100\gamma_s}{p\gamma_s + (100 - p)} = \frac{100 \times 1.26}{95 \times 1.26 + (100 - 95)} = 1.008$$

（3）污泥比阻

污泥比阻是表示污泥脱水难易程度的重要指标。比阻的定义：单位过滤面积上，过滤单位质量的干固体所受的阻力，单位为 m/kg。污泥具有一定的可压缩性，通常采用压缩系数来评价污泥压缩脱水的性能。压缩系数大的污泥，其比阻随过滤压力的升高而上升较快，这种污泥采用真空过滤或离心脱水；压缩系数小的污泥采用板框和带式压滤机脱水。污泥的比阻和压缩系数见表 10-2。

表 10-2　污水污泥的比阻和压缩系数

污泥种类	比阻（$\times 10^{12}$ m/kg）	压缩系数
初次沉淀池	46.1 ～ 60.8	0.54
消化污泥	123.6 ～ 139.3	0.64 ～ 0.74
活性污泥	164.8 ～ 282.5	0.81
腐殖污泥	59.8 ～ 81.4	1.0

10.1.2.2　化学指标

（1）污泥肥分

污泥中含有大量植物生长所必须的成分（氮、磷、钾）、微量元素及土壤改良剂（有机腐殖质）。我国城镇污水处理厂各种污泥所含肥分见表 10-3。

表 10-3　我国城镇污水处理厂污泥肥分（以干污泥计）

污泥类别	总氮（TN）/%	磷（以 P_2O_5 计）/%	钾（以 K_2O）计 /%	有机物 /%
初沉污泥	2.2 ～ 3.4	1.0 ～ 3.0	0.1 ～ 0.5	50 ～ 60
活性污泥	3.5 ～ 7.2	3.3 ～ 5.0	0.2 ～ 0.4	60 ～ 70
消化污泥	1.6 ～ 3.4	0.6 ～ 0.8	—	25 ～ 30

（2）重金属含量

污泥中重金属含量，决定于城镇污水中工业废水所占比例及工业性质。污水经二级处理后，污水中重金属离子有 50% 以上转移到污泥中。因此污泥中的重金属离子含量一般都比较高。当污泥作为肥料使用时，应符合《城镇污水处理厂污染物排放标准》（GB 18918—2002）中《农用污泥污染物控制标准》（GB 4284—2018）（表 10-4）的规定。

（3）挥发性固体和灰分

挥发性固体近似地等于有机物含量，灰分表示无机物含量。一般情况下，初次沉淀池沉淀污泥的挥发性固体为 50% ～ 70%，活性污泥为 60% ～ 85%，消化污泥为

30% ～ 50%。

表 10-4 《农用污泥污染物控制标准》(GB 4284—2018)

序号	控制项目	最高允许含量 /（mg/kg 干污泥）	
		在酸性土壤上（pH ＜ 6.5）	在中性和碱性土壤上（pH ≥ 6.5）
1	总镉	5	20
2	总汞	5	15
3	总铅	300	1 000
4	总铬	600	1 000
5	总砷	75	75
6	总镍	100	200
7	总锌	2 000	3 000
8	总铜	800	1 500
9	硼	150	150
10	石油类	3 000	3 000
11	苯并［*a*］芘	3	3
12	多氯代二苯二噁英 / 多氯代二苯并呋喃（PCDD/PCDF 单位：ng 毒性单位 /kg 干泥）	100	100
13	可吸附有机卤化物（AOX，以 Cl^- 计）	500	500
14	多氯联苯（PCBs）	0.2	0.2

（4）污泥的燃烧热值

污泥的燃烧热值决定于污泥来源、有机物的性质与含量。各类污泥的燃烧热值参见表 10-5。

表 10-5 各类污泥的燃烧热值

污泥种类	燃烧热平均值（以干污泥计）/（MJ/kg）	挥发性固体（以干污泥计）/ %
初次沉淀池污泥	10.7	60 ～ 90
活性污泥	13.30	60 ～ 80
初次沉淀池与二次沉淀池的混合污泥	20.43	—
消化污泥	9.89	30 ～ 60
无烟煤	25 ～ 29	—

10.1.2.3　卫生学指标

污泥的卫生学指标包括细菌总数、粪大肠菌群数、寄生虫卵数等治病物质。我国城镇污水处理厂污泥细菌总数与寄生虫卵均值参见表 10-6。

表 10-6　城镇污水处理厂污泥中细菌总数与寄生虫卵均值

污泥种类	细菌总数 /（10^5 个 /g）	粪大肠菌群数 /（10^5 个 /g）	寄生虫卵 /（10 个 /g）
初沉污泥	471.7	10 ～ 200	23.3（活卵率 78.3%）
活性污泥	738.0	80 ～ 7 000	17.0（活卵率 67.8%）
消化污泥	38.3	1.2	13.9（活卵率 60%）

10.1.3　污泥基本处理与处置方案

10.1.3.1　污泥处理的目的

污泥处理的目的：减量化、稳定化、无害化和资源化。

（1）减量化

因污泥的含水量高、体积大，须先减量，便于后续处理。基本方法是浓缩、脱水、干化与焚烧。

（2）稳定化

因污泥的有机物含量极高，易于腐败发臭，须先稳定处理，分解部分有机物。基本方法是化学稳定、厌氧消化与好氧消化、堆肥等。

（3）无害化

因污泥含有大量细菌、寄生虫卵、病原微生物，易引发传染病，必须无害化处理，提高卫生学指标。基本方法是厌氧消化、好氧消化、堆肥、消毒等。

（4）资源化

因污泥含有大量植物营养元素、水分及有机物质、无机物质等，可作为肥料与土壤改良剂、生物能源及建筑材料等领域的利用。基本方法是堆肥、厌氧消化制取沼气、裂解制取富氢燃气、混合烧制建筑材料、土地利用等。

10.1.3.2　污泥处理、处置的基本方案

污泥处理、处置方案的选择，决定于污泥的性质成分、当地的气候、环境保护、经济社会发展水平、工农业结构、土壤性质等因素。基本方案如下：

（1）生污泥—浓缩—消化—干化—土地利用；

（2）生污泥—浓缩—自然干化—堆肥—农业利用；

（3）生污泥—浓缩—消化—机械脱水—最终处置；

（4）生污泥—浓缩—脱水—焚烧—建材利用、土地利用；
（5）生污泥—湿污泥池—农林业利用；
（6）生污泥—浓缩—裂解制燃料—建材利用、土地利用；
（7）生污泥—浓缩—脱水—与垃圾混合填埋—农业利用。

10.2 污泥量计算与污泥输送

10.2.1 污泥量计算

城市污水厂污泥的产生主要受污水水质和污水处理工艺运行情况的影响，见表 10-7。

表 10-7 污水处理过程中污泥的产生及其影响因素

污泥	污泥产生及影响因素
初次污泥	由初次沉淀池排出的污泥成分取决于原污水的成分，产量取决于污水水质与沉淀池的运行情况，干污泥量与进水中的 SS 和沉淀效率有关，湿污泥量除与 SS 和沉淀效率有关外，还与排泥浓度有关
化学沉淀污泥	化学处理沉淀工艺中形成的污泥，其性质取决于被处理污染物和采用的化学药剂种类，产量则与原污水中污染物含量和投加的药剂种类及投加量有关
二次沉淀污泥	生物处理系统中排放的生物污泥，产生量取决于污水处理所采用的生化处理工艺和排泥浓度

表 10-8 不同处理工艺的污泥产生量 单位：g 干污泥 /m^3 污水

处理工艺	污泥产生量范围	典型值
初次污泥	110 ～ 170	150
活性污泥法	70 ～ 100	85
深度曝气	80 ～ 120	100
氧化塘	80 ～ 120	100
过滤	10 ～ 25	20
化学除磷：低剂量石灰（350 ～ 500 mg/L） 高剂量石灰（800 ～ 1 600 mg/L）	240 ～ 400 600 ～ 1 350	300 800
反硝化	10 ～ 30	20

10.2.1.1　初次沉淀池污泥量

根据污水中悬浮物浓度、污水流量、去除率及污泥含水率，用式（10-4）计算：

（1）按去除率计算

$$V = \frac{100C_0\eta Q}{10^3(100-p)\rho} \tag{10-4}$$

式中：V——初次沉淀污泥量，m^3/d；

Q——设计日平均污水流量，m^3/d；

η——去除率，%，以 80% 计；

C_0——进水悬浮物浓度，mg/L；

p——污泥含水率，%；

ρ——沉淀污泥密度，以 1 000 kg/m^3 计。

（2）按质量计算

$$\Delta X_1 = aQ(C_0 - C_e) \tag{10-5}$$

式中：ΔX_1——污泥产量，kg/d；

C_0——进水悬浮物浓度，kg/m^3；

C_e——出水悬浮物浓度，kg/m^3；

Q——设计平均日污水流量，m^3/d；

a——系数，无量纲，初沉池 a=0.8 ～ 1.0，化学强化一级处理和深度处理工艺根据投药量：a=1.5 ～ 2.0。

式（10-5）适用于初次沉淀池、水解池、AB 法 A 段和化学强化一级处理工艺的污泥质量，污泥质量换算成污泥体积，可根据含水率用式（10-1）计算。

10.2.1.2　剩余活性污泥量

$$\Delta X_2 = \frac{(aQL_r - bX_vV)}{f} \tag{10-6}$$

式中：ΔX_2——剩余活性污泥量，kg/d；

f——MLVSS/MLSS 之比值，对于生活污水，通常为 0.5 ～ 0.75；

L_r——BOD_5 降解量，kg/m^3，$L_r=L_a-L_e$；

L_a——曝气池进水 BOD_5 浓度，kg/m^3；

L_e——曝气池出水 BOD_5 浓度，kg/m^3；

V——曝气池容积，m^3；

X_v——混合液挥发性污泥浓度，kg/m^3；

a——污泥产率系数，kg VSS/kg BOD_5，通常可取 0.5 ～ 0.65；

b——污泥自身衰减率，kg/d，通常可取 0.05 ～ 0.1。

10.2.1.3 消化污泥干质量

消化处理后污泥量计算如下：

$$W_2 = W_1(1-\eta)\frac{f_1}{f_2} \tag{10-7}$$

式中：W_2——消化污泥干质量，kg/d；

W_1——原污泥干质量，kg/d；

η——污泥挥发性有机固体降解率，$\eta = \dfrac{q \times k}{0.35(W \times f_1)} \times 100\%$，0.35 是 COD 的甲烷转化系数，通常（$W \times f_1$）大于 COD 浓度，且随污泥的性质不同发生变化；

q—实际沼气产生量，m^3/h；

k——沼气中甲烷含量，%；

W——厌氧消化池进泥量，以干污泥（DSS）计，kg/h；

f_1——原污泥中挥发性有机物含量，%；

f_2——消化污泥中挥发性有机物含量，%；

消化污泥量可用下式计算：

$$V_d = \frac{(100-p_1)V_1}{100-p_d}\left[\left(1-\frac{p_{v1}}{100}\right)+\frac{p_{v1}}{100}\left(1-\frac{R_d}{100}\right)\right] \tag{10-8}$$

式中：V_d——消化污泥体积，m^3/d；

p_d——消化污泥含水率，取周平均值，%；

V_1——生污泥体积，取周平均值，m^3/d；

p_1——生污泥含水率，取周平均值，%；

p_{v1}——生污泥有机物含量，%；

R_d——可消化程度，取周平均值，%。

10.2.2 污泥输送方法

污泥管道运输，适用于含水率≥90% 的液态污泥，流动性较好。污泥管道运输是常用方法。管道运输，可分为重力管道与压力管道两种。重力管道输送时，距离不宜太长，管坡常用 0.01 ～ 0.02，管径不小于 200 mm，中途应设置清扫口，以便堵塞时用机械清通或高压水（污水处理厂出水）冲洗。压力管道输送时，需要进行水力计算。污泥管道输送所用污泥泵或渣泵，必须具备不易被堵塞与磨损，不易受腐蚀等基本条件。主要有 3 种类型：转子动力泵、容积泵及气提泵。

污泥含水率低于 90%，流动性很差，含水率为 80% 左右时流动性丧失，称为泥饼。含水率低于 65% 以下，泥饼呈块状，存在大量气泡。含水率再降低，则成粉末状。这类污泥宜用螺栓输送器、皮带输送器、卡车、驳船等。

驳船输送适用于不同含水率的污泥。污泥排海、污泥农林业利用等可考虑采用驳船输送。驳船输送具有灵活性高、运输费用低等优点。

若以管道输送的建设投资、运行管理费及每输送 1 m 距离的成本为“1”单位，对管道、卡车、驳船输送的综合经济比较列于表 10-9。

表 10-9　管道、卡车、驳船输送综合经济比较

	投资	管理费	输送 1 m 的成本
管道输送	1	1	1
驳船装运	0.82 ~ 1.30	2.60 ~ 4.00	6
卡车输送	2.25 ~ 7.00	27.0 ~ 34.0	30

10.3　污泥浓缩

污泥中含有大量的水分，初次沉淀污泥含水率为 95% ~ 97%，剩余活性污泥达 99% 以上。因此污泥的体积大，对污泥的后续处理造成困难。通过浓缩能够减少污泥的体积，节省污泥处理处置费用。污泥浓缩的目的在于减容。

污泥中所含水分大致分为四类：颗粒间的孔隙水、毛细水、污泥颗粒吸附水和颗粒内部水（图 10-1）。空隙水一般占污泥总水分的 65% ~ 85%，这部分水是污泥浓缩的主要对象，因为孔隙水所占比例最大，故浓缩是减容的主要方法。

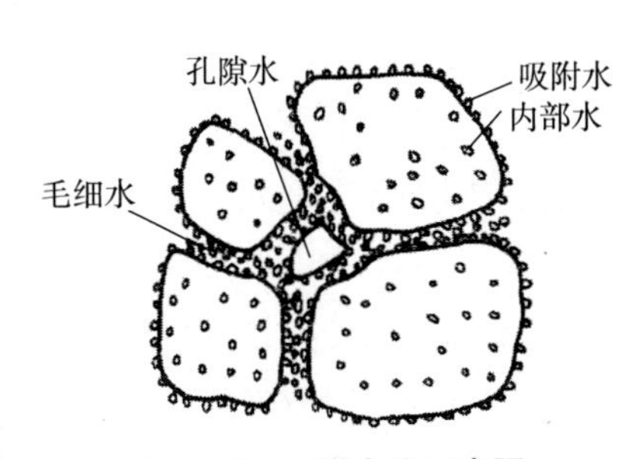

图 10-1　污泥水分示意图

毛细水，即颗粒间的毛细管内的水，占污泥总水分的 10% ~ 25%，脱除这部分的水必须要有较高的机械作用力和能量，可采用自然干化和机械脱水法去除。颗粒污泥吸附水指由于颗粒污泥的表面张力作用而吸附的水，而内部水指污泥中微生物体内的水分，这两部分水约占污泥中水分的 10%，可通过干燥和焚烧法脱除。

污泥浓缩的方法通常有重力浓缩、气浮浓缩、机械浓缩 3 种。机械浓缩有离心浓缩、带式浓缩、转鼓浓缩和螺压浓缩。目前，国内以重力浓缩为主，占 71.5%，机械浓缩和气浮浓缩分别占 21.4% 和 7.1%。由于污泥浓缩一般不需要添加调理剂，污泥浓缩设施的主要能源消耗为主机设备和配套设备的驱动动力。从表 10-10 中可以看出，污泥浓缩工艺中，重力浓缩的能耗比其他工艺能耗低很多，气浮浓缩次之，离心浓缩能耗最高。

表 10-10 不同浓缩工艺的污泥浓缩能耗比较

浓缩工艺	污泥类型	浓缩含固率 /%	比能耗 /（kW·h/t TDS）	药耗 /（kg PAM/t TDS）
重力浓缩	初沉污泥	8 ～ 10	1.3 ～ 2.9	0
重力浓缩	剩余活性污泥	2 ～ 3	4.4 ～ 13.2	0
离心浓缩	剩余活性污泥	5 ～ 7	200 ～ 300	0
带式浓缩机	剩余活性污泥	3 ～ 5	30 ～ 120	0.2 ～ 2
转鼓浓缩机	剩余活性污泥	4 ～ 8	50 ～ 100	3 ～ 7.5
螺压浓缩机	剩余活性污泥	4 ～ 8	50 ～ 100	3 ～ 7.5
气浮浓缩	剩余活性污泥	3 ～ 5	100 ～ 240	0

10.3.1 重力浓缩

重力浓缩是利用污泥中固体颗粒与水之间的相对密度差来实现污泥浓缩，是目前最常用的方法之一。初沉池污泥可直接进入浓缩池进行浓缩，含水率一般可从 95% ～ 97% 浓缩至 90% ～ 92%。剩余污泥一般不宜单独进行重力浓缩。如采用重力浓缩，含水率可从 99.2% ～ 99.6% 降到 97% ～ 98%。对于设有初沉池和二沉池的污水处理厂，可将这两种污泥混合后进行重力浓缩。含水率可由 96% ～ 98.5% 降至 93% ～ 96%。重力浓缩储存污泥能力强，操作要求一般，运行费用低，动力消耗小；但占地面积大，污泥易发酵产生臭气；对某些污泥（如剩余活性污泥）浓缩效果不理想；在厌氧环境中停留时间太长，产生磷的释放。一般适合没有除磷要求的污水厂，如用于除磷脱氮工艺，需要对上清液进行化学除磷处理。

重力浓缩池根据运行方式不同，可分为连续式和间歇式两种。

间歇式重力浓缩池（图 10-2）主要设计参数是停留时间，浓缩时间不宜小于 12 h。间歇式重力污泥浓缩池应设置可排出不同深度污泥水的设施，浓缩池上清液应返回污水处理构筑物进行处理。连续运行的重力浓缩池一般采用竖流式和辐流式沉淀池（图 10-3）的形式，多用于大中型污水厂。

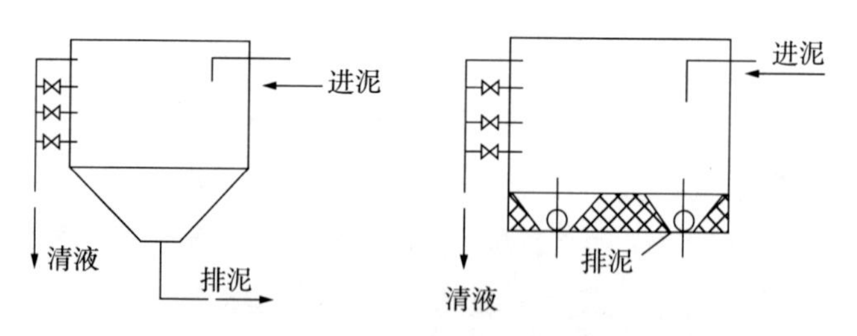

图 10-2 间歇式重力浓缩池

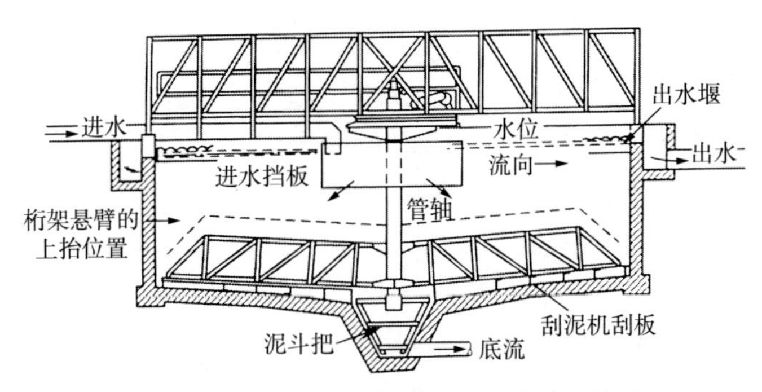

图 10-3 有刮泥机及搅拌杆的连续式浓缩池

10.3.1.1 浓缩池主要设计参数及要求

（1）固体通量（或污泥固体负荷）：单位时间内通过单位浓缩池表面的干固体量，单位为 kg/(m^2・d)。污泥固体负荷一般宜采用 30 ～ 60kg/(m^2・d)。当浓缩初沉污泥时，污泥固体负荷可取较大值；当浓缩剩余污泥时，应采用较小值。浓缩池的一般运行参数见表 10-11。

表 10-11 重力浓缩池生产运行数据（入流污泥浓度为 2 ～ 6 g/L）

污泥种类	污泥固体通量 /（kg/(m^2・d)）	浓缩污泥浓度 /（g/L）
生活污水污泥	1 ～ 2	50 ～ 70
初次沉淀污泥	4 ～ 6	80 ～ 100
改良曝气活性污泥	3 ～ 5.1	70 ～ 85
活性污泥	0.5 ～ 1.0	20 ～ 30
腐殖污泥	1.6 ～ 2.0	70 ～ 90
初沉污泥与活性污泥混合	1.2 ～ 2.0	50 ～ 80
初沉污泥与改良曝气活性污泥混合	4.1 ～ 5.1	80 ～ 120
初沉污泥与腐殖污泥混合	2.0 ～ 2.4	70 ～ 90
给水污泥	5 ～ 10	80 ～ 120

（2）水力负荷：单位时间内通过单位浓缩池表面面积的上清液溢流量，单位为 m^3/(m^2・h) 或 m^3/(m^2・d)。初沉污泥最大水力负荷可取 1.2 ～ 1.6 m^3/(m^2・h)；剩余污泥取 0.2 ～ 0.4 m^3/(m^2・h)。按固体负荷计算出浓缩池的面积后，应与按水力负荷核算出的面积进行比较，取较大值。

（3）浓缩时间：一般不宜小于 12 h。

（4）浓缩池有效水深：一般宜为 4 m。

（5）污泥室容积和排泥时间：应根据排泥方法和两次排泥的时间间隔而定，当采用定期排泥时，两次排泥的间隔时间一般可采用 8 h。

（6）浓缩后污泥的含水率：由二沉池进入污泥浓缩的污泥含水率为 99.2% ～ 99.6% 时，浓缩后污泥含水率可达 97% ～ 98%。

（7）采用栅条浓缩机时，其外缘线速度一般宜为 1 ～ 2 m/min，池底向泥斗的坡度不宜小于 0.05。

（8）当采用生物除磷工艺进行污水处理时，不应采用重力浓缩。

（9）重力浓缩池刮泥机上应设置浓缩栅条。

（10）污泥浓缩池一般宜有去除浮渣的装置。

【例 10-4】已知某城市污水处理厂剩余污泥量为 1 520 m^3/d，含水率为 99.2%，采用两个连续式重力浓缩池浓缩，每个浓缩池直径至少为多少？

【解】:（1）规范《室外排水设计规范（2016 年版）》（GB 50014—2006）7.2.1 条规定污泥固体负荷为 30 ～ 60kg/(m^2・d)，本题求最小直径，故选用最大污泥固体负荷 60 kg/(m^2・d) 计算：

$$A=\frac{QC}{M}=\frac{1\,520\div2\times(1-0.992)\times1\,000}{60}=101.39(\mathrm{m}^2)\Rightarrow D=11.4(\mathrm{m})$$，最少取 12 m。

（2）校核 12 m 的直径能否满足停留时间的要求，水深根据要求宜取 4 m：

$$T=\frac{V}{Q}=\frac{Ah}{Q}=\frac{3.14\times12\times12\div4\times4}{1\,520\div2}=0.595(\mathrm{d})=14.3(\mathrm{h})$$，满足不小于 12 h 的要求。

【例 10-5】某城市污水处理厂每天产生含水率为 98% 的初沉和二沉混合污泥 800 m^3（密度以 1.0 kg/L 计），设计采用连续式重力浓缩方法，设计取污泥固体负荷为 50 kg/(m^2・d)，水力负荷不超过 0.2 m^3/(m^2・h)，则污泥浓缩池的单池面积为多少？

A. 160 m^2　　B. 83 m^2　　C. 320 m^2　　D. 167 m^2

【解】：污泥处理构筑物个数不宜少于 2 个，按同时工作设计。此处按 2 个污泥浓缩池设计。

情况一：按污泥负荷进行计算：

$$A=\frac{QC}{M}=\frac{800\div2\times(1-0.98)\times1\,000}{50}=160(\mathrm{m}^2)$$

情况二：按水力负荷进行计算：

$$A=\frac{Q}{q}=\frac{800\div2\div24}{0.2}=83.33(\mathrm{m}^2)$$

答案选 A。

10.3.2　气浮浓缩

气浮浓缩可采用无机混凝剂如铝盐、铁盐、活性二氧化硅等，或有机高分子混凝剂如聚丙烯酰胺（PAM）等，提升气浮浓缩的效果。混凝剂可在水中形成便于吸附或俘获空气泡的表面，使污泥与气泡易于互相吸附。采用混凝剂的种类和剂量，宜通过试验决定。当气浮浓缩后的污泥要回流到曝气池时，不宜使用混凝剂。因为混凝剂会影响曝气池活性污泥的质量。

气浮浓缩池有圆形与矩形两种，如图 10-4 所示。

10.3.2.1　气浮池的设计

气浮浓缩池的设计内容主要包括气浮浓缩池面积、深度、空气量、溶气罐压力等。

（1）溶气比的确定

气浮时有效空气质量与污泥中固体物质量之比称为溶气比或气固比，用 A_a/S 表示。

无回流时，采用全部污泥加压：

$$\frac{A_a}{S}=\frac{S_a(fP-1)}{C_0} \tag{10-9}$$

有回流时，采用回流水加压：

$$\frac{A_a}{S}=\frac{S_aR(fP-1)}{C_0} \tag{10-10}$$

式中：A_a/S——气浮时有效空气总质量与入流污泥中固体总质量之比，即溶气比，一般为 0.005 ～ 0.060，常用 0.03 ～ 0.04，或通过气浮浓缩试验确定，$S=Q_0C_0$，mg/h，Q_0 为入流污泥流量，L/h；

C_0——入流污泥固体浓度，mg/L；

S_a——在 0.1 MPa 大气压下，空气在水中的质量饱和溶解度，mg/L，其值等于空气在水中的容积饱和溶解度（L/L）与空气密度（mg/L）的乘积，0.1 MPa 大气压下空气在不同温度时的容积溶解度及密度见表 10-12；

R——回流比，等于加压溶气水的流量与入流污泥流量之比，一般用 1.0 ～ 3.0；

f——回流加压水的空气饱和度，%，一般为 50% ～ 80%；

P——溶气绝对压力，一般为 0.2 ～ 0.4 MPa，当应用式（10-9）、式（10-10）时，以 2 ～ 4 kg/cm^2 代入。

式（10-9）和式（10-10）的等式右侧，分子是在 0.1 MPa 大气压下加压水可释放的空气质量（mg/L），分母是污泥固体中固体物质量（mg/L），式中“–1”是由于气浮在大气压下操作。

表 10-12　空气容积溶解度及密度

气温 /℃	溶解度 /（L/L）	空气密度 /（mg/L）	气温 /℃	溶解度 /（L/L）	空气密度 /（mg/L）
0	0.029 2	1 252	30	0.015 7	1 127
10	0.022 8	1 206	40	0.014 2	1 029
20	0.018 7	1 164			

（2）气浮浓缩池的表面面积

无回流时：

$$A = \frac{Q_0}{q} \tag{10-11}$$

有回流时：

$$A = \frac{Q_0(R+1)}{q} \tag{10-12}$$

式中：A——气浮浓缩池表面面积，m^2；

q——气浮浓缩池的表面水力负荷，见表 10-13，$m^3/(m^2 \cdot h)$ 或 $m^3/(m^2 \cdot d)$；

Q_0——入流污泥量，m^3/h 或 m^3/d；

R——回流比，等于加压溶气比的流量与入流污泥流量之比。

表面面积 A 求出后，需用固体负荷通量校核，如不能满足，则应采用固体负荷求得的面积。气浮浓缩可以使污泥含水率从 99% 以上降低到 95% ～ 97%，澄清液的悬浮物浓度不超过 0.1%，可回流到污水厂的进水泵房处理。

表 10-13　气浮浓缩池水力负荷值

污泥种类	入流污泥固体浓度 /%	表面水力负荷 /［$m^3/(m^2 \cdot h)$］	气浮污泥固体浓度 /%	表面固体负荷 /［$kg/(m^2 \cdot h)$］
活性污泥混合液	＜ 0.5	1.04 ～ 3.12	3 ～ 6	1.04 ～ 3.12
剩余活性污泥	＜ 0.5	2.08 ～ 4.17	3 ～ 6	2.08 ～ 4.17
纯氧曝气剩余活性污泥	＜ 0.5	2.50 ～ 6.25	3 ～ 6	2.50 ～ 6.25
初沉污泥与剩余活性污泥	1 ～ 3	4.17 ～ 8.34	3 ～ 6	4.17 ～ 8.34
初次沉淀污泥	2 ～ 4	＜ 10.8	3 ～ 6	＜ 10.8

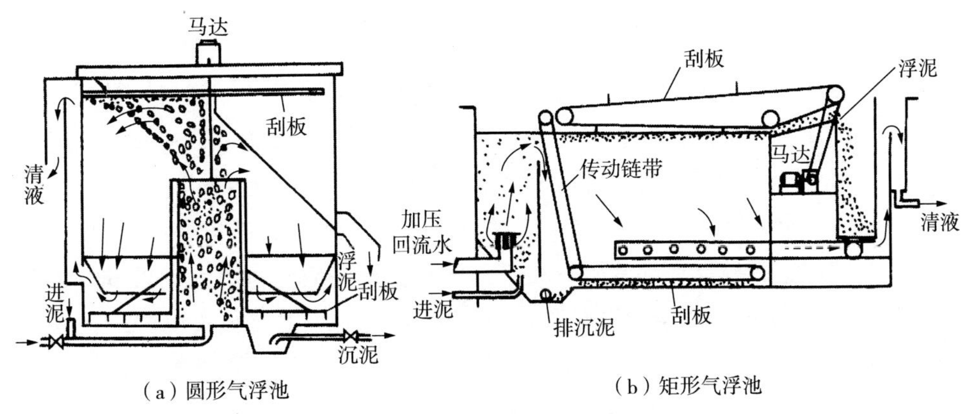

（a）圆形气浮池　　（b）矩形气浮池

图 10-4　气浮池基本形式

10.3.3　机械浓缩

10.3.3.1　离心浓缩

离心浓缩的原理是利用污泥中固体和液体的相对密度差，在离心力场中所受的离心力不同而被分离。由于离心力几千倍于重力，只需十几分钟，污泥含水率便可由 99.2% ～ 99.5% 浓缩至 91% ～ 95%，因此，离心浓缩占地面积小，设备全封闭，臭气少，工作环境较卫生；停留时间短，对于富磷污泥，可以避免磷的二次释放，从而可提高污水系统总的除磷率。但离心浓缩法耗电量和噪声较大，运行费用与机械维修费用较高；对操作人员要求较高。离心浓缩一般不需要絮凝剂调质，如果要求浓缩污泥含固率大于 6%，则可适量加入部分絮凝剂以提高含固量，但切忌加药过量，造成输送困难。离心浓缩适合于有除磷脱氮要求的污水处理厂，以及对不易重力浓缩的剩余活性污泥进行浓缩。

10.3.3.2　带式浓缩

带式浓缩主要由重力带构成，重力带在由变速装置驱动的辊子上移动，用聚合物调理过的污泥均匀分布在移动的带子上，在梳水犁的作用下将污泥中的水释放出来。带式浓缩通常在污泥含水率大于 98% 的情况下使用，常用于剩余污泥的浓缩，将其含水率从 99.2% ～ 99.5% 浓缩至 93% ～ 95%。带式浓缩可与脱水机一体，节省空间；工艺控制能力强；投资和动力消耗较低；噪声低，设备日常维护简单；添加少量絮凝剂便可获得较高固体回收率（高于 90%），可提供较高的浓缩固体浓度；停留时间较短，对于富磷污泥，可以避免磷的二次释放，从而可提高污水系统总的除磷率，适合有除磷脱氮要求的污水厂。带式浓缩存在现场环境卫生差、须添加絮凝剂、产生臭气和腐蚀等问题。

10.3.3.3 转鼓浓缩

转鼓浓缩系统包括絮凝调理和转动的圆柱形筛网或滤布。污泥与絮凝剂充分反应后，进入转鼓，污泥被截留在转鼓的筛网或滤布上，而水分通过筛网或滤布流出，达到浓缩的目的。转鼓浓缩可用于对初沉污泥、剩余污泥以及两者的混合污泥进行浓缩。一般可将污泥含水率从 97% ～ 99.5% 浓缩至 92% ～ 94%。转鼓浓缩可与脱水机一体，节省空间；噪声低；投资和动力消耗较低；容易获得高的固体浓度，固体回收率高于 90%；滤网更换方便；停留时间较短，对于富磷污泥，可以避免磷的二次释放，从而可提高污水系统总的除磷率，适合有除磷脱氮要求的污水厂。但转鼓浓缩存在现场环境卫生差、加药量较大（一般在 4 ～ 7 g 药剂 /kg 干泥）、产生臭气和腐蚀以及滤网易被细小颗粒堵塞等问题。

10.3.3.4 螺压（螺旋）式浓缩

螺压（螺旋）式浓缩与转鼓浓缩类似，但其转鼓外壳固定不动，絮凝污泥在螺旋输送器的缓慢推动下，从转鼓的进口向出口缓慢运动的过程中不断翻转，释放出水分，实现浓缩。螺压（螺旋）式浓缩机的浓缩效果与转鼓式浓缩机的效果类似，一般也可将污泥含水率从 97% ～ 99.5% 浓缩至 92% ～ 94%。

10.4 污泥厌氧消化

10.4.1 厌氧消化机理

厌氧生物降解是在无氧、无硝酸盐存在的条件下，由兼性微生物及专性厌氧微生物的作用，将复杂的有机物分解成无机物，最终产物是 CH_4、CO_2 以及少量的 H_2S、NH_3、H_2 等，从而使污泥得到稳定处理。厌氧生物降解也称为厌氧消化。

污泥厌氧消化是一个复杂的过程。1979 年，布莱恩特（Bryant）等根据微生物的生理种群，提出厌氧消化三阶段理论：水解发酵阶段（第一阶段）、产酸脱氢阶段（第二阶段）、产甲烷阶段（第三阶段），如图 10-5 所示。

第一阶段：水解发酵阶段是将大分子不溶性复杂有机物在微生物胞外酶的作用下，水解成小分子溶解性脂肪酸、葡萄糖、氨基酸、PO_4^{3-} 等，然后渗入细胞。参与的微生物主要是兼性细菌与专性厌氧细菌，兼性细菌的附带作用是消耗掉废水带来的溶解氧，为专性厌氧细菌的生长创造有利条件。此外还有真菌（毛霉、根霉、共头霉、曲霉）以及原生动物（鞭毛虫、纤毛虫、变形虫）等，可统称为水解发酵菌。碳水化合物水解成葡萄糖，是最易分解的有机物；含氮有机物水解较慢，故蛋白质及非蛋白质等的含氮化合物（嘌呤、嘧啶等）是在继碳水化合物及脂肪的水解后进行，经水解为脲、胨、肌酸、多肽后形成氨基酸；脂肪的水解产物主要是脂肪酸。

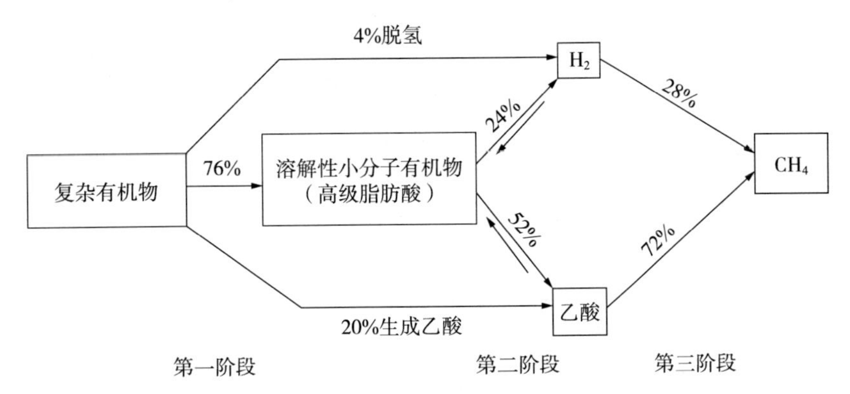

图 10-5　厌氧降解模式

第二阶段：产酸脱氢阶段是将第一阶段的产物降解为简单脂肪酸（乙酸、丙酸、丁酸等）并脱氢。奇数碳有机物还产生 CO_2，如：

戊酸 $CH_3CH_2CH_2CH_2COOH+2H_2O \longrightarrow CH_3CH_2COOH+2H_2$

丙酸 $CH_3CH_2COOH+2H_2O \longrightarrow CH_3COOH+3H_2+CO_2$

乙醇 $CH_3CH_2OH+H_2O \longrightarrow CH_3COOH+2H_2$

参与作用的微生物是兼性及专性厌氧菌（产氢产乙酸菌以及硝酸盐还原菌 NRB、硫酸盐还原菌 SRB 等）。故第二阶段的主要产物是脂肪酸、CO_2、碳酸根 HCO_3^-、NH_4^+ 和 HS^-、H^+ 等，此阶段速率较快。

第三阶段：产甲烷阶段是将第二阶段的产物转化为 CH_4，参与的微生物为绝对厌氧菌（产甲烷菌），此阶段的反应速率缓慢，是厌氧消化的控制阶段。

厌氧消化的最终产物是二氧化碳和甲烷气（或称污泥气、消化气、沼气），并能杀死部分寄生虫卵与病菌，减少污泥体积，使污泥得到稳定。所以污泥厌氧消化过程也称污泥生物稳定过程。与好氧氧化相比，厌氧消化产能量低，所产能量大部分用于细菌自身的活动，只有少量用于合成新细胞，故厌氧生物处理产生的污泥量远少于好氧氧化。以乙酸钠分别在好氧氧化与厌氧消化为例说明：

好氧氧化时：

$$C_2H_3O_2Na+2O_2 \longrightarrow NaHCO_3+H_2O+CO_2+848.8\ kJ/mol$$

厌氧消化时：

$$C_2H_3O_2Na+H_2O \longrightarrow NaHCO_3+CH_4+29.3\ kJ/mol$$

可见，相同底物，厌氧消化产生的能量仅为好氧氧化的 1/20 ～ 1/30。

10.4.2 厌氧消化通式及产气量计算

10.4.2.1 厌氧消化通式

伯兹伟尔（Buswell）与莫拉（Mueller）归纳出不含氮有机物的厌氧消化通式为

$$C_nH_aO_b+\left(n-\frac{a}{4}-\frac{b}{2}\right)H_2O\rightarrow\left(\frac{n}{2}+\frac{a}{8}-\frac{b}{4}\right)CH_4+\left(\frac{n}{2}-\frac{a}{8}+\frac{b}{4}\right)CO_2+\text{能量}$$

含氮有机物的厌氧消化通式为

$$C_nH_aO_bN_d+\left(n-\frac{a}{4}-\frac{b}{2}+\frac{3}{4}d\right)H_2O\rightarrow\left(\frac{n}{2}+\frac{a}{8}-\frac{b}{4}-\frac{3}{8}d\right)CH_4+d\,NH_3$$
$$+\left(\frac{n}{2}-\frac{a}{8}+\frac{b}{4}+\frac{3}{8}d\right)CO_2+\text{能量}$$

当 d=0 时，即不含氮有机物分解通式。

10.4.2.2 厌氧消化产气量

厌氧消化产气量可用伯兹伟尔—莫拉通式计算，也可用综合指标 $BOD_{总}$或 COD 计算。

（1）用伯兹伟尔—莫拉通式计算产气量

【例 10-6】伯兹伟尔—莫拉通式计算产气量：以丙酸厌氧消化反应为例，

$$CH_3CH_2COOH+0.5H_2O\rightarrow 1.75CH_4+1.25CO_2$$

丙酸 1 kg 经厌氧消化，用伯兹伟尔—莫拉通式中，各项系数为 n=3，a=6，b=2。在标准状态下（0℃，1 atm），计算产生的 CH_4、CO_2 体积。

【解】丙酸的分子量为 74，1 kg 丙酸的克分子数为 $\frac{1\,000}{740}$，在标准状态下，1 g 分子气体体积为 22.4 L。

设产生 CH_4 的体积为 x，$1:(22.4\times1.75)=\frac{1\,000}{74}:x$

得 x=529 L，

设产生 CO_2 的体积为 y，$1:(22.4\times1.25)=\frac{1\,000}{74}:y$

得 y=378 L。

总产气量为 $x+y$=529+378=907(L)，CH_4 占 58%，CO_2 占 42%。

（2）用 $BOD_{总}$或 COD 计算产气量

1）根据 $BOD_{总}$计算

上列通式预示去除 1 kg $BOD_{总}$（或 COD）可产生 0.35 L CH_4。但通式未包括细菌体增殖。梅特柯夫和埃迪（Metcalf-Eddy）建议用下式计算：

$$M_{CH_4}=0.35(\eta QC-1.42R_g)V \tag{10-13}$$

式中：M_{CH_4}——甲烷产量，L/s；

C——BOD$_{总}$浓度，g/L；

R_g——微生物增长量，kg/d。

2）根据 COD 计算

在实际工程中，污泥所含有机物极其复杂，一般采用 COD 作为有机物数量的综合指标。COD 约为理论需氧量（TOD）的 95%，甚至接近 100%。因此根据去除的 COD 量，计算实际产气量。麦卡蒂（McCarty）用甲烷气体的氧当量计算厌氧消化产气量，反应式为

$$CH_4+2O_2 \longrightarrow CO_2+2H_2O \tag{10-14}$$

上式表明，在标准状态（0 ℃，1 atm）下，每消耗 2 g 分子氧（即 COD，2×16×2=64 g），可还原 1 g 分子的 CH_4，1 g 分子气体体积为 22.4 L，故每降解 1 g COD 产生体积为$\frac{22.4}{64}$=0.35(L)的 CH_4。根据查理定理，计算不同温度下产生甲烷体积。

$$V_2=\frac{T_2}{T_1}V_1 \tag{10-15}$$

式中：V_2——消化温度 T_2 时的甲烷体积，L；

V_1——标准状态下（0℃，1 atm）下，甲烷体积，L；

T_1——标准状态下的绝对温度，0+273=273(K)；

T_2——实际消化温度 t 时的绝对温度（t+273）K。

根据去除的 COD，计算甲烷体积：

$$V_{CH_4}=V_2[Q(C_0-C_e)-1.42QC_e]\times10^{-3} \tag{10-16}$$

式中：V_{CH_4}——甲烷产气量，m^3/d；

Q——入流污泥量，m^3/d；

C_0、C_e——入流污泥、排出污泥的 COD 浓度，g/m^2，含不降解 COD。

沼气总量（含 CO_2 及其他微量气体）：

$$V=V_{CH_4}\frac{1}{p} \tag{10-17}$$

式中：p——以小数表示的沼气中甲烷含量。

10.4.3　污泥厌氧消化的影响因素

10.4.3.1　消化温度的影响

对于温度的适应性不同，甲烷菌可分为三类：中温甲烷菌（适应温度 30 ～ 36℃），

维持中温消化处理称中温厌氧消化；高温甲烷菌（或称嗜热甲烷菌，适应温度 50 ～ 55℃），维持适应温度 50 ～ 55℃进行消化处理称高温厌氧消化，高温厌氧消化对 COD 的去除率通常比中温消化高 25% ～ 50%，但高温消化潜在的问题是高温甲烷菌的内源呼吸消耗较大，细菌的老化与死亡率也较高，使细菌的产率降低，挥发性脂肪酸（VFS）可能积累至 1 000 mg/L 左右；常温甲烷菌（适应温度 8 ～ 30℃），称常温厌氧消化，COD 的去除率约为中温消化的 10% ～ 20%。高温消化比中温消化的产气量高 1 倍左右。消化温度对反应速率的影响非常明显，在 8 ～ 55℃温度范围内，相同的工艺条件，温度每升高 10℃，反应速率增加 2 ～ 4 倍。温度变化，不利于厌氧甲烷菌的生长繁殖。允许的变动幅度为 ±1℃ /d。超过此值会破坏厌氧消化的正常运行，甚至突然停止产气、有机酸积累，pH 降低，最好不要超过 0.5℃ /d。

常温消化的容积负荷为 0.6 ～ 2.0 kg $BOD_5/(m^3 \cdot d)$；中温消化的容积负荷为 2 ～ 3 kg $BOD_5/(m^3 \cdot d)$；高温消化的容积负荷为 6 ～ 7 kg $BOD_5/(m^3 \cdot d)$。

10.4.3.2 酸碱度与 pH 的影响

水解发酵菌与产酸脱氢菌对 pH 的适应范围为 5.0 ～ 6.5，甲烷菌为 6.6 ～ 7.5。这两大菌群对 pH 的适应有明显差异。在消化系统中，如果水解发酵阶段与产酸脱氢阶段的反应速率超过产甲烷阶段，有机酸将会积累，使 pH 降低，产甲烷菌的生长受到抑制。但由于有机物在厌氧分解过程中碳酸盐碱度（NH_4HCO_3 与 CO_2），对 pH 起缓冲剂作用。由于系统中 HCO_3^- 与 CO_2 的浓度很高，有机酸在一定范围内增加，不足以导致 pH 的改变。故消化系统中应该维持碱度为 2 500 ～ 5 000 mg/L。有机酸作为甲烷菌的消化底物，其浓度也应该维持在 2 000 mg/L 左右。

10.4.3.3 重金属、碱与碱土金属的影响

对消化有毒有害物质主要有两类：重金属离子、碱与碱土金属；SO_4^{2-} 和氨以及某些化合物。

表 10-14 碱与碱土金属、重金属离子等对厌氧消化的激发与抑制浓度阈值 单位：mg/L

物质名称	激发浓度	中等浓度	强抑制浓度
Na^+	100 ～ 200	3 500 ～ 5 500	8 000
K^+	200 ～ 400	2 500 ～ 4 500	12 000
Ca^{2+}	100 ～ 200	2 500 ～ 4 500	8 000
Mg^{2+}	75 ～ 250	1 000 ～ 1 500	3 000
Cu	—	—	0.5（溶解），50 ～ 70（总）
Cr^{6+}	—	—	3.5（溶解），200 ～ 600（总）
Cr^{3+}	—	—	180 ～ 420（总）
Ni	—	—	2.0（溶解），30（总）

续表

物质名称	激发浓度	中等浓度	强抑制浓度
Zn	—	—	1.0（溶解）
硬性洗涤剂 ABS	—	400 ～ 700	—
三氯甲烷	—	0.5	—
二氯乙烷	—	5.0	—
NH_4^+-N	50 ～ 200	1 500 ～ 3 000	＞ 3 000
硫化物	—	200	—

评估重金属离子的影响程度时，应考虑还原态硫化物的存在。在中性条件下，各种金属离子与硫化物将形成不溶性金属硫化物，使毒害作用降低。铁与铝在中性条件下是不溶性的，因此对厌氧消化无毒。重金属离子对甲烷菌的抑制作用，主要是由于重金属与酶中的巯基、氨基、羧基及含氮化合物相结合，使酶失去活性。

10.4.3.4　硫酸盐（SO_4^{2-}）的影响

生活污水中的硫酸盐来自人体排泄物。工业废水如酒精废水、味精废水、酒糟废水等 COD 的浓度达到 20 000 mg/L 甚至 50 000 mg/L 以上，SO_4^{2-} 的浓度也达每升数千甚至上万毫克，SO_4^{2-} 的浓度对厌氧生物处理的影响，应予以关注。

（1）SO_4^{2-} 浓度对产酸相有抑制作用

SO_4^{2-} 浓度超过 8 000 mg/L，在厌氧条件下，由于硫酸盐还原菌的作用，被脱硫还原成 H_2S。H_2S 以一定比例存在于液相与气相中，此值由 pH 决定。H_2S 具有臭味与腐蚀性，故沼气必须脱硫。

（2）SO_4^{2-} 浓度对产甲烷的影响

每去除 1 g COD 的理论产 CH_4 体积为 0.35 L，实际上受进水 SO_4^{2-} 浓度的增加而减少。SO_4^{2-} 浓度对 COD 的去除率影响很少。

10.4.3.5　氨的影响

当有机酸积累时，pH 降低，NH_3 离解成 NH_4^+，NH_4^+ 浓度超过 1 500 mg/L 时，消化受到抑制。

表 10-15　NH_4^+-N 对污泥消化的影响浓度

NH_4^+-N 浓度 /（mg/L）	影响浓度
50 ～ 200	有利于甲烷菌生长
200 ～ 1 000	无明显影响
1 500 ～ 3 000	在 pH 为 7.4 ～ 7.6 时，中等抑制作用
＞ 3 000	有毒害作用

厌氧微生物的生长繁殖需要一定的碳、氮、磷及其他微量元素，麦卡蒂将细胞原生质分子式定为 $C_5H_7NO_2$，如包括磷为 $C_{60}H_{87}O_{23}N_{12}P$，其中 N 占细胞干重 12.2%，C 占 52.4%，P 占 2.3%，可见 C：N：P=23：5.3：1。在被降解的 COD 中约有 10% 被转化成新细胞，即 0.1 kg VSS/kg COD。C/N 太高则细胞合成需的氮量不足，缓冲能力低，pH 容易降低；C/N 太低，pH 可能上升，铵盐容易积累，会抑制消化过程。

N、P 需要量可如下计算：

$$\text{N 的需要量 } N=0.122X$$

$$\text{P 的需要量 } P=0.023X$$

X 为每天微生物增长量，kg/d，以 VSS 计。

【例 10-7】原废水 COD 为 5 000 mg/L，厌氧消化去除 80% COD，求 N，P 的需求量及 C/N。

【解】根据题意，被去除的 COD 为 5 000×80%=4 000(mg/L)，产生的微生物量为 COD 的 10%，即 4 000×0.1=400(kg VSS/kg COD)。

$$\text{N 的需求量} N = 0.122\Delta X = 0.122\times 400 = 48.8(\text{mg/L}),$$

$$\text{P 的需求量} N = 0.023\Delta X = 0.023\times 400 = 9.2(\text{mg/L}),$$

$$\text{C 的含量} 400\times 52.4\% = 209.6\text{，因此} C/N = \frac{209.6}{48.8} = 4.3\text{。}$$

10.4.3.6 搅拌与混合

污泥厌氧消化时搅拌混合的作用：使新鲜污泥与消化成熟污泥充分混合接触，以便加速厌氧消化过程；使厌氧反应过程中产生的沼气能迅速释放出来；使反应器内的温度均匀，反应均匀，减少死角提高反应器容积利用率。搅拌强度以使反应器内物质的移动速度不超过微生物生命活动的临界速度 0.5 m/s 为宜，以维持甲烷菌生长所需要的相对安静环境。

中温厌氧消化典型运行参数见表 10-16。

表 10-16 中温厌氧消化典型运行参数

参数	数值
挥发性有机物去除率 /%	45 ～ 55
pH	6.8 ～ 7.2
碱度 /（mg $CaCO_3$/L）	2 500 ～ 5 000
CH_4 含量 / 占总气体 %	60 ～ 65
CO_2 含量 / 占总气体 %	40 ～ 35
挥发酚 /（mg Va/L）	50 ～ 300
挥发酚 / 碱度 /（mg Va/mg $CaCO_3$）	＜ 0.3
氨 /（mg N/L）	800 ～ 2 000

10.4.4　污泥厌氧消化运行工艺与设计

10.4.4.1　运行工艺与设计

我国污泥厌氧消化的设计与运行参数见表 10-17。

表 10-17　我国污泥厌氧消化的设计与运行参数

参数项目		中温	高温	美国
消化温度 /℃		33 ～ 35	52 ～ 55	中温 35 ～ 39℃ 高温 50 ～ 57℃
日温度变化幅度 /℃		＜ ±1	＜ ±1	±1℃，最佳 ±0.5℃
挥发性污泥投配率 /%		5 ～ 8	5 ～ 12	中温 1.9 ～ 2.5，限制 3.2
挥发性固体负荷 /［kg/(m^3 · d)］		0.6 ～ 1.5	2 ～ 2.8	
总气量 /［m^3/(m^3 · d)］		1.0 ～ 1.3	3 ～ 4	
一级消化污泥含水率 /%	进泥	96 ～ 97	96 ～ 97	
	排泥	97 ～ 98	97 ～ 98	
二级消化污泥含水率	进泥	96 ～ 97	96 ～ 97	
	排泥	97 ～ 98	97 ～ 98	
pH		6.4 ～ 7.8	6.4 ～ 7.8	6.8 ～ 7.2
碱度 /（mg $CaCO_3$/L）		1 000 ～ 5 000	1 000 ～ 5 000	2 500 ～ 5 000
沼气中气体成分 /%		CH_4 ＞ 50 CO_2 ＜ 40	CH_4 ＞ 50 CO_2 ＜ 40	60 ～ 65 40 ～ 35
消化时间 /d		20 ～ 30	10 ～ 15	中温至少 15 d
有机物分解率 /%		＞ 40	＞ 40	45 ～ 55

10.4.4.2　污泥厌氧消化运行工艺

（1）一级消化与二级消化

一级消化：污泥在一个消化池中完成消化全过程，消化时需要加温、搅拌混合、全池处于完全混合状态，称一级消化。

二级消化：在中温消化的条件下，前 8 d 的产气率达到 60% 以上，继续消化至 30 d，产气率增加有限，但所需消化池容积增大，搅拌与加温能耗也倍增。故把消化池一分为二，污泥在第一级消化池中，收集沼气，并有搅拌与加温设备，消化时间为 8 d

（7 ~ 12 d）。排出的污泥，在第二级消化池中利用余温（20 ~ 26℃）继续消化，沼气可收集也可不收集。因不搅拌有浓缩功能，称二级消化。二级消化不加温、不搅拌，故能耗可大大降低。二级消化中，第一级与第二级的容积比可采用 1∶1、2∶1 或 3∶2。

（2）两相消化

两相消化是根据厌氧消化的机理运行。因为厌氧消化分为 3 个阶段，各阶段的菌种、消化速度、消化产物都有不同。如混在一个消化池内运行存在诸多不宜，故把消化的第一阶段与第二阶段在一个池内完成称为水解产酸相。把第三阶段在另一个池内完成，称为产甲烷相。使各自都有最佳环境条件，这种运行方式称为两相消化。

两相消化具有总池容小，加温与搅拌能耗小，运行管理方便，有机物的去除率与产气率更高，并可完全杀灭病原菌等优点。

两相消化的设计标准：第一相，水解产酸相，挥发性固体负荷为 25 ~ 40 kg/(m^3·d)，入流污泥浓度为 5% ~ 6%，固体停留时间为 1 ~ 2 d，有机酸浓度可达 7 000 ~ 12 000 mg/L，pH 为 5.5 ~ 6.2。第二相，产甲烷相，消化时间为 10 ~ 15 d。两相总时间不少于 15 d，可用中温消化或高温消化运行。设搅拌与加温设备、沼气收集装置。每去除 1 kg 有机物的产气量为 0.9 ~ 1.1 m^3/kg。

（3）三相消化

三相消化工艺，是把消化的第一阶段、消化的第二阶段与消化的第三阶段分别在 3 个反应器内完成，使水解发酵、脱氢产酸、产甲烷在各自最佳条件下进行，消化的效果更好，并能有效杀灭病原菌。

（4）高—中温厌氧消化

污泥先进行高温厌氧消化，温度控制为 55 ~ 57℃，一般为 55℃，消化时间为 4 ~ 10 d，接着进入中温消化，温度控制为 35 ~ 39℃，消化时间为 6 ~ 10 d。高—中温消化的有机物去除率、产气率与其他运行工艺基本相同，在高温阶段对杀灭病原菌更为有效，在 55℃温度时，24 h 即可杀灭病原菌，而在 50℃以下，需要 120 h。

（5）厌氧消化—浓缩回流工艺

一级消化池连接独立的浓缩装置，将池内的混合液经浓缩后回流至消化池，从而提高消化污泥的浓度，增加厌氧菌生物量与活性。浓缩装置可采用离心浓缩机、重力带式浓缩或气浮浓缩。

10.4.4.3 污泥厌氧消化池池形构造及工艺设施

（1）消化池池形与构造要求

消化池基本池形有圆柱形与蛋形两种（图 10-6）。

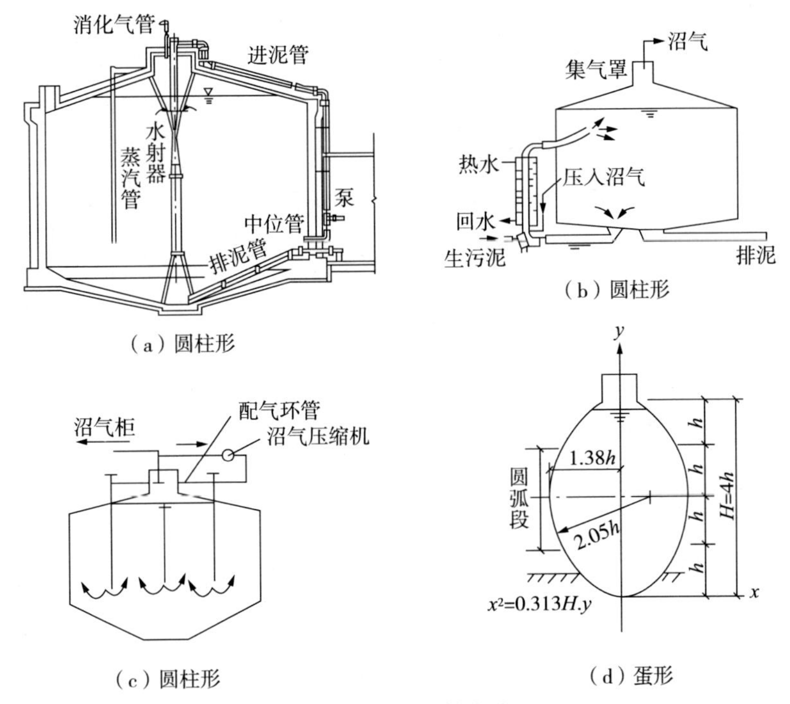

图 10-6　消化池基本池形

圆柱形消化池池径一般为 6 ~ 35 m，池总高与池径比取 0.8 ~ 1，池底、池盖倾角常用 15° ~ 20°，集气罩直径取 2 ~ 5 m、高 1 ~ 3 m。

蛋形消化池，容积可达 10 000 m^3 以上，适用于大型污水处理厂。蛋形消化池壳体的曲线设计如图 10-7 所示，α 为 45°，β 为 40°，γ 为 50°，池径为 D。

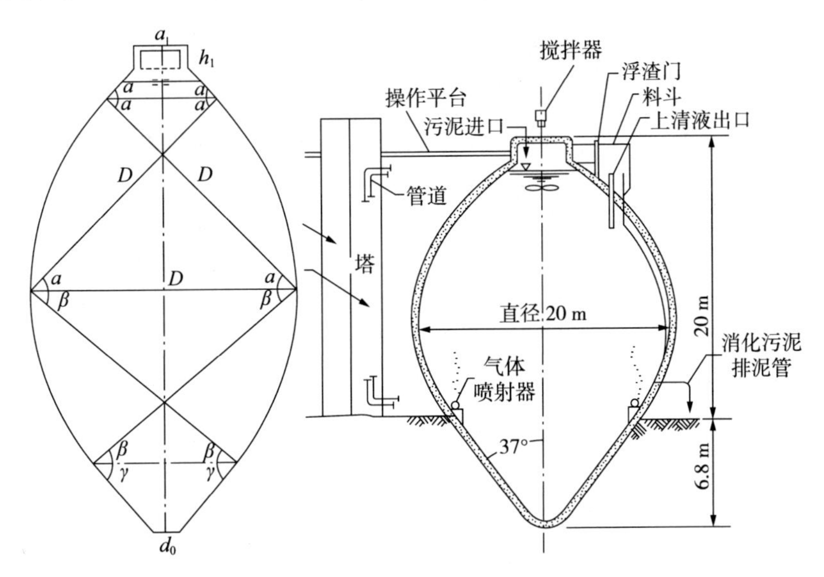

图 10-7　蛋形消化池壳体设计与工艺

蛋形消化池的优点：

①搅拌时污泥流线与壳体相同，无死角，搅拌能耗低，可节省40%～50%的能耗；

②可有效地消除底部沉渣及表面浮渣；

③壳体表面积较同体积的其他池形小，故耗热量低，运行成本低；

④结构受力状况均匀，建材受力状况均匀，建材耗量小，可建成大容积消化池，适用于大型污水处理厂；

⑤池形美观。

蛋形消化池采用钢筋混凝土建造，池内壁涂刷环氧树脂。建成后，用内压为350 mm水柱做气密试验。外壁需用轻质砖、轻质混凝土包裹，或覆土保温，减少壳体热损失。

（2）消化池工艺设施

消化池工艺设施包括污泥投配、排泥与溢流系统，加热系统，搅拌系统，沼气收集系统与脱硫系统及仪器仪表—沼气计量表、温度计、pH测定仪、液位计及外排污泥计量仪等。

10.4.4.4 消化池容积的计算

（1）按污泥投配率计算

污泥投配率是每日投加新鲜污泥体积占消化池容积的百分比。

$$V = \frac{w}{n} \tag{10-18}$$

式中：V——消化池计算容积，m^3；

w——每日新鲜污泥量，m^3/d；

n——污泥投配率，%，中温消化采用5%～8%，高温消化采用5%～12%（含水率高时用下限，含水率低时用上限）。

（2）按有机物负荷计算

$$V = \frac{w_s}{L_v} \tag{10-19}$$

式中：V——消化池计算容积，m^3；

w_s——每日投入消化池的生污泥中挥发性干固体质量，kg/d；

L_v——消化池挥发性干固体容积负荷，kg VSS/(m^3·d)，重力浓缩后生污泥宜采用0.6～1.5 kg/(m^3·d)，机械浓缩后的高浓缩生污泥不应大于2.3 kg/(m^3·d)。

【例10-8】某城镇污水厂初沉污泥量为367 m^3/d，含水率为97%，剩余污泥量为

1 575 m^3/d，含水率为 99.2%。初沉污泥与剩余污泥混合经机械浓缩后含水率为 95%，干污泥容量为 1.01×10^3 kg/m^3（相对密度 1.01），挥发性有机物占 54%，采用中温一级厌氧消化。消化时间为 20 d，求消化池体积及消化池挥发性固体容积负荷。

【解】：初沉污泥和剩余污泥混合后含泥总质量不变，混合后污泥体积为

$$Q_3=\frac{Q_1C_1+Q_2C_2}{C_3}=\frac{367\times\left(1-0.97\right)+1\,575\times\left(1-0.992\right)}{1-0.95}=472.2(m^3/d)$$

消化池污泥体积：$V=Q_3\times T=472.2\times20=9\,444\,(m^3)$

消化池挥发性干固体容积负荷：

$$L_{vs}=\frac{Q_3C_3\times\rho\times\eta}{V}=\frac{Q_3C_3\times\rho\times\eta}{Q_3\times T}=\frac{C_3\times\rho\times\eta}{T}=\frac{(1-0.95)\times1.01\times10^3\times0.54}{20}=1.36\ [\mathrm{kg\,VSS/(m^3\cdot d)}]$$

【例 10-9】某污水处理厂初沉污泥量为 400 m^3/d，含水率为 97%，剩余污泥量为 1 600 m^3/d，含水率为 99.2%，两种污泥混合经机械浓缩后含水率均为 95%，挥发性有机物占 55%，采用中温一级厌氧消化，消化池挥发性固体容积负荷 1.3 kg VSS/$(m^3\cdot d)$，求消化池容积。

【解】：初沉污泥和剩余污泥混合后含泥总质量不变，消化池容积为

$$V=\frac{\left(Q_1C_1+Q_2C_2\right)\times\rho\times\eta}{L_{vs}}=\frac{\left(400\times0.03+1\,600\times0.008\right)\times1.00\times10^3\times0.55}{1-3}=10\,492(m^3)$$

10.4.4.5　沼气利用

甲烷的燃烧热值为 35 000 ～ 40 000 kJ/m^3，平均值为 37 500 kJ/m^3。沼气中甲烷含量为 53% ～ 56%，平均值为 54.5%，沼气的燃烧热值应为 19 075 ～ 21 800 kJ/m^3，约相当于 1 kg 无烟煤或 0.7 L 汽油。

沼气的主要用途有生活燃料，每日每人约需 1.5 m^3；加温消化池污泥；作为化工原料：沼气中的 CO_2 可制作干冰，CH_4 可制 CCl_4 或炭黑；沼气发电。

根据国内外经验，一座一级污水处理厂用沼气发电可满足本厂所需的电能外，略有盈余；二级污水处理厂用沼气发电可满足本厂所需电能的 30% ～ 60%。

10.4.5　消化池的运行与管理

10.4.5.1　消化污泥的培养与驯化

新建消化池需要培养消化污泥，培养方法有两种：

（1）逐步培养法

将每天排放的初次沉淀污泥和浓缩后的活性污泥投入消化池，然后加热，使每小时温度升高 1℃，当温度升到消化温度时，维持温度，然后逐日加入新鲜污泥，直至设

计泥面，停止加泥，维持消化温度，使有机物分解、液化，需 30 ～ 40 d，待污泥成熟、产生沼气后，方可投入正常运行。

（2）一次培养法

将池塘污泥，经 2 mm 孔网过滤后投入消化池，投加量占消化池容积 1/10，以后逐日加入新鲜污泥至设计泥面。然后加温，控制升温速度为 1℃ /h，最后到达消化温度，控制池内 pH 为 6.5 ～ 7.5，稳定 3 ～ 4 d，污泥成熟，产生沼气后，再投加新鲜污泥。如当地已建有消化池，取用消化污泥更为简便。

10.4.5.2 正常运行时的化验指标

正常运行时的化验指标有产气率、沼气成分（CO_2 与 CH_4 体积百分比），投配污泥含水率为 94% ～ 96%，有机物含量为 60% ～ 70%，有机物分解程度为 45% ～ 55%，脂肪酸以乙酸计为 2 000 mg/L 左右，总碱度以重碳酸盐计大于 2 000 mg/L，氨氮 500 mg/L。

10.4.5.3 正常运行时的控制参数

严格控制新鲜污泥投配率、消化温度。参数的控制措施如下：

1）搅拌：污泥气循环搅拌可全日工作。采用水力提升器搅拌时，每日搅拌量为消化池容积的 2 倍，间歇进行，如搅拌半小时，间歇 1.5 ～ 2 h。

2）排泥：有上清液排出装置时，应先排上清液再排泥，保持消化池内污泥浓度不低于 30 g/L，否则消化很难进行。

3）沼气气压：消化池正常工作所产生的沼气气压为 1 177 ～ 1 961 Pa，最高可达 4 904 Pa，过高或过低气压表明工作不正常或输气管网有故障。

10.4.5.4 消化池发生异常现象时的管理

消化池异常表现在产气量下降、上清液水质恶化等。

（1）产气量下降

产气量下降的原因与解决办法如下：

1）投加的污泥浓度过低，甲烷菌的底物不足，应设法提高投配污泥浓度。

2）消化污泥排放量过大，使消化池内甲烷菌减少，破坏甲烷菌营养平衡，应减少排泥量。

3）消化池温度过低，可能是由于投配的污泥过多或加热设备发生故障。解决办法是减少投配量与污泥量，检查加温设备，保持消化温度。

4）消化池容积减少，由于池内浮渣与沉砂量增多，使消化池容积减小，应检查池内搅拌效果与沉砂效果，并及时排出浮渣与沉砂。

5）有机酸积累，碱度不足。解决办法是减少投配量，继续加热，观察池内碱度变化，如不能改善，则应投加碱度，如石灰、$CaCO_3$ 等。

（2）上清液水质恶化

上清液水质恶化主要表现在 BOD_5 和 SS 浓度的增加，可能原因是排泥量不够、固体负荷过大、消化程度不够、搅拌过度等。解决办法是分析上列可能原因，分别加以解决。

（3）沼气的气泡异常

沼气的气泡异常有 3 种形式：连续喷出像啤酒开盖后出现的气泡，这是消化状态严重恶化的征兆。原因可能是排泥量过大，池内污泥量不足，或有机物负荷过高，或搅拌不充分。解决办法是停止或减少排泥，加强搅拌，减少污泥投配；大量气泡剧烈喷出，但产气量正常，池内由于浮渣过厚，沼气在层下集聚，一旦沼气穿过浮渣层，就有大量沼气喷出，对策是破碎浮渣层充分搅拌；不起泡，可暂时减少或中止投配污泥。

10.5　污泥好氧消化

10.5.1　基本原理

污泥好氧消化是在不投加其他有机物的条件下，对污泥进行较长时间的曝气，使污泥中微生物处于内源呼吸阶段进行自身氧化。在此过程中，细胞物质中可生物降解的组分被逐渐氧化成 CO_2、H_2O 和 NH_3，NH_3 进一步被氧化成 NO_3^-。

10.5.2　污泥好氧消化工艺的种类及特点

10.5.2.1　延时曝气

延时曝气使活性污泥在曝气生物反应池中同时获得稳定。曝气池中污泥负荷一般为 0.05 kg/(kg · d)，其污泥龄需保持在 25 d 以上，污水在曝气生物反应池中停留时间为 24 ～ 30 h。由于此工艺大大增加了曝气池容积，污水厂的能耗急剧增加，一般认为仅限于小型污水厂使用，有些国家在较大的污水处理中也采用此工艺，但从整体上看，难以真正保证污泥的稳定效果。

10.5.2.2　污泥单独好氧消化

污泥单独好氧消化工艺可视为活性污泥法的延续。污泥在好氧消化池中的停留时间取决于污水处理工艺中所采用的泥龄，一般而言，污泥在好氧消化池中的泥龄和污水处理时活性污泥在曝气生物反应池中的泥龄之和不低于 25 d。污泥单独好氧消化一般也只限于小型污水厂，对大型污水厂目前已较少使用。

10.5.2.3 高温好氧消化

污泥高温好氧消化池温度一般维持在 50 ～ 60℃，污泥在消化池中的停留时间一般在 8 d 左右，进入消化池的污泥含固率一般应维持在 2.5% ～ 6.75%。污泥高温好氧消化方法基本上能杀灭病原菌，污泥中的有机物降解率也较高，因而可以达到较高的污泥稳定程度。

10.5.3 污泥好氧消化池构造及分类

好氧消化池包括好氧消化室、泥液分离室、消化污泥排除管、曝气系统等。好氧消化池按运行方式，可分为间歇式消化池或连续式消化池（图 10-8）。

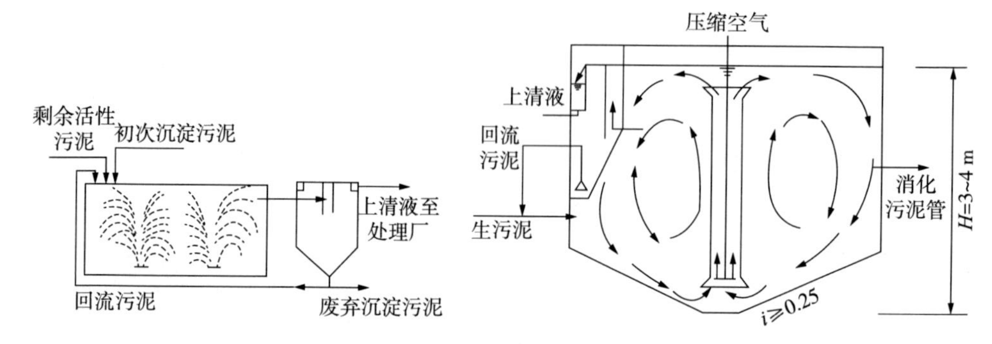

图 10-8 连续式好氧消化池（左）与间歇式好氧消化池（右）

10.5.4 设计计算

10.5.4.1 设计参数及要求

好氧消化池的设计参数见表 10-18。

表 10-18 好氧消化池设计参数

序号	参数名称		数值
1	有机负荷 /（kg VSS/（m^3・d））		0.7 ～ 2.8
2	污泥停留时间 /d	活性污泥	10 ～ 15
		初沉污泥、初沉与活性污泥混合污泥	15 ～ 25
3	空气需要量（鼓风曝气）/［$m^3/(min \cdot m^3)$］	活性污泥	0.02 ～ 0.04
		初沉污泥、初沉与活性污泥混合污泥	0.04 ～ 0.06

续表

序号	参数名称	数值
4	机械曝气所需功率 /（kW/m^3 池容）	0.03
5	最低溶解氧 /（mg/L）	2
6	温度 /℃	＞ 15
7	挥发性固体去除率，以 VSS 计 /%	50 左右
8	VSS/SS 值 /%	60 ～ 70
9	污泥含水率 /%	＜ 98
10	污泥需氧量 /（kgO_2/ 去除 kg VSS）	3 ～ 4
11	VSS 去除率 /%	30 ～ 40

好氧消化池的有效深度，应根据曝气方式确定。当采用鼓风曝气时，一般宜为 5.0 ～ 6.0 m。当采用机械表面曝气时，一般宜为 3.0 ～ 4.0 m。

10.5.4.2　设计方法

（1）容积计算

1）用消化时间计算好氧消化池容积：

$$V = Q_0 \cdot t_d \tag{10-20}$$

式中：V——好氧消化池容积，m^3；

Q_0——每日投入消化池的原污泥流量，m^3/d；

t_d——消化时间，d，时间宜为 10 ～ 20 d。

2）按固体容积负荷计算消化池的有效容积：

$$V = \frac{W_s}{L_{vs}} \tag{10-21}$$

式中：W_s——每日投入消化池的原污泥中挥发性干固体质量，kg VSS/d；

L_{vs}——消化池挥发性固体容积负荷，kg VSS/(m^3·d)，重力浓缩后的原污泥宜采用 0.9 ～ 2.8 kg VSS/(m^3·d)，机械浓缩后的原污泥不宜大于 4.2 kg VSS/(m^3·d)。

（2）需氧量

不考虑硝化作用时的需氧量：

$$O_2 = [1.42 \times 0.77 Q_a \eta \chi_{0a} X_0 + Q_p S_0] \times 10^{-3} \tag{10-22}$$

式中：O_2——需氧量，kg/d；

1.42——BOD_5 的氧当量；

0.77——微生物细胞的 77% 是可以降解的，23% 是不可降解的，故取 0.77；

Q_a——剩余活性污泥量，m^3/d；

Q_p——初沉污泥流量，m^3/d；如无初沉污泥，则式中 $Q_pS_0=0$；

χ_{0a}——污泥中活性微生物体占 TSS 的分数；

X_0——剩余活性污泥 TSS 浓度，mg/L；

η——好氧消化可降解的活性微生物体去除率，%，一般可达 90%；

S_0——初沉污泥的 BOD_5 浓度，mg/L。

考虑硝化作用时的需氧量：硝化作用需氧包括活性污泥中的氨氮、细胞质和初沉污泥中的有机氮在硝化过程中消耗的氧量。硝化需氧量按下式计算：

$$\text{NOD} = 4.57\{Q_a[\text{NH}_4^+ - \text{N}] + 0.122 \times 0.77 Q_a \eta \chi_{0a} X_0 + Q_p[\text{TKN}]_P\}10^{-3} \quad (10\text{-}23)$$

式中：NOD——氮的需氧量，kg/d；

$[NH_4^+-N]$——剩余污泥中氨氮的浓度（以 N 计），mg/L；

$0.77Q_a\eta\chi_{0a}X_0$——每日降解的生物体量，g/d；

0.122——由于破坏生物固体而释放的氮，细胞质以 $C_{60}H_{87}O_{23}N_{12}P$ 计；

$[TKN]_P$——初沉污泥中总凯氏氮浓度（以 N 计），mg/L；

Q_a——剩余活性污泥量，m^3/d；

Q_p——初沉污泥量，m^3/d；

4.57——N 氧化的氧当量。

所以考虑硝化作用时，总需氧量为

$$O_2 = [1.42 \times 0.77 Q_a \eta \chi_{0a} X_0 + Q_p S_0 + \text{NOD}] \times 10^{-3} \quad (10\text{-}24)$$

根据总需氧量，即可按空气中氧的含量求出所需空气量。好氧消化池采用鼓风曝气时，应同时满足细胞自身氧化和搅拌混合的需气量，一般宜通过试验或参照类似工程经验确定。当无试验资料时，也可按消化池有效容积采用下列参数：

剩余污泥的总需气量为 0.02 ～ 0.04 m^3 空气 /(m^3 池容·min)；

初沉污泥或混合污泥的总需气量为 0.04 ～ 0.06 m^3 空气 /(m^3 池容·min)。

采用鼓风曝气时宜采用中气泡空气扩散装置；采用机械表面曝气机时，可按 0.02 ～ 0.04 kW/m^3 池容确定。

10.6 污泥好氧发酵

10.6.1 基本原理

污泥好氧发酵是一种无害化、减容化、稳定化的污泥综合处理技术，也称污泥好氧堆肥技术。它是利用好氧嗜温菌、嗜热菌的作用，将污泥中有机物分解，形成一种类似腐殖质土壤的物质。代谢过程中产生热量，可使料堆层温度升高至 55℃以上，能有效杀灭病原体、寄生虫卵和病毒，提高污泥肥分。污泥发酵成品利用途径主要有农田利用、林地利用、园林绿化利用、废弃矿场的土地修复、垃圾填埋厂的覆盖土等。好氧发酵技术以其低投资、低运行费用的特点受到人们的关注，适用范围广阔。困扰污泥发酵技术推广应用的技术“瓶颈”是污泥成分复杂，且易造成重金属污染等。

10.6.2　污泥好氧发酵稳定化的技术指标

《城镇污水处理厂污染物排放标准》（GB 18918—2002）中规定，城镇污水处理厂的污泥应进行稳定化处理，处理后应达到表 10-19 所规定的标准。

表 10-19　污泥好氧发酵稳定控制指标

稳定化方法	控制项目	控制指标
好氧发酵	含水率 /%	＜ 65
	有机物降解率 /%	＞ 50
	蠕虫卵死亡率 /%	＞ 95
	粪大肠菌群菌值 *	＞ 0.01

注：* 含有一个粪大肠菌的被检样品克数或毫升数，该值越大，含菌量越少。

10.6.3　污泥好氧发酵的分类

污泥好氧发酵按工艺类型可分为一步发酵工艺和两步发酵工艺；按反应器形式可分为条垛式、仓槽式、塔式；按供氧方式可分为强制通风（鼓风或抽风）和自然通风；按物料运行方式可分为静态发酵、动态发酵和间歇动态发酵等。常用的是条垛式发酵、通风静态槽式发酵、容器发酵等。

条垛式发酵是用人工或堆垛机将物料堆成长条形堆垛，高度一般为 1 ～ 2 m，宽度一般为 3 ～ 5 m（图 10-9）。靠翻堆供氧，设备简单、操作方便、建设及运行费用低；但占地面积较大；由于供氧受到一定限制，发酵时间较长，堆层表面温度较低，表层容易达不到无害化要求的温度，卫生条件较差。它适用于用地限制小、环境要求较低的地区。

通风静态槽式发酵是反应器为槽式，采用强制通风（鼓风或抽风）供氧。发酵仓为长槽形，发酵槽是上小下大，侧壁有 5° 倾角，堆高一般为 2 ～ 3 m（图 10-10）。其特征是设施价格低、制作简单、堆料在槽内发酵卫生条件好、无害化程度高、二次污染易控制，但占地面积稍大。

容器发酵是采用塔式筒形发酵仓，强制供氧。污泥不断由上部投入，下部排出，仓内堆高可达 5 ~ 6 m。占地面积大、卫生条件好、无害化程度高，但设施较复杂，建设、运行费用较高，供氧能耗大。

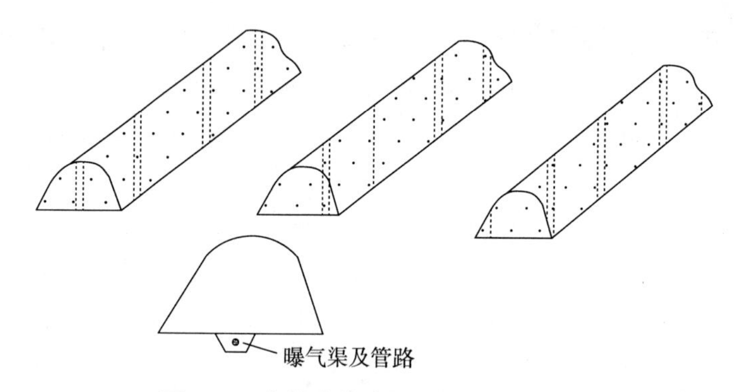

图 10-9　条垛式发酵断面及其平面布置

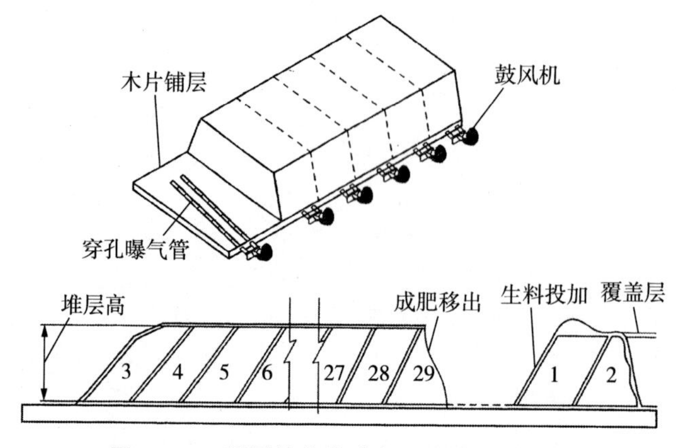

图 10-10　通风静态发酵断面及其平面布置

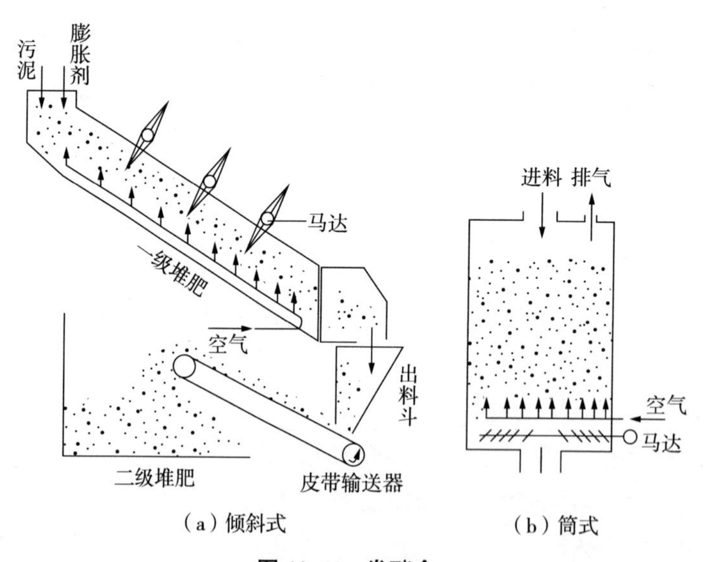

（a）倾斜式　　（b）筒式

图 10-11　发酵仓

10.6.4　污泥好氧发酵的影响因素

10.6.4.1　含水率

污泥脱水泥饼含水率一般为 80% 左右，必须调节到 55% ～ 60% 方可进入好氧发酵工序。含水率调节的方法有添加干物料（调理剂）、成品回流、热干化、晾晒等。

10.6.4.2　C/N 比

好氧发酵最适宜的 C/N 为 25/1 ～ 35/1。如果 C/N 高达 40/1，可供消耗的碳元素多，氮素养料相对缺乏，细菌和其他微生物的生长受到限制，有机物的分解速率慢，发酵过程长。如果碳氮比更高，容易导致产品发酵的碳氮比高，这种污泥施入土壤后，将夺取土壤中的氮素，使土壤陷入氮饥饿状态，影响作物生长。若碳氮比低于 20/1，可供消耗的碳素少，氮素养料相对过剩，则氮将变成氨态氮而挥发，导致氮元素大量损失而降低肥效。如果污泥 C/N 不在适宜范围内，应通过向脱水污泥中加入含碳较高的物料，如木屑、秸秆粉、落叶等对其进行调节。C/P 比应控制在 70/1 ～ 150/1 的范围。

10.6.4.3　pH

污泥发酵的 pH 应控制在 6 ～ 8 的范围内，且最佳在 8 左右，当 pH≤5 时，发酵就会停止。

10.6.4.4　温度

一般嗜温菌生存的最适宜温度为 30 ～ 40℃，嗜热菌生存的适宜温度为 50 ～ 60℃。根据卫生学要求，发酵温度至少要达到 55℃，才能杀灭病原菌和寄生虫卵。但近年来的许多研究发现，温度过高（大于 70℃）会抑制微生物分解有机物的效率，降低发酵产品的质量，温度过低也不利于发酵过程，微生物在 40℃左右的活性只有在最适温度的 2/3 左右。有关研究表明，发酵温度范围在 55 ～ 65℃时，发酵综合效果最佳。

10.6.4.5　发酵时间

发酵时间受污泥种类、脱水时加药方式及堆料前处理方法的影响，这是因为其中易分解的有机物种类和含量有所不同。采用发酵槽系统，一般发酵周期为 10 ～ 15 d。

10.7 污泥机械脱水

10.7.1 机械脱水分类

污泥经浓缩、消化后，尚有 95% ～ 97% 的含水率，体积仍很大。污泥脱水可进一步去除污泥中的空隙水和毛细水，减少其体积。经过脱水处理，污泥含水率能降低到 70% ～ 80%。

污泥机械脱水方法有过滤脱水、离心脱水和压榨式脱水等；过滤脱水又有真空过滤与压力过滤；离心脱水是用离心机进行脱水；压榨式脱水是用螺旋压榨机或滚压机进行脱水。常用的是压力过滤和离心脱水方法。真空过滤因附属设备较多，工序复杂，运行费用高，目前已较少使用。压榨式脱水目前生产上应用也不多。几种机械脱水方法的性能比较见表 10-20。

表 10-20　各种污泥脱水机械技术经济比较

指标	自动板框压滤机	带式压滤机	离心脱水机
脱水泥饼含水率 /%	65 ～ 70	70 ～ 80	75 ～ 80
投资费用	高	较低	较低
运行成本	高	较高	较低
预处理	无	无	无
适用规模	中、小型	大、中型	大、中型
比能耗 /（kW·h/tDS）	—	5 ～ 20	30 ～ 60

10.7.2 污泥机械脱水前的预处理

10.7.2.1 预处理目的

预处理的目的在于改善污泥脱水性能，提高机械脱水设备的生产能力与脱水效果。

10.7.2.2 预处理方法

预处理的方法主要有化学调理法、淘洗法、热处理法及冷冻法等，常用的是化学调理法与淘洗法。

（1）化学调理法

化学调理法是在污泥中加入混凝剂、助凝剂等化学药剂，使污泥颗粒絮凝，改善脱水性能。化学调理法效果可靠、设备简单、操作方便，被广泛采用。污泥加入脱水机前的含水率一般不应大于 98%，污泥加药后应立即混合反应，并进入脱水机。常用的化学调理剂分为无机调理剂和有机调理剂两大类。无机调理剂用量较大，一般均为污泥干固体质量的 5% ~ 20%，所以滤饼体积大。值得注意的是，若用三氯化铁作为调理剂，当污泥滤饼焚烧时还会腐蚀设备。与无机调理剂相比，有机调理剂用量较少，一般为 0.1% ~ 0.5%（污泥干质量），无腐蚀性。污泥调理常采用阳离子型 PAM。从价格角度考虑，无机调理剂的价格普遍比有机调理剂价格低。

表 10-21　常用调理剂种类及用量

分类		项目	用量 t/（tTDS）
无机调理剂	铁盐	氯化铁（$FeCl_3 \cdot 6H_2O$）、硫酸铁［$Fe_2(SO_4)_3 \cdot 4H_2O$］、硫酸亚铁（$FeSO_4 \cdot 7H_2O$）、聚合硫酸铁（PFS）	5% ~ 20%
	铝盐	硫酸铝［$Al_2(SO_4)_3 \cdot 18H_2O$］、三氯化铝（$AlCl_3$）、碱式氯化铝［$Al(OH)_2Cl$］、聚合氯化铝（PAC）	5% ~ 20%
有机调理剂	聚丙烯酰胺（PAM）	阳离子聚丙烯酰胺（PAM）	0.1% ~ 0.5%
		阴离子聚丙烯酰胺（PAM）	0.1% ~ 0.5%

（2）淘洗法

淘洗法是以污水处理厂的出水或自来水、河水淘洗污泥，以便减少混凝剂用量。淘洗法适用于消化污泥的预处理，因消化污泥的碱度超过 2 000 mg/L，在进行化学调理前需将污泥中的碱度洗掉，否则，化学调理所加的混凝剂会先中和碱度，然后才起混凝作用，使混凝剂的用量大大增加。

10.7.3　带式压滤机

污泥过滤脱水是以过滤介质两面的压力差作为推动力，使污泥水分被强制通过过滤介质形成滤液，而固体颗粒被截留在介质上形成滤饼，从而达到污泥脱水目的。

带式压滤机的滤带是以高黏度聚酯切片生产的高强度低弹性单丝原料，经编织、热定型、接头加干而成。其构造如图 10-12 所示。它具有抗拉强度大、耐折性好，耐酸碱、耐高温、滤水性好、质量轻等优点。

带式压滤机的设计要求如下：

（1）泥饼宜采用皮带输送机输送。

（2）应按带式压滤机的要求配置空气压缩机，并至少应有 1 台备用机。

（3）应配置冲洗泵，其压力宜为 0.4 ~ 0.6 MPa，其流量可按 5.5 ~ 11.0 m^3/(m 带宽 · h) 计算。至少应有 1 台备用泵。

（4）对于采用除氮、除磷工艺的小型污水处理厂，必须考虑滤液对进水负荷的影响。

带式压滤机的主要设计参数：进泥量 q 和进泥固体负荷 q_s。通常 q 可达 4 ～ 7 $m^3/(m \cdot h)$，q_s 可达 150 ～ 250 $kg/(m \cdot h)$。由于带式压滤机的形式较多，各厂商产品的特点及性能也不尽一致，加之污泥类型和性质不同，设计前应尽可能进行脱水试验，或参考生产厂商的建议值选用。

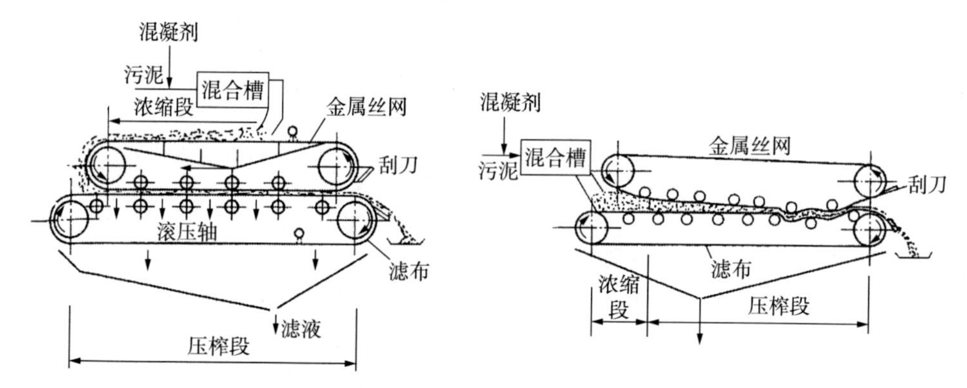

图 10-12　带式压滤机构造

压滤机有效滤带宽度按污泥脱水负荷计算：

$$w = 1\,000 \times (1 - P_0) \times \frac{Q}{L_V} \times \frac{1}{T} \tag{10-25}$$

式中：w——有效滤带宽度，m；

P_0——湿污泥含水率，%；

Q——脱水污泥量，m^3/d；

L_V——过滤能力，$kg/(m \cdot h)$；

T——压滤机工作时数，h/d。

根据脱水污泥量 Q 和计算所得的有效滤带宽度 w 进行带式压滤机选型。

【例 10-10】已知初沉污泥和剩余污泥经混合后的含水率为 96%，需脱水的污泥量为 335 m^3/d。采用高分子有机絮凝剂调理，投加量为干固体的 4%。脱水后的泥饼含水率为 75%。试计算压滤机的有效带宽。

【解】：采用带式压滤机，污泥脱水负荷采用 200 $kg/(m \cdot h)$，则设计带宽为

$$w = 1\,000 \times (1 - 0.96) \times \frac{335}{200} \times \frac{1}{21} = 3.19(m)$$

选用 3 台 1.6 m 宽的带式压滤机，其中一台备用。

【例 10-11】某污水处理厂需脱水的混合污泥量为 720 m^3/d，含水率为 97%，污泥密度按 1 000 kg/m^3 计，拟采用带式脱水机脱水，产泥能力为 150 kg（干泥）/［m（带宽）· h］，

脱水机带宽 2 m，实行三班制运行，则该厂宜设置几台压滤机可确保连续生产？

【解】：

1. 干污泥量计算：$m=V\times\rho\times(1-C)=720\times1\,000\times(1-0.97)=21\,600$(kg/d)

2. 每小时需要正常工作的压滤机的台数：$n=\dfrac{m}{24\times L_V\times b}=\dfrac{21\,600}{24\times150\times2}=3$(台)

3. 根据规范考虑 1 台备用，故宜设置 4 台脱水设备。

10.7.4　板框压滤机

板框压滤机一般为间歇操作、设备投资较大、过滤能力也较低，但由于其具有过滤推动力大、滤饼的含固率高、滤液清澈、固体回收率高、调理药品消耗量少等优点，在一些小型污水厂仍被广泛应用。

10.7.4.1　板框压滤机的构造

板框压滤机的滤板、滤框和滤布的构造示意如图 10-13 所示，板框压滤机构造如图 10-14 所示，板框压滤机及附属设备的布置方式如图 10-15 所示，除板框压滤机外，还有进泥系统、投药系统和空气压缩系统。

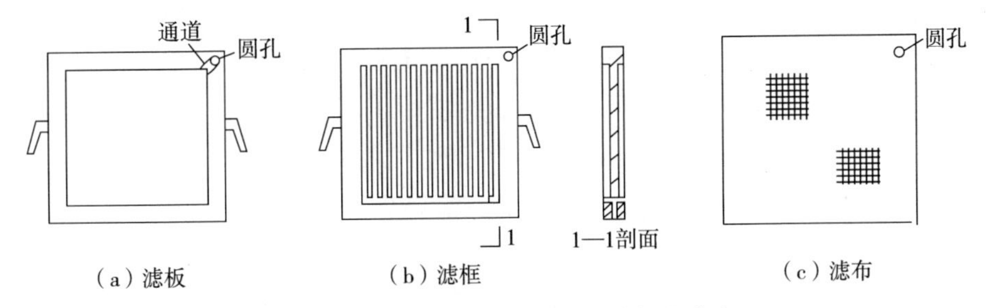

图 10-13　板框压滤机的滤板、滤框和滤布

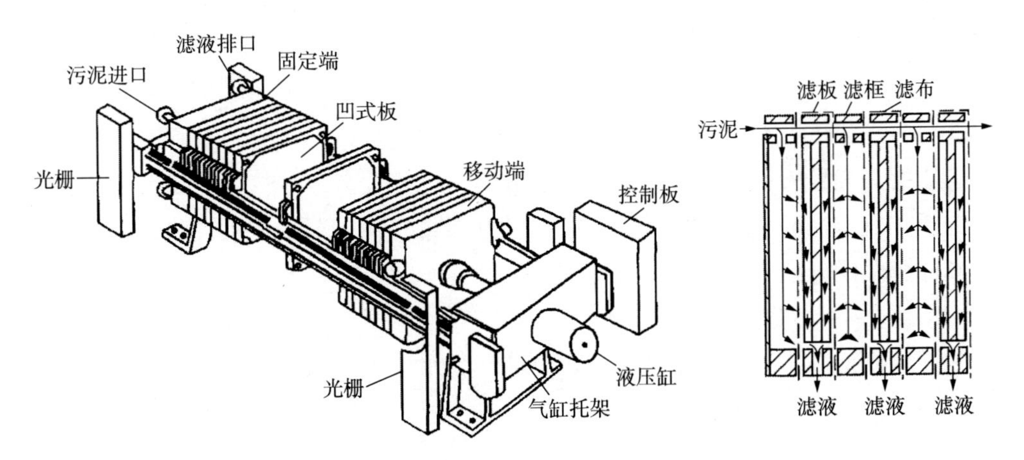

图 10-14　板框压滤机结构及板框结构示意图

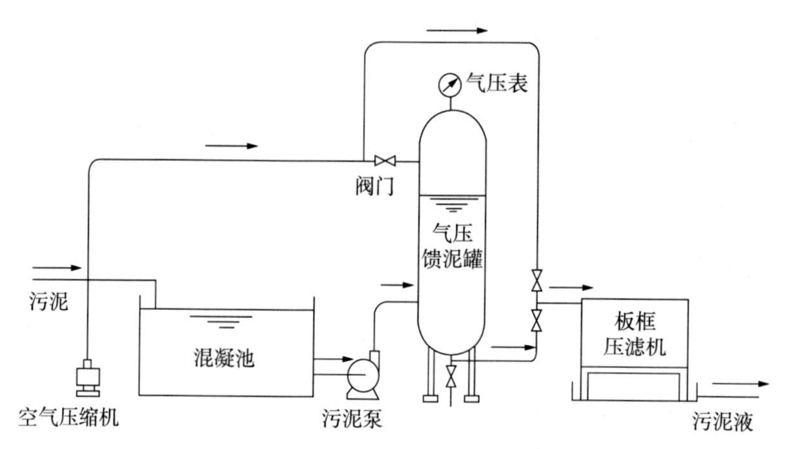

图 10-15　板框压滤机结构及附属设备的布置方式

10.7.4.2　板框压滤机的脱水过程

板与框相间排列而成，在滤板的两侧覆有滤布，用压紧装置把板与框压紧，即在板与框之间构成压滤室。在板与框的上端中间相同部位开有小孔，压紧后成为一条通道，加压到 0.2 ～ 0.4 MPa 的污泥，由该通道进入压滤室，滤板的表明刻有沟槽，下端钻有供滤液排出的孔道，滤液在压力下，通过滤布、沿沟槽与孔道排出滤机，使污泥脱水。

板框压滤机比真空过滤机能承受较高的污泥比阻，这样就可降低调理剂的消耗量，可使用价格较低的药剂（如 $FeSO_4 \cdot 7H_2O$）。当污泥比阻为 5×10^{11} ～ 8×10^{12} m/kg 时，可以不经过预先调理而直接进行压滤。板框压滤机其泥饼产率和泥饼含水率，应根据试验资料或类似运行经验确定，泥饼含水率一般可为 75% ～ 80%。

10.7.4.3　板框压滤机的设计计算

（1）板框压滤机的设计要求

①过滤压滤为 0.4 ～ 0.6 MPa（为 4 ～ 6 kg/cm²）；

②过滤周期不大于 4 h；

③每台过滤机可设污泥压入泵一台，泵宜选用柱塞式；

④压缩空气量为每 1 m³ 滤室不小于 2 m³/min；

⑤板框脱水应注意良好的通风、高压冲洗系统、调理前污泥磨碎机设置、压滤后泥饼破碎机设置等。

（2）板框压滤机的主要设计参数

板框压滤机的主要设计参数是脱水负荷。污水处理厂污泥经调理后的脱水负荷可参考表 10-22。

表 10-22　板框压滤机脱水负荷一览表

污泥调理方式	脱水负荷 /［（m^3/（m^2・h）］	泥饼含固率 /%
物理调理（投加粉煤灰、污泥灰）	0.025 ～ 0.035	45 ～ 60
化学调理（投加 $FeCl_3$ 和石灰）	0.040 ～ 0.060	40 ～ 70
化学调理（投加有机高分子）	0.030 ～ 0.055	30 ～ 38

（3）板框压滤机的计算选型

板框压滤机的脱水面积按式（10-26）计算：

$$A=\frac{Q_s}{qt} \tag{10-26}$$

式中：A——压滤脱水面积，m^2；

Q_s——每次脱水的污泥量（进泥量），m^3；

q——脱水负荷，$m^3/(m^2\cdot h)$；

t——每次脱水时间，h。

根据计算所得的压滤脱水面积进行压滤机选型。至少选用 2 台，并在脱水车间布置全套设备。

【例 10-12】某污水处理厂每日产生含水率为 96% 的污泥为 500 m^3，采用自动板框压滤机将污泥含水率降至 60% 以下，污泥脱水前加入 $FeCl_3$ 和石灰进行调理，选用 4 台脱水机，每天进泥 4 次，每次脱水时间为 3 h，下列给出的每台板框压滤机的压缩脱水面积数值，哪项最合理？（　　）

A. 104 m^2　　B. 210 m^2　　C. 840 m^2　　D. 500 m^2

【解】：根据表 10-22，化学调理（投加 $FeCl_3$ 和石灰）的脱水负荷为 0.04 ～ 0.06 m^3/（m^2・h）：

$$A=\frac{Q}{nqt}=\frac{500}{4\times4\times3\times(0.04\sim0.06)}=173\sim260(m^2)$$

答案为 B。

10.7.5　离心脱水机

污泥离心脱水的原理是利用离心机的转动使污泥中的固体和液体分离。颗粒在离心机内的离心分离速度可达到在沉淀池中沉速的 1 000 倍以上，可以在很短的时间内使污泥中很小的颗粒与水分离（图 10-16）。此外，离心脱水技术与其他脱水技术相比，还具有固体回收率高、处理量大、基建费少、占地小、工作环境卫生等优点，特别是可以不投加或少投加化学调理剂，但需要较高的动力运行费用（表 10-23）。

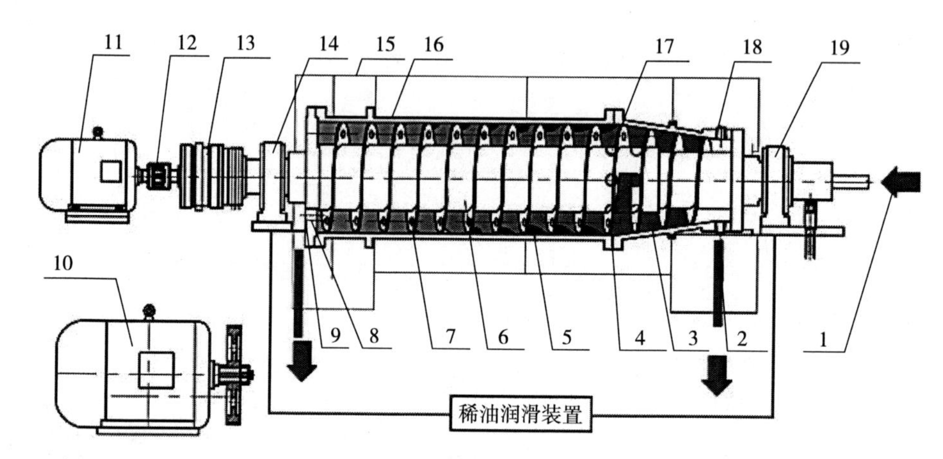

1—进料口；2—出渣口；3—锥段脱水区；4—镶焊硬质合金片；5—直段沉降区；6—螺旋推料器；7—清液导流孔；8—出液口；9—调节片；10—主电动机；11—辅电动机；12—弹性联轴器；13—三级差速器；14—轴承座；15—罩壳；16—转鼓；17—出料口耐磨套；18—出渣口耐磨套；19—轴承座。

图 10-16　卧式低速转筒式离心脱水机构造

表 10-23　离心脱水机典型效果　　单位：%

污泥种类	泥饼含水率	固体回收率	
		未化学调理	经化学调理
生污泥	—	—	—
初沉污泥	65 ～ 75	75 ～ 90	＞ 90
初沉污泥与腐殖污泥混合	75 ～ 80	60 ～ 80	＞ 90
初沉污泥与活性污泥混合	80 ～ 88	55 ～ 65	＞ 90
腐殖污泥	80 ～ 90	60 ～ 80	＞ 90
活性污泥	85 ～ 95	60 ～ 80	＞ 90
纯氧曝气活性污泥	80 ～ 90	60 ～ 80	＞ 90
消化污泥	—	—	—
初沉污泥	65 ～ 75	75 ～ 90	＞ 90
初沉污泥与腐殖污泥混合	75 ～ 82	60 ～ 75	＞ 90
初沉污泥与活性污泥混合	80 ～ 85	50 ～ 65	＞ 90

10.7.6　污泥脱水二次污染控制

10.7.6.1　上清液

污泥脱水过程产生的上清液和滤液的污染物浓度较高，特征值见表 10-24。

表 10-24　脱水上清液水质特征值　单位：mg/L

水样	检测项目		
	COD	NH_3-N	TP
污泥重力浓缩上清液	300 ～ 1 000	0 ～ 300	10 ～ 20
污泥脱水滤液	100 ～ 450		30 ～ 40

脱水的上清液及滤液一般通过厂内污水管排到进水泵房，然后随同污水经污水处理工艺进行处理。如果上清液及滤液的含磷浓度较高，影响污水处理系统总磷的去除，应单独进行化学除磷的处理后，再排至进水泵房。

10.7.6.2　臭气

污泥脱水臭气的主要产生源为污泥脱水机房及污泥堆置棚或料仓。污水处理厂污泥处理构筑物产生臭气的特征值见表 10-25。脱水机房的臭味是污泥脱水过程臭气处理的重点区域。

表 10-25　污泥脱水产生臭气特征值

地点	检测项目		
	H_2S/（mg/m^3）	NH_3/（mg/m^3）	臭气浓度 / 倍 *
污泥浓缩池	1 ～ 50	2 ～ 20	10 ～ 60
污泥脱水机房	1 ～ 40	1 ～ 40	10 ～ 200

注：* 恶臭气体（包括异味）用无臭空气进行稀释，稀释到刚好无臭时，所需的稀释倍数。

应根据环境影响评价的要求采取除臭措施。新建污水厂应对浓缩池、储泥池、脱水机房、污泥储运间采取分别措施，通过补风抽气并送到除臭系统进行除臭处理，达标排放。针对除臭的改建工程应根据构筑物的情况进行加盖或封闭，并增设抽风管及除臭系统。一般采用生物除臭方法，必要时也可采用化学除臭等方法。

10.8　污泥干化与焚烧

10.8.1　污泥自然干化

10.8.1.1　干化场的构造

污泥自然干化的主要构筑物是干化场，干化场可分为自然滤层干化场和人工滤层干化场两种。前者适用于自然土质渗透性能好，地下水位低的地方。人工滤层干化场的滤层是人为铺设的，又可分为敞开式干化场和有盖式干化场两种。人工滤层干化场的构造如图10-17所示，它由不透水底层、排水系统、滤水层、输泥管、隔墙及围堤等部分组成。有盖式干化场，设有可移开（晴天）或盖上（阴天）的顶盖，顶盖一般呈弓形，覆有塑料薄膜，方便开启。干化场脱水主要依靠渗透、蒸发与撇除。渗透过程在污泥排入干化场最初的2～3 d内完成，可使污泥含水率降至85%左右。此后水分不能再被渗透，只能依靠蒸发脱水，经1周或数周（取决于当地气候条件）后，含水率可降至75%左右。研究表明，水分从污泥中蒸发的数量约等于从清水中直接蒸发量的75%。降水量的57%左右要被污泥所吸收，因此，干化厂的蒸发量中必须考虑所吸收的降水量，但有盖式干化场可不考虑。

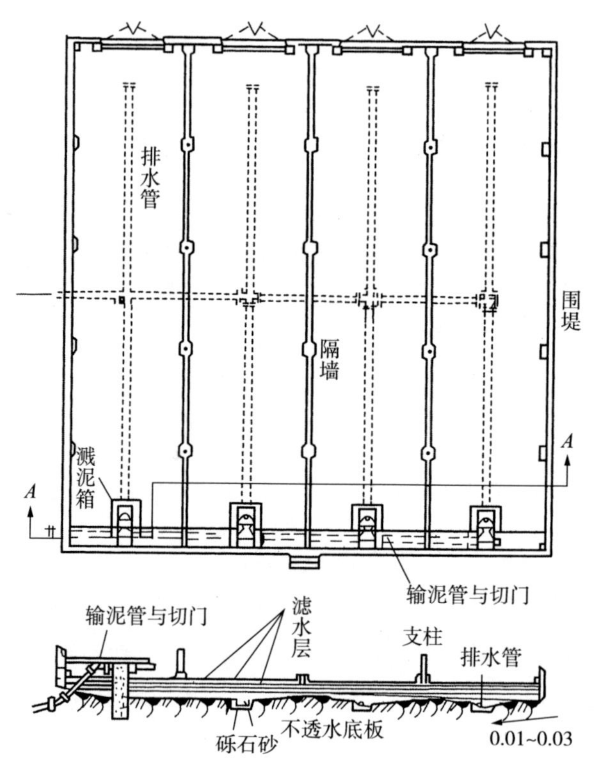

图10-17　人工滤层干化场

滤水层由上层的细矿砂或砂层铺设厚度200～300 mm，下层用粗矿渣或砾石层厚200～300 mm组成，滤水容易。排水管系统由100～150 mm陶土管或盲沟铺成，管道接头不密封，以便排水。管道之间中心距4～8 m，纵坡为0.002～0.003，排水管起点覆土深（至砂层顶面）0.6 m。不透水底板由200～400 mm厚的黏土层或150～300 mm厚三七灰土夯实而成。也可用100～150 mm厚的素混凝土铺成。底板有0.01～0.02的坡度坡向排水管。隔墙与围堤，把干化场分隔成若干分块，轮流使用，以便提高干化场利用率。近年来在干燥、蒸发量大的地区，采用由沥青或混凝土铺成的不透水层而无滤水层的干化场，依靠蒸发脱水。这种干化场的优点是泥饼容易铲除。

10.8.1.2　干化场的设计

干化场的设计主要内容是确定总面积和分块数。干化场的总面积决定于面积污泥负荷，即单位干化场面积每年可接纳的污泥量，单位为 $m^3/(m^2 \cdot a)$ 或 m/a。面积负荷的数值与当地气候和污泥性质有关。

【例 10-13】初次沉淀污泥和剩余活性污泥的混合污泥，固体浓度为 6%（即含水率为 94%），用敞开式人工滤层干化场，要求干化后的污泥固体浓度为 30%。当地降水量为 1 016 mm/a，全年分布较均匀；蒸发量为 1 524 mm/a。试设计该干化场。

【解】每次排入干化场的污泥厚度按 250 mm 计算。因最初 2 ～ 3 d，通过渗透脱水，污泥固体浓度可提高到约 15%，此时污泥层厚度（包括水与固体物的厚度）应为 (0.06/0.15)×250=100(mm)，由于渗透脱除的水分为 250−100=150(mm)。此后依靠蒸发脱水至固体浓度约为 30%，此时污泥厚度应为 (0.06/0.3)×250=50(mm)。可见由于蒸发脱除的水分为 100−50=50(mm)。因水分从污泥中蒸发约为从清水中蒸发量的 75%，所以污泥水分的年蒸发量为 0.75×1 524=1 143(mm/a)。考虑到雨水量的 54% 左右被污泥吸收，所以被污泥吸收的雨水量为 0.54×1 016=548.6(mm/a)。因此净蒸发量为 1 143−548.6=594.4(mm/a)。因每次依靠蒸发脱除的水分为 50 mm，理论上干化场每年可充满与铲除污泥的次数约为 594.4/50=12（次）。所以干化场的面积负荷应为 12×250=3 000(mm/a)=3.0 m/a。若年污泥量为 $Q(m^3/a)$，则干化场总面积为 $Q/3.0$。考虑安全系数 1.2，干化场总面积 $A=(1.2Q/3.0)\,m^2$。

干化场的分块数：为了使每次排入干化场的污泥有足够的干化时间，并能均匀地分布在干化场上以及铲除泥饼的方便，干化场的分块数最好大致等于干化天数，如干化天数为 8 d，则分为 8 块，每次排泥用 1 块。每块干化场的宽度与铲泥饼的机械方法有关，一般为 6 ～ 8 m。

10.8.2　加热干化

经机械脱水后的污泥含水率仍在 78% 以上，污泥加热干化可以通过污泥与热媒之间的传热作用，进一步去除脱水污泥中的水分使污泥减容。干化后污泥的臭味、病原体、黏度、不稳定等得到明显改善，可用作肥料、土壤改良剂、制建材、填埋、替代能源或是转变成油、气后再进一步提炼化工产品等。根据污泥含水率的不同，污泥加热干化类型可分为全干化和半干化。全干化指较低含水率的类型，如含水率在 10% 以下；而半干化则主要是指含水率在 40% 左右的类型。采用何种干化类型取决于干化产品的后续出路。

不同污泥干化技术比较见表 10-26。

表 10-26　不同污泥干化技术比较

干化技术类型	所需电量 /（kW·h/t 蒸发水）	单机处理能力 /（t/d）	终产品平均粒径 / mm	适用水厂规模
流化床污泥干化	100 ～ 200	30 ～ 600	1 ～ 5	大型、特大型
间歇式多盘干化	45 ～ 60	90 ～ 300	1 ～ 5	大中型
带式干化	20 ～ 30	＜ 120	3 ～ 5	大中型
桨叶式干化	50 ～ 80	250	小于 10，或为疏松团状	各种规模

与干化设备爆炸有关的 3 个因素主要是氧气、粉尘和颗粒温度。不同的工艺会有些差异，但必须控制的安全要素：氧气含量＜12%；粉尘浓度＜60 mg/m^3；颗粒温度＜110℃。湿污泥仓中甲烷浓度应控制在 1% 以下；干泥仓中干污泥颗粒应控制在 40℃以下。

10.8.3　污泥焚烧

采用焚烧法处理污泥可大大减少污泥的体积和质量（焚烧后体积可减少 90% 以上），同时焚烧后的灰渣还可综合利用；污泥中的污染物可以被彻底无害化和稳定化；污泥处理的速度快，占地面积小，不需要长期储存；焚烧厂可建在污泥源附近，不需要长距离运输；在污泥焚烧的过程中可回收能量用于供热或发电。但也存在诸多问题：污泥中的重金属会随烟尘的扩散而污染空气；焚烧装置设备复杂，建设和运行费用高于一般污泥处理方法，焚烧成本是其他处理工艺的 2 ～ 4 倍；污泥应具有较低的含水率才能作为燃料，这就要求污泥进行干化预处理，费用较高等。在下列条件下：即当污泥重金属及有毒物质含量高，不能作为农业利用时；大城市卫生要求高，用地紧缺时；污泥自身的燃烧热值高时；有条件与城市垃圾混合焚烧，或与城市热电厂燃煤混合焚烧时，可考虑采用污泥焚烧处理。

10.8.3.1　影响污泥焚烧的主要因素

污泥焚烧的主要影响因素是污泥的含水率、温度、焚烧时间、污泥与空气之间的混合程度等。

（1）污泥的含水率。污泥的含水率是污泥焚烧的一个关键因素，它直接影响污泥焚烧设备和费用。浓缩污泥的含水率一般在 95% 以上，采用机械脱水装置脱水处理后，一般仍达到 80% 左右。如此高的含水率一方面不能维持燃烧过程的自动进行，必须加入辅助燃料；另一方面是污泥体积庞大，增加了运输难度。因此，降低污泥含水率对于降低污泥焚烧设备及处理费用是至关重要的。一般应将污泥含水率降至与挥发物含量之比小于 3.5 时，可形成自燃，节约燃料。

（2）温度。温度高则燃烧速度快，污泥在炉内停留的时间短，此时燃烧速度受扩散控制，温度的影响较小，即使温度上升 40℃，燃烧时间只减少 1%，但炉壁、管道等容易损坏。当温度较低时，燃烧速度受化学反应控制，温度影响大，温度上升 40℃，燃烧时间减少 50%，所以，控制合适的温度十分重要。

（3）焚烧时间。燃烧反应所需要的时间就是烧掉污泥中有机污染物的时间。一般来说，燃烧时间与污泥粒度的 1 ～ 2 次方成正比，加热时间近似与粒度的平方成正比。粒度越细，与空气的接触面积越大，燃烧速度越快，污泥在燃烧室内停留的时间就越短。因此，在确定污泥在燃烧室的停留时间时，必须考虑污泥的粒度大小。

（4）污泥、燃料与空气之间的混合程度。为了使污泥完全燃烧，必须往燃烧室内鼓入过量的空气，氧浓度高，燃烧速度快，这是燃烧的最基本条件。但除了空气供应充足外，还要注意空气在燃烧室内的分布，污泥、燃料和空气的混合（湍流）程度。如混合不充分，将导致不完全燃烧产物的生成。对于废液的燃烧，混合可以加速液体的蒸发；对于固体废物的燃烧，湍流有助于破坏燃烧产物在颗粒表面形成的边界层，从而提高氧的利用率和传质速率，特别是扩散速率为控制因素时，燃烧时间随传质速率的增大而减少。

10.8.3.2　污泥焚烧工艺

污泥焚烧工艺主要有两大类：即直接焚烧和混合焚烧。直接焚烧是利用污泥本身有机物所含有的热值，将污泥经过脱水和干化等处理后添加少量的助燃剂送入焚烧炉进行焚烧。混合焚烧是将污泥与煤或固体废物等混合焚烧。

（1）污泥直接焚烧

如果污泥的含水率较低，热值较高，污泥添加少量的辅助燃料后可直接入炉进行焚烧。而如果污泥含水率较高，热值较低，直接入炉焚烧需要消耗大量的辅助燃料，运行成本太高，因此需要将污泥机械脱水后再进行加热干燥，以降低其水分，提高入炉污泥的热值，使焚烧在运行过程中不需要辅助燃料，这种方法又称为干化焚烧。干化焚烧是一种节能型处理工艺，也是目前污泥焚烧应用较多的一种。

干化焚烧主要包括干化预处理、焚烧和后处理 3 个阶段，其处理流程如图 6-18 所示。污泥在焚烧前加以必要的干化预处理，能使焚烧更有效地进行。干化预处理主要包括脱水、粉碎、预热等。污泥脱水可降低含水率，使污泥能够达到自燃；污泥粉碎可使投入炉内污泥易燃，保障燃烧充分；污泥预热，可进一步降低污泥含水率，同时降低污泥焚烧时所耗能源。

（2）污泥混合焚烧

污泥混合焚烧是指将污泥与其他可燃物混合进行燃烧，既充分利用了污泥的热值，又达到了节省能源的目的。污泥的混合焚烧主要有污泥与发电厂用煤的混合焚烧、污泥与固体废物的混合焚烧等。

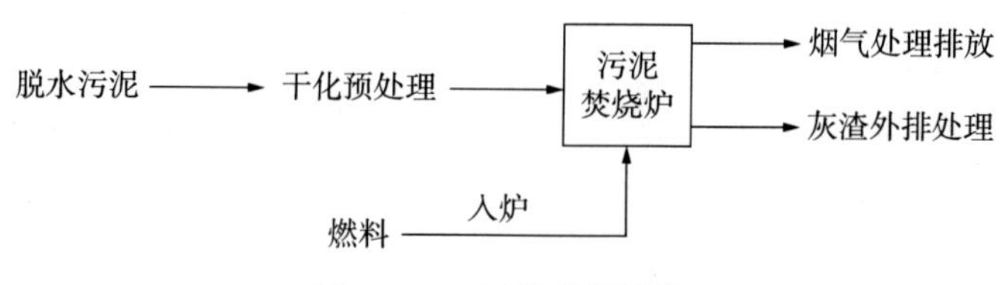

图 10-18　干化焚烧流程

1）污泥与发电厂用煤的混合焚烧

将污泥送发电厂与煤混合进行燃烧用以发电，既可以利用热电厂余热作为干化热源，又可利用热电厂已有的焚烧和尾气处理设备，节省投资和运行成本。

2）污泥与固体废物的混合焚烧

污泥与固体废物混合燃烧的主要目的是降低成本，因为分别燃烧污泥和固体废物的成本较高。

3）污泥与水泥生产窑的混合焚烧

水泥生产窑协同处理城镇污水厂污泥，主要利用水泥高温煅烧窑炉焚烧处理污泥。在焚烧过程中，有机物彻底分解，灰渣作为水泥组分直接进入水泥熟料产品，实现彻底减量化。利用水泥回转窑处理城市污泥，不仅具有焚烧法的减容、减量化特征，且燃烧后的残渣成为水泥熟料的一部分，不需要对焚烧灰进行填埋处理处置，烟气焚烧彻底，污染物形成总量显著降低，是一种清洁有效的污泥处置技术。

10.8.3.3　污泥焚烧设备

污泥焚烧的设备有回转焚烧炉、多段焚烧炉和流化床焚烧炉等。由于立式多段炉存在搅拌臂难耐高温、焚烧能力低、污染物排放难控制等问题；回转式焚烧炉的炉温控制困难，同时对污泥发热量要求较高，一般需加燃料稳燃。所以流化床焚烧炉（图 10-19）已成为主要的污泥焚烧设备，一般推荐使用。

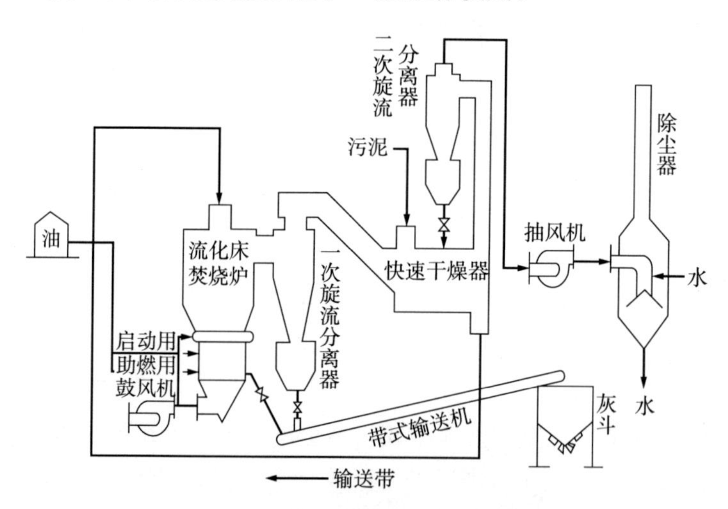

图 10-19　流化床焚烧炉流程示意图

10.8.3.4　污泥焚烧处理设计应考虑的因素

（1）在已有或拟建垃圾焚烧设施、水泥窑炉、火力发电锅炉等设施的地区，污泥焚烧宜首先考虑与垃圾同时焚烧，或掺在水泥窑炉、火力发电锅炉的燃料煤中同时焚烧。

（2）焚烧的工艺，应根据污泥热值确定，优先考虑循环流化床工艺。

（3）焚烧炉的设计应保证其使用寿命不低于 10 年；焚烧炉的处理能力应有适当的余量，进料量应可调节。

（4）焚烧炉应设置防爆门或其他防爆设施；燃烧室后应设置紧急排放烟囱，并设置联动装置，使其只能在事故或紧急状态时方可开启；应确保焚烧炉出口烟气中氧气含量达到 6% ～ 10%（干气）。

（5）必须配备自动控制和监测系统，在线显示运行工况和尾气排放参数，并能够自动反馈，以便对有关主要工艺参数进行自动调节。

（6）污泥焚烧厂及其附近应设置长期监测空气的设施。焚烧设备宜设置 2 套。若设 1 套，应考虑设备故障检修和常规检修期间的应急措施，包括污泥储存设施或其他备用的污泥处理处置途径。

10.9　污泥的最终处置

污泥的最终处置与利用的主要途径有土地利用、污泥填埋、污泥生产建材等。目前常用的是前两种方法，污泥生产建材尚在试验研究中。

10.9.1　污泥的土地利用

污泥的土地利用是一种积极、有效而安全的污泥处置方式。污泥的土地利用包括农田利用、林地利用、园林绿化利用等。

尽管污泥的土地利用能耗低，可回收利用污泥中 N、P、K 等营养物质，但污泥中也含有大量病原菌、寄生虫（卵）、重金属，以及一些难降解的有毒有害物。污泥必须经过厌氧消化、生物堆肥或化学稳定等处理后才能进行土地利用。污泥通过处理后，污泥中有机物将得到不同程度的降解，大肠杆菌数量及含水率明显降低，从而实现了污泥的稳定化、无害化和减量化。经厌氧消化、高温堆肥后的污泥，不仅消除了污泥的恶臭，同时杀灭了虫卵、致病菌，也可部分降解有毒物质。但污泥土地利用时应注意：凡用于园林绿化的污泥，其含水率、盐分、卫生学指标等必须符合国家及地方有关标准规定的要求，并进行监测。污泥用于沙化地、盐碱地和废弃矿场土壤改良时，应根据当地实际，经科学研究制定标准，并由有关主管部门批准后才可实施。污泥农用时，应严格执行国家及地方的有关标准规定，并密切注意污泥中的重金属含量，要根据农用土壤本底值，严格控制污泥的施用量和施用期限，以免重金属在土壤中累积。污泥土地利用首先要根据其来源判断是否适用，其次要通过对污染物、养分含量的监测和污泥腐熟度来确定污泥的用量和利用方式，并定期进行风险监测与环境评估。

10.9.1.1 污泥土地利用的适用条件

（1）污泥农田利用的适用条件

城市污水处理厂污泥中含有大量的腐殖质和氮、磷、钾及植物生长所需的微量元素钙、镁、锌、铜、铁等，施用于农田能够改良土壤结构，增加土壤肥力，促进作物生长。污泥中含有的肥分见表 10-27。

表 10-27 各种污泥的肥效

种类	含水率 /%	全氮 /%	氨态氮 /%	磷 P_2O_5/%	钾 K_2O/%
新鲜污泥	70	3.2	0.09	1.6	0.15
消化污泥	70	3.2	0.02	2.4	0.20
新鲜活性污泥	92	8.1	—	2.5	0.35

根据《城镇污水处理厂污泥处置　农用泥质》（CJ/T 309—2009）、《城镇污水处理厂污染物排放标准》（GB 18918—2002），当污泥农用时，可根据污泥中污染物的浓度将污泥分为 A 级、B 级污泥，A 级、B 级污泥分别施用于不同的作物，其污染物浓度限制见表 10-28 和表 10-29，其他指标应满足表 10-30 的要求。

表 10-28 污泥农田利用污染物浓度限值 单位：mg/kg 干污泥

序号	控制项目	最高允许含量	
		A 级污泥	B 级污泥
1	总砷	< 30	< 75
2	总镉	< 3	< 15
3	总铬	< 500	< 1 000
4	总铜	< 500	< 1 500
5	总镍	< 3	< 15
6	总汞	< 100	< 200
7	总铅	< 300	< 1 000
8	总锌	< 1 500	< 3 000
9	苯并［*a*］芘	< 2	< 3
10	矿物油	< 500	< 3 000
11	多环芳烃（PAHs）	< 5	< 6

表 10-29　A 级和 B 级污泥适用作物

	允许施用作物	禁止施用作物	备注
A 级污泥	蔬菜、粮食作物、油料作物、果树、饲料作物、纤维作物	无	蔬菜收获前 30 d 禁止施用，根茎类作物按照蔬菜限制标准
B 级污泥	油料作物、果树、饲料作物、纤维作物	蔬菜、粮食作物	—

表 10-30　污泥农用其他指标限制

项目	控制项目	限值
物理指标	含水率 /%	≤ 60
	粒径 /mm	≤ 10
	杂物	无粒度＞ 5 mm 的金属、玻璃、陶瓷、塑料、瓦片等有害物质，杂物质量≤ 3%
卫生学指标	蛔虫卵死亡率	≥ 95%
	粪大肠菌群值	≥ 0.01
营养学指标	有机物含量 /（g/kg 干基）	≥ 200
	氮磷钾	≥ 30
	酸碱度 pH	5.5 ～ 9

（2）污泥园林绿化利用的适用条件

将城镇污水处理厂污泥作为有机肥料用于城市园林绿地的建设，或以污泥为主要原料作为植物生长的载体，可用于城市育苗、容器栽培和草坪建植等，不仅是有效的污泥处置途径，而且是城市绿化的要求，可实现城市废物的循环利用。污泥用于城市园林绿地建设时，污泥以养分含量高和腐熟度好为佳。根据不同植物的要求，污泥可以粉状或颗粒状使用，可单独或与其他肥料混合施用，但施用时间受限，用量少。泥质要求：有机质含量≥300 g/kg 干污泥，氮磷钾（$N+P_2O_5+K_2O$）含量≥40 g/kg 干污泥，污染物含量应符合《城镇污水处理厂污泥处置　园林绿化用泥质》（GB/T 23486—2009）的要求，见表 10-31。

表 10-31　污泥园林绿化利用污染物浓度限值　　单位：mg/kg 干污泥

序号	控制项目	最高允许含量	
		在酸性土壤上（pH ＜ 6.5）	在中性和碱性土壤上（pH ≥ 6.5）
1	总镉	5	20
2	总汞	5	15
3	总铅	300	1 000

续表

序号	控制项目	最高允许含量	
		在酸性土壤上（pH < 6.5）	在中性和碱性土壤上（pH ≥ 6.5）
4	总铬	600	1 000
5	总砷	75	75
6	总镍	100	200
7	总锌	2 000	4 000
8	总铜	800	1 500
9	硼	150	150
10	矿物油	3 000	3 000
11	苯并［a］芘	3	3
12	可吸附有机卤化物（AOX，以 Cl^- 计）	500	500

污泥园林绿化利用其他指标限值见表 10-32。

表 10-32　污泥园林绿化利用其他指标限值

项目	控制项目	限值
理化指标	pH	6.5 ～ 8.5 在酸性土壤（pH < 6.5）上
		5.5 ～ 7.8 在中碱性土壤（pH > 6.5）上
	含水率 /%	< 40
卫生学指标	蛔虫卵死亡率 /%	≥ 95
	粪大肠菌群值	≥ 0.01
养分指标	有机物含量 /%	≥ 25
	总养分［总氮（以 N 计 +TP（以 P_2O_5 计）+ 总钾（以 K_2O 计）］/（%）	≥ 3

以污泥为主要原料作为植物生长的载体时，污泥以密度低、孔隙度大、理化性质稳定为佳，商业价值较高，用量大，对污泥腐熟度要求高。泥质要求有机质含量 ≥200 g/kg 干污泥，氮磷钾无要求，污染物含量应符合 GB/T 23486—2009 的要求。

（3）污泥用于生态修复

利用污泥有机质含量高的特质，可单独或与其他材料混合用于废弃矿山和退化土地生态修复。泥质要求低，用量大，使用范围小，但二次污染风险高。泥质要求为有机质含量 ≥150 g/kg 干污泥，氮磷钾无要求，污染物含量应符合 GB/T 23486—2009 的要求。

10.9.1.2　污泥土地利用要求及方法

（1）污泥农田利用

农田使用污泥的数量有一定的限度，当达到这一限度时，就应停止一段时间使用污泥。整个污泥利用区应建立严密的使用、管理、检测和监控体系，使污泥的农用更加安全有效，促进农业的可持续发展。污泥施用年限可根据土壤重金属允许含量计算：

$$n = \frac{C \times W}{Q \times P} \tag{10-27}$$

式中：n——污泥施用年限，a；

C——土壤中允许重金属的增加量，它等于安全控制值减土壤本底值，mg/kg；

W——每公顷耕作层土质量，kg/hm^2；

Q——每年每公顷污泥用量，kg/（hm^2 · a）；

P——污泥中重金属含量，mg/kg。

（2）污泥园林绿化利用

污泥在园林绿化中一般用作底肥，用量为 7.5 ～ 15 t/hm^2，具体用量视污泥的养分含量、植物需肥量、土壤供肥量而定。以污泥为主要原料制成的基质，应达到密度小于 0.8 g/cm^3，孔隙度大于 60%，电导率小于 1500 μS/cm，pH 为 5.5 ～ 8.0。不同的栽培基质使用的方式不同：育苗基质可采用营养钵、穴盘、育苗基质块等形式。以微喷、地表洇水等方式进行水肥补充。育苗基质污泥所占比例不超过 40%（V/V）。

容器栽培基质分为盆式、槽式、立柱式、袋式等多种容器栽培类型，主要采用滴灌进行灌溉。容器基质污泥所占比例不超过 60%（V/V）。

草坪建植是将污泥与土壤进行混合作为草坪栽培基质使用，污泥的用量一般占基质层的 20% ～ 50%（V/V）。

$$\text{肥料用量} = \frac{\text{（某一阶段植物需肥量－土壤供肥量）}}{\text{肥料利用率} \times \text{肥料养分含量}} \tag{10-28}$$

针对不同的植物可采用不同的施肥方式。草坪可撒施，结合浇水，一年可多次施肥；林木可沟施、穴施、环状施肥和放射状施肥，施肥深度一般在 30 cm 左右，施肥时期一般为春季或秋后冬前，每年施用一到两次；露地栽培花卉可条施或撒施，结合浇水，一年可多次施肥；盆栽花卉可与盆栽土或基质混匀作为底肥施用。

用于矿山废弃地及退化土地如沙荒地的修复，可采用机械掺混和地表覆盖等方式。施用时期应避开集中降水季节。修复后的土地主要用于恢复生态景观，不宜用于农作物生长。在湖泊水库等封闭水体及敏感水域周围 1 000 m 范围内，禁止采用污泥作为生态修复材料使用。

10.9.2 污泥填埋

污泥填埋可采用建设污泥专用卫生填埋场的形式。在不具备建设污泥专用填埋场条件时，也可在原有城市生活垃圾填埋场将污泥与垃圾混合后填埋处理。此外，污泥经处理后还可作为垃圾填埋场覆盖土。

10.9.2.1 污泥与垃圾混合填埋

城市生活垃圾卫生填埋场库容应满足混合填埋要求，而污泥又不具备土地利用和建筑材料综合利用条件，且污水处理厂与垃圾填埋场距离不远时，污泥可采用与垃圾混合填埋。进入城市生活垃圾卫生填埋场的污泥必须经过工程措施处理，达到相关技术标准。

污泥与生活垃圾混合填埋，原则上污泥必须进行稳定化、无害化处理，并满足垃圾填埋场填埋土力学要求。污泥与生活垃圾的质量混合比例应≤8%。污泥与生活垃圾混合填埋时，必须首先降低污泥的含水率，同时进行改性处理，可通过掺入矿化垃圾、黏土等调理剂，以提高其承载力，消除其膨润持水性，避免雨季时污泥含水率急剧增加，无法进行填埋作业。混合填埋污泥泥质应满足《城镇污水处理厂污泥处置　混合填埋用泥质》（GB/T 23485—2009）的要求，见表 10-33、表 10-34。

表 10-33　混合填埋用泥质基本指标

序号	控制项目	限值
1	污泥含水率	≤ 60%
2	pH	5 ～ 10
3	混合比例（质量比）	≤ 8%

表 10-34　混合填埋用泥的污染物浓度限值　　单位：mg/kg 干污泥

控制项目	限值
总镉	＜ 20
总汞	＜ 25
总铅	＜ 1 000
总铬	＜ 1 000
总砷	＜ 75
总镍	＜ 200
总锌	＜ 4 000
总铜	＜ 1 500
矿物油	＜ 3 000
挥发酚	＜ 40
总氰化物	＜ 10

10.9.2.2　污泥作为生活垃圾填埋场覆盖土

污泥用作垃圾填埋场覆盖土时，首先必须对污泥进行改性处理，可在污泥中掺入一定比例的泥土或矿化垃圾混合均匀并堆置 4 d 以上，用以提高污泥的承载能力并消除其膨润持水性。用作覆盖土的污泥泥质标准应满足《城镇污水处理厂污泥处置　混合填埋用泥质》（GB/T 23485—2009）和《生活垃圾填埋场污染控制标准》（GB 16889—2008）的要求，见表 10-35。

表 10-35　作为垃圾填埋场覆盖土的污泥基本指标

序号	控制项目	限值
1	含水率	＜ 45%
2	臭度	＜ 2 级（六级臭度）
3	横向剪切强度	＞ 25 kN/m^2

污泥用作垃圾填埋场终场覆盖土时，其泥质基本指标除满足表 10-35 要求外，还需满足《城镇污水处理厂污染物排放标准》（GB 18918—2002）中卫生学指标要求，同时不得检测出传染性病原菌，见表 10-36。

表 10-36　作为垃圾填埋场终场覆盖土的污泥卫生学指标

序号	控制项目	限值
1	粪大肠菌群值	＞ 0.01
2	蠕虫卵死亡率	＞ 95%

10.9.2.3　污泥填埋方法

（1）混合填埋

污泥与生活垃圾混合填埋必须为卫生填埋场，污泥与生活垃圾应充分混合、单元作业、定点倾卸、均匀摊铺、反复压实和及时覆盖。每层污泥压实后，应采用黏土或人工衬层材料进行日覆盖，黏土覆盖层厚度应为 20 ～ 30 cm。

（2）污泥作为生活垃圾填埋场覆盖土

日覆盖应实行单元作业，其面积应与垃圾填埋场当日填埋面积相当。改性污泥应进行定点倾卸、摊铺、压实，覆盖层在经过压实后厚度不应小于 20 cm，压实密度应大于 1 000 kg/m^3。在污泥中掺入泥土或矿化垃圾时应保证混合充分，混合材料的承载能力应大于 50 kPa。污泥入场用作覆盖材料前必须对其进行监测。含有毒工业制品及其残留物的污泥、含生物危险品和医疗垃圾的污泥、含有毒药品的制药厂污泥以及其他严重污染环境的污泥，不能进入填埋场作为覆盖土，未经检测的污泥严禁入场。

习 题

1. 某污水处理厂每天产含水率94%的浓缩污泥36 m^3，污泥浓缩前含水率为99.2%，污泥浓缩前的体积是多少？

2. 某城市污水处理厂剩余污泥采用一级厌氧中温消化，含水率95%的浓缩污泥量为300 m^3/d，VSS/SS=0.5，消化池有机负荷取1.2 kg VSS/(m^3·d)。则消化池数量和单池容积应为下列哪项？(　　)

A. 1座；单池 V=6 250 m^3　　B. 2座；单池 V=6 250 m^3

C. 2座；单池 V=3 125 m^3　　D. 2座；单池 V=2 500 m^3

3. 某城市污水处理厂污泥采用中温消化，浓缩污泥量 Q=400 m^3/d，含水率 P=95%，VSS/SS=0.6，消化池有机物分解率为45%，分解每公斤挥发性固体产生沼气 R=0.9 m^3/(kg·VSS)，沼气热值为5 500 kcal/m^3，若所产生沼气全部用来发电，沼气发电机组效率 η=28%，1 kW·h=860 kcal，则每日可发电量应为多少度？

4. 某污水厂初沉池设计流量为10 000 m^3/d，进水悬浮物浓度为200 mg/L。该厂污泥浓缩池、污泥脱水机的上清液回流到初沉池。初沉池对悬浮物的去除率按50%计，则该厂初沉池每天产生含水率97%的污泥体积约为多少？

5. 污泥处理与处置的基本流程，按工艺顺序，以下哪些是正确的？(多选)(　　)

A. 生污泥→浓缩→消化→自然干化→最终处理

B. 生污泥→消化→浓缩→机械脱水→最终处理

C. 生污泥→浓缩→消化→机械脱水→堆肥→最终处理

D. 生污泥→消化→脱水→焚烧→最终处理

6. 关于污泥的土地利用，下列说法哪几项正确？(多选)(　　)

A. 污泥土地利用的主要障碍是污泥中的重金属、病毒、寄生虫卵和有害物质

B. 达到农用泥质标准的污泥可用于种植任何农作物

C. 达到农用泥质标准的污泥连续施用也不得超过20年

D. 达到农用泥质标准的污泥每年单位面积土地上的施用量仍要限制

第 11 章　海绵城市与黑臭水体治理

11.1　人类活动对水文循环的影响

11.1.1　水的特性与自然水文循环

水是地球上普遍存在和一切生命赖以生存的物质。由于水分子结构的特点，水具有较强的极性和生成氢键的能力，使得水有着特别的理化特性与自然属性，了解这些性质，有助于理解自然界的水文循环现象，也有助于理解人类面临水问题的成因。

11.1.1.1　水的密度

不同于大部分物质温度升高而密度减低的特性，水的密度在 0℃时为 0.999 87 kg/L，随着温度升高，密度同时升高，到 4℃时候最大，达到 1 kg/L。且水的固态密度要小于液态，0℃时冰的密度比 0℃时水的密度约小 10%，为 0.915 kg/L，如图 11-1 所示。

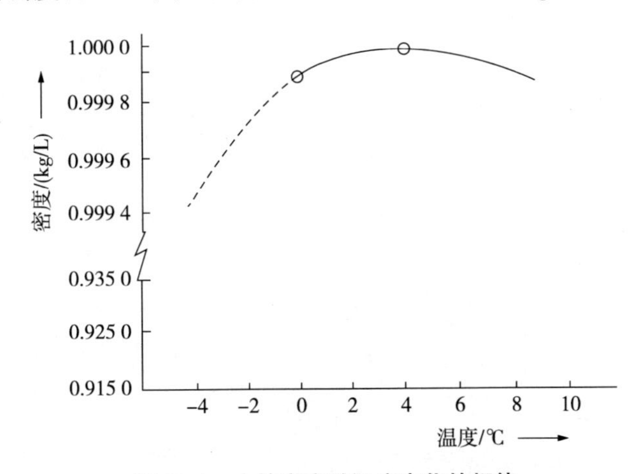

图 11-1　水的密度随温度变化的规律

11.1.1.2　水的压缩率

水的压缩率很小，其体积压缩系数为 4.7×10^{-5}/ 标准大气压，因此可以认为在常规状态下，水是不可压缩的。

11.1.1.3　水的热性质

在标准大气压下，水的冰点和沸点与其他氢化物相比明显偏高；同时水的比热不仅比其他液体和固体大，且与密度类似，并不随温度单向变化，在 15℃和 70℃时为 4 186.8 J/(kg·℃)，而在 30℃时为最小，为 4 176.3 J/(kg·℃)；与较高的比热相反，传热性方面，水则明显比其他液体要小，在 20℃时水的传热率仅为 0.598 7 J/(m·s·℃)，冰的传热率约为 2.261 J/(m·s·℃)，雪更小，在 0.1 kg/L 时为 0.093 J/(m·s·℃)。水这样特殊的热性质使得其作为重要的热量储存调节的介质，对维持地球上温度的稳定具有显著的作用。

11.1.1.4　水的表面张力

水分子之间的吸引力（内聚力）较大，使得水的表面张力较大，在常温下仅小于水银。同时因为水有较强的极性，使得水对一般固体有着较大附着力，能够很容易地润湿固体。

11.1.1.5　自然水文循环

水由于在常温下既能实现固态、液态、气态的“三态”转化而又不发生化学反应，使得能够在太阳能与地球引力的作用下，不断通过蒸发、水气输送、凝结、降落、下渗、地面和地下径流等途径往复循环，如图 11-2 所示，详细内容可参考水文学相关著作和文献。

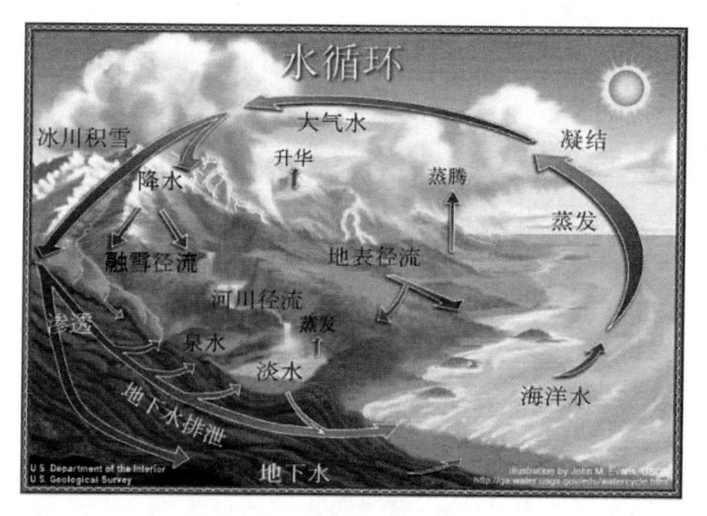

图 11-2　自然界的水文循环

11.1.1.6　水量平衡

由于在常温下水的化学性质相对稳定，在水文循环过程中，通常认为对任一区域、任意时段进入水量与输出水量之差必等于其需水量的变化量，这就是水量平衡原理。在水量平衡的基础上，通常还会分析所溶解或携带物质的平衡，如泥沙平衡、氮磷等营养物平衡等。

根据水量平衡原理，可列出对于某一区域的水量平衡公式，用式（11-1）表示。

$$I - O = \Delta S \tag{11-1}$$

式中：I、O——给定时间段内输入、输出该区域的总水量；

ΔS——时段内区域蓄水量的变化量，可正可负。

作为水量平衡的通用式，对不同的研究区域与对象，需要具体分析其输入、输出以及蓄水量的组成。

11.1.1.7　流域水系

水量平衡通常都在具有固定汇水边界的区域内展开进行计算，通常以山脊线作为固定汇水区域的边界，即分水线，地面分水线包围的区域称为流域，一个流域范围内可以按照自然分水线又可以划分为若干个互不嵌套的子流域，流域内大小河流交汇形成的树状或网状结构称为水系。

11.1.1.8　生态环境效应

作为地球上最重要、最活跃的物质循环之一，水文循环不仅实现了水资源的更新再生，更起着连接地球岩石圈、水圈、大气圈和生物圈的重要作用。一方面促进了能量的输送，另一方面作为良好的溶剂，水流通过携带各种物质，有效参与了各种物质循环。

通过水文循环对地球上各流域、区域或局地生态与环境产生了明显的影响。一方面，在宏观尺度上影响了地形地貌、气候条件等，成为生物圈的“血液流”，从而对陆生、水生、海生等生态系统产生高层次的影响；另一方面，在微观尺度上，通过自身与各物质的物理、化学、生物等变化，构建了特定的水生态环境，尤其通过水体自净，维持了水质的动态平衡。

11.1.2　社会水文循环

人类从自然水体中获得各类水资源进行开发利用，后又将废水排放回自然界，从而在自然水文循环的基础上构建了新的社会水文循环，并与自然循环交织在一起。

从图 11-3 可以看出，社会水文循环与自然水文循环构成了一个十分复杂的系统，自然水循环由降水、蒸发、入渗、产流、汇流等环节组成，社会水循环则由原水分配、耗水过程、雨污水排水收集与处理、再生水配置与调度等环节组成。随着城镇化等人类活动的加剧，社会水循环明显改变了自然水文循环的状态。在水量平衡上，不合理的开发利用会加重干旱缺水、暴雨洪涝等问题；在水生态环境上，排放的各类污染物也可能严重超过水体的自净能力，造成水体黑臭，水生态环境破坏。

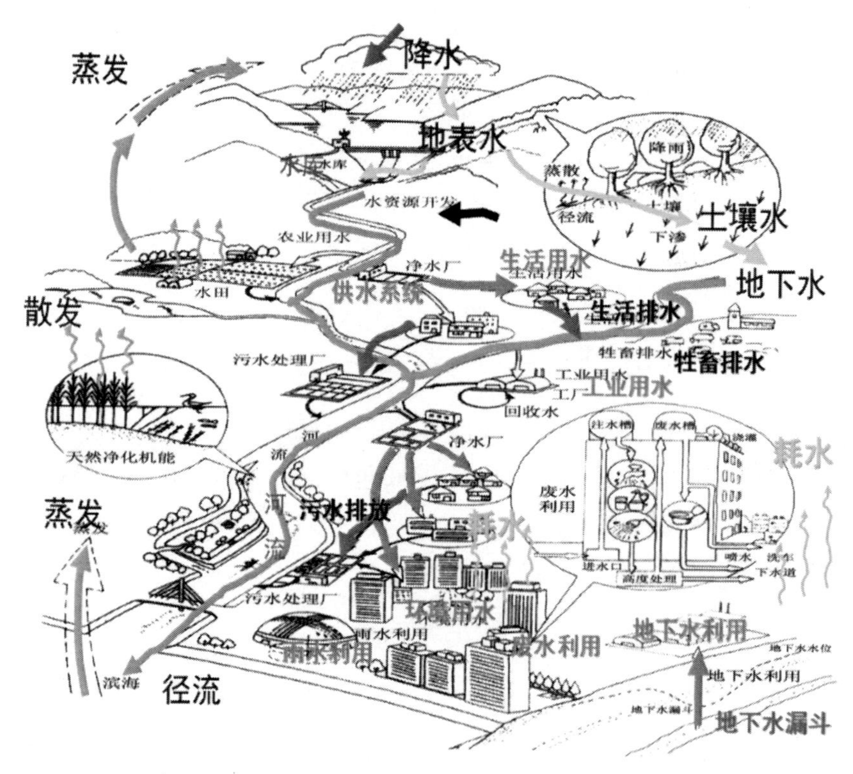

图 11-3 城市水文循环与自然水文循环的联系

11.1.3 水量平衡的改变

不仅地球是一个系统，一个流域或者一个区域，甚至水—土—植结构都是一个系统，在这些系统中发生的水文循环都是符合水量平衡原理的，这是物质守恒的必然结果。社会水文循环不会打破水量平衡，但是会影响水量的分配，从而造成局部区域水资源短缺或者洪涝情况的发生。其主要通过以下几个方面改变了自然水文循环的状态。

11.1.3.1 水资源的开发

根据水量平衡原理，对式（11-1）进行细化，通常对于一个区域，自然水文循环通常可以概括为式（11-2）：

$$(I+P)-(O+ET)=\Delta S_{自然存蓄} \tag{11-2}$$

式中：I、O——流入、流出本地的地表和地下径流；

$\Delta S_{自然存蓄}$——存蓄在本地的地表与地下水资源；

P、ET——本地的降水量和蒸发蒸腾量。

为满足生产和生活需求，人们通过水库蓄水、管道引水、地下水开采、跨流域调水等工程进行水资源的开发，据统计目前世界各地兴建的长距离跨流域调水工程已经达到 160 多项。人类对水资源的开发改变了原有地表径流与地下水的分配与水文状态，改变了原有平衡，形成式（11-3）所构成的社会水文循环。

$$(I+P+I_{人工调水})-(O+ET+O_{生产生活消耗})=\Delta S_{自然存蓄}+\Delta S_{人工存蓄} \tag{11-3}$$

若过度开发，还会造成严重的生态与环境危机。如地表水的过度开发会造成河流断流、湖泊萎缩、湿地退化、水生生物灭绝、自净能力消失等问题，根据生态环境部公开数据，截至 2015 年，黄河、海河、淮河水资源开发利用率分别为 106%、82% 和 76%，远超过国际公认的 40% 水资源开发生态警戒线；地下水超采则会带来地面沉降、海水入侵、地下水恶化等问题，我国华北地区地下水超采已形成了世界上最大的地下水漏斗，在沧州等地引起了不同程度的地面沉降、裂缝等灾害。

11.1.3.2　下垫面的改变

降水和产流是水文循环中重要的内容，通常降水会通过植物拦截、地表蓄积与土壤下渗后，形成地表径流，见式（11-4）

$$P-I-ET-\Delta S=R \tag{11-4}$$

式中，P 为降水；R 为地表径流；I 为下渗；ET 为蒸发蒸腾；ΔS 为地表储蓄量。

地表径流、下渗、蒸发蒸腾和地表储蓄量都跟下垫面的形式密切相关。人类活动，尤其是大规模的农业生产和城镇建设会对原有自然地表的状态产生极大的改变，以武汉为例，有研究表明，1990—2018 年，主城区范围内不透水面增加了 136.76 km^2，植被减少了 12.28 km^2，水体减少了 121.87 km^2。

这些变化造成区域内原有自然本底与水文特征改变，打破了原有的自然水文循环，极易造成雨洪径流增加、峰值提前、流量增大，从而加剧了雨洪灾害的威胁，如图 11-4 所示。具体来说，水面与低洼地的占用会减少雨水的蓄积；植被减少会导致植物的对降水的截留蒸发效用减弱；农业种植与城市间造成的土壤板结硬化减少了雨水的滞留下渗，阻碍了地下水补给，增大了地表径流；河湖岸线的裁弯取直与硬化减少了水体的停留时间，阻隔了水陆的水文与生物之间的物质交换。另外，由于下垫面改变造成的对气流的阻滞效应、建筑物对气流的机械阻碍与抬升作用、城市热岛效应以及空气污染带来的凝结核效应等，也会对区域气候产生影响，使得更易形成对流行降水，且降水强度增大、时间延长。

图 11-4　人类活动对降雨径流的影响

11.1.4　污染物质的增加

人类活动产生的各类污染物多数会随着废水一并排放，即使是气体或者固体污染物质也会随着降水和地表径流的冲刷进入水体。随着工业化和城镇化的快速发展，各类排放污染物越来越多，远超过水体的自净能力，造成严重的水环境污染。特别是一些具有持久性和生物累积性的有毒物质的排放对环境和人类健康造成了严重危害。

虽然世界各国都意识到水环境污染的危害，也采取了大量措施对污染物进行控制，并对受损环境进行治理，但其代价是巨大的，恢复需要漫长的过程。尤其城市大多数水体由于受到过度开发，加上城市硬化，无生态空间，缺少自然补给，常年生态基流较少，少量污染物的进入即可能严重危害水体环境。

11.2　海绵城市的概念

人类受惠于大自然的水资源，同时也与水旱灾害、水体污染不断斗争，历史上“依水而兴”和“因水而困”的城市比比皆是，如近代武汉既发轫于张公堤的建设，它极大地保护了汉口，把市区面积扩大了近 20 倍，但随着城市的发展，到武汉看海的戏谑也时刻困扰着这座城市。为并更好地利用水资源为人类服务，人类创造并不断更新着城市水系统，也总结了大量的经验教训，海绵城市正是在不断总结前人经验的基础上，形成的具有中国特色的、倡导人水和谐的发展理念。

11.2.1　常规解决水问题的措施与困境

人水和谐需要解决的几个问题主要为如何缓解洪水与城市内涝（水多），如何解决水资源的短缺（水少），如何改善水体水质与生态环境（水脏）。从大禹治水（治涝）到都江堰的建立（灌溉），无不体现着中国古代人民与水相处的智慧。而集排便、养、猪堆肥等为一体的“溷”，以及上至战国出土的排水管道也都在一定程度上实现了减少污染排放的作用。

随着工业化后城市的快速崛起，这种程度的管理已经不能满足人类的需求，城市水系统进行了快速的变革。按照美国水环境专家 David Sedlak 的归纳，城市水系统的发展主要经过了三次变革：第一次即随着工业革命欧洲城镇快速崛起，修建了供水与排水的管道沟渠；第二次是通过采用过滤消毒工艺开展城市供水，极大地提升了健康保障；第三次是污水处理厂的出现，对污染问题开始关注。

但是，面对不断扩张的城市以及全球气候的变化，原有水多、水少、水脏的问题伴随着新的挑战仍不断地困扰着城市的健康发展，而原有的城市水系统以工程体系为主的思路已经难以适应新的变化。

11.2.1.1　工程措施解决洪涝的困境

由于洪水灾害和内涝灾害往往同时或连续发生在同一地区，有时难以准确界定，往往统称为洪涝灾害。但具体来说，洪水一般是指江河湖泊及沿海水量增加、水位上涨而泛滥以及山洪暴发所造成的灾害；而内涝则一般指大雨、暴雨或长期降水量过于集中而产生大量的积水和径流，排水不及时，致使土地、房屋等渍水、受淹而造成的灾害。两者既有相同点，即短时间内水量超出承受能力，所谓的峰值和总量都高；又有不同，洪水更多的是大区域性质的，反映在流域水系上，降水和发生洪水的地区不一定同步；内涝则以小区域为主，降水和内涝密切相关。

对于南方地区，还常常发生雨洪同期的情况，使得降水后城市排水受到外江洪水的顶托，这样更容易导致严重的城市内涝，武汉等沿江低洼地区的城市内涝通常都是如此。为此，常规做法就是不断提高滨江堤防、提高泵站能力、加大管道管径，将洪水挡住、将雨水快速排出。

根据武汉关于水文站实测资料，长江武汉段最高洪水位为 29.73 m（吴淞高程）最低枯水位为 8.87 m，水位升降幅度为 20.86 m，为抵挡百年一遇标准洪水，武汉长江大堤堤顶高度基本在 30 m 以上，已经超过沿江地面高程接近 10 m，如图 11-5 所示。这不仅严重影响了滨江区域的景观，更重要的是对雨水泵站的扬程也提出更高的要求，而雨水泵站通常要求流量大，对应扬程不能太高，长期以来武汉市泵站能力不足也一定程度上受到这方面的影响。城市管网标准也是制约因素，根据 2010 年住房和城乡建设部的专项调研，中国 70% 以上城市排水系统设计重现期不足 1 年一遇，即使是新兴城市深圳，不满足设计标准的管网比例也很高。

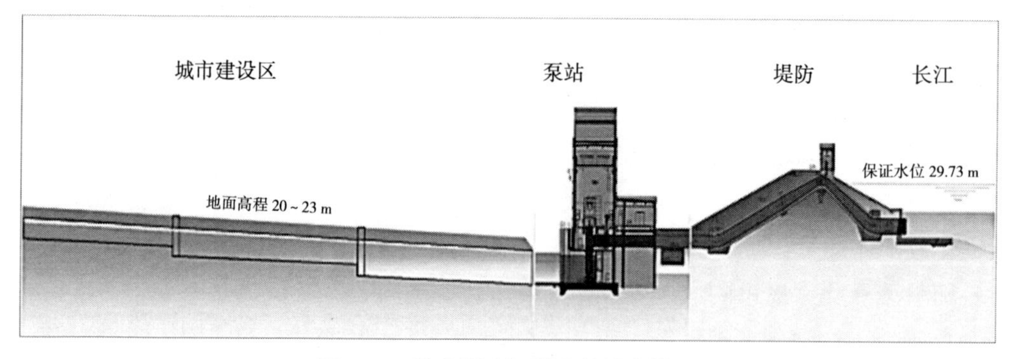

图 11-5　洪水期武汉城水的排水模式

为解决基础设施的欠账问题，各地都投入了巨大的资金和精力进行相关设施的建设，仍以武汉为例，仅 2016—2017 年，就新增排涝泵站规模 490 m^3/s，相当于 2.8 d 就能把东湖排干，未来还将进一步增加。

但是工程建设毕竟要受到技术经济条件制约，一方面不存在能够对抗一切自然规律的工程手段，另一方面，各类灰色基础设施的建设具有一定的周期性，随着经济社会水平的不断提高，城市的不断扩张，已经建设的基础设施总会滞后于城市发展的需求。以管网建设为例，仅粗略统计 2004—2014 年，《室外排水设计规范》（GB 50014—2006）中排水重现期设计标准就调整了 4 次，一般地区设计重现期从 0.5 ～ 3 年调整到 2 ～ 3 年；另外硬化面积和汇水区不断增加导致雨水径流明显增大，超出了原有标准的设计能力，从而导致不达标，据统计，在 2010 年前 40 年间，不透水面的增长率超过了人口增长率的 5 倍。这些不达标的管道不可能也不应该随着标准的变化来全部更新。因此如何能够不断适应城市发展新的需求是传统灰色基础设施建设所面临的主要困境。

11.2.1.2　工程措施解决水资源短缺困境

水资源短缺通常包括水量型缺水和水质型缺水两方面，通常通过建设水库、增加地下水开采深度、长距离调水等措施来补充不足的水资源，不少地区也在通过海水淡化、再生水回用等非常规水资源的利用进行水源的补充。如新加坡与马来西亚签订了直到 2061 年的供水合同，但同时计划到 2060 年，30% 的用水以海水淡化替代，50% 的用水以再生水替代。

但无论是采用水库蓄水、调水还是非常规水资源利用，都仍面临着水资源上限的问题，过度利用会造成严重的生态与环境问题。因此，如何增加水资源的涵养，并提高水资源的利用效率，是应对水资源短缺的新方向。

11.2.1.3　工程措施解决水污染困境

自 1893 年，第一座生物滤池在英国投入运行至今，污水处理的技术有了长足的发展，本书前几章详细介绍了污水的处理的生化、物化等处理技术的发展与原理。虽然这些工程技术对污染物削减做出了巨大的贡献，但实际上这些技术多应用于污染治理的末端工程上，包括污水厂建设、河道底泥清淤治理等。大型末端工程虽然集中化程度高、用地节约，但始终面临着耗能集中、收集配套设施投资大、周期长等问题。尤其对河道水质要求的越来越高，各类非点源污染对河道污染的比重越来越大，这些污染很难通过管网等措施进行收集，即使收集也面临着规模大、冲击负荷高、使用效率低的难题。因此，加强源头污染物产生过程的控制，提高污染物转输过程中的净化能力成为治污的新方向。

11.2.2　国际经验探索

Brown 等澳大利亚学者结合人类社会发展的动力，将人水关系分为 6 个阶段（图 11-6），分别是供水城市、下水道城市、排水城市、水循环城市、水敏感城市。其中供水城市、下水道城市、排水城市等阶段以城市灰色基础设施建设为主，重点是重新组织了水的流动，将清洁水引入城市，并将废水、雨水排出城市，在这其中主要关注人的健康与安全，这也是很长时间给水排水工程历史上被称为“卫生工程”（欧美术语，Sanitary Engineering）的原因，供水管道以及排水管道都主要是为了保证环境卫生而建设的，即使是雨水管道，也更多地是为了避免长时间积水而产生的病害风险；随着城市不断扩张，为缓解城市内涝，雨洪管理的概念开始提出，起初主要考虑的是如何安全经济地将雨水快速疏导至受纳水体等区域，更多的是大量地采用管渠、人工渠道等灰色设施，但上一节中介绍过，一方面灰色基础设施难以不断提高标准，另一方面以转输雨水为主要措施的雨洪管理方法只是将污染物从产生区域排放到接受水域，而非污染物的削减，因此很多国家都发展了适宜自身的雨洪管理理论，以期更好地缓解内涝、控制污染、保护水体、构建更加宜居和有韧性的城市环境。如美国的最佳管理措施（Best Management Practices，BMP）和绿色雨水基础设施（Green Stormwater Infrastructure，GSI）、新西兰的低影响城市设计和发展（Low Impact Urban Design and Development，LIUDD）、澳大利亚的水敏型城市设计（Water Sensitive Urban Design，WSUD）、英国的可持续城市排水系统（Sustainable Urban Discharge System，SUDS）日本的雨水贮存渗透等理论。

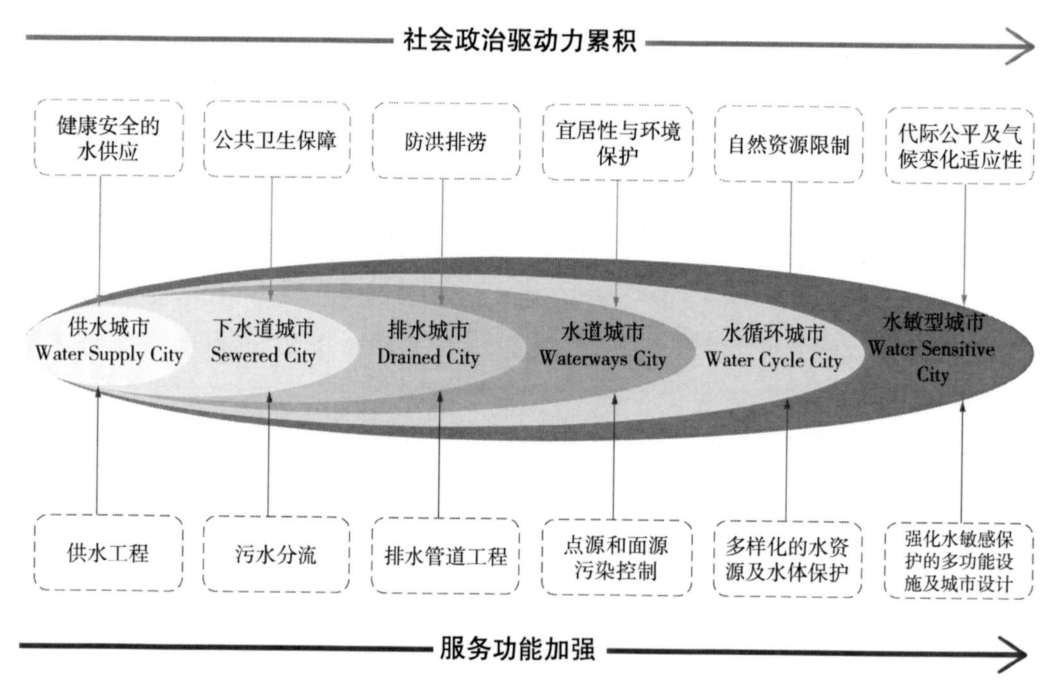

图 11-6 社会需求驱动下人水关系的变化

这些理论虽然各有不同，但很大程度上是将以地下管网等灰色设施为主，末端控制的思路转变为灰色与绿色结合、源头与末端结合的体系。

以美国为例，20 世纪 70 年代开始意识到简单“以排为主”的雨洪管理措施不足以解决城市内涝和水体污染问题，1972 年，美国修订《联邦水污染控制法》，标志着雨水管理的开始，美国开始从最佳管理实践（BMPs）入手，采用雨水调节、滞留等措施进行降雨径流的峰值和污染总量的控制，这时建设了大量的调节塘的集中雨水管理措施，这类措施一直沿用至今，如图 11-7 所示，2002 年还是黄土裸露地区，在开发后新增了至少 3 处大型调节塘。

图 11-7 美国某地 2002 年与 2015 年开发前后对比

但这类大型的调节塘仍大部分建设于末端入河前，直到 20 世纪 90 年代，由乔治王子郡地区率先开始实践以雨水花园为主的低影响开发设施（LID），美国各州开始意识到“雨水源头管理的价值远大于后期治理”，雨水管理理念和技术的重点逐渐由 BMPs 末端向 LID 源头控制转变。LID 的核心理念是尽可能地确保场地开发前后的水文特征一致，该理念将雨水的快速排放转变为利用渗透、调蓄、净化等技术手段，重点通过小型分散低成本的生态措施从源头上来控制降雨径流和污染。但 LID 理念多适用于小尺度区域和高频率中小降雨事件，对于流域尺度或者高重现期强降水的情况效果较差，因此在进入 20 世纪后，美国环保署逐渐用绿色基础设施（GSI）的概念来取代低影响开发，在不同尺度上充分利用各类绿色设施进行全过程的雨水管控。在地块尺度上仍以 LID 技术为主，在更大尺度的区域内，则更多地通过湿地、水体、绿色廊道等形成更加合理的绿色开放空间与网络，从而能够更好地与灰色基础结合。不同尺度的技术体系如图 11-8 所示。

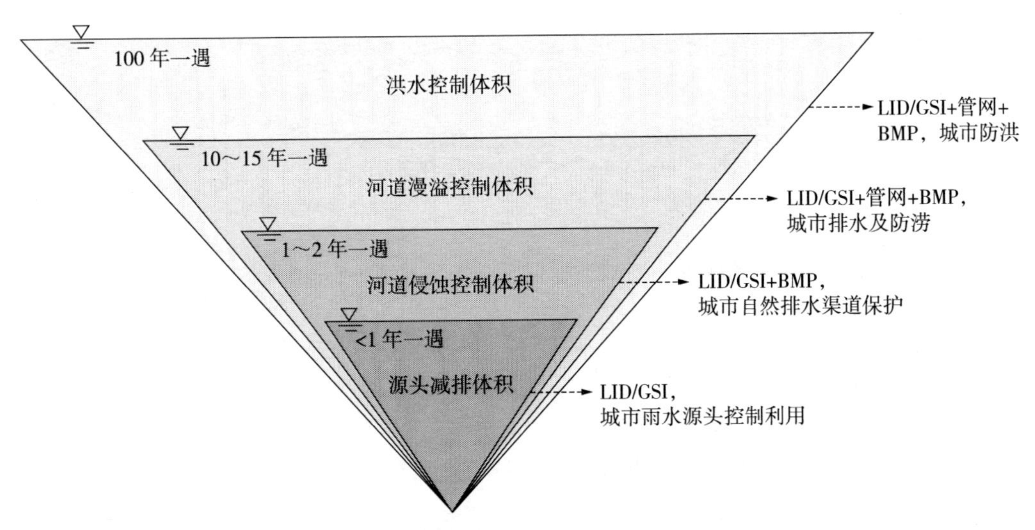

图 11-8　美国雨水管理标准中 LID、GSI 等技术体系关系

同时，相对于传统灰色设施，绿色设施不仅具有更好的生态和经济效益，也能够有效地降低建设成本。如为有效控制合流制溢流污染（Combined Sewer Overflows, CSOs），构建一套保持河道清洁的可持续策略（A Sustainable Strategy for Clean Waterways），2010 年纽约发布了《纽约绿色基础设施规划》（*NYC Green Infrastructure Plan*），该规划意图通过持续近 20 年的绿色基础设施建设将溢流污染削减 40% 以上，相对于全部采用灰色基础设施的方案，投入从 68 亿美元可所减少 53.3 亿美元，大大减少了改造投入以及后续升级费用，也减少了大量能源的消耗，如图 11-9 所示。

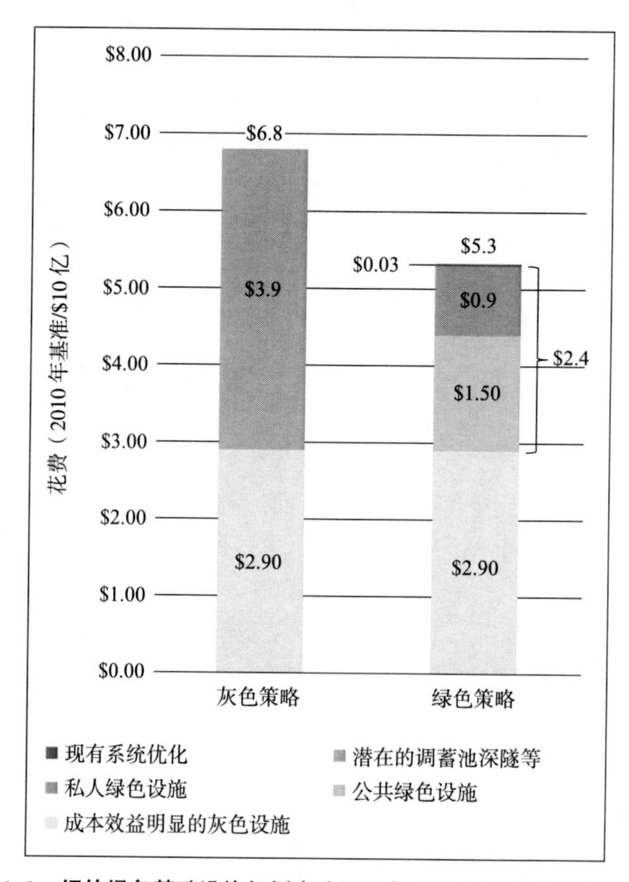

图 11-9　纽约绿色基础设施规划中建设绿色设施和灰色设施成本比较

11.2.3　海绵城市的提出与发展

在海绵城市理念提出以前，北京、深圳等城市就已经开始借鉴国外经验，探索适合本地特色的雨洪管理理念。北京市于 2003 年出台了《关于加强建设工程用地内雨水资源利用的暂行规定》，规定新改扩建工程均应开展雨水利用的设计与建设，后通过 2007 年发布的《北京市小区雨水利用工程设计指南》，2009 年发布的地方标准《雨水控制与利用工程设计规范》（DB11/T 685—2009）[2013 年修订为《雨水控制与利用设计规范》（DB11/T 685—2013）] 等文件，进一步明确了雨水利用的要求，规定下凹绿地比例不低于 50%，透水铺装比例不低于 70%，每万平方米硬化面积还应配建 500 m^3 的雨水调蓄设施，相当于要求至少 50 mm 降水不产流，标准极高。深圳市自 2007 年光明新区成立后，一直积极探索绿色低碳的城市建设，结合“国家绿色建筑示范区”“全国低冲击开发雨水综合利用示范区”“国家绿色生态示范城区”等工作开展低影响开发建设实践，提出了新区开发建设后外排雨水不大于开发前的目标。虽然随着国内对雨洪管理研究的不断开展，取得了一定的成效，但我国雨洪管理理论体系缺乏系统性、措施整体投入不足的问题仍十分突出。2012 年北京市 7·21 内涝灾害后，国务院对近几十年地下管网投入不足，简单依赖管渠解决雨洪问题的思路进行了充分反思，连续出台了《关于做好城市排水防涝设施建设工作的通知》《关于加强城市基础设施建设的意见》等政策，要求加强基础设施建设、补齐基础设施短板。系统开展雨洪管理成为城市发展的重大课题。

在 2013 年年底召开的中央城镇化工作会议上，习近平总书记提出，在提升城市排水系统时要优先考虑把有限的雨水留下来，优先考虑更多利用自然力量排水，建设自然积存、自然渗透、自然净化的"海绵城市"。从此，"海绵城市"走入人们的视野。2015 年开始，中央财政共计拿出 400 亿元，先后补贴两批共 30 个试点"海绵城市"，以期系统性探索总结我国海绵城市推进的经验；2015 年 10 月 16 日，国务院办公厅印发《关于推进海绵城市建设的指导意见》（国办发〔2015〕75 号），要求 2030 年城市建成区 80% 以上面积达到海绵城市的目标要求，标志着海绵城市从试点推向了全国。

通俗地来说，海绵城市即将城市建得像海绵一样更加具有弹性，下雨时吸水、蓄水、渗水、净水，需要时将蓄存的水"释放"并加以利用。如图 11-10 所示，海绵城市建设使得开发后径流过程更接近自然过程，一方面通过下渗、滞蓄等手段削减了传统开发由于过度硬化、植被破坏、湖泊侵占等造成的过高的峰值，减轻了管网系统等压力，降低了内涝风险；另一方面相对于传统开发延长了雨水排放时间，做到了需要时"释放"，也有效地提高了雨水在绿色设施内停留时间，有效促进了雨水下渗、净化，而且利于植物的利用与蒸腾，改善了小气候，缓解城市热岛效应。

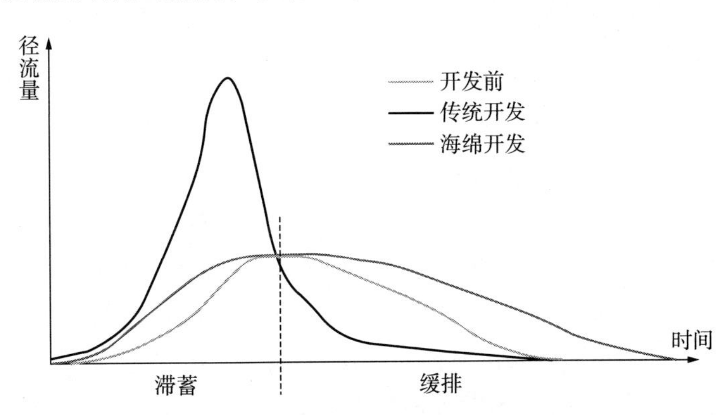

图 11-10　海绵城市与传统开发建设前后径流量对比

可以说，海绵城市是践行绿色、生态、低碳，构建可持续发展城市的一种发展理念，而不是一种简单的以 LID 等为主的技术手段，它更强调涉水问题的统筹集成，构建一个多目标的体系，从而有效统筹自然水循环与社会水循环的各个环节，从水资源、水安全、水环境、水生态甚至水文化等多维度打造良性的水系统，以改善城市水问题，缓解城市病，提升城市品质。

具体来说，海绵城市首先是注重“自然海绵体”的保护与修复，将城市与生态敏感区统一考虑，最大限度地保护与修复原有的“山水林田湖草”等自然本底，构建合理的城市与自然生态格局；其次是坚持落实低影响开发理念，在地块开发建设过程中，合理控制开发强度，控制不透水区域，并充分利用雨水花园等低影响开发设施，通过“渗、滞、蓄、净、用、排”等手段控制雨水径流，从而最大限度地减少对原有水文状态与水生态环境的破坏；最后是坚持“绿色优先，灰绿结合”的思路，将源头低影响开发、管渠转输、设施调蓄、场站处理、湿地净化、湖泊存储等措施整合起来，不简单依赖于绿色或灰色基础设施，而是系统统筹，实现综合目标。

11.2.4　什么是径流总量控制率

海绵城市建设是一个多目标体系，包括保护水资源、保障水安全、改善水环境、修复水生态，以及打造水文化等，通过查阅海绵城市试点城市考核要求可知，其评价考核体系包括了水资源（3 项）、水安全（2 项）、水环境（2 项）、水生态（4 项）等在内的六大类 18 项指标，可见海绵城市是一种综合效益的实现。简单概括起来，海绵城市建设要能够达到“小雨不积水，大雨不内涝，水体不黑臭，热岛有缓解”的目标。

其中，年径流总量控制率指标为首次提出，相对于内涝防治标准、黑臭水体水质标准等相对难以理解。其定义为“根据多年日降水量统计数据分析计算，通过自然和人工强化的渗透、储存、蒸发（腾）等方式，场地内累计全年得到控制（不外排）的雨量占全年总降水量的百分比”。

根据定义，首先径流总量控制率是通过多年统计得到的结果，同时是一个累积量的概念，因此对于单场降雨或者特定的年径流总量控制率是没有意义的，例如年径流总量控制率为 70%，并不是要求每场雨都有 70% 的降水不外排，也不是要求每年丰水年和枯水年都是 70%；其次要理解“控制（不外排）”的要求并不是一滴水不排放，而是在降雨时得到控制，雨后仍是可以排放的；最后，虽然名称叫作径流总量控制率，但实际是得到控制的雨量与全年降水量的比值，因此，径流总量控制率与降水量是有一一对应关系的，这个对应的降水量即年径流总量控制率的设计降水量。

设计降水量的推导采用如下方法：选取至少近 30 年（反映长期的降水规律和近年气候的变化）日降水（不包括降雪）资料，扣除小于等于 2 mm 的降水事件的降水量，将降水量日值按雨量由小到大进行排序，统计小于某一降水量的降水总量（小于该降水量的按真实雨量计算出降水总量，大于该降水量的按该降水量计算出降水总量，两者累计总和）在总降水量中的比率，此比率（即年径流总量控制率）对应的降水量（日值）即设计降水量。举例来说，假设某地 30 年记录得到的日降水次数仅为 6 场，其中有 5 场降水量为 12 mm、1 场为 52 mm，考虑到 2 mm 以下降水通常不产流，则每场降水扣除 2 mm 后，6 场降水总量为 100 mm，若每场都能控制 10 mm 降水，则 30 年总可控制 60 mm 降水，即 60% 的年径流总量控制率，对应设计降水量为 10 mm。

因此，对于年径流总量控制率的考核，通常会转变为对设计雨量的考核，其关系曲线如图 11-11 所示。我国幅员辽阔，根据不同区域降水情况，对于南方地区，通常 70% 的年降水总量控制率对应设计雨量为 20 ～ 30 mm。

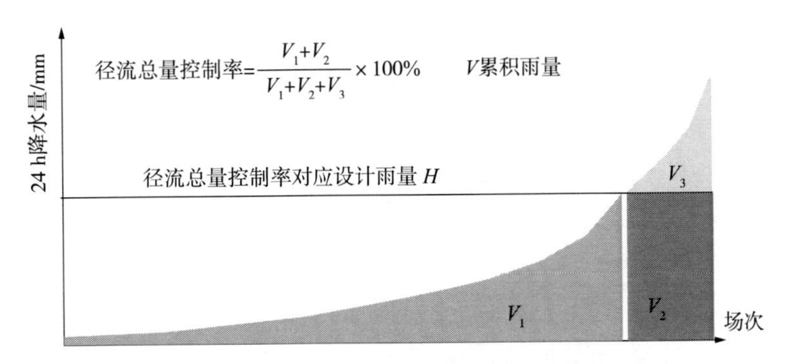

图 11-11　年径流总量控制率与设计降水量的关系

另外，年径流总量控制率不应仅仅理解为一个水量指标，实际上通过径流总量的控制，对径流峰值、径流污染都有明显的控制作用，且年净流总量控制率还可转换为对应的降雨场次控制率，其实质都是一样的。以美国为例，美国的水量控制标准即以水质目标来确定，通常称为水质控制体积（Water Quality Volume，WQV），各州多以控制 80% 以上的降雨场次对应的降水量作为水量的控制要求，其中 90% 的年降雨场次控制标准多在 25.4 mm（1 英寸）左右，与美国“初期冲刷（first flush）”的研究相对应，通常认为大部分径流污染存在于初期 0.5 ～ 1 英寸的降雨产生的径流；2009 年美国环保局颁布的“雨水径流减排技术导则”甚至将控制降雨场次提高到了 95%，认为控制 95% 的降雨场次所对应的年径流总量控制体积与未开发前的年均下渗量相近。

11.3　推进海绵城市的主要技术方法

落实海绵城市理念在宏观上依赖于系统的规划，明确管控的要求与空间；中观上，则要依赖详细的设计进行设施的布局与落位；微观上，则应理解各类设施的作用、适用范围与技术措施，从而确保发挥效果；同时为保障有序推动，还需要建立相关政策制度、管理监督措施等。限于篇幅所限，本节主要从规划、设计以及设施 3 个方面对海绵城市的主要技术方法进行简单介绍，其系统构建途径如图 11-12 所示。

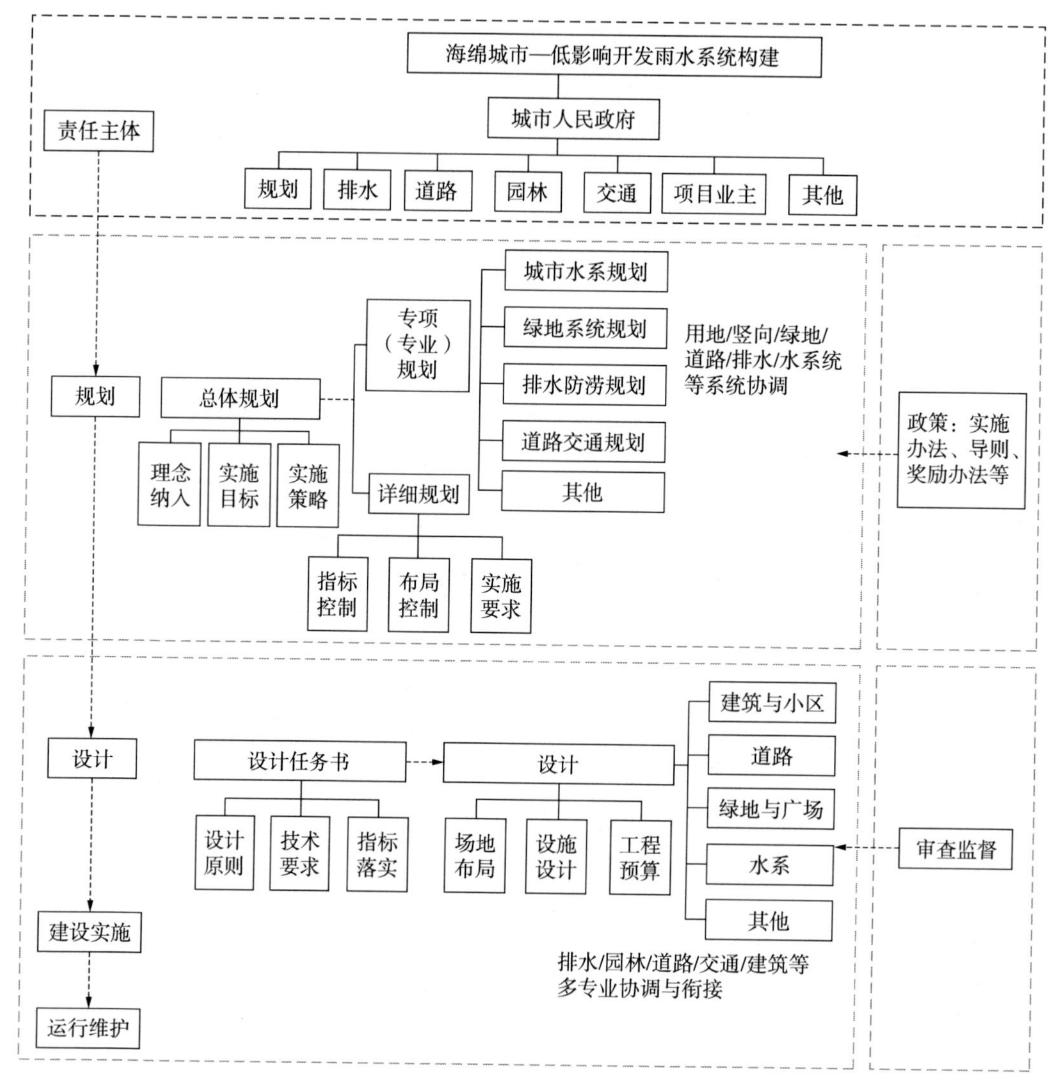

图 11-12 海绵城市系统构建途径

11.3.1 规划要点

鉴于城市涉水工作的系统性和复杂性，直接开展单一的工程措施通常无法解决所面临的问题，因此通过整体分析开展规划统筹与引领工作就必不可少。

无论是原有的城市规划体系，还是最新的国土空间规划体系，都分为总体规划、详细规划和相关专项规划 3 个部分，做好海绵城市建设的顶层设计一方面需要通过海绵城市的专项规划构建海绵城市系统的建设体系，另一方面还应将专项规划成果纳入国土空间规划编制与管控体系，提高规划的科学性、合理性和可落地性。海绵城市专项规划与各级规划体系的关系如图 11-13 所示。

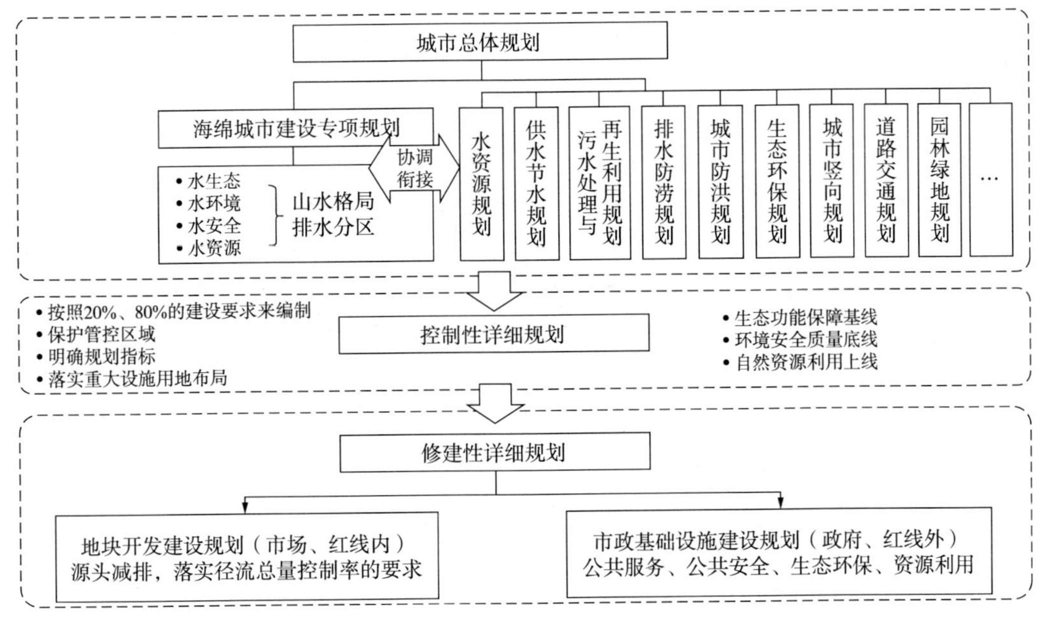

图 11-13　海绵城市专项规划在规划体系中的位置

海绵城市专项规划的编制主要包括城市生态本底调查、现状涉水问题调查与成因分析、海绵城市建设目标和指标体系的确定，以及海绵城市建设具体实施方案的制定 4 个方面。其中前两项为现状基础情况的调研分析，只有准确清晰的现状分析才能够制定出具有本地特点、符合本地实际、能够解决本地问题、指导本地建设发展方向的规划；后两项为目标与具体措施，是主要的产出成果，应该至少包括 3 个方面的内容：一是确定山水林田湖草等自然生态格局，结合生态红线划定、城市禁止建设区划定、蓝线绿线划定等工作，明确河湖水系、湿地、低洼地等天然海绵体的保护范围；二是结合本地的自然水文特征、水环境质量等本底条件，根据“生态功能保障基线、环境安全质量底线、自然资源利用上线”目标，明确城市年径流总量控制率、水环境质量、确定年径流总量控制率、水环境质量、内涝防治标准、雨水再生水等非常规水资源利用率等管控指标；三是提出具体的海绵城市相关建设工程，包括源头减排设施、管网泵站、调蓄设施、污水处理再生设施、湿地河道等生态设施的布局规模、建设时序等内容。下面就对 4 个方面需要开展的要点进行简要介绍。

11.3.1.1　生态本底调查

海绵城市工作应坚持保护优先的原则，要充分发挥自然坑塘、水面、低洼地与植被等山水林田湖草的自然海绵体对雨水的自然积存、自然渗透、自然净化的作用，努力实现城市水系统生态循环。因此，调查清楚原有自然山水格局、开发前产汇流特征、河道生态基流等生态本底状况，对识别、保护和恢复自然海绵体有着重要的作用。

（1）自然山水格局：全面调查城市各类生态资源的分布情况，可利用测绘遥感等数据进行识别解译，结合地理信息系统（GIS）等工具重点开展地形地貌、河湖水系分布、植被覆盖程度、低洼区分布等内容的分析，以利于确定需要保护和恢复的范围、划定排水分区并提出竖向管控要求等。如图 11-14 所示为某地的自然资源分析图。

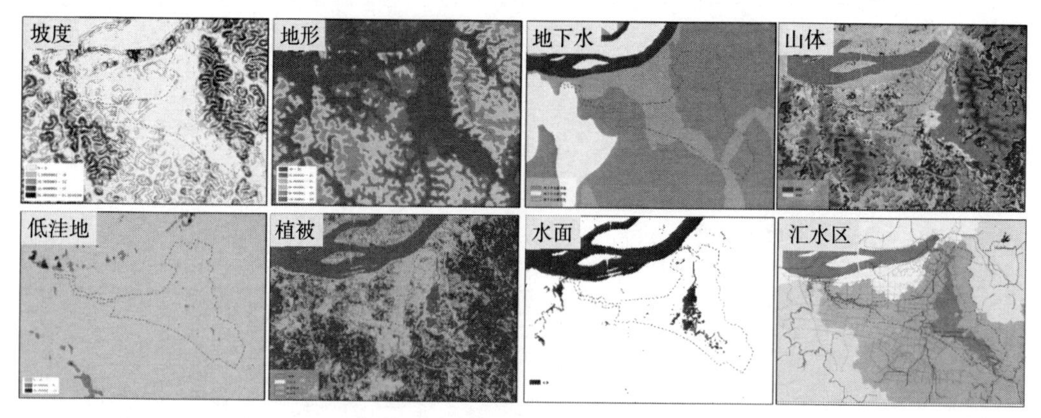

图 11-14　某地自然资源分析

（2）开发前产汇流特征：重点调查城市未开发前本底条件下的产汇流特点，包括多年降水情况、不同区域自然状态下的入渗情况、径流系数等，从而更好地确定城市年径流总量控制率等目标。以武汉为例，根据李立青，段晓丽等对武汉地区城市与农业地区降水量与降雨径流实测关系研究（表 11-1 和图 11-15），在武汉市未开展城市开发的农业地区，最小产流降雨在 23 mm 左右，而城市地区在 5 mm 左右就会形成径流，开发前后水文状态变化十分明显。参考武汉市年净流总量控制率与设计降水量关系，未开发地区的年径流总量控制率在 65% ～ 70%。

表 11-1　武汉市年径流总量控制率与设计降水量对应一览表

年径流总量控制率 /%	55	60	65	70	75	80	85
设计降水量 /mm	14.9	17.6	20.8	24.5	29.2	35.2	43.3

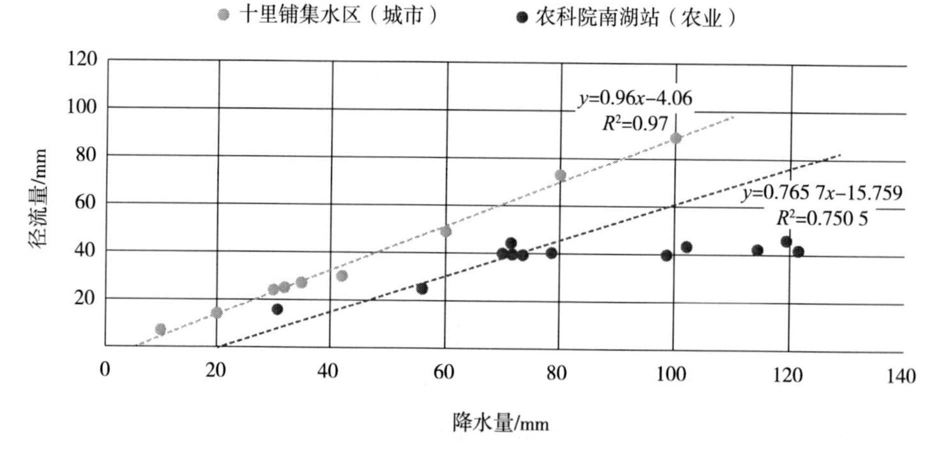

图 11-15　武汉市开发前后产汇流特点

（3）河道生态基流：为确保河道自净能力，保持生态稳定提供依据，并结合洪水为分析等，为蓝绿线范围的合理划定提供依据。

11.3.1.2　现状涉水问题调查与成因分析

现状涉水问题一般包括水安全、水环境、水生态与水资源等，通常集中表现在内涝积水与水体黑臭（污染）两个方面，部分城市还存在水资源短缺的问题。对这些问题分布情况、严重程度以及成因的调查分析成果，直接决定了海绵城市规划的针对性与可实施性。在调查与分析过程中，首先应该牢记一点，能定量的就不要只定性、能精确定位的就不要模糊范围。

（1）内涝积水问题：通常内涝问题成因可概括为蓄排能力的不平衡，即降雨产生的径流量超出了现有河湖调蓄和管网泵站的排放能力；具体来说一般可分为几点：一是下垫面的硬化导致径流量和峰值增加；二是管网泵站标准较低收集转输不及时；三是河渠湖泊调蓄能力有限导致顶托；四是局部地形低洼。对于具体城市，就需要通过地形分析、降雨分析、管网调查与分析、河道能力分析、降雨与洪水组合遭遇情况分析等工作，通过数学模型计算，并结合历史内涝积水点调查，明确不同标准情况下的积水点位置、范围、时间、深度等，并分析各个积水点具体的成因，并对各因素的影响程度进行比较，以确定导致蓄排不平衡的主要原因，从而能够更有效的制定方案。

以中的武汉青山海绵城市试点区为例，港西直排区内基本无自然水体，缺乏调蓄空间，在汛期长江高水位的情况下，主要依靠管网与泵站将雨水抽排进入长江，根据模拟分析，虽然管网能力普遍不足，不达标率达到 80% 以上；但更重要的是泵站能力严重滞后，不足一年一遇，导致通过管网收集的雨水无法快速排放，这是该区域积水的重要原因。而对于青山引水区，其区域内水系相对丰富，同时与东湖水系连通，具有较大的调蓄空间，因此其积水主要由是局部低洼和管网能力不足导致，只有在长时间降水，水量远超湖泊调蓄能力情况下才可能发生大面积的内涝情况。具体分析过程与数据由于篇幅所限，不再展开。

（2）水体黑臭（污染）问题：水体黑臭（污染）成因可简单概括为输入水体的污染物质超出了水体的净化能力，因此通过调查和水质水量监测，分析河道现状水环境情况、入河污染物总量，分析水体自净能力和水动力条件，计算河道环境容量，明确允许排放的污染物总量就是问题的重点。

一般入河污染可分为点源和非点源两大类。点源污染主要包括各类直排污水、合流制溢流污水（CSOs）、污水厂处理尾水；非点源污染主要包括农业种养殖污染、城镇建设用地面源污染等。需要根据污染类型详细调研监测其排放区域位置、排放量以及来源等数据，其中由于管网原因造成的污水直排和合流制溢流通常是污染的主要来源，因此以排口调查为导向对管网系统的详细梳理十分必要，不仅要明确各类排口的空间属性，还要明确其排水水量水质、时间变化规律等特征，以及对应上游的管网拓

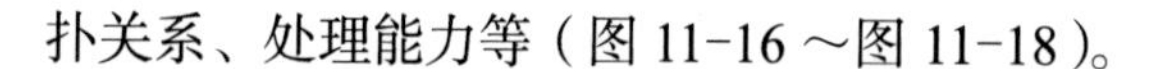

扑关系、处理能力等（图 11-16～图 11-18）。

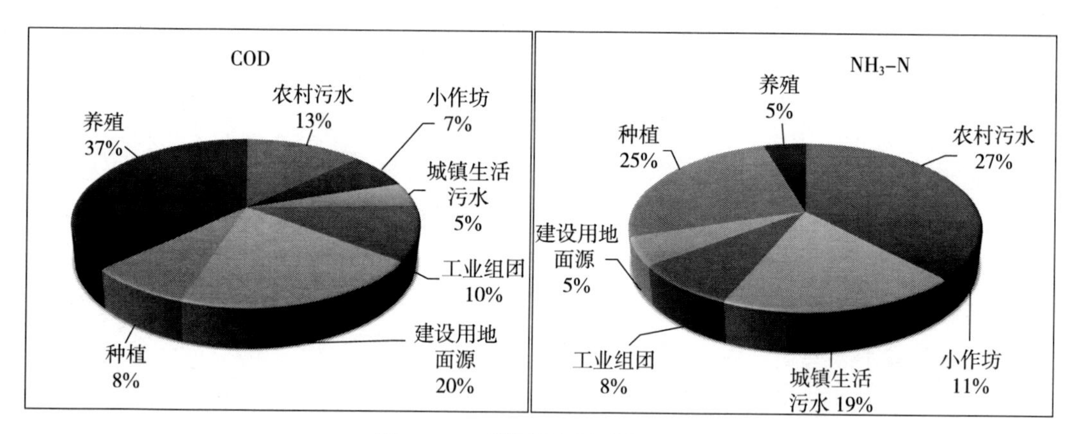

图 11-16　某河道污染来源分析

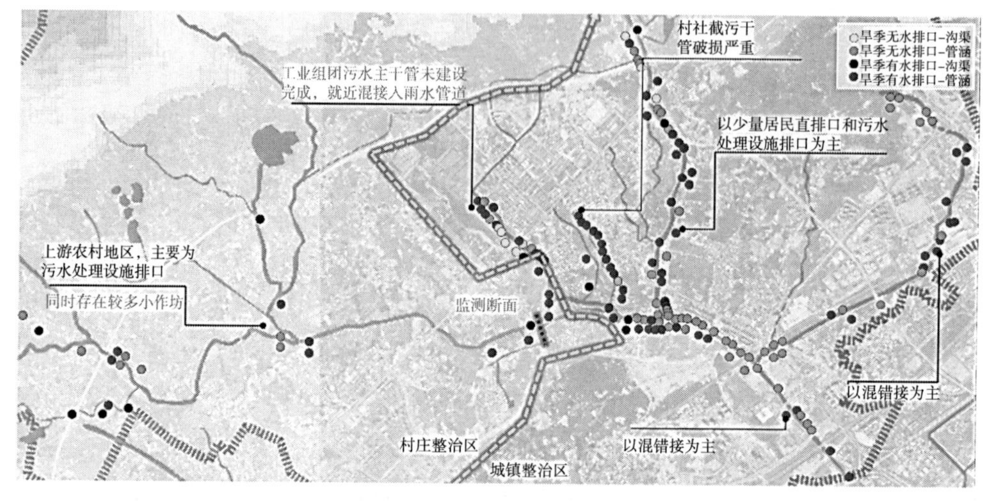

图 11-17　某地排口排查分布

排口	XX号排口
排放特点:	集中在6:00—10:00；20:00—24:00，判断为工业排口
平均日污水排放量	315.5 m³/d
最大时污水排放量	221.57 L/h
COD	2620 mg/L
氨氮	89.1 mg/L
总磷	19 mg/L

图 11-18　某地典型排口监测分析情况

11.3.1.3　海绵城市建设目标指标确定

根据生态本底调查与现状问题分析结果，从保障水安全、改善水环境、修复水生态、提升水资源承载能力等多个方面确定海绵城市建设的目标与指标体系。

保障水安全方面，目标是建立有效的排水防涝体系，明确可应对的降雨标准，并通过与城市防洪体系的有效衔接，保证城市运行安全。具体指标主要包括竖向控制要求、源头减排标准、排水管渠泵站标准、调蓄标准等内容。

改善水环境方面，目标是达到城市水系的环境质量要求，近期重点消除水体黑臭。处理指标包括水环境质量要求、直排口消除比例、污水收集率、合流制溢流频次总量削减率、面源污染削减率等。

修复水生态方面，目标是保护和恢复原有自然生态格局和天然海绵体。具体指标包括水面保持率、蓝绿线管控范围、生态岸线比例等。

提升水资源承载能力方面，目标是合理利用本地水资源和各类非常规水资源，以满足本地需求。具体包括污水再生利用率、单位 GDP 需水量、雨水资源化利用率等。

典型的目标指标控制要求关系见表 11-2。

表 11-2　海绵城市规划典型目标与指标控制

<table>
<tr><th>序号</th><th>类别</th><th>目标</th><th colspan="2">指标</th></tr>
<tr><td>1</td><td rowspan="5">水安全</td><td rowspan="4">内涝防治
蓄排平衡，能有效应对 ×× 年一遇 24 h 大雨（××mm）</td><td>汛前湖泊水位控制达标率</td><td>100%</td></tr>
<tr><td>2</td><td>年径流总量控制率</td><td>不低于 70%</td></tr>
<tr><td>3</td><td>管网设计重现期</td><td>主干排水管网能力
基本达到 3 年一遇</td></tr>
<tr><td>4</td><td>泵站、渠道设计标准</td><td>按 50 年一遇 24 h 降雨校核，其中泵站按重现期 $P \geqslant 3$ 设计</td></tr>
<tr><td>5</td><td>防洪保障
×× 年一遇</td><td>防洪堤达标率</td><td>100%</td></tr>
<tr><td>6</td><td rowspan="7">水环境</td><td rowspan="7">消除水体黑臭；
×× 指标达到水环境区划要求</td><td rowspan="4">污水控制</td><td>混错接改造率 100%</td></tr>
<tr><td>7</td><td>直排口消除率 100%</td></tr>
<tr><td>8</td><td>污水收集、处理和排放达标率 100%</td></tr>
<tr><td>9</td><td>合流制溢流频次≤ ×× 次</td></tr>
<tr><td>10</td><td>内源治理</td><td>底泥治理率 100%</td></tr>
<tr><td>11</td><td rowspan="2">面源污染控制</td><td>面源污染削减率 ××%</td></tr>
<tr><td>12</td><td>生态排口占比 ××%</td></tr>
<tr><td>13</td><td rowspan="2">生态保护</td><td rowspan="2">水域面积不缩小</td><td>生态岸线率</td><td>不低于 50%</td></tr>
<tr><td>14</td><td>水面保持率</td><td>100%</td></tr>
<tr><td>15</td><td rowspan="4">水资源</td><td rowspan="2">非常规水资源利用</td><td>雨水资源利用率</td><td>××%</td></tr>
<tr><td>16</td><td>污水再生利用率</td><td>××%</td></tr>
<tr><td>17</td><td rowspan="2">用水效率</td><td>管网漏损率</td><td>≤ ××%</td></tr>
<tr><td>18</td><td>单位 GPD 水耗</td><td>≤ ×× 吨 / 万元</td></tr>
</table>

上面就一般涉及的目标与指标要求进行简单的介绍，具体目标与指标体系的选择与确定需要根据当地特点进行优化，尤其是径流总量控制率指标，其在水安全、水环境、水生态甚至水资源方面都有发挥作用，因此需要综合各个目标的需求，综合确定径流总量控制率要求。下面仍以武汉市青山海绵示范区为例简单介绍。

根据内涝防治目标，为能有效应对 50 年一遇 24 h 降水（303 mm），根据计算现状湖泊调蓄空间可存蓄 211 mm 降水，泵站可抽排 70 mm 降水，那在不改变现有蓄排体系的情况下，则源头减排需要控制雨量要达到 22 mm，对应径流总量控制率为不低于 66.7%；源头改造能够极大地改善管网的排水能力，为避免现状 80% 以上不达标管网全部改造，在源头径流总量控制率达到约 68.5% 的情况下，对少量主干管网改造就能满足整个管网系统短历时降水 3 年一遇的排水需求。

对于污染控制目标，根据湖泊水环境控制目标以及面源污染排放的关系，可以测算得到在年径流总量控制率达到 55% 以上时，面源污染削减量能够满足对应水环境的目标下的入湖污染量控制要求。

对于水生态目标，根据历史下垫面情况分析，多年径流量分析等工作，可以确定未开发前，仅有 30% 年降水能够形成径流，即径流总量控制率在 70% 左右。

综合以上内容，确定示范区径流总量控制率为 70%（图 11-19）。

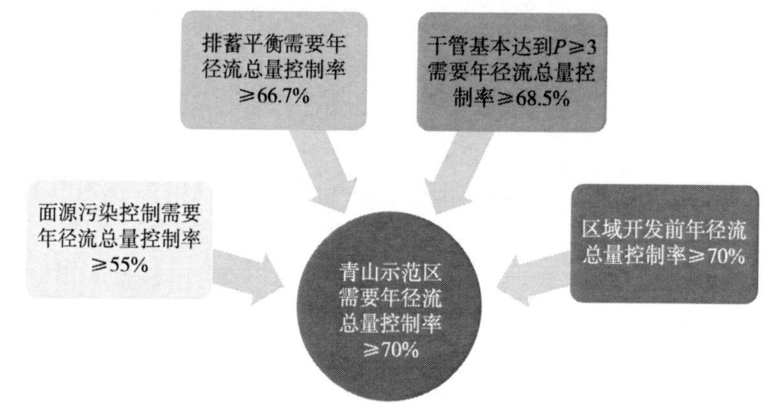

图 11-19　多目标确定的海绵城市径流总量控制率指标

11.3.1.4　海绵城市实施方案

海绵城市实施方案要与目标和指标充分对应，确保各项措施能够切实达到制定的目标与指标要求，具体来说，仍可以按照水生态、水安全、水环境、水资源的方向进行确定。在全市或者较大区域层面的海绵城市实施方案，重点要解决问题包括两个：一个是确定山水林田湖草等海绵体的保护和恢复范围，划定边界，构建完善的生态格局体系；二是根据水安全、水环境、水资源的控制目标和指标，构建系统的源头减排、过程控制、末端治理的系统思路和措施。

为保证实施方案的可操作性，生态格局的划定要充分与生态红线划定等工作结合，并重点突出河流、湿地、自然冲沟、低洼地等区域的识别与保护，并确定明确的边界。而为了水安全、水环境、水资源等目标的实现，除系统考虑原有灰色基础设施的作用外，更重要的是充分发挥源头绿色基础设施的功能，做到灰绿结合。也就是说无论是生态格局的保护还是工程措施的落实，都应坚持绿色优先的思路，只有绿色生态的，才是海绵城市的初衷（图 11-20）。

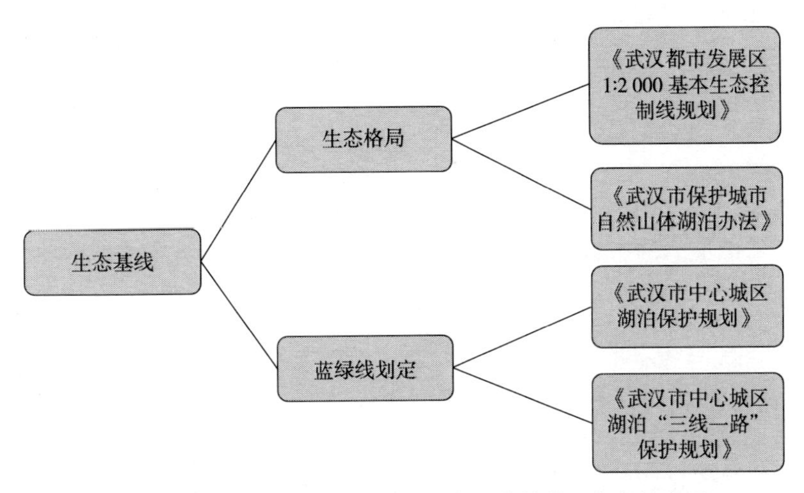

图 11-20　武汉市主要生态格局（自然海绵体系）保护成果

11.3.2　设计要点

海绵城市设计通常是指地块尺度范围内海绵设施的布局、规模，以及径流组织内容。根据具体的设计对象，一般可分为建筑与小区、道路、绿地与广场以及河湖水系四类，以源头低影响开发设施（海绵设施）为主。总体来说，设计方法基本一致，只是针对海绵设施的选择、组合有一定的差异。

首先开展场地评估工作：一是明确上位规划要求，如用地定位、绿地指标要求、径流总量控制率要求等内容；二是开展场地调查明确边界条件、周边排水设施分布与标准、场地内地形与水体分布情况、土壤类型与分布情况、地下水水位情况等，以确定场地的限制因素。

其次开展初步设计：一是明确需要保护的区域，尤其是水系、低洼区、汇水通道等水敏感区域；二是划定排水分区确定汇水范围，在每个汇水范围内根据建筑、道路、绿地等分布情况，初步选择海绵设施，并尽可能通过海绵设施对不透水面进行分割；三是竖向优化，对于不利于排水或者海绵设施布局的局部区域提出竖向调整建议。

最后开展详细设计：一是根据汇水范围，根据海绵城市建设要求，计算每个汇水范围内需要控制的容积，并尽量确保每个汇水区都能够满足要求；二是对不能满足要求的汇水区进行设施优化调整；三是对于调整后仍无法满足的，需要对整个地块内海绵设施布局进行优化，提高其他汇水区控制能力，以满足地块整体控制要求；四是对海绵设施与传统排水设施衔接进行设计。

对于海绵城市设计应该坚持以下几个原则：

11.3.2.1 绿色优先

绿色优先不仅仅是指尽量采用雨水花园、植草沟等绿色海绵设施，少用蓄水池等灰色设施，更重要的是在地块的设计上就应该以增加绿量为首要基础，各类绿地植被即使不是下沉形式，也能够有效地截留滞蓄部分雨水，真正实现绿色、生态的理念。

11.3.2.2 梳山理水

要充分考虑地形的影响以及海绵设施和硬化区域的关系，包括尽量通过绿化区域将硬化区域分隔；尽量将硬化区域雨水引入绿化区域下渗、滞蓄、净化；避免绿化区域雨水进入硬化区域；确保超标雨水能够顺利溢流排放。

如图 11-21 所示，左侧为绿化区域雨水汇入硬化区域，一方面加重了排水负担，另一方面绿地内的泥沙很容易冲刷进入硬化地面和管网，加重淤积和污染；中间则调整了布局，使得硬化区域雨水能够先经过绿地滞蓄后再溢流排放，基本满足了海绵设施的要求；右侧则进行了进一步优化，使得硬化区域更加分散，从而更有利于充分发挥绿地的控制作用；同时绿化区域内虽然能够有效控制中小降雨，但是超出海绵设施控制要求的雨水仍需要顺利排放至管网系统，因此，绿地内的溢流井必不可少，不能取消。

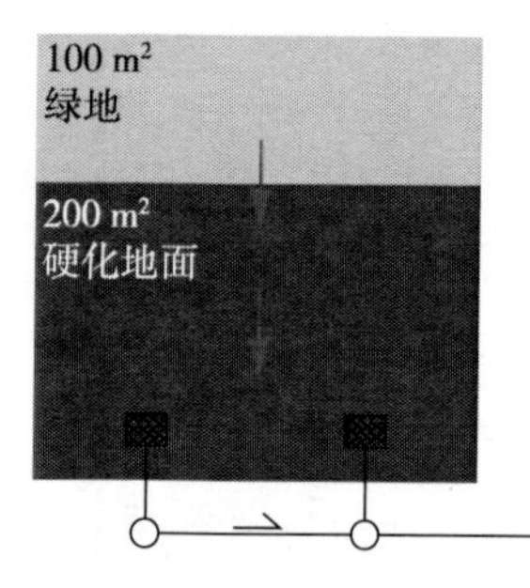

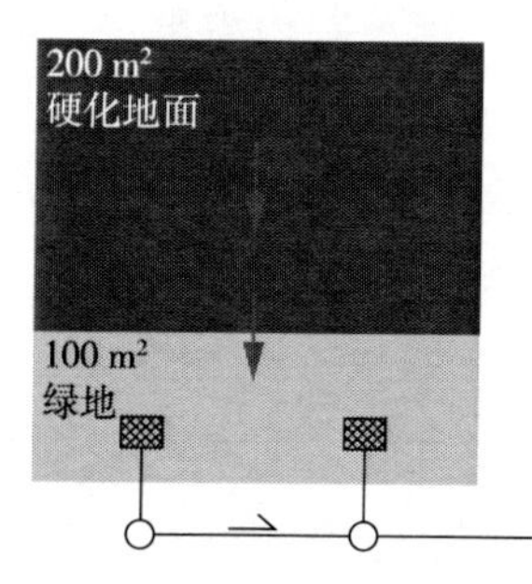

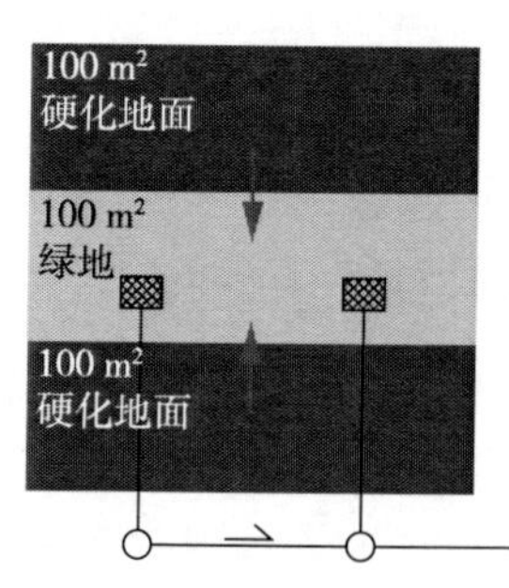

图 11-21　海绵设施与硬化区域的不同平面布局形式

在此基础上，针对不同类型地块，有不同的设施布局侧重点。对于建筑与小区，重点考虑对屋面雨水的控制与利用，通过屋顶绿化、雨水管连接进入建筑周边绿地；对于道路，则重点利用机动车与非机动车隔离带、或者道路外侧的公共绿地对雨水进行控制；绿地与广场，则以尽量避免形成较大规模不透水区域为主，并考虑对周边区域雨水的控制作用；对河湖水系，则重点通过滨河缓冲带、湿地、生态排口等工作对入河污染进行净化。

11.3.2.3　合理选型

根据需要达到的控制目标合理选择海绵设施，海绵设施的设计要充分考虑其功能和结构特征，一些典型设施的结构与作用详见 11.3.3 节典型设施。

通常海绵设施的功能可总结为“渗、滞、蓄、净、用、排”6 字方针，首先强调植被，土壤，自然地形对降雨的下渗与滞留作用，这也是尊重自然、利用自然的主要方式；其次对渗滞的雨水可进行存蓄或净化，可以以人工湿地等自然措施为主，也可以采用调蓄池和人工处理设施，从而降低对环境的污染同时便于利用；最后才是雨水的排放，保障安全、顺畅，合理提高相应排放标准。

11.3.3　典型设施

典型的海绵设施通过分散的、小规模的源头控制机制和技术，在源头发挥“渗、滞、蓄、净、用、排”的作用。相对于传统的做法，海绵设施的设计施工要求非常细致，从设施布局、结构层形式，到出入口设计、甚至土壤的配比均有考虑。

11.3.3.1　设施类型与作用

从海绵设施的材料来分，通常可分为几大类：一类以绿色设施为主，具有下渗、滞蓄、净化等功能，可统称为生物滞留设施，如植草沟、雨水花园、绿色屋顶、植草沟等；一类以各类透水材料或形式构成的不同类型的铺装，如透水混凝土、缝隙透水砖，甚至卵石、汀步等；一类为人工的存蓄设施，如雨水桶、蓄水池等。设施的选择首先要了解其作用和主要效果，各种设施的主要作用和效果见表 11-3。

表 11-3　典型海绵设施功能一览表

单项设施	功能					控制目标			处置方式		经济性		污染物去除率（以 SS 计，%）	景观效果
	集蓄利用雨水	补充地下水	削减峰值流量	净化雨水	转输	径流总量	径流峰值	径流污染	分散	相对集中	建造费用	维护费用		
透水砖铺装	○	●	◎	◎	○	●	◎	◎	√	—	低	低	80～90	—
透水水泥混凝土	○	○	◎	◎	○	◎	◎	◎	√	—	高	中	80～90	—
透水沥青混凝土	○	○	◎	◎	○	◎	◎	◎	√	—	高	中	80～90	—
绿色屋顶	○	○	◎	◎	○	●	◎	◎	√	—	高	中	70～80	好
下沉式绿地	○	●	◎	◎	○	●	◎	◎	√	—	低	低	—	一般
简易生物滞留设施	○	●	◎	◎	○	●	◎	◎	√	—	低	低	—	好

续表

单项设施	功能					控制目标			处置方式		经济性		污染物去除率（以 SS 计，%）	景观效果
	集蓄利用雨水	补充地下水	削减峰值流量	净化雨水	转输	径流总量	径流峰值	径流污染	分散	相对集中	建造费用	维护费用		
复杂生物滞留设施	○	●	◎	●	○	●	◎	●	√	—	中	低	70 ～ 95	好
渗透塘	○	●	◎	◎	○	●	◎	◎	—	√	中	中	70 ～ 80	一般
渗井	○	●	◎	◎	○	●	◎	◎	√	√	低	低	—	—
湿塘	●	○	●	◎	○	●	●	◎	—	√	高	中	50 ～ 80	好
雨水湿地	●	○	●	●	○	●	●	●	√	√	高	中	50 ～ 80	好
蓄水池	●	○	◎	◎	○	●	◎	◎	—	√	高	中	80 ～ 90	—
雨水罐	●	○	◎	◎	○	●	◎	◎	√	—	低	低	80 ～ 90	—
调节塘	○	○	●	◎	○	○	●	◎	—	√	高	中	—	一般
调节池	○	○	●	○	○	○	●	○	—	√	高	中	—	—
转输型植草沟	◎	○	○	◎	●	◎	○	◎	√	—	低	低	35 ～ 90	一般
干式植草沟	○	●	○	◎	●	●	○	◎	√	—	低	低	35 ～ 90	好
湿式植草沟	○	○	○	●	●	○	○	●	√	—	中	低	—	好
渗管 / 渠	○	◎	○	○	●	◎	○	◎	√	—	中	中	35 ～ 70	—
植被缓冲带	○	○	○	●	—	○	○	●	√	—	低	低	50 ～ 75	一般
初期雨水弃流设施	◎	○	○	●	—	○	○	●	√	—	低	中	40 ～ 60	—
人工土壤渗滤	●	○	○	●	—	○	○	◎	—	√	高	中	75 ～ 95	好

选择好海绵设施后，其具体设计与传统措施也有所不同，尤其是各类生物滞留设施和透水铺装，最重要的是其与传统绿化与铺装不同的竖向与结构层设计。其竖向要求能够更低，以承接周边区域汇入的雨水，而结构层要求能够满足雨水下渗净化的需求，对不同层厚度、渗透率等都有详细要求。

典型生物滞留设施的结构设计如图 11-22 所示，一般采用下凹形式，下凹深度多在 20 cm 以内，作为蓄水层，蓄水层上有树皮等覆盖层以保持水分，提高净化效果；植被下分为种植土层和砾石层两大部分，种植土层的渗透系数需要满足相应的要求，不满足的应进行换土，如上图中建议的种植土层为 85% ～ 88% 的砂、8% ～ 12% 的粉质黏土，以及 3% ～ 5% 的有机物；在两部分之前还可能会有砂层或透水土工布等措施，丰富级配并避免种植土的流失；砾石层内根据设计下渗量大小可布设穿孔透水管。若生物滞留设施收水量远高于其可控制水量，且周边无其他雨水排放口的情况下，生物滞留设施内还需要设施溢流口。

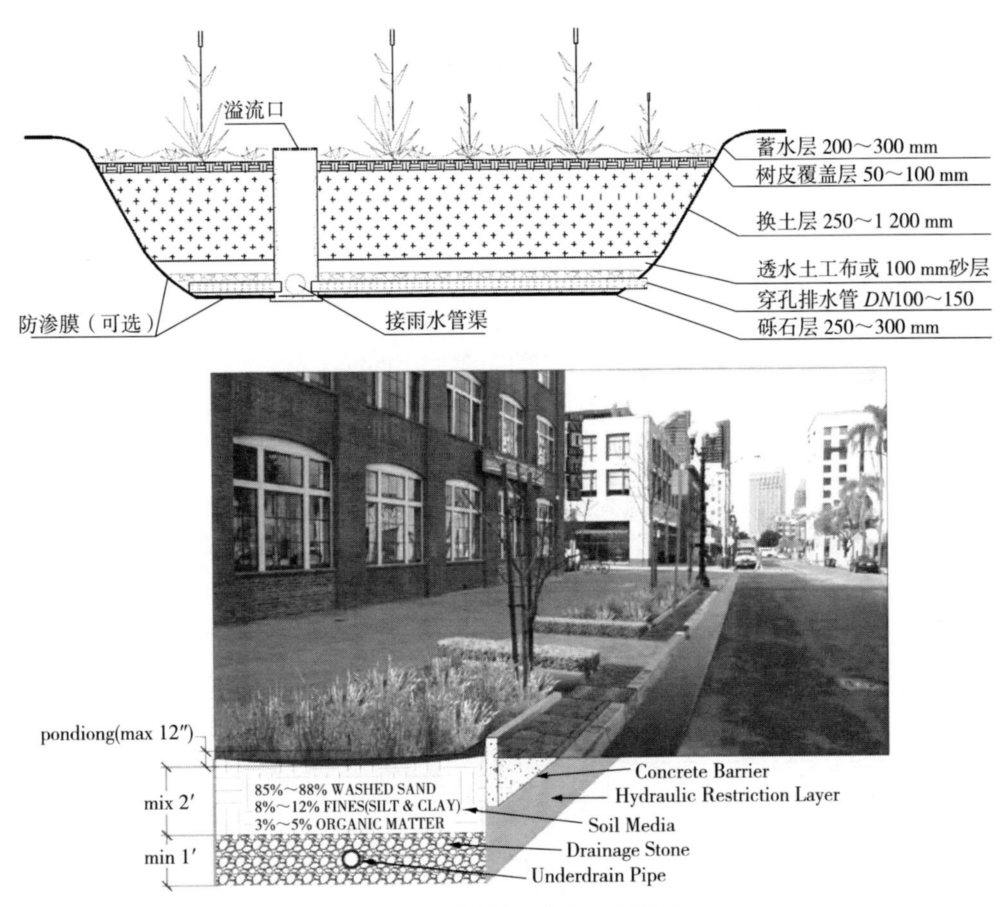

图 11-22　典型生物滞留设施结构

典型的透水铺装包括材料透水和结构性透水两类。材料透水即面层采用多孔结构材料的硬质铺装，如透水砖、透水混凝土、透水沥青等；结构性透水则多以缝隙式等形式为主，材料本身无透水性能，通过优化铺装形式，形成透水缝隙空间来对雨水下渗。与透水材料容易堵塞相比，结构性透水更加容易维护（图 11-23）。

图 11-23　典型结构性透水铺装

11.3.3.2 设施的组合

了解各类设施作用后，即可根据具体项目需要达到的需求以及现场条件进行设施的相互组合。如对屋面雨水进行控制可直接采用绿色屋顶，但屋面结构荷载、防渗、后期维护难度等无法满足绿色屋顶需求时，还可以将屋面雨水经由雨水管接入雨水桶或消能后接入雨水花园进行控制。同样路面雨水可以直接通过透水铺装下渗，也可以由植草沟引入雨水花园净化后通过蓄水池存蓄（图 11-24）。

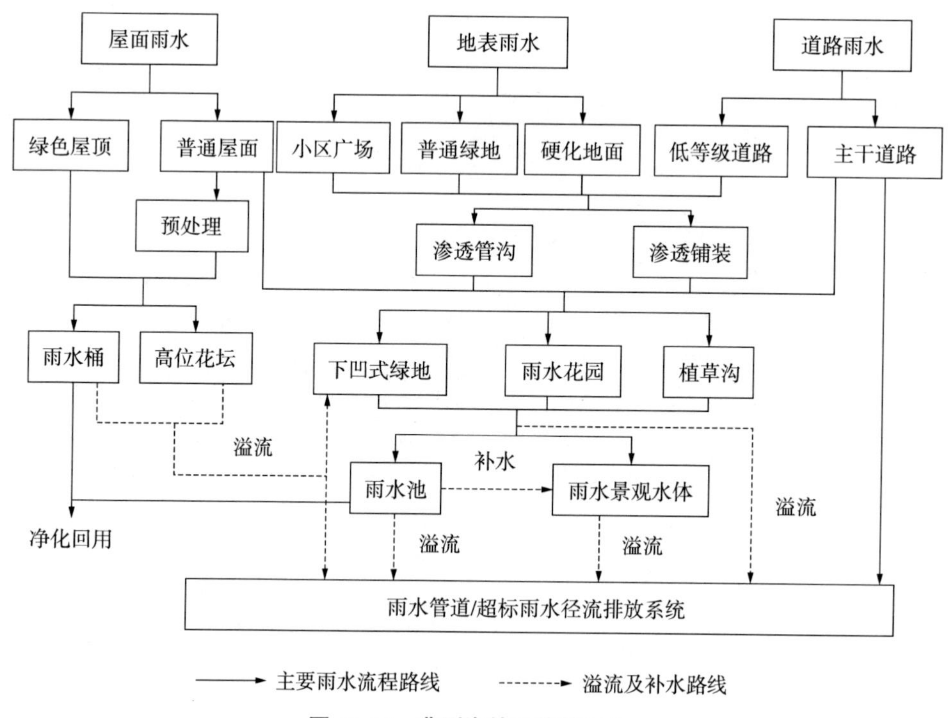

图 11-24 典型海绵设施的组合

11.3.4 常见误区

11.3.4.1 简单理解为低影响开发

海绵城市是作为一个系统的进行雨洪管理的理念，应该将“源头减排、过程控制、末端治理”结合起来，从降雨产流开始进行分析，包括自然本底、下垫面情况、管网泵站能力、湖泊水系调蓄排放能力、面源污染累积与冲刷情况、合流制溢流污染情况、水动力与自净能力等一系列内容，而不是仅仅对单个地块落实低影响开发理念，需要对上述各项内容都制定相应的措施和方案（图 11-25）。

虽然源头低影响开发能够有效控制全年大部分中小强度降水，对强降水也能够起到一定的峰值和总量削减的功能，从而减少面源污染和合流制溢流污染，也降低内涝风险。但在不同降水情况下，源头低影响开发设施对降水的控制能力有较大的差别。通常地表产流分为两种：一种为超渗产流，即降水强度超过下渗填洼的强度而产生的地表径流，通常发生于短历时强降水中；一种为蓄满产流，即下垫面的下渗填洼能力基本饱和后产生的径流，通常发生于较长历时的降水中。而对于源头低影响开发设施，短历时峰值高的降水和长历时总量大的降水由于超渗产流或蓄满产流的原因，对径流的控制能力有限，超出其控制能力的降水径流仍需要通过雨水管网收集、湖泊调蓄、泵站抽排等模式安全排放。

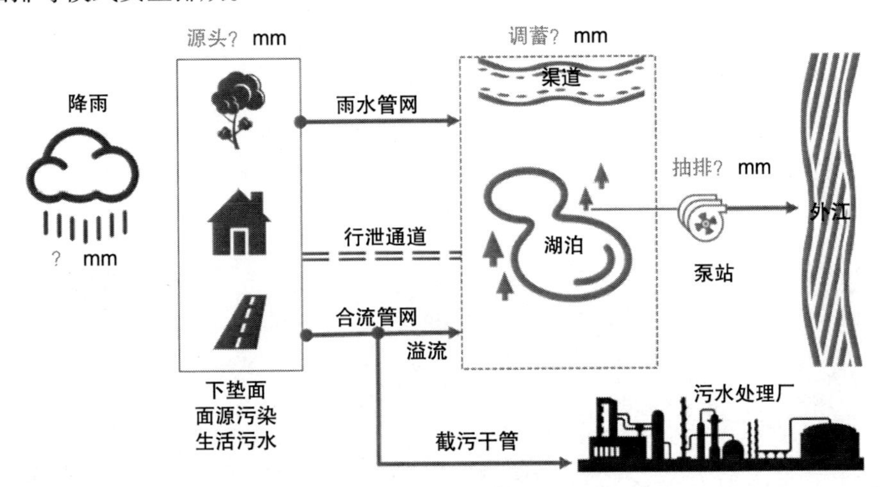

图 11-25　海绵城市涉及的主要内容

例如对于强降水，提升主干管网泵站能力仍是有效缓解内涝的措施，而对于支管能力的提升，可以结合源头低影响开发工作合理开展，以避免大规模的管网改造，如图 11-26 所示，源头低影响开发通过削减外排流量峰值变相提高了管道排水能力。

设计降雨	状态	降雨/mm	集水区总面积/hm²	降雨*面/m³	系统外排量/m³	外排峰值/（L/s）	严格意义不外排控制率/%	峰值削减率/%
3 年一遇3 h	海绵前	76.68	5.92	4 537.5	2 876.5	1 132.3	36.6	34.9
	海绵后	76.68	5.92	4 537.5	1 950.1	736.7	57.0	

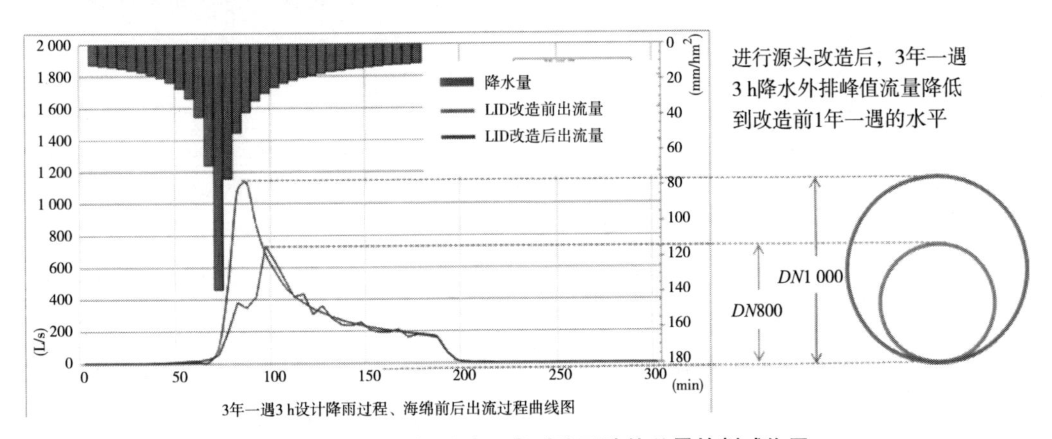

图 11-26　源头低影响开发对降雨峰值总量的削减作用

对于合流制溢流污染的控制，通过低影响开发减少进入管网水量和峰值变相提高管道截污能力后，能够有效减少溢流次数和溢流量，但若有条件进行雨污分流改造，则对合流制溢流污染的控制更加彻底，可是分流制系统对初雨污染的控制效果又不如合流制系统有效。

因此，应该辩证地看待源头低影响开发工作，其并不等于海绵城市的全部内容，应将源头低影响开发纳入系统中整体考虑，通过全过程的管控来实现雨洪的控制目标。

11.3.4.2 简单进行容积计算忽略径流组织

径流总量控制率需要通过计算海绵设施控制的容积转换为降水量并查找对应控制率来确定，因为过程相对复杂，导致忽略的其所代表径流控制的意义，仅仅以计算海绵设施所控制的容积作为主要工作，即忽略了径流的系统性，盲目布局增加海绵城市设施和容积，而不考虑能否发挥作用，造成本末倒置（图 11-27）。

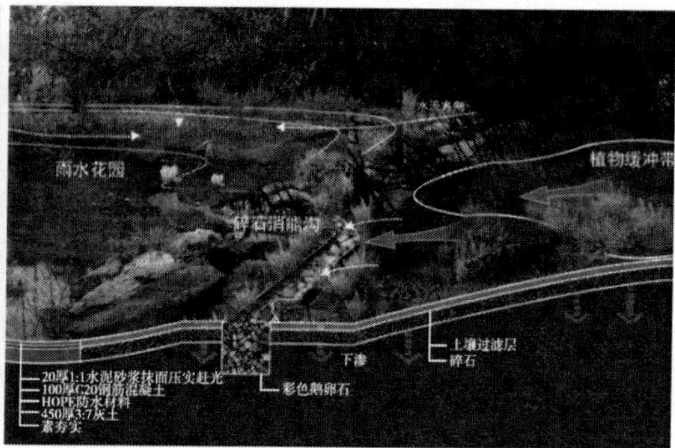

图 11-27 径流组织示意图

实际上，海绵设施的控制容积并不是越大越好，要跟其所承担的汇水面积密切相关，需要优先考虑径流组织情况，即要充分考虑地形和汇水区的关系，避免海绵设施布局于汇水区的高处，导致无雨水汇入；或设施容积规模与汇水区不匹配，导致来水量不足或过大等问题。因此，海绵设施的设计重点应先开展竖向和径流组织的设计，之后才是更加详细地控制容积的计算。

11.3.4.3 目标单一忽略水的复杂性

涉水问题通常不是单一存在的，有着复杂的成因与结果，例如很多采用合流制系统的城市常常面临治涝与控污的矛盾，为避免污水溢流、减轻面源污染、保证河道水质，把所有排口都封闭，导致下雨就内涝。因此海绵城市要充分考虑涉水问题的综合性与复杂性，构建综合的目标体系和系统措施，避免“头痛医头脚痛医脚”，更要避免出现“按下葫芦浮起瓢”的尴尬情况。

如图 11-28 所示，在进行水安全提升的同时，大量的源头减排、管网提标以及河道拓宽等工程措施同样能够为水环境改善提供保障，如果不充分结合两者的需求，很容易造成两者出现矛盾，如为保证河道防洪能力进行了裁弯取直、岸线硬化，导致河道生态体系破坏影响水环境的改善，很多城市河道渠化后现在又面临着严重的水体黑臭问题，不得不投入巨大资金改回生态护岸，造成严重浪费。

图 11-28　综合处理

可以说，涉水问题的复杂性必定要求海绵城市不仅仅是在内涝防治等方面发挥作用，更需要将水看作一个整体考虑，就如前面介绍过以径流总量控制率，其不仅仅是一个涉及水安全的水量控制指标，更是一个控制水环境的水质指标，也是恢复水生态、提升水资源的综合控制指标。

11.3.4.4　措施单一不考虑区域的特点

海绵城市建设要充分考虑地方区域降水条件、地形坡度、突然情况、水体质量等现状，因地制宜地综合施策，如山地城市和平原城市所采取的策略完全不同，山地城市坡度大，通常短历时降雨就会形成大量径流，源头减排效果较差以减少冲刷为主，更重要的是快速排除雨水，保护好排涝的通道，避免径流快速入城造成内涝；而平原城市能够有充分的时间通过海绵设施对雨水进行下渗滞蓄，难点是如何应对长历时降雨造成的持续积水情况。

除治理策略外，海绵设施的选择也要充分考虑当地特点，如南方地方下水位较高的地区下渗较为困难，海绵设施更多的是以滞蓄缓排为主要作用，结构层设置渗排管为通常做法；而对于北方地区，可考虑充分利用海绵设施回补地下水。另外，不同的土质对海绵设施的选择也有较大的影响，如湿陷性黄土地区就应尽可能避免或减少下渗，砂质土地区还要考虑抗旱需求等。甚至海绵设施的位置也对其工艺有不同的要求，如紧邻道路、建筑基础的海绵设施要考虑防渗，而靠近住宅的海绵设施需要有快速排干的措施，避免蚊蝇滋生。

所以，海绵城市设计并不是简单的水量、污染物的计算，而是一个涉及方方面面，提升城市品质的综合性工程，需要从不同角度专业展开，充分考虑各方需求。

11.4 结合海绵城市理念开展黑臭水体治理

11.4.1 黑臭水体的概念与指标

根据《城市黑臭水体整治工作指南》中的定义，黑臭水体是呈现令人不悦的颜色和（或）散发令人不适气味的水体的统称。从该定义可以看出，黑臭水体与常规地表水环境质量不同，其更注重的是人的感官感受，即是不是颜色发“黑”，气味发“臭”。那么黑臭水体的判断识别也以感官评价为主，通过对水体周边居民、商户或者随机人群开展问卷调查予以确定，通常 60% 以上受访人群认为存在“黑”或“臭”的问题，即可以认定为黑臭水体。

在认定黑臭水体的基础上，对黑臭的严重程度通过水质监测指标进行分级，黑臭水体分级的评价指标包括透明度、溶解氧（DO）、氧化还原电位（ORP）和氨氮（NH_4^+-N），分级标准见表 11-4，其中溶解氧和氨氮同时是地表水环境质量标准中的重要指标。

表 11-4　黑臭水体污染程度分级标准与测定要求

特征指标（单位）	轻度黑臭	重度黑臭	测定方法	备注
透明度 /cm	25 ～ 10*	＜ 10*	黑白盘法或铅字法	现场原位测定
溶解氧 /（mg/L）	0.2 ～ 2.0	＜ 0.2	电化学法	现场原位测定
氧化还原电位 /mV	200 ～ 50	＜ -200	电极法	现场原位测定
氨氮 /（mg/L）	8.0 ～ 15	＞ 15	纳氏试剂光度法或水杨酸 - 次氯酸盐光度法	水样应经 0.45 μm 滤膜过滤

注：* 水深不足 25 cm 时，该指标按水深的 40% 取值。

但与地表水环境环境指标标准主要用于“加强地表水环境管理，防治水环境污染，保障人体健康”的目的不同，黑臭水体污染程度分级标准主要是用于为黑臭水体整治计划制订和整治效果评估提供重要参考的，更多考虑“提升人居环境质量，有效改善城市生态环境”的目的。因此可以看到，黑臭水体污染程度分级标准中的选取的 4 项指标更多侧重于感官指标（如透明度）、水体自净能力（如溶解氧和氧化还原电位），以及水体富营养化能力（如氨氮）。且除氨氮外，其余 3 项指标都能够现场测定，能够便捷迅速地确定黑臭水体的情况。

水体黑臭这一表观性状实际上主要是因为水体遭受严重污染，尤其是有机污染后，好氧分解使得水体中耗氧速率大于复氧速率，造成水体缺氧；在缺氧厌氧环境中，有机物以化合态氧代替游离态氧作为氢的最终受体，进行氧化还原反应，从而形成了大量具有恶臭的中间产物（如各类挥发性脂肪酸、硫化氢、甲烷、氨气等）；同时由硫酸还原菌等专性厌氧微生物通过硫呼吸生成的硫化氢与泥中亚铁离子、锰离子反应形成硫化亚铁、硫化锰等黑色有害物质，并随着气体上升将污泥带入水相，导致底泥上浮，水体发黑。具体原理可参考本书中生物处理系统相关内容，本节仅简单介绍黑臭水体污染程度分级标准中 4 项指标所反映的主要内容。

（1）透明度：是指水体能使光线透过的程度，表示水的清澈情况，反映了水中杂质对透过光线的阻碍程度，包括水体中泥土、粉砂、微细有机物、无机物、浮游生物等悬浮物和胶体物对光的散射和溶质分子对光的吸收等作用。透明度直接影响水体浮游植物和水生植物（尤其是沉水植物）的光合作用，进而影响水体的复氧情况和自净能力，通常在洁净的水体中阳光照度在离水面 0.5 m 处仅剩 2.5%。因此，透明度低的水体，通常污染物质含量高，光合作用能力差。但也存在由于泥沙含量较高造成的透明度较低的情况，因此透明度判断主要作为直观筛查（图 11-29）。

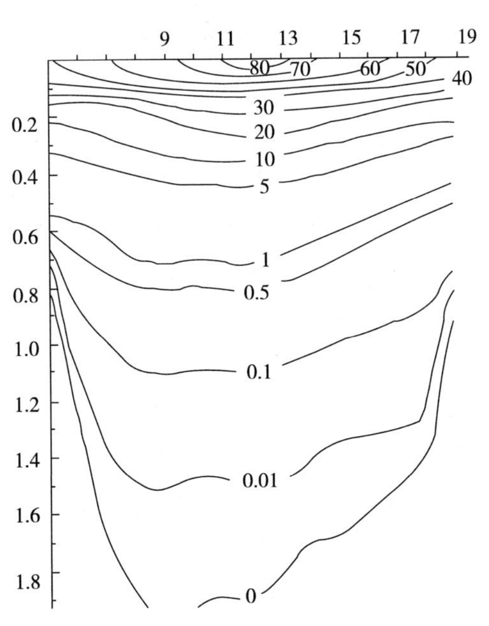

图 11-29　阳光辐射照度与水深的关系

（2）溶解氧：溶解在水中的分子态氧称为溶解氧，是水生生物主要的生存条件之一，直接反映了水体的自净能力高低，从而反映了水体受污染的程度。溶解氧高的情况下，水体中有机污染物的分解以好氧反应为主，最终产物以二氧化碳、水为主；溶解氧低的情况下，则以缺氧厌氧反应为主，会产生大量恶臭气体。在不受污染的天然水体中，溶解氧的浓度主要受大气压力、空气中氧分压和水位等因素的影响，当水体与大气中氧交换处于平衡时，水中溶解氧的浓度称为饱和溶解氧，在标准大气压下，它只随水温 T 而变化。但某些情况下也可能发生过饱和的现象，这时候不能简单认为溶解氧高就是水体自净能力高的体现，如严重富营养化的水体由于藻类的光合作用，可能发生局部溶解氧过饱和的情况；同时由于水库下泄等过度搅拌造成的过饱和也会对鱼类造成伤害。自然状态下，通过大气复氧的溶解氧补偿深度最高在 1 m 左右，氧盈值最高一般在距离水面 0.2 m 左右（图 11-30）。

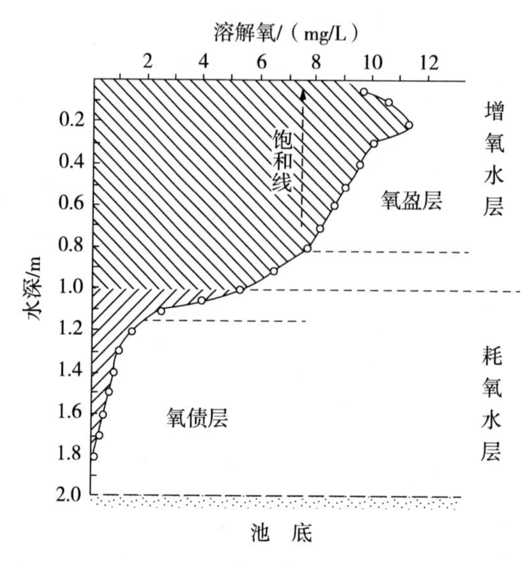

图 11-30 溶解氧与水深关系

氧化还原电位：通过插入溶液的电极来测量两电极间的电位，用来反映水溶液中所有物质表现出来的宏观氧化还原性。电位为正表示具有一定的氧化性，电位越高，氧化性越强；为负表示具有一定的还原性，电位越低，还原性越强。通常处于还原态的物质包括氨氮、硫化氢甲烷、多数有机化合物、亚铁离子等。因此，氧化还原电位越低，一般说明水体缺氧状态严重，有机污染物浓度高。

氨氮：是指水体中以游离氨（NH_3）和铵离子（NH_4^+）形式存在的氮。它是水中重要的还原物质，通常由各类有机物在缺氧状态下转化而成，因此高氨氮一方面反映了水体污染程度较高，另一方面也反映了水体缺氧状态较为严重，正处于水质退化的阶段。

11.4.2 黑臭水体治理的背景要求

黑臭水体并不是一个新生概念，通过查询国内主要期刊网站可以发现，最早在

1982 年就有“上海黄浦江今年 2—10 月共发生黑臭 151 天创历史最高纪录”的报道，可以说水体黑臭的问题作为极容易理解的水环境污染现象，很早就进入公众的视线，但长久以来水环境污染的治理工作并没有明确把消除水体黑臭作为主要目标，更多的是按照地表水环境质量标准的要求确定水体水质等级的达标目标，虽然指标清晰明确，但缺少直观的感官要求，导致治理成效不够直观，缺少公众理解。

在 2015 年，国务院颁布了《水污染防治行动计划》（以下简称“水十条”），提出“到 2020 年，地级及以上城市建成区黑臭水体均控制在 10% 以内，到 2030 年，城市建成区黑臭水体总体得到消除”的控制性目标。至此，黑臭水体概念由于其直观的表述深入人心，从而形成了全社会共同参与监督的一项工作，并成为党中央、国务院关于打赢污染防治攻坚战中的重要工作部署，2018 年在国务院发布的《全面加强生态环境保护坚决打好污染防治攻坚战》的通知中作为打好污染防治攻坚战的七大标志性战役之一明确要求 3 年时间见成效。

除制定《城市黑臭水体整治工作指南》《城市黑臭水体整治—排水口、管道及检查井治理技术指南》等相关技术文件外，为促进黑臭水体工作推进、总结治理经验、带动黑臭水体治理工作全面达标，2018 年起财政部、住建部、生态环境部还联合启动了 3 批黑臭水体治理示范城市的申报评审工作，共确定示范城市 60 个，提供奖补资金 260 亿元。

根据黑臭水体的判断识别以感官评价为主可知，黑臭水体的消除也以感官评价为主，即公众调查对黑臭水体整治效果满意度超过 90%，即认定该水体达到整治目标，而黑臭水体污染程度分级标准仅作为辅助证明手段。

黑臭水体的消除并不意味着水环境治理工作一劳永逸地得到改善，对比黑臭水体污染程度分级标准和地表水环境质量标准就可以发现，溶解氧、氨氮两项指标限值远低于地表水环境质量标准中Ⅴ类水体的要求，即黑臭水体消除，仍可能是劣Ⅴ类的地表水体，这一方面说明我国水环境污染情况十分严重，另一方面也说明黑臭水体治理是一个阶段性工作。根据“水十条”的要求，“到 2030 年，全国七大重点流域水质优良（达到或优于Ⅲ类）比例总体达到 75% 以上”，“（到 2030 年）全国水环境质量总体改善，水生态系统功能初步恢复。到 21 世纪中叶，生态环境质量全面改善，生态系统实现良性循环”。因此，对良好人居环境、美好生活的追求促使每一位环保工作者不断进步，目前在长江、黄河流域推进的长江大保护、黄河大保护的工作正是促进我国水环境治理工作迈上新台阶，实现高质量发展，践行生态文明思想的重要举措。

11.4.3　黑臭水体治理的基本思路

黑臭水体治理的基础是要分析清楚黑臭水体的水质水量特征和污染物的来源，即所谓的“问题在河里，根源在岸上，核心在排口，关键在管网”。污染源调查的准确、细致程度直接影响黑臭水体整治工作的成效。调查结果应该包括污染源位置、污染排放量以及变化规律等内容。必要情况下还应进行相关试验研究或者模型模拟工作，例如合流制溢流情况通常需要通过模型模拟并利用实际监测数据进行率定验证。污染物调查要点可参考 11.3.1 节中关于（2）现状涉水问题调查与成因分析的相关内容。

根据污染物的分析识别，确定主要污染物、污染来源等，在此基础上，结合环境条件与控制目标，结合考虑对应目标条件下河道环境容量等，按照控源截污、内源治理、生态修复、活水保质、长治久清的策略，筛选技术可行、经济合理、效果明显的技术方法，确定整治的技术路线和工程措施。

具体来说，根据污染物调查与分析，通常水体黑臭的主要污染物来源包括几个方面：一是上游乡村生活污水与农业种养殖污染的排放；二是部分小作坊未进行治理；三是工业区污水与生活污水未能完全分质处理；四是由于混错接、雨污合流以及地下水入渗等导致城市污水旱天直排和雨天溢流严重；五是城市面源污染严重；六是存在河道内源污染和生态水量与空间不足的问题。

一般情况下，污水直排和溢流是河道污染物质的主要来源，因此通过完善污水系统，确保旱天污水无直排通常是第一工作。第二是通过优化城市排水分区，减少合流制区域，对于难以改造的，通过海绵城市建设、调蓄池建设、增大截污倍数等工作提高合流制溢流污染的控制水平。第三是通过加大环境卫生的清洁力度，减少污染物的累积，并结合海绵城市建设等工程，减少径流量并净化径流污染，控制城市面源污染。第四是通过建设化粪池、小型污水处理设施、推广生态集中养殖等工作解决农村生活污水与畜禽养殖污染。第五是通过减少化肥农药用量，促进生态农业建设进行减量，同时构建滨河缓冲带等体系建设减少入河污染物，控制农业面源污染。第六是开展清淤工作控制底泥污染。最后开展生态修复、活水保质等工作恢复河道的自净能力。

黑臭水体治理工作方案编制流程如图 11-31 所示。

以上几个问题可根据污染性质与空间分布，按照农村污染、工业污染，以及城市污染分类治理；而内源污染治理以及河道生态空间修复与生态水量的补充，可以结合河道断面与景观环境建设同步开展。

农村污染治理包括 4 个方面：生活污水治理、养殖污染治理、农业污水治理、作坊污水治理，重点推进农村面源污染与生活污染联动治理，实现农村污染源全覆盖的农村海绵体系，结合乡村振兴，打造海绵乡村。

工业污水方面主要从控制农村小作坊和工业组团排污两方面着手，严格控制农村小作坊私排生产废水进入河道，清退和限制作坊生产类型。工业组团方面，通过改造提标现有工业污水处理厂单独处理工业废水，使工业废水和生活污水分开处理，提升污水处理效率。

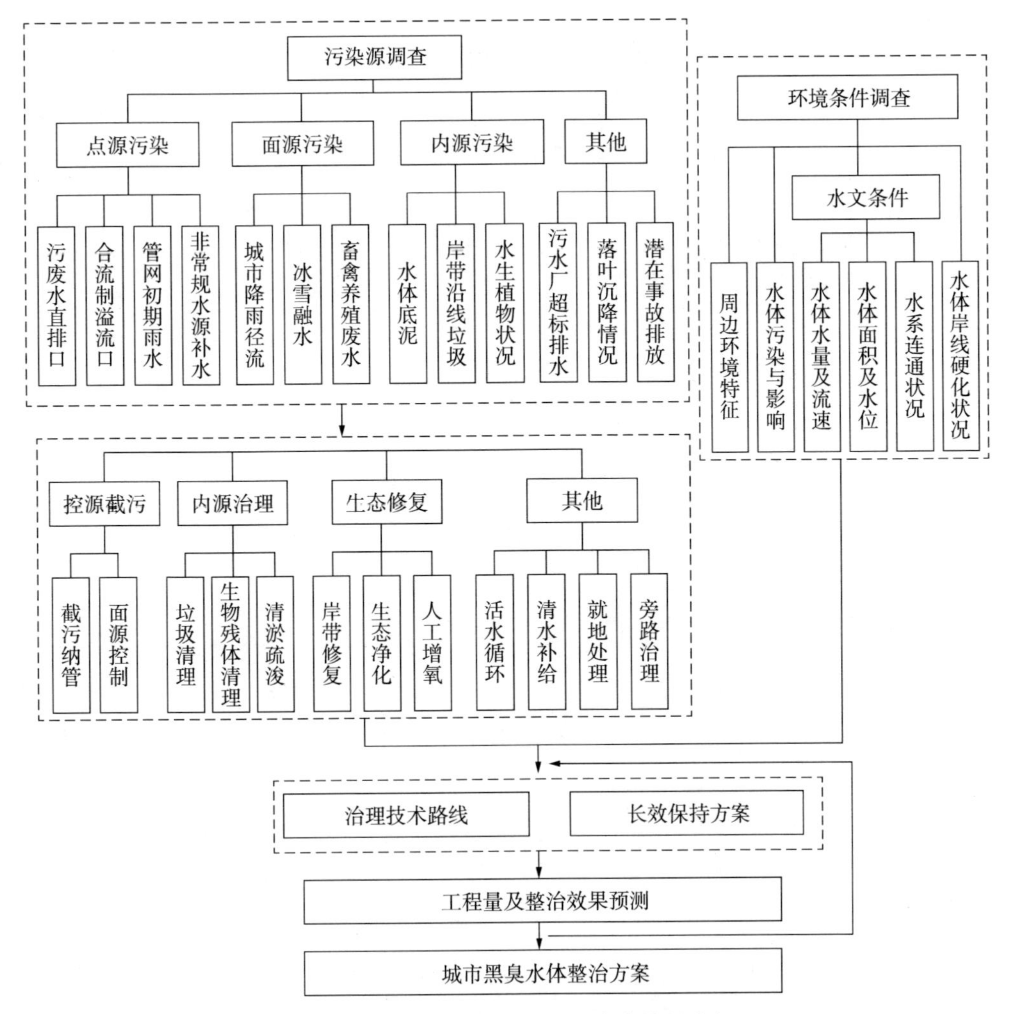

图 11-31　黑臭水体治理工作方案编制流程

城镇污染控制主要包括生活污水控制及雨水径流污染控制两方面。通过适当改造现有排水体制、全面消灭污水直排口和改造管道混错接点，控制外来水入渗等措施，优化城市排水系统。此外，通过海绵城市建设，应用源头低影响开发等措施，改善雨水径流污染。

同时通过打造河道景观，营造水清岸绿、和谐文明的宜居环境，进行内源污染治理以及河道生态空间修复与生态水量的补充。

根据污染来源制定的黑臭水体整治技术路线如图 11-32 所示。

根据治理思路选择的技术路线和措施，要能够确保切实发挥作用，因此还需要对治理措施的效果进行评估，明确各类措施的污染物削减量，从而能够切实将污染排放量降低至水体自净能力范围之内，实现水体生态的平衡（图 11-33）。

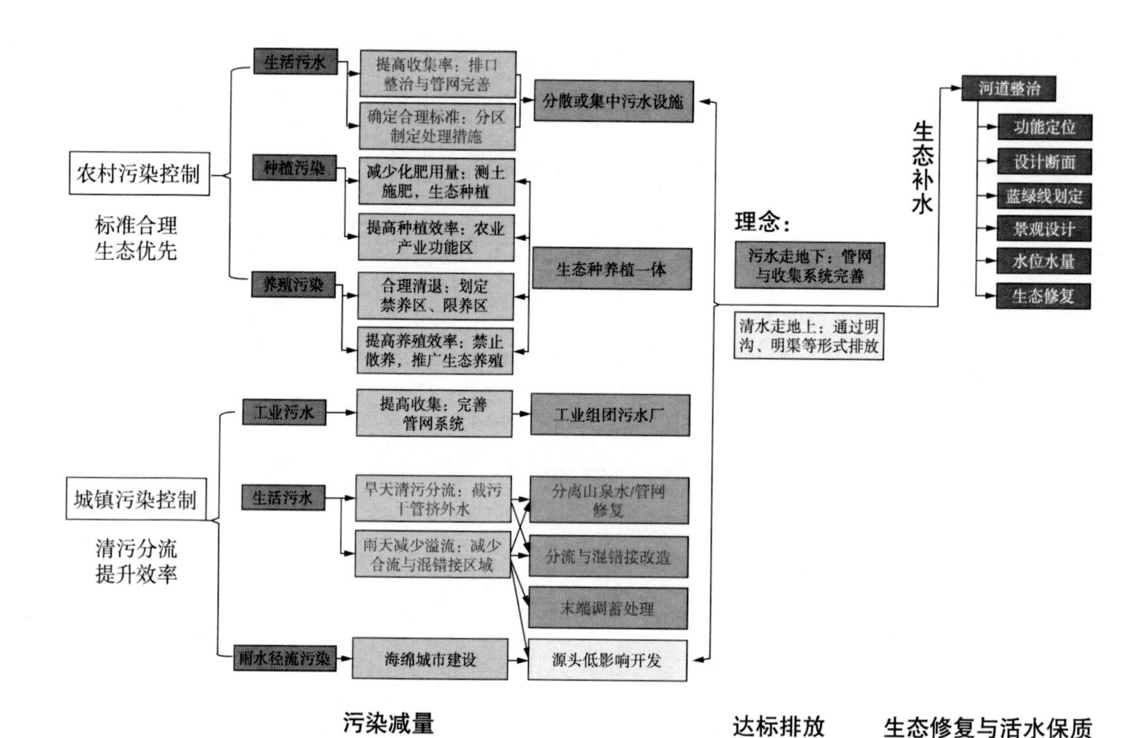

图 11-32　根据污染来源制定的黑臭水体整治技术路线

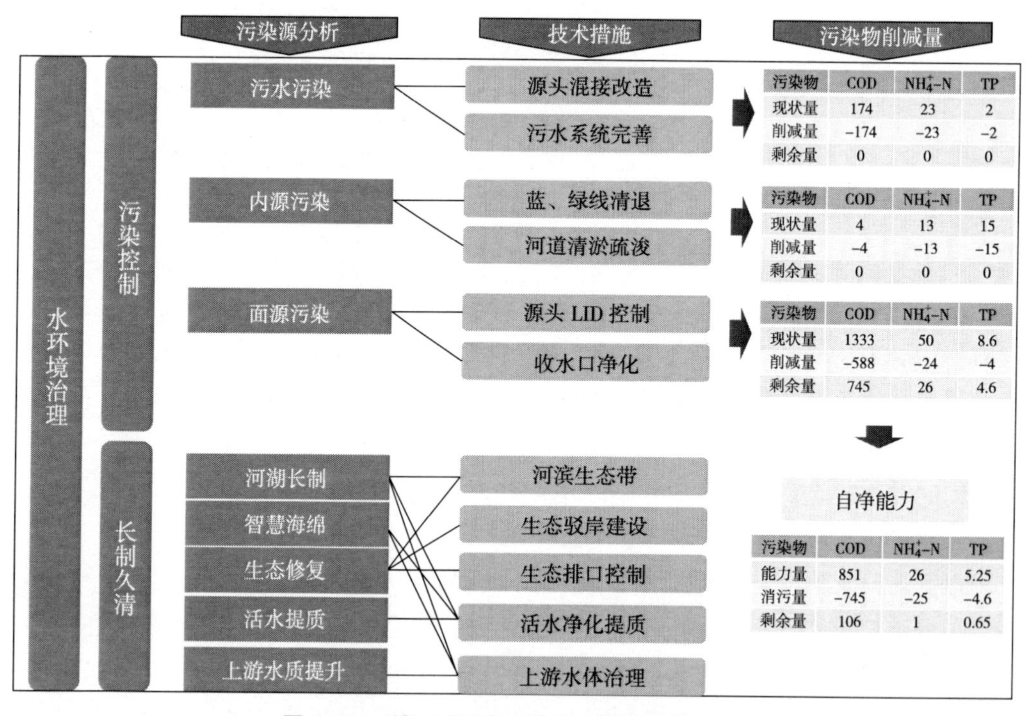

污染物	COD	NH_4^+-N	TP
现状量	174	23	2
削减量	−174	−23	−2
剩余量	0	0	0

污染物	COD	NH_4^+-N	TP
现状量	4	13	15
削减量	−4	−13	−15
剩余量	0	0	0

污染物	COD	NH_4^+-N	TP
现状量	1333	50	8.6
削减量	−588	−24	−4
剩余量	745	26	4.6

污染物	COD	NH_4^+-N	TP
能力量	851	26	5.25
消污量	−745	−25	−4.6
剩余量	106	1	0.65

图 11-33　某区域黑臭水体治理措施效果评估

11.4.4 海绵城市在黑臭水体治理中的作用

海绵城市以实现雨水的“自然积存、自然渗透、自然净化”为主要目的，直观上可以理解，海绵城市的建设对控制雨水径流污染有着很好的作用。除此之外，海绵城市在合流制溢流污染的控制上也有很好的效果。

通过源头绿色基础设施发挥的“蓄、滞、渗、净、用、排”作用，有效控制全年大部分中小降雨径流，减缓了径流的峰值，减轻对地面降尘和管网淤泥的冲刷和冲击，减少了进入管网的径流量和污染物质，对于分流制地区有效控制了初期雨水的污染，对于合流制地区则减轻了截污干管和污水厂压力，减少溢流次数和溢流量，因此能够有效降低入河污染排放量。

另外，海绵城市生态绿色的理念也促使在水体治理过程中更多地采用生态护岸、植被缓冲带、湿地等生态治理措施，更好地恢复水体的生态循环。

11.4.5 黑臭水体治理的技术措施与常见误区

黑臭水体治理的各项技术措施大部分为相对成熟的技术手段，包括截污纳管、雨污分流、低影响开发控制、溢流调蓄、污水集中处理、垃圾清理、清淤疏浚、岸线生态修复、湿地等生态净化、人工曝气、活水循环、清水补给等手段，在此仅列出相应措施名称，具体不再展开，使用过程中主要要避免将单一措施万能化，或者措施与成因不匹配，从而造成效果大打折扣。下面就对各类措施应用过程中常见的几类问题进行说明。

11.4.5.1 清污不分，盲目截污

控源截污是黑臭水体治理的根本，通常情况下，未经收集处理的城市污水又是主要的污染来源，因此截污纳管是黑臭水体整治最直接有效的工程措施，也是采取其他技术措施的前提。很多时候，为保证河道水质，快速控制入河污染，通过沿河沿湖铺设污水截流管线，把所有排口一并接入成为截污纳管的主要方法。

虽然见效快，但很容易造成很多清水也收集进入截污系统，造成管网和污水厂运行负担，雨季导致严重的溢流或者内涝情况。因此，截污纳管的前提是要根据现有的排水体制，分清哪些是污水，哪些不是，对于合流制系统截留后要充分考虑雨季溢流污染的控制情况，合理确定截流倍数和污水厂的规模；而对于分流制系统，重点是要优先开展混错接的排查，避免污水进入雨水系统而不得不将雨污水一同截留。

具体来说，合流制系统的截污纳管设计是以末端污水厂雨季的处理能力作为限制条件的，要想增大合流制溢流污染的控制能力，不仅仅是增大截污管径，更重要的是增大污水厂的规模，或者增设调蓄池，将合流制溢流污染存蓄起来，待污水厂旱季或

者夜间有富裕能力时候再进行处理。因此，不考虑污水厂能力情况下，开展截污纳管和调蓄池建设工作无异于污染的变相转移，尤其是盲目建设调蓄池后，很容易造成调蓄池收集的溢流污染无法处理，最终仍直接排放入河。

对于分流制系统，在截污纳管前开展混错接改造更加重要，分流制系统中的污水直排情况更多的是由于混错接造成的，若盲目进行末端截污，很容易造成雨天对污水厂的严重冲击。另外，对于分流制系统，开展面源污染控制并不推荐采用末端调蓄池的形式。第一分流制系统面源污染通常并不是河道污染的主要成因；第二分流制系统面源污染通常集中在降雨初期，即初雨污染，但由于雨水在管网内流行时间的差异，末端建设的调蓄池收集的更多的是混合后的降雨，无法有效收集初雨污染；第三由于末端以混合后的降雨径流为主，相比合流制溢流污染，水质有很大的差异，对污水厂运行稳定有很大影响，难以通过污水厂处理。因此对于分流制系统的面源污染控制，更多的是采用源头低影响开发，以及末端生态净化等措施开展。

另外，由于城市建设的原因，很多时候管网系统中收集的并不全是污水，不对收集到的水的来源进行分析，就开展截污纳管工作势必造成效率低下。如很多城市在建设过程中将城市的河道、冲沟进行了加盖侵占，形成暗渠，最终成为排污的“龙须沟”，为进行污染控制，在暗渠出口直接设堰截污，不仅收集了暗渠内的污水，还大量收集了暗渠内的河水、山泉水；同时，城市管道质量较差，破损严重，大量地下水、自来水进入污水管网，而污水渗入地下的情况也十分普遍；再有，很多沿河、沿湖建设的截污管网为节省用地，埋设于水体，也很容易导致河水倒灌情况的发生，尤其是合流制管网的溢流口低于河湖水位时，清水倒灌的问题十分显著；这些都导致污水管网、场站规模大，但进水浓度低，处理效率低下，使得大量污水未能够得到处理就溢流或渗入周边水体。因此，截污纳管工作还应该充分考虑外来水的情况，将外来水有效排除在管网系统之外。

11.4.5.2 简单粗暴，雨污分流

合流制排水系统和分流制排水系统各有优势，并不存在谁更优秀的问题。而且优秀的合流制排水系统能够很好地控制城市的各类污染，减少入河污染物的排放，如伦敦泰晤士河的深隧系统就是合流制系统控制污染的典型，通过深隧有效收集了降雨时的溢流污染和面源污染并进行处理达标排放。国际上主要的城市（如纽约、华盛顿、东京等）都以合流制系统为主，因此并不是说合流改分流就能解决污染排放的问题，尤其是现有城市管理水平较低的情况下，分流制系统混错接严重，尤其是市政管网分流容易，但建筑小区雨污分流十分困难，很容易造成污水通过雨水管道直排的情况，不得不在末端仍建设截污干管，形成事实上的合流制体系，但是污水处理厂仍按照分流制进行设计，未考虑雨天情况，导致溢流污染严重；管网系统也存在同样的问题，按照分流制设计的污水管在混错接的情况下不能承担雨天雨水的排放，造成内涝积水，

而按照分流制设计的雨水管在混错接的情况污水流量小，流速慢，极易沉积，导致雨季管道内污泥冲刷严重。

所以，雨污分流还是合流，不仅仅是市政管网系统，还包括污水厂站情况，建筑小区内的管网情况等一系列问题，应该统筹考虑，只有确实有条件进行分流改造的区域才适用。一般地，常用到的截污纳管工作技术路线图可参考图 11-34。

11.4.5.3　迷信药剂，一撒了之

污染控制是一个持久的工程，在控源截污未能做到位的情况下，急着开展生态修复，甚至利用各种原位修复技术进行投药治理的工作仅能实现一时的成效。水体黑臭的根本原因是输入的污染物质超出了水体的自净能力，在河道原有最适宜的生态条件下，河道内的生态结构都不足以消纳输入的污染物质，投加各类药剂或者生物以期望取得更好效果是不现实的。

因此，坚持控源截污是黑臭水体治理的关键，在海口、广州等城市水环境治理过程中，都曾开展过大量生态治理技术的研究与尝试，无一不表明仅能起到锦上添花的作用。只要控源截污做到位，根据广州黑臭水体治理的经验，甚至不需要开展底泥清淤工作，补水采用再生水（劣Ⅴ类）也能取得较好的水质效果。

11.4.5.4　调水冲污，蓄水造景

另一个值得警惕的方法就是调水冲污，很多时候会把它包装成为活水保质的策略，但应该明白，活水保质的重点是确保水体流动，提高水体的复氧能力，从而促进水体自净，而调水冲污则纯粹是一种污染物质的转移手段。

另外，在水体治理过程中，通常要同步考虑水体景观的打造，但应避免通过蓄积较深的水位进行造景。为保证较深水位，需要加大补水水量，更重要的是增加大量水工设施，阻碍水体流动，使得污染物更易沉积，也不利于水体复氧和水生植物的光合作用。根据相关研究，为保证水体的自净能力，水体的形态更加提倡浅水位、流速合理的状态，建设形成复式的河槽，确保水体流动情况下，进一步增大河道内的生态空间，利于提供更好的生态净化效果，同时也利于防洪排涝的需求。

具体来说，河道自净能力的提升重点是河道复氧能力的提升。根据 11.4.1 节中对溶解氧和透明度的介绍，自然状态下，通过大气复氧的溶解氧补偿深度最高在 1 m 左右，氧盈值最高一般为距离水面 0.2 m 左右；而阳光照度在离水面 0.5 m 处仅剩 2.5%，过深沉水植物无法有效利用阳光进行光合作用复氧。因此水体深度不宜过深，在 0.5 m 以内为宜。同时保持一定的流速能够很好地促进水体的搅动和复氧，抑制藻类的生长，在流速为 0.1 m/s 左右时，对浮游藻类的抑制率可达到 50% 以上，在同样水量情况下，浅水位也更利于维持相应的流速。还有一点，浅水位能够有效缓解多数城市沿河截污管网河水倒灌与渗漏的问题。

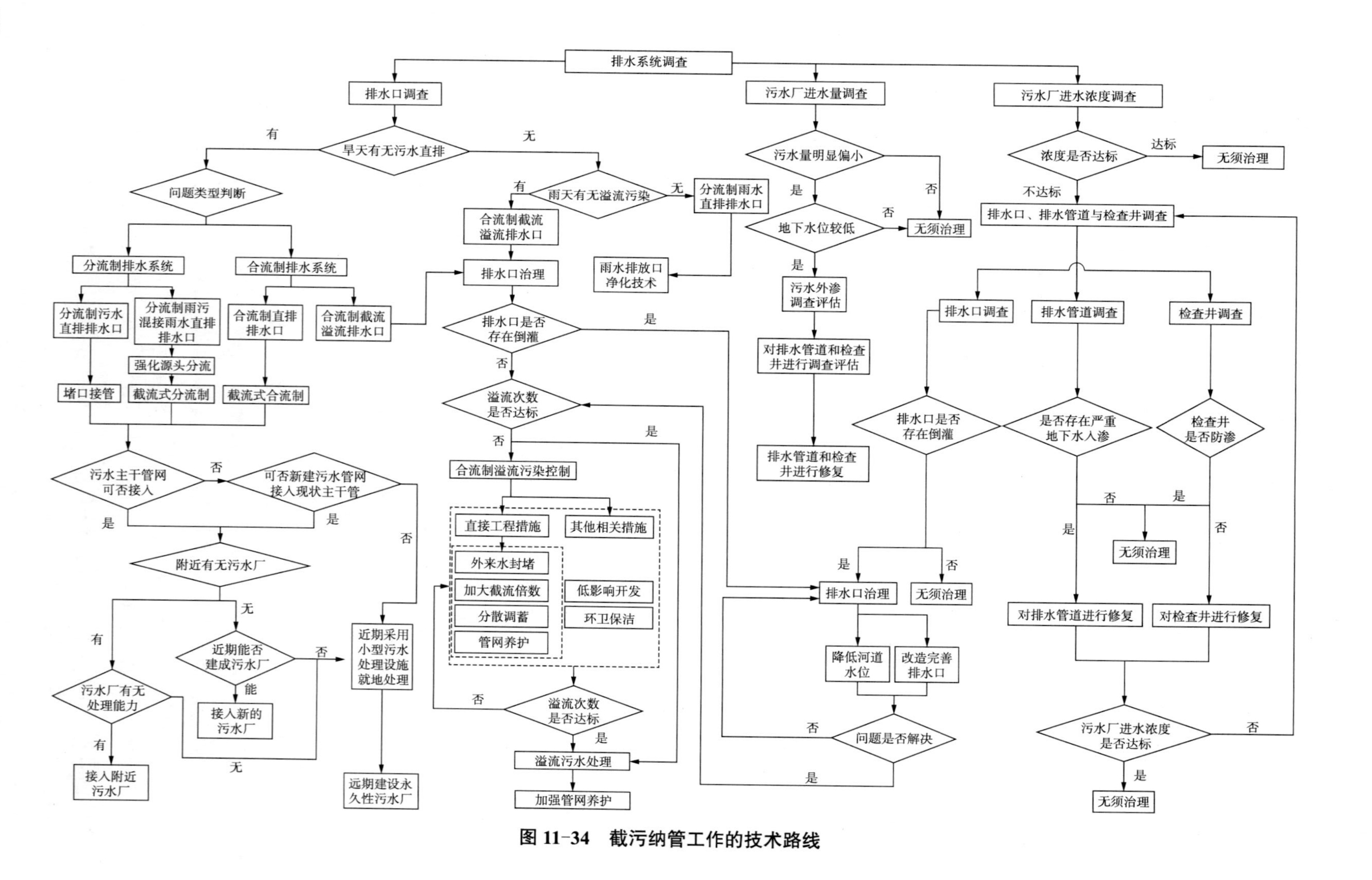

图 11-34　截污纳管工作的技术路线

推荐典型河道断面与水位关系如图 11-35 所示。

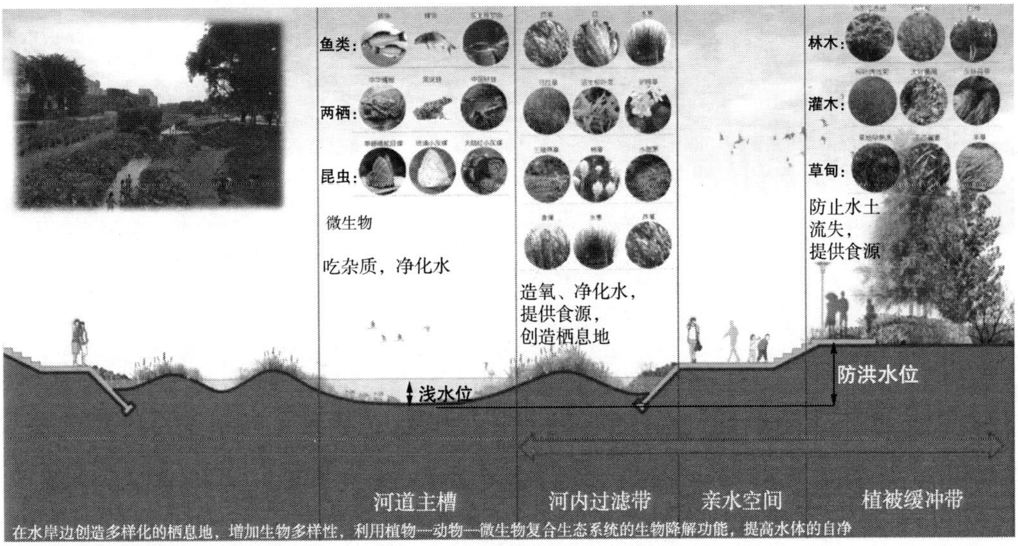

图 11-35　推荐典型河道断面与水位关系

习　题

一、填空题

1. 溶解氧可以直接反映水体水质，水体中溶解氧小于________mg/L 时，即达到轻度黑臭，氧化还原电位通常与溶解氧________相关。但当水体受到有机物污染，耗氧严重时，水体会发生________反应，导致黑臭。

2. 水体中氮的去除主要通过硝化与反硝化反应，硝化反应在________条件下将________转化为硝态氮，反硝化反应在________条件下将________转化为________。因此测定水体中不同状态的氮的比例，能够间接反应水体自净的状态，在刚受到生活污水污染时________比例较高。

3. 自然水体溶解氧的补充主要包括________和________。流水不腐即是有效提高了________速率。25°C 时水体的饱和溶解氧在________mg/L 左右，若出现过饱和状态，除过度搅拌曝气等因素外，通常是水体发生了________现象。

4. 通常污水厂的设计进水标准 COD_{Cr} 在________以上，但实际由于________等原因导致进厂浓度偏低。

5. 排水管网一般采用________流设计，但不同类型排水管网又有一定区别，污水管道考虑排水不均匀以及通风等因素，按照________设计，充满度一般不大于________。雨水管道按照________设计，合流制管道和沿河截污干管雨天按照________设计。同时为保证管道不淤，需要控制最小流速和坡度，一般1 000 mm钢筋混凝土污水管道设计时，最小坡度为________，倒虹吸管道最小设计流速不应低于________。

二、问答题

6. 海绵城市与低影响开发有什么异同?
7. 径流总量控制率为什么也是一个水质控制指标?
8. 河道浅水位设计有什么优势?

参考文献

[1] 严煦世，范瑾初. 给水工程［M］. 4版. 北京：中国建筑工业出版社，1999.

[2] 全国勘察设计注册公用设备工程师公用设备专业管理委员会秘书处. 全国勘察设计注册公用设备工程师给水排水专业考试复习教材（2020年版）［M］. 北京：中国建筑工业出版社，2020.

[3] 上海市市政工程设计研究总院（集团）有限公司. 给水排水设计手册（第3册）［M］. 3版. 北京：中国建筑工业出版社，2017.

[4] 李圭白，张杰. 水质工程学［M］. 2版. 北京：中国建筑工业出版社，2005.

[5] 江乃昌. 水泵及水泵站［M］. 5版. 北京：中国建筑工业出版社，2007.

[6] 孙慧修，郝以琼，龙腾锐. 排水工程（上册）［M］. 4版. 北京：中国建筑工业出版社，1999.

[7] 张自杰，林荣忱，金儒霖. 排水工程（下册）［M］. 4版. 北京：中国建筑工业出版社，1999.

[8] 范瑾初，金兆丰. 水质工程［M］. 北京：中国建筑工业出版社，2009.

[9] 石松，李永峰，殷天名. 废水厌氧生物处理工程［M］. 哈尔滨：哈尔滨工业大学出版社，2013.

[10] 周玉文，赵洪宾. 排水管网理论与计算［M］. 北京：中国建筑工业出版社，2000.

[11] 张自杰. 废水处理理论与设计［M］. 北京：中国建筑工业出版社，2003.

[12] 许保玖，龙腾锐. 当代给水与废水处理原理［M］. 2版. 北京：高等教育出版社，2000.

[13] 高廷耀，顾国维，周琪. 水污染控制工程（上下册）［M］. 2版. 北京：高等教育出版社，2007.

[14] 北京市市政设计研究总院. 给水排水设计手册（5. 城镇排水）［M］. 3版. 北京：中国建筑工业出版社，2017.

[15] 北京市市政设计研究总院. 给水排水设计手册（6. 工业排水）［M］. 2版. 北京：中国建筑工业出版社，2002.